Step UP! 選書

15 Stepで習得

Dockerから入る Kubernetes

コンテナ開発からK8s本番運用まで

高良真穂 著

リックテレコム

注　意

1. 本書は、著者が独自に調査した結果を出版したものです。
2. 本書は万全を期して作成しましたが、万一ご不審な点や誤り、記載漏れ等お気づきの点がありましたら、出版元まで書面にてご連絡ください。
3. 本書の記載内容を運用した結果およびその影響については、上記にかかわらず本書の著者、発行人、発行所、その他関係者のいずれも一切の責任を負いませんので、あらかじめご了承ください。
4. 本書の記載内容は、執筆時点である 2019 年 3 月現在において知りうる範囲の情報です。本書に記載された URL やソフトウェアの内容、インターネットサイトの画面表示内容などは、将来予告なしに変更される場合があります。
5. 本書に掲載されているサンプルプログラムや画面イメージ等は、特定の環境と環境設定において再現される一例です。
6. 本書に掲載されているプログラムコード、図画、写真画像等は著作物であり、これらの作品のうち著作者が明記されているものの著作権は、各々の著作者に帰属します。

商標の扱い等について

1. Kubernetes は The Linux Foundation の米国およびその他各国における商標または登録商標です。
2. Docker は Docker Inc. の米国およびその他各国における商標または登録商標です。
3. IBM、IBM Cloud は International Business Machines Corporation の米国およびその他各国における商標または登録商標です。
4. 上記のほか、本書に記載されている商品名、サービス名、会社名、団体名、およびそれらのロゴマークは、一般に各社または各団体の商標または登録商標である場合があります。
5. 本書では原則として、本文中においては ™ マーク、® マーク等の表示を省略させていただきました。
6. 本書の本文中では日本法人の会社名を表記する際に、原則として「株式会社」等を省略した略称を記載しています。また、海外法人の会社名を表記する際には、原則として「Inc.」「Co., Ltd.」等を省略した略称を記載しています。

はじめに

スマートフォンアプリは、今日のアプリケーションの在り方を象徴しています。実に多種多様なアプリが登場し、急速に進化しています。扱う情報の量も質も、普及の規模もスピードも、前世紀のビジネスアプリケーションとは大違いです。日常生活のあらゆる場面で利用され、その中から新たな使い方やアイデアが続々と誕生し続けます。アプリケーションの開発と運用は、一昔前のように、じっくり時間をかけて設計・開発し、一度作ったらできるだけ長く使い続けるといったスタイルよりも、俊敏かつ継続的な進化を実現する活動になってきました。

この開発シーンと運用シーンの劇的な転換に、戸惑いや不安を感じる開発者は少なくないと思います。技術転換の要には、「アプリケーションのコンテナ化」とDevOpsがあります。この課題をクリアする手段として昨今、特に注目されているプロジェクトに「Kubernetes（クーバネティス）」（K8sと略記する場合があります）があります。Kubernetesは当初Googleが設計・制作し、現在ではCNCF（Cloud Native Computing Foundation）に参加する企業がオープンソースソフトウェアとして開発しているコンテナ・オーケストレーションツール（運用プラットフォーム）です。

●本書のゴールと工夫

本書が最も重視したのは、必要な知識を厳選して、効率よく習得できることです。しかし、本書はKubernetesを一通り説明して終わる解説書ではありません。本書1冊で、このキーテクノロジーを、開発・運用の現場で実践的に活用できるようになることがゴールです。より具体的な言い方をすれば、Kubernetesを使うアプリケーションの概要設計（論理設計）ができる、あるいはシステムのアーキテクチャを描けるようになることがゴールです。そこへ向けさまざまな工夫を凝らしました。

工夫の1つは、Kubernetes活用の前提となる「Docker」およびコンテナ開発について、基礎から紐解いていることです。Docker技術の全体は網羅しませんが、Kubernetesを扱ううえで必須のエッセンスをお伝えします。

もう1つの工夫は、著者オリジナルの15段階からなる学習ステップを設けたことです。単にシステムの機能や仕様を羅列したような目次構成ではありません。読者が自分のペースで1段ずつステップアップし、着実に上記のゴールに辿り着けるようにしています。

さらなる工夫は、DockerやKubernetesの動作や開発を擬似体験できることです。時間のない人は、読むだけで擬似体験できます。用意されたツールやサンプルをダウンロードし、実際に手を動かして体験することもできます。クラウド環境でも可能です。読者の都合次第で学習の仕方を選択できるように記述しています。

●想定読者

本書の想定の読者は、ITに関わるすべての方々です。立場によって学ぶべき内容の比重は違ってきますが、次のような読者の目的を想定しています。

- アプリケーションの開発エンジニアが、必須技術を理解し活用するため
- 企業システム全体を考えるアーキテクトが、情報システムの企画や設計に役立てるため
- ITの提案活動に携わるセールス担当者が、お客様と対話できるようになるため
- 将来のIT活用や基盤を考える戦略家が、方針や計画を立てる参考として
- 自分の参加プロジェクトにこれらの技術が採用され、速習しなければならないため
- 転職やスキルチェンジを目指して自己研鑽するため

●本書の学び方

この本の中心部分は、演習形式で書かれた2章と3章、すなわち「Step 01〜Step 15」です。これらのStepではパソコンを操作しなくても疑似体験できるよう実行例を示し、結果や途中経過が把握できるように記述しました。ですので、1つひとつの動作を確認する時間がない方も、自分で手を動かす機会の少ないチームリーダーの方も、演習を行ったかのように理解できる読み物となっています。

もちろん、お手元のパソコンにOSS（オープンソース・ソフトウェア）で学習環境を構築すれば、本書の記載内容を実際に追体験できます。環境構築には巻末付録が参考になるでしょう。パソコンにはある程度のスペックが要求されますが、クラウドの利用料金もかからず、納得いくまで繰り返し実験して理解を深めたり、クラウドサービスの裏側を垣間見たりすることができます。

Kubernetesの目指す所の1つは「ITインフラの抽象化」であり、クラウド環境やオンプレミス環境に縛られない「アプリケーション中心のコンテナ実行基盤」となることです。したがって、本書の学習用環境で利用するコマンドは、そのままクラウドサービスの上で利用することができます。本書で学んだ知識は、そのまま現場で使えるわけです。

●本書の構成

本書は全3章と付録で構成されています。

1章は「DockerとKubernetesの基礎知識」であり、機能の概要、解決課題、企業の対応状況など、外側から把握できることを押さえます。技術的な深い解説は控え、的確に概要を把握することに集中しました。このうち「解決課題」については、現代史から比喩的事例を拾い、IT業界の目指すべき方向も示唆しました。ITに詳しくない方も、感覚的にイメージを共有できればと願っています。また「企業の対応状況」に関しては、ウェブ記事などに一般公開されている情報を総括し、筆者の勤め先企業の場合を例に挙げて、個々の具体的な対応状況を紹介します。

2章は「コンテナを実践的に理解するレッスン」です。リファレンスマニュアルのような網羅的な機能解説ではなく、段階的に読者の理解が進むようにしました。身近な事柄から入り、次第に深い内容へと積み上げるストーリーを組んであります。Dockerコンテナは Kubernetesの基礎であり、本書の目的はそれを使いこなせるようになることですから、Dockerコンテナだけを切り離して学ぶのではなく、最終的にKubernetes上でコンテナを動作させることを目指します。

3章の「K8sを実践的に理解するレッスン」も、2章と同じく段階的に、プログラム開発やシステム設計に役立つ技術力を獲得すべく進めていきます。

KubernetesはOSSのコミュニティで開発され、活用されながら改善を重ねてきました。したがって、新しい機能と古い機能が混在しています。さらに今も新しい機能が提案され、最新バージョンのリリースでも、「ベータ」と呼ばれる最終開発段階の機能と、正式提供であるGA（General Available）の機能が共存しています。

一方、CNCF公式ウェブサイトのKubernetesドキュメントは、整備が進み充実してきましたが、商用のソフトウェア製品のマニュアルのように、正式提供するすべての機能をマニュアルに記載して保守する文化はありません。やはり古い解説も混在していますし、そのドキュメントの詳細レベルもさまざまです。

これらのことが、Kubernetesの理解を難しくしている理由の1つだと思います。本書が網羅的な機能解説であるとか、個々の機能単位に使用法を説明することを避けるのは、こうした背景によります。本書では、システムを構築する上で重要な事項に沿って、理解を積み上げるようにKubernetesのレッスンを進めていきます。

巻末には「付録」を掲載しました。コンテナとKubernetesの学習環境をパソコン上に構築するために必要なOSSのインストール方法や、自動設定のためのファイルを提示します。これらはすべての読者に必要な情報ではありませんし、短期間のうちに役立たなくなってしまうかもしれません。むしろ、ソフトウェアの目的や組み合わせ方を記載することで、将来変化したあとでも参考になる資料となるよう心掛けました。そして最後に、パブリッククラウドのKubernetesのマネージドサービスの利用方法を記載しました。本書の学習用環境は、CNCF Certified Kubernetes Administrator認定試験などの受験対策としても利用できると思います。

*　　　*

筆者はクラウド事業者の一員として、自社のクラウドを紹介して、世の中に広める役割を負っています。その役割の中でDockerやKubernetesを学び提案しているうちに、「この技術は1社のクラウドサービスの枠を越えて、これまでの情報システムの開発と運用を根底から変える画期的なものである」と確信しました。そこで、これらに関する理解が広がり、読者一人一人の仕事に役立てていただきたいという思いから本書を書きました。本書を通じて、将来の企業情報システムやIT業界の発展に貢献できれば幸いです。

2019年7月　著 者

ご案内

●ご自分のPC上で体験学習したい場合

本書の読者は、ご自身のPC上に専用の「学習環境」を構築し、サンプルコード（主に2章と3章）をダウンロードすることで、本書の内容を自分で試してみることができます。この学習環境の構築には、無償利用可能なOSS（Open Source Software）や、システム環境の自動設定を実現するために著者が独自に開発したサーバー自動設定コードを用います。学習環境の詳細は1章の「4 本書の学習環境」、構築方法は「付録」でガイドしています。

サンプルコードのダウンロード方法

本書のStep 03〜15（2章と3章）記載のサンプルコードは、下記のGitHubリポジトリから入手できます。学習環境の構築に使うコードのダウンロード方法については「付録」を参照してください。

https://github.com/takara9/codes_for_lessons

GitHubからクローンする場合

```
$ git clone https://github.com/takara9/codes_for_lessons
```

ライセンスとサポート

本書に掲載されたコードは、作者である著者自身がMITライセンスで公開しますので、誰でも無料で利用できます。また、使用にあたってのサポートはありません。不具合の報告は同リポジトリのIssues、修正要求はPull requestsに挙げてください。

●本書刊行後の補足情報

本書の刊行後に記載内容の補足や更新が必要となった場合、下記に読者フォローアップ資料を掲示する場合がありますので、必要に応じ適宜参照してください。

http://www.ric.co.jp/book/contents/pdfs/11611_support.pdf

Contents 目次

付録 学習環境の構築法

1章

DockerとKubernetesの概要

本書は全3章と付録で構成されています。

1章は「DockerとKubernetesの基礎知識」であり、機能の概要、解決課題、企業の対応状況など、外側から把握できることを押さえます。技術的な深い解説は控え、的確に概要を把握することに集中しました。

このうち「解決課題」については、現代史から比喩的事例を拾い、IT業界の目指すべき方向も示唆しました。ITに詳しくない方も、感覚的にイメージを共有できればと願っています。また「企業の対応状況」に関しては、ウェブ記事などに一般公開されている情報を総括し、筆者の勤め先企業の場合を例に挙げて、個々の具体的な対応状況を紹介します。

1 Kubernetesとは?

コンテナ化の意義を理解し、Kubernetesのアウトラインをつかむ

Kubernetesを最も簡単に説明すると、「コンテナ化されたアプリケーションを合理的に運用するために設計されたOSSのプラットフォーム」と言うことができます。ではなぜ、「コンテナ化されたアプリケーション」が必要なのでしょうか。それを理解するために、今日のアプリケーションの在り方を想像してみましょう。

たとえばスマートフォンのアプリケーションは、災害時の情報収集、ECサイトへの注文、コミュニティ形成、エンターテイメント、企業情報システムなど、さまざまな場面で利用されるようになりました。これらは従来の「業務のシステム化」とはまるで異なり、ユーザーの日常活動の中で活用されながら、次々と新たな使い方やアイデアが誕生し、ますます発展を続けています。

このようなアプリケーションでは、継続的インテグレーション(CI)と継続的デリバリー(CD)〈補足1〉、素早い本番投入が強く求められます。これに対応するべくアプリケーション開発では、OSSを活用することで、開発者が書くコード量を減らし、短期間で高品質なアプリケーション開発を実現できます。しかし一方で、有用性が高く人気のあるOSSなどは、機能追加や課題対応のためにバージョンアップを頻繁に繰り返すので、アプリケーション開発の基盤が一定しないという課題に直面します。

この基盤の安定化対策として、「アプリケーションのコンテナ化」は非常に有用です。この技術は、アプリケーションが実行時に必要とするライブラリやOSのパッケージなどをコンテナに詰めこみ、不変の実行基盤(Immutable Infrastructure)を作ることができるからです。このように「アプリケーションのコンテナ化」は、「OSS活用による開発生産性向上」と「アプリケーションの動作安定」の両立にとって、欠かせないものとなりつつあります。

前述の背景から、「コンテナ化されたアプリケーション」の対象ユーザーは、特定企業の社員や関係者だけでなく、スマートフォンを使う一般消費者となることもあり、数名の規模から数百万人規模に対応できるスケーラビリティと可用性が求められます。これらの要求を満たして本番運用できる業界標準的なプラットフォームとして、Kubernetesに対する期待が高まっているのです。

〈補足1〉

CI/CD(Continuous Integration/Continuous Delivery)とは、CIを日本語では「継続的インテグレーション」と呼び、ソフトウェア開発の工程の中で、テストフェーズに入って一度にテストするのではなく、日常的にビルド、テスト、実際の動作確認のサイクルを回して、ソフトウェア品質を管理するものです。このサイクルを回す作業は、ソフトウェアやSaaSを利用して自動化することが主流となっています。一方、CDは日本語では「継続的デリバリー」と呼ばれ、CIの範囲を拡張して、総合テストのためのステージング環境へのデプロイ、さらに本番サービスとしてリリースまでを、自動化ツールを駆使しながら進める手法の総称です。

以上、総括的に述べましたが、この先、段階的に理解を積み重ねることができるように話を進めていきます。本節ではKubernetesの外観を捉え、その基礎となっているDockerとKubernetesの関係を2節で扱い、3節でKubernetesの内部構造へと話を進めます。

1.1 Kubernetesの概要

Kubernetesは、Google社内の運用システム「Borg(ボーグ)」をオープンソース化したものだと言われています。大きくは次の機能を提供することによって、アプリケーションサービス提供者の要望に応えます。

- 計画にしたがってアプリケーションを迅速にデプロイする
  - コンテナの冗長数、CPU時間、メモリ容量の割り当て
  - ストレージの容量、ネットワークのアクセスポリシー、ロードバランシング
- 稼働中のアプリケーションをスケールする
  - 繁忙期にはコンテナ数を増やして処理能力を向上させる
  - 閑散期にはコンテナ数を減らし資源占有量や料金などを削減する
- 新バージョンのアプリケーションを無停止でロールアウトする
- CPU時間など資源管理を厳格にして、ハードウェアの稼働率を高め無駄をなくす

Kubernetesプロジェクトでは、次に挙げるようなアプリケーション運用の負荷を軽減する目的で、ツールやコンポーネントの開発が続けられています。

- さまざまな異なる環境で、共通のオペレーションでアプリケーションを運用したい
  - パブリッククラウド　：基盤を複数のユーザーが共有し、安価で迅速に運用
  - プライベートクラウド：特定ユーザー専用の基盤で、セキュリティを優先した運用
  - マルチクラウド　：複数のクラウドを併用して、高安定なサービス運用
  - ハイブリッドクラウド：オンプレミスとクラウドを併用した、適材適所の運用
  - オンプレミス　：自社設備を利用してアプリケーションに特化した運用

- 変化を続ける運用環境を前提に設計された、高い柔軟性と拡張性の実現
  - マイクロサービス化されたアプリの最適な実行環境
  - 緩やかなアプリの連携による柔軟さ、置き換えやすさ
  - さまざまなスペックのサーバーが混在したクラスタ構成
  - サーバー(ノード)の停止、追加、廃棄が容易
  - ストレージやロードバランサーのダイナミックなプロビジョニング
  - パブリッククラウドとAPIで連携させKubernetesから操作

- 高可用性や性能管理の実現
  - ▶ サーバー停止時におけるアプリ再配置の自動化
  - ▶ アプリの異常停止時における自動再起動
  - ▶ 停止許容数を遵守するサービス維持
  - ▶ 高負荷時の自動スケーリング

Kubernetesは、2014年のプロジェクト開始以来、さまざまな企業のアプリケーション運用に適用され、本番ワークロードの実績を大規模に積み上げげています。プロジェクトのホームページ(https://kubernetes.io/case-studies/)からは、さまざまな事例を学ぶことができます。

1.2 誕生から今日までの歴史

Kubernetesプロジェクトは短期間で急速に参加企業を増やして開発を進め、本番運用に適用可能となりました。こうした短く内容の詰まった歴史は、このプラットフォームがIT業界の発展に不可欠であることの証だと思います。その年表を参照すると、本書のレッスンで扱う機能の中には、実装されてから1年未満の新しいものがあることに気付くでしょう。ペースの早い機能開発にドキュメントが追いつかないため、ブログの記事が大変役立ちます。バージョンアップに伴って発表されたブログには、すべて本書の中でリンク先URLを記載しておきました。これらを参照すれば、プロダクトの変遷を把握できると思います。

前述のように、KubernetesはGoogle社内の運用システムBorgが出発点となっています。2015年4月、Google社は論文「Large-scale cluster management at Google with Borg」(BorgによるGoogleの大規模クラスタ管理)を発表しました。この論文には、過去10年間で、Google社のクラスタにあるすべてのワークロードが、Borgと呼ばれる管理システムへ切り替えられたこと、そしてBorgは進化を続け、この活動で学んだ経験がKubernetesへ注がれることを明らかにしました[1,2]。そして、同じタイミングでバージョン0.15がリリースされました[3]。

KubernetesプロジェクトはCNCF(Cloud Native Computing Foundation)がホストしています。この団体は2015年7月に発表、2016年1月に正式発足しました。発表時点ではAT&T、Cisco、Cloud Foundry Foundation、CoreOS、Cycle Computing、Docker、eBay、Goldman Sachs、Google、

参考資料

[1] Google社 Borg論文 Abhishek Verma, Luis Pedrosa, Madhukar R. Korupolu, David Oppenheimer, Eric Tune, John Wilkes (2015)「Large-scale cluster management at Google with Borg」, <https://research.google.com/pubs/pub43438.html>

[2] Borg論文の解説、Abel Avram , 翻訳者 吉田 英人(2015)「GoogleがBorgの詳細を公開」, <https://www.infoq.com/jp/news/2015/04/google-borg>

[3] 「Kubernetes Release: 0.15.0」, <https://kubernetes.io/blog/2015/04/kubernetes-release-0150>

Huawei、IBM、Intel、Joynet、Mesosphere、Red Hat、Twitter、VMware、Weaveworksなど28社が参加、その後もメンバーは増え続け、2018年には170社を超えるまでになりました。

次に挙げた年表では、2016年以降、年4回のバージョンアップが続き、パフォーマンス改善、安定化、セキュリティ強化などが加えられました。2018年3月には、十分に成熟したソフトウェアとして、CNCFのインキュベーション段階からの卒業が宣言されました。卒業といってもCNCFから脱退するわけでなく、「必要な要素を備えたプロジェクトになった」ということのようです。引き続きKubernetesはCNCFの代表的なプロジェクトとして運営されていきます。

2015年 7 月：CNCF発表。Google、Cisco、Red Hat、IBMなどが参加[4]
2015年 7 月：OSCON（オープンソースコンベンション）にてバージョン1.0をリリース[5,6]
2015年11月：バージョン1.1でパフォーマンスを改善[7]
2016年 3 月：Kubernetesの開発主体がCNCFへ正式に移管[8]
2016年 3 月：バージョン1.2、さらなるパフォーマンス改善[9]
2016年 7 月：バージョン1.3、オートスケールを実現[10]
2016年 9 月：バージョン1.4、クラスタ構成作業を容易化し、2つのコマンドで構築可能に[11]
2016年12月：バージョン1.5、本番使用のサポート機能、StatefulSetのベータ版をリリース[12]
2017年 3 月：バージョン1.6、5000ノードを超えるスケール、クラスタのフェデレーション[13]
2017年 6 月：バージョン1.7、セキュリティ機能を強化[14]
2017年 9 月：バージョン1.8、ロールベースアクセス制御（RBAC）の安定化[15]
2017年12月：バージョン1.9、ミッションクリティカルに対応する安定性を達成[16]
2018年 3 月：CNCFインキュベーション段階からの卒業を宣言[17]
2018年 3 月：バージョン1.10、CSI（Container Storage Interface）がベータ版に移行[18]
2018年 7 月：バージョン1.11、CoreDNSがデフォルトに、CSIを強化[19]
2018年10月：バージョン1.12、RuntimeClassの導入により、異なる実行環境の異種ノードに対応[20]
2018年12月：バージョン1.13、kubeadmとCSIが正式提供[21]、kubeadmが本番利用対応へ[22]
2019年 3 月：1.14リリース、Windowsノードと永続ローカルボリュームの本番利用対応[23]
※上記年表に係る参考資料は、誌面の都合上、脚注ではなく本節末尾に掲載しています。

現在でも、Kubernetesにはベータ版段階の機能が多く含まれ、ソフトウェアとして成熟させる活動が続けられています。

1.3 「Kubernetes」の発音とロゴについて

初めてKubernetesに接したときは、なんと発音すればよいのか戸惑います。この単語はギリシャ語なので、英語圏の人でも発音に戸惑うようです。Kubernetesの創設メンバーの一人、Brendan Burns氏は、自身のTwitterの中で次のようにつぶやいています[24]。

参考資料
[24] brendandburns（2015）「Twitterのツイート」、https://twitter.com/brendandburns/status/585479466648018944

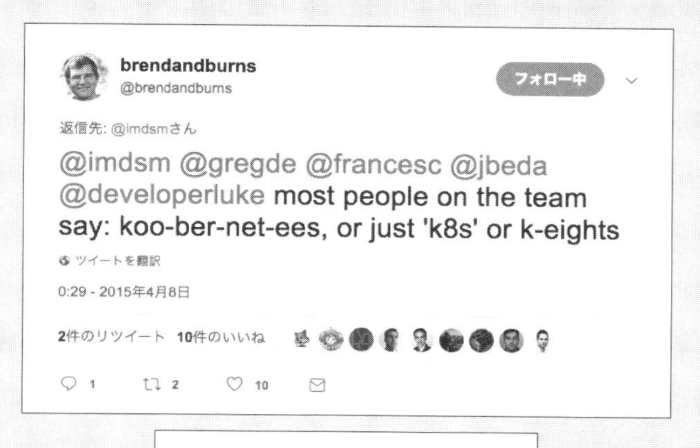

チームの多くの人がkoo-ber-net-ees、またはK8sとかk-eightsと言っている。

図1 Brendan Burns氏のつぶやき

YouTubeで外国人が発音しているのを聞くと、筆者には「クーベネティス」と発音しているように聞こえます。筆者の職場の人たちの間では、略して「クベ」や「クバ」と呼んだり、「クバネティス」という発音が定着しつつあるようにも感じます[25]。国内の解説書を見ても今のところ読み仮名はまちまちですが、本書では「クーバネティス」と読むことにします。

このKubernetesには、ギリシャ語で「舵取り」や「キャプテン」などの意味があり、命名の由来を込めてなのか、船の「舵輪」をイメージしたロゴになっています[26]。

図2 Kubernetesのロゴマークと名前表記

1.4 Kubernetesが解決する課題

さて、スマートフォンなどのアプリケーションは、ユーザーの日常的な活用を通じて日々生まれてくるアイデアやニーズを取り込みながら、次々と新しくリリースされ続けることが求められます。そうした継続的インテグレーションと継続的デリバリーを実現するには多くの課題があります。その中で、Dockerコンテナと Kubernetesは「サービス運用」の課題の解決を助けます。

参考資料

[25] 発音、https://ja.wikipedia.org/wiki/Kubernetes

[26] ロゴ、https://github.com/kubernetes/kubernetes/tree/master/logo

課題1：アプリケーションの頻繁なリリースが必要〈補足2〉

競合他社よりも優れたアプリケーションを提供するには、できるだけ多くのアイデアを試し、失敗を経験し、成功するアイデアに辿り着くことが重要とされています。Kubernetesのロールアウトとロールバックの機能は、新機能の頻繁なリリースや、バグ修正版の緊急入れ替えなどといったデリケートな作業を自動化し、安全かつ円滑に実行できるようにします。これは本番サービス中に、アプリケーションのコンテナを無停止で入れ替える機能によって実現されます。

切り替え中のパフォーマンス低下や、プログラムの不具合に伴うサービス停止を回避するために、コンテナ入れ替えのポリシーを設定できます。また、アプリケーションが不安定な動作をしたときはロールアウトを自動停止し、オペレータの介入によりロールバックできます。

課題2：サービスを止められない

アクセスデバイスの主役がPCからスマートフォンに移り、24時間いつでもどこでも移動中でも利用できることが、アプリケーションサービスの条件となってきました。しかもIoT（Internet of Things）が進展し、自動車、家電製品、ライフライン施設などあらゆる機器がインターネット上のサービスと連携し始めました。このようにITが人々の重要な生活インフラ、社会インフラとなる中で、サービスの可用性が必要不可欠な要件となっています。

Kubernetesのセルフヒーリング（自己回復）の機能は、止まらないサービスの構築を可能にします。Kubernetesクラスタ（以降、K8sクラスタと表記）は内部にロードバランサー機能を備え、アプリケーションの水平クラスタを構成します。そして、アプリケーションのコンテナの正常な動作を監視し、応答がなくなったコンテナを再起動します。ハードウェアの保守や障害により、コンテナの稼働数が減ったときは、自動的にコンテナを起動して必要な数を補い、能力を維持します。

課題3：初期投資を抑え、ビジネスの状況に合わせて伸縮自在に

Kubernetesクラスタをオンプレミスに置く場合でも、仮想化基盤上にK8sクラスタを構築すれば、ビジネスの拡大や縮小に相応して、サーバー数やスペックを柔軟に変更することができます。

Dockerコンテナ〈補足3〉は、アプリケーションコードを、実行環境への依存から完全に解放してくれます。そしてKubernetesは、複数のサーバー（以下、ノード）上でDockerコンテナを運用するためのクラスタを構成します。しかし、アプリケーションはノードの境界を意識する必要がなく、どのノードに

〈補足2〉

アプリケーションのコード変更だけでなく、データベースの項目を変更するケースもあります。NoSQLデータベースを使用していれば、該当部分のコード修正で対応できる場合もあります。一方、SQLデータベースでは、データ定義文を利用したテーブルの項目変更や、アプリケーションのコード中のSQL文の変更などが必要となります。したがってSQLデータベースを利用したケースでは、いくらKubernetesを利用しても、無停止のロールアウトやロールバックはできないことになります。

また、アプリケーションへログイン中ユーザーのセッションを維持するには、ロードバランサーが提供するセッションアフィニティの機能に依存せずに、コンテナが共通でアクセスできるキャッシュへ、セッション情報を保持しなければなりません。

このように、無停止のロールアウトを可能にするKubernetesの利点を生かすには、アプリケーション設計にも注意すべきポイントがあります。

〈補足3〉

Dockerコンテナの特徴などについては、次節の「2 コンテナの理解が前提」を参照ください。

配置されても同じように動作を続けることができます。

K8sクラスタの各ノードが同じスペックである必要はありません。Kubernetesはコンテナが必要とするCPU時間やメモリ容量を把握して、余裕のあるノードへ実行を割り当てるスケジューリングを行います。ビジネスの初期段階では、CPUコア数やメモリ搭載量が少なく安価な仮想サーバーを利用してコストを抑え、ビジネスの規模拡大に合わせ、高性能の仮想サーバーや物理サーバーを組み込むことができます。

追加のノードをK8sクラスタへ組み込むと、ただちにコンテナのスケジュールが開始され、能力が増強されます。不要になったノードは新たにスケジュールされないように制限をかけ、時期を見て、アプリケーションを他のノードへ退避させます。

課題4:すべてをコンテナで実装するのは早すぎるという懸念

ITサービスを提供する企業とそのユーザーにとって、失うことが許されない貴重なデータを、コンテナのデータベースサーバーで管理することに不安を抱く人は少なくありません。コンテナが実用化されてからの歴史は浅く、様子を見たいと思うのはもっともです。アプリケーションサーバーのコンテナ化には抵抗感がなくても、データベースとなると話は別という慎重な姿勢は、きわめて妥当だと思います。

Kubernetesを用いると、ハイブリッドなシステムを容易に構築することができます。たとえば、クラウドのDBaaS(Database as Service)や、オンプレミスのサーバーと連携できます。この連携のためにKubernetesは名前解決の機能を提供します。すなわち、コンテナのアプリケーションから外部サービスを利用することを補助にする機能です。

課題5:テストが完了したら変更を加えない〈補足4〉

テストが完了したコンテナを本番環境へデプロイするために再ビルドすると、人為的な問題が入り込む懸念があります。それでも、テスト環境と本番環境ではデータもデータベースも異なるので、エンドポイントや認証情報を書き換えなければなりません。また、テスト用ドメインから本番用ドメインに変更するには、HTTPSのための証明書も変更しなくてはいけません。

Kubernetesではクラスタを複数の仮想環境に分割することができます。そして、それらの仮想環境に設定ファイル、秘匿性の必要な証明書やパスワードを保存することができます。一方、コンテナからは仮想環境に保存された情報にアクセスできます。これにより、テスト環境から本番環境へ移行する際に、コンテナを再作成する必要がありません。つまり、コンテナのテスト完了後に、そのまま本番環境へ移して利用できます。

〈補足4〉

開発中のコンテナには、プログラム開発中に発生する問題を追跡するためのツールを入れておきたいものです。一方、本番環境では、不要なものを含まないコンパクトなコンテナをビルドしたいという要求があります。このようなケースでは工夫が必要です。たとえば、開発作業を終えた時点でリリース用のコンパクト版コンテナをビルドして、開発環境レベルのテストにパスしたら、その後の工程では再ビルドしないというルールを適用するなどです。

課題6：オンプレミスとクラウドの両方で稼働が求められる

セキュリティ上の理由から「インターネット経由でアクセスするパブリッククラウドは利用できない」とする企業もあります。このような懸念は、技術的な対策や規準の遵守だけで簡単に払拭できるものではなく、難解で複雑なテクノロジーへの恐怖心も作用しています。しかし慎重な態度とは裏腹に、セキュリティリスクの低い用途には、パブリッククラウドをどんどん活用したいという意欲も高まっています。

Kubernetesをコアとしたソフトウェア製品群は、自社設備の中だけで運用することができます。また、大手クラウドベンダー各社は2017年から2018年にかけて、AWS（EKS）、Azure（AKS）、IBM Cloud（IKS）など、Kubernetesの本格的なサービスを開始しました。もちろんGoogleのGCP（GKE）では、先行して開始しています。Kubernetesは基盤部分の複雑さを抽象化して、アプリケーションを中心とするオペレーションを目指すものですから、オンプレミス環境とクラウド環境のオペレーション共通化に大いに貢献します。

課題7：アプリケーション中心のオーケストレーションが必要

パブリッククラウドの普及により、アプリケーションの基盤を整備する労力や時間は、大幅に削減されました。Kubernetesは「アプリケーション運用」を中心とする考え方で、この流れを加速します。アプリケーションの開発者は、YAML〈注1〉ファイルに仕様を記述することで、ロードバランサー、ストレージ、ネットワーク、ランタイムなど、アプリケーションの実行に必要なすべての基盤を設定することができます。

課題8：特定企業に支配されない標準技術を選択する必要

情報技術は、企業の経営資源としての重要度をますます高めています。特に人工知能や深層学習は、企業の成長や収益に直接影響を与えます。そして、これらを応用するアプリケーションの実行環境として考えられているのがコンテナ技術です。

企業の将来を左右するこのような重要事項を、特定のIT企業一社の独占的な技術に委ねることは、リスク管理の観点からも回避しなければなりません。Kubernetesプロジェクトはもともと Googleのメンバーが創設しましたが、CNCFへ寄贈され、オープンソースプロジェクトとして運営され、参加企業は170社に達し、IT業界を挙げたプロジェクトになっています。

課題9：低稼働率サーバーの削減

パブリッククラウドの仮想サーバーでも、オンプレミスの物理サーバーであっても、CPU使用率の低いサーバーが増えることは望ましくありません。この課題に関して、Kubernetesの基礎となるコンテナ技術は、アプリケーションに対し、特定のサーバーに固定されない可搬性を与えます。さらに、CPU使用時間やメモリ要求量を容易に制御する手段を提供します。

この技術によってKubernetesは、低稼働率サーバーのアプリケーションを集約できるようにしま

〈注1〉
YAMLについての詳細は2章末尾のコラム「K8sユーザーのためのYAML入門」を参照してください。

す。そして、サーバーのCPU稼働率をできるだけ高く保ちながら、安定したレスポンスを維持するといった相反する要求を両立して、アプリケーションの処理量とサーバー費用の比、すなわちコストパフォーマンスを可能な限り高くする運用を可能にします。

1.5 Kubernetesのアーキテクチャ概要

Kubernetesのアーキテクチャは非常にシンプルであり、クラスタの管理を担当するマスターと、アプリケーションの実行を担当するノードの2種類のサーバーで構成されるクラスタです。以後、Kubernetesのクラスタを表す場合は、少し長いので「K8sクラスタ」と表記します。また、KubernetesはK8sと略記することがあります。クラウドのドキュメントなどでは、わかりやすくするために、マスターを「マスターノード」、ノードを「ワーカーノード」と表現しているケースもあります。また、ノードは初期の頃「ミニオン」とも呼ばれていました[27,28]。

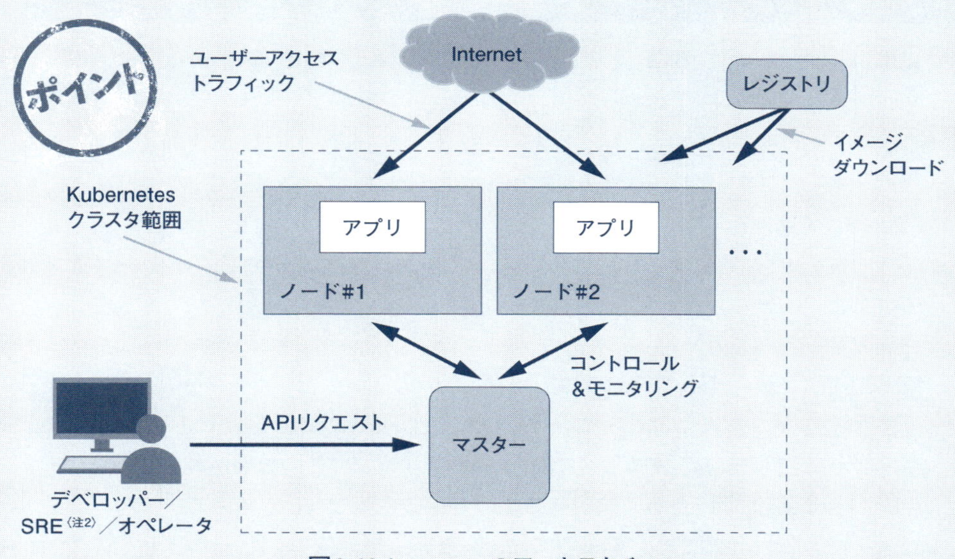

図3 Kubernetesのアーキテクチャ

〈注2〉
Site Reliability Engineer（サイト信頼性エンジニア）の略。運用業務だけでなく、運用の信頼性向上や自動化を目的としたプログラム開発を担うエンジニアです。

参考資料

[27] アーキテクチャ解説、https://kubernetes.io/docs/concepts/architecture/
[28] アーキテクチャ図（Version 1.5）、https://github.com/kubernetes/kubernetes/blob/release-1.5/docs/design/architecture.md

マスターは、管理コマンドkubectlなどのAPIクライアントからのリクエストを受けて、アプリケーションのデプロイ、スケール、コンテナのバージョンアップなど、すべての要求に対応します。マスターはK8sクラスタのSPOF(Single Point of Failure:単一障害点)とならないように冗長化することもできます[29]。

ユーザーからのアクセス負荷の増大に対応して処理能力を増強するには、コンテナ数を増やすことも必要ですが、やはりノード数を増やす必要があります。ノード数は1から設定でき、バージョン1.11の最大ノード数は5000とされています[30]。ノードの増設や削除は、アプリケーションの稼働中でも実施できます。アプリケーションコンテナの配置先は、マスターが自動的に決め、最適なノードへデプロイしてくれます。

K8sクラスタの外側にはレジストリがあります。これはDockerのレジストリと共通のものであり、アプリケーションのコンテナイメージをダウンロードするために、IPネットワーク上で疎通できる場所に配置されていなければなりません。

本節のまとめ

Kubernetesのアウトラインをざっくり理解するため、「まとめ」として次の7点を挙げておきます。

1. スマートフォンのアプリケーションなど、一般ユーザーを対象として膨大な端末からのアクセスに適したプラットフォームであり、継続的インテグレーションと継続的デリバリー実践の課題解決を助ける。
2. クラウドサービス事業者にも、オンプレミス環境にも依存しない共通のオペレーションを提供する。
3. アプリケーションとサーバー基盤をコンテナ技術により分離することで、変化に対応できる柔軟性やスケーラビリィを提供する。
4. 歴史は浅いが、プロジェクトをホストするCNCF(Cloud Native Computing Foundation)は、多くの企業の支持を得て急速に拡大し、執筆現在170社の参加企業がある。ソフトウェアは、本番運用に耐えられる熟成度であり、多くの企業が採用を始めている。
5. 大手パブリッククラウドの各事業者は、Kubernetesに対応するマネージドサービスを提供しており、オンプレミスやクラウドなどを自由に移動できる環境が整った。
6. Kubernetesにはギリシャ語で「(船の)舵取り」や「キャプテン」などの意味があり、その命名の主旨を込めて舵輪をイメージしたロゴが採用されている。
7. アーキテクチャ概要としては、マスターとノードから成り、マスターがノードを制御して、ノー

参考資料

[29] 高可用性クラスタの構築法、https://kubernetes.io/docs/setup/independent/high-availability/
[30] 大規模クラスタの構築、https://kubernetes.io/docs/setup/cluster-large/

ドがコンテナの実行環境となる。

Kubernetesは、コンテナの技術を基礎として構築され、運用対象のアプリケーションはコンテナ化が前提条件になります。そこで次の1章2節では、基礎となるコンテナを扱い、さらに3節では、Kubernetesの構成要素へと理解を進めていきます。

参考資料

[4] CNCF発足の発表、https://www.cncf.io/announcement/2015/06/21/new-cloud-native-computing-foundation-to-drive-alignment-among-container-technologies/

[5] Announcing Kubernetes 1.0、http://kuberneteslaunch.com/

[6] Kubernetes 1.0 Launch Event at OSCON、https://kubernetes.io/blog/2015/07/kubernetes-10-launch-party-at-oscon

[7] Kubernetes 1.1 Performance upgrades, improved tooling and a growing community、https://kubernetes.io/blog/2015/11/kubernetes-1-1-performance-upgrades-improved-tooling-and-a-growing-community

[8] Cloud Native Computing Foundation Accepts Kubernetes as First Hosted Project; Technical Oversight Committee Elected、https://www.cncf.io/announcement/2016/03/10/cloud-native-computing-foundation-accepts-kubernetes-as-first-hosted-project-technical-oversight-committee-elected/

[9] Kubernetes 1.2: Even more performance upgrades, plus easier application deployment and management、https://kubernetes.io/blog/2016/03/kubernetes-1.2-even-more-performance-upgrades-plus-easier-application-deployment-and-management

[10] Kubernetes 1.3: Bridging Cloud Native and Enterprise Workloads、https://kubernetes.io/blog/2016/07/kubernetes-1.3-bridging-cloud-native-and-enterprise-workloads

[11] Kubernetes 1.4: Making it easy to run on Kubernetes anywhere、https://kubernetes.io/blog/2016/09/kubernetes-1.4-making-it-easy-to-run-on-kuberentes-anywhere

[12] Kubernetes 1.5: Supporting Production Workloads、https://kubernetes.io/blog/2016/12/kubernetes-1.5-supporting-production-workloads

[13] Kubernetes 1.6: Multi-user, Multi-workloads at Scale、https://kubernetes.io/blog/2017/03/kubernetes-1.6-multiuser-multi-workloads-at-scale

[14] Kubernetes 1.7: Security Hardening, Stateful Application Updates and Extensibility、https://kubernetes.io/blog/2017/06/kubernetes-1.7-security-hardening-stateful-application-extensibility-updates

[15] Kubernetes 1.8: Security, Workloads and Feature Depth、https://kubernetes.io/blog/2017/09/kubernetes-18-security-workloads-and

[16] Kubernetes 1.9: Apps Workloads GA and Expanded Ecosystem、https://kubernetes.io/blog/2017/12/kubernetes-19-workloads-expanded-ecosystem

[17] 最初のCNCF卒業プロジェクトKubernetes Is First CNCF Project To Graduate、https://www.cncf.io/blog/2018/03/06/kubernetes-first-cncf-project-graduate/

[18] Kubernetes 1.10: Stabilizing Storage, Security, and Networking、https://kubernetes.io/blog/2018/03/26/kubernetes-1.10-stabilizing-storage-security-networking/

[19] Kubernetes 1.11: In-Cluster Load Balancing and CoreDNS Plugin Graduate to General Availability、https://kubernetes.io/blog/2018/06/27/kubernetes-1.11-release-announcement/

[20] Kubernetes v1.12: Introducing RuntimeClass、https://kubernetes.io/blog/2018/10/10/kubernetes-v1.12-introducing-runtimeclass/

[21] Kubernetes 1.13: Simplified Cluster Management with Kubeadm, Container Storage Interface (CSI), and CoreDNS as Default DNS are Now Generally Available、https://kubernetes.io/blog/2018/12/03/kubernetes-1-13-release-announcement/

[22] Production-Ready Kubernetes Cluster Creation with kubeadm、https://kubernetes.io/blog/2018/12/04/production-ready-kubernetes-cluster-creation-with-kubeadm/

[23] Kubernetes 1.14: Production-level support for Windows Nodes, Kubectl Updates, Persistent Local Volumes GA、https://kubernetes.io/blog/2019/03/25/kubernetes-1-14-release-announcement/

2 コンテナの理解が前提

Docker技術のうち、Kubernetes活用に必要な知識をおさえる

今日のアプリケーション開発では、Python、PHP、Ruby、Javaなどのパッケージリポジトリから提供されているさまざまなライブラリ、共通的な機能をまとめたフレームワークなど、優れたOSSを組み合わせることができます。これにより、開発者が書くコード量が減り、短期間で高品質なアプリケーション開発が実現しています。

その一方で、OSS開発のプロジェクトでは、日々、新しい機能の提供や課題対応のためのバージョンアップ、バグフィックス、セキュリティパッチなどが提供されています。その結果、アプリケーションのソースをビルドするごとに、それが依存しているソフトウェア群のどこかが変更されていると言っても過言ではないくらいに、依存するコード量が増え、頻繁に更新されるようになっています。

つまりは、開発の生産性と引き換えに、アプリケーションソフトウェアの安定性を維持することが難しくなっているのです。コーディングを終えてテストにパスしても、時間の経過とともに、依存するソフトウェアのバージョンが進んでしまうため、APIの互換性が失われたり新たなバグが発生したりして、開発したソフトウェアのスタックが期待どおりに動作しなくなるのです。

Dockerは、この新しい課題をコンテナの技術で解決し、OSSによる開発生産性の向上と、アプリケーションの安定的動作を両立させる役割を果たします。そして、コンテナ化されたアプリケーションの運用プラットフォームであるKubernetes自身も、一部分はコンテナで構成されています。

本節ではDockerの基礎知識のうち、Kubernetesを使うために必要な部分に絞って扱います。Dockerには本書では紹介しきれない、たくさんの機能やソフトウェア群がありますので、Docker自体の解説書籍も参照することをお勧めします。

2.1 コンテナを利用する価値

コンテナを利用することの価値を要約して列挙すると、次のようになります[1,2]。

参考資料

[1] Adrian Mouat著、Sky玉川竜司訳『Docker』、O'REILLY オライリー・ジャパン、p3-4

[2] 中井悦司著『Docker実践入門』、技術評論社、p10-18

1. 基盤利用の効率を高める

- ▶ 小型軽量のコンテナを、物理サーバーや仮想サーバーの上で混在動作できる
- ▶ CPUやメモリの使用率を高め、ハードウェアを高効率で利用

2. 迅速な利用開始

- ▶ 仮想サーバーや物理サーバーよりも、コンテナの起動時間は短い
- ▶ OS、アプリケーション、ミドルウェアなどさまざまなイメージをレジストリから入手可能
- ▶ 利用開始に伴うインストール作業や設定作業を不要とする
- ▶ ネットワーク、ボリューム（外部記憶）をソフトウェア定義のオブジェクトとして作成できる

3. 不変の実行基盤（Immutable Infrastructure）

- ▶ アプリケーションなどの実行に必要なソフトウェアを含むコンテナを作成
- ▶ コンテナの組み合わせでシステムを構成することで、サーバー基盤から分離
- ▶ アプリケーションの開発環境から本番環境への移行に変更不要

以上のような特徴から、コンテナは仮想サーバーよりも簡便で、優れたアプリケーションの実行基盤であると言えます。それでは、コンテナはどのような仕組みで作られているのか、その詳細や理由を解説していきます。

2.2 仮想サーバーとコンテナの違い

コンテナに関してはウェブの記事や書籍がたくさんあり、すでにご存知の読者も多いと思いますので、要点に絞って図解します。

仮想サーバーは、仮想化ソフトウェアを利用した共有ハードウェアの上でOSを実行し、あたかも1台の専用サーバーであるかのように利用できます。共有ハードウェアで複数の仮想サーバーを稼働できるため、ハードウェア購入や設備管理のコストを削減できます。この仮想化ソフトウェアは「ハイパーバイザー（Hypervisor）」と呼ばれ、VMware、Xen、KVM、VirtualBox、Hyper-Vなど、ソフトウェア会社が提供する商用の製品からオープンソースまでさまざまな製品があります。

一方、コンテナは、Linuxのプロセスの1つが専用サーバーで動作しているような、分離された状態を作り出します。それを可能としているのは、Linuxカーネルのネームスペースやコントロールグループ（cgroup）などの機能です[3]。

参考資料

[3] コンテナの基礎技術、https://docs.docker.com/engine/docker-overview/#the-underlying-technology

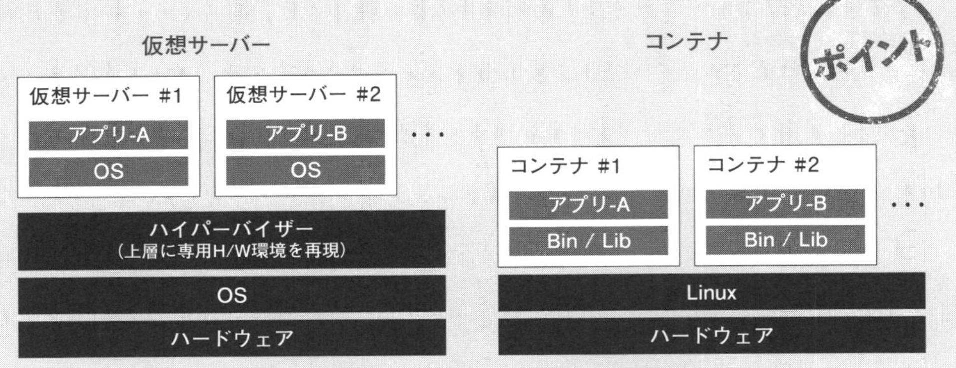

図1 仮想サーバーとコンテナの差異の概念図

筆者が調べた範囲では、コンテナは仮想サーバーと比べて次のような利点を生みます。

表1 コンテナの利点

特徴点	仮想サーバー	コンテナ
イメージサイズ (CentOS 7.4の場合)	最小 1.54GB	最小 0.20GB
メモリ使用量	デフォルト 640MB	デフォルト 512MB
ベンチマーク性能比 同じCPUスペックの物理サーバーでUnixBench スコアを100%としたときの相対スコア	65%[4] (Xen HVM仮想サーバー)	90%[5]
OS起動時間	数分	数秒

Windows PCやMacなど、開発者が開発時に利用するコンテナ実行環境には、Linuxのカーネル環境を利用できるようにするために、必ず仮想サーバーが必要となります。Docker CE (Community Edition 18.06以降)をWindows PCやMacにインストールすると、それぞれのハイパーバイザーの上でLinuxKitが動き、その上でコンテナのランタイムcontainerdが動作するようになっています。各ハイパーバイザーは、Windows 10ならHyper-Vを利用し、macOSならそのHypervisor.frameworkで動作するHyperKitを利用します。そしてLinuxKitは、コンテナを実行するためのセキュアかつスリムなLinuxのサブシステムであり、Docker、IBM、Linux Foundation、Microsoft、ARM、Hewlett Packard、Intelなどによってゼロから作られました[6,7]。

コンテナはハイパーバイザー上の仮想サーバーでも利用でき、また、仮想サーバーの構築は自動

参考資料

[4] 仮想サーバーの性能劣化、https://image.slidesharecdn.com/cedec2015-150827155912-lva1-app6891/95/cedec2015-41-638.jpg?cb=1440691317

[5] コンテナの性能劣化、https://image.slidesharecdn.com/cedec2014ibmsoftlayer-140902110525-phpapp02/95/cedec2014-ibmsoftlayer-38-638.jpg?cb=1409655994

[6] macOSのHyperKit用LinuxKit、https://github.com/linuxkit/linuxkit/blob/master/docs/platform-hyperkit.md

[7] WindowsのHyper-V用LinuxKit、https://github.com/linuxkit/linuxkit/blob/master/docs/platform-hyperv.md

化しやすいことから、省力化と迅速性を優先して、パブリッククラウドの仮想サーバーや、オンプレミスのOpenStackの仮想サーバー上でも多く利用されています(図2)。近い将来、仮想サーバーは、LinuxKitによって標準化されたLinuxカーネルでコンテナホストとして利用され、アプリケーションはコンテナ上で実行するのが当たり前になるかもしれません[8]。

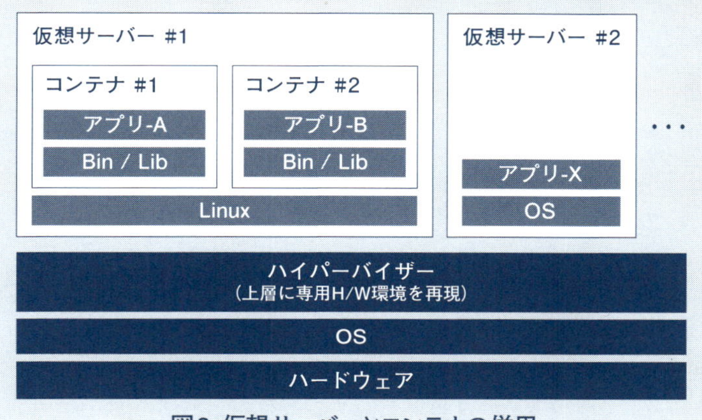

図2 仮想サーバーとコンテナの併用

2.3 Dockerのアーキテクチャ

Linuxカーネルが持つ機能を駆使すれば、独自にコンテナを実装することは可能です。しかしそれを行うと、コミュニティで開発されたコンテナの再利用が難しくなるなど、さまざまな不便が推測されます。ソフトウェア開発者がコンテナを利用して、生産性を改善できるように、Dockerはコンテナの Build(作成)、Ship(移動)、Run(実行)の3つの側面を支援します。この機能を実現するDockerのアーキテクチャは、Dockerデーモンのサーバーと、そのクライアントであるdockerコマンド、そして、イメージの保管場所であるレジストリから成っています(図3)[9]。

参考資料

[8] LinuxKitのアナウンス、https://blog.docker.com/2017/04/introducing-linuxkit-container-os-toolkit/
[9] Dockerアークテクチャ、https://docs.docker.com/engine/docker-overview/#docker-architecture

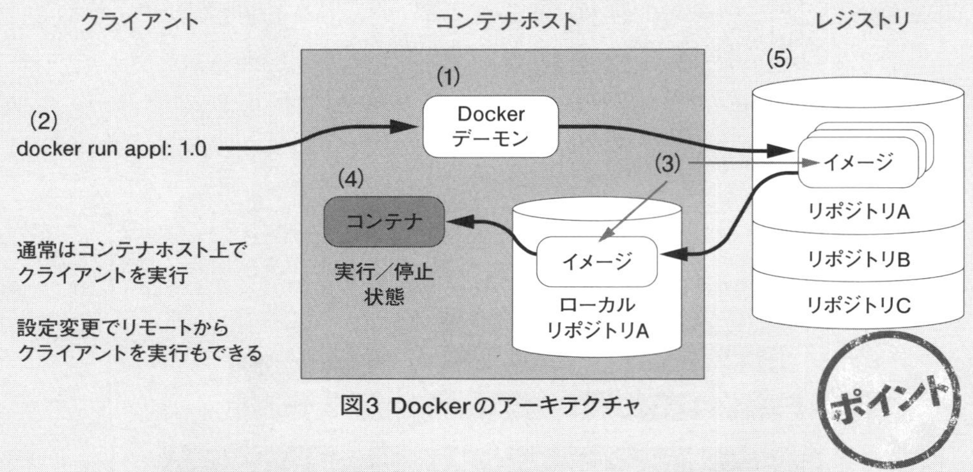

図3 Dockerのアーキテクチャ

以下、図3に表したDockerの構成要素（1）から（5）について、順に説明していきます。

（1）Dockerデーモン

Dockerデーモンは、そのクライアントであるdockerコマンドの要求を受け取り、イメージ、コンテナ、ボリューム、ネットワークといったDockerオブジェクトを管理します。また、Dockerデーモンは、ネットワークを越えてリクエストを受け取ることもできます[10]。

（2）Dockerクライアント

Dockerデーモンのクライアントはdockerコマンドであり、コンテナを操作するコマンドライン・ユーザーインタフェースです。このコマンドはDocker APIを利用してDockerデーモンへ要求を送り、機能を活用できるようにします。以下にDockerが開発者を支援する特徴的な3つのdockerコマンドのサブコマンドを紹介します[11]。

- docker build：ベースのイメージから、機能を加えた新イメージを作る。
- docker pull：レジストリのイメージをローカルにダウンロードする。
- docker run：イメージからコンテナを実行する。

dockerコマンドを用いると、「コンテナ」、「イメージ」、「ネットワーク」、「ボリューム」などのオブジェクトを生成して、利用することができます。これらのうちコンテナとイメージは少し混乱しやすいので、補足説明しておきます。

参考資料

[10] How do I enable the remote API for dockerd, https://success.docker.com/article/how-do-i-enable-the-remote-api-for-dockerd
[11] Dockerコマンドラインのリファレンス、https://docs.docker.com/engine/reference/commandline/cli/

Dockerコマンド体系の変更

実行中のDockerコンテナをリストする方法には、次の2つの方法があります。

docker ps

docker container ls

前者は古くから提供されてきたサブコマンドです。後者は2017年1月に発表された新しいサブコマンド体系で、Dockerバージョン1.13から導入されました。この体系は、サブコマンドにcontainer、imageなど対象となるオブジェクトの種類を指定して、その後ろに、動詞に相当するキーワードを置く形式になっており、理解しやすく、効率よく学習を助けてくれます。旧体系のサブコマンドに対するサポートを止めるといった発表はありませんが、新機能の追加では新コマンド体系が優先されると予想されます。

筆者も新サブコマンド体系に慣れるために努力したのですが、タイプ数が増えてしまい、能率の低下を痛感しました。一方、Kubernetesでは短縮形を提供しており、たとえばdaemonsetはdsとタイプすることが許されるなど、配慮されています。メインフレームなどの歴史あるOSのコマンドも、端末利用者の生産性に配慮して、フルスペルと短縮形の両方が提供されています。

そこで、筆者としては能率の悪い、新サブコマンド体系だけを紹介するのは忍びないため、本書では、旧式でも能率がよい旧サブコマンドを主に利用します。ただし、本書の各Stepの「まとめ」には、新旧の対比を掲載し、新しい機能は新サブコマンド体系で紹介することにします。将来のバージョンではDockerコマンドにも短縮形が許容されることを願います。

参考資料

https://blog.docker.com/2017/01/whats-new-in-docker-1-13/

(3) イメージ

「イメージ」とは、読み取り専用のコンテナのテンプレートです[12]。すなわち、イメージはコンテナを起動するための実行形式と設定ファイルなどのかたまりです。コンテナ実行開始時に、「イメージ」からコンテナへ変換して、ミドルウェアやアプリケーションなどを実行します。Docker Hubにはデータベース、ウェブアプリケーションサーバー、アプリケーションなど、たくさんのイメージが登録されています。たとえば、CI/CDツール〈補足5〉の定番JenkinsもDocker Hubに登録されており、インストールなしに、docker runコマンドで、Jenkinsサーバーをパソコンで実行することができます。

Jenkinsを永続的に利用するには、もう少しオプションを加える必要がありますが、基本としてはdocker runによって、図4②の状態になります。この状態は、Javaで書かれたJenkinsのアプリケーションがコンテナ上で動作して、そのダッシュボードへアクセスできる様子を表しています。

コンテナホストのリポジトリにイメージが存在しない場合は、自動的にリモートのレジストリからプルしてから、コンテナを実行します。そして、パソコンホストのリポジトリへのダウンロードで止める、つまり図4①の状態に留めたい場合には、docker pullとします。

参考資料

[12] Dockerオブジェクトイメージ、https://docs.docker.com/engine/docker-overview/#docker-objects

〈補足5〉

P.15の脚注を参照してください。

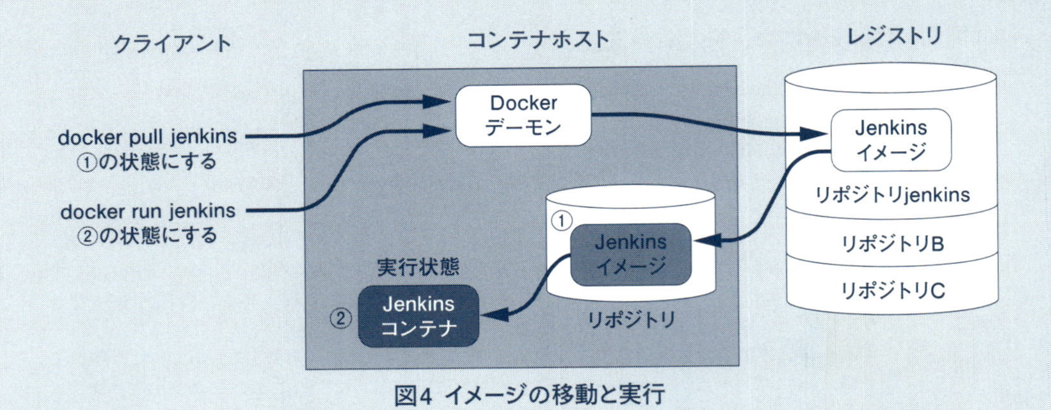

図4 イメージの移動と実行

ほとんどのイメージは、他のイメージに基づいて作られています。たとえば、ウェブサーバーのNginxのコンテナは、Linuxディストリビューションの1つであるDebianのコンテナをベースに作られています。このカスタムなコンテナを作る際には、Dockerfileに記述した内容にしたがって、イメージが生成されます[13,14]。

図5はDockerfileに記述した内容にしたがって、Nginxのコンテナのイメージが生成される過程を表したものです。はじめにDockerfileは、①docker buildコマンドによって読み取られ、②ベースとなるDebianイメージがコンテナホストに存在しなければレジストリから取り込みます。そして、③Debianイメージをコンテナとして起動して、④Nginxのパッケージをインストールして設定ファイルを加え、⑤新たなイメージNginxとしてローカルのリポジトリへ保存します。

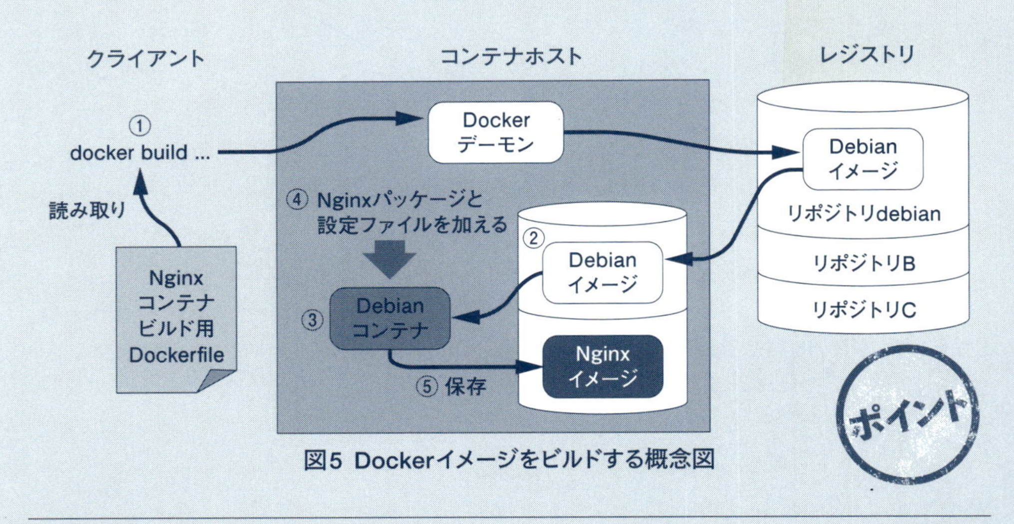

図5 Dockerイメージをビルドする概念図

参考資料

[13] NginxのDockerfile、https://github.com/nginxinc/docker-nginx/blob/3b108b59619655e3bd4597a059f544afa374b7fb/mainline/stretch/Dockerfile

[14] Debianコンテナイメージ、https://hub.docker.com/_/debian/

(4) コンテナ

コンテナは「プロセス」という言い方をすることがあります。つまりコンテナは、後述するネームスペースやコントロールグループなどによって、他のプロセスから分離された実行状態のプロセスであると表現できます。しかし、それだけではなく停止状態でも管理されることから、もう少し正確に表現すると「イメージの実行可能インスタンス」[15]となります(図6)。

具体的には、docker runコマンドによって、イメージはコンテナへ変換されインスタンス化されます。この実行状態のコンテナは、IPアドレスを持ち1つのサーバーのように動作します。そして、コンテナのIPアドレスとポート番号への要求に対して、コンテナ内のプロセスが応答します。

docker runコマンドでイメージをインスタンス化する際には、オプションで、コンテナの動作を切り替えることができます。図6の例では、ウェブサーバーNginxにマウントするボリュームとして、上のラインでは「ABCコンテンツ」、下のラインでは「XYZコンテンツ」と、それぞれ異なるコンテンツを与えて起動します。こうして、同じイメージから作られたコンテナでも、異なるサービスを提供することができます。このように、パラメータを与えて動作を切り替えられるようにイメージを開発することで、コンテナの再利用性を飛躍的に高めることができます。

コンテナを停止したいときは、docker stopまたはdocker killを利用します。この2つのサブコマンドの違いは、終了処理を促して正常終了させるか、即時に強制停止させるかの違いです。どちらでもコンテナは停止状態となりますが、コンテナが消滅したわけではありません。停止状態のコンテナは、docker rmによって削除されるまで、docker runのオプションと、実行時のログを保持したまま存在しています。

再びコンテナを開始するには、docker startを実行します。このとき、停止前からのIPアドレスは保持しません。コンテナ再開の時点で割り当て可能なIPアドレスの中からアサインされるので、IPアドレスは変わってしまいます。

参考資料

[15] DockerオブジェクトCONTAINERS、https://docs.docker.com/engine/docker-overview/#docker-objects

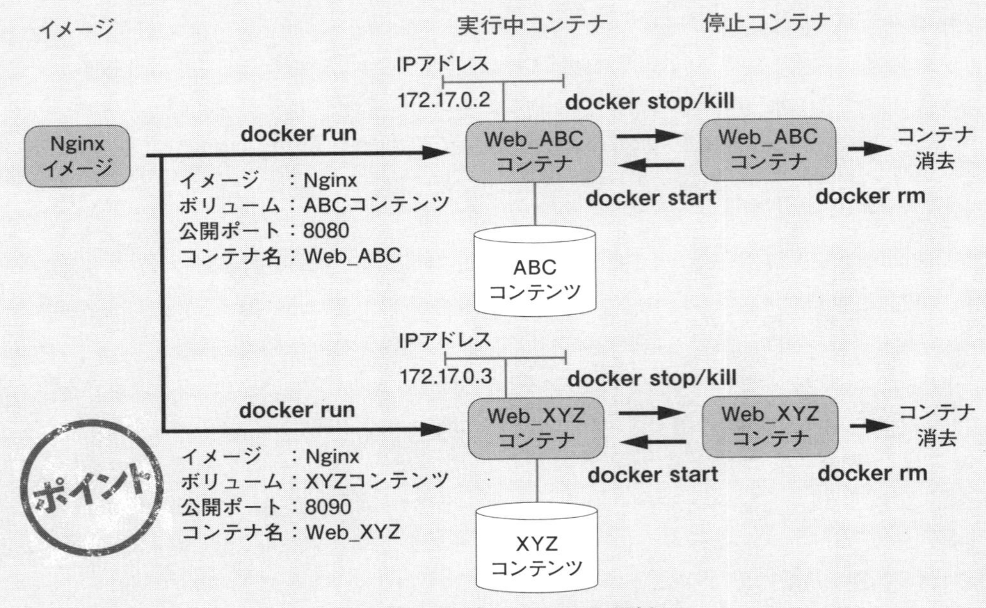

図6 イメージとコンテナの関係

(5) Dockerレジストリ

Dockerレジストリは、コンテナのイメージを保管します[16]。DockerはデフォルトでDocker Hubにあるイメージを探すように設定されています。docker run hello-worldと実行すると、パブリックレジストリであるDocker Hubに登録されたイメージhello-worldをプルして、コンテナとして実行します。

「レジストリ」と「リポジトリ」の意味が似ており、しばしば混乱が生じます。レジストリは、リポジトリを複数持つ保管サービスです。一方、リポジトリは、イメージ名に「タグ」を付加して、イメージのリリース世代やバージョン番号などを識別できるように保管します。レジストリには次の種類があります。

パブリックレジストリ

誰でも利用できる公共のレジストリサービスです。例えば、Docker Hub では料金ランクに応じて、一般から見えないプライベートのリポジトリ数が増えます。一方、一般公開してもよいリポジトリは無料です。

Gitサービスに登録したDockerfileやアプリケーションのソースコードを編集して、git pushを実行すると、パブリックレジストリのサービスが連動して、Gitサービスからコードを取り込み、コンテナをビルドして、リポジトリへの登録を自動化するサービスもあります。また、コンテナの脆弱性検査を実施してレポートを提示するなどの機能を持つレジストリもあります。代表的なパブリックレジストリサービ

参考資料

[16] Dockerレジストリ、https://docs.docker.com/engine/docker-overview/#docker-registries

スには以下があります。

- Docker Hub（https://hub.docker.com/）
- Quay（https://quay.io/）

クラウドのレジストリ

パブリッククラウドのサービスのメニューとして利用できるレジストリです。パブリッククラウドのKubernetesから、クラウドのユーザーアカウントに限定して、プライベートにリポジトリを利用することを目的としていますが、付属するパブリッククラウドだけでなく、一般へ公開する機能を持つものもあります。クラウドに付随するレジストリのなかで、代表的なものには以下があります。

- Amazon Elastic Container Registry（https://aws.amazon.com/ecr/）
- Azure Container Registry（https://azure.microsoft.com/en-us/services/container-registry/）
- Google Container Registry（https://cloud.google.com/container-registry/）
- IBM Cloud Container Registry（https://www.ibm.com/cloud/container-registry）

プライベートレジストリ

このレジストリは、組織やプロジェクトの専用とし、アクセス元を限定した運用を行うものです。または本書「付録2.4」の学習環境にあるプライベートレジストリのように、他者から隔離された専用のレジストリを構築することもできます。OSSとして利用できるレジストリのソフトウェアを以下に挙げておきます。

- Harbor（https://goharbor.io/）
- GitLab Contaienr Registry（https://docs.gitlab.com/ee/user/project/container_registry.html）
- registry（https://hub.docker.com/_/registry/）

Kubernetesをコアとするソフトウェア製品の多くには、レジストリの機能が組み込まれています。これらを利用することで、構築の時間を節約することができます。

2.4 レジストリとKubernetesの関係

Kubernetes上でコンテナを実行するときも、レジストリの中のリポジトリからコンテナイメージをダウンロードし、インスタンス化して実行します。このつながりを図に表したのが図7です。また、Kubernetesの上でコンテナが動作するまでの流れを表すと、次の1から5になります。

1. docker buildで、イメージをビルドする。
2. docker pushで、イメージをレジストリへ登録する。
3. kubectlコマンドで、マニフェストからオブジェクトの生成を要求する。
4. マニフェストに記述されたリポジトリから、コンテナをプル（ダウンロード）する。
5. コンテナをポッド上で起動する。

レジストリは、Kubernetesを利用するうえで必要不可欠なサービスであることがわかると思います。

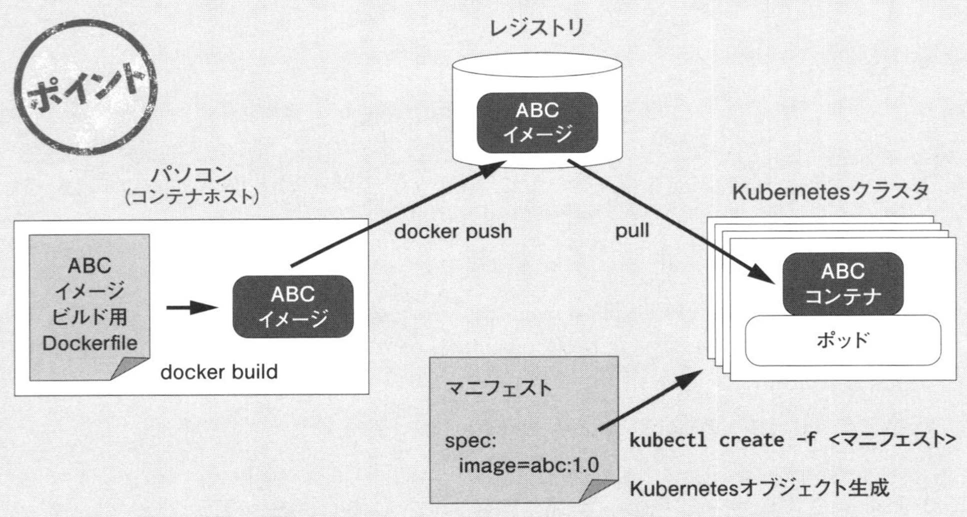

図7 DockerとKubernetesをつなげるレジストリの役割

2.5 DockerとKubernetesの連携

KubernetesはDockerをコンテナのランタイム環境として利用してきました。Kubernetesをインストールするときは、先に必ずDockerをインストールしておく必要がある[17]のはそのためです。KubernetesとDockerの連携について、図8で、もう少し見ていきましょう。

Dockerデーモンのプロセスdockerdと連携して動作するcontainerd[18]プロセスは、もともとDocker社によって開発されました。その後、2017年3月、標準的なランタイム実装を実現するためにDocker社からCloud Native Computing Foundation(CNCF)へ寄贈され、開発が継続されました[19]。このようにCNCFのもと参加企業の協力を得て、containerdはさまざまなプラットフォーム上で動作する業界標準のコア・コンテナのランタイムとして、シンプル、堅牢、可搬性を重視して開発されました[20]。

containerdは、Docker CE 17.3でバージョン0.2.3が導入され、Docker CE 17.12ではcontainerdバージョン1.1になりました。これはコンテナホスト上で、イメージの転送、保管、コンテナの実行、ボリュームやネットワークの接続など、コンテナの完全なライフサイクルを管理できます。

containerdのバージョン1.1からは、CRI(Container Runtime Interface)[21]に対応して、ネイティブにkubelet〈注1〉と連携できるようになりました[22]。

〈注1〉
1章の「3 Kubernetesの基本」表2を参照してください。

参考資料

[17] Kubernetesインストール時のDockerインストール、https://kubernetes.io/docs/setup/independent/install-kubeadm/#installing-docker
[18] Dockerエンジンの説明、https://www.docker.com/products/docker-engine
[19] CNCF発表、containerdの寄贈、https://www.cncf.io/announcement/2017/03/29/containerd-joins-cloud-native-computing-foundation/
[20] containerdプロジェクトのホームページ、https://containerd.io/
[21] CRI(Container Runtime Interface)の紹介、https://kubernetes.io/blog/2016/12/container-runtime-interface-cri-in-kubernetes/
[22] Kubernetesとcontainerdの統合のGA、https://kubernetes.io/blog/2018/05/24/kubernetes-containerd-integration-goes-ga/

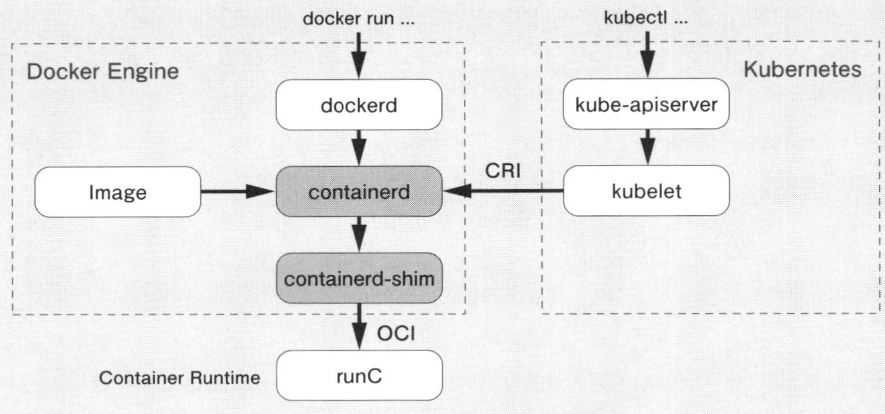

図8 DockerとKubernetesの連携

containerdは、OCI(Open Container Initiative)標準仕様[23]に準じるコンテナランタイムrunC[24]を利用します。そして、CRIを通じてコンテナの実行が要求されるとcontainerdは、containerd-shimを生成します(shimとは、隙間を埋めて高さや水平を出すための詰め木の意味で、ここではcontainerdとrunCの間を取り持ちます)。このcontainerd-shimでは、runCがコンテナを立ち上げたあと、runCは終了して、代わりにcontainer-shimがプロセスとして残ります[25]。

このように内部の標準化が進むことで、今後、Kubernetesのコンテナ実行環境は、Dockerのインストールを必須としなくなり、よりシンプルかつ軽量で高速になっていく方向で開発が進んでいます。パブリッククラウドの各社Kubernetesのマネージドサービス、また、Kubernetesをコアとした各社ソフトウェア製品の間でも、containerdとkubeletが直接連携する方向に進んでおり、IBM Cloud Kubernetes Serviceにおいても、バージョン1.11以降ではDockerを利用しなくなりました[26]。

2.6 コンテナを実現する技術や標準

コンテナを利用しているときに意識することはほとんどありませんが、コンテナを実現している技術について、簡単に触れておきましょう。

参考資料

[23] Open Container Initiativeのホームページ、https://www.opencontainers.org/

[24] runCの紹介、https://blog.docker.com/2015/06/runc/

[25] containerd-shimの役割説明、https://stackoverflow.com/questions/46649592/dockerd-vs-docker-containerd-vs-docker-runc-vs-docker-containerd-ctr-vs-docker-c

[26] IBM Cloud Kubernetes Service Supports containerd、https://www.ibm.com/blogs/bluemix/2019/01/ibm-cloud-kubernetes-service-supports-containerd/

Linux Base StandardとLinux ABI(Application Binary Interface)

コンテナには、さまざまなLinuxディストリビューションのコンテナを、コンテナホストのLinux上で共存して実行できるという特徴があります。すなわち、コンテナ上の実行形式は、そのLinuxディストリビューションとバージョンに対応する本来のカーネルとは異なるカーネル上で、問題なく動作できなければならないことになります。

たとえば、CentOS 7、Debian 9、Ubuntu 18.04 のコンテナは同じDocker環境で利用できます。しかし、カーネルのバージョンはそれぞれ、CentOS 7の場合3.10、Debian 9は4.9、Ubuntu 18.04は4.15[27,28,29]を利用しています。ところが、Docker CE(バージョン16.04.0-ce)でこれらのLinuxディストリビューションを実行した場合、コンテナのカーネルには4.9.93-linuxkit-aufsが利用されることになります。

このようにLinuxディストリビューションやカーネルのバージョンが違っても動作する理由はいくつかあります。まず、LSB(Linux Standard Base)はソースコードをコンパイルした時点で、互換性のあるマシンコードを生成するよう、ISO規格として標準化されています。また、Linux ABI(Application Binary Interface)には、Linuxカーネルのバージョンが上がっても、ユーザー空間で動作するバイナリ(マシンコード)レベルの互換性を維持することが定められています[30]。

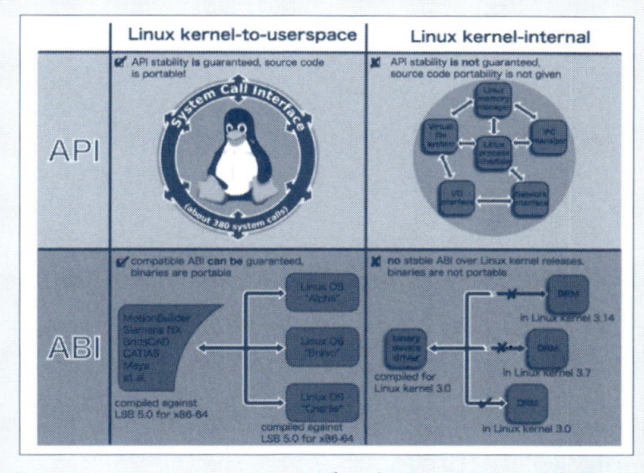

図9 Linux APIとABIユーザー空間とカーネル内部[31]

参考資料
[27] CentOSのバージョンとカーネル資料、https://en.wikipedia.org/wiki/CentOS
[28] DebianのバージョンとLinuxカーネルの資料、https://en.wikipedia.org/wiki/Debian_version_history
[29] UbuntuバージョンとLinuxカーネルサポート、https://wiki.ubuntu.com/Kernel/Support
[30] ウィキペディア、Linux Standard Base、https://en.wikipedia.org/wiki/Linux_Standard_Base
[31] APIとABIの図、https://en.wikipedia.org/wiki/Linux_Standard_Base#/media/File:Linux_kernel_interfaces.svg

Linuxカーネル技術

① ネームスペース（Namespace）

ネームスペースはLinuxのカーネル技術であり、コンテナが1つの独立したサーバーのように振る舞うために使用されます。ネームスペースは、特定のプロセスに対して、他のプロセスからの分離を提供し、そのアクセス範囲はネームスペース内に限定されます[32]。

表2 ネームスペースの種類と役割

ネームスペース	略の意味	役割
pid	PID:Process ID	LinuxカーネルのプロセスIDの分離
net	NET:Networking	ネットワークインタフェース（NET）を管理
ipc	IPC:Inter Process Communication	プロセス間通信（IPC）のアクセス管理
mnt	MNT:Mount	ファイルシステムのマウント管理
uts	UTS:Unix Timesharing System	カーネルとバージョン識別子を分離

② コントロールグループ（cgroup）

Dockerは、Linuxカーネルのcgroupを使用しています。cgroupはプロセスに対して、CPU時間やメモリ使用量など、資源の監視と制限を設定することができます[33]。

ユニオンファイルシステム（UnionFS）

UnionFSは、他のファイルシステム上のファイルやディレクトリを透過的に重ね、1つの一貫性のあるファイルシステムとして利用できるようにします。Dockerでは、UnionFSの複数の実装（aufs、btrfs、overlay2）の中から選択できます。過去の書籍などでは「aufsが利用されている」と記載されていましたが、Docker CEバージョン17.12のデフォルトは、より速く動作し、実装がシンプルなoverlay2です[34,35]。

OCI（Open Container Initiative）

コンテナの標準仕様を策定するため、2015年6月に創立された団体で、当初は「The Open Container Project」と呼ばれていました。設立当時はDocker社がコンテナの事実上の標準であった一方で、CoreOS社がそれとは異なるコンテナ仕様の標準化を進めようとするなど、業界標準が求められる状況でした。OCIの創立には、Docker、CoreOS、Google、IBM、Red Hat、AWS、VMware、HP、EMC、Pivotal、Microsoft、The Linux Foundationなどが主要なメンバーとして参加しました[36]。

参考資料

[32] Linuxネームスペース、http://manpages.ubuntu.com/manpages/bionic/man7/namespaces.7.html
[33] Linuxコントロールグループ、http://manpages.ubuntu.com/manpages/bionic/man7/cgroups.7.html
[34] Dockerの基礎技術、https://docs.docker.com/engine/docker-overview/#the-underlying-technology
[35] OverlayFSストレージドライバー、https://docs.docker.com/storage/storagedriver/overlayfs-driver/
[36] オープンコンテナプロジェクト創設、https://blog.docker.com/2015/06/open-container-project-foundation/

この団体が2017年7月に発表したOCI v1.0は、コンテナランタイムの標準仕様「Runtime Specification v1.0」と、コンテナイメージフォーマットの標準仕様「Format Specification v1.0」から成ります[37]。このOCIの定めた標準仕様にしたがいDocker社が実装したのが、コンテナランタイムのrunCです[38]。一方で、CoreOSのコンテナランタイムrktについても、ネイティブで標準に準拠するための作業が進んでいます[39]。

本節のまとめ

本節の要点を箇条書きにすると、次の7つになります。

1. コンテナを利用したアプリケーション開発は、OSSの開発生産性と安定動作を両立することができる。
2. Dockerやコンテナの利用価値には、(1)基盤の高効率利用、(2)迅速な利用開始、(3)不変の実行基盤(Immutable Infrastructure)が挙げられる。
3. 仮想サーバーと比べたコンテナの利点は、(1)サイズが小さく軽量、(2)起動が早く、(3)可搬性である。
4. Dockerのアーキテクチャは、クライアント/サーバーモデルであり、サーバーであるDockerデーモンが、クライアントであるdockerコマンドからのリクエストを受けて動作する。
5. コンテナのイメージを保存するレジストリは、開発したコンテナをKubernetesで実行するための中間倉庫のような存在である。
6. Kubernetesのスタックには、かつてDockerのランタイム環境が組み込まれることが主流だったが、CRI(Container Runtime Interface)で連携するコンテナ実行環境への置き換えが進んでいる。
7. コンテナ内の実行形式は、Linuxの標準規格LBS(Linux Base Standard)とLinux ABI(Application Binary Interface)によって実行が保証される。そして、コンテナは、OCI(Open Container Initiative)が定める業界標準に準拠することで、可搬性が保証される。

2章の「コンテナ開発を習得する5ステップ」では、Kubernetesを利用するために必須の実践スキルを扱っていきますので、ここで得た理解を実際の動きで確かめることができます。

参考資料

[37] オープン・コンテナ・イニシアチブ、https://www.opencontainers.org/
[38] runCソースコード、https://github.com/opencontainers/runc
[39] OCIイメージ・フォーマット・ロードマップ、https://coreos.com/rkt/docs/latest/proposals/oci.html

Column

海上コンテナがもたらした改革とITのコンテナ

Dockerのロゴマークでは、クジラの背に海上輸送のコンテナらしき箱が積まれています。このロゴは、たくさんのコンテナを載せて進むコンテナ船を連想させます。また、Docker勉強会などのプレゼン資料でも、コンテナを満載したの船の写真を度々見かけます。サーバーをコンテナ船に見立て、さまざまな貨物をコンテナに収めて1つの船で運べる、つまりさまざまなワークロードを1つのサーバーで運用できることを表現するには、格好の比喩だと思います。

図1 コンテナを満載して進むコンテナ船

海上コンテナの登場は、国際海上輸送の分野に限らず、物流業界に大変革をもたらした歴史があります。海上コンテナが普及する以前、貨物船からの荷揚げ作業は人手に頼っていました。積み荷の一時保管のために、船着場のすぐ近くに倉庫が立ち並び、貨物船が着く度に大勢の人足が船倉と倉庫を往復する光景が、世界中の港で繰り広げられていました。

出典：State Library of South Australia, available at http://collections.slsa.sa.gov.au/resource/B+4433

図2 埠頭に立ち並ぶ倉庫と荷降ろしの様子（1920年代、オーストラリア・アデレード港）

第2次大戦後の急速な経済復興に伴う貨物量の増大は、港湾労働者の不足を深刻化させました。荷役作業の遅れが原因で、定刻通り到着した次の船が着岸できずに沖合で待機することにもなりました。当然、港に接続するトラックや鉄道などの陸上輸送にも大きな影響を及ぼしました。つまり当時は、港の荷役作業が物流のボトルネックとなっていたのです。

しかし1950年代後半、個人トラック業者から全米有数のトラック運送会社のオーナーとなったマルコム・マクリーン（Malcom P. McLean）が、海上コンテナ、専用トレーラー、コンテナ船を開発して時代が変わりました。彼の輸送システムは「国際貨物の海陸一貫輸送」という大変革をもたらしました。追うようにして欧州や日本の船会社が定期航路にコンテナ船を相次いで就航させ、1970年代には世界の主要航路のコンテナ化がほぼ完了しました[1]。この海陸一貫輸送システムの進化の先に、今日私たちの豊かな生活を支える物流インフラがあるわけです。

図3 トラックに積まれるコンテナ

IT世界のコンテナは、今後どのような影響をもたらすでしょうか？　これまでソフトウェア開発とシステム運用は、多くのエンジニアの献身的努力によって支えられてきましたが、慢性的な人手不足は解消されずにいます。一方、物流業界の歴史を振り返ると、コンテナがもたらした海陸一貫輸送が港湾荷役の人手不足を解消し、円滑な物流をグローバルに実現するまでになりました。

話題のDockerコンテナとKubernetesの優れた運用機能は、継続的なソフトウェア開発（CI）とサービス運用（DevOps）において、一貫したデリバリーまでのパイプライン構築に大きく貢献すると期待されています。DockerとKubernetesに対するIT各社の反応を見ると、かつて海上コンテナがもたらした改革に匹敵するものになるのではないかと、ワクワクさせられます。

参考資料

[1] 一般社団法人日本船主協会・海運雑学ゼミナール「コンテナ船：国際海上物流を一変させたユニークなアイデア」、https://www.jsanet.or.jp/seminar/text/seminar_177.html

3 Kubernetesの基本

Kubernetesの基本構造と考え方を知る

本節では、ソフトウェアの動作を実際に確認する2章と3章の学習に先立ち、Kubernetesの基本的な構造について理解を進めていきます。

3.1 アーキテクチャ

前述の「1.5 Kubernetesのアーキテクチャ概要」では、Kubernetesは「マスター」および「ノード」と呼ばれるサーバーから構成されることを紹介しました。本節では、それぞれのサーバー上で動作する構成要素の役割や機能を確認していきます。

図1は、公式ウェブサイト（https://kubernetes.io/docs/setup/）から、ソフトウェアベンダーやクラウドプロバイダーが手を加える前の、Kubernetesのコミュニティが開発した源流となるコード、すなわちアップストリームコードを直接ダウンロードしてインストールしたときの基本となる構成を表しています。一般的に利用されるクラウドサービスプロバイダーのKubernetesのマネージドサービスでは、以下のほかにクラウドと連携するためのコンポーネントや、他社と差別化するためのコンポーネントが追加されています。しかし、図1の基本構成を押さえておけば、どのプロバイダーのサービスやソフトウェア製品を利用しても、アップストリームのKubernetesのコア機能と、ベンダー各社が追加した拡張機能を見分けることができるようになりますから、ベンダー依存を回避する手助けとなります。

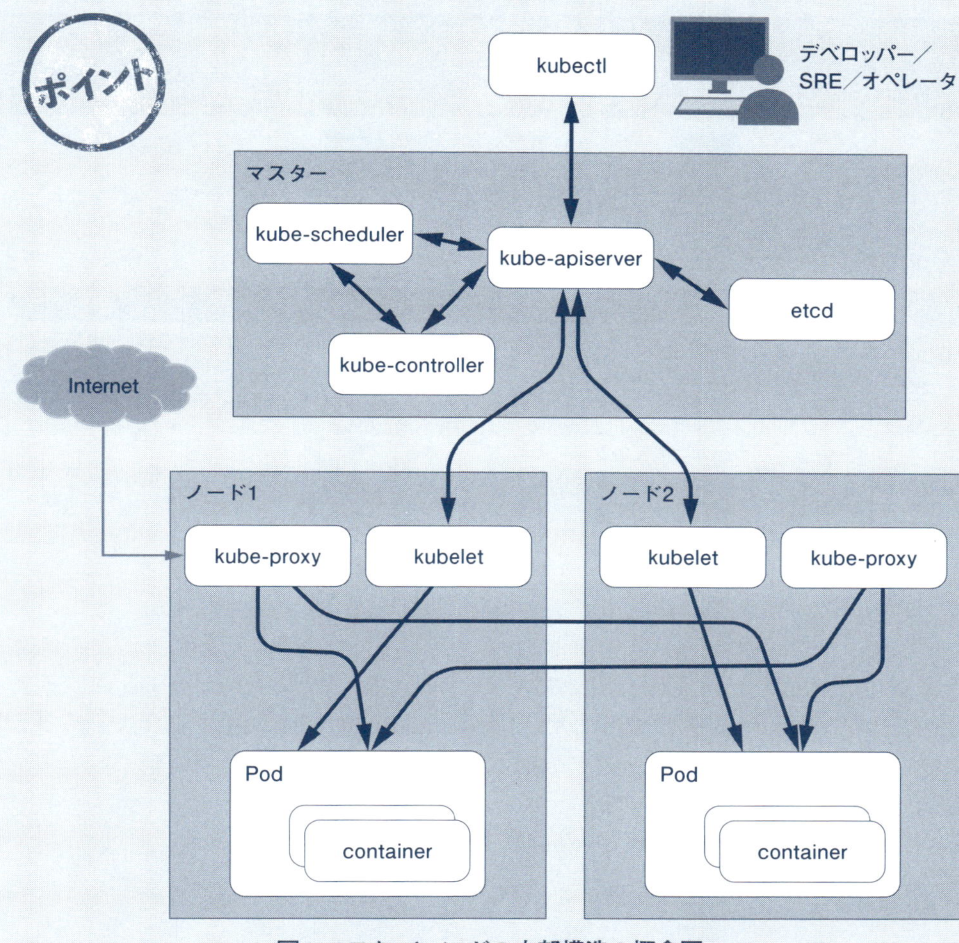

図1 マスターとノードの内部構造の概念図

図1を実際のK8sクラスタで確認してみましょう。実行例1は「付録2 学習環境2」の「2.1 マルチノードK8s」において、マスターを含む全ノードで動作するコンポーネントをリストしたものです。

実行例1 各ノードで動作するコンポーネントのリスト

```
$ kubectl get pods --all-namespaces --sort-by=.spec.nodeName -o=custom-columns=NODE:
.spec.nodeName,NAME:.metadata.name,IMAGE:.spec.containers[0].image
NODE      NAME                             IMAGE
master    coredns-fb8b8dccf-7zgf7          k8s.gcr.io/coredns:1.3.1
master    etcd-master                      k8s.gcr.io/etcd:3.3.10
master    kube-apiserver-master            k8s.gcr.io/kube-apiserver:v1.14.0
master    kube-controller-manager-master   k8s.gcr.io/kube-controller-manager:v1.14.0
master    kube-scheduler-master            k8s.gcr.io/kube-scheduler:v1.14.0
master    kube-flannel-ds-amd64-qm579      quay.io/coreos/flannel:v0.10.0-amd64
master    kube-proxy-b8fcc                 k8s.gcr.io/kube-proxy:v1.14.0
node1     coredns-fb8b8dccf-jqht4          k8s.gcr.io/coredns:1.3.1
```

```
node1      kube-flannel-ds-amd64-sz66p      quay.io/coreos/flannel:v0.10.0-amd64
node1      kube-proxy-p4hdn                 k8s.gcr.io/kube-proxy:v1.14.0
node2      kube-proxy-tl2bn                 k8s.gcr.io/kube-proxy:v1.14.0
node2      kube-flannel-ds-amd64-5qfzx      quay.io/coreos/flannel:v0.10.0-amd64
```

この実行例1の列NODE、NAME、IMAGEの意味を表1にまとめました。

表1 実行例1の列の説明

列名	説明
NODE	サーバーの役割を表す名前で、制御を担当するmasterと実行を担当するnode1とnode2がある
NAME	ポッド（Pod）と呼ばれるコンテナの実行単位の名前。名前空間内（Namespace）でユニークな名前となるように、末尾にハッシュ文字列が追加されている
IMAGE	コンテナの元になっているイメージのリポジトリ名とタグ

このリストは、アップストリームのKubernetesによるものであり、ベンダー独自の拡張モジュールは含んでいません。クラウドのマネージドサービスで「実行例1」のコマンドを実行すると、ほとんどのケースでマスター上のコンポーネントは表示されず、さらに各社の追加コンポーネントが表示されるので、多少違う見え方をしますが、コアは同じです。また「付録1 学習環境1 Minikube」で実行した場合は、1つの仮想サーバー上で動作していますので、NODEはすべて同じものになります。ただし、実行例1で表示されるのは、「ポッド」と呼ばれるコンテナで実行される範囲であり、Linuxプロセスとして動作する部分は含まれません。そこで、このKubernetesを構成する基本コンポーネントとプラグインを表2と表3にまとめました。

表2 K8sクラスタを構成するコア部分のプロセス（コンテナ）[1]

構成要素	概要
kubectl	K8sクラスタを操作するためのコマンドであり、最も頻繁に利用されるコマンドラインインタフェース
kube-apiserver	APIサーバーは、kubectlなどのAPIクライアントからのRESTリクエストを検証して、APIオブジェクトを構成、または、状態を報告する
kube-scheduler	これはワークロード専用のスケジュール機能であり、可用性、性能、キャパシティに重大な影響を及ぼす。ワークロードの要件はAPIで与える。スケジューリングでは次の事項が考慮される。集合的リソース要件、サービス品質要求、ハード／ソフト／ポリシー制約、アフィニティおよび非アフィニティ仕様、データ局所性、ワークロード間干渉、期限など
kube-controller-manager	ロボット工学やオートメーションで用いられる制御ループを使ってシステム状態を調整するように、このKubernetesのコントローラは、モニタリングした現在状態から希望状態への遷移を実行する
cloud-controller-manager	APIを通じてクラウドサービスと連携するコントローラであり、クラウド各社によって実装される
etcd	K8sクラスタのすべての管理データはetcdに保存される。このetcdは、CoreOS社によって開発された分散キーバリューストアであり、信頼性が要求されるクリティカルなデータの保存とアクセスのために設計された
kubelet	kubeletは各ノードで動作し、次の役割を果たす ● ポッドとコンテナの実行 ● ポッドとノードの状態をAPIサーバーへ報告する ● コンテナを検査するプローブの実行 ● 内蔵するcAdvisorがメトリックスを集約して公開する
kube-proxy	kube-proxyは各ノードで動作し、高可用性かつ低オーバヘッドのロードバランシングを提供する ● サービスとポッドの変更をAPIサーバーで監視し、構成を最新状態に保ち、ポッド間とノード間の通信を確実にする ● サービスの生成時に、ClusterIPへのパケットをトラップして、対応するポッドへリダイレクトするように、iptablesのルールを操作する ● ノードIPのNodePortに着信したパケットを、対応するポッドへリダイレクトするように、iptablesのルールを操作する ● サービス名とClusterIPをアドオンのDNSへ登録する
coredns	ポッドがサービス名からIPアドレスを得るために利用されている。バージョン1.11から、デフォルトのDNSがkube-dnsからcorednsに変わった。以前のkube-dnsは信頼性、セキュリティ、柔軟性に懸念があったが、corednsが解決する。CoreDNSプロジェクトはCNCFによってホストされている[2]

参考資料

[1] コンポーネントの概要、https://kubernetes.io/docs/concepts/overview/components/

[2] CoreDNSの解説、https://kubernetes.io/blog/2018/07/10/coredns-ga-for-kubernetes-cluster-dns/

[3] ネットワークのプラグイン、Flannel、https://github.com/coreos/flannel

[4] ポリシー制御付ネットワークプラグインCalico、https://docs.projectcalico.org/v2.3/reference/architecture/components

[5] Calicoソースコード、https://github.com/projectcalico/kube-controllers

[6] メトリックス収集Heapsterのソースコード、https://github.com/kubernetes/heapster

[7] 次世代メトリックス収集metric-server概要、https://kubernetes.io/docs/tasks/debug-application-cluster/core-metrics-pipeline/

表3 アドオンのコンポーネント

構成要素	概要
kube-flannel	kube-flannelはすべてのノードで実行され、複数のノードの間で、IPv4ネットワークを提供する。これによりコンテナ(ポッド)は、K8sクラスタ内部のIPアドレスで、ノードを超えて、疎通できるようになる[3] ネットワークポリシーを必要とする場合には、calicoを使用しなければならない
calico-kube-controllers	calicoのためのコントローラ。データストアとしてetcdを利用するために使われる[4,5]
calico-node	これはすべてのノードで実行され、ノード間のコンテナ(ポッド)の疎通、アクセスコントロール、ルーティングを提供する[4,5]
kubernetes-dashboard	汎用のWebUIのダッシュボード
heapster	kubeletに内蔵するcAdvisorから稼働状態を集約する。バージョン1.11から非推奨となりバージョン1.13で削除される予定[6]
metrics-server	これはheapsterに代わり、バージョン1.8から導入された。APIのaggregation layerを通じて、K8sクラスタ全体からメトリックスを収集する[7]

3.2 Kubernetesの階層構造

K8sクラスタを管理し操作する人を最上位に構成図を描くと、図2のようになります。この登場人物には、アプリケーション開発者や、システム基盤の設計と構築を担当するSRE (Site Reliability Engineer)、そしてサービスの運用監視を担当するオペレータが含まれます。このようなスタッフが物理的なクラスタを共有しつつ、それぞれの役割に応じて運用できる環境を、Kubernetesは提供します。

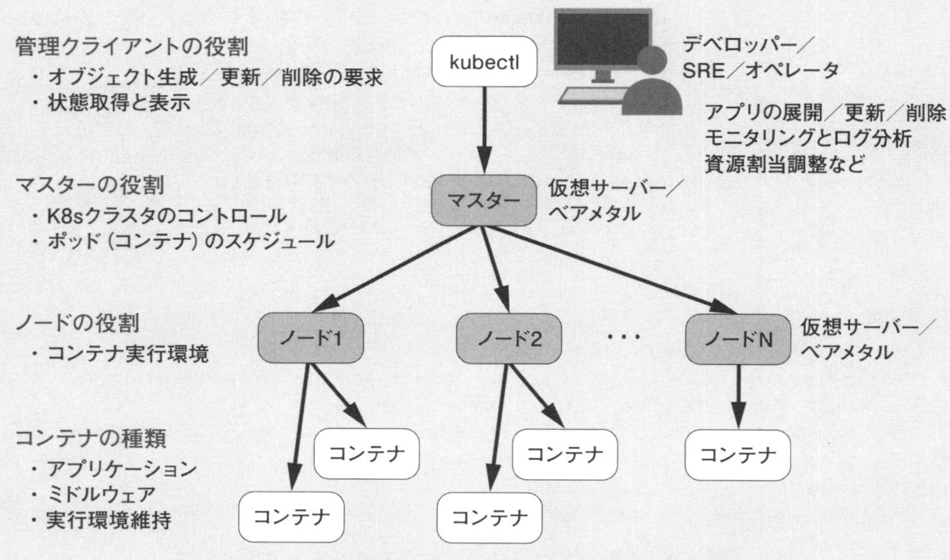

図2 オペレーション視点でのK8sクラスタの構成概念

この図の「マスター」ノードは、次の役割を果たします。

1. KubernetesのAPIサーバーとして、操作命令の受け取りと実行
2. コンテナをポッドとしてスケジュールやクリーンナップ
3. ポッドのコントローラ機能と外部リソースのコントロール

この中にある「スケジュール」という用語は、あまり馴染みのない言葉かもしれません。一般に「スケジュールする」とは「予定を立てること」を意味しますが、Kubernetesで「スケジュール」と言うときは、ポッドの実行をノードへ割り当てることを意味しています。マスターは各ノードのCPUとメモリの予約量、および実際の使用量を監視しています。そして、新たなポッド実行要求を受け取ると、そのスペックに記述されたCPUやメモリの要求値と上限値に基づき、その条件に合致するノードを探してポッドをスケジュールする、すなわち、ポッドの実行を割り当てます。

3.3 KubernetesのAPIオブジェクト

Kubernetesを効率よく理解するために、個々の学習ステップに入る前に、主要なKubernetes APIリソースを取り上げて、全体概要を鳥瞰的に説明しておきます。

Kubernetesで用いられるAPIリソースのタイプ名には、これまで慣用的に使われてきたIT業界の用語とは異なった微妙な意味合いで用いられるものがあります。これらは入門者にとって理解を難しくする原因になっていると思います。このような理由から本書では特徴があるリソースのタイプ名は、重点的に解説するように心掛けます。

Kubernetes APIとは?

Kubernetesの操作は、すべてAPIを通じて行います。そのためのコマンドラインのユーザーインタフェースである「kubectlコマンド」は、「マスター」ノード上のkube-apiserverに対して、Kubernetes APIの規約[8]にしたがって記述された目標状態の宣言書、すなわち、YAML〈注2〉形式またはJSON形式のマニフェストを送信して、オブジェクトの作成・変更・削除と状態の取得を行います。このAPI規約は、新バージョンの公開と共に、追加や変更を反映したAPIリファレンスが公開されます[9,10]。また、プログラミングインタフェースとしてさまざまなプログラム言語のAPIライブラリ[11]が提供されており、たとえばPythonやGo言語のプログラムからKubernetesを操作することで運用を自動化することもできます。

参考資料
[8]　Kubernetes API、https://kubernetes.io/docs/concepts/overview/kubernetes-api/
[9]　Kubernetes API概要、https://kubernetes.io/docs/reference/using-api/api-overview/
[10] APIリファレンス、https://kubernetes.io/docs/reference/#api-reference
[11] APIクライアントライブラリ、https://kubernetes.io/docs/reference/#api-client-libraries

〈注2〉
YAMLについての詳細は2章末尾のコラム「K8sユーザーのためのYAML入門」を参照してください。

オブジェクトとは？

Kubernetesのオブジェクトとは、K8sクラスタ内部のエンティティ（実体）であり、たとえば、このあとに説明する「ポッド」、「コントローラ」、「サービス」などのインスタンスを指すとも言えます。それぞれのオブジェクトは、Kubernetes APIのリソースの種類（Kind）を雛形にして、仕様を設定して生成されます。これらのインスタンスとも呼べるオブジェクトは、仕様に指定された状態を維持するようにコントロールされます。

オブジェクトの識別にはメタデータ項目の1つである「名前」を用います。たとえば、「ポッド」を作成する際には、必ず名前となる文字列をメタデータに付与します。この注意点として、同じ種類（Kind）のオブジェクトの名前は、1つの名前空間（Namespace）の中で1つでなければなりません。

この名前空間とは、K8sクラスタを論理的に分割して利用するための機能です。たとえば、Kubernetesの基本機能を担うオブジェクト群は、一般のアプケーションと区別できるように、名前空間kube-systemの下に作られています。そして、kubectlコマンドの有効範囲は、対象とする名前空間の範囲に限定されています。

ワークロード（Workload）

ワークロードは、オブジェクトのカテゴリを表す用語として用いられ、コンテナとポッド、そして、コントローラのグループを指しています。これらは、アプリケーションやシステム機能を担うコンテナの実行を管理するために使用されます。ただし、本書で用いる「ワークロード」には、アプリケーションなどのプログラムの実行負荷を意味するケースもありますので、文脈から判断してください。

コンテナ（Container）

Kubernetesでは、コンテナを単独で実行することはできず、必ずポッド内で実行することになります。コンテナの起動に設定できる項目は、引数や環境変数、永続ボリュームのマウント先のパス、CPU使用時間やメモリ容量の要求量や上限値、ヘルスチェック方法、コンテナ起動時の実行コマンド、イメージ名などがあります。

ポッド（Pod）

一般にクラウドやネットワークの分野でのポッドとはPoint Of Deliveryの略であり、サービス提供の拠点を表します。ところが、Kubernetesの「ポッド」はまったく異なり、コンテナを実行するためのオブジェクトです。ポッドは1つまたは複数のコンテナを内包しており、その構造が、エンドウ豆の鞘（さや）が豆を内包する様子と似ています。このことから、このオブジェクトは鞘を意味する英単語のPodで表現されています[12]。ポッドはとても重要なオブジェクトなので、後述の「3.4 ポッドの基本」で重点的に解説します。

参考資料

[12] ポッドとは、https://kubernetes.io/docs/concepts/workloads/pods/pod/#what-is-a-pod

コントローラ（Controller）

「コントローラ」はポッドの実行を制御するオブジェクトであり、処理の種類に応じた複数のコントローラを使い分けなければなりません。たとえば、クライアントサーバーモデルに適した「デプロイメント」コントローラでは、サーバー役のポッドの数が、なんらかの原因で目標設定値より少なくなったら、目標値を維持するようにポッドを起動します。また、バッチ処理用の「ジョブ」コントローラでは、バッチ処理が正常終了するまで再実行を繰り返し、正常終了したらログが参照できるようにポッドの削除を保留します。

コンフィグレーション（Configuration）

コンテナ内のアプリケーションの設定やパスワードなどの情報は、デプロイされた「名前空間」から取得することが推奨されています。それを促進するためのオブジェクトとして、設定を保存する「コンフィグマップ（ConfigMap）」と、パスワードなど秘匿情報を保存する「シークレット（Secret）」があります。これらによって名前空間下に保存された情報は、コンテナ内のファイルや環境変数として、アプリケーションのコードから参照できるようになります。

サービス（Service）

従来からのクライアントサーバーモデルにおける「サービス」は、サーバーがクライアントへ提供する「処理のサービス」を表すために用いられてきました。一方、Kubernetesの「サービス」は、ポッドとサービス名とを具体的に紐付ける役割を負います。つまり、「処理のサービス」を提供するサーバー役のポッドが、クライアントのリクエストを受け取れるようにするために、「サービス」は代表IPアドレスを取得して内部DNSへ登録するなどを担当します。さらに、代表IPアドレスへのリクエストトラフィックを該当のポット群へ転送する負荷分散の設定も担当します。これは、たいへん特徴のある重要なオブジェクトの1つですから、後述の「3.8 サービスの基本」で、もう少し詳しく取り上げます。

ストレージ（Storage）

ポッドもコンテナも実行時の一時的な存在であるため、大切なデータをコンテナ上のファイルシステムに保存することはできません。そのためコンテナ内のアプリケーションは、大切なデータを失わないために、電源がオフになっても記憶内容が維持されるストレージシステムの「永続ボリューム」にデータを保存しなければなりません。

ところが、複数のノード上からアクセスできる永続ボリュームの実体は、Kubernetesの範囲には含まれないため、外部のストレージシステムに依存することになります。これにはメーカー各社のさまざまなストレージ装置、ソフトウェア定義ストレージ、クラウドのストレージサービスなどがあり、それぞれ異なるプロトコルやAPIを利用しなければいけません。

そのためKubernetesは、ストレージシステムの違いを隠蔽して、コンテナが共通したAPIによって「永続ボリューム」をアクセスできるようにしています。これを実現するためにストレージを階層的に抽象化するオブジェクト群が用意されています。

3.4 ポッドの基本

ポッドはKubernetesにおけるコンテナの最小実行単位であり、1つまたは複数のコンテナを含んだ1つのグループです。この固有のグループは「論理的なホスト」として振る舞い、内包するすべてのコンテナは同じノード上で動作することになります[13]。

そしてポッドには、次に挙げる特徴があり、これまでの仮想サーバーとは違う注意を払わなければなりません。

コンテナの再利用を促進するためのプラットフォーム

ポッドは、単一の目的のために作られたコンテナを部品のように組み合わせることによって、より高度な目的を達成するためのプラットフォームだと言えます。ポッドはコンテナの再利用と組み合わせ利用を促進するために、次の機能を提供しています。

- ポッド内部のコンテナは、ポッドのIPアドレスとポート番号を共有し、ポッドを外部に向けて、ポートを開くことができる。
- ポッド内部のコンテナ同志は、localhostのIPアドレスとポート番号で互いに通信できる。
- ポッド内部のコンテナの間でSystem Vのプロセス間通信およびPOSIX共有メモリを使用して互いに通信できる。
- ポッド内部のコンテナは、ポッドのボリュームをコンテナからクロスマウントして、ポッド内でファイルシステムを共有できる。

上記の機能は、同一ポッド内で利用できるものであり、異なるポッドに属するコンテナ間では利用できません。

ポッドは一時的存在

ポッドは一時的な存在として設計されており、起動と削除しかありません。ポッド内のコンテナは、イメージから毎回生成されます。つまり、ポッドにはOSの再起動のような考え方はないので、たとえ同じオブジェクト名で再度ポッドを起動しても、以前にコンテナに加えられた変更は失われ、コンテナはイメージから生成された初期状態に戻ります。

さらに、ポッドのIPアドレスも一定ではありません。ポッドのIPアドレスは起動時に付与されますが、終了後に回収されて他のポッドの起動に再利用されます。そしてポッドの起動や削除は、コントローラによって動的に実行されますから、そのポッドがいつまでも同じIPアドレスを使っているとは限らないのです。そのため、ポッドにリクエストを送りたいときは、必ずサービス名を利用しなければなり

参考資料

[13] ポッドの概要、https://kubernetes.io/docs/concepts/workloads/pods/

ません。

ポッドはコンテナの実行状態を管理

コントローラは管理下のポッドの停止に対処する振る舞いを受け持ちますが、ポッド内部のコンテナ停止時への対処はポッドが受け持ちます。デフォルト設定では、コンテナが何らかの理由で停止すると自動的に起動します。また反対に、停止状態を保持してログを参照できるように設定することもできます。

ポッドには、内部のコンテナのアプリケーションの監視を設定できます。この機能には、活性プローブ（Liveness Probe）と準備状態プローブ（Readiness Probe）の2種類があります。たとえば、活性プローブが問題を検知すると、コンテナを強制終了して再び起動することで回復を試みます。一方の準備状態プローブが設定されると、それが真を返すまで、「サービス」オブジェクトはポッドへリクエストを転送しません。

ポッドは初期化専用コンテナを実行

ポッド内部のコンテナの1つとして、初期化専用コンテナを設定することができます。これは、ポッドの起動後、主となるコンテナが起動する前に起動されます。その後、これが正常終了すると、ポッド内の他コンテナが起動されます。

ここまで述べてきたように、ポッドはIPアドレスを持ち、複数のコンテナを内包して、1つの仮想サーバーのように動作しますが、従来のサーバー管理のように、親しみのあるホスト名を付けて、大切にシステム管理するようなものではありません。むしろ、使い捨ての一時的な存在として運用するように設計されています。

ポットは単独で起動し利用することもできますが、「サービス」、「コントローラ」、「永続ボリューム」、「コンフィグマップ」、「シークレット」などのオブジェクトと組み合わせて使用することで、その真価を発揮します。ポッドの具体的な動作については「Step 06 Kubernetes最初の一歩」で、Dockerコンテナを単独で実行したときと対比したうえで、コントローラとの関係を見ていきます。さらにその先のステップでは、他のオブジェクトと組み合わせた活用方法を確認していきます。

3.5 ポッドのライフサイクル

ポイント

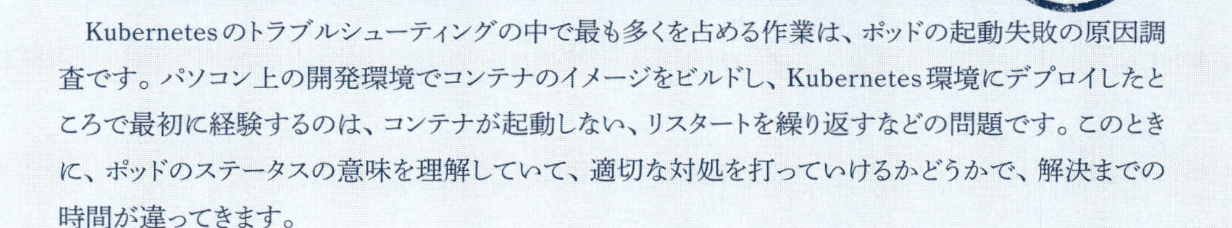

Kubernetesのトラブルシューティングの中で最も多くを占める作業は、ポッドの起動失敗の原因調査です。パソコン上の開発環境でコンテナのイメージをビルドし、Kubernetes環境にデプロイしたところで最初に経験するのは、コンテナが起動しない、リスタートを繰り返すなどの問題です。このときに、ポッドのステータスの意味を理解していて、適切な対処を打っていけるかどうかで、解決までの時間が違ってきます。

問題判別の作業において、コマンド「kubectl get pods」の実行によって得られるSTATUS列の情報は貴重です。このフィールドの情報源はKubernetes APIなのですが、このAPIで得られるさまざまなフィールドの情報の中から価値の高い情報を選び出し、STATUS列に表示しています。

次の表4は、STATUS列に表示される情報です。網掛け部分は、参考資料[14]にあるポッドのフェーズを表すキーワードです。それ以外は、筆者が実験して得た結果からまとめました。

表4 kubectl get podで表示されるSTATUSと意味

STATUS	意味と対策の解説
ContainerCreating	イメージをダウンロード中、またはコンテナ起動進行中を表す。また、ConfigMapやSecretをマウントできず、コンテナ生成が保留されたときもこの値が表示される
CrashLoopBackOff	ポッド内のコンテナが終了し、次の起動まで待機状態にある。2回以上コンテナが終了すると、CrashLoopBackOff時間を取るようになる。これが現れたら、コンテナ内のプロセスを見直す必要がある
Pending	ポッド生成の要求を受け取ったが、1つ以上のコンテナが作成されていない状態。リソース不足やポリシー制約によってスケジュールできないケースも含まれる
Running	ノードに対応付けられ、すべてのコンテナが作成された。または、少なくとも1つのコンテナが実行中、開始中、または再起動中である
Terminating	コンテナへ終了要求シグナルを送信後、コンテナが終了するまでの待機中。猶予時間を過ぎてもコンテナが終了できない場合は、コンテナを強制終了する
Succeeded	ポッド内のすべてのコンテナが正常に終了した
Completed	ポッド内のコンテナが正常終了し存在している。ポッドは削除されるまで存在し続け、ポッド名を指定してログやステータスを取得できる ポッド内に複数のコンテナがある場合、第1コンテナが正常終了(EXITコード=0)すると、ポッドは正常終了として扱われる
Error	コンテナが異常終了した。EXITコード≠0のときに異常終了と見なされる ポッド内に複数のコンテナがある場合、第一コンテナが異常終了すると、ポッドは異常終了として扱われる
Failed	ポッド内の少なくとも1つのコンテナが異常終了した
Unknown	何らかの理由により、ポッドの状態を取得できない状態である。ノード障害などで、マスターからノードの状態を取得できなくなったときにも、この表示となる

3.6 ポッドの終了処理

Kubernetesは、アプリケーションのコードが終了要求シグナルを受け取ったら、猶予時間内に終了処理を完了して、正常終了するように要求しています[15]。

たとえば、Kubernetesには「ロールアウト」と呼ばれる特徴的な機能があります。これは、本番配信中のアプリケーションを、稼働中にアップデートする機能です。この機能を担うコントローラは、稼働中のアプリケーションへ終了要求シグナルを送信することで、猶予時間内にポッドが停止すること

参考資料

[14] ポッドのライフサイクル、https://kubernetes.io/docs/concepts/workloads/pods/pod-lifecycle/

[15] ポッドの終了処理、https://kubernetes.io/docs/concepts/workloads/pods/pod/#termination-of-pods

を期待します。もし、猶予時間を守れなければ、アプリケーションのコンテナはポッドと共に強制終了させられます。

アプリケーションが動作中に強制終了されることは、データ喪失による障害に直結してしまいます。よって、アプリケーションは、猶予時間内にメモリ上のデータを永続ボリュームに保存するコードや、データベースなどのセッションをクローズするコードを実行して終了しなければなりません。もし、この要求に対応する実装ができていなければ、アプリケーションはトラブルを起こすおそれがあります。コンテナのシグナル受信による終了処理は、「Step 05 コンテナAPI」の演習で具体的な対処法を見ていきます。

ポッドの削除要求があると、そのポッド内のコンテナのメインプロセスへ終了要求シグナル(SIGTERM)が送信されます。もし、メインプロセスが終了要求シグナルを捕獲して処理していない場合には、猶予時間を超えてプロセスが存在することになるために強制終了となります。この詳細なフローは次のようになります。

終了フローの例

1. ユーザーがkubectl delete podを実行し、ポッドの終了処理が開始される。デフォルトの猶予期間(30秒)。
2. kubectl get podのステータスは「Terminating」と表示される。
3. 以下の3つが同時進行する。
   - ポッドにPreStop hookの定義があれば、ポッド内で呼び出される。猶予時間に達すると、PreStop hookが実行されていても、ポッド内のメインプロセスへSIGTERMが送信され、その2秒後にSIGKILLで強制終了する(hookはコンテナ内のコマンド、またはコンテナのRESTサービスのURL)。
   - PreStop hookの定義がない場合は、ただちにポッド内のメインプロセスへSIGTERM信号が送信され、終了処理が開始される。
   - ポッドはサービスのエンドポイントのリストから削除され、ロードバランサー(kube-proxyなど)の振り分け先から削除される。
4. 猶予期間が過ぎて、ポッド内プロセスが存続している場合には、ポッドのメインプロセスへSIGKILLを送信して強制終了する。
5. 削除対象のポッドが表示されなくなる。

上記のPreStopは、コンテナが終了する直前にコールされます。これはコンテナ内のプロセスが、終了要求シグナルを受けることができない制約がある場合に、終了要求を受け取る手段となります。この実装方法については参考資料[16]を参照してください。この中で、コールを受け取るためのハ

参考資料

[16] コンテナのライフサイクルフック、https://kubernetes.io/docs/concepts/containers/container-lifecycle-hooks/
[17] ハンドラー、https://kubernetes.io/docs/reference/generated/kubernetes-api/v1.11/#handler-v1-core

ンドラーのAPIは参考資料[17]に情報があります。

なお、kubectl deleteコマンドでは、オプション「--grace-period = <秒>」により、ユーザー独自の猶予時間を指定できます。これに0を設定すると、即時ポッドを削除します。

3.7 クラスタネットワーク

クラスタネットワークは、K8sクラスタの内部ネットワークであり、ポッドのIPアドレスとポッドのクラスタ(レプリカ)の代表IPアドレスは、このネットワーク上におけるIPアドレスになります。そして、このネットワークはノード横断で構成され、異なるノードに配置されたポッド間でも疎通できるようにします。

「サービス」のIPアドレスやポート番号を、K8sクラスタの外側のネットワークからアクセスできるようにするには、「サービス」オブジェクトのサービスタイプにNodePortまたはLoadBalancerをセットするか、あるいはIngressを組み合わせて利用します。ここでの留意事項として、クラスタネットワークの用語については、CNCFのドキュメント上に少し揺らぎがあります。参考資料[18]では「クラスタネットワーク」と呼ばれ、参考資料[19]のコマンドのオプションやコードのレベルでは「ポッドネットワーク」と呼ばれています。本書では、原則として「クラスタネットワーク」を使用しますが、ノードが接続するネットワークと混同が懸念されるときは、明確に区別できるように、「ポッドネットワーク」と表記することにします。

ポッドネットワークの実装は、各社の特徴を生かした実装が許されています[20]。ここでは、2つの代表的なオープンソースのネットワークのアドオンを紹介します。

Flannel

シンプルなL3ネットワークをノード間に構築します。各ノード上にサブネットを構成して、あるノード上のポッドが他のノード上のポッドと疎通できるようにします。Flannelのポッドは、デーモンセットコントローラによって配備されます。これにより、K8sクラスタに新たなノードを追加すると、自動的にポッドネットワークが延長されます。このFlannelはネットワーキングに注力しており、アクセス制御ポリシーは提供しません[21]。なお、本書「付録 2」の学習環境2(マルチノードK8s)では、Flannelを使用してポッドネットワークを実装します。

参考資料

[18] クラスタネットワーク、https://kubernetes.io/docs/concepts/cluster-administration/networking/

[19] ポッドネットワーク、https://kubernetes.io/docs/setup/independent/create-cluster-kubeadm/#pod-network

[20] Kubernetesネットワークモデルの実装、https://kubernetes.io/docs/concepts/cluster-administration/networking/#how-to-implement-the-kubernetes-networking-model

[21] Flannel ポッドネットワーク・プラグイン、https://github.com/coreos/flannel

Calico

ノード横断のポッド間通信に加え、ネットワークのアクセスポリシーを提供します。たとえば、「異なる目的で作成された2つの名前空間の間の通信を禁止する」といったアクセスポリシーを設定できます[22]。最終ステップの「Step 15 クラスタの仮想化」の後半では、K8sクラスタを名前空間により論理分割して、アクセスポリシーの動作を確認します。しかし、本書「付録2 学習環境2」では、Calicoのネットワークのポリシー制御を実装していないため設定が有効化されません。そのため、この部分を動作させて演習を行いたい場合は「付録3 学習環境3」を参照のうえパブリッククラウドを使用してください。

3.8 サービスの基本

Kubernetesの「サービス」は、クライアントのリクエストのトラフィックをポッドへ転送する役割を果たします。その理由は、ポッドのIPアドレスが一時的なものであり、起動のたびに変化するからです。そのため、クライアントは「サービス」が持つ代表IPアドレスを利用してアクセスしなければなりません[23]。

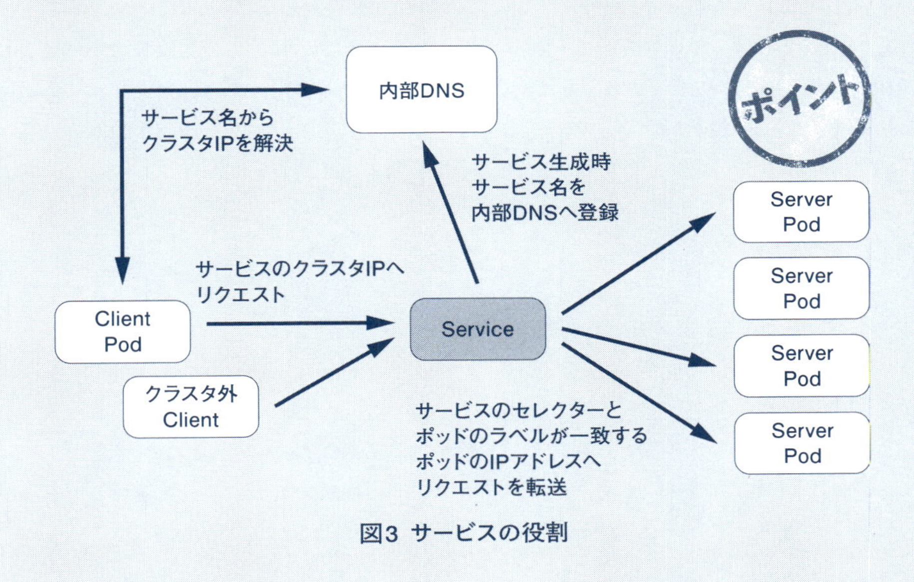

図3 サービスの役割

以下の1～5の項目は、図3における動作を説明しています。説明文を簡潔にするために、以下ではサーバーのポッド、すなわち、アプリケーションのポッドを単に「ポッド」と表記し、クライアントの

参考資料

[22] Calicoアクセスポリシー制御ありのポッドネットワーク、https://docs.projectcalico.org/v3.2/introduction/

[23] サービスの概要、https://kubernetes.io/docs/concepts/services-networking/service/

ポッド、および、クラスタ外部のクライアントを単に「クライアント」として表記しています。

1. サービスはロードバランサーの役割を持ち、ポッドを代表するIPアドレスを獲得して、クライアントのリクエストを受ける。
2. サービスはオブジェクト生成時に、サービス名と代表IPアドレスを内部DNSへ登録する。これによりクライアントは、サービスの名前からその代表IPアドレスを取得できる。
3. サービスがリクエストを転送するべきポッドを選別するために、サービスのセレクターにセットされたラベルと一致するポッドを選び出し、そのIPアドレスへリクエストを転送する[24]。
4. サービスのオブジェクト存在時に起動されるポッドのコンテナには、サービスへアクセスするための環境変数が自動的に設定されるようになる。
5. サービスには4種のサービスタイプがあり、クライアントの範囲をK8sクラスタの内部に留めるか、外部まで対象とするか、また反対に、K8sクラスタ外部のIPアドレスへ転送するかを設定する。

上記の項目「3」はKubernetesの特徴的な動作ですので、ここで補足しておきます。ポッドは起動される際に、ラベルやIPアドレスを含む自身のオブジェクト情報をマスターノードのetcdへ登録します。そして、サービスは転送先のポッドを決定する際にセレクターのラベルに一致するポッドをetcdから選び出し、転送先のポッドのIPアドレスを取得することになります。このように、ラベルによって連携相手のオブジェクトを識別することは、Kubernetesの基本の動作となっています。本書3章の「Step 09 サービス」では、ここに挙げた4種類のサービスタイプについて、具体的な動作を見ていきます。さらに「Step 12 ステートフルセット」では代表IPアドレスを獲得しない「ヘッドレスサービス」について、そして「Step 13 イングレス」では、「サービス」とアプリケーション層レベルのロードバランス機能を見ていきます。

サービスの機能を理解するうえで重要な7つのキーワードを挙げておきます。

代表IPアドレス

サービスは、ポッドのクラスタ(レプリカ)を代表してアクセスを受けるための代表IPアドレス(Cluster IP)を取得します。また、ヘッドレスサービスを指定した場合には、代表IPアドレスを取得せずに、クラスタメンバーとなるポッドのIPアドレスを内部DNSへ設定します。

負荷分散

サービスの代表IPアドレスに到達したリクエストは、セレクターのラベルが一致する各ポッドへ

参考資料

[24] ラベルとセレクター、https://kubernetes.io/docs/concepts/overview/working-with-objects/labels/

転送されます。サービスはkube-proxyへ転送設定を要求します。初期のkube-proxyはカーネルのユーザー空間で動作するプロキシーサーバーでしたが、iptablesやipvsによるパケット転送になっています。

名前解決

サービスは、IPアドレスとサービス名をK8sクラスタ内部DNSへ登録します。これによって、K8sクラスタ内のポッドはサービス名でアクセスできるようになります。

環境変数

サービスの作成後に生成されるポッドのコンテナには、環境変数が設定されます。コンテナ内のアプリケーションコードからは、環境変数を利用して、サービスの代表IPアドレスへアクセスできます。

サービスタイプ

サービスの設定では、そのサービスを利用するクライアントに合わせて、サービスタイプを指定します。たとえば、K8sクラスタ内部のポッドだけを対象とするタイプと、K8sクラスタ外部からのアクセスを受け入れるタイプがあります。

アフィニティ

デフォルトの負荷分散アルゴリズムはランダムです。クライアントによって転送先ポッドを固定する方法には、「クライアントIP」を設定できます。また、HTTPヘッダーのクッキー（Cookie）を使って転送先を固定するには、後述する「イングレス」を利用しなければなりません。

セレクターとラベル

サービスに到達したリクエストトラフィックがポッドへ転送される際には、「セレクター」と「ラベル」が利用されます。ラベルは、ポッドなどのオブジェクトに付与されたキーとバリューのペアです。サービスに到達したリクエストは、セレクターに設定された条件にマッチするラベルを持つポッドへと、転送されることになります。特徴的な機能として、セレクターのラベル条件やポッドに付与するラベルは稼働中にでも書き換え可能なため、組み合わせに柔軟性を与えます。

3.9 コントローラの基本

「コントローラ」はポッドの実行を制御するオブジェクトです。ポッドに課せられるワークロードのタイプ、すなわち、処理の種類に対応して、適切なコントローラを選択できるようになっています（図4）。

コントローラの種類
- Deployments
- ReplicaSet
- ReplicationController
- StatefulSets
- Jobs
- CronJob
- DaemonSet
- Garbage Collection
など

コントロール内容
- 起動／停止／削除
- ボッド数
- 自己回復
- 永続ストレージ
- デプロイ先スケジュール

ワークロードのタイプ
- フロントエンド処理
- バックエンドサービス
- 処理時間の長いバッチ処理
- 定期実行のジョブ
- K8sクラスタの基盤機能

図4 コントローラの種類と選択

このセクションでは、ワークロードのタイプ別の具体的な要求や内容を確認したうえで、主要なコントローラーの特徴を列挙し、ワークロードとの対応関係を表に整理したいと思います。まずはワークロードのタイプを見ていきます。

(1) ワークロードのタイプ

フロントエンド処理

スマートフォン、IoT機器、パソコンなどのクライアントから、リクエストを直接受けるワークロードの総称です。このタイプのワークロードでは、大量のクライアントのリクエストに対し、短い処理時間で応答を返す必要があります。

たとえば、一般消費者へ提供するアプリケーションでは、サーバーサイドの応答が遅くてユーザーを苛立たせたり、他のサイトへ逃がしてしまったりしないよう注意を払わなければなりません。広告配信のアドネットワークでは、膨大なユーザーの関心事に合致するように、大量のデータに対してリアルタイムに反応しなければなりません。そして、IoT機器がクライアントの場合には、機器から次々と生成されてくるデータを受け取って処理しなければなりません。

このようなワークロード特性に対応するには、リクエストに対応する処理を複数のポッドが分担するように設計しなければなりません。さらに、競合他社に打ち勝つために、魅力的なアプリケーションでユーザーを惹き付け、次々に新機能をリリースしたいケースもあります。これらのクライアントは、24時間常に稼働しており、プログラムの修正や新機能の追加にあたって、システムを停止するわけにもいきません。

バックエンド処理

バックエンド処理には、フロントエンドの業務特性に合わせて対応できる柔軟性が求められます。たとえば、アクセス量の変化に対して応答性能を維持しなければなりません。また、専門的な業務機能では、業務ルールや法律の変化に対応して、短時間でモジュールの入れ替えができるなどが求められます。

データストアやキャッシュなどの共通機能には、MySQLやRedisといった定番のミドルウェアを利用し、コードの開発者が事業者固有の付加価値創造に従事できるようにします。また、クラウド事業者が提供するデータベースなどのマネージドサービスを活用することで負担軽減もできます。一方、マイクロサービスやバッチ処理はアプリケーション固有のコードとなるので、これらのバックエンド処理からさらにデータストアやキャッシュをアクセスするといった多層構造が要求されることもあります。

次のタイプのワークロードはいずれも、さまざまなアプリケーションが共通して備えるべき機能であり、バックエンドとして処理を分離すれば、フロントエンドの開発者は固有機能に集中することができます。

1. データストア：データの保存と取り出し機能（SQL／NoSQLデータベースなど）
2. キャッシュ：複数ポッド間のデータ共有機能（セッション情報の共有など）
3. メッセージング：非同期のシステム間連携機能（メッセージブローカーなど）
4. マイクロサービス：専門的業務機能、共通業務処理（決済、配送、承認申請など）
5. バッチ処理：長い処理時間を要する業務機能（深層学習やデータ分析など）

バッチ処理（定期実行処理を含む）

バッチ処理は、何らかのトリガにより実行が開始されます。たとえば、フロントエンドからのリクエスト、定期の時刻起動、端末からの随時実行など、さまざまな契機（トリガ）があります。

バッチ処理の内容は多種多様で、動画のフォーマット変換、大量のメール送受信、科学計算、GPUを使うディープラーニング、日次の業務処理など、さまざまな種類があります。

システム運用処理

システム運用を支援する仕組みの1つとして、KubernetesのAPIを応用して、ノード内で発生するエラーやハードウェア異常を検知し、自動的に対策を実行するポッドを作成しデプロイするなどがあります。

Google社が提唱するSRE（Site Reliability Engineering）は、ソフトウェア技術者がシステム運用の自動化に取り組むことで、高効率なシステム運用を達成したことから注目されています。その流れを汲むKubernetesは、APIを駆使してシステム運用を自動化できるプラットフォームなのです。

(2) コントローラのタイプ

上に挙げた多様なワークロードのタイプに合わせて、ポッドなどの制御を実行するのがコントローラです[25]。数多くあるコントローラのうち主要な7つについて、3行以内で役割と特徴を説明し、前述の「ワークロードのタイプとコントローラの対応関係表」にまとめます。

デプロイメント (Deployment)

対等な関係にある複数のポッドで、水平クラスタを構成できます。ポッドの起動と停止を迅速に実行するよう振る舞い、稼働中ポッドの順次置き換え、オートスケーラーとの連動、さらに、高可用性構成が可能という特徴があり、オールラウンドに適用できます。

ステートフルセット (StatefulSet)

ポッドと永続ボリュームの組み合わせで制御を行い、永続ボリュームの保護を優先します。ポッドをシリアル番号で管理し、永続ボリュームとポッドの対応関係を維持し、起動と停止の順序を制御するなどの特徴があり、永続データの処理に適しています。

ジョブ (Job)

バッチ処理のコンテナが正常終了するまで再試行を繰り返すコントローラです。ポッドの実行回数、同時実行数、試行回数の上限を設定して実行、削除されるまでログを保持するといった特徴があり、科学計算などのバッチ処理に適しています。

クーロンジョブ (CronJob)

時刻指定で定期的に前述の「ジョブ」を生成します。UNIXに実装されるcronと同じ形式で、ジョブの生成時刻を設定できます。ジョブ完了ポッドの保存世代数を指定できるなどの特徴があり、定期に実行しなければならないバッチ処理に適しています。

デーモンセット (DaemonSet)

K8sクラスタの全ノードで、同じポッドを実行するためにあります。たとえばポッドネットワークを構成するデーモンセット管理下のポッドは、ノードを追加すると自動的に稼働を開始し、追加されたノードを利用できるようになります。システム運用の自動化に適しています。

レプリカセット (ReplicaSet)

デプロイメントコントローラと連動して、ポッドのレプリカ数の管理を担当します。デプロイメントを通じて利用することが推奨されています。

参考資料

[25] コントローラ概説、https://kubernetes.io/docs/concepts/workloads/controllers/

レプリケーションコントローラ（ReplicationController）

過去のチュートリアルなどの資料などで見かけますが、次世代のコントローラであるデプロイメントの利用が推奨されています。

(3) ワークロードのタイプとコントローラの対応関係

ワークロードのタイプとコントローラの対応関係を表5にまとめました。ワークロードにはさまざまな非機能要件が伴いますから、この表5は1つの目安に過ぎません。

表5 ワークロードのタイプとコントローラの対応表、および、後続のStep番号

ワークロードのタイプ	コントローラのタイプ	対応する後続のレッスン
フロントエンド処理	**デプロイメント**	**Step 08 デプロイメント Step 14 オートスケール Step 13 イングレス Step 09 サービス**
バックエンド処理	ステートフルセット	Step 12 ステートフルセット Step 11 永続ボリューム Step 09 サービス
バッチ処理	**ジョブ クーロンジョブ**	**Step 10 ジョブとクーロンジョブ**
システム運用	デーモンセット	Step 12 ステートフルセット Step 15 クラスタの仮想化

CPUコア数の増加やメモリ増設を伴うノードのスケールアップ作業は、ここで挙げたコントローラでは対応できません。ノードのスケールアップを行うには、クラウドなどの機能を利用してCPUコア数やメモリ容量をより多く搭載したノードを用意して、それをK8sクラスタへ追加し、ポッドのノードセレクターを設定して、マイグレーション（移行動作）を実施する必要があります。

本節のまとめ

本節で取り上げたのはKubernetesの基本的事項であり、本書の中でもとりわけ重要なことばかりです。本節を要約すると、次のようになります。

1. K8sクラスタは、「マスター」および「ノード」と呼ばれるサーバーから構成される。
2. Kubernetesには、CNCFが配布する基本モジュールに加えて、クラウドベンダーや製品メーカーの追加コンポーネントがある。
3. 「マスター」は、目標とする状態が記述されたマニフェストを受け取り、その状態を維持するようにオブジェクトの制御を行う。

4. K8sクラスタではすべての操作がKubernetes APIによって実行され、オブジェクトの作成・更新・削除、状態の報告を実行する。
5. 重要なオブジェクトとして、「ポッド」、「サービス」、「コントローラ」の3つがある。
6. 「ポッド」はコンテナの起動単位であり、コンテナの再利用を支援する。ポッドの実行にあたっては、サービスやコントローラを組み合わせて利用する。
7. 「コンテナ」内プログラムのシグナル処理は、データ損失による障害を回避するための重要な要件である。
8. 「サービス」は、クライアントからのリクエストをサーバー役のポッドに転送するために必要な代表IPアドレス、名前解決、環境変数、負荷分散を設定する。
9. 「コントローラ」は、ワークロードのタイプに合わせて種類を選択しなければならない。

4 本書の学習環境

手を動かして演習したい読者は パソコン上に自分だけの学習環境を構築

インターネットであらゆる技術情報にアクセスできる現代、あえて書籍を購入する理由の1つは時間節約ではないでしょうか。インターネット検索を繰り返していると、貴重な時間を費やしてしまいますが、良書には有用な情報が適切かつ高度に凝集しています。

概念的な理解に留まらず、具体的な動作を短時間で理解するには、自分の知識レベルに応じ段階的に追体験することが、最も効率がよいと思います。しかし、本を読んだだけの追体験では記憶が定着せず、時間とともに詳細を忘れがちです。一方、自分の手を動かして実際に体験してみるには時間を要しますが、曖昧さのない正確な理解につながります。

そこで本書は、あまり時間の許されない読者と、ご自身で手を動かしてしっかり理解したい読者の両方を想定することにしました。

4.1 クイックに把握したい読者へ

本書はまず、通勤時間や隙間時間を使って学びたい読者のために、パソコンを触らなくても追体験ができるように記述しています。学習環境の構築など、時間を要する作業は「付録」に記載してありますから、このまま読み進めてください。

2章以降の各Stepでは、プログラムやコマンドの実行結果を例示し、フローを具体的に理解できるようにしています。また、詳細なコードを読まなくても、先に実行結果を把握できるような順番で記述しています。「これ以上の詳細を知る必要はない」と感じたら、そのStepの「まとめ」へジャンプしても、話がつながるようにしました。

4.2 演習を通じて学びたい読者へ

DockerとKubernetesを習得してスキルアップするために、本書ではお金をかけずにPC上に学習環境を構築できます。自身のPCで動かして理解したい、実務に適用可能な詳細な理解を得たいという読者は、これから紹介する3種類の学習環境の中から、自分の目的や環境にあった学習環境を選択して構築してください。構築と言っても、インストーラーでインストールする簡単なものか、または、自動設定ツールを使ってK8sクラスタなどを自動構成するので、煩わしい設定などは必要ありません。

「学習環境1」では、Step 01からStep 05までのレッスンを実行することができます。シングルノード構成ですが、コアとなる機能をすべて利用できます。

「学習環境2」では、Step 06からStep 15まで、Kubernetesを使ったコンテナの本番運用を目指す読者が、さまざまな検証を手軽に進めていくことができます。たとえば、マルチノード構成の可用性に係る動作を具体的に理解するため、実際にノードを停止させて実験して、ポッドやコントローラの振る舞いを詳細に把握できるので、システム設計へ活かすことができます。

「学習環境3」は、パブリッククラウドのGoogle Kubernetes EngineまたはIBM Cloud Kubernetes Serviceを利用するものです。本書では特定のサービスに理解が偏らないように、2つのクラウドを紹介しました。読者はどちらか一方を選んで、Step 15のネットワークポリシーの演習に使用することができます。

「学習環境1」と「学習環境2」は、CNCFがOSSとして配布しているアップストリームのKubernetesを利用しています。アップストリームとは、どこのベンダーの手も入っていない源流とも言えるソフトウェアを表しています。そのため、Kubernetesのコア機能を理解するのに最適な学習環境です。

4.3 各学習環境の構成

15段階のStepを踏んで、確実にスキルを獲得していくために必要な各学習環境のセットアップ方法は、巻末の「付録」に記載してあります。少しでも早く学習を開始できるように、学習環境を自動構築するVagrantやAnsibleのサーバー自動設定コードをGitHubに公開し、本書専用のダウンロードサイトからも入手できるようにしてあります。

表1 本書「付録」に記載した学習環境の概要

付録番号	学習環境名	PC/OS環境	VMメモリ	概要
付録1.1	学習環境1	Mac	4GB	Docker CE (Community Edition) とMinikubeをインストールし、専用の仮想マシンをそれぞれ起動。仮想マシンは各最小2GBを必要とし、両方動かす場合は合計4GBのメモリが必要
付録1.2	学習環境1	Windows	4GB	Docker ToolboxとMinikubeをインストールし、それぞれ専用の仮想マシンを起動。仮想マシンは各最小2GBを必要とし、両方動かす場合は合計4GBのメモリが必要
付録1.3	学習環境1 (Vagrantによる仮想化)	Windows/Mac	2GB	PC上の仮想マシンでDockerとMinikubeを利用。両者が同一仮想マシンを利用するのでメモリ2GBで利用可能
付録1.4	学習環境1 モニタリング	Windows/Mac	最大8GB	Minikubeに同梱されたモニタリング環境を起動する方法を解説する。ダッシュボード、監視基盤、ログ分析の構成。このログ分析はメモリ要求量が大きいため、学習環境利用時に有効化することはお勧めしない
付録2.1	学習環境2 Kubernetes (K8sマルチノード構成)	Windows / Mac	3GB	PC上に3つの仮想マシンを起動してK8sクラスタを構築する。仮想マシンごとに最低1GBで、3GBのメモリが必要。読者の必要に応じ、実行環境が許容できるまで仮想マシンのメモリを大きくできる
付録2.2	学習環境2 NFS	Windows / Mac	0.5GB	Kubernetesのポッドから永続ボリューム利用の学習に使用。仮想マシンの必要メモリは512MB
付録2.3	学習環境2 GlusterFS	Windows/Mac	2GB	Kubernetesから論理ボリュームをダイナミックプロビジョニングする学習に利用。必要メモリは512MB x 4の2GB
付録2.4	学習環境2 プライベートレジストリ	Windows/Mac	—	パソコン上にコンテナのプライベートレジストリをDocker Composeで作る
付録3.1	学習環境3 IKS パブリッククラウド	IBM Cloud Kubernetes Service	—	ネットワークポリシーの実行例、および、オートスケールの実行例で参照用に利用。ネットワークのセキュリティポリシーが実装され、高負荷下でも問題を起こさず安定動作できる環境
付録3.2	学習環境3 GKE パブリッククラウド	Google Kubernetes Engine	—	Kubernetesのプロジェクトを牽引してきたGoogle社のパブリッククラウドのサービスであり、Kubernetesを学ぶ者にとって経験しておきたい環境

※ 環境要件、インストール方法、利用法は、それぞれのページを参照してください。

4.4 学習環境の選択

Dockerコンテナと Kubernetesの基礎を演習したい読者は、「付録1.1」から「付録1.3」のどれかの環境をインストールしてください。筆者のお勧めは、「付録1.3 VagrantのLinux上でMinikubeを動かす」環境です。これは、WindowsでもMacでも動作するVagrantとVirtualBoxの仮想マシンでLinuxサーバーを動作させ、そこにDocker CEとMinikubeを動かします。仮想マシンのメモリ使用量も少なく、安定して動かせます。また、学習に使う各種ソフトウェアをPCのOS上に直接インストールしないため、PCのソフトウェア環境をクリーンに保つことができます。唯一の欠点は、dockerコマンドやkubectlコマンドをWindowsやMacのOSから直接実行できない点です。そのため、Linux仮想マシンにログインして操作することになります。

Windowsのコマンドプロンプトやmicrosoft PowerShellからdockerコマンドを実行したい場合は、「付録1.2」のWindows環境がお勧めです。コンテナの仕組み上、コンテナの稼働にはLinuxカーネルが必要なため、ハイパーバイザーのVirtualBoxを使って仮想マシンを起動します。Docker ToolboxとMinikubeはそれぞれ異なる個別のソフトウェアなので、2つの仮想マシンが必要です。Windows用のDocker-CEではMicrosoft社のHyper-Vのインストールが必要となります。しかし残念ながら、VirtualBoxとHyper-Vは同時にインストールできません。そのため、MacとWindowsで共通環境が作れないので、今回はWindowsでのDocker CEの利用を見送りました。

macOSのターミナルから直接Dockerコマンドを利用したい読者には、「付録1.1」の学習環境1がお勧めです。こちらもDocker CEとMinikubeのそれぞれに仮想マシンが必要なので、メモリの使用量が大きいことが欠点です。

それぞれ「付録」のページを参照して、イントールとセットアップを行ってください。

4.5 本書で使うOSS一覧

突然、KubernetesやDocker以外のソフトウェアが多数登場し、驚いた読者も少なくないと思います。それぞれ、どのように利用するかを補足しておきます。

表2 本書で利用するOSSの用途

OSSの名前	本書での用途
Ansible	K8sクラスタ、GlusterFSクラスタなどの複数の仮想マシンが連携する環境を自動セットアップするために使用。また、シングルのNFSサーバー、Minikubeなどでも、パッケージのインストールに利用 https://www.ansible.com/
Docker Community Edition	Dockerの学習環境およびKubernetes用のコンテナ実行環境として利用。Docker CEは無料でダウンロードして利用可能。一方、Docker EE(Enterprise Edition)はサブスクリプションの購入(有償)が必要 https://store.docker.com/search?type=edition&offering=community
Docker Toolbox	Windows用のDocker学習環境に利用。Docker CEにリプレイスされる見込み。WindowsとMacの共通環境が作れるように、Docker Toolboxを採用 https://docs.docker.com/toolbox/toolbox_install_windows/

OSSの名前	本書での用途
Docker Compose	複数のDockerコンテナを組み合わせて起動することができる開発者向けのオーケストレーションツール。プライベートレジストリの起動やレッスンの中で利用 https://docs.docker.com/compose/
Elasticsearch	Minikubeのログ保管用にアドオンとして起動。メモリ使用量が約2.4GBと大きく、日常的な学習用環境としての利用は非推奨 https://www.elastic.co/
Fluentd	MinikubeのログをElasticsearchへ転送するためのツール。MinikubeのアドオンとしてElasticsearchとKibanaとともに起動 https://www.fluentd.org/
GlusterFS	スケーラブルな分散ファイルシステム。K8sクラスタからHeketiを介して、論理ボリュームのダイナミックプロビジョニングを行う https://docs.gluster.org/en/v3/Administrator%20Guide/GlusterFS%20Introduction/
Grafana	監視と稼働分析のための視覚化ツールで、Minikubeのアドオンとして起動。Minikubeでは、InfluxDBとHeapsterを連携させて時間的な変化を視覚的に表示 https://grafana.com/
Hyper-V	Windowsのハイパーバイザーで、Windows版Docker CEでLinuxカーネルを起動するために利用。本書ではMacとの共通環境を優先して、採用を見送り
Heapster	Kubernetesのノードから稼働情報を収集するコンポーネント。バージョン1.13までにMetrics Serverへリプレイスされた。
Heketi	GlusterFSのライフサイクルを管理するために作られたRESTFulな管理インタフェースを提供。KubernetesのPersistent Volume ClaimとStorage Classと連携して、ダイナミックプロビジョニングを実現するために利用 https://github.com/heketi/heketi
InfluxDB	時系列データベースで、Minikubeのアドオンとして起動。時系列データベースのPrometheusがCNCFのプロジェクトに加わり、今後リプレイスされる見込み https://www.influxdata.com/
Kibana	ElasticSearchのログデータを視覚化するツール。Minikubeのアドオンとして起動 https://www.elastic.co/jp/products/kibana
Kubernetes	コンテナオーケストレータであり本書の主題。学習環境1ではMinikube環境上でKubernetesを実行。学習環境2では仮想マシン上でKubernetesを実行 https://kubernetes.io/
Minikube	Kubernetes本体と並行してCNCFより提供される開発および学習用の環境。シングルノードでマスターとノードの機能を併せ持つ https://github.com/kubernetes/minikube
NFS	ネットワーク上でファイルシステムを共有。1985年にSun Microsystems社が開発。Kubernetesのポッドから永続ボリューム利用の学習環境として利用 https://help.ubuntu.com/lts/serverguide/network-file-system.html.en
Docker Distribution の Registry	外部へ公開することなく、専用にコンテナを保存。DockerHubの代替サービスとして利用。付録2.4(プライベートレジストリ)で利用法を解説 https://hub.docker.com/_/registry/ https://github.com/kwk/docker-registry-frontend
Vagrant	開発環境を構築するためのツールで、VirtualBoxと連携して学習環境の構築に利用 https://www.vagrantup.com/
VirtualBox	Windowsパソコン、Mac、Linuxサーバーで利用できるハイパーバイザー。Vagrantのバックエンドとして、学習用仮想環境の構築に利用 https://www.virtualbox.org/

5 Dockerコマンドのチートシート

Dockerコマンドの体系から
ざっくりと機能の概要を知る

コマンドの「チートシート」には情報が高度に集約されており、内容をよく知らなくても、短時間で全容を把握するために役立てることができます。

このことは、あまり馴染みのない新たな分野を学び始めるときに、これから読もうとする書籍の目次を読んで、頭の中に全体像やマップを構築することに似ています。こうすることで、各論に入っても迷子にならずに、必要な知識を身に付けていくことができます。

2章と3章（Step 01～15）の演習では、それぞれの学習課題に沿って作業目的を設定し、それを満たすコマンド活用の実例を学んでいきます。いわば、シナリオベースで個々のコマンドを見ていくことになります。

一方、このチートシートでは、ファンクションベースで全部のコマンドを一覧します。具体的なシーンを想定した演習に入る前に、そこで用いるコマンド全体の体系を把握しておけば、疑問に対して、関連するコマンドを実行して確認するなどして理解を深め、効率よく学習を進めていくことができると思います。そして後々、読者がDockerやKubernetesを操作する際に、コマンドを思い出すための早見表として活用してください。

●新旧コマンド体系の扱い

Dockerコマンドには2017年1月に新しいサブコマンド体系が発表され、Dockerバージョン1.13から導入されました。この新体系では、サブコマンドにcontainerやimageなどと、対象となるオブジェクトの種類を指定して、その後に動詞に相当するキーワードを置く形式になっており、理解しやすく、効率よく学習を助けてくれます。今のところ「従来のサブコマンドに対するサポートを止める」といった発表はありませんが、新機能の追加では新コマンド体系が優先されると予想されます。

しかし、新しいサブコマンド体系ではタイプ数が増えてしまい、作業能率の低下を招きます。そこで本書では全編において、旧式ですが能率のよい従来のコマンドを主に採用することにしました。

ただし、本節のチートシートでは新旧の両方を掲載し、新しい機能については新サブコマンド体系で紹介することにします。下記の表中には新旧のサブコマンドを併記しているものがあり、その場合、新サブコマンドは文字フォントを斜体にしてセル内の下段に表記します。

5.1 コンテナ環境の表示

最初に紹介するのは、Dockerの環境を把握するために、よく利用されるコマンドです。2つともバージョンを表示するのですが、docker infoは内部構造に触れ、構成要素であるLinuxカーネルのバージョン、コンテナランタイムのバージョンなど、詳細を表示します。

表1 コンテナ環境を表示

コマンド実行例	概説
docker version	dockerクライアントとサーバーのバージョン表示
docker info	環境情報を表示

5.2 コンテナの3大機能

Dockerの発展と進化に伴って、さまざまな機能が拡充されてきましたが、根幹となるコンテナ機能の3大機能は、(1) コンテナイメージのビルド、(2) イメージの移動と共有、(3) コンテナの実行です。そして、DockerとKubernetesを組み合わせて利用する場合も、ここに取り上げる機能を使っていくことになります。

以下のチートシート表のなかで、入力項目は斜体（イタリック）表記しています。

表2 (1) コンテナイメージのビルド

コマンド実行例	概説
docker build -t *リポジトリ:タグ* . *docker image build -t リポジトリ:タグ .*	カレントディレクトリのDockerfileからイメージをビルドする
docker images *docker image ls*	ローカルのイメージをリストする
docker rmi *イメージ* *docker image rm イメージ*	ローカルのイメージを削除する
docker rmi -f `docker images -aq` *docker image prune -a*	ローカルのイメージを一括削除する

表3（2）イメージの移動と共有

コマンド実行例	概説
docker pull リモートリポジトリ[:タグ] *docker image pull リモートリポジトリ[:タグ]*	リモートリポジトリのイメージをローカルリポジトリへダウンロードする
docker tag イメージ[:タグ] リモートリポジトリ[:タグ] *docker image tag イメージ[:タグ] リモートリポジトリ[:タグ]*	ローカルのイメージをリモートに対応付けることで、docker pushでリモートリポジトリへ転送できるようにする
docker login レジストリサーバー	レジストリサービスへログインする
docker push リモートリポジトリ[:タグ] *docker image push リモートリポジトリ[:タグ]*	ローカルのイメージを、レジストリサービスのリポジトリへ転送する
docker save -o ファイル名 イメージ *docker image save -o ファイル名 イメージ*	イメージをアーカイブ形式のファイルとして書き出す
docker load -i ファイル名 *docker image load -i ファイル名*	アーカイブ形式のファイルをリポジトリへ登録する
docker export <コンテナ名 | コンテナID> -o ファイル名 *docker container export <コンテナ名 | コンテナID> -o ファイル名*	コンテナ名またはコンテナIDでコンテナを指定して、tar形式のファイルへ書き出す
docker import ファイル名 リポジトリ[:タグ] *docker image import ファイル名 リポジトリ[:タグ]*	tar形式ファイルをリポジトリのイメージへ展開する

表4（3）コンテナの実行

コマンド実行例	概説
docker run --rm -it イメージ コマンド *docker container run --rm -it イメージ コマンド*	対話型でコンテナを起動してコマンドを実行する。終了時にはコンテナを削除する。コマンドにshやbashを指定すると、サーバーにログインしたときのような対話型のシェルでOSコマンドなどを実行できる
docker run -d -p 5000:80 イメージ *docker container run -d -p 5000:80 イメージ*	バックグラウンドでコンテナを実行する。コンテナ内プロセスの標準出力や標準エラー出力は、ログに保存される。保存されたログの表示についてはdocker logsを参照 -p は、コンテナ公開ポート番号:コンテナ内プロセスの公開ポート番号
docker run -d --name コンテナ名 -p 5000:80 イメージ *docker container run -d --name コンテナ名 -p 5000:80 イメージ*	コンテナに名前を与えてイメージを実行する
docker run -v \`pwd\`/html:/usr/share/nginx/html -d -p 5000:80 nginx *docker container run -v \`pwd\`/html:/usr/share/nginx/html -d -p 5000:80 nginx*	コンテナのファイルシステムへディレクトリをマウントして実行する -vは、ローカル絶対パス:コンテナ内のパス
docker exec -it <コンテナ名 | コンテナID> sh *docker container exec -it <コンテナ名 | コンテナID> sh*	実行中コンテナに対して、対話型コマンドを実行する
docker ps *docker container ls*	実行中コンテナをリストする
docker ps -a *docker container ls -a*	停止コンテナも含めてリストする

<table>
<tr><th>コマンド実行例</th><th>概説</th></tr>
<tr><td>docker stop <コンテナ名 | コンテナID>
docker container stop <コンテナ名 | コンテナID></td><td>コンテナのメインプロセスへシグナルSIGTERMによる終了要求を送り、その後、タイムアウトすると強制終了する</td></tr>
<tr><td>docker kill <コンテナ名 | コンテナID>
docker container kill <コンテナ名 | コンテナID></td><td>コンテナを強制終了する</td></tr>
<tr><td>docker rm <コンテナ名 | コンテナID>
docker container rm <コンテナ名 | コンテナID></td><td>終了したコンテナを削除する</td></tr>
<tr><td>docker rm `docker ps -a -q`
docker container prume -a</td><td>終了したコンテナを一括削除する</td></tr>
<tr><td>docker commit <コンテナ名 | コンテナID> リポジトリ:[タグ]
docker container commit <コンテナ名 | コンテナID> リポジトリ:[タグ]</td><td>コンテナをイメージとしてリポジトリへ書き込む</td></tr>
</table>

5.3 デバッグ関連の機能

Dockerコンテナの内部で対話型シェルを実行したり、ログを表示するなど、コンテナ化したアプリケーションのデバッグに利用できるコマンドを次の表に集めました。これらはDockerコマンドを使ってコンテナを開発する際に使えるコマンドです。Kubernetesでコンテナをデバックするときは、6.5の(10) 問題判別 を参照してください。

表5 コンテナのデバッグ関連

<table>
<tr><th>コマンド</th><th>概説</th></tr>
<tr><td>docker logs <コンテナ名 | コンテナID>
docker container logs <コンテナ名 | コンテナID></td><td>コンテナのログを表示する</td></tr>
<tr><td>docker logs -f <コンテナ名 | コンテナID>
docker container logs -f <コンテナ名 | コンテナID></td><td>コンテナのログをリアルタイムに表示する</td></tr>
<tr><td>docker ps -a
docker container ls -a</td><td>コンテナの停止理由を表示する</td></tr>
<tr><td>docker exec -it <コンテナ名 | コンテナID> コマンド
docker container exec -it <コンテナ名 | コンテナID> コマンド</td><td>実行中コンテナに対して、対話型でコマンドを実行する</td></tr>
<tr><td>docker inspect <コンテナ名 | コンテナID>
docker container inspect <コンテナ名 | コンテナID></td><td>低レベルのコンテナ情報を表示する</td></tr>
<tr><td>docker stats
docker container stats</td><td>コンテナの実行状態をリアルタイムに表示する</td></tr>
<tr><td>docker attach --sig-proxy=false <コンテナ名 | コンテナID>
docker container attach –sig-proxy=false <コンテナ名 | コンテナID></td><td>コンテナの標準出力を画面へ表示する。そして、コントロール-Cで、コンテナから切り離され、止まらないようにする</td></tr>
<tr><td>docker pause <コンテナ名 | コンテナID>
docker container pause <コンテナ名 | コンテナID></td><td>コンテナを一時停止する</td></tr>
</table>

コマンド	概説
docker unpause <コンテナ名 | コンテナID> *docker container unpause <コンテナ名 | コンテナID>*	コンテナの一時停止を解除する
docker start -a <コンテナ名 | コンテナID> *docker container start -a <コンテナ名 | コンテナID>*	停止したコンテナを実行する。この際、標準出力や標準エラー出力をターミナルへ表示する

5.4 Kubernetesと重複する機能

Dockerにはマルチノードのクラスタを構成するDocker Swarmや、相互に依存する複数コンテナのビルドから実行までを支援するDocker Composeなど優れたツールが揃っています。そして、これらの動作を支援するためのネットワークや永続ボリュームの機能がDockerコマンドにも備わっています。参考までに、代表的なコマンドを以下の表に挙げておきます。

一方、コンテナをKubernetesで運用するときには、Kubernetesが提供するネットワークやストレージの機能を利用することになりますので、下記のDockerコマンドを使用することはありません。

表6 ネットワーク関連

コマンド実行例	概説
docker network create ネットワーク名	コンテナのネットワークを作成する
docker network ls	コンテナのネットワークをリストする
docker network rm ネットワーク名	コンテナのネットワークを削除する
docker network prune	未使用のコンテナのネットワークを削除する

表7 永続ボリューム関連

コマンド実行例	概説
docker volume create ボリューム名	永続ボリュームを作成する
docker volume ls	永続ボリュームをリストする
docker volume rm ボリューム名	永続ボリュームを削除する
docker volume prune	未使用の永続ボリュームを削除する

表8 Docker Compose関連

コマンド実行例	概説
docker-compose up -d	カレントディレクトリのdocker-compose.ymlを使って複数のコンテナを起動する
docker-compose ps	Docker Compose管理下で実行中のコンテナをリストする
docker-compose down	Docker Compose管理下のコンテナを停止する

コマンド実行例	概説
docker-compose down --rmi all	Docker Compose管理下のコンテナを停止して、それらのイメージも削除する

参考資料リンク

dockerコマンドのリファレンスマニュアルをブックマークすることをお勧めします。

1. dockerコマンドリファレンス（英語）、https://docs.docker.com/engine/reference/commandline/cli/
2. Dockerドキュメント日本語化プロジェクト、http://docs.docker.jp/

6 kubectlコマンドのチートシート

情報が凝集されたチートシートを利用して機能全体を見渡す

3章のレッスンで使用するコマンドについて、「チートシート」つまりは「早見表」を整理しておきます。K8sクラスタの管理は、ターミナルからのkubectlコマンドの入力を基本とするからです。

このkubectlコマンドは、「Kubernetes適合認証プログラム」[1]に合格したクラウドサービスとソフトウェア製品で共通して利用できます。このチートシートは、コマンドリファレンス[2]、リソースタイプ[3]、kubectlチートシート[4]など、複数の資料をもとに整理したものです。

6.1 kubectlコマンドの基本

kubectlコマンドの基本構造は、以下のような3つのパートから成っています。②リソースタイプと名前で表すオブジェクトに対して、①コマンドの動詞で行為を指定します。最後の③オプションにはさまざまなものがありますが、本チートシートでは、表示フォーマットに関するものを取り上げます。

kubectlコマンドのパラメータの基本形式

```
kubectl <①コマンド> <②リソースタイプ> [名前] [③オプション]
```

次からコマンド、リソースタイプ、オプションについて、それぞれ表形式で整理していきます。これらの表からパラメータを組み合わせて、kubectlコマンドの組み立てに活用いただければと思います。

参考資料

[1] Kubernetes Conformance Certification、https://kubernetes.io/blog/2017/10/software-conformance-certification/
[2] kubectlコマンドリファレンス、https://kubernetes.io/docs/reference/kubectl/kubectl/
[3] リソースタイプ、https://kubernetes.io/docs/reference/kubectl/overview/#resource-types
[4] チートシート、https://kubernetes.io/docs/reference/kubectl/cheatsheet/

6.2 コマンド

kubectlの第1パラメータとして選択できる操作を整理しました。概要説明と利用例から、できることを把握できると思います。

表1 kubectl 第1パラメータ

<table>
<tr><th>コマンド</th><th>利用例</th><th>概要</th></tr>
<tr><td>get</td><td>kubectl get -f <マニフェスト|ディレクトリ>
kubectl get <リソースタイプ>
kubectl get <リソースタイプ> <名前>
kubectl get <リソースタイプ> <名前> <オプション></td><td>getの場合、1行に1オブジェクトといった形式でリストされる
リソースタイプや名前との組み合わせにより、リストする範囲を限定できる</td></tr>
<tr><td>describe</td><td>kubectl describe -f <マニフェスト|ディレクトリ>
kubectl describe <リソースタイプ>
kubectl describe <リソースタイプ> <名前>
kubectl describe <リソースタイプ> <名前> <オプション></td><td>describeの場合、getよりも詳細な情報が表示される
マニフェストファイル、ディレクトリ、リソースタイプ、名前との組み合わせによる表示対象の選択はgetと同じ</td></tr>
<tr><td>apply</td><td>kubectl apply -f <マニフェスト></td><td>マニフェストに記述されたオブジェクトについて、存在しなければ生成、既存があれば変更を実施する</td></tr>
<tr><td>create</td><td>kubectl create -f <ファイル名></td><td>マニフェストに記述されたオブジェクトを生成する。もし既存があれば、エラーを返す</td></tr>
<tr><td>delete</td><td>kubectl delete -f <ファイル名>
kubectl delete <リソースタイプ> <名前></td><td>マニフェストに記述されたオブジェクトを削除する
リソースタイプと名前に一致するオブジェクトを削除する</td></tr>
<tr><td>config</td><td>kubectl config get-contexts
kubectl config use-context <コンテキスト名></td><td>接続先K8sクラスタ、名前空間、ユーザーのリストを表示する
コンテキスト名を指定して、接続先K8sクラスタ、名前空間を決定する</td></tr>
<tr><td>exec</td><td>kubectl exec -it <ポッド名> [-c コンテナ名] <コマンド></td><td>コンテナに対話型でコマンドを実行する。ポッド内にコンテナが複数ある場合は、[-c]でコンテナ名を指定する。コンテナ名は kubectl get describe <ポッド名> の表示の中にある</td></tr>
<tr><td>run</td><td>kubectl run <名前> --image=<イメージ名></td><td>ポッドを実行する。1.12以降のバージョンでは、ポッド以外の実行は非推奨になった。</td></tr>
<tr><td>logs</td><td>kubectl logs <ポッド名> [-c コンテナ名]</td><td>コンテナのログを表示する</td></tr>
</table>

6.3 リソースタイプ

第2パラメータとして指定できるリソースタイプは、とても多くの種類があります。そのため、「kubectl api-resources」によってリソースのリストを表示できるのですが、同じ種類でグループ化して表にまとめました。各表は、コンテナに直接関連するワークロード、負荷分散機能のサービス、ポッド起動停止などを管理するコントローラなど、タイプ別に集めた各行に詳細情報のリンクも記述しました。これらの情報は、演習だけでなく実務でも手元に置いて利用できると思います。リソースタイプの単語には、複数形が必須なものと単数形を許すものがあります。そこで単数形を許さないものだけ複数形としました。

表2 ワークロードで選別したリソースタイプ

リソースタイプ (省略形)	和名	オブジェクトの概要
pod (po)	ポッド	コンテナの最小起動単位であり、K8sクラスタ内ポッドネットワーク上にIPアドレスを持ち、単一または複数のコンテナを起動する https://kubernetes.io/docs/concepts/workloads/pods/pod-overview/
poddisruptionbudget (pdb)	ポッド停止許容数	ポッド停止許容数を設定することで最小稼働数を定め、サービス提供を維持する 対象としてDeployment、StatefulSet、ReplicaSet、ReplicationControllerのコントローラが想定されている https://kubernetes.io/docs/concepts/workloads/pods/disruptions/

表3 サービスで選別したリソースタイプ

リソースタイプ (省略形)	和名	オブジェクトの概要
service (svc)	サービス	ポッドのサービスの公開方法を決定する https://kubernetes.io/docs/concepts/services-networking/service/
endpoints (ep)	エンドポイント	サービスを提供するポッドのIPアドレスとポートを管理する https://kubernetes.io/docs/concepts/services-networking/connect-applications-service/#creating-a-service
ingress (ing)	イングレス	サービス公開、TLS暗号、セッション維持、URLマッピングの機能を提供する https://kubernetes.io/docs/concepts/services-networking/ingress/

表4 コントローラで選別したリソースタイプ

リソースタイプ（省略形）	和名	オブジェクトの概要
deployment（deploy）	デプロイメント	サーバー型ポッドのレプリカ稼働数、自己回復、ロールアウト、ロールバックなどを制御するコントローラ https://kubernetes.io/docs/concepts/workloads/controllers/deployment/
replicaset（rs）	レプリカセット	ポッドのレプリカ数を制御するコントローラで、deploymentと連携動作する https://kubernetes.io/docs/concepts/workloads/controllers/replicaset/
statefulset（sts）	ステートフルセット	永続データを保持するポッドのコントローラ。これは永続ボリュームとセットで構成でき、名前を連番管理する https://kubernetes.io/docs/concepts/workloads/controllers/statefulset/
job	ジョブ	バッチ処理型ポッドの正常終了を管理するコントローラ https://kubernetes.io/docs/concepts/workloads/controllers/jobs-run-to-completion/
cronjob	クーロンジョブ	定期起動するジョブを管理するコントローラ https://kubernetes.io/docs/concepts/workloads/controllers/cron-jobs/
daemonset（ds）	デーモンセット	ノードにポッドを配置するコントローラ https://kubernetes.io/docs/concepts/workloads/controllers/daemonset/
replicationcontroller（rc）	レプリケーションコントローラ	ポッドのレプリカ数を制御するコントローラであり、replicasetsの前世代版 https://kubernetes.io/docs/concepts/workloads/controllers/replicationcontroller/
horizontalpodautoscaler（hpa）	水平分散オートスケーラ	ワークロードに応じてポッド数を増減するコントローラ https://kubernetes.io/docs/tasks/run-application/horizontal-pod-autoscale/

表5 ボリュームで選別したリソースタイプ

リソースタイプ（省略形）	和名	オブジェクトの概要
persistentvolume（pv）	永続ボリューム	低レベルのストレージ管理を行う https://kubernetes.io/docs/concepts/storage/persistent-volumes/
persistentvolumeclaim（pvc）	永続ボリューム要求	ストレージクラスと容量を指定して、論理ボリュームのプロビジョニングを要求する https://kubernetes.io/docs/concepts/storage/persistent-volumes/#persistentvolumeclaims
storageclass（sc）	ストレージクラス	クラウドプロバイダーや外部ストレージ装置が提供するストレージ種別を管理する https://kubernetes.io/docs/concepts/storage/storage-classes/

表6 K8sクラスタの構成管理で選別したリソースタイプ

リソースタイプ（省略形）	和名	オブジェクトの概要
node（no）	ノード	K8sクラスタのワークロードを実行するサーバーであり、ノードまたはワーカーノードと呼ばれるオブジェクトを管理する https://kubernetes.io/docs/concepts/architecture/nodes/
apiservice	APIサービス	マスタがサポートするAPIサービスを管理する https://kubernetes.io/docs/concepts/overview/kubernetes-api/
componentstatuses（cs）	コンポーネント状態	scheduler、controller-manager、etcd-0のヘルスチェックの結果を報告する https://kubernetes.io/docs/concepts/overview/components/
controllerrevision	コントローラバージョン	コントローラのバージョンをレポートする https://kubernetes.io/docs/tasks/manage-daemon/rollback-daemon-set/
event	イベント	K8sクラスタ内で発生したイベントを記録し、表示するためのコントローラ https://kubernetes.io/docs/tasks/debug-application-cluster/debug-application-introspection/#example-debugging-pending-pods

表7 コンフィグマップとシークレットで選別したリソースタイプ

リソースタイプ（省略形）	和名	オブジェクトの概要
configmap（cm）	コンフィグマップ	設定ファイルを保存する https://kubernetes.io/docs/tasks/configure-pod-container/configure-pod-configmap/
secret	シークレット	パスワードなど秘匿性の必要な情報を保存する https://kubernetes.io/docs/concepts/configuration/secret/

表8 名前空間で選別したリソースタイプ

リソースタイプ（省略形）	和名	オブジェクトの概要
namespace（ns）	ネームスペース名前空間	K8sクラスタを名前空間で論理分割して利用する https://kubernetes.io/docs/concepts/overview/working-with-objects/namespaces/

表9 役割ベースアクセス制御(RBAC)で選別したリソースタイプ

リソースタイプ(省略形)	和名	オブジェクトの概要
serviceaccount (sa)	サービスアカウント	サービスアカウントは、ポッドで実行されるプロセス用のアカウントであり、アクセス権を識別するために利用される https://kubernetes.io/docs/reference/access-authn-authz/service-accounts-admin/
role	ロール	一連のアクセス許可を表すルール記述。ロールの有効範囲は名前空間内に限られる https://kubernetes.io/docs/reference/access-authn-authz/rbac/
rolebinding	ロールバインディング	サービスアカウント、ユーザー、グループとロールをバインド(対応付け)する https://kubernetes.io/docs/reference/access-authn-authz/rbac/#default-roles-and-role-bindings
clusterrole	クラスタロール	K8sクラスタ全体に有効なロール。すなわちアクセス権限のルールセット https://kubernetes.io/docs/reference/access-authn-authz/rbac/#api-overview
clusterrolebinding	クラスタロールバインディング	K8sクラスタ全体に有効となるように、アクセス権限を対応付ける https://kubernetes.io/docs/reference/access-authn-authz/rbac/#api-overview

表10 セキュリティで選別したリソースタイプ

リソースタイプ(省略形)	和名	オブジェクトの概要
certificatesigningrequest (csr)	証明書署名要求	ルート認証局(CA)へ証明書署名要求を作成する https://kubernetes.io/docs/tasks/tls/managing-tls-in-a-cluster/#requesting-a-certificate
networkpolicies (netpol)	ネットワークポリシー	名前空間間のネットワークアクセス制御を行う https://kubernetes.io/docs/concepts/services-networking/network-policies/
podsecuritypolicies (psp)	ポッドセキュリティポリシー	ポッドのセキュリティに関わる項目のデフォルトを設定する https://kubernetes.io/docs/concepts/policy/pod-security-policy/

表11 資源管理で選別したリソースタイプ

リソースタイプ(省略形)	和名	オブジェクトの概要
limitrange (limits)	リミットレンジ	名前空間下、コンテナのCPUとメモリの要求値と上限のデフォルトを設定する https://kubernetes.io/docs/tasks/administer-cluster/manage-resources/memory-default-namespace/
resourcequota (quota)	リソースクオータ	名前空間ごとのCPUとメモリの要求量、上限値 https://kubernetes.io/docs/concepts/policy/resource-quotas/

6.4 オプション

オプションには、覚えておきたい有用なものがあります。その中でも、筆者が頻繁に利用するオプションを集めました。

表12 表示に関連したオプションの例

オプション	概要
-n 名前空間名	操作対象を指定の名前空間にする
--all-namespaces | -A（v1.14から）	すべての名前空間のオブジェクトを対象とする
-o=yaml	YAMLフォーマットでAPIオブジェクトを表示する
-o=wide	ポッドではIPアドレスとノード名が追加情報として表示する
-o=json	JSON形式でAPIオブジェクトを表示する
-o=custom-columns=<spec>	項目を指定してリスト表示する
-o=custom-columns-file=<file>	テンプレートファイルでカスタム表示する
-o=jsonpath=<template>	jsonpathに一致するリストを表示する https://kubernetes.io/docs/reference/kubectl/jsonpath/
-o=jsonpath-file=<filename>	jsonpath形式テンプレートファイルでカスタム表示する

※ 参考：https://kubernetes.io/docs/reference/kubectl/overview/#output-options

6.5 kubectlコマンドの実行例

kubeclt コマンドの引数の選択肢を見るだけでは、実際に応用して使うことが難しいので、コマンドのパラメータの組み立て例を紹介したいと思います。ここでは、知っておくと便利なコマンドの使い方を中心に実行例を選びました。

(1) 表示項目のカスタマイズ

必要な項目を選んで表示するには、-o=custom-columns... や -o=jsonpath... を利用します。オプション -o の設定方法については、表12で紹介したURLを参照してください。

実行例1 -o=custom-columns=<spec>の実行例

```
$ kubectl get pods -o=custom-columns=NAME:.metadata.name,IMAGE:.spec.containers[0].
image,PodIP:.status.podIP
NAME                          IMAGE                      PodIP
hello-1534412820-44zpf        busybox                    172.30.26.203
hello-1534412880-d45hw        busybox                    172.30.244.43
hello-1534412940-cblhp        busybox                    172.30.184.99
```

実行例2 -o=custom-columns-file=<file>の実行例

```
$ cat columns.txt
NAME           IMAGE                        PodIP
.metadata.name .spec.containers[0].image .status.podIP

$ kubectl get pods -o=custom-columns-file=columns.txt
NAME                          IMAGE                      PodIP
hello-1534412820-44zpf        busybox                    172.30.26.203
hello-1534412880-d45hw        busybox                    172.30.244.43
hello-1534412940-cblhp        busybox                    172.30.184.99
```

実行例3 -o=jsonpath=<template>の実行例

```
$ kubectl get pods -o=jsonpath='{range .items[*]}{.metadata.name}{"¥t"}{.status.
startTime}{"¥n"}{end}'
hello-1534416780-djr28    2018-08-16T10:53:02Z
hello-1534416840-bjqkd    2018-08-16T10:54:02Z
hello-1534416900-c5chf    2018-08-16T10:55:03Z
```

実行例4 -o=jsonpath-file=<filename>の実行例

```
$ cat json_temp.txt
{range .items[*]}{.metadata.name}{"¥t"}{.status.startTime}{"¥n"}{end}

$ kubectl get pods -o=jsonpath-file=json_temp.txt
hello-1534416900-c5chf    2018-08-16T10:55:03Z
hello-1534416960-fqq6f    2018-08-16T10:56:03Z
hello-1534417020-kxj5w    2018-08-16T10:57:03Z
```

(2) クラスタと名前空間の切り替え

複数のK8sクラスタを切り替えて操作するために有用なコマンドがconfigです。このコマンドを利用することで、オンプレミスとクラウドのK8sクラスタを切り替えて操作することもできます。

kubeconfigファイルの設定を表示

```
kubectl config view
```

複数のkubeconfigが存在する場合、環境変数KUBECONFIGにセットしてマージできる

```
KUBECONFIG=~/.kube/config:~/.kube/kubconfig2 kubectl config view
```

コンテキストのリスト表示、コンテキストの切り替え

```
kubectl config get-contexts
kubectl config use-context my-cluster-name
```

選択中のコンテキスト表示

```
kubectl config current-context
```

名前空間指定のコンテキスト作成

```
kubectl config set-context production-c3 --namespace=production --cluseter=c3 --user
=admin-c3
```

事前に--user=<ユーザー名>、--cluster=<K8sクラスタ名>は登録されている必要があります。

コンテキスト切り替え（ネームスペースの切り替え）

```
kubectl config use-context production-c3
```

（3）オブジェクトの作成

YAML形式やJSON形式のマニフェストからオブジェクトを生成する方法を紹介します。この実行例のcreateはapplyへ置き換えることができます。createを使用した場合、すでにオブジェクト名が存在していれば、異常終了となります。一方、applyでは既存があり変更がないときは、unchangedを表示されて正常終了します。もし変更があれば、該当部分でconfiguredが表示されて正常終了します。そのため、オブジェクトを目的状態にするにはapplyが適しており、筆者はapplyを積極的に利用しています。後続の3章Step 06〜15でも、オブジェクトの作成においてもapplyを使用しているのはそのためです。

マニフェストファイルからオブジェクトを作成

```
$ kubectl create -f my_manifest.yml
```

複数のマニフェストファイルを指定して作成

```
$ kubectl create -f my_manifest1.yml  -f my_manifest2.yml
```

複数のマニフェストの存在するディレクトリからオブジェクトを作成、.yaml、.yml、.jsonの拡張子のファイルが適用される

```
$ kubectl create -f <manifest_directory>
```

URLからオブジェクトを作成

```
$ kubectl create -f https://raw.githubusercontent.com/takara9/resource_eater/master/
deploy-2.yaml
```

(4) オブジェクトの削除

一度生成したオブジェクトは、削除されるまで存在を続けます。そのため削除は必ず必要となります。マニフェストやディレクトリ名を指定して削除できる機能は便利です。

オブジェクトの削除

```
$ kubectl delete -f my_manifest.yml     # マニフェストから削除
$ kubectl delete po nginx               # ポッド名で削除
$ kubectl delete deploy web-deploy      # デプロイメント名で削除
$ kubectl delete service webservice     # サービス名で削除
$ kubectl delete -f <directory>         # ディレクトリのマニフェストで削除
```

(5) オブジェクトの表示

オブジェクトの表示には、getとdescribeが利用できます。getは、1つのオブジェクトを1行で表示して、describeは詳細に表示します。複数のリソースタイプをカンマでつないで列挙することで、一度に複数のリソースを表示できます。

サービスのリストを表示

```
$ kubectl get service
$ kubectl get svc        # 短縮形
```

ポッドのリスト

```
$ kubectl get pods
$ kubectl get po                            # 短縮形
$ kubectl get po --all-namespaces           # 全名前空間のポッドリスト
$ kubectl get po -n test                    # 名前空間 test のポッドリスト
$ kubectl get po -o wide                    # ポッドのIPアドレスと配置先ノードの表示
$ kubectl get po --field-selector=spec.nodeName=node1  # node1のポッドを表示
$ kubectl get po --show-labels --selector=app=web      # ラベルapp=webを持つポッドを表示
```

ポッドの詳細表示

```
$ kubectl describe po                # 全ポッドの詳細表示
$ kubectl describe po <ポッド名>      # <ポッド名>で指定する特定ポッドの詳細表示
```

デプロイメントの表示

```
$ kubectl get deployment
$ kubectl get deploy        # 短縮形
$ kubectl get deploy,po     # デプロイメントとポッドの表示
```

(6) オブジェクトの変更

実行中のオブジェクトに変更を加えることができます。変更が適用される過程で、サービスを止めない制御が特徴です。詳細は、3章で説明します。

マニフェストによる変更の適用

```
$ kubectl apply -f new_my_manifest.yml
$ kubectl replace -f new_my_manifest.yml
```

実行中コントローラのマニフェスト編集

```
$ kubectl edit deploy/web-deploy
$ KUBE_EDITOR="nano" kubectl edit deploy/web-deploy
```

ポッドへのラベルの追加

```
$ kubectl label pods web-deploy-84d778f979-25mcx mark=1
```

(7) パッチの適用

マニフェストの一部の値をコマンドで変更します。

node1へのスケジュールを停止

```
$ kubectl patch node node1 -p '{"spec":{"unschedulable":true}}'
```

(8) スケール

コントローラに対し、ポッドのレプリカ数を指定して、処理能力を変更することができます。

デプロイメントのレプリカ数変更

```
$ kubectl scale --replicas=5 deployment/web-deploy
```

(9) ノードの保守

kubectlコマンド1つで、コンテナを実行するノードの1つを、保守作業のためにK8sクラスタから切り離して停止し、作業完了後にポッドの実行が割り当てられるように操作することができます。

ノードの保守作業時の対応手順

```
$ kubectl cordon node1          # node1へのスケジュール停止
$ kubectl drain node1 --force   # node1のポッドを退避
$ kubectl delete node1          # node1の削除

<ノード1のシャットダウン、(保守作業)、起動>

$ kubectl uncordon node1        # node1へのスケジュール再開
```

(10) 問題判別

問題判別のために、コンテナで何が起こっているのかを確認するためのコマンドを選びました。-o yamlなどは マニフェストを表示するだけではなく、ステータスを取得して表示します。また、describe poではポッドに関するイベントを表示するので、大変重宝します。

実行中のポッドで対話型シェルを実行する

```
$ kubectl exec ポッド名 -it sh
```

ポッドのログ表示

```
$ kubectl logs web-deploy-84d778f979-25mcx
```

ポッドの詳細表示

```
$ kubectl describe po web-deploy-84d778f979-25mcx
```

ポッドの設定と状態の表示1:YAML形式

```
$ kubectl get po -o yaml web-deploy-84d778f979-25mcx
```

ポッドの設定と状態の表示2:JSON形式

```
$ kubectl get po -o json web-deploy-84d778f979-25mcx
```

ポッドがデプロイされないとき、ノードのリソース状態を表示

```
$ kubectl describe no node1
```

Column

5Gと自動運転で注目されるKubernetes

2019年から2020年にかけて、第5世代移動体通信(以下5Gとする)の商用サービスが、欧米、中国、韓国、そして日本で開始されます。

5Gの特徴は、①超高速通信(4Gの100倍高速となる10Gbps)、②超大量接続(4Gの100倍の接続容量となる1平方キロあたり100万端末)、③超低遅延(4Gでは30〜40ミリ秒ですが、5Gでは1ミリ秒とされています)[1]。

この非常に高い5Gのスペックは、人間同士のコミュニケーションだけに留まらずIoT(Internet of Things)などで表されるモノのインターネットのさらなる発展を視野に入れたものです。なかでも社会への影響が最も大きな自動車の自動運転は、IoTの牽引役と言えます。5Gの高いスペックは、自動車の自動運転をターゲットにしたと言っても過言ではないでしょう。

自動運転にはいくつかの段階を表すレベル[2]があり、2019年で一般の市販車に搭載されているのはレベル2の自動運転です。このレベルではドライバーに代わって車間を調整して追突防止、歩行者の飛び出しに反応する自動ブレーキなどがあります。そして、2020年代後半にはレベル5の自動運転の実用化を目指しています[3]。このレベルでは、あらゆる場所でドライバーに代わって自動的に車両を運行します。もはや、この段階の自動車は人工知能を搭載したロボットカーと言ってもよいでしょう。こうなると、あらゆる産業や社会に影響を及ぼし、莫大な経済効果が予測されることから、第4次産業革命が到来すると考えられています。

レベル5の自動運転の実用化には、5Gを使って支援システムと連携することが必須と考えられています。つまり自動運転車は、車載カメラだけでなく、5Gの無線電波で支援システムからの動的な周辺情報を受け取って走行することになります[4]。たとえば、信号機が赤に変わるまでの残り時間、優先度の高い緊急車両の接近、道路工事による車線規制といった動的に変化するさまざまな情報を受け取りながら、これまでよりもはるかに安全な走行を目指すのです。そのために、走行する自動車に十分な速さで情報を与える必要から1ミリ秒の超低遅延が必須なのです。

サーバーインフラを担当したことがある人は、1ミリ秒という目標が、いかにハードルが高いか容易に想像

参考資料

[1] 5G Wireless Technology | Qualcomm、https://www.qualcomm.com/invention/5g

[2] 自動運転のレベル分けについて、http://www.mlit.go.jp/common/001226541.pdf

[3] The Self-Driving Car Timeline – Predictions from the Top 11 Global Automakers、https://emerj.com/ai-adoption-timelines/self-driving-car-timeline-themselves-top-11-automakers/

[4] The role of 5G in autonomous vehicles、https://www.futurithmic.com/2019/01/30/role-of-5g-autonomous-vehicles/

ができると思います。1ミリ秒の低遅延を無線通信で実現するために、これまでよりも約7倍ほど高い周波数(28GHz帯)で高速通信するのですが、それでも距離が遠ければ、遅延が大きくなってしましまう。この問題を解決するために、5Gではエッジコンピューティングを併用することが考えられています。5G基地局ネットワークの端、すなわち、距離的に5G機器に近い場所にサーバーを配置して分散処理することで、クラウドへの負荷集中を防ぎ、短い時間で反応できるようにするものです。このことからMEC(Mobile Edge Computing)とも呼ばれています。つまり、即応しなければならない処理は、最も近くのサーバーから応答を返すのです。もちろん、全体に関わる情報やログ分析のような処理はクラウドを利用することになります。

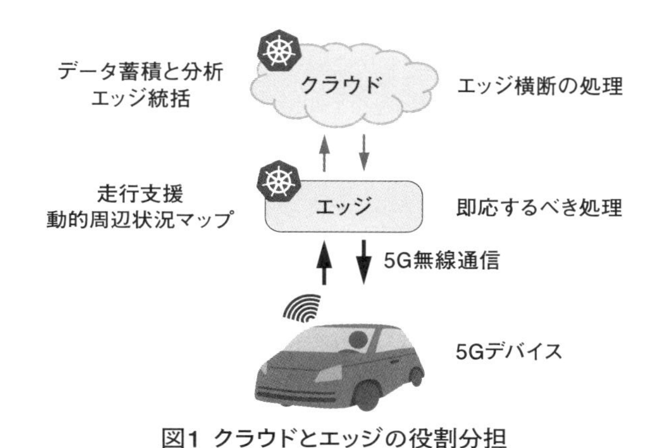

図1 クラウドとエッジの役割分担

このようにレベル5の自動運転の実現には、5Gによる通信と、エッジとクラウドのデータセンターに分散配置されたITインフラが必須となります。当然エッジの拠点数は、日本だけでも数千箇所に及ぶことが想像されます。もちろん、5Gのエッジは自動運転だけに留まらず、さまざまな用途に応用が期待されています。

このようなエッジとクラウドを併用するプラットフォームには、社会基盤としてのさまざまな厳しい要件が突き付けられるためにKubernetesが適するとして応用が研究されています[5,6]。これから本格化する第4次産業革命を推進するためのITのプラットフォームがKubernetesなのです。

参考資料

[5] Cloud at the Edge、https://www.ibm.com/cloud/blog/cloud-at-the-edge

[6] KubeEdge, a Kubernetes Native Edge Computing Framework、https://kubernetes.io/blog/2019/03/19/kubeedge-k8s-based-edge-intro/

2章

コンテナ開発を習得する5ステップ

2章は「コンテナを実践的に理解するためのレッスン」です。リファレンスマニュアルのような網羅的な機能解説ではなく、読者が段階的に理解を進めることができるようにしました。なじみのある身近な事柄から入り、次第に深い内容へと積み上げるストーリーを展開しています。

手元にパソコンがなくても、本書を読めば疑似体験ができます。また、Step 03〜15で扱うすべてのコードは下記のGitHubから入手でき、読者自身のパソコンを使い、手を動かしてトレースし、自習できるようになっています。

Dockerコンテナは Kubernetesの基礎であり、本書のゴールは読者がKubernetesを理解し、それぞれの立場で応用できるようになることです。そのため本章では、Dockerコンテナだけを切り離して学ぶのではなく、最終的にKubernetes上でコンテナを動作させることを目指します。Dockerコンテナの環境構築については「付録」を参照してください。

Step 03〜15で扱うサンプルコードの取得方法

GitHubからcloneして取得することができます。

```
$ git clone https://github.com/takara9/codes_for_lessons
```

※ 上記のサンプルコードは、作者である著者自身がMITライセンスで公開しますので、誰でも無料で利用できます。また、使用にあたってのサポートはありません。不具合の報告は同リポジトリのIssues、修正要求はPull requestsに挙げてください。

Step 01 コンテナ最初の一歩

まずはhello-worldから
コンテナイメージをダウンロードし起動してみよう

Dockerコンテナに慣れ親しむための第一歩として、最も簡単なDockerコンテナを動かしてみましょう。ここで扱うコンテナのイメージhello-worldは、Dockerコンテナの動作を解説するためのオフィシャルイメージです[1,2]。

Dockerコンテナの実行例は、macOS環境でのものですが、Windowsでも同様のコマンドを実行できます。Windows 10では、ターミナルをコマンドプロンプトやMicrosoft PowerShellに読み替えてください。

! Dockerの実行環境については、付録「学習環境の構築法」から適切な環境を選んでインストールしてください。

01.1 hello-worldの実行

それではさっそく、コンテナの動作を見てみましょう。ご自分のmacOSのターミナルまたはWindowsのコマンドプロンプトから、「docker run hello-world」を実行してください。

実行例1 コンテナhello-worldの実行

```
$ docker run hello-world
Unable to find image 'hello-world:latest' locally
latest: Pulling from library/hello-world
d1725b59e92d: Pull complete
Digest: sha256:0add3ace90ecb4adbf7777e9aacf18357296e799f81cabc9fde470971e499788
Status: Downloaded newer image for hello-world:latest

Hello from Docker!
This message shows that your installation appears to be working correctly.
```

参考資料

[1] Dockerの始め方、https://docs.docker.com/get-started/

[2] hello-worldのソースコード、https://github.com/docker-library/hello-world/

```
To generate this message, Docker took the following steps:
 1. The Docker client contacted the Docker daemon.
 2. The Docker daemon pulled the "hello-world" image from the Docker Hub.
    (amd64)
 3. The Docker daemon created a new container from that image which runs the
    executable that produces the output you are currently reading.
 4. The Docker daemon streamed that output to the Docker client, which sent it
    to your terminal.

To try something more ambitious, you can run an Ubuntu container with:
 $ docker run -it ubuntu bash

Share images, automate workflows, and more with a free Docker ID:
 https://hub.docker.com/

For more examples and ideas, visit:
 https://docs.docker.com/engine/userguide/
```

以下はこのメッセージの意訳です。dockerコマンドの裏側の動作を説明しています。

実行例2 実行例1の日本語訳

```
Dockerからのこんにちは!

このメッセージが表示されていれば、インストールは正しく動作しています。
このメッセージは、次のステップで生成されています。

1. Dockerクライアントは、Dockerデーモンに接続します。
2. Dockerデーモンは、Docker Hubから"hello-world"のamd64のイメージを取り込みます。
3. Dockerデーモンは、イメージから実行可能なコンテナを生成して、このメッセージが生成されます。
4. Dockerデーモンは、コンテナからの出力をdockerコマンドへ送り、あなたのターミナルで表示しています。

もっと積極的に試すには、次のコマンドで、Ubuntuコンテナを実行できます。
$ docker run -it ubuntu bash

無料のDocker ID を取得して、イメージ共有、自動ワークフローなどを実行してください。
https://hub.docker.com/

さらなるアイデアや例については、
https://docs.docker.com/engine/userguide/ を参照してください。
```

このメッセージの1〜4について補足します(図1)。

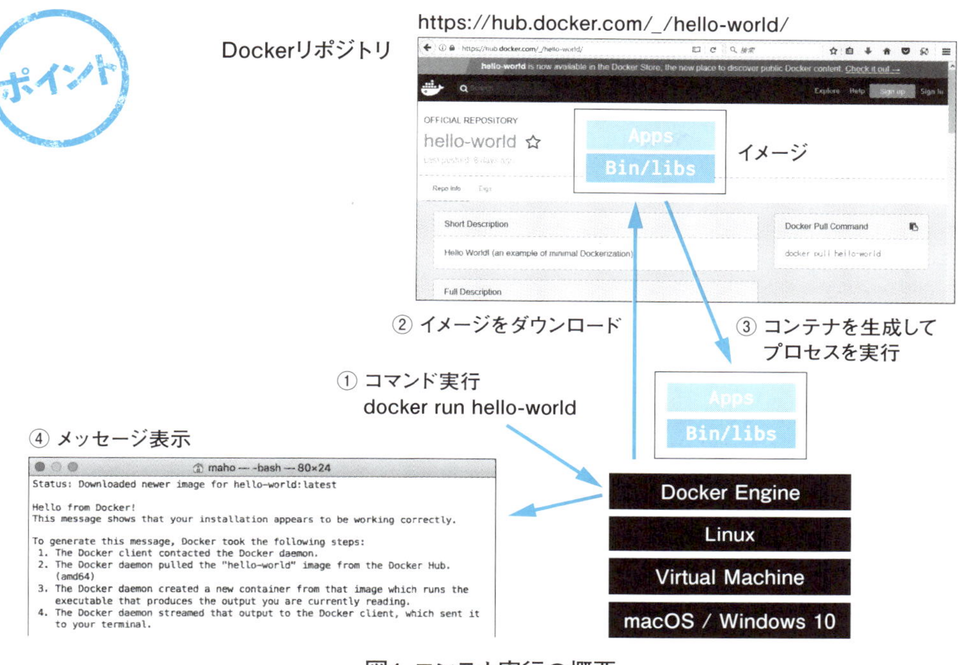

図1 コンテナ実行の概要

①ターミナルまたはコマンドプロンプトから「docker run hello-world」を実行すると、Dockerデーモンに接続されます。Dockerのドキュメントでは、しばしば、デーモンのことを「エンジン」と呼んでいるので、本書では「Dockerエンジン」と呼ぶことにします。

②コマンド中の「hello-world」はリポジトリ名です。Dockerエンジンは、Docker Hubのリポジトリhttps://hub.docker.com/_/hello-world/から、コンテナの元になるイメージをローカルへプル（ダウンロード）します。

③Dockerエンジンが、イメージからコンテナを生成します。すると、コンテナ上のプロセスがメッセージを標準出力へ書き込みます。

④Dockerエンジンは、コンテナの標準出力をdockerコマンドへ送り、それがターミナルで表示されます。

上記①から④の説明には、Docker固有の意味を持つキーワードがいくつも含まれています。これらの意味をしっかり押さえておくことは、DockerやKubernetesの理解に欠かせません。

- Dockerにおける「イメージ」とは、コンテナの雛形になるものであり、アプリケーションの実行に必要なOSのライブラリや、依存するソフトウェア一式がパッケージ化されています。イメージは「リポジトリ名:タグ」の組み合わせで特定できます。
- Dockerの「リポジトリ」とは、イメージの保管場所のことです。リポジトリの名前に、世代や派生型などを表すタグを付加して、個々のイメージを区別して保存できるようにしています。タグを省略するとlatestが付与され、最新版のイメージが選択されるように振る舞います。クラウドサービスのドキュメントでは、リポジトリの代わりに「レジストリ」という言葉が用いられることがあります。

● 「レジストリ」は、一般にWindows OSの設定情報のデータベースを指しますが、Dockerではリポジトリの集合体であり、リポジトリを提供するサーバーを指します。

01.2 コンテナのライフサイクルとdockerコマンド

コンテナには3つの状態があります。図2はコンテナの3つの状態とdockerコマンドの関係を表しています。これを使って、コマンドの具体的動作とコンテナの状態遷移を見ていくと、両者の関係を効率よく理解できます。

図2のように、コンテナには「イメージ」「実行中」「停止中」の3つの状態があります。dockerコマンドによってコンテナは、生成から削除までのライフサイクルを進んでいきます。

● イメージ：コンテナの雛形となるものであり、活動前の状態です。
● 実行中：コンテナ上でプロセスが実行中であり、活動状態です。
● 停止中：プロセスの終了コード、ログが保存された停止状態です。

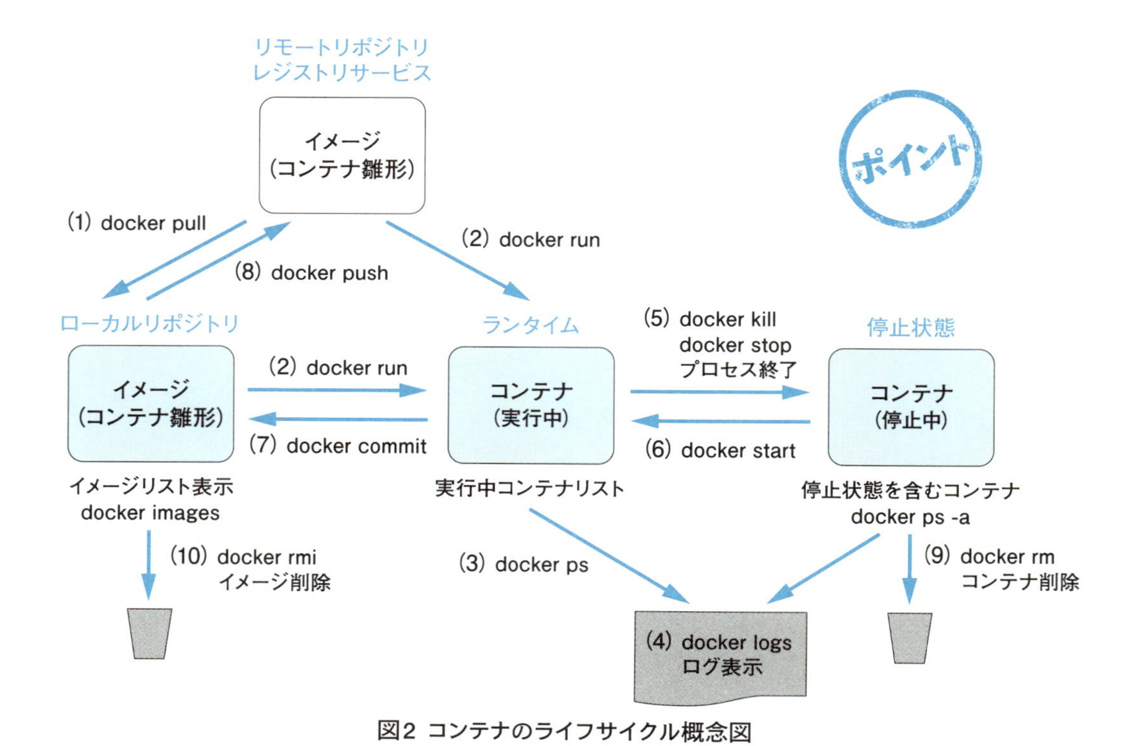

図2 コンテナのライフサイクル概念図

図の(1)から(10)へ至るまでのライフサイクルステージを、順に詳しく見ていきましょう。

(1) コンテナ実行前の事前ダウンロード(docker pull)

コマンド「docker pull リポジトリ名[:タグ]」は、リモートのリポジトリからイメージをローカルへダウンロード(pull)しておくことで、コンテナの起動時間を短くします(実行例3)。

実行例3 イメージをプルしてローカルに保存されたことを確認

```
## イメージのプル
$ docker pull centos:7
7: Pulling from library/centos
aeb7866da422: Pull complete
Digest: sha256:67dad89757a55bfdfabec8abd0e22f8c7c12a1856514726470228063ed86593b
Status: Downloaded newer image for centos:7

## プルされたイメージのリスト表示
$ docker images
 REPOSITORY          TAG                 IMAGE ID            CREATED             SIZE
 centos              7                   75835a67d134        5 weeks ago         200MB
```

(2) コンテナの実行(docker run)

コマンド「docker run [オプション] リポジトリ名:タグ [コマンド] [引数]」は、ローカルでイメージを探し、発見できればそれを雛形としてコンテナを起動します。もし、ローカルに存在しなければ、リモートのリポジトリを探してイメージをダウンロードし、コンテナとして実行します。デフォルトのリモートリポジトリはDocker Hubですが、クラウドプロバイダーのプライベートなレジストリサービスも、認証がパスすれば利用できます。

実行例4 コンテナを起動して対話型シェルを実行

```
$ docker run -it --name test1 centos:7 bash
[root@977b3a2402a2 /]#
```

このコマンドのオプションで、頻繁に利用するものを表1に挙げておきます。これらはオプションのほんの一部であり、詳細については公式ドキュメント(https://docs.docker.com/engine/reference/commandline/run/)を参照してください。

表1 docker runでよく利用するオプション

オプション	説明
-i	キーボード入力をコンテナの標準入力へつなぎ、キーボード入力をコンテナ上のシェルなどへ送れるようにする
-t	擬似端末デバイスを結び付け、ターミナルによる対話型動作を可能にする
-d	擬似端末と紐付かない、ターミナルと入出力を行わない
--name	コンテナに名前を設定する。この名前の重複は許されない。省略時には自動的にコンテナ名が付与される
--rm	コンテナが終了すると、終了状態のコンテナを自動削除する

(3) コンテナの状態の確認表示（docker ps）

コマンド「docker ps［オプション］」は、実行中または停止状態にあるコンテナをリスト表示します。オプションを省略した場合は、実行中コンテナだけが表示されます。「-a」を追加した場合は、停止状態のコンテナもリストに含めることができます。

コンテナhello-worldの実行後のコンテナは、「docker ps -a」で見ることができます（実行例5）。次の実行例5では、コンテナhello-worldはExitコード=0で正常終了したことが読み取れます。

実行例5 hello-worldの停止状態にあるコンテナのリスト

```
$ docker ps -a
CONTAINER ID  IMAGE        COMMAND   CREATED        STATUS                    NAMES
ef5a8ba5f427  hello-world  "/hello"  6 seconds ago  Exited (0) 5 seconds ago  infallible_
stallman
```

(4) ログ表示（docker logs）

停止状態のコンテナは削除するまで存在しており、実行時の標準出力と標準エラー出力へ書き出されたデータは、コマンド「docker logs［オプション］コンテナID｜コンテナ名」で表示することができます。

オプションに「-f」を設定することで、リアルタイムにログの追加行を表示します。

実行例6 終了状態にあるコンテナのログ表示

```
$ docker logs ef5a8ba5f427

Hello from Docker!
This message shows that your installation appears to be working correctly.
<以下省略>
```

(5) コンテナの停止（docker stop, docker kill）

実行中のコンテナを停止状態にするには、次の3つの方法があります。

1. コンテナ上のPID=1のプロセスが終了する。

2.「docker stop コンテナID | コンテナ名」を実行する。
3.「docker kill コンテナID | コンテナ名」を実行する。

たとえば実行例7のように、CentOSやUbuntuのイメージにコマンドを指定しないで実行すると、一瞬で終わってしまいます。これは起動後にPID=1のシェルが終了したためです。

実行例7 コマンドを指定せずにコンテナが終了する例

```
## 起動して一瞬で終了するコンテナの例
$ docker run ubuntu
Unable to find image 'ubuntu:latest' locally
latest: Pulling from library/ubuntu
32802c0cfa4d: Pull complete
da1315cffa03: Pull complete
fa83472a3562: Pull complete
f85999a86bef: Pull complete
Digest: sha256:6d0e0c26489e33f5a6f0020edface2727db9489744ecc9b4f50c7fa671f23c49
Status: Downloaded newer image for ubuntu:latest

## 実行状態のコンテナのリスト (実行中が存在しない)
$ docker ps
CONTAINER ID    IMAGE    COMMAND       CREATED         STATUS                      NAMES

## 終了状態のコンテナのリスト (生成が2秒で終了)
$ docker ps -a
CONTAINER ID    IMAGE    COMMAND       CREATED         STATUS                      NAMES
5ff926a5ab28    ubuntu   "/bin/bash"   8 seconds ago   Exited (0) 6 seconds ago    nervous_hamilton
```

次はコンテナの起動に、コマンドとしてシェルを指定して実行した例です。PID=1でbashが動作していることを読み取れ、exitによりPID=1のシェルが終了し、コンテナが終了したことも読み取れます。

実行例8 プロセスの終了によるコンテナ停止の例

```
$ docker run -it --name tom ubuntu bash
root@1badd7e4f51c:/# ps -ax
  PID TTY      STAT   TIME COMMAND
    1 pts/0    Ss     0:00 bash
   10 pts/0    R+     0:00 ps -ax
root@1badd7e4f51c:/# exit

$ docker ps -a
CONTAINER ID  IMAGE   COMMAND   CREATED          STATUS                      NAMES
1badd7e4f51c  ubuntu  "bash"    19 seconds ago   Exited (0) 13 seconds ago   tom
```

次の実行例9は、対話型のシェルを実行中のコンテナを、他のターミナルからコマンド「docker stop tom」で停止した様子です。ここではコンテナが終了して、コンテナのホストのシェルプロンプトに戻っています。このように、実行中のコンテナは他のターミナルから停止させることができます。例えば、暴走してターミナルからコントロール-Cで止められないケースや、対話型インタフェースを持たないコンテナの停止に有効です。

実行例9 他のターミナルから「docker stop tom」で停止させられた場合

```
root@60de0d3d6539:/# exit
$ docker ps -a
CONTAINER ID  IMAGE   COMMAND   CREATED          STATUS                     NAMES
60de0d3d6539  ubuntu  "bash"    19 seconds ago   Exited (0) 5 seconds ago   tom
```

次の実行例10は、前と同様のコンテナを、他のターミナルから「docker kill tom」で停止した様子です。

特徴は2点あります。コンテナのシェルのプロンプト「#」の同じ行に、パソコンのプロンプト「imac:~ maho$」が表示され、強制停止されたことがうかがわれます。そしてSTATUS列では、終了コード137で終わった旨が表示されています。137は、bashがSIGKILLで強制終了されたときのコードです。このことから、「docker kill」コマンドは、PID=1のプロセスを強制終了しており、「docker stop」が効かない非常時にだけ使用すべきものとわかります。

実行例10 他のターミナルからdocker kill tomで停止させられた場合

```
$ docker rm tom
$ docker run -it --name tom ubuntu bash
root@cf1ab6216f1c:/# imac:~ maho$
$ docker ps -a
CONTAINER ID  IMAGE   COMMAND   CREATED          STATUS                        NAMES
cf1ab6216f1c  ubuntu  "bash"    27 seconds ago   Exited (137) 18 seconds ago   tom
```

(6) コンテナの再スタート (docker start)

停止状態のコンテナは、「docker start [オプション] コンテナID | コンテナ名」で再スタートできます。

次の実行例11では、オプション「-i」を付加して、コンテナがターミナルの入力を受け取り、標準出力と標準エラー出力をターミナルへ表示するように起動しています。

実行例11 停止状態コンテナを再スタート

```
$ docker start -i ef5a8ba5f427

Hello from Docker!
This message shows that your installation appears to be working correctly.
<中略>

$ docker ps -a
CONTAINER ID  IMAGE        COMMAND   CREATED         STATUS                     NAMES
ef5a8ba5f427  hello-world  "/hello"  9 minutes ago   Exited (0) 4 seconds ago   infallible_
stallman
```

(7) 実行中コンテナの変更をリポジトリへ保存 (docker commit)

起動したコンテナのLinux OSには、仮想サーバーと同じようにアップデートやパッケージの追加インストールが行えます。

次の実行例12では、CentOSのコンテナで「yum update」を実行して、gitコマンドをインストールしています。コンテナであっても、仮想サーバーのLinuxと同じように、それぞれのLinuxディストリビューションのパッケージをインストールして利用することができます。

実行例12 コンテナ上でCentOS 7を最新化してgitコマンドをインストールする様子

```
## コンテナを起動
$ docker run -it centos:7 bash

[root@977b3a2402a2 /]# yum update -y
Loaded plugins: fastestmirror, ovl
Determining fastest mirrors
 * base: ftp.iij.ad.jp
<以下省略>

[root@977b3a2402a2 /]# yum install -y git
Loaded plugins: fastestmirror, ovl
Loading mirror speeds from cached hostfile
 * base: ftp.iij.ad.jp
<以下省略>
```

「docker commit［オプション］コンテナID｜コンテナ名 リポジトリ名［:<タグ>］」では、コンテナをイメージとしてリポジトリへ保存します。

次の実行例13は、コンテナをローカルのリポジトリに保存した結果です。コンテナは実行中でもイメージとして保存できますが、デフォルトのオプションでは、イメージへ書き出している間、コンテナは一時停止させられます。タグには、イメージの世代や履歴を表す文字列をセットして、判別できるようにします。ここではgitコマンドを追加したので、「7-git」のタグを付与しました。

ここで元のイメージと、変更を加えたイメージを比較してみましょう。REPOSITORYとTAGの組み合わせで、centos:7がオリジナルのイメージであり、サイズは200MBです。一方、centos:7-gitのサイズは355MBです。このことからgitコマンドをインストールするために、前提条件となる多数のパッケージがインストールされたことがうかがえます。

実行例13 コンテナをイメージとしてリポジトリへ保存

```
$ docker commit 977b3a2402a2 centos:7-git
 sha256:031577d027c50e88be9ac75124fdd18cb3584a248c99c8c41ec11fba064699a0

 $ docker images
 REPOSITORY          TAG                 IMAGE ID            CREATED             SIZE
 centos              7-git               031577d027c5        5 seconds ago       355MB
 centos              7                   75835a67d134        5 weeks ago         200MB
 hello-world         latest              4ab4c602aa5e        2 months ago        1.84kB
```

(8) イメージをリモートリポジトリへ保存 (docker push)

少し話が先へ飛びますが、Dockerコンテナのイメージをリモートのリポジトリへ登録することは、Kubernetesのプラットフォーム上でコンテナを実行するために必須の作業です。そこで、Docker Hub、IBM

社、Google社の3箇所のリポジトリへ、Dockerのコンテナイメージを登録する方法を見ておきます。

これにかかわるDockerコマンドの操作は3社とも同じですが、ユーザー認証に至るまでの操作は、それぞれのサービスの生い立ちに由来する違いがあります。そのため本書では、巻末付録のうち、IBM Cloud Kubernetes Service (IKS) とGoogle Kubernetes Engine (GKE) それぞれの利用法の中で補足しています。

また、オンプレミス環境にプライベートのレジストリを構築したい場合は、必要性に応じて付録の「2.4 プライベートレジストリ」を参考にしてください。

●Docker Hubのリポジトリを利用する場合

Docker Hubのリポジトリ(パブリックリポジトリ)を利用してイメージを共有する実行例に進む前に、以下に概要を説明します。

1. Docker Hub (https://hub.docker.com/) でDocker IDを取得します。1つのアカウントで複数のリポジトリを持つことができます。
2. コマンド「docker login」で、Docker IDとパスワードを入力してログインします(実行例14)。
3. コマンド「docker tag」によって、ローカルリポジトリのイメージにリモートのリポジトリ名とリモートのタグを付加します(実行例15)。
4. コマンド「docker push」を使って、イメージをリモートリポジトリへアップロードします(実行例16)。
5. Docker Hubをアクセスして登録されたことを確認し、必要に応じてディスクリプションに説明などを書き込みます。

すでにDocker HubでDocker IDを取得し、ユーザーIDとパスワードを持っている状態から、実行例を見ていきます。ここでは筆者のDocker ID「maho」で説明しますので、本書の実行例を実際にトレースして学習する場合は、読者の取得したDocker IDに置き換えてください。

まず、Docker Hubにログインし、イメージを登録できるようにします。一度ログインしておけば、ログアウトするまで継続して利用できます。

実行例14 Docker Hubへログイン

```
## Docker Hubへのログイン
$ docker login
Login with your Docker ID to push and pull images from Docker Hub. If you don't have a Docker ID,
head over to https://hub.docker.com to create one.
Username: maho
Password: *********
Login Succeeded
```

Docker Hubの一般ユーザーのリポジトリ名は、Docker IDと同じです。筆者のDocker IDは「maho」ですから、筆者のリポジトリは「maho/」から始まることになります。ここではローカルのリポジトリ名とタグは「centos:7-git」ですから、Docker Hubのリポジトリ名とタグは「maho/centos:7-git」にします。

実行例15では、コマンド「docker tag ローカルリポジトリ:タグ リモートリポジトリ[:リモートタグ]」として、リモートリポジトリの別名を作成します。次の実行例15の「docker images」の実行結果から読み取れるとおり、IMAGE IDは「centos:7-git」と「maho/centos:7-git」で同じであることがわかります。

実行例15 ローカルリポジトリにリモートリポジトリの名前でタグ付け

```
## コンテナイメージへのタグ付け
docker tag centos:7-git maho/centos:7-git

$ docker images
REPOSITORY          TAG                 IMAGE ID            CREATED             SIZE
centos              7-git               4a4294f48451        52 seconds ago      355MB
maho/centos         7-git               4a4294f48451        52 seconds ago      355MB
centos              7                   75835a67d134        6 weeks ago         200MB
```

コマンド「docker push リモートリポジトリ名[:タグ]」を実行することで、コンテナのイメージがDocker Hubへ登録されます。

実行例16 Docker Hubのリポジトリへ登録

```
## リモートリポジトリへのアップロード
$ docker push maho/centos:7-git
The push refers to repository [docker.io/maho/centos]
2e223e94a3d8: Layer already exists
f972d139738d: Layer already exists
7-git: digest: sha256:8b301e2e4b064a6ed0692d5f7960271e032b54d17e477bf8a9fa8913b40fdadd size: 741
```

Docker Hubのウェブページにログインしたあと、リポジトリを表示します。Docker Hubでログイン後の初期画面に、リポジトリがリスト表示されていると思います。その中から探して詳細を表示すると、説明を書き込めるようになっていますから、必要な情報を書き込んでおくとあとで再利用しやすいでしょう。

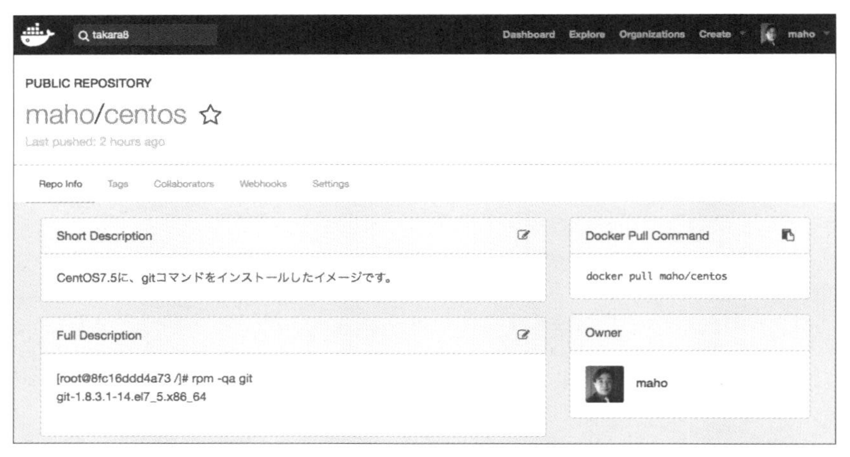

図3 Docker Hubのリポジトリ詳細画面

これで、イメージを「docker pull リモートリポジトリ:タグ」で共有できるようになりました。

●IBM Cloudのレジストリサービスを利用する場合

ここでは、ローカルリポジトリのイメージをIBM Cloudのプライベートなレジストリサービスへ登録する手順の概要を示し、その後、具体的な実行例に進みます。この実行例をトレースするには準備作業が必要ですから、付録の「3.1 IBM Cloud Kubernetes Service」を参照してください。

1. IBM CloudのCLIコマンド「ibmcloud」を使って、IBM Cloudのレジストリへログインします（実行例17（1））。内部ではdocker loginが実行され、プライベートレジストリとの間で「docker push」が実行できるようになります。
2. コマンド「docker tag」によって、ローカルリポジトリのイメージに、リモートのリポジトリ名とタグを付加します（実行例17（2））。レジストリのURLはクラウド事業者によって異なりますから、「付録3.1」を参照して、事前に調べておいてください。
3. コマンド「docker push」を使い、イメージをリモートリポジトリへアップロードします（実行例17（3））。
4. IBM Cloudコンテナ・レジストリのURLへアクセスして登録したイメージを確認するか、または、コマンドラインからリスト表示します（実行例17（4））。
5. テストとして、イメージを削除してからコンテナを実行し、結果を確認します（実行例17（5））。

実行例17 IBM Cloudのレジストリへのイメージの登録とコンテナの実行

```
## (1) IBMレジストリサービスへログイン
$ ibmcloud cr login
「jp.icr.io」にログインしています...
「jp.icr.io」にログインしました。
```

```
## (2) リモートリポジトリへタグ付け ([要変更] 読者のレジストリ名に置き換えてください。)
$ docker tag centos:7 jp.icr.io/takara/centos:7

## (3) リモートリポジトリへ転送 ([要変更] 読者のレジストリ名に置き換えてください。)
$ docker push jp.icr.io/takara/centos:7
The push refers to repository [jp.icr.io/takara/centos]
d69483a6face: Pushed
7: digest: sha256:ca58fe458b8d94bc6e3072f1cfbd334855858e05e1fd633aa07cf7f82b048e66 size: 529

## (4) 登録リスト表示
$ ibmcloud cr image-list
リポジトリー                タグ   ダイジェスト    作成            サイズ   セキュリティー状況
jp.icr.io/takara/centos   7   ca58fe458b8d  4 months ago  75 MB   1 件の問題
## (5) テストのためローカルのイメージを削除、コンテナを実行
## ([要変更] 読者のレジストリ名に置き換えてください。)
$ docker rmi -f jp.icr.io/takara/centos:7
Untagged: jp.icr.io/takara/centos:7

$ docker run -it --name mytools --rm jp.icr.io/takara/centos:7 bash
Unable to find image 'jp.icr.io/takara/centos:7' locally
7: Pulling from takara/centos
Digest: sha256:ca58fe458b8d94bc6e3072f1cfbd334855858e05e1fd633aa07cf7f82b048e66
Status: Downloaded newer image for jp.icr.io/takara/centos:7
[root@fcb7b97cf03c /]#
```

●Google Cloud Platform (GCP) のContainer Registryを利用する場合

Google社のパブリッククラウドサービスGCPでは、プライベートレジストリサービス「Container Registry」を提供しています。以下では、そこへ登録する手順を示し、実行例に進みます。こちらも事前準備が必要ですから、付録の「3.2 Google Kubernetes Engine」を参照しておいてください。

1. GCPのCLIコマンド「gcloud」が、dockerコマンドの認証ヘルパーとなるように構成します(実行例18(1))。
2. コマンド「docker tag」によって、ローカルリポジトリのイメージに、リモートのリポジトリ名とタグを付加します(実行例18(1))。こちらも、読者のリポジトリのURLの求め方については、付録の「3.2 Google Kubernetes Engine」を参照してください。
3. コマンド「docker push」を使って、イメージをリモートリポジトリへアップロードします(実行例18(2))。
4. GCP Container Registryサービスの URLへアクセスして登録したイメージを確認するか、またはコマンドラインからリスト表示します(実行例18(4))。
5. テストとして、イメージを削除してからコンテナを実行し、結果を確認します(実行例18(5))。

実行例18 GCPのレジストリへイメージの登録とコンテナの実行

```
## (1) gcloud CLIツールを認証ヘルパーとして使用するように docker を構成
$ gcloud auth configure-docker
<中略>
```

```
## (2) リモートリポジトリへタグ付け ([要変更] 読者のレジストリ名に置き換えてください。)
$ docker tag centos:7 gcr.io/intense-base-183010/centos:7

## (3) リモートリポジトリへ転送 ([要変更] 読者のレジストリ名に置き換えてください。)
$ docker push gcr.io/intense-base-183010/centos:7
The push refers to repository [gcr.io/intense-base-183010/centos]
d69483a6face: Layer already exists
7: digest: sha256:ca58fe458b8d94bc6e3072f1cfbd334855858e05e1fd633aa07cf7f82b048e66 size: 529

## (4) リポジトリとイメージのリスト表示
## リポジトリのリスト
$ gcloud container images list --repository gcr.io/intense-base-183010
NAME
gcr.io/intense-base-183010/centos

## リポジトリを指定してイメージのリスト
$ gcloud container images list-tags gcr.io/intense-base-183010/centos
DIGEST        TAGS  TIMESTAMP
ca58fe458b8d  7     2019-03-15T06:19:53


## (5) テストのためローカルのイメージを削除して、リポジトリからコンテナを実行
## ([要変更] 読者のレジストリ名に置き換えてください。)
$ docker rmi gcr.io/intense-base-183010/centos:7
Untagged: gcr.io/intense-base-183010/centos:7
<中略>
$ docker run -it --name mytools --rm gcr.io/intense-base-183010/centos:7 bash
Unable to find image 'gcr.io/intense-base-183010/centos:7' locally
7: Pulling from intense-base-183010/centos
Digest: sha256:ca58fe458b8d94bc6e3072f1cfbd334855858e05e1fd633aa07cf7f82b048e66
Status: Downloaded newer image for gcr.io/intense-base-183010/centos:7
[root@bd09af8889ec /]#
```

(9) 終了済みコンテナの削除 (docker rm)

実行例19のように、コマンド「docker rm コンテナID | コンテナ名」でコンテナを削除すると、ログが削除され、コンテナの再スタートもできなくなります。

実行例19 終了済みコンテナの削除とログ表示

```
$ docker rm ef5a8ba5f427
ef5a8ba5f427

$ docker logs ef5a8ba5f427
Error: No such container: ef5a8ba5f427
```

(10) 不要になったイメージをリポジトリから削除 (docker rmi)

不要になったイメージをローカルリポジトリから削除するには、「docker rmi イメージID」を使います。

実行例20 不要になったイメージをリポジトリから削除

```
$ docker rmi 4ab4c602aa5e
Untagged: hello-world:latest
Untagged: hello-world@sha256:0add3ace90ecb4adbf7777e9aacf18357296e799f81cabc9fde470971e499788
```

```
Deleted: sha256:4ab4c602aa5eed5528a6620ff18a1dc4faef0e1ab3a5eddeddb410714478c67f
Deleted: sha256:428c97da766c4c13b19088a471de6b622b038f3ae8efa10ec5a37d6d31a2df0b

$ docker images
REPOSITORY          TAG                 IMAGE ID            CREATED             SIZE
centos              7-git               031577d027c5        13 hours ago        355MB
centos              7                   75835a67d134        5 weeks ago         200MB
```

Step 01のまとめ

最初のStepのポイントを箇条書きにして、まとめておきます。

- dockerコマンドは、バックグラウンドで動作するDockerエンジンと連携してコンテナを実行する。
- コンテナの実行にはLinuxカーネルが必要なので、macOSやWindowsでは仮想マシンのLinux上でコンテナを実行する。
- Dockerエンジンは、dockerコマンドの要求を受け取り、リポジトリからイメージをダウンロードする、コンテナを生成して実行する、アプリケーションの出力をターミナルへつなぐといったさまざまな役割を果たしている。
- hello-worldイメージは、Docker Hubから提供されています。このサイトに登録されたイメージは、誰でも無料でダウンロードして利用できる。
- コンテナにはライフサイクルがあり、「イメージ」「実行中コンテナ」「停止状態コンテナ」の3つの状態を、dockerコマンドによって遷移できる。
- 本書で紹介したdcoekerコマンドは、頻繁に利用されるごく一部のものであるため、詳細は次のURLを参照されたい。
  - ▶ https://docs.docker.com/engine/reference/commandline/docker/

    新サブコマンドの公式マニュアルのURLは以下のとおり。
  - ▶ コンテナ系：https://docs.docker.com/engine/reference/commandline/container/
  - ▶ イメージ系：https://docs.docker.com/engine/reference/commandline/image/

Step 02 コンテナの操作

コンテナへログインしたように コンテナ上でOSコマンドを実行してみる

Step 02では、Dockerコンテナ上でシェルを実行し、仮想サーバーにログインしたときと同じようにターミナルからOSコマンドを実行する操作を見ていきます。これはKubernetesを運用するための基礎知識となります。Kubernetes環境でも、コンテナにシェルを起動してOSコマンドを実行し問題判別を行うなどの作業があるからです。

02.1 対話型による起動と停止

一般的なLinuxサーバーでは、ユーザーがログイン認証にパスすると、ログインシェルが起動されます。これによって、ターミナルのキーボード入力をシェルが受け取り、シェルの出力がターミナルに表示されるようになります。そして、シェルから起動するコマンドへも継承されて、ターミナルからの対話操作ができるようになります。

一方Dockerでは、コンテナホストのユーザーがコンテナを起動し、擬似端末とつながったシェルを実行することになります。その操作を具体的に見ていきます。

(1) 対話モードでのコンテナ起動 (docker run -it)

対話モードでコンテナを起動するには、コマンド「docker run -it リポジトリ名[:タグ] シェル」を実行します。このオプション「-i」は、キーボードからの入力を標準入力(STDIN)としてシェルへ伝えます。そしてオプション「-t」は、擬似端末デバイス(pts)とシェルをつなぎます。これによってシェルは、ターミナルに接続されていると認識して、シェルのプロンプトを出力するようになります。

UbuntuやCentOSでは、シェルとして「bash」を指定できます。また、AlpineやBusyBoxでは「sh」を指定できます。

下記の実行例1では、コマンド「docker run -it ubuntu bash」によって、仮想サーバーへログインしたときと同じように、OSのコマンドなどを実行できるようになります。

実行例1【ターミナル1】対話型でコンテナを起動してシェルを実行した様子（Ubuntuの場合）

```
$ docker run -it ubuntu bash
root@7609f76406f9:/#
```

この例では「root@7609f76406f9:/#」のプロンプトが返ってきます。@以降の英数字の文字列7609f76406f9は、コンテナのホスト名でありコンテナIDでもあります。

次に、実行例2のようにもう1つターミナルを開いて、今度はオプション「--name コンテナ名」でコンテナ名を指定して、CentOS 7のコンテナを起動します。

実行例2【ターミナル2】対話型でコンテナを起動してシェルを実行した様子（CentOSの場合）

```
$ docker run -it --name centos centos:7 bash
[root@9a8bf3a31b91 /]#
```

このように起動してもホスト名にはコンテナIDがセットされていますが、3番目のターミナルを開いて、実行中のコンテナをリスト表示します（実行例3）。

この例の右端のNAMES列には、「musing_joliot」という名前が表示されています。これはコンテナを起動した際に、名前の指定「--name コンテナ名」を省略したときに自動的に付与されるものであり、CONTAINER IDの代わりにこの文字列でコンテナを指定することもできます。

そして2番目に起動したCentOS 7のコンテナでは、NAMES列に「--name」のあとにセットした文字列が表示されています。

実行例3【ターミナル3】コンテナの実行状態の表示例

```
$ docker ps
CONTAINER ID  IMAGE     COMMAND  CREATED        STATUS         PORTS  NAMES
7609f76406f9  ubuntu    "bash"   4 minutes ago  Up 14 minutes         musing_joliot
9a8bf3a31b91  centos:7  "bash"   6 minutes ago  Up 14 minutes         centos
```

これら2つのコンテナは、プロセスを起動するときと同じようにコマンドラインから起動してきましたが、それぞれは仮想サーバーのように互いが分離して動作しています。

(2) 対話モードでのコンテナの停止

対話モードで起動したコンテナを終了させるには、シェルのビルトインコマンド「exit」から出ます。その結果、シェルが終了するとともにコンテナも終了します。

02.2 カスタムコンテナの作成

ここではまず、リポジトリに登録された公式イメージからUbuntuとCentOSを起動します。次に、それぞれのLinuxディストリビューションのリポジトリから、ソフトウェアのパッケージをインストールします。そして、コンテナに機能を追加して、イメージとして保存する方法を見ていきます。

実行中のコンテナにはそれぞれIPアドレスがアサインされており、コンテナ間でTCP/IP通信を行うことができます。そこで、コンテナのIPアドレスやネットワーク環境を調べるためのツールをインストールしたコンテナを作ります。

ターミナル1のUbuntu LinuxはDebian系ディストリビューションなので、aptコマンドでLinuxのパッケージを追加します（実行例4）。一方、ターミナル2のCentOSはRedHat互換Linuxなので、yumコマンドを利用します（実行例5）。

インストールが完了すると、ifconfig、ping、netstat、ip、nslookupなどのネットワーク関連コマンドが利用できるようになります。それぞれのコンテナのIPアドレスを表示してみましょう。ターミナル1は172.17.0.2、ターミナル2は172.17.0.3でした。両者は互いにpingで疎通確認もできますし、HTTPなどで通信することもできます。

実行例4 【ターミナル1】コンテナへのパッケージのインストール（Ubuntuの場合）

```
root@7609f76406f9:/# apt-get update && apt-get install -y iputils-ping net-tools iproute2
dnsutils curl

<中略>

root@7609f76406f9:/# ifconfig eth0
eth0: flags=4163<UP,BROADCAST,RUNNING,MULTICAST>  mtu 1500
        inet 172.17.0.2  netmask 255.255.0.0  broadcast 172.17.255.255
        ether 02:42:ac:11:00:02  txqueuelen 0  (Ethernet)
        RX packets 24177  bytes 31676133 (31.6 MB)
        RX errors 0  dropped 0  overruns 0  frame 0
        TX packets 12516  bytes 684470 (684.4 KB)
        TX errors 0  dropped 0 overruns 0  carrier 0  collisions 0
```

実行例5 【ターミナル2】コンテナへのパッケージのインストール（CentOS 7の場合）

```
[root@9a8bf3a31b91 /]# yum update -y && yum install -y iputils net-tools iproute bind-utils

<中略>

[root@9a8bf3a31b91 /]# ifconfig eth0
eth0: flags=4163<UP,BROADCAST,RUNNING,MULTICAST>  mtu 1500
        inet 172.17.0.3  netmask 255.255.0.0  broadcast 172.17.255.255
        ether 02:42:ac:11:00:03  txqueuelen 0  (Ethernet)
        RX packets 12782  bytes 18095286 (17.2 MiB)
        RX errors 0  dropped 0  overruns 0  frame 0
        TX packets 7665  bytes 419502 (409.6 KiB)
```

```
        TX errors 0  dropped 0 overruns 0  carrier 0  collisions 0
```

せっかく作業に必要なツールをコンテナへインストールしたのに、そのコンテナを消してしまうのはもったいないので、再利用できるようにしておきましょう。「docker commit コンテナID | コンテナ名 リポジトリ名[:タグ]」で、リポジトリへ保存しておきます。同じようにして、Ubuntuのコンテナも保存します。

実行例6【ターミナル3】対話型コンテナの終了とリポジトリへの保存

```
$ docker commit centos my-centos:0.1
sha256:6ca6a227c9aea0a3bc36b5624f589ebd30cf505f615e37e852dec20f8e2d56b0
```

次の実行例7は、ローカルのリポジトリをリスト表示した様子です。リポジトリ「ubuntu:latest」にパッケージを追加したものは「my-ubuntu:0.1」として保存し、リポジトリ「centos:7」は「my-centos:0.1」として保存しました。両者ともインストールしたパッケージにより、イメージサイズがとても大きくなっていることがわかります。

実行例7【ターミナル3】カスタムコンテナをリポジトリに保存したリストの様子

```
$ docker images
REPOSITORY          TAG                 IMAGE ID            CREATED             SIZE
my-centos           0.1                 6ca6a227c9ae        4 seconds ago       312MB
my-ubuntu           0.1                 48c54317b89c        37 seconds ago      167MB
ubuntu              latest              93fd78260bd1        38 hours ago        86.2MB
centos              7                   75835a67d134        6 weeks ago         200MB
```

応用例としては、問題判別などに必要なツールをインストールしたカスタムイメージを準備しておくと、読者自身の業務の生産性向上に役立ちます。しかし、インストールされたパッケージを確認するには、いちいちコンテナを起動して、パッケージマネージャーのコマンドでリストして見なければならないという欠点があります。そのため、「実行したコンテナからはイメージを作るべきでない[1]」との意見もあります。この問題の解決手段は、次の「Step 03 コンテナ開発」で扱います。

ところで、実行中コンテナのIPアドレスは、dockerコマンドから調べることもできます。コマンド「docker inspect ［オプション］ コンテナID | コンテナ名」はコンテナの詳細情報をJSON形式で表示し、実行例8の方法でIPアドレスを取得できます。

実行例8【ターミナル3】コンテナの詳細表示

```
# コンテナのIPアドレス表示
$ docker inspect --format='{{range.NetworkSettings.Networks}}{{.IPAddress}}{{end}}' 7609f76406f9
```

参考資料

[1] Dockerコンテナが避けるべき10の事項、https://developers.redhat.com/blog/2016/02/24/10-things-to-avoid-in-docker-containers/

```
172.17.0.2
```

ここの「--format」の表記形式は、Go言語のテキスト出力を生成するためにあり、「データ駆動型テンプレート」と呼ばれています[2,3]。

02.3 複数ターミナルからの操作

1つのコンテナには、2つ以上のターミナルから接続して作業することができます。その概念を図1に例示します。ターミナル1では、コンテナを起動する際にオプション「--name」でコンテナに名前を付けて、シェルを実行します。すると、ターミナル2からは、コマンド「docker exec -it コンテナ名 bash」で目的のコンテナに接続し、作業ができるようになります。

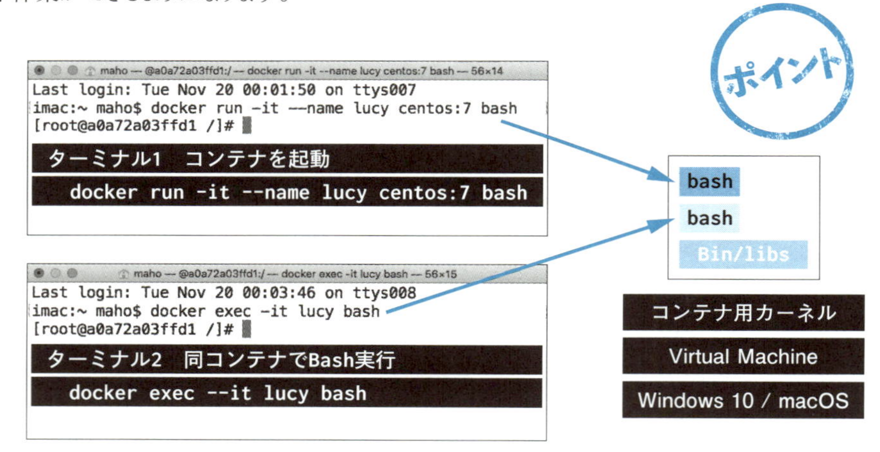

図1 コンテナ内のプロセスと対話する様子

ここから、Dockerコマンドを利用した具体的な実行例を見ていきます。

(1) 対話型のコンテナでシェルを実行する

最初にターミナル1から、コンテナ名「lucy」で対話型のコンテナにシェルを起動しておきます。

参考資料

[2] Go言語パッケージテンプレート、https://golang.org/pkg/text/template/
[3] CentOSバージョン7の本来のカーネル、https://en.wikipedia.org/wiki/CentOS

実行例9【ターミナル1】対話型コンテナ起動

```
$ docker run -it --name lucy centos:7 bash
[root@a0a72a03ffd1 /]#
```

(2) 実行中コンテナにシェルを実行する (docker exec -it)

次に、2番目のターミナルからコマンド「docker exec -it コンテナ名 | コンテナID シェル」を実行して、実行中のコンテナlucyに2つ目のシェルを起動します。

実行例10【ターミナル2】対話型シェルの起動した様子

```
$ docker exec -it lucy bash
[root@a0a72a03ffd1 /]#
```

この実行例10と同じ方法で、ターミナルを開いて同コマンドを実行すれば、複数のターミナルから同じコンテナへ接続して作業することができます。ユーザーIDやパスワードで認証する手間も省けます。

なお、不正なコンテナ利用を防ぐために、コンテナホストの外部からは、実行例10のような方法ではコンテナにアクセスできないようになっています。そのため、「コンテナには、外部からログインするためのsshdを起動するべきではない」という意見もあります[4]。

(3) コンテナはログインを管理しない事実を確認する

一般のLinuxサーバーで「w」コマンドを実行すると、自分と同じサーバーにログインしている他のユーザーの有無を知ることがきます。しかし、実行例11のように、コンテナ上でのwコマンドの実行結果には何も表示されません。

理由は、そもそもコンテナにはログインというユーザーを認証する機能がなく、コンテナ上で作業するユーザーを管理していないためです。Linux OSはマルチユーザー用に開発されてきましたが、コンテナでは、同じLinuxをシングルユーザー用にするために、機能を削って実装していると言えます。

続いて、「ps」コマンドの結果に注目してください。TTY列で利用中のbashと実行中のpsコマンドが、擬似端末(pts)1につながっていることがわかります。確認のために、ttyコマンドで自分のターミナルデバイス番号を表示すると、たしかに1番であることがわかります。これはdocker runの「-t」オプションによってサーバーにログインしたときと同じように、擬似端末をシェルと接続したからです。

さらに、「ps ax」オプション付きですべてのプロセスを表示すると、シェルが2つと、実行中のpsコマンドが見えるだけです。PID列の値1は、ターミナル1でdocker runによって起動したbashであり、擬似端末(pts)0とつながっています。

参考資料

[4] Dockerコンテナで、sshdを実行する必要がない理由、https://blog.docker.com/2014/06/why-you-dont-need-to-run-sshd-in-docker/

実行例11【ターミナル2】からプロセスを観察する様子

```
$ docker exec -it lucy bash

## 他のログインユーザーを表示
[root@a0a72a03ffd1 /]# w
 00:45:48 up 1 day, 42:02,  0 users,  load average: 0.00, 0.01, 0.00
USER     TTY      FROM             LOGIN@   IDLE   JCPU   PCPU WHAT

## 自分の端末下のプロセスをリストする
[root@a0a72a03ffd1 /]# ps
  PID TTY          TIME CMD
   14 pts/1    00:00:00 bash
   28 pts/1    00:00:00 ps

## 自分のターミナルデバイスの表示
[root@a0a72a03ffd1 /]# tty
/dev/pts/1

## すべてのプロセスをリストする
[root@a0a72a03ffd1 /]# ps ax
  PID TTY      STAT   TIME COMMAND
    1 pts/0    Ss+    0:00 bash
   14 pts/1    Ss     0:00 bash
   36 pts/1    R+     0:00 ps ax
```

コンテナは仮想サーバーの代替と考えがちですが、実行例11から読み取れるとおり、実態は全く異なっています。コンテナは、目的のプロセスだけが実行されるように考えられたシンプルな実行環境なのです。

ターミナル1でもttyコマンドを実行してみれば、ターミナルのデバイス番号が0番となっており、wコマンドでは何も表示されないことを確認できます。

02.4 コンテナホストとコンテナの関係

コンテナを実行するLinuxサーバーを、本書では「コンテナホスト」と呼ぶことにします。そして、コンテナホストとコンテナの関係を知るために、コンテナホストのOSからコンテナの実行状態を観察してみましょう。

コンテナホストにログインして、コンテナの実行状態を観察するために、「付録1.3 VagrantのLinux上でMinikubeを動かす」を使用します。付録3の手順で作成したディレクトリへ移動して「vagrant up」で仮想マシンを起動します。そして、Minikubeをスタートしない状態で3つのターミナルを開き、それぞれ「vagrant ssh」でログインします。

最初に、ターミナル1から対話型でコンテナを起動して、sleepコマンドを実行します。次に、ターミナル2から同じコンテナ上のプロセスをリストします。ターミナル3では、コンテナホストのOS上で、プロセスの実行状態を観察してみます。

それでは最初に、ターミナル1の観察対象となるコンテナを実行します。シェルだけでもよいのですが、目印としてsleep 321を実行します。

実行例12 【ターミナル1】コンテナの実行

```
imac:vagrant-minikube maho$ vagrant ssh
<中略>
vagrant@minikube:~$ docker run -it --name lucy centos:7 bash
[root@74d4a5b0d7ed /]# sleep 321
```

ターミナル2は、実行例12で起動したコンテナ上でシェルを動かして、プロセスのリストを表示します。このうち、ターミナルのデバイスを表すTTY列pts/0が、ターミナル1に紐付くプロセスです。そして、pts/1がターミナル2に対応するプロセスです。こうしてみると、仮想サーバーのように単独で動作するLinux OSに見えます。

実行例13 【ターミナル2】同コンテナのプロセスをリスト

```
imac:vagrant-minikube maho$ vagrant ssh
<中略>
vagrant@minikube:~$ docker exec -it lucy bash
[root@74d4a5b0d7ed /]# ps axf
  PID TTY      STAT   TIME COMMAND
   14 pts/1    Ss     0:00 bash
   28 pts/1    R+     0:00  \_ ps axf
    1 pts/0    Ss     0:00 bash
   27 pts/0    S+     0:00 sleep 321
```

それではターミナル3を開いて、コンテナの舞台裏をのぞいていきます。図2は、コンテナを実行しているコンテナホストのLinuxにログインした状態です。ここに表示されているリストは、仮想マシンで動作するデーモンの中から、関係のあるプロセスだけを選別したものです。

TTY列はプロセスとつながる制御端末を表しています。ここで、ターミナル1のプロセスは、擬似端末を表すpts/0とつながっていることが読み取れます。そしてターミナル2のプロセスはpts/1、ターミナル3のプロセスはpts/2と結び付いています。

```
maho — -bash — 101×27
vagrant@minikube:~$ ps axf
  PID TTY      STAT   TIME COMMAND
<中略>
1181 ?        Ss     0:00 /usr/sbin/sshd -D
11718 ?        Ss     0:00  \_ sshd: vagrant [priv]
11750 ?        S      0:00  |   \_ sshd: vagrant@pts/0
11751 pts/0    Ss     0:00  |       \_ -bash
12084 pts/0    Sl+    0:00  |           \_ docker run -it --name lucy centos:7 bash
11767 ?        Ss     0:00  \_ sshd: vagrant [priv]
11799 ?        S      0:00  |   \_ sshd: vagrant@pts/1
11800 pts/1    Ss     0:00  |       \_ -bash
12191 pts/1    Sl+    0:00  |           \_ docker exec -it lucy bash
12225 ?        Ss     0:00  \_ sshd: vagrant [priv]
12298 ?        S      0:00      \_ sshd: vagrant@pts/2
12299 pts/2    Ss     0:00          \_ -bash
12316 pts/2    R+     0:00              \_ ps axf
<中略>
7582 ?        Ssl    0:32 /usr/bin/dockerd -H fd://
7589 ?        Ssl    0:58  \_ docker-containerd --config /var/run/docker/containerd/containerd.toml
12135 ?        Sl     0:00      \_ docker-containerd-shim -namespace moby -workdir /var/lib/docker/co
ntainerd/daemon/io.containerd.runtime.v1.linux/moby/74d4a5b0d7edf3048a09eb49aec45810c9c3388c253a88fc6
e114eb6a007941d -address /var/run/docker/containerd/docker-containerd.sock -containerd-binary /usr/bi
n/docker-containerd -runtime-root /var/run/docker/runtime-runc
12149 pts/0    Ss     0:00          \_ bash
12222 pts/0    S+     0:00          |   \_ sleep 321
12204 pts/1    Ss+    0:00          \_ bash
```

ポイント

図2 【ターミナル3】コンテナのホストのプロセスのリスト

最終行の1つ前の行、プロセス番号（PID）12222に注目してください。このプロセスは、コンテナlucyの上で実行されているsleepプロセスであり、その親プロセスはdocker runコマンドから実行したシェルです。この2つのプロセスは、擬似端末pts/0へつながっていることが読み取れます。そしてプロセスの親をたどって行くと、Dockerデーモン（/usr/bin/dockerd）であることがわかります。

一方、ターミナル1のdockerコマンドのPIDは12084です。このプロセスは、Dockerデーモンへコンテナ作成をリクエストし、擬似端末pts/0をコンテナのプロセスと共有しています。つまり、ターミナル2のdockerコマンドPID 12191も、同様に擬似端末pts/1をbashと共有しているわけです。

このようにコンテナの実体は、コンテナホスト上のプロセスであることが理解できると思います。そして、コンテナで「uname -r」を実行すると、そのカーネルは、コンテナホストのカーネル[5,6,7,8,9]であることがわかると思います。コンテナは、1つの独立したOSのように見えますが、コンテナホストのカーネルを共有して動作するLinuxのプロセスなのです。

Step 02のまとめ

このStepの重要ポイントを箇条書きにして、まとめておきます。

- コンテナを利用すると、あたかも仮想サーバーにログインしてシェルでコマンドを実行するかのように、コンテナ上でシェルを動かして作業することができる。
- コンテナは複数起動して実行でき、それぞれが分離した1つの仮想サーバーのように扱うことができる。
- コンテナはIPアドレスを持ち、コンテナホスト上のコンテナ間で通信できる。
- コンテナは、docker commitによってローカルリポジトリへ保存し、再利用できる。
- Linuxは元来マルチユーザーOSだが、コンテナではユーザー認証機能を削り、単一ユーザーによる管理のものとして利用する。
- 意図的にポートを開かない限り、コンテナホスト以外の場所からコンテナへはアクセスできない。
- コンテナの実態は、コンテナホストのカーネルを共有するLinuxのプロセスの1つである。

参考資料

[5] Mobyプロジェクト、https://blog.mobyproject.org/infrakit-linuxkit-and-moby-updates-and-use-cases-8cdebfaee453
[6] LinuxKit、https://github.com/linuxkit/linuxkit
[7] Docker Toolbox、https://docs.docker.com/toolbox/
[8] boot2docker、https://github.com/boot2docker/boot2docker
[9] Ubuntu Linuxのカーネルバージョン、https://wiki.ubuntu.com/Kernel/Support

Step 03 コンテナ開発

簡単なアプリを記述し、コンテナをビルドして実行する

Step 03では、最もシンプルなアプリケーションのコードを書いて、コンテナのイメージをビルドし、コンテナとして実行するまでの流れを見ていきます。Kubernetesで動作するコンテナのイメージは、docker buildコマンドを利用して作成します。本節では、Kubernetesアプリケーションのビルドに関する基礎を理解することができます。

03.1 イメージのビルドの概要

コンテナの開発作業の概念を図1に表しました。コンテナの元になるイメージを生成するコマンドとして、「docker build [オプション] パス | URL | -」を利用します。インプットとなる情報は複数あります。それらを順番に見ていきましょう。

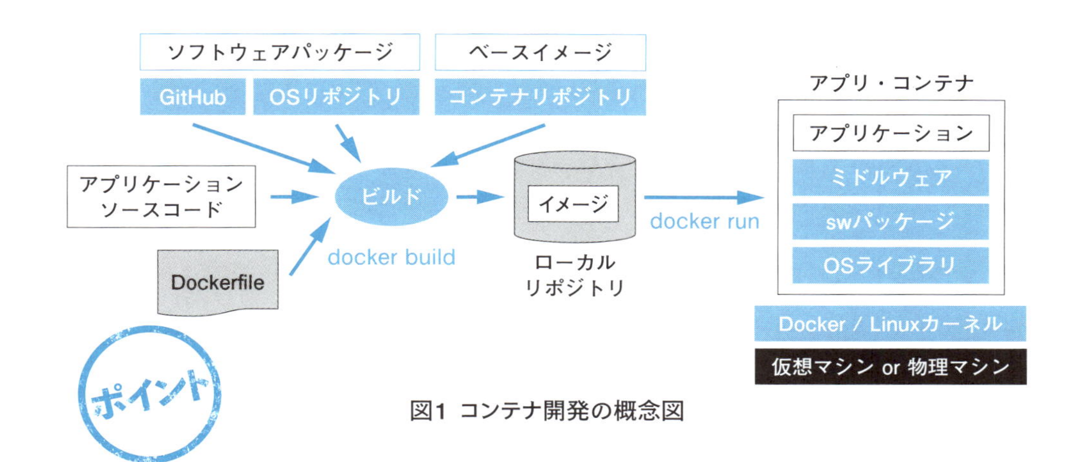

図1 コンテナ開発の概念図

(1) ベースイメージ

アプリケーションを実行するためのイメージの基礎になるものです。アプリケーションの実行形式ファイルを起動するには、コンテナ内にLinuxの共有ライブラリなどを包含し、アプリケーション実行時の動的リンクや動的ロードの要求に対応できなければなりません。そのため、Linuxの必要最小限のファイル群をベースイメージに集めておき、それを基礎にして開発を進めます。

また、ミドルウェアやプログラミング言語を含むイメージはDocker Hub(https://hub.docker.com)に登録されているため、これらからコンテナを起動するだけで、インストールや設定作業なしで利用を開始できます。次の表1は、Docker Hubに登録されたイメージの中で、ダウンロード数の多い順のリストです。

表1 Docker Hubに登録された人気のイメージ

分類	Officialイメージ
Linux ディストリビューション	alpine、busybox、ubuntu、centos、debian、fedora、amazonlinux、opensuse、oracleelinux
プログラミング言語	node、golang、php、python、openjdk、ruby、java、jruby、perl、erlang、pypy、mono、gcc、rails、ibmjava、rust、swift
NoSQLデータベース	redis、mongo、memcached、cassandra、couchbase
SQLデータベース	postgres、mysql、mariadb、percona
Webサーバー	nginx、httpd
Servlet/JSPサーバー	tomcat、jetty、websphere-liberty
コンテンツ管理システム	wordpress、ghost、drupal、
コンテナ	registry、docker、swarm、hello-world
ログとメトリックス分析	ElasticSearch、InfluxDB、logstash、telegraf、kibana
CD/CI	maven、jenkins、sonarqube
スクラッチ	scratch

認定パートナーが商用に作ったイメージを販売するためのDocker Storeは、Docker Hubに統合されました[1]。また、ベースイメージをスクラッチで作成する手段も用意されています[2,3]。

(2) ソフトウェアパッケージ

アプリケーションの実行に必要なパッケージをインターネットのリポジトリから取得して、コンテナの元になるイメージ(ベースイメージ)へインストールします。主としてOSモジュールやプログラミング言語のパッケージなどがあり、それぞれ専用に開発されたパッケージマネージャーのコマンドを使って導入します。

たとえば、OSにコマンドやライブラリのパッケージを追加する場合、Debian系Linuxでは「apt」コマンド、Red Hat系Linuxでは「yum」コマンドを利用します。プログラミング言語のパッケージの追加では、Python

参考資料

[1] 新しいDocker HubがDocker CloudとDocker Storeを統合、https://www.infoq.com/jp/news/2019/01/new-docker-hub
[2] 明示的に空のイメージ、https://hub.docker.com/_/scratch/
[3] ベースイメージの開発、https://docs.docker.com/develop/develop-images/baseimages/

のpipやNodeのnpmなどのコマンドを用います。

これらパッケージマネージャーのコマンドを、後述するDockerfileに書くことで、アプリケーションに必要なすべてのバイナリ形式のファイルをベースイメージへインストールします。

(3) アプリケーションのソースコード

開発用パソコンのフォルダやGitHubなどのソースコードリポジトリから、アプリケーションコードをイメージへコピーします。

(4) Dockerfile (ドッカーファイル)

イメージを生成するためのコマンドが記述されたファイルであり、次のような内容を含んでいます。記述可能な項目の詳細については、本節で後述する「Dockerfileチートシート」を参照してください。

1. ベースイメージのリポジトリ
2. コンテナのイメージへ追加するパッケージ
3. アプリケーションのコードや設定ファイル
4. コンテナ起動時に実行されるコマンド

03.2 ビルドの実行手順

イメージをビルドするまでの流れは、次の5つのステップを踏みます。本書の学習環境を使って、順に進めていきましょう。

1. イメージの材料を集めたディレクトリを作成する。
2. Dockerfileを編集する。
3. 実行対象のファイルを作成して、単体テストを実施する。
4. コンテナの雛形となるイメージをビルドする。
5. コンテナとして実行して動作を確認する。

サンプルコードの利用法

本レッスンで提示するコードは、GitHub（https://github.com/takara9/codes_for_lessons/）にあります。

GitHubからクローンする場合

```
$ git clone https://github.com/takara9/codes_for_lessons
$ cd codes_for_lessons/step03
```

移動先には、本節で利用するファイルがあります。

最初に、コンテナの材料を集めるためのディレクトリを作成します。このStep 03はDockerコンテナについて3番目のレッスンですので、ディレクトリ「step03」を作成してそこへ移動します。コンテナ開発の例題として、イメージ上のmessageファイルの文字列をアスキーアートに変換して標準出力にアウトプットするイメージを作成します。

実行例1 コンテナをビルドするためのディレクトリ作成

```
$ mkdir step03
$ cd step03
```

ベースイメージ、イメージに含めるファイル、コンテナが起動した直後に実行されるコマンドなどを記述したDockerfile（ファイル1）を作成します。

この内容では、先頭行のFROM行でベースイメージを指定して、2行目のRUNにより、ベースイメージのコンテナでLinuxのパッケージの更新と追加モジュールのインストールを実施します。次の3行目のADDは、コンテナのファイルシステムへファイルを追加します。最後の行のCMDは、コンテナ起動時に実行するコマンドであり、3行目で追加したファイルの文字列をfigletコマンドの標準入力へパイプで渡しています。この文字列を受け取るコマンドがアスキーアート風に変換し、標準出力へ書き出します。各行の説明を表2にまとめておきます。

ファイル1 Dockerfile

```
1    FROM   alpine:latest
2    RUN    apk update && apk add figlet
3    ADD    ./message /message
4    CMD    cat /message | figlet
```

表2 Dockerfileの説明

Dockerfileコマンド	説明
FROM alpine:latest	コンテナの元になるイメージの名前 このイメージがローカルになければ、Docker Hubからプルする。これはわずか5MBのコンパクトなイメージであり、基本的なコマンドのみがインストールされている alpineというコンテナイメージの解説はhttps://hub.docker.com/_/alpine/で読むことができる。alpineのマニュアルとパッケージのリンクはhttps://alpinelinux.orgにある
RUN apk update && apk add figlet	RUNはFROMのイメージから作られたコンテナであり、コマンドを実行する apkはalpineのパッケージマネージャーで、updateで必要な更新を適用したあとにコマンドfigletを追加する figletはASCII Text Bannerを作るコマンドである &&でつなぐ前のコマンドが正常終了すると、あとのコマンドが実行される
ADD ./message /message	コンテナへ追加するファイルやディレクトリを指定する カレントディレクトリにあるmessageファイルを、コンテナのルートディレクトリに置くという指示になる
CMD cat /message | figlet	コンテナが起動した直後に実行するコマンドを指定する このコマンドはコンテナ起動後、catコマンドにより、messageファイルをfigletコマンドの標準入力へ与える

それでは、messageファイルに適当なメッセージを書き込んで、イメージのビルドへ進めていきます。

実行例2 ファイルmessageに書き込んだメッセージの表示

```
$ echo "Hello World" > message
$ cat message
Hello World
```

次の実行例3が、ビルドが完了するまでの様子です。「docker build --tag リポジトリ名[:タグ] パス」が、コンテナのイメージをビルドするコマンドです。オプション「--tag」で、ビルドされたイメージをリポジトリに格納するときの名前とタグを付与します。最後のドットは、Dockerfileのパスを指定するものであり、本ディレクトリにDockerfileファイルが存在することを「docker build」コマンドへ伝えています。ドットの前には必ずスペースを空けておきます。

実行例3 コンテナのビルドが完了するまでの様子

```
$ docker build --tag hello:1.0 .
Sending build context to Docker daemon  3.072kB
Step 1/4 : FROM  alpine:latest
 ---> 11cd0b38bc3c
Step 2/4 : RUN   apk update && apk add figlet
 ---> Running in eaa1407f5c37
fetch http://dl-cdn.alpinelinux.org/alpine/v3.8/main/x86_64/APKINDEX.tar.gz
fetch http://dl-cdn.alpinelinux.org/alpine/v3.8/community/x86_64/APKINDEX.tar.gz
v3.8.0-95-g244b823930 [http://dl-cdn.alpinelinux.org/alpine/v3.8/main]
v3.8.0-95-g244b823930 [http://dl-cdn.alpinelinux.org/alpine/v3.8/community]
OK: 9542 distinct packages available
(1/1) Installing figlet (2.2.5-r0)
Executing busybox-1.28.4-r0.trigger
OK: 5 MiB in 14 packages
```

```
Removing intermediate container eaa1407f5c37
 ---> ad4d946b336f
Step 3/4 : ADD   ./message /message
 ---> 33bda19488bc
Step 4/4 : CMD   cat /message | figlet
 ---> Running in 93a6555d16f6
Removing intermediate container 93a6555d16f6
 ---> ff97c6741505
Successfully built ff97c6741505
Successfully tagged hello:1.0
```

ビルドが完了すると、docker imagesのリストに表示されるようになります。

実行例4 ビルドできたイメージのリスト表示

```
$ docker images
REPOSITORY      TAG    IMAGE ID            CREATED             SIZE
hello           1.0    56ee939fff9e        About a minute ago  6.35MB
```

これで、独自に作ったコンテナを実行する準備が整いました。それでは、次の要領でコンテナを実行してみましょう。

実行例5 ビルドした独自コンテナの実行結果

```
$ docker run hello:1.0
```

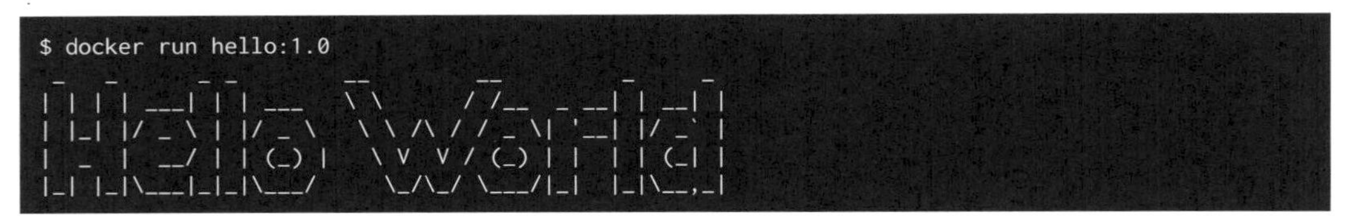

終了したコンテナは「docker ps -a」で見ることができます。もちろん、「docker logs コンテナID」で実行中に標準出力にアウトプットしたメッセージを見ることもできます。

実行例6 実行終了後のコンテナのリスト表示

```
$ docker ps -a
CONTAINER ID  IMAGE      COMMAND                   CREATED        STATUS                     NAMES
ccef6cd849d5  hello:1.0  "/bin/sh -c 'cat /me…" 2 minutes ago  Exited (0) 2 minutes ago goofy_
swartz
```

03.3 Dockerfileの書き方

Dockerfileには、ここで紹介したほかにも多くのコマンドがあります。次の表3に、筆者がよく利用するDockerfileのコマンドと、その概要をまとめました。さらに便利なコマンドや記述方法がありますので、本節末尾の参考資料Dockerfileリファレンス[4,5]をブックマークしておくと便利です。

表3 Dockerfileチートシート

コマンド	概説
FROM <イメージ>[:タグ]	コンテナのベースイメージを指定する
RUN <コマンド> RUN ["コマンド", "パラメータ1","パラメータ2"]	FROMのベースイメージ上でコマンドを実行する
ADD <ソース> <コンテナ内宛先> ADD ["ソース", ... "<コンテナ内宛先>"]	ソース(ファイル、ディレクトリ、tarファイル、URL)をコンテナ内宛先へコピーする
COPY <ソース> <コンテナ内宛先> COPY ["ソース", ... "<コンテナ内宛先>"]	ソース(ファイル、ディレクトリ)をコンテナ内の宛先へコピーする
ENTRYPOINT ["実行可能なもの", "パラメータ1", "パラメータ2"] ENTRYPOINT コマンド パラメータ1 パラメータ2 (シェル形式)	コンテナが実行するファイルを設定する
CMD ["実行バイナリ", "パラメータ1", "パラメータ2"] CMD <コマンド> (シェル形式) CMD ["パラメータ1", "パラメータ2"] (ENTRYPOINTのパラメータ)	コンテナの実行時に実行されるコマンドを指定する
ENV <key> <value> ENV <key>=<value> ...	環境変数をセットする
EXPOSE <port> [<port>...]	公開ポートをセットする
USER <ユーザー名> | <UID>	RUN、CMD、ENTRYPOINTの実行ユーザーを指定する
VOLUME ["/path"]	共有可能なボリュームをマウントする
WORKDIR /path	RUN、CMD、ENTRYPOINT、COPY、ADDの作業ディレクトリを指定する
ARG <名前>[=<デフォルト値>]	ビルド時の引数を定義する --build-arg <変数名>=<値>
LABEL <key>=<value> <key>=<value>	イメージのメタデータにラベルを追加する
MAINTAINER <名前>	イメージのメタデータに著作者を追加する

この表はDocker公式ドキュメントからの抜粋です。詳細はhttps://docs.docker.com/engine/reference/builder/を参照してください。

参考資料

[4] Dockerfileリファレンス(日本語翻訳版)、http://docs.docker.jp/engine/reference/builder.html
[5] Dockerfile reference、https://docs.docker.com/engine/reference/builder/

03.4 Dockerfileの書き方のベストプラクティス

Dockerfileの書き方について、ベストプラクティスが提示されています[6,7]。その内容を把握し、コンテナの設計思想に沿ったイメージを作成することは、課題への衝突を避け、生産性を高めるのに役立つと思います。このベストプラクティスの中で、「エフェメラルなコンテナを作成する」という筆頭項目について、筆者の見解を含めつつ紹介します。

これまでのサーバーシステム設定管理は、AnsibleやChefなどの自動設定ツールを駆使して、「サーバーのコンフィグレーションを、目的とする状態に一致させる」という考え方に立ってきました。この考え方は、「冪等性」といった言葉にも表われていました。背景には、「サーバーの起動や設定には時間を要するので、短期で廃棄するのはもったいないから、長期間存続させたい」という動機が働いているのだと思います。

一方、Dockerコンテナでは、DockerfileからOSや依存パッケージごとの雛形を作成でき、極めて短時間でコンテナをスピンナップ(起動して待機状態にすること)できます。そして、OSやパッケージがまるごとパックされており、環境設定に時間を費やしていないので、短い時間だけ使って停止・廃棄しても、失う時間がありません。アプリケーションに変更があった場合は、DockerfileからOSや依存パッケージを丸ごと再構築し、置き換えればよいのです。

こうしたコンテナの特性は、次のようなサービス運営上の利点を生みます。

ポイント

1. プロジェクトに新しく加わった開発者が、開発・実行環境について学習するための時間とコストを最小化する。
2. ソフトウェアの依存関係をコンテナに閉じ込め、実行環境間の移動を容易にする。
3. サーバー管理やシステム管理を不要にする。
4. 開発環境と本番環境の差異をなくし、継続的な開発とリリースを容易にする。
5. 同じ雛形(イメージ)からコンテナ数を増やすことで、簡単に処理能力を向上できる。

これらの利点からわかるように、仮想サーバーの延長線上でコンテナの利用を考えるのではなく、コンテナの利点をよく踏まえて、最大限活かせるように、コンテナの雛形となるイメージをDockerfileで定義すべきです。そのことを、Dockerfileの書き方のベストプラクティス[6,7]は、少ない文字数で簡潔に表現しています。しかも、その内容は「コンテナ運用ツールKubernetesにとってもベストプラクティスである」と言えると思います。

参考資料

[6] Dockerfileの書き方のベストプラクティス、https://docs.docker.com/develop/develop-images/dockerfile_best-practices/

[7] Dockerfileのベストプラクティス(日本語翻訳版)、http://docs.docker.jp/engine/articles/dockerfile_best-practice.html

Step 03のまとめ

アプリケーションのコードを書いて、コンテナをビルドして実行するまでのポイントを箇条書きにしてまとめておきます。

- イメージをビルドするための材料を集めたディレクトリを作成する。
- そのディレクトリにDockerfileを作成して、docker buildでイメージをビルドする。
- 最小のDockerfileの要素は、FROMにベースイメージのリポジトリ名、RUNにビルド時の実行コマンド、ADDにイメージへ追加するファイル名やディレクトリ名、CMDにコンテナ起動時のコマンドなどで構成される。
- ビルドの成果物として、「--tag」で指定した名前で、ローカルリポジトリにイメージが保存される。

Step 04 コンテナとネットワーク

コンテナのネットワークと外部へのポート公開の方法を学ぶ

実行中のコンテナはIPアドレスを保有しており、コンテナ間で通信できると、「Step 02 コンテナの操作」で説明しました。たとえば図1左側のように、コンテナホスト内に保護されたコンテナ専用のネットワークを利用して、アプリケーションのコンテナから、データベースのコンテナの機能を利用することができます。さらに、図1右側のように、アプリケーションをコンテナホストの外側のネットワークへ公開することもできます。

ここで取り上げるコンテナのネットワークは、Kubernetesでコンテナを実行する場合に、入門者の頭を混乱させる原因になります。この原因は、Kubernetesでは異なるネットワークのモデルを採用しているからです。これらの概要は1章の3.7項、さらなる具体的な動作については3章の「Step 07」を参照してください。

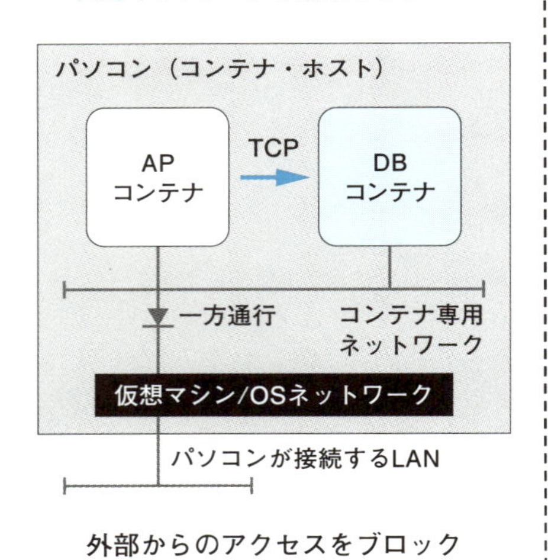

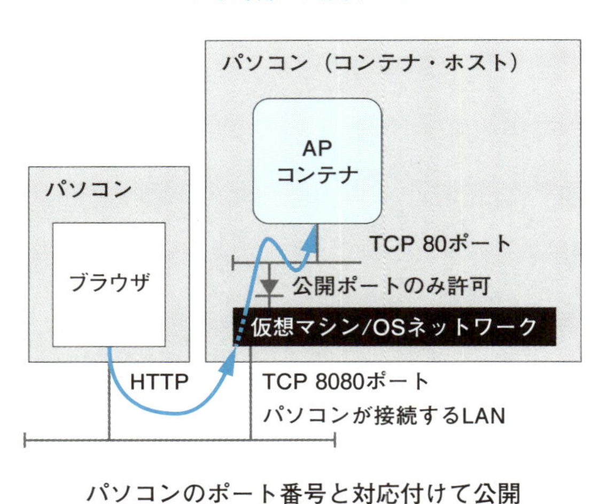

図1 コンテナ間連携とアプリケーションの公開

このようなコンテナ間の連携を利用するアプリケーションのイメージが、Docker Hubには数多く登録されています（表1）。これらのアプリケーションは、コンテナを起動するだけで利用できますので、ぜひ試してみてください。

表1 コンテナ間連携を利用したアプリケーションの例

アプリケーション	説明とリポジトリ詳細URL	コンテナ間の連携概要
Rocket.Chat	Slackによく似たチャットのアプリケーション https://hub.docker.com/_/rocket.chat/	MongoDBのコンテナと連携させて利用する
owncloud	BOXやDropBoxのように利用できるファイル共有のアプリケーション https://hub.docker.com/r/_/owncloud/	MySQLやMariaDBなどのコンテナと連携する
Redmine	プロジェクト管理ツールであり、チームの作業を管理するアプリケーション https://hub.docker.com/_/redmine/	PostgreSQLコンテナと連携して動作する
WordPress	有名なコンテンツ管理システム https://hub.docker.com/_/wordpress/	MySQLのコンテナと連携する

04.1 コンテナネットワーク

Docker Hubに登録された多くのアプリケーションでは、「--link」を使ったコンテナ間の連携がガイドされています。ところが執筆現在の2018年11月、「--linkは将来削除されるかもしれない機能[1,2]」とされ、「可能ならdocker networkを使用する[3]」旨が推奨されています。

そこで以下では、コマンド「docker network」を主に利用していきます。表2にまとめたとおり、dockerのサブコマンド「network」を使うと、コンテナネットワークの作成や削除などの操作ができます。

表2 コンテナネットワークのコマンド

コンテナネットワークコマンド	概要
docker network ls	コンテナネットワークをリスト表示する
docker network inspect	ネットワーク名を指定して詳細を表示する
docker network create	コンテナネットワークを生成する
docker network rm	コンテナネットワークを削除する
docker network connect	コンテナをコンテナネットワークへ接続する
docker network disconnect	コンテナをコンテナネットワークから切り離す

実行例1は、「docker network ls」でコンテナネットワークをリスト表示した様子です。

参考資料

[1] 「--link」の使用に関する注意、https://docs.docker.com/v17.09/engine/userguide/networking/default_network/dockerlinks/

[2] https://blog.docker.com/2015/11/docker-multi-host-networking-ga/

[3] Dockerのネットワークの設定、https://docs.docker.com/network/

実行例1 コンテナネットワークのリスト表示

```
$ docker network ls
NETWORK ID          NAME                DRIVER              SCOPE
6bd99288ee95        bridge              bridge              local
fe2467487b7d        host                host                local
4ae4075cb93b        none                null                local
```

DRIVER列の「bridge」は、外部ネットワークにブリッジされています。コンテナは外部のリポジトリにアクセスでき、「-p」オプションで、外部ネットワークにポートを公開できます。コンテナ起動に際して明示的なネットワーク指定がない場合は、このネットワークに接続されます。DRIVER列の「host」と「none」では別途設定が必要[4]となり、本書では扱いません。

次の実行例2では、「docker network create ＜ネットワーク名＞」により、ユーザー定義の専用ネットワークを作っています。これで作られるネットワークは、新たなIPネットワークのアドレス範囲が設定され、他のコンテナネットワークと隔離されます。

実行例2 コンテナネットワークの作成

```
$ docker network create my-network
148a23f5d2427b99c3b65b8e6a2903c004bbb854073acb71d273e5b4a2e85d4d
```

コンテナを起動する際に、「docker run」コマンドのオプションに「--network my-network」を指定すると、「my-network」に接続されたコンテナが起動します。このようにして起動されたコンテナは、同じコンテナネットワークに接続されたコンテナとだけ疎通できます。

次の実行例3は、ウェブサーバーであるNginxをmy-networkに接続して起動した様子です。

実行例3 コンテナの閉域ネットワーク接続例

```
## 閉域ネットワークと接続したコンテナの起動
$ docker run -d --name webserver1 --network my-network nginx:latest
b616c99f93aff9f5ff57db8d4bada891880fae313f373cf3e54af82794663891

## コンテナのポート番号の表示  (注 紙面に収まるように編集)
$ docker ps
CONTAINER ID  IMAGE        CREATED        STATUS        PORTS  NAMES
b616c99f93af  nginx:latest 13 seconds ago Up 13 seconds 80/tcp webserver1
```

次の実行例4は、実行例3で起動したコンテナ「webserver1」について、nslookupによるIPアドレス解決、

参考資料

[4] https://docs.docker.com/v17.09/engine/userguide/networking/#default-networks

および、curlコマンドによるコンテナ名でのアクセスのテストを実施した様子です。コマンドを実行するコンテナは、レッスン2で作成したカスタムイメージ「my-ubuntu:0.1」を使用して作られています。

実行例4 カスタムコンテナを利用したネットワーク接続テスト

```
## コンテナネットワークに接続する対話型のカスタムコンテナを起動
$ docker run -it --rm --name net-tool --network my-network my-ubuntu:0.1 bash

## 内部DNSのアドレス解決テスト
root@47c874dbfd1f:/# nslookup webserver1
Server:  127.0.0.11
Address: 127.0.0.11#53

Non-authoritative answer:
Name: webserver1
Address: 172.18.0.2

## コンテナ名でのHTTPアクセステスト
root@47c874dbfd1f:/# curl http://webserver1
<!DOCTYPE html>
<html>
<head>
<title>Welcome to nginx!</title>
```

一方、デフォルトのbridgeネットワークに接続した場合はどのような動きになるか、同じイメージを利用して確認します。

実行例5を見てください。nslookupコマンドでは、webserver1のアドレス解決ができませんでした。webserver1のIPアドレスからの逆引きを試みましたが、やはり解決できません。さらに、IPアドレスでのアクセスを試みましたが、応答がありませんでした。このことからも、my-networkは、コンテナがデフォルトで利用できるネットワークから分離されていることがわかります。

実行例5 コンテナネットワークbridgeからのアクセスの試み

```
##  カスタムコンテナをbridgeネットワークへ接続して起動
$ docker run -it --rm --name net-tool --network bridge my-ubuntu:0.1 bash

## 内部DNS アドレス解決の試み
root@6995d7d66515:/# nslookup webserver1
Server:  192.168.65.1
Address: 192.168.65.1#53

** server can't find webserver1: NXDOMAIN

## 内部DNS 逆引き解決の試み
root@6995d7d66515:/# nslookup 172.18.0.2
** server can't find 2.0.18.172.in-addr.arpa: NXDOMAIN

## HTTPアクセスの試み
root@6995d7d66515:/# curl http://172.18.0.2
curl: (7) Failed to connect to 172.18.0.2 port 80: Connection timed out
```

04.2 外部向けにポートを公開する

コンテナのポートを、コンテナホストのIPアドレス上で公開する方法を見ていきます。コンテナ起動時の「docker run［オプション］リポジトリ［:タグ］コマンド引数」のオプションに、「-p 公開ポート番号:コンテナ内のポート番号」を指定することで、コンテナ上のプロセスが開いたサーバーポートを、コンテナホストのIPアドレスのポート番号に対応付けます。

実行例6を見てください。他のパソコンからコンテナホストのIPアドレスとポート番号にアクセスすることで、コンテナのアプリケーションを利用できるようになります。

実行例6 コンテナホスト（パソコン）のポートでウェブサーバーを公開

```
## ウェブサーバーのコンテナをポート8080に対応付け、バックグラウンドで起動
$ docker run -d --name webserver1 -p 8080:80 nginx:latest
3dc12302a55d8995b43ba3ddd112975ef8edd848d4c124e7c3cb7bf267830875

## パソコンからのURLアクセステスト
$ curl http://localhost:8080/
<!DOCTYPE html>
<html>
<head>
<title>Welcome to nginx!</title>
<以下省略>

## パソコンのIPアドレスを利用してのアクセステスト
$ curl http://192.168.1.25:8080/
<!DOCTYPE html>
<html>
<head>
<title>Welcome to nginx!</title>
<以下省略>
```

ここで作成したコンテナネットワークは、「docker network rm my-network」または「docker network prune」で削除することができます。

04.3 APコンテナとDBコンテナの連携例

もう少し実践的な、コンテナ同士の連携例を見てみましょう。図2では、MySQLサーバーのコンテナ（DBコンテナ）と、PHPアプリケーションのコンテナ（APコンテナ）を、コンテナネットワークで接続しています。この構成を実現する手順は以下のようになります。

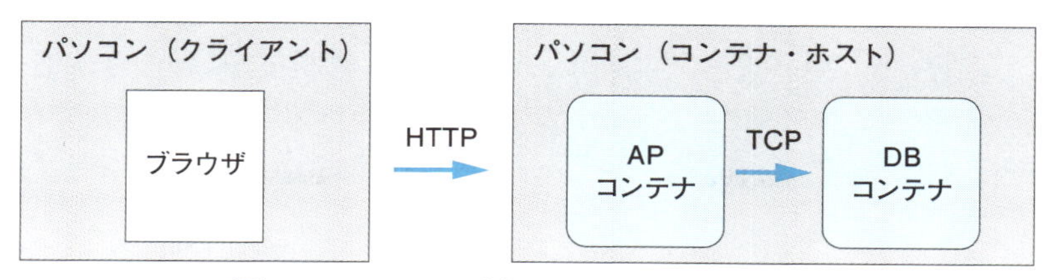

図2 コンテナ間の連携と公開用ポートの開設

(1) コンテナネットワークの作成

最初に、コンテナ間を接続するための専用ネットワーク「apl-net」を作成します。コマンド「docker network create ネットワーク名」を実行してください。

実行例7 コンテナ間連携用のコンテナネットワーク作成

```
$ docker network create apl-net
a7c9dc1d2f0549c8d823ffaf5557f53f346951534e52a3114820597e06344fa9
```

(2) MySQL サーバーの起動

ここで利用するMySQLの公式コンテナは、コンテナ起動時の「環境変数」を利用して、内包するMySQLサーバーのプロセスへ設定情報を与えることができます。このような環境変数は「コンテナAPI」と呼ばれ、コンテナの再利用の促進に寄与しています。「コンテナAPI」については、次のStep 05で詳しく扱います。

実行例8の「-e」のあとに続く環境変数の「MYSQL_ROOT_PASSWORD」も、コンテナAPIの1つであり、MySQLサーバーのrootパスワードを指定するものです。ほかにもさまざまな環境変数がありますので、詳しくはMySQL公式リポジトリ（https://hub.docker.com/_/mysql/）を参照してください。

実行例8 apl-netに接続したMySQLサーバーのコンテナ起動

```
$ docker run -d --name mysql --network apl-net -e MYSQL_ROOT_PASSWORD=qwerty mysql:5.7
9b7fde16b1fd43208d62712a414f995892fe31dca3aaa9c41220be12513e3708
```

(3) テスト用アプリケーションのコンテナ開発

MySQLサーバーに接続して画面を表示するPHPのアプリケーションを開発して、コンテナとして実行できるように、イメージをビルドします。

まずは、このレッスン用にイメージをビルドするためのディレクトリを作り、DockerfileとPHPのコードを記述します。

実行例9 APサーバーのカスタムコンテナをビルドするためディレクトリ

```
$ mkdir step04
$ cd step04
```

```
$ tree
.
|-- Dockerfile
`-- php
    `-- index.php
```

次は、index.phpのコーディングです。MySQLへ接続してメッセージを表示し、クローズするだけの単純なコードです。MySQLに接続するためのユーザー情報は環境変数から取得するように記述してありますので、コンテナ起動時に「-e」で環境変数を与えます。

ファイル1 index.php APサーバーのアプリケーションコード

```
1     <html>
2     <head><title>PHP CONNECTION TEST</title></head>
3     <body>
4
5     <?php
6     $servername = "mysql";
7     $database = "mysql";
8
9     $username = getenv('MYSQL_USER');       // 環境変数からユーザーIDを取得
10    $password = getenv('MYSQL_PASSWORD');   // 同様にパスワードも取得
11
12    // MySQLサーバーへ接続して結果を表示
13    try {
14        $dsn = "mysql:host=$servername;dbname=$database";
15        $conn = new PDO($dsn, $username, $password);
16        $conn->setAttribute(PDO::ATTR_ERRMODE, PDO::ERRMODE_EXCEPTION);
17        print("<p>接続に成功しました。</p>");
18    } catch(PDOException $e) {
19        print("<p>接続に失敗しました。</p>");
20        echo $e->getMessage();
21    }
22
23    $conn = null;
24    print('<p>クローズしました。</p>');
25
26    ?>
27    </body>
28    </html>
```

このコードが実行できるコンテナをビルドするためのファイル、下記の「ファイル2」を見ていきましょう。

1行目に記述したFROMに続く「php:7.0-apache」は、PHP公式イメージの1つであり、詳しい説明がhttps://hub.docker.com/_/php/にあります。

RUNで始まる2行目と5行目では、パッケージmysql-clientやPHPのPDOモジュールでMySQLをアクセスするために必要モジュールのインストールを実行します。

最後のCOPYで始まる行では、パソコン上のディレクトリphpを、Apacheのコンテナイメージのディレクトリ(/var/www/html/)へコピーします。

このDockerfileの最終行には、コンテナの起動直後に実行するコマンドを指定するCMDがありません。これはベースイメージに設定されているので、このDockerfileで設定する必要がないからです。このベースイメージのDockerfileも、前述のWebページにリンクがありますので、どのようにベースイメージがビルドされたかを追跡することができます。

ファイル2 PHPアプリケーションのイメージをビルドするためのDockerfile

```
1    FROM php:7.0-apache
2    RUN apt-get update && apt-get install -y \
3        && apt-get install -y libmcrypt-dev mysql-client \
4        && apt-get install -y zip unzip git vim
5    RUN docker-php-ext-install pdo_mysql session json mbstring
6    COPY php/ /var/www/html/
```

(4) コンテナイメージのビルド

ここから「docker build [オプション] リポジトリ[:タグ] パス」を実行して、PHPのアプリケーションが入ったコンテナのイメージをビルドします。

このイメージのビルドには、PHPの機能拡張モジュールのコンパイルが含まれるため、少し長く時間がかかります。もし、途中でコンパイルエラーが発生して、ビルドを停止することがあると、画面に表示された経過を追って、エラー原因を取り除く必要があります。

実行例10 PHPのコンテナイメージをビルドする様子

```
$ docker build -t php-apl:0.1 .
Sending build context to Docker daemon  4.096kB
Step 1/4 : FROM php:7.0-apache
 ---> e18e9bf71cab
Step 2/4 : RUN apt-get update && apt-get install -y     && apt-get install -y libmcrypt-dev
mysql-client     && apt-get install -y zip unzip git vim
 ---> Running in 6bdeafe0aca8
Get:1 http://security.debian.org/debian-security stretch/updates InRelease [94.3 kB]

<途中省略>

rm -f libphp.la       modules/* libs/*
Removing intermediate container 6c2adaf0f512
 ---> 539c68e3c46b
Step 4/4 : COPY php/ /var/www/html/
 ---> 240f3abaa637
Successfully built 240f3abaa637
Successfully tagged php-apl:0.1
```

ビルドが無事に完了すると、コマンド「docker images」によって、ビルドしたコンテナイメージ「php-apl:0.1」が生成されていることを確認できます。

実行例11 ローカルイメージのリスト表示

```
$ docker images
REPOSITORY    TAG    IMAGE ID        CREATED           SIZE
php-apl       0.1    240f3abaa637    12 minutes ago    528MB
```

(5) コンテナの実行

ビルドしたイメージをコンテナとして実行するためのコマンドは「docker run [オプション] リポジトリ名[:タグ]」です。このコンテナの起動に必要なオプションの説明を、表3にまとめました。実行例12は、オプションを設定したコマンドの例です。

表3 docker runオプションの説明

オプション	説明
-d	バックグラウンドでコンテナを起動する
--name コンテナ名	コンテナ名を付与する
--network ネットワーク名	接続するコンテナネットワーク名を指定する
-p 公開ポート番号:コンテナポート番号	コンテナポートの番号を、コンテナホストのIPアドレスの公開ポート番号へ対応付ける。「-p」の設定は複数記述できる
-e 環境変数=設定値	コンテナのプロセスに環境変数を設定する。「-e」の設定は複数記述できる

実行例12 APサーバーコンテナの起動

```
$ docker run -d --name php --network apl-net -p 8080:80 -e MYSQL_USER=root -e MYSQL_
PASSWORD=qwerty php-apl:0.1
```

起動後にパソコンのブラウザでhttp://localhost:8080/をアクセスすると、次のような表示を確認できます。

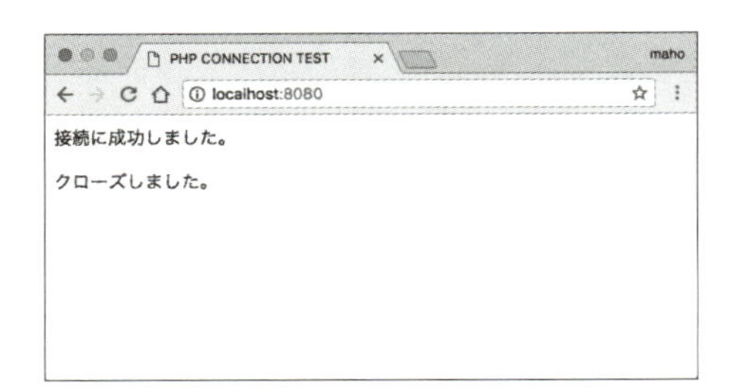

図3 ブラウザから公開ポートをアクセスした結果

もし、環境変数の設定に不整合があると、次のようにエラーが表示されます。

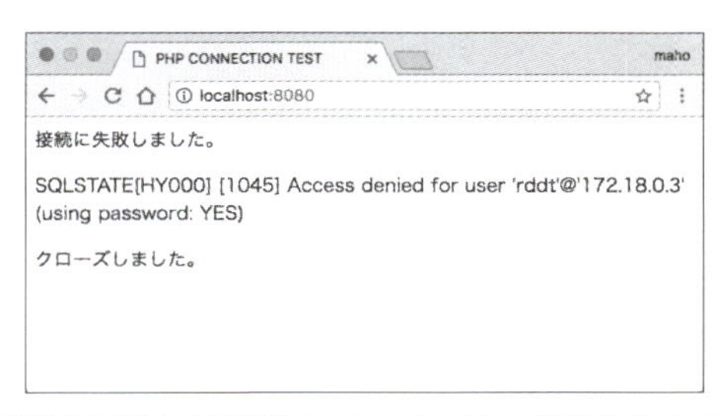

図4 環境変数に不整合によってエラーが発生したケース

ウェブサーバーのアクセスログは、「docker logs コンテナ名 ｜ コンテナID」によって表示することができます。

実行例13 APサーバーコンテナのアクセスログの表示

```
$ docker logs php
AH00558: apache2: Could not reliably determine the server's fully qualified domain name, using
172.18.0.3. Set the 'ServerName' directive globally to suppress this message
AH00558: apache2: Could not reliably determine the server's fully qualified domain name, using
172.18.0.3. Set the 'ServerName' directive globally to suppress this message
[Sun Jun 24 23:16:49.398141 2018] [mpm_prefork:notice] [pid 1] AH00163: Apache/2.4.25 (Debian)
PHP/7.0.30 configured -- resuming normal operations
[Sun Jun 24 23:16:49.398209 2018] [core:notice] [pid 1] AH00094: Command line: 'apache2 -D
FOREGROUND'
172.18.0.1 - - [24/Jun/2018:23:17:01 +0000] "GET / HTTP/1.1" 200 501 "-" "Mozilla/5.0
(Macintosh; Intel Mac OS X 10_13_5) AppleWebKit/537.36 (KHTML, like Gecko) Chrome/67.0.3396.87
Safari/537.36"
```

データベースについては、MySQLの公式イメージに環境変数で設定して活用しました。アプリケーションは、PHPの公式イメージを基礎にして開発しました。そして、コンテナネットワークを通じてこれらを連携させ、公開用ポート番号を設定することにより、コンテナホストのIPアドレスでアプリケーションを公開することができました。

コンテナネットワークは、コンテナ同士を連携するためのデータバスのような存在だと思います。Kubernetesでは、これに相当する役割をクラスタネットワークが担います。

Step 04のまとめ

コンテナネットワークのポイントを以下にまとめます。

- コンテナ間を連携させるために用いられてきた「--link」に代わって、コンテナネットワークを設定することが望ましいとされている。

- コンテナを生成すると、自動的にコンテナネットワーク「bridge」に接続されている。
- コンテナ同士を専用のコンテナネットワークで連携させるには、「docker network create <ネットワーク名>」でネットワークを作成し、コンテナ起動時に接続するネットワークを指定するオプション「--network ネットワーク名」を利用する。
- この専用のコンテナネットワークにコンテナを接続すれば、他のネットワークに接続するコンテナとの間で疎通を隔離できる。
- コンテナ名によるIPアドレス解決は、コンテナネットワーク内に限定される。
- コンテナのポートをコンテナホストのIPアドレス上で公開するには、オプション「-p」を設定する。

Step 05 コンテナAPI

コンテナAPIの役割と実装を知り Kubernetesのコンテナ運用に備える

本書の「コンテナAPI」とは、コンテナをブラックボックスとして扱えるようにするインタフェース仕様を指しています。これは、開発したDockerコンテナをKubernetes環境で運用するために必要となります。

本題に進む前に、API(Application Programming Interface)という用語について、改めて考えてみましょう。インタフェースとはもともと、ハードウェア間を接続するための規格やケーブルコネクターの形状を定めた仕様のことです。ソフトウェアもこれに倣って、異なるチームが開発したプログラム同士を連携させる方法の取り決めを「インタフェース」と呼んでいます。そしてAPIとは、操作対象をブラックボックスとして扱い、アプリケーションプログラムから利用するための仕様です。たとえば、クラウドサービスの機能をプログラム言語からコールして操作する方法は、一般に「クラウドのAPI」と呼ばれています。

Dockerコンテナは、アプリケーションプログラムが依存するライブラリやLinux OS環境一式をパッケージ化したものですから、これにAPIが実装されていれば、コンテナの内部のプログラムに立ち入らなくても、簡単に再利用できることになります。実際のところ、Docker Hub (https://hub.docker.com/) に登録されたオフィシャルイメージのほとんどが、コンテナのAPIを実装しています。

本書は最終目標として、開発したコンテナをKubernetesで運用することを目指していますから、本レッスンはDockerコンテナのパートではありますが、Kubernetesが求めるコンテナAPIにまで視野を広げて扱うことにします。なお、本書ではDocker SwarmやDocker Composeの機能は扱いません。

05.1 コンテナAPIの種類と概要

コンテナのAPIにはいくつかの種類[1]があり、それぞれ目的と手段が異なります。その全体を表したのが図1です。この中の項目ごとに、概要を説明していきます。

参考資料

[1] コンテナベースアプリケーション設計の原則、https://www.redhat.com/cms/managed-files/cl-cloud-native-container-design-whitepaper-f8808kc-201710-v3-en.pdf

これから各項目に触れていく前の注意点として、ここに挙げたAPIは必須ではありませんし、すべてを実装する必要もありません。アプリケーションの特性に合わせて適切なものを選んで実装すれば、そのコンテナの再利用性、すなわち、適用の容易さが増します。

また、ここでのアプリケーションは、コンテナ上のプログラム全般を指しており、NginxやMySQLなどのミドルウェアも含みます。

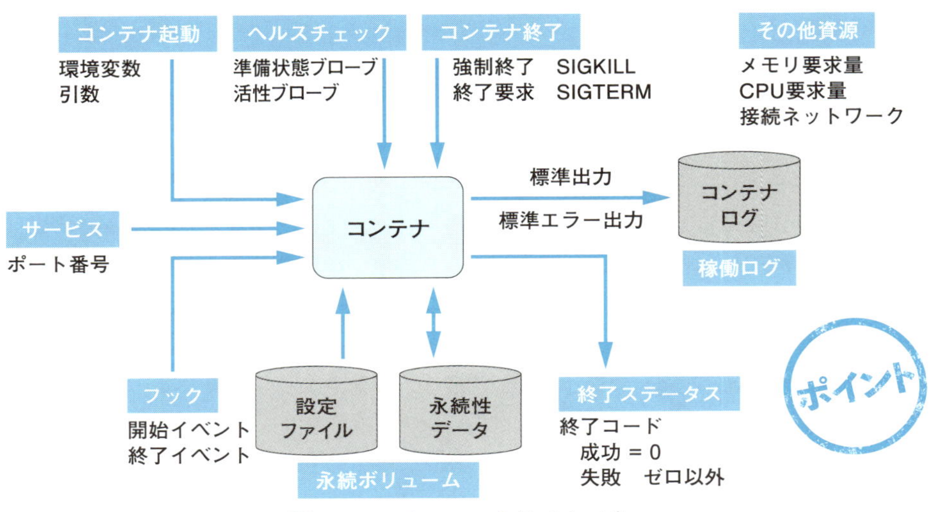

図1 コンテナAPIの全体イメージ

●コンテナの起動

コンテナの起動時にコンテナ内部のアプリケーションプログラムが「環境変数」や「引数」を受け取り、自身の振る舞いを変更できるようにしておきます。たとえば、Docker Hubに登録されたMySQLのイメージは、環境変数にユーザーID、パスワード、データベース名、永続ボリュームのパスなどを設定でき、起動を実行すると、環境変数に指定した内容でデータベースを初期化して起動します。

●ヘルスチェック（Kubernetes環境下）

図中の「準備状態プローブ」とは、コンテナ内部のアプリケーションが初期化処理を完了して、外部からのリクエストを受け入れ可能となったことを知らせるインタフェースです。これを通じて「準備完了」を伝えると、ロードバランサーに相当する機能からリクエストが転送されるようになります。

一方、「活性プローブ」は、アプリケーションプログラムの稼働状態（正常・異常）を知らせます。これを通じて「異常」を伝えると、Kubernetesはコンテナを再スタートさせ、回復を試みます。

アプリケーションは、これらのAPIに対応するコマンドやHTTPアクセスのパスを実装することで、ヘルスチェックの機能を活かすことができます。詳細な説明と具体例は「Step 07　マニフェストとポッド」で扱います。

●コンテナの終了

「終了要求シグナル(SIGTERM)」をコンテナ内部のアプリケーションプログラムが受け取ると、コンテナを停止するために「終了処理」を開始します。この処理には、メモリ変数の保存や、データベースとのセッション終了など、データを失わず安全に停止するためのコードを記述します。

「強制終了シグナル(SIGKILL)」は、制限時間内に終了処理が完了しない場合、または、「終了要求」の処理が記述されていない場合に、コンテナを強制終了とします。この強制終了をブロックする方法はありません。

●サービス

コンテナ上のアプリケーションには、クライアント/サーバーモデルのサーバー側プロセスとして、TCP/IP通信プロトコルの特定ポート番号で、クライアントからの要求を受け取るものがあります。図中の「サービス」は、アプリケーションが特定ポート番号でクライアントからの要求を受け取り、処理結果を返すことを指しています。

そのためにアプリケーションは、Dockerコンテナに付与されたIPアドレス上にポートを開いて、リクエストを受け取ることになります。また、コンテナホストのIPアドレスにポート番号を対応付けることで、コンテナホストの外部へアプリケーションを公開することもできます。

一方、Kubernetesでは、コンテナを内包する「ポッド」のIPアドレス上にポートを開き、クライアントからのリクエストを処理します。そして、「ポッド」へのアクセスを助けるための、KubernetesのAPIオブジェクトが提供する「サービス」と連携して、クライアントへアプリケーションの機能を公開します。詳細は「Step 09 サービス」で扱います。

●稼働ログ

一般に、アプリケーションのマイクロサービス化やスケールは、コンテナの数を増大させます。そうなると、プログラムの実行ログや内部エラーログ、アクセスログなどのログ出力量がコンテナ数に応じて増加していきます。この課題に対処するため、DockerやKubernetesは集中型ロギングのシステムへ接続できるようになっています[2,3]。そして、その際のインタフェースは、標準出力(STDOUT)と標準エラー出力(STDERR)です。

このような背景から、コンテナ上のアプリケーションは、ログを独自でファイルに書き出すのではなく、一貫して標準出力や標準エラー出力へ書き出すように実装します。たとえば、Docker Hubに登録されたNginxのオフィシャルイメージでは、HTTPプロトコルで受けたアクセスのログを標準出力へ書き出します。

●フック(Kubernetes環境下)

ここでの「フック」とは、コンテナの起動時と停止時に、アプリケーションのコンテナ内で特定の処理を実行するための定義であり、Kubernetesの場合はポッドのマニフェストに実行内容を記述して有効化します。詳

参考資料

[2] コンテナの設定、https://docs.docker.com/config/containers/logging/

[3] ロギングのベストプラクティス、https://success.docker.com/article/logging-best-practices

細は「Step 07 マニフェストとポッド」で扱います。

コンテナには、フックによって実行するためのコマンド、または、HTTP要求の処理ルーチンを、あらかじめ実装していなければなりません。

なお、Dockerfileには、ENTRYPOINTやCMDによってコンテナが起動時に実行するプログラムを記述して、コンテナのイメージを作成しますが、起動時のフックはそれとは非同期に実行され、実行順番は保証されません。

●永続ボリューム

コンテナAPIとしての永続ボリュームの利用方法には、「設定ファイル」と「永続性データ」の2つがあります。どちらの場合も、コンテナホストのディレクトリなどを、永続ボリュームとしてコンテナ上のファイルシステムにマウントします。

前者の利用方法では、コンテナ内部のアプリケーションが読み込む「設定ファイル」を、コンテナの外部から与えます。これにより、コンテナのイメージを再ビルドしなくても、コンテナの起動時のオプションで、コンテナの設定を変更できます。

外部から与えられた設定ファイルは、コンテナ上の特定のディレクトリにマウントされ、読み取れるようになります。したがって、アプリケーションの設定ファイルは、特定のディレクトリに集約しておくように実装する必要があります。

たとえば、Nginxのコンテナ（https://hub.docker.com/_/nginx/）の設定ファイルは、「/etc/nginx/conf.d」のディレクトリにデフォルト設定が置かれています。このディレクトリに、設定ファイルの入ったボリュームをマウントすることで、Nginxの設定を変更できます。

サーバー証明書などの秘匿性が必要なファイルをコンテナのイメージに内包してリポジトリに登録するべきではありません。このようなケースも永続ボリュームとして外部からコンテナに与えるべきです。Kubernetesには、秘匿性が必要なデータ扱う「シークレット」と、設定ファイルを扱う「コンフィグマップ」の2つの機能があり、最終Stepの中の「15.3 シークレットとコンフィグマップ」で扱います。

コンテナは一時的な存在なので、永続性の必要なデータをコンテナのファイルシステムに保存してはいけません。コンテナの削除によってデータが失われてしまいます。Kubernetesの永続ボリュームついては、「Step 11」で扱います。

●終了ステータス

Dockerコンテナ上のプロセス「PID=1」のExitコードが、コンテナの終了コードとしてセットされます。Kubernetesでは、ポッド内のコンテナが「終了コード=0」で終了すると、成功終了（または正常終了）として扱い、終了コードが「0」以外であれば、失敗終了（または異常終了）として扱います。

コンテナ上のアプリケーションは、このようなKubernetesの扱いに一致するように、アプリケーションの終了コードを実装する必要があります。

●その他資源

図中の「その他」とは、アプリケーションに実装するコンテナのAPI機能ではありませんが、関係の深いものを指しています。

「接続エンドポイント」は、コンテナ同士を連携させるためのエンドポイントを指しています。たとえば、プログラムを実行するコンテナがデータベースのコンテナを必要としている場合は、dockerコマンドにリンク先のオブジェクト名などを指定するケースがあります。

「メモリ要求量」や「CPU要求時間」については、コンテナの実行前に所要量の目安がわかれば、起動時に設定することで問題を未然に回避できます。

以上を押さえたところで、本レッスンでは、Docker実行環境で確認できる主要なコンテナAPIの実装例を見ていきます。

05.2 環境変数のAPI実装例

ここでは「d5」というディレクトリを作り、Dockerfileとmy_daemonという2つのファイルを作成して、コンテナの開発を進めていきます。

実行例1 これから作成するディレクトリとファイルの完成形

```
$ tree d5
d5
├── Dockerfile
└── my_daemon
```

ファイル1のDockerfileの内容は、まずFROMとして、コンテナのベースイメージにalpineの最新版を適用します。RUNでは、模擬アプリケーションをシェルで書くために、「apk add bash」によりシェルのbashを追加します。また、ADDで模擬アプリケーションのシェルスクリプト「my_daemon」をルートディレクトリへ配置して、コンテナの実行開始時にCMDで指定したシェルを実行します。

ファイル1 Dockerfile

```
1    FROM alpine:latest
2    RUN apk update && apk add bash
3    ADD ./my_daemon /my_daemon
4    CMD ["/bin/bash", "/my_daemon"]
```

次のファイル2が、アプリケーションプログラムを模擬的に表現したシェルスクリプトです。本来はJavaや

Pythonなどで書いたコードをコンテナ化しますが、ここではできる限りシンプルに理解できるように、シェルスクリプトのサンプルコードとしました。シェルは共通知識であり、立場を問わず広く知られているからです。

このシェルスクリプトでは、環境変数INTERVALがない限り、デフォルト値として3秒間隔で、時刻とカウンタの値を標準出力(STDOUT)へ書き出します。環境変数INTERVALは無限ループ中のスリープ時間(秒)であり、コンテナ実行時に環境変数を設定することで、待ち時間を調整できます。コンテナの再利用を促進するために、環境変数でコンテナ内部のコードへ情報を与え、振る舞いを切り替えるわけです。この方法は、コンテナのAPI実装としてよく利用されるので覚えておきましょう。

ファイル2 my_daemon

```
1    # カウンタ初期化
2    COUNT=0
3
4    # 環境変数がなければセット
5    if [ -z "$INTERVAL" ]; then
6        INTERVAL=3
7    fi
8
9    # メインループ
10   while [ ture ];
11   do
12       TM=`date|awk '{print $4}'`
13       printf "%s : %s \n" $TM $COUNT
14       let COUNT=COUNT+1
15       sleep $INTERVAL
16   done
```

コンテナをビルドする前に、単体でテストし、デバッグを行います。実行例2の最初の行LANG=Cは、ASCIIコードを指定して、dateコマンドを英語メッセージで表示するためです。最初の実行では、3秒間隔でカウンタが表示されています。次に、Ctrl-Cでシェルスクリプトを止めて、環境変数INTERVAL=10をセットし、再度実行したところが後半です。時刻の表示間隔が10秒に変わっています。

実行例2 コンテナAPIとして環境変数の実装テスト

```
$ LANG=C ./my_daemon
15:18:06 : 0
15:18:09 : 1
15:18:12 : 2
15:18:15 : 3
15:18:18 : 4
^C
$ LANG=C;INTERVAL=10 ./my_daemon
15:18:28 : 0
15:18:38 : 1
15:18:48 : 2
15:18:58 : 3
15:19:08 : 4
```

このシェルを実行するコンテナをビルドするために、Dockerfileのあるディレクトリで、実行例3のコマンドを実行します。

実行例3 コンテナをビルドする様子

```
$ docker build --tag my_daemon:0.1 .
Sending build context to Docker daemon  3.072kB
Step 1/4 : FROM alpine:latest
 ---> 3fd9065eaf02
Step 2/4 : RUN apk update && apk add bash
 ---> Running in 58a9533e54ea
fetch http://dl-cdn.alpinelinux.org/alpine/v3.7/main/x86_64/APKINDEX.tar.gz
fetch http://dl-cdn.alpinelinux.org/alpine/v3.7/community/x86_64/APKINDEX.tar.gz
v3.7.0-214-g519be0a2d1 [http://dl-cdn.alpinelinux.org/alpine/v3.7/main]
v3.7.0-207-gac61833f9b [http://dl-cdn.alpinelinux.org/alpine/v3.7/community]
OK: 9054 distinct packages available
(1/6) Installing pkgconf (1.3.10-r0)
(2/6) Installing ncurses-terminfo-base (6.0_p20171125-r0)
(3/6) Installing ncurses-terminfo (6.0_p20171125-r0)
(4/6) Installing ncurses-libs (6.0_p20171125-r0)
(5/6) Installing readline (7.0.003-r0)
(6/6) Installing bash (4.4.19-r1)
Executing bash-4.4.19-r1.post-install
Executing busybox-1.27.2-r7.trigger
OK: 13 MiB in 17 packages
Removing intermediate container 58a9533e54ea
 ---> 2347f4f7ecd8
Step 3/4 : ADD ./my_daemon /my_daemon
 ---> fa782b20f77d
Step 4/4 : CMD ["/bin/bash", "/my_daemon"]
 ---> Running in 12fbdc8b9a5b
Removing intermediate container 12fbdc8b9a5b
 ---> bedeeb3c9390
Successfully built bedeeb3c9390
Successfully tagged my_daemon:0.1
```

ビルドが完了したら、docker imagesコマンドにより、出来上がったコンテナイメージをリストして確認します。

実行例4 ビルドしたコンテナのリスト

```
$ docker images
REPOSITORY          TAG                 IMAGE ID            CREATED             SIZE
my_daemon           0.1                 bedeeb3c9390        11 seconds ago      9.5MB
```

実行例5で、最初に動作を確認するためにフォアグラウンドで実行します。実行が開始されてカウンタ値3が表示されたところで、異なるターミナルから「docker stop myd」を実行し、コンテナに停止命令を送ります。再開時のオプション「-i」は、フォアグラウンドでコンテナを開始するためです。

実行例5 コンテナの終了と再開

```
$ docker run --name myd my_daemon:0.1  # (1) コンテナの開始
06:38:17 : 0
06:38:20 : 1
06:38:23 : 2
06:38:26 : 3  #<-- (2) ここで別ターミナルからdocker stop myd 実行 (終了要求)
06:38:29 : 4
06:38:32 : 5
06:38:35 : 6  #<-- (3) 約10秒経過後に、コンテナ停止

$ docker start -i myd  # <-- (4) 終了したコンテナを再開
06:38:52 : 0  #<-- (5) カウンタが0に戻っていることに注目
06:38:55 : 1
06:38:58 : 2
06:39:01 : 3  #<-- (6) docker stop myd 再度停止要求
06:39:04 : 4
06:39:07 : 5
06:39:10 : 6  #<-- (7) 3秒間隔なので、正確ではないが、約10秒後に停止
```

この動作では、カウンタ値3で停止要求されたにもかかわらず、終了まで9秒が経過しています。また、コンテナ名を指定して再実行していますが、カウンタ値は初期値に戻っています。コンテナが終了してもコンテナのログなどは保持されますが、メモリ上の情報は失われることがここからわかります。

05.3 終了要求のAPI実装例

ここで話が飛びますが、Kubernetesはコンテナを「いつでも終了可能な一時的な存在」として扱います。たとえば、保守作業のためにサーバーをK8sクラスタから切り離すケースでは、コンテナを他のサーバーへ事前退避させるために「終了要求」のシグナルが送られます。また、アプリケーションのロールアウトを行う際にも、「終了要求」のシグナルで古いコンテナを終了します。

そのため、Kubernetesで実行するコンテナ上のコードには「終了要求」のシグナル処理を実装することが強く求められています。このような背景により、Dockerコンテナ上のアプリケーションを開発するときから「終了要求」について考慮することが大切なのです。

この「終了要求」のシグナル処理の実装については、プログラミング言語や実行環境により違いがありますので、それぞれの方法で対策しなければなりません。たとえば、Javaサーブレットのアプリケーションでは、JVMが「終了要求」のシグナルを受信すると、destroyメソッドを呼び出して終了処理させることで、全体として正常終了します。そのためJavaサーブレットでは、destroyメソッドを適切に書いておくことで対策します。一方、PythonやNode.jsでは、シグナルを受けて処理するシグナルハンドラー関数を設定する必要があります[4,5,6]。

参考資料

[4] Nodeのシグナル処理、https://nodejs.org/api/process.html#process_signal_events
[5] Python3のシグナル処理、https://docs.python.jp/3/library/signal.html
[6] Pythonのシグナル処理、https://docs.python.org/ja/2.7/library/signal.html

シグナルとは、Unix系OSにおいて、プロセスに対して非同期にイベントを伝える仕組みです。カーネルからシグナルが送信された場合、宛先のプロセスでは割り込みが発生します。プロセスにシグナルを処理するルーチン（シグナルハンドラー）を登録しておくことで、シグナルの受信時の処理を実行できます。

それではDockerコンテナに話を戻して、先へ進めていきます。

「docker stop」コマンドは、コンテナの「PID=1」のプロセスへ、シグナルSIGTERMを送信することによって終了処理要求を出します。Dockerの場合、このシグナルを受け取ったプロセスは、10秒以内にコンテナ上のプロセスが自主的に終了しなければ強制終了させられます。

一方、コマンド「docker kill」を使用すると、コンテナの「PID=1」のプロセスは、シグナルSIGKILLによって実行中に強制終了となります（図2）。

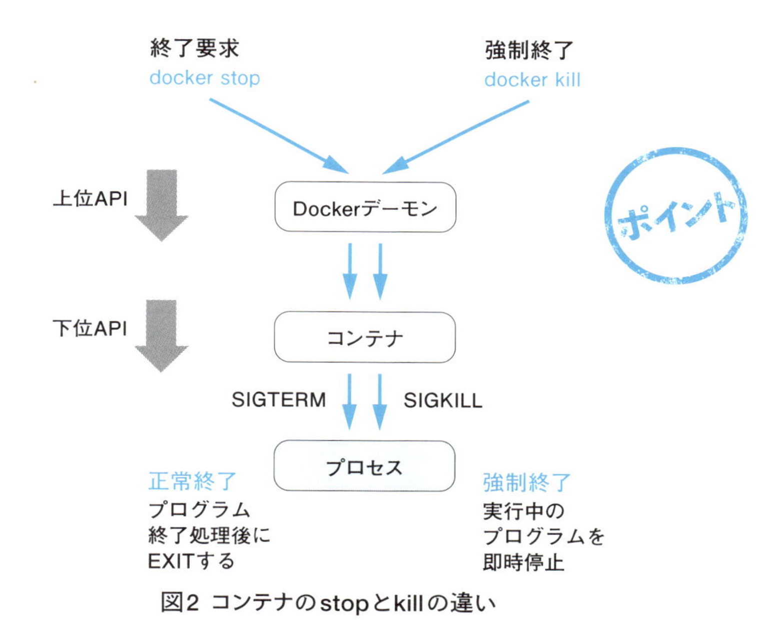

図2 コンテナのstopとkillの違い

では、シグナルを受け取って終了処理を行うように、シェルへ改良を加えます。ファイル3は終了処理を加えたシェルであり、コードを追加したのは「起動時の状態取得」と「SIGTERM受信処理」の2箇所です。起動時の状態取得では、コンテナ内にsave.datが存在すれば、値を読み取って変数へセットします。次のSIGTERM受信処理では、変数COUNTをファイルsave.datへ書き出して、シェルを正常終了します。

ファイル3 my_daemon2（my_daemonの改良版）

```
1    # カウンタ初期化
2    COUNT=0
3
4    # 環境変数がなければセット
```

```
5    if [ -z "$INTERVAL" ]; then
6        INTERVAL=3
7    fi
8
9    # 起動時に状態取得     <-- (1)追加の処理#1
10   if [ -f save.dat ]; then
11      COUNT=`cat save.dat`
12      rm -f save.dat
13   fi
14
15   # SIGTERM受信時処理    <-- (2)追加の処理#2
16   save() {
17     echo $COUNT > save.dat
18     exit 0
19   }
20   trap save TERM  ## シグナルハンドラー定義、SIGTERMを受信するとsave()を割り込み処理する
21
22   # メインループ
23   while [ ture ];
24   do
25       TM=`date|awk '{print $4}'`
26       printf "%s : %s \n" $TM $COUNT
27       let COUNT=COUNT+1
28       sleep $INTERVAL
29   done
```

このシェルのファイル名「my_daemon2」をコンテナに取り込むようにDockerfileを変更して、Dockerfile2を作成しコンテナをビルドします。ADDのあとの「./my_daemon」に「2」を加えます。これで他を変更せずに、コンテナへ新しいシェルを加えることができます。

ファイル4 Dockerfile2（my_daemon2に対応）

```
1    FROM alpine:latest
2    RUN apk update && apk add bash
3    ADD ./my_daemon2 /my_daemon
4    CMD ["/bin/bash", "/my_daemon"]
```

実行例6では、「--tag my_daemon」のあとのタグを0.1から0.2へ変更して、ビルドを実行しています。これにより、イメージのリポジトリmy_daemonには、0.1と0.2の2つのイメージが保存されることになり、タグを変更するだけでイメージのバージョンを変更できるわけです。オプション「-f」で、使用するDockerfile名を指定します。

実行例6 シェルの改良後のコンテナの再ビルド

```
$ docker build --tag my_daemon:0.2 -f Dockerfile2 .
Sending build context to Docker daemon  4.096kB
Step 1/4 : FROM alpine:latest
 ---> 3fd9065eaf02
Step 2/4 : RUN apk update && apk add bash
```

```
 ---> Using cache
 ---> 2347f4f7ecd8
Step 3/4 : ADD ./my_daemon2 /my_daemon
 ---> 42485b63671c
Step 4/4 : CMD ["/bin/bash", "/my_daemon"]
 ---> Running in ec2f04837563
Removing intermediate container ec2f04837563
 ---> ed9ca0231cb3
Successfully built ed9ca0231cb3
Successfully tagged my_daemon:0.2
```

コンテナイメージをリストすると、異なるタグで2つが存在していることがわかります。

実行例7 改良版コンテナイメージと前バージョン

```
$ docker images
REPOSITORY  TAG   IMAGE ID           CREATED             SIZE
my_daemon   0.2   ed9ca0231cb3       2 minutes ago       9.5MB
my_daemon   0.1   bedeeb3c9390       About an hour ago   9.5MB
```

実行例8は、改良版コンテナの実行結果です。カウンタ値3が表示された時点で、docker stop mydを実行しています。今度はただちに停止しています。そして、コンテナを再開させたところで、番号が続きから始まっています。コンテナの停止によりメモリ上の変数は失われますが、コンテナ内でファイルに書き込んだ情報が保存され、再スタート時にメモリ変数へ読み込まれたことがわかります。

実行例8 改良版コンテナのテストの様子

```
$ docker run --name myd my_daemon:0.2
07:32:25 : 0
07:32:28 : 1
07:32:31 : 2
07:32:34 : 3   <-- (1) 表示されたところで他ターミナルで「docker stop myd」を実行
$ docker start -i myd
07:32:54 : 4   <-- (2) 注目 カウントの値が継続している
07:32:57 : 5
07:33:00 : 6
```

ここで問題が1つ起こっています。このコンテナの中に保存されたカウンタのデータは、コンテナが削除されると、永遠に失われてしまうことです。このシェルは学習用ですから問題ありませんが、商用の場合には何らかの方法によってデータの永続性を確保しなければなりません。

05.4 永続ボリュームのAPI実装例

コンテナを削除してもデータを失わないようにするために、永続ボリュームを利用する方法を見ていきます。このレッスンでは、永続ボリュームとしてコンテナホストのディレクトリを利用します。

外部ストレージにデータを書き込むように、シェル「my_daemon2」を改造して、ファイル5の「my_daemon3」を作ります。改造のポイントは、カウンタのデータを保存するファイルを、外部ストレージのマウントポイントの下へ移動することだけです。my_daemon2からの変更箇所は3箇所です。

ファイル5 my_daemon3に対応

```
1   ## カウンタ初期化
2   COUNT=0
3
4   ## 永続ボリューム            <-- 変更箇所1 この行と次行を追加
5   PV=/pv/save.dat
6
7   ## 環境変数がなければセット
8   if [ -z "$INTERVAL" ]; then
9       INTERVAL=3
10  fi
11
12  ## 起動時に状態取得            <-- 変更箇所2 永続ボリュームの環境変数へ変更
13  if [ -f $PV ]; then
14     COUNT=`cat $PV`
15     rm -f $PV
16  fi
17
18  ## SIGTERM受信時処理          <-- 変更箇所3 保存先を永続ボリュームへ変更
19  save() {
20    echo $COUNT > $PV
21    exit
22  }
23  trap save TERM
24
25
26  ## メインループ
27  while [ ture ];
28  do
29      TM=`date|awk '{print $4}'`
30      printf "%s : %s \n" $TM $COUNT
31      let COUNT=COUNT+1
32      sleep $INTERVAL
33  done
```

Dockerfile3を作って、シェル名の変更に対応します。

ファイル6 Dockerfile3（my_daemon3を利用するように変更）

```
1	FROM alpine:latest
2	RUN apk update && apk add bash
3	ADD ./my_daemon3 /my_daemon
4	CMD ["/bin/bash", "/my_daemon"]
```

コンテナをもう一度ビルド（実行例9）します。今度のイメージのタグは、バージョン3を意味する「my_daemon:0.3」です。

実行例9 シェルの改良後のコンテナの再ビルド

```
$ docker build --tag my_daemon:0.3 -f Dockerfile3 .
Sending build context to Docker daemon  8.704kB
Step 1/4 : FROM alpine:latest
 ---> 11cd0b38bc3c
Step 2/4 : RUN apk update && apk add bash
 ---> Using cache
 ---> 7d3f19c60ed5
Step 3/4 : ADD ./my_daemon3 /my_daemon
 ---> 7ad2964072bf
Step 4/4 : CMD ["/bin/bash", "/my_daemon"]
 ---> Running in 51ea74b0f01f
Removing intermediate container 51ea74b0f01f
 ---> 5ecd33d95a7b
Successfully built 5ecd33d95a7b
Successfully tagged my_daemon:0.3
```

永続ボリュームとしてマウントするディレクトリを作成します。

実行例10 ディレクトリ作成の様子

```
$ ls -F
Dockerfile  Dockerfile3 my_daemon2*
Dockerfile2 my_daemon*  my_daemon3

$ mkdir data

$ ls -F
Dockerfile  Dockerfile3 my_daemon* my_daemon3
Dockerfile2 data/                   my_daemon2*
```

これで、新しいイメージmy_daemon:0.3と、永続ボリュームとしてマウントするディレクトリができたので、コンテナを実行して試します。カウンタ値「3」でstopをかけます。再開すると、カウンタ値は「4」から始まります。

そして、コンテナを削除し、もう一度runから始めます。コンテナのファイルシステム上にデータが保存されている場合はゼロから再開しますが、永続ボリュームにカウンタ値が保存されているため、コンテナを削除してもカウンタ値を失うことはありません。イメージから再実行することで、カウンタ値は続きから再開できます。

実行例11 コンテナの実行・停止・再実行

```
$ docker run -it --name myd -v `pwd`/data:/pv my_daemon:0.3
08:58:03 : 0
08:58:06 : 1
08:58:09 : 2
08:58:12 : 3    <-- docker stop myd
#
#            再開
$ docker start -i myd
08:58:42 : 4
08:58:45 : 5
08:58:48 : 6    <-- docker stop myd
#
#            コンテナを削除して再開
$ docker rm myd
$ docker run -it --name myd -v `pwd`/data:/pv my_daemon:0.3
09:01:06 : 7
09:01:09 : 8    <-- docker stop myd
#
#            保存データを表示
$ cat data/save.dat
9
```

この実行例11で利用したオプション「-v」には、「<コンテナホストの絶対パス>:<コンテナ内のパス>」を指定します。コンテナホストのディレクトリ指定は絶対パスとなるので、実行例11では「`pwd`」として、pwdコマンドの結果で置換されるように指定します。Windows環境では環境変数で「%CD%」を利用します。

05.5 ログとバックグラウンド起動

コンテナをバックグラウンドで起動するには「-d」を設定します。これによって、標準出力や標準エラー出力は、ターミナルに出力されなくなり、ログに書かれるだけとなります。つまり、コンテナはターミナルから切り離された状態で起動されます。そのためログは、コンテナ上のアプリケーションの活動を知るための貴重な情報となります。

実行例12では、環境変数INTERVALを10秒に変更し、永続ボリュームを指定して、バックグラウンドで起動します。コマンドはこれまで、INTERVALに指定した間隔でタイムスタンプとカウンタ値を表示していましたが、「-d」を追加することで、コンテナIDを表示したあとは何も表示されません。

コンテナの標準出力への結果を参照するには、「docker logs <CONTAINER ID> | <NAME>」を実行します。また、ここでは「docker logs myd -f」として「-f」を付加することで、「tail -f <file name>」と同様に追加行が表示されます。また、「-t」を追加すると、タイムスタンプを表示します。

実行例12 コンテナのバックグラウンド起動・停止・ログ表示

```
$ docker run -d --name myd -e INTERVAL=10 -v `pwd`/data:/pv my_daemon:0.3
c9e4d4de2955cdd45b5b3471f44764a274464c54fbd8a4d76abcc9f07c779442

$ docker logs myd
13:01:28 : 9
13:01:38 : 10
13:01:48 : 11
```

バックグラウンドで動作しているコンテナを再びターミナルへ接続するには、「docker attach --sig-proxy=false <CONTAINER ID> | <NAME>」」を利用します。オプション「--sig-proxy=false」を付ける理由は、ターミナルでCtrl-Cを押下したときにコンテナが終了しないからです。

実行例13は、バックグラウンドで動作するコンテナをターミナルとつないだ例です。

実行例13 バックグラウンドで動作するコンテナをフォアグラウンドへ変更

```
$ docker attach --sig-proxy=false myd
13:14:38 : 24
13:14:48 : 25
13:14:58 : 26
```

Step 05のまとめ

コンテナAPIを実装するためのポイントを、以下に箇条書きでまとめます。

- コンテナ上のアプリケーションにAPIを実装することで、コンテナの再利用の容易さが向上し、コンテナの再利用が促進される。
- コンテナのAPIは、アプリケーションの特性に応じて適切なものを実装する。
- コンテナAPIの実装は、Kubernetesのヘルスチェック、フック、永続ボリューム、そして、ログ統合管理などを視野に入れて計画する。
- コンテナのAPIの中で特に重要なのが、環境変数と終了要求シグナル処理である。

Column

K8sユーザーのためのYAML入門

YAML(ヤムル)は、人が読めるデータをシリアライズするための言語であり、一般にはコンフィグレーションファイルの記述言語として利用されています[1]。そして、YAMLは"YAML Ain't Markup Language"の略、すなわち「YAMLはマークアップ言語ではない」の略とされています。このYAMLの中に隠れているもう1つのYAMLは、"Yet Another Markup Language"の略とされ、「もう1つ別のマークアップ言語」という意味です[2,3]。

YAMLのデータ表現は大変多くあるため、ドキュメントを読んでも、知りたい事柄にたどり着くのに時間がかかってしまいます。そこで以下では、次のマニフェストをサンプルにして、Kubernetesのマニフェストを読み書きするために必要な表記について説明していきます。

nginx-pod.yml ポッドを起動するためのマニフェスト

```
apiVersion: v1
kind: Pod
metadata:
  name: nginx
spec:
  containers:
  - name: nginx
    image: nginx:latest
```

まず、先頭行の表記の意味を見ていきます。apiVersionはキーになり、v1はバリューになります。プログラムの中では、キーを使ってバリューを読み書きできます。

```
apiVersion: v1
キー          バリュー (値)
```

YAMLをプログラム上のデータ構造の視点で見ていきましょう。Pythonには、YAMLの構文を解析してメモリ変数に取り込むPyYAML[4]というパーサーがありますので、この行をPyYAMLで読み込んで、データ構造の表現を確認します。

参考資料

[1] YAMLホームページ、http://yaml.org/

[2] Wikipedia YAML、https://en.wikipedia.org/wiki/YAML

[3] YAML ウィキペディア、https://ja.wikipedia.org/wiki/YAML

[4] PyYAML ホームページ、https://pyyaml.org/

次の例は、YAMLファイルを取り込んで、apiVersionとkindを表示するプログラムya-reader-1.pyです。このコードの各行の意味はコメントにしてありますので、1行ずつ読んで動作を把握してみてください。

ファイル yaml-reader.py

```
import yaml                         ## YAMLパーサーのインポート
f = open("nginx-pod.yml", "r+")     ## ファイルのオープン
data = yaml.load(f)                 ## YAMLファイルの読み込みと構文解析、メモリ変数dataへ取り込み
print data["apiVersion"]            ## 辞書型変数「data」にキー「apiVersion」の値を表示する
print data["kind"]                  ## キーkindの値を表示する
```

このプログラムを実行することで、apiVersionとkindの値を表示します。

```
$ python ./yaml-reader.py
v1
Pod
```

マニフェストは、設定するべきKubernetesのキー項目を指定して、値をセットするように書かれていることがわかると思います。

次に、metadataの部分を見ていきます。対話型でPythonを起動して、yaml-reader.pyの先頭から3行を実行して環境を整えた後、次のようにキーmetadataを表示します。この結果としては、キーnameと値nginxが表示されました。

```
>>> print data["metadata"]
{'name': 'nginx'}
```

このことから、name行の文字下げの表記（インデント）は、metadata下にnameが入っている階層構造の表現であることがわかります。

```
metadata:
  name: nginx
```

metadataのnameを取り出したいとき、Pythonの辞書の表現では次のようになります。これでnginxの値を取り出すことができます。

```
print data["metadata"]["name"]
```

それでは、次のマニフェストのspec以下を見ていきます。

```
spec:
  containers:
  - name: nginx
    image: nginx:latest
```

先ほどと同じように、キーspecで変数dataの値を表示すると、次のように字下げされたnameとimageが入っています。

```
>>> print data["spec"]
{'containers': [{'image': 'nginx:latest', 'name': 'nginx'}]}
```

ここで、nameの前に付けられたハイフン「-」の役目が気になりますね。これは配列であることを表しており、「-」で始まる行は配列の1つの要素となります。その同じレベルにあるハイフンなしの行は、前行と同じ配列要素に属する値ということになります。

```
containers:
  - dog
  - cat
  - bird
```

先頭にハイフンが付けられたYAMLを読み込むと、dog、cat、birdは配列の変数になります。カギカッコ[ ]で囲まれた部分が配列になります。

```
{'containers': ['dog', 'cat', 'bird']}
```

配列の要素にアクセスするには、次のように配列に添字を指定します。

```
>>> print data['containers'][2]
bird
```

これに対して、ハイフンがない場合は、前の行と同じ配列要素として取り込まれます。

```
containers:
  - dog
    cat
  - bird
```

この例では、dogとcatは配列要素0の値になります。

```
{'containers': ['dog cat', 'bird']}
```

上記の例からわかるとおり、マニフェストの表現では、キーnameとimageは同じ配列要素となります。

```
containers:
- name: nginx
  image: nginx:latest
```

インプットのYAMLが上記の場合に、配列の添字0でアクセスすると、次のようにキーとバリューが2セット入っています。

```
>>> print data['spec']['containers'][0]
{'image': 'nginx:latest', 'name': 'nginx'}
```

そして、1つのポッドに2つのコンテナが存在するサイドカーの構成のマニフェストでは、containersの配列に複数のコンテナが定義されることになります。

```
spec:
  containers:
  - name: nginx     ## メインコンテナ
    image: nginx:latest
  - name: cloner    ## サイドカーコンテナ
    image: maho/c-cloner:0.1
```

この例では、取り込んだYAMLの記述を、Pythonの変数として表示すると、以下のようになります。

```
>>> print data["spec"]["containers"]
[{'image': 'nginx:latest', 'name': 'nginx'}, {'image': 'maho/c-cloner:0.1', 'name': 'cloner'}]
```

前述の表示ではわかりにくいので、改行とインデントを付けて表示しましょう。すると、配列を表す[ ]の中に、大括弧{ }で括られた2つのイメージが定義されていることを確認できます。

```
>>> import json
>>> print(json.dumps( data["spec"]["containers"], sort_keys=False, indent=4))
[
    {
        "image": "nginx:latest",
```

```
        "name": "nginx"
    },
    {
        "image": "maho/c-cloner:0.1",
        "name": "cloner"
    }
]
```

マニフェストに表現されるYAML表記は、次の3点を基本として表現されています。実際には、キーとバリューの関係と階層構造は深くなる、配列との組み合わせが含まれるなどの留意事項がありますが、使われているルールはとても簡単なものです。

ポイント

1. コロン「:」を挟んで左側が「キー」、右側が「バリュー」
   （例）
   ▶ apiVersion: v1の場合、キーはapiVersion、バリューはv1である。
   ▶ spec: の場合、キーはcontainersであり、次行以降の字下げ行がバリューとなる。
2. 字下げにより、キーに含まれる複合的なデータ構造を表現している。
   （例）
   ▶ キーspecには、コンテナ、ボリュームなどのキーとバリューが含まれる。
   ▶ キーcontainersには、リポジトリ名、ポッド内の名前などが記述される。
3. 先頭にハイフン「-」がある字下げした行は、配列に格納される要素となる。その後に続くハイフンなしの行は、同一配列要素に含まれるデータとなる。
   （例）
   YAMLの抜粋

   ```
   containers:
   - name: nginx    ## 第1要素（メインコンテナ）
     image: nginx:latest
   - name: cloner   ## 第2要素（サイドカーコンテナ）
     image: maho/c-cloner:0.1
   ```

   メモリ変数への取り込み

   上記YAMLは、[{第1要素},{第2要素}]の構造でメモリへ取り込まれる。

   Pythonの変数では次のようになります。[{'image': 'nginx:latest', 'name': 'nginx'}, {'image': 'maho/c-cloner:0.1', 'name': 'cloner'}]

3章

K8s実践活用のための10ステップ

3章も2章と同じく、リファレンスマニュアルのような網羅的な機能解説は目指しません。引き続き段階的に、アプリケーション開発やシステム設計に役立つ技術力を獲得すべく進めていきます。

3章のレッスンを実際に体験するには、読者のパソコンにKubernetesをインストールするか、または、パブリッククラウドのサービスを利用することになります。

初歩的な動作のレッスンでは、CNCFが提供するMinikube（学習環境1）を利用します。この学習環境は、メモリ搭載量の少ないパソコンでも利用でき、読者の負担が軽くて済みます。

一方、ハードウェア障害時のKubernetesの挙動を確認するといった可用性に関するレッスンでは、複数のノードで構成されたK8sクラスタが必要になります。そのために、パソコン上のVagrant＋VirtualBox環境において、複数の仮想サーバー上でK8sクラスタを自動構成して「学習環境2」を作り、レッスンをトレースできるようにします。これにはCNCFが配布しているKubernetesのバイナリを利用するので、ベンダーに偏らないスキルが身に付きます。また、パブリッククラウドの費用負担なしで自己研鑽できるという利点もあります。

さらに、コンテナ化されたアプリケーションをKubernetes上で商用運用するためには、アクセスポリシーやリソースの設定も考慮しなければなりません。さすがにこのレベルになると、パソコンの仮想サーバー環境でのレッスンは難しくなってきます。この部分だけは、クラウド使用料の出費を伴うことになります。「学習環境3」として、パブリッククラウドのサービスの中で、IBMのIKS、またはGoogleのGKEのどちらかを使用することを前提にして、レッスンを進めます。

これら各学習環境の構築方法については、本章の後の「付録」を参照してください。また、サンプルコードの取得方法については、本書巻頭の「各種ご案内」、または2章扉の次のページを参照してください。

Step 06 Kubernetes最初の一歩

hello-worldコンテナをKubernetesで動かしてDockerとの違いを知る

はじめに、DockerとKubernetesとの関係を体感するところから始めましょう。「Step 01 コンテナ最初の一歩」で実行したイメージhello-worldを、今度はKubernetesのコマンドkubectlで実行して、違いを確かめていきます。

! kubectlでコンテナを実行するには、K8sクラスタ環境が必要です。「付録」の案内にしたがって、準備してください。どの学習環境を選んでも演習できますが、このStep 06では、無料かつ最小リソースで動作する学習環境1を使用します。

06.1 クラスタ構成の確認

K8sクラスタが起動したら、コマンドを使って構成を確認します。実行例1では「kubectl cluster-info」の結果として、K8sマスターのIPアドレスと、内部DNSのエンドポイントが表示されました。もし、kubectlコマンドとK8sマスターとが通信できていないなどの問題があると、このコマンドはエラーになります。

そのような場合には、「付録」に記載されている手順に沿ってK8sクラスタが起動していることを確認します。学習環境1のMinikubeが起動しない場合は「minikube delete」でいったん削除し、「minikube start」を試みるとよいでしょう。それでも起動できない場合は、「minikube delete」に加えて、ホームディレクトリの「.kube」と「.minikube」を削除して「minikube start」を実行すれば、Minikube仮想マシンのダウンロードから再試行できます。学習環境1の「1.3 VagrantのLinux上でMinikubeを動かす」を選択した場合の削除後の再スタートでは、「minikube start --vm-driver none」としてください。

実行例1 K8sクラスタ環境の情報表示（macOS Minikubeの場合）

```
$ kubectl cluster-info
Kubernetes master is running at https://192.168.99.100:8443
KubeDNS is running at https://192.168.99.100:8443/api/v1/namespaces/kube-system/services/
kube-dns:dns/proxy
```

```
To further debug and diagnose cluster problems, use 'kubectl cluster-info dump'.
```

続いて実行例2にならい、K8sクラスタの構成を「kubectl get node」で確認します。Minikubeでは、K8sクラスタを制御するマスターノード（以下、マスター）とコンテナ実行環境ワーカーノード（以下、ノード）はNAME minikubeのサーバーに集約されています。そのため、実行例2aのように表示されます。

実行例2a シングルノードK8sクラスタのノード表示

```
$ kubectl get node
NAME       STATUS   ROLES    AGE    VERSION
minikube   Ready    master   14m    v1.14.0
```

本レッスンでは学習環境1を中心に進めますが、マルチノード構成の学習環境2も利用できます。その場合は実行例2bのように、1つのマスターと2つのノードが表示されます。

実行例2b マルチノードK8sクラスタのノード表示

```
$ kubectl get node
NAME     STATUS   ROLES    AGE    VERSION
master   Ready    master   5m     v1.14.0
node1    Ready    <none>   3m     v1.14.0
node2    Ready    <none>   3m     v1.14.0
```

K8sクラスタの稼働を確認できたら、次に進みましょう。

06.2 ポッドの実行

ポッドはK8sにおけるコンテナの最小実行単位です。ポッドについては1章の「3.4 ポッドの基本」で解説していますので、演習の前に軽く読み返しておくとよいでしょう。

ここでは、2章「Step 01」のコンテナを、今度はkubectlを使って実行し、両者の違いを見ていきます。実行例3は「docker run hello-world」と同じ結果を得るコマンドです。コマンドのオプションはdockerコマンドとだいぶ違いますが、同様のメッセージが表示されることを確認できます。

実行例3 hello-worldコンテナの実行

```
$ kubectl run hello-world --image=hello-world -it --restart=Never

Hello from Docker!
This message shows that your installation appears to be working correctly.

To generate this message, Docker took the following steps:
 1. The Docker client contacted the Docker daemon.
 2. The Docker daemon pulled the "hello-world" image from the Docker Hub.
    (amd64)
 3. The Docker daemon created a new container from that image which runs the
    executable that produces the output you are currently reading.
 4. The Docker daemon streamed that output to the Docker client, which sent it
    to your terminal.

To try something more ambitious, you can run an Ubuntu container with:
 $ docker run -it ubuntu bash

Share images, automate workflows, and more with a free Docker ID:
 https://hub.docker.com/

For more examples and ideas, visit:
 https://docs.docker.com/engine/userguide/
```

DockerとKubernetesの違いを詳細に理解するために、kubectlのオプション指定を下記(1)～(6)の順に見ていきます。

実行例4 kubectlコマンドの説明

```
kubectl run hello-world --image=hello-world -it --restart=Never
(1)     (2) (3)         (4)                 (5) (6)
```

kubectlコマンドは、K8sクラスタのほとんどすべての操作ができ、膨大な関連情報があります[1,2]。そのため現時点では雰囲気のみをつかんで、dockerコマンドとの比較[3]を通じてアウトラインを理解すればよいと思います。

参考資料

[1] kubectlコマンドの概要、https://kubernetes.io/docs/reference/kubectl/overview/
[2] kubectlリファレンス、https://kubernetes.io/docs/reference/generated/kubectl/kubectl-commands#run
[3] Dockerユーザーのためのkubectl、https://kubernetes.io/docs/reference/kubectl/docker-cli-to-kubectl/

表1 kubectlコマンドのオプション指定

番号	値	解説
(1)	kubectl	K8sクラスタの管理者が最も利用する必須のコマンド
(2)	run	実行を命令するサブコマンド
(3)	hello-world	オブジェクトの名前 オブジェクトとは、コンテナの起動単位であるポッドや、コントローラなどを表すものであり、Kubernetesではこれらに名前を付与して識別する
(4)	--image=hello-world	コンテナを生成する元のイメージ名 コントローラから起動する場合でも、ポッドという起動単位でコンテナを起動する。リポジトリ名が省略された場合はDocker Hubのリポジトリからプルされる
(5)	-it	dockerコマンドの「-it」と同じく、「-i」でキーボードを標準入力に接続し、「-t」では擬似端末に接続することで、対話モードになる。ただしオプション「--restart=Never」のときだけ有効であり、このオプションが省略された場合にはバックグラウンドで実行される
(6)	--restart=Never	このオプションの値により、ポッドの起動方法が変わる。Neverでは直接ポッドが起動される。また、AlwaysやOnFailureが指定されると、コントローラからポッドが起動される。それぞれの説明は後述

それでは、実行例5のように再度ポッドとしてコンテナを起動してみましょう。おや? エラーが発生してしまいました。「ポッド(pods)の"hello-world"はすでに存在しています」というメッセージです。

実行例5 kubectlによるポッド実行の失敗例

```
$ kubectl run hello-world --image=hello-world -it --restart=Never
Error from server (AlreadyExists): pods "hello-world" already exists
```

このエラーの原因を探ってみましょう。まず、コマンド「kubectl get pod」を実行します。このサブコマンドgetは、「あとに続くオブジェクトpodをリスト表示する」という意味になります。2章で、コマンド「docker ps -a」は「終了したコンテナを含め全部リストする」という命令だと学びました。扱う単位は違いますが、同じ役割のコマンドだとわかります。

実行例6 終了済みポッドの表示

```
$ kubectl get pod
NAME          READY     STATUS      RESTARTS   AGE
hello-world   0/1       Completed   0          4m
```

! kubectl バージョン1.10から動作が変わり、オプション「-a」を付けなくても、終了済みのポッドが表示されるようになりました。

ポッドのリストを表示すると、「STAUTS(状態)がCompleted(完了)」とありますが、同じ名前のポッドが存在していることがわかります。これが「already exists」の原因だったのですね。「docker run --name コンテナ名 ... 」として、名前を付けてコンテナを起動したときと同じです。つまり、終了したポッド(=コンテナ)が残っ

ていたわけです。

それではポッドを削除して、もう一度実行してみましょう。実行例7では、ポッド名を指定して削除したあと、kubectl runで実行することができました。

実行例7 終了済みポッドの削除とポッド再実行

```
$ kubectl delete pod hello-world
pod "hello-world" deleted

$ kubectl run hello-world --image=hello-world -it --restart=Never

Hello from Docker!
This message shows that your installation appears to be working correctly.
<以下省略>
```

docker runには、終了したコンテナを自動削除する「--rm」オプションがありましたが、実行例8に示すように、kubectl runにも同じオプション機能があります。

実行例8 ポッド終了後の自動削除オプション「--rm」の使用例

```
$ kubectl run hello-world --image=hello-world -it --restart=Never --rm
```

上記で実行したhello-worldのメッセージが表示されるまでの流れを表すと、図1のようになります。

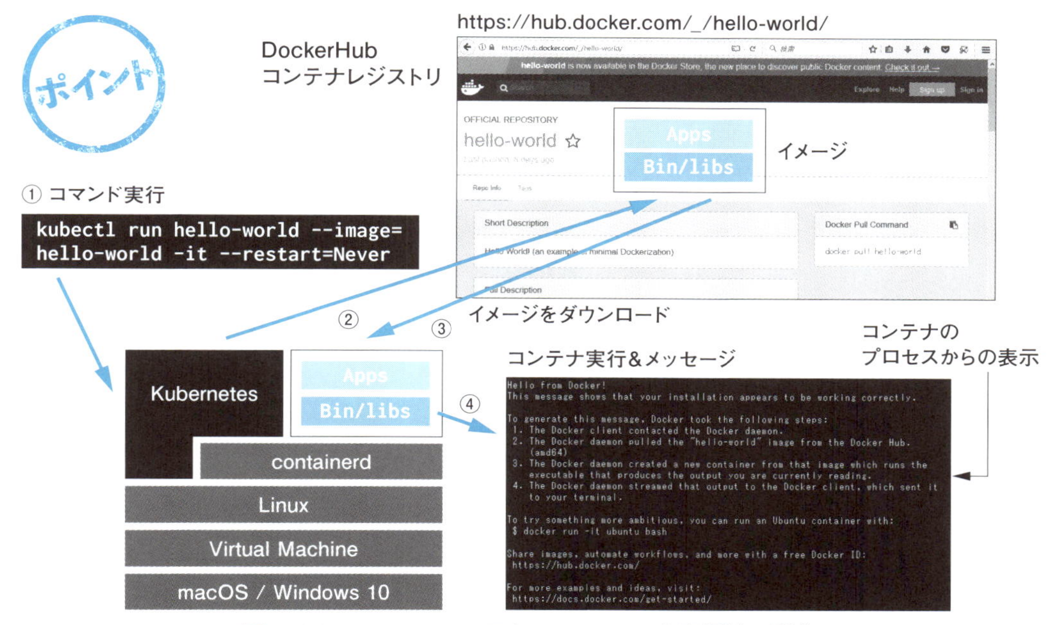

図1 Kubernetesでコンテナhello-worldを実行時の動作

kubectl runコマンドの投入から結果のメッセージを得るまでの流れは、①～④のようにDockerコマンドとよく似ています。

①kubectlコマンドがKubernetesに命令を送る。
②ノードにイメージがない場合は、リモートのレジストリ（Docker Hub）からダウンロードする。
③ノードのcontainerdが、コンテナを実行する。
④kubectlが動作するターミナルにメッセージを表示する。

Kubernetesの特徴の1つは、リソースの限られた個人のパソコン環境でも、パブリッククラウドのK8sクラスタでも、さらにはオンプレミスのK8sクラスタでも、同じkubectlコマンドで操作できる点にあります。たとえばバージョン1.11の仕様では、パソコン上の仮想サーバー1ノードから、最大5,000ノードに迫る大規模な構成まで扱うことができるとされています。したがって、Minikubeを使って学習すれば、さまざまなK8sクラスタを使いこなすスキルが身に付くと言えます。

それでは引き続きhello-worldを利用して、もう少し理解を深めていきましょう。次は、バックグラウンド実行とログの表示です。

実行例9のように、「-it」オプションを省略してポッドを実行すると、バックグラウンドで実行されます。このポッドのコンテナが実行中に出力したメッセージは、標準出力（STDOUT）に書き出され、ログとして保存されています。ログをターミナルに表示するには、「kubectl logs ＜ポッド名＞」とします。もちろん、ポッドを削除したあとは、ログは表示されません。この点もDockerのときと同じです。

実行例9 ポッドのバックグラウンド実行とログ表示例

```
(1) hello-worldコンテナの実行
$ kubectl run hello-world --image=hello-world --restart=Never
pod "hello-world" created

(2) ポッドのログ表示
$ kubectl logs hello-world

Hello from Docker!
This message shows that your installation appears to be working correctly.

<以下省略>
```

ポッドはK8sクラスタにおけるアプリケーション実行の基本単位であり、とても重要な部分です。後続の「Step 07」にある、マニフェストとポッドをマニフェストから起動するところでさらに詳しく見ていきます。

06.3 コントローラによるポッドの実行

kubectl run のオプションを変更することにより、ポッドをデプロイメントコントローラ（以下、デプロイメント）の制御下で実行することもできます。そのオプションは「--restart=Always」です。一方、ポッドだけを動かすときは「--restart=Never」でした。この2つは、そのポッドが停止したときに再スタートさせる必要がなければ（後者を使って）ポッドだけを動かし、必ず再スタートさせる必要があれば、（前者により）デプロイメントの下でポッドを起動するというように使い分けます。このデプロイメントの演習は「Step 08」で行いますので、kubectl runに戻って説明を先へ進めます。

kubectl runのオプション「--restart=」を省略したときのデフォルトはAlwaysなので、指定しなければ、デプロイメントの下でポッドが起動します（実行例10）。これはバックグラウンドで実行されるため、オプション「-it」を付与しても無効となります。

！ kubectl の run サブコマンドのコードの肥大化を回避するとの理由で、ポッド起動を除き非推奨となりました。上記のコマンドの代替として「kubectl create deployment --image hello-world hello-world」を利用してください[4]。

実行例10 kubectlによるデプロイメントの実行

```
$ kubectl run hello-world --image=hello-world
kubectl run --generator=deployment/apps.v1 is DEPRECATED and will be removed in a future
version. Use kubectl run --generator=run-pod/v1 or kubectl create instead.
deployment.apps/hello-world created
```

次の実行例11は、デプロイメントが作成するオブジェクトのすべてを表示するコマンドの実行結果です。内容を詳しく見ていきましょう。

実行例11 デプロイメントの実行状態のリスト表示

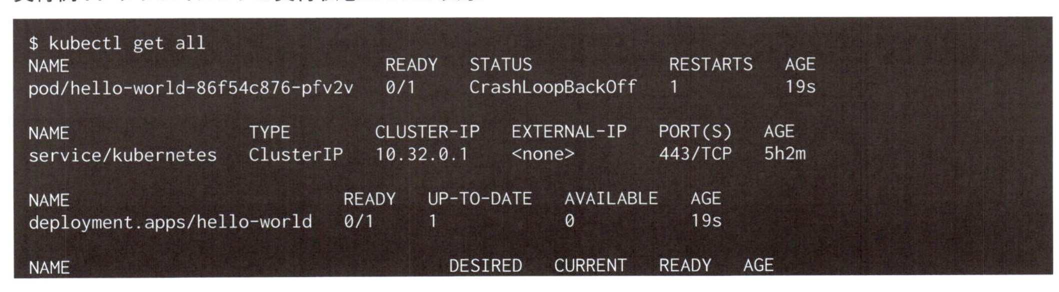

```
$ kubectl get all
NAME                              READY   STATUS             RESTARTS   AGE
pod/hello-world-86f54c876-pfv2v   0/1     CrashLoopBackOff   1          19s

NAME                 TYPE        CLUSTER-IP   EXTERNAL-IP   PORT(S)   AGE
service/kubernetes   ClusterIP   10.32.0.1    <none>        443/TCP   5h2m

NAME                          READY   UP-TO-DATE   AVAILABLE   AGE
deployment.apps/hello-world   0/1     1            0           19s

NAME                                    DESIRED   CURRENT   READY   AGE
```

参考資料

[4] https://github.com/kubernetes/kubernetes/pull/68132

```
replicaset.apps/hello-world-86f54c876   1         1         0         19s
```

上記の実行例11では、4つのオブジェクトがリストされています。上から3つまでが、「kubectl run hello-world --image=hello-world」から派生して作られました。これら3つのオブジェクトの関係を説明すると、次のようになります。

1. **deployment.apps/hello-world**
   デプロイメント（deployment）コントローラのオブジェクト名はhello-worldです。このコントローラは、次のレプリカセットコントローラ（以下、レプリカセット）と連携して、ポッドの状態を制御します。イメージのバージョン、ポッドの稼働数、不要になったポッドの後始末などを担い、目的とする状態が維持されるように制御します。
2. **replicaset.apps/hello-world-86f54c876**
   レプリカセット（ReplicaSet）のオブジェクト名は、「hello-world-86f54c876」です。デプロイメントの名前の末尾にハッシュ文字列を付加して、一意のオブジェクト名となるようにしています。このレプリカセットは、デプロイメントの配下で、ポッドの稼働数を目的の数になるように制御します。ユーザーが直接レプリカセットを操作することは推奨されていません。
3. **pod/hello-world-86f54c876-pfv2v**
   ポッド（pod）の中で、1つ、または、複数のコンテナが実行されています。このオブジェクトの名前は「hello-world-86f54c876-pfv2v」です。親となるコントローラが一目でわかり、一意性を保つように、デプロイメントとレプリカセットのオブジェクト名をハイフンでつないで、さらにポッド個別のハッシュ文字列を加えて、オブジェクト名を作っています。

コンテナhello-worldのメッセージ出力は、「kubectl logsポッド名」で取得できます（実行例12）。

実行例12 ポッドのログ出力例

```
$ kubectl logs po/hello-world-86f54c876-pfv2v

Hello from Docker!
This message shows that your installation appears to be working correctly.

<以下省略>
```

このhello-worldのコンテナの実行に対して、デプロイメントがどのように制御しているか、さらに見ていきましょう。

次の「kubectl get deploy,po」は、デプロイメントとポッドのオブジェクトをリストします。kubectl run hello-world…を実行してから約7分後の状態です。この表示項目を見ていきます。

実行例13 デプロイメント制御下でのポッドの起動失敗例

```
$ kubectl get deploy,po
NAME                                READY   UP-TO-DATE   AVAILABLE   AGE
deployment.extensions/hello-world   0/1     1            0           7m51s

NAME                               READY   STATUS             RESTARTS   AGE
pod/hello-world-86f54c876-pfv2v   0/1     CrashLoopBackOff   6          7m51s
```

デプロイメントの表示項目の意味は次の表のとおりです。kubectl runのオプション「--replicas=数字」を省略しているので、デフォルト値「1」が設定されています。AVAILABLEのカラムは「0」で、ポッドが起動していないことを示しています。前述のポッドでは正しく起動していたのですが、どんな原因があるのでしょうか。解説を続けながら原因を追跡していきます。

表2 kubectl get deployment（省略形deploy）列の説明

列名	説明
NAME	デプロイメントのオブジェクト名
DESIRED	ポッドの希望数、デプロイメントが作成されたときにセットされたポッド数
CURRENT	実行中のポッド数。再起動待ちなども含めたすべてのポッドの数
UP-TO-DATE	最新のポッド数。すなわち、コントローラによって調整されたポッド数
AVAILABLE	利用可能なポッド数。すなわち、起動が完了してサービス可能なポッド数
AGE	オブジェクトが作られてからの経過時間

次のポッドの表示項目には、表3のような意味があります。実行例13ではSTATUS列に「CrashLoop BackOff」が表示されています。このことから、hello-worldのポッドが想定外に停止したために、起動を繰り返していることがわかります。

表3 kubectl get pod（省略形po）列の説明

列名	説明
NAME	ポッドのオブジェクトの名前
READY	起動完了数 分子と分母に相当する数字があり、分子側がポッド内のコンテナの稼働数で、分母側がポッド内のコンテナ定義数を表す。つまり、ポッドにコンテナの定義が1つあるが、起動していないという意味になる
STATUS	ポッドの状態 CrashLoopBackOffとは、何度もコンテナが停止したため、次の起動タイミングまで時間待ちしている状態。コンテナを起動する行為は、Linuxのプロセス管理の中でも、CPUの使用時間などのコストを必要とする。連続して起動を繰り返すとCPU時間を消費して悪影響が生じるので、間隔を空けるように制御される
RESTARTS	ポッドが停止したために起動した回数
AGE	ポッドオブジェクトが作られてからの経過時間

「ポッドが想定外に停止した」とは、いったいどういうことでしょうか？ まず、デプロイメントが対象とするポッ

ドは、ウェブサーバーやアプリケーションサーバーのように、継続して稼働し続けるタイプのポッドです。しかし、コンテナhello-worldは、メッセージを表示したら終了してしまいます。そのためデプロイメントは、何度もポッドの起動を繰り返し、その結果、STATUSにCrashLoopBackOffを表示して待機状態になっています。

デプロイメントは、自分が起動したポッドが終了してしまった場合には、指定されたポッド数を維持するために、ポッドの再スタートを実施します。コンテナhello-worldの振る舞いと、コントローラが対象とするワークロードのタイプが合ってないために、このような状態に陥っているわけです。

このようなことを踏まえ、hello-worldのデプロイメントを削除したあとに、デプロイメントに適したワークロードを起動して、動作を確認してみましょう。デプロイメントを削除するには、「kubectl delete deployment <オブジェクト名>」と記述します。kubectlコマンドは、すべて同じルールで組み立てることができるので覚えやすいと思います。デプロイメントを削除すると、制御下のレプリカセットとポッドもすべて削除されます（実行例14）。

実行例14 デプロイメントの削除の実行例

```
$ kubectl get deployment
NAME          DESIRED   CURRENT   UP-TO-DATE   AVAILABLE   AGE
hello-world   1         1         1            0           1h

$ kubectl delete deployment hello-world
deployment "hello-world" deleted
```

次に、5個のウェブサーバーのポッドを起動してみます。仮にポッドの1つがクラッシュしても、デプロイメントは、稼働数5を維持するようにポッド数を制御します（実行例15、実行例16）。

実行例15 ウェブサーバーNginxのデプロイメントとしての実行例

```
$ kubectl run webserver --image=nginx --replicas=5
kubectl run --generator=deployment/apps.v1 is DEPRECATED and will be removed in a future
version. Use kubectl run --generator=run-pod/v1 or kubectl create instead.
deployment.apps/webserver created

$ kubectl get deploy,po
NAME                               READY   UP-TO-DATE   AVAILABLE   AGE
deployment.extensions/webserver    5/5     5            5           50s

NAME                               READY   STATUS    RESTARTS   AGE
pod/webserver-5b76854b76-7glh9     1/1     Running   0          50s
pod/webserver-5b76854b76-8brkv     1/1     Running   0          50s
pod/webserver-5b76854b76-gtjvp     1/1     Running   0          50s
pod/webserver-5b76854b76-kn5jg     1/1     Running   0          50s
pod/webserver-5b76854b76-tx9bs     1/1     Running   0          50s
```

kubectl の run サブコマンドのコードの肥大化を回避するとの理由で、ポッド起動を除き非推奨となりました。上記のコマンドの代替として「kubectl create deployment --image=nginx webserver;kubectl scale --replicas=5 deployment/webserver」を利用してください。

コマンドを使ってウェブサーバーのポッドを削除し、模擬的な異常を起こしてみましょう。実行例16では、ポッドを削除すると、すぐに代替となるポッドを起動して要求数を維持する挙動、すなわち、自己回復の様子を見ることができます。

実行例16 ポッドの強制停止とデプロイメントによる自己回復の様子

```
$ kubectl delete po webserver-5b76854b76-7glh9 webserver-5b76854b76-8brkv
pod "webserver-5b76854b76-7glh9" deleted
pod "webserver-5b76854b76-8brkv" deleted

$ kubectl get deploy,po
NAME                             READY   UP-TO-DATE   AVAILABLE   AGE
deployment.extensions/webserver   3/5     5            3           2m36s

NAME                             READY   STATUS              RESTARTS   AGE
pod/webserver-5b76854b76-2q7zk   0/1     ContainerCreating   0          4s
pod/webserver-5b76854b76-d2tgv   0/1     ContainerCreating   0          4s
pod/webserver-5b76854b76-gtjvp   1/1     Running             0          2m36s
pod/webserver-5b76854b76-kn5jg   1/1     Running             0          2m36s
pod/webserver-5b76854b76-tx9bs   1/1     Running             0          2m36s

$ kubectl get deploy,po
NAME                             READY   UP-TO-DATE   AVAILABLE   AGE
deployment.extensions/webserver   5/5     5            5           2m48s

NAME                             READY   STATUS    RESTARTS   AGE
pod/webserver-5b76854b76-2q7zk   1/1     Running   0          16s
pod/webserver-5b76854b76-d2tgv   1/1     Running   0          16s
pod/webserver-5b76854b76-gtjvp   1/1     Running   0          2m48s
pod/webserver-5b76854b76-kn5jg   1/1     Running   0          2m48s
pod/webserver-5b76854b76-tx9bs   1/1     Running   0          2m48s
```

ここで、ポッド名のハッシュ文字列が変わっていることに注目してください。ポッドは短期的な存在であり、それ自身では自己回復しないので、レプリカセットがイメージから新たなポッドを起動しているのです。この自己回復の機能を生かすには、コンテナ内のアプリケーションはステートレスである必要があります。

クリーンナップの方法については、すでに読者は予測できると思います。そう、次のコマンドで、デプロイメント、レプリカセット、ポッドといったオブジェクトを一括削除します。

実行例17 デプロイメントの削除例

```
$ kubectl delete deployment webserver
```

ワークロードの特性に合わせて適切なコントローラを選択することは、Kubernetesを使いこなすうえで大切なポイントになります。デプロイメントについては、後続の「Step 08」で理解を深めていきます。

06.4 ジョブによるポッドの実行

hello-worldのイメージは、メッセージを出力したらコンテナが終了する、いわゆるバッチ処理ですから、このタイプに適したKubernetesのコントローラである「ジョブ」によりhello-worldを実行して、動作を確認していきましょう。

kubectl runのオプション「--restart=OnFailure」を指定すると、「ジョブ」の制御下でポッドが起動されます。「ジョブ」は、その管理下にあるポッドが失敗終了したら、リスタートして、ポッドが成功終了するか、または所定の回数に達するまで再試行します。そのため、このようなオプション名となっています。

実行例18では、ポッドhello-worldが終了して、SUCCESSFUL（成功）にカウントされています。「kubectl get pod」で終了済みのポッドをリストし、「ジョブ」のログをポッド名で参照することができます。

実行例18 kubectlによるジョブ制御下でのポッドの実行

```
$ kubectl run hello-world --image=hello-world --restart=OnFailure
kubectl run --generator=job/v1 is DEPRECATED and will be removed in a future version. Use
kubectl run --generator=run-pod/v1 or kubectl create instead.
job.batch/hello-world created

$ kubectl get all
NAME                     READY   STATUS      RESTARTS   AGE
pod/hello-world-9jsqf    0/1     Completed   0          9s
<途中省略>

NAME                     COMPLETIONS   DURATION   AGE
job.batch/hello-world    1/1           5s         9s


$ kubectl logs hello-world-9jsqf

Hello from Docker!
This message shows that your installation appears to be working correctly.
<以下省略>
```

❗ kubectl の run サブコマンドのコードの肥大化を回避するとの理由で、ポッド起動を除き非推奨となりました。上記のコマンドの代替として「kubectl create job hello-world --image=hello-world」を利用してください。

「ジョブ」は、コンテナのプロセスのexit値で、成功か失敗を判定しています。実行例19では、「ジョブ」のjob-1は成功終了、job-2は失敗終了するように、1行のシェルスクリプトで書いています。job-1はCOMPLETIONSに1/1がカウントされて、「ジョブ」が完了しています。一方、job-2は30秒経過してもSUCCESSFULは0です。そこで、kubectl get poでjob-2のポッドの情報を見ると、リトライを繰り返していることがわかります。

実行例19 ポッドの終了コードによるコントローラの振る舞いの違い

```
$ kubectl create job job-1 --image=ubuntu -- /bin/bash -c "exit 0"
job.batch/job-1 created

$ kubectl get jobs
NAME    COMPLETIONS   DURATION   AGE
job-1   0/1           3s         3s

$ kubectl create job job-2 --image=ubuntu -- /bin/bash -c "exit 1"
job.batch/job-2 created

$ kubectl get jobs
NAME    COMPLETIONS   DURATION   AGE
job-1   1/1           9s         17s
job-2   0/1           3s         3s

$ kubectl get po
NAME          READY   STATUS      RESTARTS   AGE
job-1-zmlsj   0/1     Completed   0          40s
job-2-8vprw   0/1     Error       0          26s
job-2-gkr9r   0/1     Error       0          12s
job-2-jfnjn   0/1     Error       0          22s
```

「ジョブ」については、後続の「Step 10」で詳しく見ていきます。

Step 06のまとめ

このStepの重要ポイントを箇条書きにして、まとめておきます。

- DockerとKubernetesはいずれも、リポジトリからイメージをプルして、コンテナとして実行する点が同じである。
- Minikubeを使ってkubectlのスキルを身に付ければ、さまざまなK8sクラスタを使うための基礎になる。kubectlコマンドは、Kubernetesを使ううえで必須である。
- ポッドはコンテナの最小起動単位である。
- ポッドを管理するために複数のコントローラがあり、ワークロードの特性に応じて選択する。
- デプロイメントはポッドのコントローラの一種であり、ウェブサーバーやAPIサーバーのような、サービス提供を継続するサーバータイプのワークロードに適している。
- ジョブはポッドのコントローラの一種であり、バッチ処理などのワークロードに適している。

ベア（裸）のポッド起動
- 異常終了しても起動しない
- コンテナ終了後、削除が必要
- 水平スケールができない

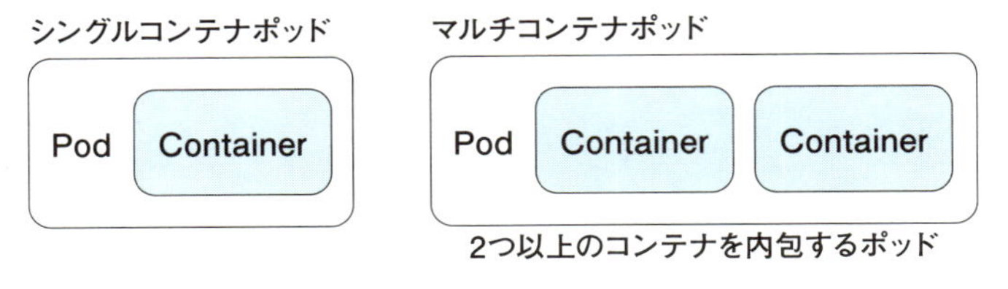

サーバータイプのポッド制御
- 要求を待ち続け、終了しないタイプ
- 水平スケール
- 異常終了したら起動

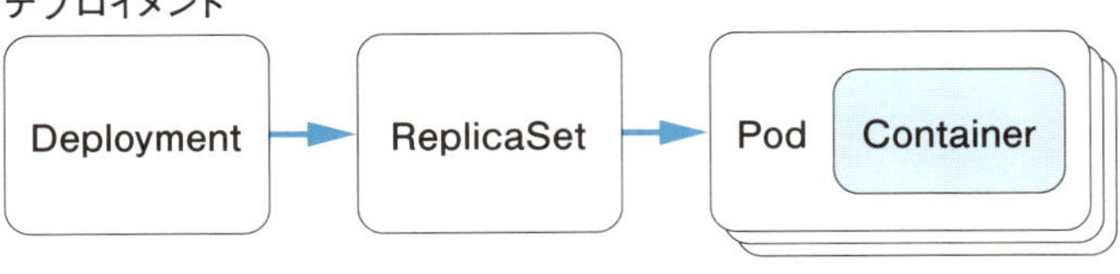

バッチ処理タイプのポッド制御
- 処理が正常終了したら完了
- 処理が失敗したらリトライ
- 並行処理数を設定して時短

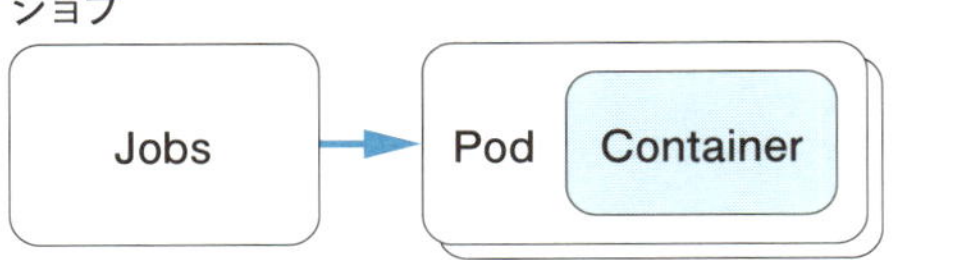

図2 ポッドとコントローラの関係

表4 このStepで新たに登場したkubectlコマンド

コマンド	動作
kubectl cluster-info	K8sクラスタのエンドポイントを表示する
kubectl get no	K8sクラスタを構成するノードをリスト表示する
kubectl run	ポッドを実行する。バージョン1.12 以降では、コントローラの実行は非推奨となった
kubectl get po	ポッドをリスト表示する
kubectl delete po	ポッド名を指定して削除する
kubectl get all	すべてのワークロードに関するオブジェクトを表示する
kubectl logs	コンテナのプロセスがSTDOUTやSTDERRへ書き出したログを表示する
kubectl get deploy,po	デプロイメントとポッドをリストする
kubectl get deploy	デプロイメントのみをリストする
kubectl delete deploy	デプロイメントとその仲間のレプリカセットおよびポッドを一括削除する
kubectl get jobs	ジョブの実行状態をリストする
kubectl create job	ジョブコントローラ制御下でポッドを実行する
kubectl create deployment	デプロイメントコントローラ制御下でポッドを実行する
kubectl scale	レプリカ数を変更する

Step 07 マニフェストとポッド

ポッドのAPIを駆使してコンテナを起動する

これまで1章の「3.4 ポッドの基本」などで説明してきた基礎知識を踏まえ、Step 07では実際にマニフェストを記述してポッドを作成する方法と具体的な動作を見ていきます。

「マニフェスト」とは、Kubernetesのオブジェクトを生成するために、そのオブジェクトに対応するAPIのバージョン、メタ情報、仕様などを、YAML〈注1〉形式やJSON形式で記述したファイルのことです。

実運用の中で、マニフェストを書いてポッドを起動することはほとんどないと思います。しかし、実際の運用で利用する「コントローラ」のマニフェストには、ポッドの雛形を記述したパートがあります。これは「ポッドテンプレート」と呼ばれ、その内容はポッドのマニフェストと同じです。そのため、あらかじめポッドの仕様記述がわかっていれば、コントローラについて効率よく理解できます。そこで本節では、ポッドを単独で起動して確認しながら、ポッドのマニフェストについて理解していきます。

サンプルコードの利用法

本レッスンで提示するコードは、GitHub（https://github.com/takara9/codes_for_lessons）にあります。

GitHubからクローンする場合

```
$ git clone https://github.com/takara9/codes_for_lessons
$ cd codes_for_lessons/step07
```

移動先には次のディレクトリがあります。

```
$ ls -F
hc-other-samples/  hc-probe/  init-container/  manifest/  sidecar/
```

〈注1〉
YAMLについての詳細は2章末尾のコラム「K8sユーザーのためのYAML入門」を参照してください。

07.1 マニフェストの書き方

下記のファイル1とファイル2は、どちらも「kubectl run nginx --image=nginx:latest --restart=Never」に相当する、最小限のマニフェストです。

このようにマニフェストは、YAMLでもJSONでも記述できます。YAML形式とJSON形式のフォーマットを比較するとわかるとおり、YAMLのほうが簡潔で可読性も優れていますので、マニフェストには主にYAMLが利用されています。本書でもYAMLを利用していきます。

ファイル1 Nginxコンテナを実行するマニフェスト：nginx-pod.yml（YAML形式）

```
1   apiVersion: v1         ## 表1 ポッドAPIを参照
2   kind: Pod
3   metadata:
4     name: nginx
5   spec:                  ## 表2 ポッドの仕様
6     containers:          ## 表3 コンテナの起動条件などの設定
7     - name: nginx
8       image: nginx:latest
```

ファイル2 Nginxコンテナを実行するマニフェスト：nginx-pod.json（JSON形式）

```
1   {
2       "apiVersion": "v1",
3       "kind": "Pod",
4       "metadata": {
5       "name": "nginx"
6       },
7       "spec": {
8           "containers": [
9               {
10                  "image": "nginx:latest",
11                  "name": "nginx"
12              }
13          ]
14      }
15  }
```

マニフェストの書き方は、Kubernetes APIリファレンス（https://kubernetes.io/docs/reference/generated/kubernetes-api/v1.14/）に記載された内容と密接に関係します。このリンク先に記述された内容は、Kubernetesのソースコードから生成されているAPI仕様です。言い換えると、もっとも信頼できるAPIの詳細情報です。この重要性を認識してもらえるように、本文のYAMLのサンプルから参照したAPI表には、実践時に参照するべきURLを、それぞれに添付することにしました。APIリファレンスは、Kubernetesの新バージョンがリリースされるごとに、自動生成されURLが追加されます。このURLアドレスの末尾14はAPIのマイナーバージョン番号ですので、これらを変更して過去や最新を参照できます。ここで取り上げたキー項目を中心に、APIの階層構造にしたがって表1〜3に整理しました。マニフェストの先頭部分に置いて、Kubernetes APIのバージョンや種類を指定する部分が表1で、その中のspecを展開したものが表2です。そして、表2のキー項目containersとinitContainersの仕様記述が表3です。

表1 ポッドAPI（Pod v1 core）

キー項目	概要
apiVersion	v1をセット
kind	Podをセット
metadata	必須項目nameはポッドのオブジェクト名であり、名前空間内で一意となる
spec	ポッドの仕様記述。表2を参照

※ 本表のAPIの詳細は、https://kubernetes.io/docs/reference/generated/kubernetes-api/v1.14/#pod-v1-coreにあります。v1.14の14部分を13や12に変更してアクセスすることで、他のマイナーバージョンのAPIを参照できます。このリンク先に記述された内容は、Kubernetesのソースコードから生成されているAPI仕様であり、APIに関して最も信頼できる詳細情報です。

表2 ポッドの仕様（PodSpec v1 core）

キー項目	概要
containers	ポッドで動かすコンテナの仕様を配列として記述。この記述は表3を参照
initContainers	初期化専用コンテナの仕様を配列として記述。この記述はcontainersと同じになっているので表3を参照
nodeSelector	この条件と一致するラベルを持つノードにスケジュールされる
volumes	このボリュームを定義することで、ポッド内コンテナ間でファイル共有ができる

※ ほかにもネットワーク、再起動ポリシー、サービスアカウント名などさまざまなスペックを記述することができます。本表のAPIの詳細は、https://kubernetes.io/docs/reference/generated/kubernetes-api/v1.14/#podspec-v1-coreにあります。また、各キー項目のリンクにそれぞれの解説があります。

表3 コンテナの起動条件などの設定（Container v1 core）

キー項目	概要
image	Dockerイメージのリポジトリ名とタグの記述
name	コンテナを複数記述する場合、必須項目になる
livenessProbe	コンテナのアプリケーションが稼働していることを検査するプローブ
readinessProbe	コンテナのアプリケーションが要求を受ける準備ができたかを検査するプローブ
ports	ポッド外部から要求を受け取るために開いたポートのリスト
resources	CPUとメモリなどの要求量と上限値
volumeMounts	ポッドに定義したボリュームをコンテナのファイルシステムにマウントする設定を記述。配列に複数設定可能
command	起動時に実行するコマンドを記述argsとともに利用
args	前述commandの引数を記述
env	環境変数をコンテナへ設定

※ この表には、主に本節で取り上げた項目を挙げましたが、項目はほかにも多数あります。本表のAPIの詳細は、https://kubernetes.io/docs/reference/generated/kubernetes-api/v1.14/#container-v1-coreにあります。

表2のキー項目containersの単語が複数形になっていることに注目してください。これは、複数のコンテナの仕様を記述できることを意味しています。その点はinitContainersとvolumesも同じで、初期化専用コンテナとボリュームも複数定義できます。

本書では主要なAPIだけを掲載しているので、各表の下に記載したURLにアクセスし、APIの構造や詳細を読者自身で確認してください。きっといろいろな発見があると思います。

07.2 マニフェストの適用方法

実行例1は、YAMLのマニフェストファイルをK8sクラスタへ送り込んでオブジェクトを生成するコマンドの例です。これはポッドだけでなく、すべてのK8sオブジェクトに共通する適用方法です。

実行例1 マニフェストからAPIオブジェクトを生成する例

```
$ kubectl apply -f マニフェストファイル名
```

kubectlのマニフェストを使用してオブジェクトを作成するとき、kubectlのサブコマンドはcreateとapplyの両方が使えます。もし同一名のオブジェクトが存在する場合は、applyはオブジェクトのスペックを変更するように働き、createはエラーを返します。本書ではオブジェクトの作成時にもapplyを使うことにしています。

作成したK8sオブジェクトを削除するには、applyの部分をdeleteに変えます。「-f」のあとに続くファイル名の部分には、URLを書くこともできるため、GitHub上のYAMLファイルを適用することもできます。

実行例2 マニフェストを指定してAPIオブジェクトを削除する例

```
$ kubectl delete -f YAMLファイル名
```

07.3 ポッドの動作検証

ファイル1を使ってNginxのポッドを起動し、確認した結果が下の実行例3です。

実行例3 マニフェストの適用と状態確認

```
##  ポッドを生成するマニフェストを適用
$ kubectl apply -f nginx-pod.yml
pod "nginx" created

##  ポッドの状態をリスト
$ kubectl get po
NAME      READY     STATUS    RESTARTS   AGE
nginx     1/1       Running   0          2s
```

このポッドnginxはバックグラウンドで起動しており、クラスタネットワーク上にTCP 80番ポートが開いています。クラスタネットワークは、K8sクラスタを構成するノード間を横断して通信するための閉じたネットワークでポッドネットワークとも呼ばれます。そのため、ポッドが開くポートは、K8sクラスタをホストするパソコンからでもアクセスできません。

このクラスタネットワーク上のポッドのIPアドレスをリストするには、実行例4のように「-o wide」のオプションを追加します。そこで得られたIPアドレスに対してcurlでアクセスを試みますが、結果は以下のとおりタイムアウトになってしまいます。

実行例4 ポッドのIPアドレスと稼働中ノードの表示

```
##  ポッドのIPアドレスと稼働中のノードを表示
$ kubectl get po nginx -o wide
NAME     READY    STATUS    RESTARTS   AGE      IP           NODE
nginx    1/1      Running   0          1m       172.17.0.4   minikube

## IPアドレスを指定してのアクセスの試み
$ curl -m 3 http://172.17.0.3/
curl: (28) Connection timed out after 3000 milliseconds
```

クラスタネットワーク上のポッドのポートに、K8sクラスタの外からアクセスするには、「サービス」を利用しなければなりません。これについては、「Step 09」で取り上げます。今回はポッドに集中して理解を進めるために、実行例5で対話型ポッドを起動して、ポッドnginxへアクセスします。

実行例5 対話型ポッドを起動してポッドのIPアドレスにアクセスする実行例

```
(1) 対話型ポッドを起動
$ kubectl run busybox --image=busybox --restart=Never --rm -it sh
If you don't see a command prompt, try pressing enter.

(2) BusyBoxの同梱されているwgetコマンドでURLのアクセステスト
/ # wget -q -O - http://172.17.0.4/
<!DOCTYPE html>
<html>
<head>
<title>Welcome to nginx!</title>
<style>
    body {
        width: 35em;
        margin: 0 auto;
        font-family: Tahoma, Verdana, Arial, sans-serif;
    }
</style>
</head>
<body>
<h1>Welcome to nginx!</h1>
<p>If you see this page, the nginx web server is successfully installed and
working. Further configuration is required.</p>

<p>For online documentation and support please refer to
<a href="http://nginx.org/">nginx.org</a>.<br/>
Commercial support is available at
```

```
<a href="http://nginx.com/">nginx.com</a>.</p>

<p><em>Thank you for using nginx.</em></p>
</body>
</html>
/ #
```

さらに、パソコン上でターミナルを起動し、ポッドのIPアドレスを確認します。学習環境1はMinikubeを利用しているのでNODEのカラムはすべてminikubeとなっていますが、学習環境2のマルチノード構成で、異なるノード上にポッドが配置された場合でも、ノードの境界を越えてポッド同士の疎通ができます。

実行例6 Nginxサーバーとアクセステスト用ポッドのリスト表示例

```
$ kubectl get po -o wide
NAME      READY    STATUS    RESTARTS   AGE     IP           NODE
busybox   1/1      Running   0          2m      172.17.0.5   minikube
nginx     1/1      Running   0          4m      172.17.0.4   minikube
```

このポッドの関係を絵で表すと、次の図1のようになります。ターミナルからポッドbusyboxを操作して、wgetコマンドでポッドnginxのHTTP TCP/80にアクセスしています。

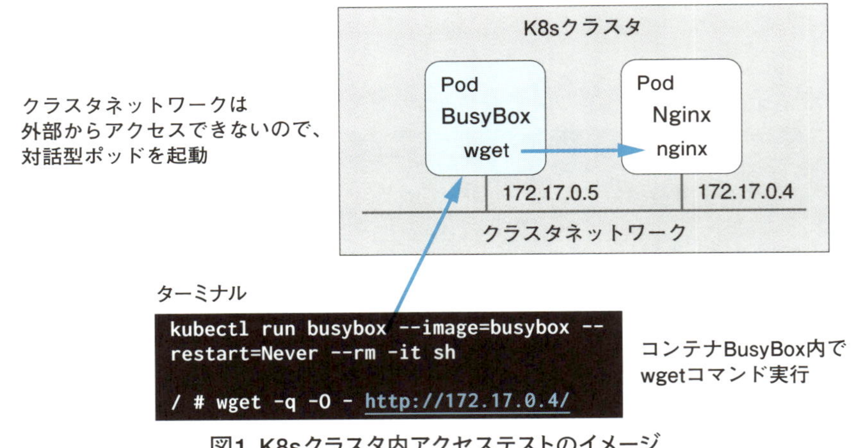

図1 K8sクラスタ内アクセステストのイメージ

これでポッドは、クラスタネットワーク上にIPアドレスを持ち、IPアドレスを指定してポッドとポッドがお互いに通信できることを確認できたと思います。

ここで利用したBusyBoxは、Docker Hub（https://hub.docker.com/r/library/busybox/）に登録された公式コンテナの1つです。これは約1MBとコンパクトで、「組み込みLinuxのARMYナイフ」と表現されている有用なコマンドを多く実装した便利なコンテナです。

07.4 ポッドのヘルスチェック機能

ポッドのコンテナには、アプリケーションの死活監視、すなわち、ヘルスチェックを設定しておき、異常を検知したら、コンテナを強制終了してスタートさせる機能があります。この機能を従来のシステムと対比しながら動作を見ていきましょう(図2)。

複数のウェブサーバーを代表してアクセスを受けるロードバランサーは、HTTP GETなどにより、数秒間隔でリクエストの転送先のウェブサーバーにアクセスすることで、アプリケーションの健全性をチェックします。この応答に内部エラー(HTTPステータス500)などが続けて数回繰り返されると、リクエストの転送を停止して、残存するウェブサーバーへ振り向けることで、ユーザーへサーバー障害の影響が及ばない対策とされていました。

一方Kubernetesでは、ノードに常駐するkubeletがコンテナのヘルスチェックを担当します。

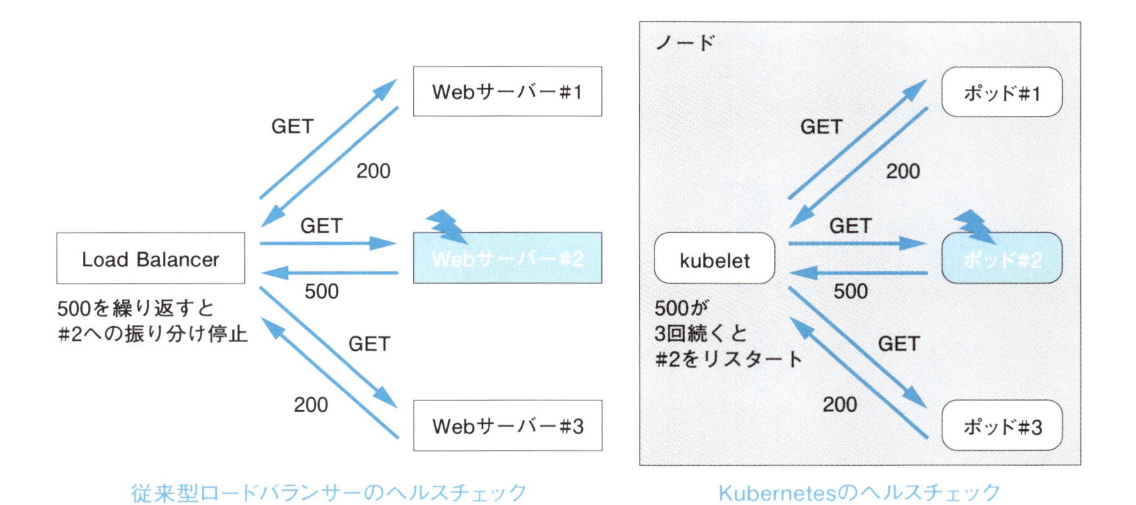

図2 従来型とKubernetesのヘルスチェックの比較

kubeletのヘルスチェックでは、次の2種類のプローブを使用して、実行中ポッドのコンテナを検査します。

● 活性プローブ(Liveness Probe)
コンテナのアプリケーションが実行中であることを探査します。これが失敗した場合、ポッド上のコンテナを強制終了して再スタートさせます。マニフェストにこのプローブの設定がない場合には、アプリケーションの実行を検査しません。

● 準備状態プローブ(Readiness Probe)

コンテナのアプリケーションがリクエストを受けられるか否かを探査します。これが失敗した場合、「サービス」からのリクエストトラフィックを止めます。ポッド起動直後は、このプローブが成功するまで、リクエストは転送されません。マニフェストにこのプローブの設定が省略されている場合には探査は実行されず、常にリクエストが転送されます。

従来のロードバランサーと同じくHTTPでヘルスチェックを行う場合には、たとえば「http://ポッドIPアドレス:ポート番号/healthz」を定期アクセスし、対象サーバーにはそれに応答するためのサービスを準備します。それと同じようにポッドのコンテナは、プローブに対応するハンドラー（処理）を実装する必要があります。このハンドラーは、コンテナの特性に応じて、次の3つの実装から選択できます。

表4 プローブに対応するハンドラーの種類と説明

ハンドラーの名称	説明
exec	コンテナ内のコマンドを実行する。EXITコード=0で終了すると、診断結果は成功とみなされ、それ以外の値では失敗とみなされる
tcpSocket	指定したTCPポート番号にコネクトできれば、診断結果は成功とみなされる
httpGet	指定したポートとパスに、HTTP GETが定期実行される。HTTPステータスコードが200以上400未満では成功とみなされ、それ以外は失敗とみなされる。指定ポートが開いていない場合も失敗となる

ヘルスチェックの書き方をファイル3で見ていきます。この中の注釈(1)のイメージの指定では、プローブに対応するハンドラーを実装したアプリケーションです。このコードはNode.jsでシンプルに記述されており、内容については後述します。そして、(2)活性プローブと(3)準備状態プローブの2つを記述しています。それぞれのキー項目については、次の表5の説明を参照してください。

ファイル3 ヘルスチェックの設定例：webapl-pod.yml

```
1   apiVersion: v1
2   kind: Pod
3   metadata:
4     name: webapl
5   spec:
6     containers:
7     - name: webapl
8       image: maho/webapl:0.1     # (1)ハンドラー実装済みアプリケーション
9       livenessProbe:             # (2)活性プローブに対するハンドラー設定
10        httpGet:
11          path: /healthz
12          port: 3000
13        initialDelaySeconds: 3   # 初回起動から探査開始までの猶予時間
14        periodSeconds: 5         # チェック間隔
15      readinessProbe:            # (3)準備状態プローブに対するハンドラー設定
16        httpGet:
17          path: /ready
18          port: 3000
19        initialDelaySeconds: 15
20        periodSeconds: 6
```

デフォルト設定では、活性プローブが連続して3回失敗すると、kubeletがコンテナを強制停止して再スタートさせます。コンテナはイメージから生成されますから、強制停止前にコンテナ内に蓄えられた情報は失われます。

表5 プローブに対応するハンドラーの記述例

キー項目	説明
httpGet	HTTPハンドラー

path
port
	ハンドラーのパス
	HTTPサーバーのポート番号
	記述例
	`readinessProbe:`
	`  httpGet:`
	`    path: /ready`
	`    port: 3000`

tcpSocket	TCPポート接続ハンドラー

port	監視対象のポート番号
	記述例
	`readinessProbe:`
	`  tcpSocket:`
	`    port: 80`

exec	コンテナ内のコマンド実行ハンドラー

command	コンテナのコマンドを配列として記述する
	記述例
	`livenessProbe:`
	`  exec:`
	`    command:`
	`    - cat`
	`    - /tmp/healthy`

initialDelaySeconds	探査開始までの猶予時間
periodSeconds	チェック間隔

プローブの仕掛け方については、Kubernetesのドキュメントに記述がありますが[1]、さらに詳しいパラメータはAPIリファレンスに記述されています。たとえば試行回数やタイムアウトの変更など、本章で紹介できない多くのパラメータがありますので、一度確認するとよいでしょう[2,3]。

このヘルスチェックは、ポッドを実行しているノードの上にあるkubeletから実施され、対象はポッド上のコンテナです。一方、マスターノード上にある「コントローラ」の管理対象はポッドです。そのため、ノードがハードウェア障害で突然停止するようなケースではkubeletごと停止しますから、ノード障害対策としては機能しません。ノード障害対策としては、このヘルスチェックではなくコントローラを利用しなければなりません。

こうした用途に適したコントローラには、「デプロイメント」や「ステートフルセット」などがあります。デプロイメントについては「Step 08」で、ステートフルセットについては「Step 12」で説明します。

それでは、ここから実際にコンテナを起動してプローブの動作を見ていきます。

まず、コンテナをビルドするためのディレクトリを作り、以下の3つのファイルを配置します。実行例7のwebapl以下のファイルたちは、あとで内容を提示して説明しますので、結果から見ていきましょう。

実行例7 ヘルスチェックのパートで利用するファイルの一覧

```
$ tree hc-probe
hc-probe
├── webapl
│   ├── Dockerfile
│   ├── package.json
│   └── webapl.js
└── webapl-pod.yml

1 directory, 4 files
```

実行例8は、ファイル3の「image: maho/webapl:0.1」に指定したイメージをビルドして、Docker Hubレジストリへプッシュするまでの作業の様子です。

実行例8 依存ファイルを収集してコンテナをビルドしレジストリへプッシュするまで

```
## ディレクトリをDockerfileのあるビルド・コンテキストに移動
$ cd hc-probe/webapl/

## コンテナをビルド
## Dockerリポジトリ maho/weblapは、読者の取得したリポジトリへ変更してください
##
$ docker build --tag maho/webapl:0.1 .
Sending build context to Docker daemon   5.12kB
Step 1/7 : FROM alpine:latest
latest: Pulling from library/alpine
4fe2ade4980c: Pull complete
Digest: sha256:621c2f39f8133acb8e64023a94dbdf0d5ca81896102b9e57c0dc184cadaf5528
Status: Downloaded newer image for alpine:latest
 ---> 196d12cf6ab1
Step 2/7 : RUN apk update && apk add --no-cache nodejs npm
 ---> Running in 42921e386c02
fetch http://dl-cdn.alpinelinux.org/alpine/v3.8/main/x86_64/APKINDEX.tar.gz
```

参考資料

[1] プローブの仕掛け方、https://kubernetes.io/docs/tasks/configure-pod-container/configure-liveness-readiness-probes/#define-a-liveness-http-request

[2] LivenessProbeとreadinessProbeの説明、https://kubernetes.io/docs/reference/generated/kubernetes-api/v1.14/#container-v1-core

[3] プローブのハンドラー、試行回数などの説明、https://kubernetes.io/docs/reference/generated/kubernetes-api/v1.14/#probe-v1-core

```
fetch http://dl-cdn.alpinelinux.org/alpine/v3.8/community/x86_64/APKINDEX.tar.gz
v3.8.1 [http://dl-cdn.alpinelinux.org/alpine/v3.8/main]
v3.8.0-147-g4f5711b187 [http://dl-cdn.alpinelinux.org/alpine/v3.8/community]
OK: 9540 distinct packages available
fetch http://dl-cdn.alpinelinux.org/alpine/v3.8/main/x86_64/APKINDEX.tar.gz
fetch http://dl-cdn.alpinelinux.org/alpine/v3.8/community/x86_64/APKINDEX.tar.gz
(1/10) Installing ca-certificates (20171114-r3)
(2/10) Installing c-ares (1.14.0-r0)
(3/10) Installing libcrypto1.0 (1.0.2o-r2)
(4/10) Installing libgcc (6.4.0-r8)
(5/10) Installing http-parser (2.8.1-r0)
(6/10) Installing libssl1.0 (1.0.2o-r2)
(7/10) Installing libstdc++ (6.4.0-r8)
(8/10) Installing libuv (1.20.2-r0)
(9/10) Installing nodejs (8.11.4-r0)
(10/10) Installing npm (8.11.4-r0)
Executing busybox-1.28.4-r1.trigger
Executing ca-certificates-20171114-r3.trigger
OK: 62 MiB in 23 packages
Removing intermediate container 42921e386c02
 ---> 3f7d60ceef9d
Step 3/7 : WORKDIR /
 ---> Running in 0f7dfd1b06c0
Removing intermediate container 0f7dfd1b06c0
 ---> 148d64ddee2e
Step 4/7 : ADD ./package.json /
 ---> ea504742130c
Step 5/7 : RUN npm install
 ---> Running in eae690021a13
npm notice created a lockfile as package-lock.json. You should commit this file.
npm WARN webapl@1.0.0 No description
npm WARN webapl@1.0.0 No repository field.

added 50 packages in 1.794s
Removing intermediate container eae690021a13
 ---> accb728d43a1
Step 6/7 : ADD ./webapl.js /
 ---> 07362b5d7ba0
Step 7/7 : CMD node /webapl.js
 ---> Running in a447d24856c6
Removing intermediate container a447d24856c6
 ---> 14bcabc5d26a
Successfully built 14bcabc5d26a
Successfully tagged maho/webapl:0.1

## Docker Hub レジストリへログイン
$ docker login
Authenticating with existing credentials...
Login Succeeded

## リポジトリへプッシュする
##
$ docker push maho/webapl:0.1
The push refers to repository [docker.io/maho/webapl]
fe60f6bf6ac2: Pushed
fe4abb32e1e6: Pushed
34789cdd715a: Pushed
f9f5e83d9521: Pushed
df64d3292fd6: Mounted from library/alpine
0.1: digest: sha256:458a933a8f602ec90b76591eb1fe8dd82eba4bc9313452fad829691f3e369887 size: 1365
```

次の実行例9は、ポッドをデプロイして、ヘルスチェックのプローブが動作するまでの経過記録です。本番運用では、サービスを提供するコンテナを、コントローラなしにポッドだけで起動することは少ないと思います。今回はプローブの動作を詳しく追跡するためのものです。

実行例9 ポッドをデプロイしてヘルスチェックが実行されREADY状態になるまでの様子

```
## ディレクトリを移動して、マニフェストを適用してポッドを生成
##
$ cd ..
$ kubectl apply -f webapl-pod.yml
pod/webapl created

## ポッドのSTATUSが Runningになるまでを確認する
##   READYが0/1は最終的に1/1となる。しかし、ここで分子が0なのは、
##   readinessProbeが未成功のため、READY状態ではないと判定

$ kubectl get pod
NAME     READY     STATUS              RESTARTS   AGE
webapl   0/1       ContainerCreating   0          5s
$ kubectl get pod
NAME     READY     STATUS    RESTARTS   AGE
webapl   0/1       Running   0          11s

## ヘルスチェックの状態を、コンテナのログから表示
##   ログ出力のコードは、「webapl/webapl.js」を参照
##
$ kubectl logs webapl
GET /healthz 200      ## LivenessProbeからアクセスがあったログ
GET /healthz 200      ## 間隔は5秒
GET /healthz 200
GET /ready 500        ## ReadinessProbe は、20秒経過しておらず500を応答（失敗）
GET /healthz 200
GET /ready 200        ## 6秒後のReadinessProbeは成功なので、READY 1/1に遷移、準備完了

## ポッドの詳細表示
$ kubectl describe pod webapl
Name:         webapl
Namespace:    default
<中略>
Containers:
  webapl:
    Container ID:   docker://35cd742fbe287d88829664a7b8ab66b3de97ad948510be5c04fe19c7bf00dd00
    Image:          maho/webapl:0.1
    Image ID:       docker-pullable://maho/webapl@sha256:708be0bb980fdaef2fb3d5d15aeeedbe9f3881d
47170674075348444944bae40
    Port:           <none>
    Host Port:      <none>
    State:          Running
      Started:      Wed, 12 Sep 2018 15:34:31 +0900
    Ready:          True    #### ReadinessProbeが成功したためTrueとなる
    Restart Count:  0       #### 以下、プローブの設定内容
    Liveness:       http-get http://:3000/healthz delay=3s timeout=1s period=5s #success=1
#failure=3
    Readiness:      http-get http://:3000/ready delay=15s timeout=1s period=6s #success=1
#failure=3
<中略>
##  イベントについての注釈を以下に記載、Ageは最終イベントから数えて何秒前かを表示
##  Age 24s Liveness probe failed は、起動直後のためアプリケーションが起動完了して
##            いないため、タイムアウトが発生、その後は成功のためログに表示されず
##  Age 20s アプリケーション内のタイマーが20秒以下のため、Readiness probeの応答に
```

```
##           HTTP 500を返す。その6秒後は成功として応答のためログなし
Events:
  Type     Reason                 Age   From                Message
  ----     ------                 ----  ----                -------
  Normal   Scheduled              46s   default-scheduler   Successfully assigned webapl to 
minikube
  Normal   SuccessfulMountVolume  45s   kubelet, minikube   MountVolume.SetUp succeeded for 
volume "default-token-qw2gc"
  Normal   Pulling                44s   kubelet, minikube   pulling image "maho/webapl:0.1"
  Normal   Pulled                 36s   kubelet, minikube   Successfully pulled image "maho/
webapl:0.1"
  Normal   Created                36s   kubelet, minikube   Created container
  Normal   Started                36s   kubelet, minikube   Started container
  Warning  Unhealthy              24s   kubelet, minikube   Liveness probe failed: Get 
http://172.17.0.9:3000/healthz: net/http: request canceled (Client.Timeout exceeded while 
awaiting headers)
  Warning  Unhealthy              20s   kubelet, minikube   Readiness probe failed: HTTP probe 
failed with statuscode: 500
```

活性プローブが繰り返し失敗した場合、kubeletは新たなコンテナを起動すると同時に、失敗を繰り返すコンテナを強制停止します。その様子を実行例10で見ていきます。

最初にアプリケーションのログをリストして、/healthzが3回失敗（HTTP500で応答）していることを確認しています。連続3回のHTTP500が発見されたところで、ポッドの詳細を表示します。その中には、kubeletがコンテナを入れ替える動きが記録されています。

実行例10 活性プローブが繰り返し失敗したあとにコンテナを再スタートする様子

```
## コンテナのログを表示したところです。ログの時間は上から下に向かって流れています
## 活性プローブ(LivenessProve)が呼び出す/healthzの応答が続けて3回 HTTP 500
## (内部エラー) の応答が返されています
##
$ kubectl logs webapl
<中略>
GET /healthz 200
GET /ready 200
GET /healthz 200
GET /ready 200
GET /healthz 500
GET /ready 200
GET /healthz 500
GET /healthz 500
GET /ready 200

##
## Age 32sでHTTP 500を3回受けた結果、Age 2sでkubeletは、新規コンテナを生成すると
## 同時に、繰り返しヘルスチェックが失敗したコンテナを強制停止(Kill)しています
## その1秒後に、新しいコンテナが開始しています
##
$ kubectl describe po webapl
<中略>
---
Events:
  Type     Reason     Age                  From                Message
  ----     ------     ----                 ----                -------
<中略>
  Normal   Pulling    1m                   kubelet, minikube   pulling image "maho/webapl:0.1"
```

```
  Normal   Pulled     1m                  kubelet, minikube  Successfully pulled image "maho/
webapl:0.1"
  Warning  Unhealthy  1m                  kubelet, minikube  Readiness probe failed: HTTP probe
failed with statuscode: 500
  Warning  Unhealthy  32s (x3 over 42s)   kubelet, minikube  Liveness probe failed: HTTP probe
failed with statuscode: 500
  Normal   Created    2s (x2 over 1m)     kubelet, minikube  Created container
  Normal   Killing    2s                  kubelet, minikube  Killing container with id docker://
webapl:Container failed liveness probe.. Container will be killed and recreated.
  Normal   Pulled     2s                  kubelet, minikube  Container image "maho/webapl:0.1"
already present on machine
  Normal   Started    1s (x2 over 1m)     kubelet, minikube  Started container
```

このパート(07.4 ヘルスチェック)の最後に、ファイルの内容を確認していきます。最初はNode.jsで書かれたアプリケーションです。

- webapl.js:Node.jsアプリケーション
- package.json:Node.jsアプリケーションに依存するパッケージ
- Dockerfile:イメージのビルド用

ファイル4 プローブのハンドラーを実装したアプリケーション:webapl.js

```
1     // 模擬アプリケーション
2     //
3     const express = require('express')
4     const app = express()
5     var start = Date.now()
6
7     // Livenessプローブのハンドラー
8     // 起動から40秒以内はHTTP 200 OKを返し、以降はHTTP 500 内部エラーを返します
9     // Livenessプローブが失敗して、コンテナが再起動します
10    //
11    app.get('/healthz', function(request, response) {
12        var msec = Date.now() - start
13        var code = 200
14        if (msec > 40000 ) {
15            code = 500
16        }
17        console.log('GET /healthz ' + code)
18        response.status(code).send('OK')
19    })
20
21    // Redinessプローブのハンドラー
22    // 模擬的に起動から20秒間を初期化時間とします
23    // 起動して20秒以内はHTTP 500を返し、以降はHTTP 200を返します
24    //
25    app.get('/ready', function(request, response) {
26        var msec = Date.now() - start
27        var code = 500
28        if (msec > 20000 ) {
29            code = 200
30        }
```

```
31      console.log('GET /ready ' + code)
32      response.status(code).send('OK')
33  })
34
35  // トップページ
36  //
37  app.get('/', function(request, response) {
38      console.log('GET /')
39      response.send('Hello from Node.js')
40  })
41
42  // サーバーポート番号 TCP
43  //
44  app.listen(3000);
```

ファイル5 Node.jsアプリケーションに依存するパッケージ:package.json

```
1   package.json
2   {
3     "name": "webapl",
4     "version": "1.0.0",
5     "description": "",
6     "main": "webapl.js",
7     "scripts": {
8       "test": "echo \"Error: no test specified\" && exit 1"
9     },
10    "author": "",
11    "license": "ISC",
12    "dependencies": {
13      "express": "^4.16.3"
14    }
15  }
```

ファイル6 Dockerfileイメージのビルド用ファイル

```
1   ## Alpine Linux https://hub.docker.com/_/alpine/
2   FROM alpine:latest
3
4   ## Node.js https://pkgs.alpinelinux.org/package/edge/main/x86_64/nodejs
5   RUN apk update && apk add --no-cache nodejs npm
6
7   ## 依存モジュールを同梱
8   WORKDIR /
9   ADD ./package.json /
10  RUN npm install
11  ADD ./webapl.js /
12
13  ## アプリケーションの起動
14  CMD node /webapl.js
```

07.5 初期化専用コンテナ

ポッドの中には、初期化専用のコンテナを組み込むことができます[4]。これによって、リクエストを処理するコンテナと、初期化だけに特化したコンテナを開発するといった具合に、それぞれを部品として1つの汎用的な範囲で利用できるようになり、コンテナイメージの再利用性が高くなります。たとえばストレージをマウントする際には、「ストレージの中に新規にディレクトリを作成し、オーナーを変更してデータを取り込む」などの初期化処理を書くことができます。

ファイル7の中段付近initContainersからの記述では、メインのコンテナが実行される前に、初期化専用コンテナが起動します。23行目で、初期化専用コンテナで共有ボリュームを/mntにマウントし、21行目のコマンドでディレクトリ/mnt/htmlを作成してオーナーを変更します。オーナーとグループのIDは、初期化に使用するalpineに登録されておらず、メインコンテナにしか存在しないので、番号で設定します。このコンテナは、コマンド実行完了で役割を果たして終了します。その後、メインコンテナが起動して共有ボリュームをマウントします。

ファイル7 init-sample.yml

```
1   apiVersion: v1
2   kind: Pod
3   metadata:
4     name: init-sample
5   spec:
6     containers:
7     - name: main           # メインコンテナ
8       image: ubuntu
9       command: ["/bin/sh"]
10      args: [ "-c", "tail -f /dev/null"]
11      volumeMounts:
12      - mountPath: /docs    # 共有ボリュームのマウントポイント
13        name: data-vol
14        readOnly: false
15
16    initContainers:        # メインコンテナ実行前に初期化専用コンテナが動作する
17    - name: init
18      image: alpine
19      ## 共有ボリュームにディレクトリを作成、オーナーを変更します
20      command: ["/bin/sh"]
21      args: [ "-c", "mkdir /mnt/html; chown 33:33 /mnt/html" ]
22      volumeMounts:
23      - mountPath: /mnt     # 共有ボリュームのマウントポイント
24        name: data-vol
25        readOnly: false
26
```

参考資料

[4] 初期化コンテナ、https://kubernetes.io/docs/concepts/workloads/pods/init-containers/

```
27      volumes:                # ポッド上の共有ボリューム
28      - name: data-vol
29        emptyDir: {}
```

実行例11は、ファイル7のマニフェストを適用することで、初期化専用コンテナによって初期化されたボリュームをマウントしたメインコンテナを操作して、結果を確認した様子です。

kubectl execのオプション「-c」は、コンテナを指定しています。このポッドには2つのコンテナが存在するので、ポッドでシェルを実行するにはコンテナを指定する必要があるからです。共有ボリューム「/doc」の下にhtmlのディレクトリが作られ、オーナーとグループがrootではなく、www-dataに変更されていることが確認できます。

実行例11 メインコンテナから初期化コンテナの動作を確認

```
$ kubectl apply -f init-sample.yml
pod/init-sample created

$ kubectl get po
NAME          READY     STATUS            RESTARTS   AGE
init-sample   0/1       PodInitializing   0          6s
$ kubectl get po
NAME          READY     STATUS    RESTARTS   AGE
init-sample   1/1       Running   0          13s

$ kubectl exec -it init-sample -c main sh
# ls -al /docs/
total 12
drwxrwxrwx 3 root     root     4096 Sep 13 01:03 .
drwxr-xr-x 1 root     root     4096 Sep 13 01:04 ..
drwxr-xr-x 2 www-data www-data 4096 Sep 13 01:03 html
```

この実行例11で利用したボリュームについては、後続のレッスン「Step 11 ストレージ」で詳しく取り上げます。

07.6 サイドカーパターン

1つのポッドに複数のコンテナを内包して、同時に稼働させる構成パターンを見ていきます。この構成は、ポッド（Pod：エンドウ豆などの鞘）という名前の由来にもなっています。

前述の07.5では、初期化専用コンテナが処理を完了したあと、サービス専用コンテナがスタートする構成パターンでした。しかし、今回はポッドが起動すると、内部の複数のコンテナが同時にスタートします。どのような場面でこのパターンが有用性を発揮するかを知るために、ユースケースを図3に挙げます。

図3の構成例では、ウェブサーバーという汎用的なコンテナと、最新のコンテンツをGitHubから取り込む汎用的なコンテナとを組み合わせています。これらのコンテナは、それぞれ、他のコンテナと組み合わせて、再利用することができます。このような組み合わせパターンを「サイドカー」と呼びます[5]。

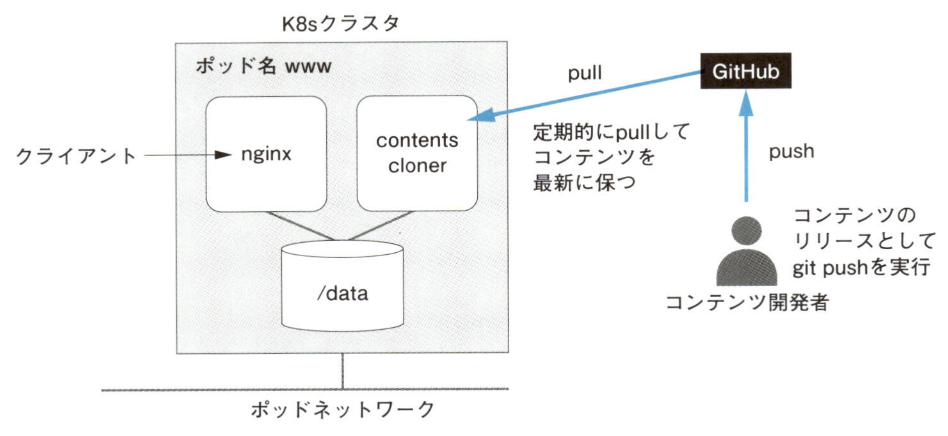

図3 サイドカー構成ポッドの概念図

この方法の利点は、コンテナをブラックボックスとして扱い、複数のコンテナを組み合わせて利用することで、コンテナの再利用性が高まり、生産性を改善できることです。都度、目的にあったコンテナのイメージをビルドするのではなく、過去に開発した、実績があり、改良を重ね熟成したコンテナを容易に再利用できるので、短時間で大きな成果を得られます。

図3のnginxはDocker Hubに登録された公式イメージであり、ウェブサーバーです。それに加えて、contents-cloner(コンテンツ複製器)と呼ぶサイドカーコンテナを開発し、組み合わせています。このコンテナは、GitHubからHTMLコンテンツの差分を定期的にダウンロードすることで、保持しているコンテンツを最新化します。このようなコンテナは、アプリケーションの他の部分でも利用でき、汎用性が高いと言えます。さらに、環境変数でコンテンツのダウンロード元のURLを指定できるようにすれば、さらに有用性が高まり、いろいろな場所で再利用できます。

このウェブサーバーとコンテンツ複製器の組み合わせにより、コンテンツ開発者はgit pushを実行するだけで、HTMLコンテンツを最新化できるようになります。しかも、ノードに実装されたストレージを利用するので、共有ストレージ装置にアクセスが集中して、いくらポッド数を増やしても性能が出ないといった事態も回避できます。そして、本レッスンでは触れませんが、ポッド内のコンテナごとに、CPUの使用時間の上限を設定することができます[6]。たとえば、ウェブサーバーの応答時間を優先して、残ったCPU時間でHTMLコンテンツの更新を実行するといった設定も可能です。

それでは、コンテンツ複製器をシェルで開発してみましょう。Dockerfileはコンテンツ複製器のイメージをビ

参考資料

[5] サイドカーパターンの説明、https://kubernetes.io/blog/2015/06/the-distributed-system-toolkit-patterns/

ルドするためのファイルです。contents-clonerは本体となるシェルです。webserver.ymlは、ウェブサーバーとコンテンツ複製器を組み合わせたポッドを実行するマニフェストです。

実行例12 コンテンツ複製器イメージビルド用ディレクトリ

```
$ tree step07/sidecar/
step07/sidecar/
├── Dockerfile
├── contents-cloner
└── webserver.yml
```

ファイル8はコンテンツ複製器のシェルです。このコードは環境変数CONTENTS_SOURCE_URLにセットされたURLアドレスに対し、60秒間隔で更新の有無をチェックし、更新があった場合には既存コンテンツからの差分をダウンロードするものです。これら更新チェックと差分のダウンロードはgitコマンドの機能に依存しています。

具体的な動作として、初回はgit cloneで全コンテンツをダウンロードすることになり、これが完了したあとにリクエストを受けるようにしなければ、ダウンロード中の不完全なコンテンツを表示することになり、ユーザーの心象を損なう恐れがあります。そのため、前述の「初期化専用コンテナ」や「準備状態プローブ」の機能を併用して、git cloneの完了後にリクエストが転送されるように設定することができます。

ファイル8 contents-puller（コンテンツをGitHubから定期的に取り込むシェル）

```
1     #!/bin/bash
2     # 最新WebコンテンツをGitHubからコンテナへ取り込む
3
4     # コンテンツ元の環境変数がなければエラー終了
5     if [ -z $CONTENTS_SOURCE_URL ]; then
6        exit 1
7     fi
8
9     # 初回はGitHubからコンテンツをクローンする
10    git clone $CONTENTS_SOURCE_URL /data
11
12    # 2回目以降は、1分ごとに変更差分を取得する
13    cd /data
14    while true
15    do
16       date
17       sleep 60
18       git pull
19    done
```

このシェルを、コンテナの雛形となるイメージにするのが、次のDockerfileです。このベースイメージには

参考資料

[6] CPUメモリの割り当て、https://kubernetes.io/docs/concepts/configuration/manage-compute-resources-container/

ubuntu:16.04の公式コンテナを利用しています。コンテナの高速な起動を目指す場合には、より小さなコンテナイメージがよいでしょう。たとえば、ファイル9の Ubuntu 16.04のイメージサイズは120MB程度あります。それに対し18.04は、約半分のサイズの65MBです。さらにAlpineでは約10分の1の6MB未満です。しかし、必要なパッケージを加えると同じようなサイズになることもあります。マニフェストでAlpineに変更するには、ファイル92行目 の「ubuntu:16.04」を「alpine:latest」に変更します。

ファイル9 Dockerfile（コンテナcontents-pullerのビルド用）

```
1	## Contents Cloner Image
2	FROM ubuntu:16.04
3	RUN apt-get update && apt-get install -y git
4	COPY ./contents-cloner /contents-cloner
5	RUN chmod a+x /contents-cloner
6	WORKDIR /
7	CMD ["/contents-cloner"]
```

次の実行例13は、Dockerfileが存在するディレクトリ（Build context）で、イメージをビルドする様子です。これまで何度も同じ手順でイメージをビルドしていますから、説明は不要と思います。また、これもすでにご承知のとおり、筆者のリポジトリ名maho/c-cloner:0.1は、読者のDocker Hubのリポジトリ名に変更してください。

実行例13 コンテンツ複製器のイメージをビルドしてDocker Hubへプッシュする様子

```
$ docker build --tag maho/c-cloner:0.1 .
Sending build context to Docker daemon  4.096kB
<中略>
Successfully built 503d264f6789
Successfully tagged maho/c-cloner:0.1

$ docker login
Authenticating with existing credentials...
Login Succeeded

$ docker push maho/c-cloner:0.1
The push refers to repository [docker.io/maho/c-cloner]
<中略>
sha256:76bb79a0a041a21d5363df06e27758e063ff29711e8f052eca37192906fd6501 size: 1983
```

次に、ポッドのマニフェスト「ファイル10 webserver.yml」を作成していきます。このマニフェストでは、YAMLのキー項目spec.containersが配列になっており、複数のコンテナを記述できるようになっています。すべて同等の並列関係であり、どれがメインでどれがサイドカーというのはありませんが、コンテナ名nginxをメインコンテナ、clonerをサイドカーコンテナとしてコメントを付けています。

ファイル10 webserver.yml（サイドカー構成のポッドのマニフェスト）

```
1    ## サイドカー構成のサンプル
2    #
3    apiVersion: v1
4    kind: Pod
5    metadata:
6      name: webserver
7    spec:
8      containers:           ## メイン コンテナ
9      - name: nginx
10       image: nginx
11       volumeMounts:
12       - mountPath: /usr/share/nginx/html
13         name: contents-vol
14         readOnly: true
15
16     - name: cloner        ## サイドカー コンテナ
17       image: maho/c-cloner:0.1
18       env:
19       - name: CONTENTS_SOURCE_URL
20         value: "https://github.com/takara9/web-contents"
21       volumeMounts:
22       - mountPath: /data
23         name: contents-vol
24
25     volumes:              ## 共有ボリューム
26     - name: contents-vol
27       emptyDir: {}
```

YAMLの中で、spec.containers[cloner].envの環境変数CONTENTS_SOURCE_URLの値に、コンテンツが保存されたURLをセットします。サンプルとして筆者のGitHubのURLを入れましたが、読者のコンテンツをGitHubに登録し、置き換えて試すことができます。

このポッドの起動方法も、これまでと同じです。初回は少し時間を要しますが、2回目以降は数秒で起動するようになります。コンテンツ複製器のベースイメージをAlpine Linuxへ変更することで、初回の起動時間を短くできるはずです。

実行例14 サイドカー構成のポッドの生成

```
$ kubectl apply -f webserver.yml
pod/webserver created

$ kubectl get po
NAME        READY   STATUS              RESTARTS   AGE
webserver   0/2     ContainerCreating   0          36s

$ kubectl get po -o wide
NAME        READY   STATUS    RESTARTS   AGE   IP           NODE
webserver   2/2     Running   0          51s   172.17.0.4   minikube
```

それでは動作を確認していきます。前述と同じように、クライアントになる対話型ポッドを起動して、wgetコマンドでポッドネットワークのIPアドレスにアクセスし、ウェブサーバーのコンテンツが表示されることを確認します。最初、このポッドにはHTMLコンテンツが入っていない状態ですから、GitHubのコンテンツをダウンロードできている証になります。

実行例15 ポッドの初期コンテンツの様子

```
$ kubectl run busybox --image=busybox --restart=Never --rm -it sh
If you don't see a command prompt, try pressing enter.
/ # wget -q -O - http://172.17.0.4/
<!DOCTYPE html>
<html>
<head>
<title>ポッドテンプレート役割</title>
</head>
<body>
<h1>ポッドテンプレート役割</h1>

<p>ポッドテンプレートは、デプロイメント、レプリカセット、ジョブ、およびステートフルセットなどのコントローラに対するポッド
仕様です。これらコントローラは、ポッドテンプレートを使用して実際のポッドを作成します。</p>
<以下省略>
```

ここでコンテンツを最新の内容に修正して、git commit -m “update” 、そしてgit pushを実行します。約1分後にwgetを実行すると、更新された状態で表示されるようになりました。

このポッドには、クリーンナップの際に、終了処理に時間がかかるという問題があります。実行例16でkubectl delete po webserverを実行すると、1分くらい経過してやっと応答が返ってきます。この遅さは、ローリングアップデートなどの、Kubernetesの特徴を生かした運用に支障を来すおそれがあります。

実行例16 サイドカー構成のポッド終了時の様子と問題点

```
$ kubectl get po
NAME        READY     STATUS    RESTARTS   AGE
webserver   2/2       Running   0          37m

$ kubectl delete po webserver
pod "webserver" deleted
```

遅さの原因は「Step 05」の末尾、バックグラウンドで起動するコンテナの説明で述べた「終了要求シグナル」にあります。このシェルでは、シグナルSIGTERMを受け取って、シェルをexitすることを行っていません。そのため、終了処理の猶予時間を越えてしまい、シグナルSIGKILLで強制停止されたのです。対策として、次のスニペットをファイル8の11行目と12行目の間に挿入することで、素早く停止するようになります。

ファイル11 スニペット（SIGTERM受信時の停止処理関数）

```
1    ## SIGTERM受信時処理
2    save() {
3      exit 0
4    }
5    trap save TERM
```

Step 07のまとめ

このStepの重要ポイントを箇条書きにして、まとめておきます。

- 本番運用では、コントローラなしでポッドを起動することはまれだが、ここではポッドの理解を深めるために、単独のポッドの起動にマニフェストを利用した。
- ポッドはコンテナを実行する最小単位であり、クラスタネットワーク上にIPアドレスを持ち、複数のコンテナを内包して起動できる。このIPアドレスは、ホストするパソコンなどからは直接アクセスできない。
- ポッドには、コンテナのアプリケーションの動作を読み取る活性プローブや、初期化が完了して応答可能となったことを読み取る準備状態プローブを設定できる。
- ポッドに、初期化専用コンテナや協調動作するコンテナなど、複数のコンテナを組み合わせ再利用することで、より短い開発期間で、高い機能を実現できるようになる。
- コンテナは、終了要求シグナル（SIGTERM）を受け取って終了処理を行うように実装しなければならない。

表6 Step 07で新たに登場したkubectlコマンド

コマンド	動作
kubectl create -f ファイル名	ファイルに記述されたオブジェクトを生成する
kubectl delete -f ファイル名	オブジェクトを削除する
kubectl apply -f ファイル名	オブジェクトがあれば変更、なければ生成する

Step 08 デプロイメント

デプロイメントの役割を確認し、具体的動作を紙上演習によって理解する

これまで「デプロイメント」については、1章の「3.9 コントローラの基本」で、「フロントエンド系ワークロードに適している」と説明しました。ここではさらに一歩進めて、デプロイメントの具体的な動作を見ていきます。

デプロイメントの主な役割を大雑把に表すと、ポッドの稼働数を管理することです[1]。その重要性を、従来型の水平分散システムと対比しながら説明したいと思います。

従来型の水平分散システムの代表的な構成は、ロードバランサーと、同等スペックの複数のサーバーから成ります。ロードバランサーは、自身が持つ仮想IPアドレスで受信したクライアントからのリクエストを、サーバーのいずれか1台へ転送します。これにより、アプリケーション処理を複数のサーバーが分担します。この構成の利点は、サーバーの数を増やせば処理能力を向上できることです。また、要求される処理能力よりも多数のサーバーを配備しておけば、サーバーの1つが障害で使えなくなっても、処理を継続できる可用性を得ることができます。

これに対してK8sクラスタ上のシステム構成では、ポッドが従来型システムのサーバーの役割を担います。処理能力を増強したい場合には、ポッド数を増やして対応します。そして、必要な処理能力を満たす数よりも少し余分にポッドを配置すれば、ポッドの1つが異常停止してもアプリケーション配信を継続することができます。反対に、ポッドを必要以上に配備すると、使用されていないCPUやメモリの無駄なコストが生じます。

このようにポッドの稼働数は、システムの処理能力、アプケーションを継続して稼働させる可用性、そして適正なコスト管理にとって、重要な事項であることがわかります。

デプロイメントは、要求を満たすポッド数を起動し、そして障害などの理由でポッドの稼働数が減ってしまった場合には、処理能力を維持するよう追加起動する制御を行います。また、アプリケーションのバージョンアップの際には、新バージョンのポッドへ徐々に置き換えていく制御も担っています。このようにデプロイメントは、性能、可用性、コストにかかわる重要な役割を果たしています。

一方で、従来型システムのロードバランサーに相当する機能は、デプロイメントには含まれていません。こ

参考資料

[1] コントローラ デプロイメントの概説、https://kubernetes.io/docs/concepts/workloads/controllers/deployment/

れに該当する機能は、Kubernetesの「サービス」と呼ばれるオブジェクトが担っています。サービスについては後述の「Step 09」で扱います。

デプロイメントは単独で動作するのではなく、「レプリカセット」と連携してポッド数の制御を行います。この関係を概念的に表したのが図1です。レプリカセットは、デプロイメントのマニフェストのキー項目「replicas」の値を受け取り、ポッド数を制御します。ユーザーが直接的にレプリカセットを操作することはほとんどありませんが、レプリカセットの状態を参照することはできます。

対象となるポッドの特徴
- 要求を待ち続け終了しない
- 水平スケール
- 異常終了したら再スタート

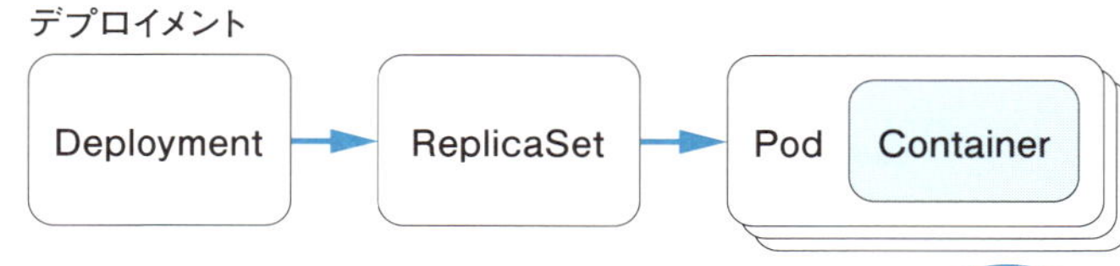

図1 デプロイメント、レプリカセット、ポッドの関係

このStep 08では、実行例を挙げながら、デプロイメントの基本的機能を見ていきます。それでは、レッスンに入っていきましょう。

サンプルコードの利用法

本レッスンで提示するコードは、GitHub（https://github.com/takara9/codes_for_lessons）にあります。

GitHubからクローンする場合

```
$ git clone https://github.com/takara9/codes_for_lessons
$ cd codes_for_lessons/step08
```

移動先には、本Stepで利用するファイルがあります。

08.1 デプロイメントの生成と削除

次のファイル1は、デプロイメントを生成するための最小のYAMLファイルです。デプロイメントの生成と削除の手順はポッドと同じです。生成するには「kubectl apply -f <YAMLファイル名>」を実行し、削除では「kubectl delete -f <YAMLファイル名>」を実行します。

ファイル1 deployment1.yml

```
1     apiVersion: apps/v1   # 表1 デプロイメントAPIを参照
2     kind: Deployment
3     metadata:
4       name: web-deploy
5     spec:                 # 表2 デプロイメントの仕様を参照
6       replicas: 3         # ポッドテンプレートからポッドを起動する数
7       selector:
8         matchLabels:      # コントローラとポッドを対応付けるラベルを指定
9           app: web        # <- ポッドは、このラベルと一致する必要
10      template:           # これ以下がポッドテンプレートで、雛形となる仕様記述
11        metadata:
12          labels:
13            app: web      # ポッドのラベル、コントローラのmatchLabelsと一致
14        spec:             # 表3 ポッドテンプレートの仕様を参照
15          containers:     # コンテナ仕様
16          - name: nginx
17            image: nginx:latest
```

このYAMLファイルは、階層にしたがって表1〜3の3つのパートから成っています。各キー項目の解説とリファレンスのリンクを紹介します。

表1 デプロイメントAPI(Deployment v1 apps)

キー項目	解説
apiVersion	Kubernetesバージョン1.9以降は"app/v1"、1.8以降は"apps/v1beta2"、1.6以降は"apps/v1beta1"、それ以前は"extensions/v1beta1"を指定するようにガイドされていた。GA版バージョン1.10以降では"app/v1"を設定する
metadata	nameにこのデプロイメントの名前をセットする
kind	Deploymentをセットする
spec	ここにデプロイメントの仕様を記述する。詳細は表2を参照

※ 本表のAPIの詳細は、https://kubernetes.io/docs/reference/generated/kubernetes-api/v1.14/#deployment-v1-appsにあります。v1.14の14部分を13や12に変更してアクセスすることで、他のマイナーバージョンのAPIを参照できます。

表2 デプロイメントの仕様(DeploymentSpec v1 apps)

キー項目	解説
replicas	ポッドテンプレート(雛形)を使って起動するポッドの数を指定する。デプロイメントは、この値を維持するように動作する。たとえば保守作業のためにノードを停止させる場合、残ったノードにポッドを起動して、replicasの値と一致するように制御する
selector	デプロイメント制御下のレプリカセットとポッドを対応付けるために、matchLabelsのラベルが利用される。このラベルがポッドテンプレートのラベルと一致しなければ、kubectl create/apply時にエラーとなる
template	デプロイメントが起動するポッドテンプレート(雛形)を記述する。表3を参照

※ 本表のAPIの詳細は、https://kubernetes.io/docs/reference/generated/kubernetes-api/v1.14/#deploymentspec-v1-appsにあります。

表3 ポッドテンプレートの仕様（PodTemplateSpec v1 core）

キー項目	解説
metadata	このlabelsの内容は、上記のセレクターが指定するラベルに一致しなければならない
containers	ポッドのコンテナの仕様を記述する。詳細は「Step07 マニフェストとポッド」の表3を参照

※本表のAPIの詳細は、https://kubernetes.io/docs/reference/generated/kubernetes-api/v1.14/#podtemplatespec-v1-coreにあります。

ここでファイル1を、前の「Step 07」で扱ったポッドのYAMLと比べてみます。注目してほしい箇所は図2の下の部分であり、2つのマニフェストの共通部分です。

ポッドのspec以下にあるコンテナの仕様を記述した部分と同じものが、デプロイメントのマニフェストにも存在しています。そして、デプロイメントのtemplate部分は、ポッドテンプレートと呼ばれるポッドの雛形となっています。すなわち、デプロイメントがreplicasの数だけポッドを起動する際には、この雛形を利用しているわけです。

そして、デプロイメントとポッドテンプレートは、ラベルによって関連付けされます。ここではラベル「app: web」が、デプロイメントとポッドテンプレートの関連付けに利用されています。

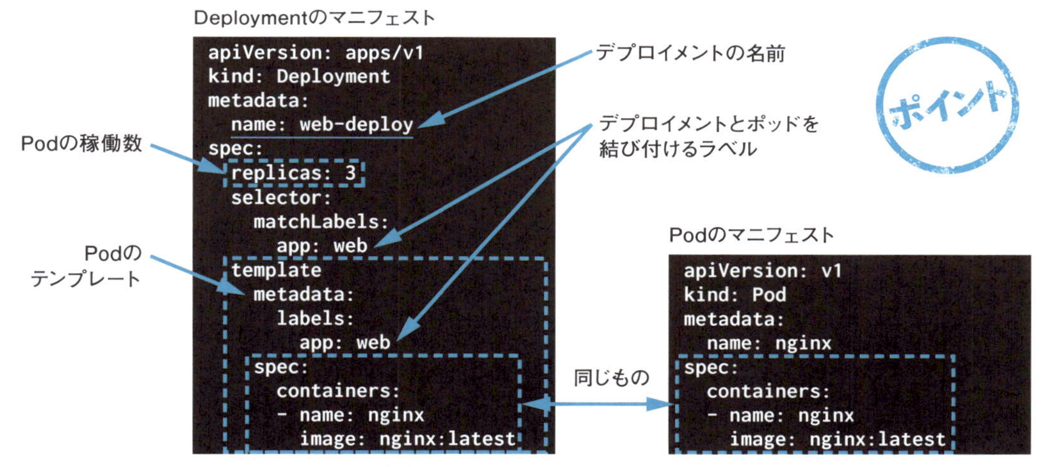

図2 デプロイメントとポッドのYAML比較

次の実行例1は、ファイル1のYAMLを適用した結果です。学習環境1のMinikube環境の上では、3個のポッドが同じノードに配置されます。複数ノードからなるK8sクラスタでは、ポッドはノードに分散して配置されます。

実行例1 デプロイメントの生成例（シングルノード環境Minikube環境の場合）

```
## (1) デプロイメントのマニフェストを適用
$ kubectl apply -f deployment1.yml
deployment "web-deploy" created
```

```
## (2) デプロイメントの状態
$ kubectl get deploy
NAME         DESIRED   CURRENT   UP-TO-DATE   AVAILABLE   AGE
web-deploy   3         3         3            3           12m

## (3) レプリカセットの状態
$ kubectl get rs
NAME                    DESIRED   CURRENT   READY     AGE
web-deploy-fc785c5f7    3         3         3         13m

## (4) ポッドの状態 IPアドレスとノード (見やすくするために編集しています)
$ kubectl get po -o wide
NAME                         READY   STATUS    AGE    IP           NODE
web-deploy-fc785c5f7-7rbz7   1/1     Running   13m    172.17.0.4   minikube
web-deploy-fc785c5f7-pw7pp   1/1     Running   13m    172.17.0.5   minikube
web-deploy-fc785c5f7-zdsnp   1/1     Running   13m    172.17.0.6   minikube
```

次の実行例2は、学習環境2へデプロイした例です。この中の(3)の部分に注目してください。オプション「-o wide」を加えることで、ポッドが配置されたノードを知ることができます。実行例2では、ポッドはNODE列の表示からnode1とnode2へ分散配置されていることが読み取れます。

実行例2 デプロイメントの生成例(複数ノード環境の場合)

```
## (1) ノードのリスト
$ kubectl get node
NAME     STATUS   ROLES    AGE    VERSION
master   Ready    master   26d    v1.14.0
node1    Ready    <none>   10d    v1.14.0
node2    Ready    <none>   9d     v1.14.0

## (2) デプロイメントのマニフェストを適用
$ kubectl apply -f deployment1.yml
deployment "web-deploy" created

## (3) ポッドの状態 IPアドレスとノード (見やすくするために編集しています)
$ kubectl get po -o wide
NAME                         READY   STATUS    AGE   IP             NODE
web-deploy-fc785c5f7-dqxw2   1/1     Running   1m    10.244.1.104   node2
web-deploy-fc785c5f7-fjw2w   1/1     Running   1m    10.244.5.125   node1
web-deploy-fc785c5f7-lrz2j   1/1     Running   1m    10.244.5.124   node1
```

08.2 スケール機能

「スケール機能」とは、replicasの値を変更して、ポッド数を増減することで、処理能力を調整する機能です。ここでは静的にreplicasの値を変更する方法を扱います。これに対してCPU使用率と連動して、動的にreplicasの値を調整する「オートスケール」と呼ばれる機能があります。これについては「Step 14」で取り上げます。

それでは、実行中のデプロイメントのレプリカ数を変更して処理能力をアップします。それには、ファイル1のdeployment2.ymlをエディタで編集して、レプリカ数（replicas）の値を3から10へ増やします。そして、「kubectl apply -f <ファイル名>」で変更を実行します。

ファイル2 deployment1.ymlのreplicasを10に変更：deployment2.yml

```
1     apiVersion: apps/v1
2     kind: Deployment
3     metadata:
4       name: web-deploy
5     spec:
6       replicas: 10       # <-- この値を3から10へ変更
7       selector:
8         matchLabels:
9           app: web
10      template:
11        metadata:
12          labels:
13            app: web
14        spec:
15          containers:
16          - name: nginx
17            image: nginx:latest
```

実行例3は、マニフェストの適用前と適用後にkubectlコマンドを実行して、ポッド数の変化を確認した記録です。デプロイメントは、replicas: 10になるように数秒で反応していることが読み取れます。

実行例3 マニフェストのreplicasの値を変更して再適用したときの動作

```
$ kubectl get po -a
NAME                         READY     STATUS     RESTARTS   AGE
web-deploy-fc785c5f7-9sd4b   1/1       Running    0          1m
web-deploy-fc785c5f7-k9g26   1/1       Running    1          1m
web-deploy-fc785c5f7-qnvtz   1/1       Running    0          1m

## (1) レプリカ数を変更したマニフェストを適用 (3->10)
$ kubectl apply -f deployment2.yml
deployment "web-deploy" configured

## (2) 適用後4秒の様子
$ kubectl get po -a
NAME                         READY     STATUS              RESTARTS   AGE
web-deploy-fc785c5f7-2f4xv   0/1       ContainerCreating   0          4s
web-deploy-fc785c5f7-88k6k   0/1       ContainerCreating   0          5s
web-deploy-fc785c5f7-9sd4b   1/1       Running             0          24m
web-deploy-fc785c5f7-bm959   0/1       ContainerCreating   0          5s
web-deploy-fc785c5f7-gjbtn   1/1       Running             0          4s
web-deploy-fc785c5f7-k9g26   1/1       Running             1          24m
web-deploy-fc785c5f7-knxlc   0/1       ContainerCreating   0          4s
web-deploy-fc785c5f7-l8q7d   1/1       Running             0          4s
web-deploy-fc785c5f7-qnvtz   1/1       Running             0          24m
web-deploy-fc785c5f7-xdb8z   0/1       ContainerCreating   0          5s
```

```
## (3) 適用後 11秒
$ kubectl get po -a
NAME                          READY     STATUS    RESTARTS   AGE
web-deploy-fc785c5f7-2f4xv   1/1       Running   0          11s
web-deploy-fc785c5f7-88k6k   1/1       Running   0          12s
web-deploy-fc785c5f7-9sd4b   1/1       Running   0          24m
web-deploy-fc785c5f7-bm959   1/1       Running   0          12s
web-deploy-fc785c5f7-gjbtn   1/1       Running   0          11s
web-deploy-fc785c5f7-k9g26   1/1       Running   1          24m
web-deploy-fc785c5f7-knxlc   1/1       Running   0          11s
web-deploy-fc785c5f7-l8q7d   1/1       Running   0          11s
web-deploy-fc785c5f7-qnvtz   1/1       Running   0          24m
web-deploy-fc785c5f7-xdb8z   1/1       Running   0          12s
```

次の実行例4は、コマンドkubectl scaleを利用してポッド数を増やす実行例です。

実行例4 コマンドkubectl scaleでポッドを増強する実行例

```
## (1)初期状態
$ kubectl get deploy,po
NAME                               DESIRED   CURRENT   UP-TO-DATE   AVAILABLE   AGE
deployment.extensions/web-deploy 3         3         3            3           8s

NAME                                READY     STATUS    RESTARTS   AGE
pod/web-deploy-57b4848db4-2cwfn    1/1       Running   0          8s
pod/web-deploy-57b4848db4-jbxl6    1/1       Running   0          8s
pod/web-deploy-57b4848db4-rd2ns    1/1       Running   0          8s

## (2) スケールアップ 実行
$ kubectl scale --replicas=10 deployment.extensions/web-deploy
deployment.extensions/web-deploy scaled

## (3) スケールアップ結果
$ kubectl get deploy
NAME         DESIRED   CURRENT   UP-TO-DATE   AVAILABLE   AGE
web-deploy   10        10        10           10          1m
```

デプロイメントで増強できるのはポッド数だけです。そのため、ポッド数を増やす過程でK8sクラスタの計算資源(CPUとメモリ)が不足すると、ノードが増設されるまで、ポッドの増設は保留されます。たとえばメモリが不足した場合に、Linuxの仮想記憶によって主記憶をページングしながら、ポッドの目標数まで増設されるといったことはありません。主記憶からポッドへ割り当てられなくなった時点で、ポッドは増えなくなります。これはCPUについても同じです。

スケールを実行する際には、前もって計算資源の残量を確認し、必要に応じてノードを増設しなくてはなりません。

08.3 ロールアウト機能

「ロールアウト」という言葉には馴染みのない人もいるでしょう。もともとは、新しい航空機の完成と披露を指していたようですが、新しいソフトウェアやサービスの提供開始にも用いられています。しかし、Kubernetesでのロールアウトは「アプリケーションコンテナの更新」を意味しています。

ロールアウトを実行するには、事前に新しいイメージをビルドして、リポジトリへ追加登録しておかなければなりません。そして、新イメージのリポジトリ名とタグをマニフェストのimageの値にセットして、kubectl apply -fで再適用することでロールアウトが開始されます。

このロールアウトの進行中には、リクエストの処理負荷に対処できるポッド数を残して停止できるポッド数、すなわち「停止許容数」だけ古いポッドを停止します。そして、停止したポッドの数に超過許容数を加えた数だけ、かつ、新しいポッド数はreplicasの値を上限として、ポッドを起動します。そして、新しいポッドが処理を開始したら、再び同じ条件で古いポッドの停止と新しいポッドの起動を繰り返していき、すべてのポッドで新しいコンテナが動作するようにします。

このようにして、クライアントのアクセス負荷を処理しながら、新しいポッドへと順次切り替えていきます。ここでは説明を簡潔にするために詳細を省略しましたが、このあとの実行例では実際の動作を見ていきます。

このような、新旧2バージョンのコンテナの同時稼働を許し、サービスを止めることなく、新機能のアプリケーションをリリースすることは、ロールアウトの機能だけでは実現できません。当然、アプリケーション設計、テーブル設計、キャッシュ利用などの側面で条件を満たす必要があります。それでも、競合他社との競争に打ち勝つために頻繁な機能追加を必要とするビジネス分野では、たいへん有用な機能であると思います。

このロールアウト機能を具体的に理解するため、実行例で動きを追っていきましょう。ここでは、デプロイメントの管理下で稼働するウェブサーバーNginxのバージョンアップを行います。

実行例5は、deployment2.ymlとdeployment3.ymlの2つのマニフェストの差分を表示したものです。イメージ名は両者とも同じnginxですが、タグが1.16と1.17で異なっています。このタグは、Nginxのバージョンを表しています。これらのマニフェストを順番に適用することは、クライアントのアクセスを継続しながら、nginx:1.16のコンテナをnginx:1.17へ入れ替えてバージョンアップすることになります。

実行例5 2つのファイルの差分表示（コンテナのバージョンが変更されている）

```
$ cp deployment2.yml deployment3.yml
$ vi deployment3.yml
$ diff deployment2.yml deployment3.yml
17c17
<         image: nginx:1.16
---
>         image: nginx:1.17
```

deployment2.ymlを適用したあとの状態から、ロールアウトのデフォルト設定を確認しておきます。

実行例6のRollingUpdateStrategyに注目してください。この横には「25% max unavailable, 25% max surge」の表示があります。これは「最大25%のポッドの停止を許容し、最大25%のポッドの稼働数超過を許容する」という意味です。今回の例では、replicasの値は10であり、これが基本となるポッド数です。最小ポッド数は、10－10×25%＝7.5であり、小数点以下を切り上げて8になります。超過のポッド数、すなわち新旧ポッドの稼働数の合計は、10＋10×25%＝12.5で、切り上げて13となります。

まとめると、デプロイメントのロールアウト制御は、最小で8個のポッドの稼働を維持しながら、起動中ポッドと稼働中ポッドの合計が13個を超えないように、ロールアウトを推進することになります。

実行例6 実行中のデプロイメントの詳細表示

```
$ kubectl describe deployment web-deploy
Name:                   web-deploy
Namespace:              default
CreationTimestamp:      Thu, 28 Jun 2018 15:34:58 +0900
Labels:                 app=web

<中略>

Selector:               app=web
Replicas:               10 desired | 10 updated | 10 total | 10 available | 0 unavailable
StrategyType:           RollingUpdate
MinReadySeconds:        0
RollingUpdateStrategy:  25% max unavailable, 25% max surge  <-- 注目
Pod Template:
  Labels:  app=web
  Containers:
<以下省略>
```

実行例7は、移行が完了するまでの間、ポッドのリストを繰り返し表示したものです。STATUSのカラムでRunning中が8個を下回らないように、そして、Terminatingを除いた合計値が13個を超えないように切り替わる様子がわかります。

実行例7 ロールアウトの様子

```
$ kubectl apply -f deployment3.yml
deployment "web-deploy" configured

## (1) マニフェスト適応直後
$ kubectl get po
NAME                          READY     STATUS    RESTARTS   AGE
web-deploy-fc785c5f7-jmk9x    1/1       Running   0          56s
web-deploy-fc785c5f7-k2nlx    1/1       Running   0          52s
web-deploy-fc785c5f7-n4n69    1/1       Running   0          56s
web-deploy-fc785c5f7-n9q42    1/1       Running   0          46s
web-deploy-fc785c5f7-nkht5    1/1       Running   0          46s
web-deploy-fc785c5f7-t4r5t    1/1       Running   0          56s
web-deploy-fc785c5f7-trvjn    1/1       Running   0          56s
web-deploy-fc785c5f7-wbs75    1/1       Running   0          52s
web-deploy-fc785c5f7-x95hr    1/1       Running   0          47s
```

```
web-deploy-fc785c5f7-xkcv4   1/1     Running   0          56s

## (2) 5秒後 Running状態のポッド数は8個、ContainerCreating状態は4個
$ kubectl get po
NAME                          READY   STATUS              RESTARTS   AGE
web-deploy-c95b4b44c-7z548    0/1     ContainerCreating   0          3s
web-deploy-c95b4b44c-9vnsl    0/1     ContainerCreating   0          3s
web-deploy-c95b4b44c-fbmt2    0/1     ContainerCreating   0          3s
web-deploy-c95b4b44c-pbpkc    0/1     Pending             0          0s
web-deploy-c95b4b44c-rzhgj    1/1     Running             0          3s
web-deploy-c95b4b44c-wfnds    0/1     ContainerCreating   0          3s
web-deploy-fc785c5f7-jmk9x    1/1     Running             0          1m
web-deploy-fc785c5f7-k2nlx    1/1     Running             0          58s
web-deploy-fc785c5f7-n4n69    1/1     Running             0          1m
web-deploy-fc785c5f7-n9q42    1/1     Terminating         0          52s
web-deploy-fc785c5f7-nkht5    1/1     Terminating         0          52s
web-deploy-fc785c5f7-t4r5t    1/1     Running             0          1m
web-deploy-fc785c5f7-trvjn    1/1     Running             0          1m
web-deploy-fc785c5f7-wbs75    1/1     Running             0          58s
web-deploy-fc785c5f7-x95hr    1/1     Terminating         0          53s
web-deploy-fc785c5f7-xkcv4    1/1     Running             0          1m

## (3) 10秒後Running状態のポッド数は8個を維持、ContainerCreating状態は2個
$ kubectl get po
NAME                          READY   STATUS              RESTARTS   AGE
web-deploy-c95b4b44c-7z548    1/1     Running             0          9s
web-deploy-c95b4b44c-9j8qp    0/1     Pending             0          3s
web-deploy-c95b4b44c-9vnsl    0/1     ContainerCreating   0          9s
web-deploy-c95b4b44c-bjdp6    0/1     Pending             0          0s
web-deploy-c95b4b44c-fbmt2    1/1     Running             0          9s
web-deploy-c95b4b44c-pbpkc    0/1     ContainerCreating   0          6s
web-deploy-c95b4b44c-rzhgj    1/1     Running             0          9s
web-deploy-c95b4b44c-wfnds    1/1     Running             0          9s
web-deploy-c95b4b44c-zzfjq    0/1     Pending             0          3s
web-deploy-fc785c5f7-jmk9x    1/1     Running             0          1m
web-deploy-fc785c5f7-k2nlx    1/1     Terminating         0          1m
web-deploy-fc785c5f7-n4n69    1/1     Running             0          1m
web-deploy-fc785c5f7-t4r5t    1/1     Terminating         0          1m
web-deploy-fc785c5f7-trvjn    1/1     Running             0          1m
web-deploy-fc785c5f7-wbs75    1/1     Terminating         0          1m
web-deploy-fc785c5f7-x95hr    1/1     Terminating         0          59s
web-deploy-fc785c5f7-xkcv4    1/1     Running             0          1m

# (4) 15秒後 Running状態は8個、ContainerCreating状態は2個
$ kubectl get po
NAME                          READY   STATUS              RESTARTS   AGE
web-deploy-c95b4b44c-7z548    1/1     Running             0          15s
web-deploy-c95b4b44c-9j8qp    0/1     Pending             0          9s
web-deploy-c95b4b44c-9vnsl    1/1     Running             0          15s
web-deploy-c95b4b44c-bjdp6    0/1     ContainerCreating   0          6s
web-deploy-c95b4b44c-fbmt2    1/1     Running             0          15s
web-deploy-c95b4b44c-pbpkc    1/1     Running             0          12s
web-deploy-c95b4b44c-rzhgj    1/1     Running             0          15s
web-deploy-c95b4b44c-v6kf5    0/1     ContainerCreating   0          5s
web-deploy-c95b4b44c-wfnds    1/1     Running             0          15s
web-deploy-c95b4b44c-zzfjq    1/1     Running             0          9s
web-deploy-fc785c5f7-jmk9x    1/1     Running             0          1m
web-deploy-fc785c5f7-k2nlx    1/1     Terminating         0          1m
web-deploy-fc785c5f7-n4n69    1/1     Terminating         0          1m
web-deploy-fc785c5f7-trvjn    1/1     Terminating         0          1m
web-deploy-fc785c5f7-xkcv4    1/1     Terminating         0          1m

# (5) 20秒後 Running状態は10個
```

```
$ kubectl get po
NAME                          READY     STATUS        RESTARTS    AGE
web-deploy-c95b4b44c-7z548    1/1       Running       0           20s
web-deploy-c95b4b44c-9j8qp    1/1       Running       0           14s
web-deploy-c95b4b44c-9vnsl    1/1       Running       0           20s
web-deploy-c95b4b44c-bjdp6    1/1       Running       0           11s
web-deploy-c95b4b44c-fbmt2    1/1       Running       0           20s
web-deploy-c95b4b44c-pbpkc    1/1       Running       0           17s
web-deploy-c95b4b44c-rzhgj    1/1       Running       0           20s
web-deploy-c95b4b44c-v6kf5    1/1       Running       0           10s
web-deploy-c95b4b44c-wfnds    1/1       Running       0           20s
web-deploy-c95b4b44c-zzfjq    1/1       Running       0           14s
web-deploy-fc785c5f7-jmk9x    0/1       Terminating   0           1m
web-deploy-fc785c5f7-xkcv4    0/1       Terminating   0           1m

# (6) 25秒後 ロールアウト完了
$ kubectl get po
NAME                          READY     STATUS    RESTARTS    AGE
web-deploy-c95b4b44c-7z548    1/1       Running   0           25s
web-deploy-c95b4b44c-9j8qp    1/1       Running   0           19s
web-deploy-c95b4b44c-9vnsl    1/1       Running   0           25s
web-deploy-c95b4b44c-bjdp6    1/1       Running   0           16s
web-deploy-c95b4b44c-fbmt2    1/1       Running   0           25s
web-deploy-c95b4b44c-pbpkc    1/1       Running   0           22s
web-deploy-c95b4b44c-rzhgj    1/1       Running   0           25s
web-deploy-c95b4b44c-v6kf5    1/1       Running   0           15s
web-deploy-c95b4b44c-wfnds    1/1       Running   0           25s
web-deploy-c95b4b44c-zzfjq    1/1       Running   0           19s
```

ロールアウト進行中に停止すべきポッドのコンテナには、終了要求のシグナルSIGTERMが送信されます。もしも、コンテナ上のアプリケーションのプログラムが、このシグナルを受け取り、終了処理完了して停止しなければ、30秒後にSIGKILLによって強制終了させられます。

終了要求のシグナルが送信されたコンテナには、クライアントからの新たなリクエストは転送されなくなります。そして、コンテナのアプリケーションはシグナルを受けたら、実行中の処理を完了したあと、終了処理を実行して、コンテナのメインプロセスを終了します。

コンテナのメモリやファイルに保存されているデータは、ポッドの停止とともに失われるため、アプリケーションは完全にステートレスな設計になっていなければなりません。たとえば、ウェブアプリケーションのセッション情報は、外部のキャッシュに保存するべきです。

08.4 ロールバック機能

従来、「ロールバック」という語はSQLデータベースなどを使ったトランザクション処理において、データの更新や削除を取り消して元の状態に戻す行為を指してきました。一方、Kubernetesのロールバックは、「ロールアウト前の古いコンテナへ戻すためにポッドを入れ替えること」を指します。このロールバックでもロールアウトと同様に、クライアントからのリクエストを処理しながら、ポッドを入れ替えていきます。

この機能により、たとえば新機能を搭載したウェブアプリケーションをリリースした直後に不具合が発見された場合、簡単にリリース前に戻すことができます。ただし、不具合の発生中に更新されたデータが、一緒にロールバックされることはありません。そのため、不具合によりデータが破損した場合などに必要性に応じて、別途、データのリカバリー処理を考えなくてはなりません。それでも、開発者や運用者にはとても心強い味方となる機能です。

それでは、ロールバックの動作を実行例8で見ていきましょう。ロールバックするためのコマンドは、「(1) ロールバック開始」のkubectl rollout undo deployment web-deployの1行です。このようなシンプルな操作でコンテナをロールアウト前に戻せることは、とても重要だと思います。

実行例8 ロールバックの実行の様子

```
## (1) ロールバック開始
$ kubectl rollout undo deployment web-deploy
deployment "web-deploy"

## (2) 5秒後 過渡期
$ kubectl get po
NAME                         READY     STATUS              RESTARTS   AGE
web-deploy-c95b4b44c-7z548   1/1       Running             0          1h
web-deploy-c95b4b44c-9j8qp   1/1       Running             0          1h
web-deploy-c95b4b44c-9vnsl   1/1       Running             0          1h
web-deploy-c95b4b44c-fbmt2   1/1       Running             0          1h
web-deploy-c95b4b44c-pbpkc   1/1       Running             0          1h
web-deploy-c95b4b44c-rzhgj   1/1       Running             0          1h
web-deploy-c95b4b44c-v6kf5   0/1       Terminating         0          1h
web-deploy-c95b4b44c-wfnds   1/1       Running             0          1h
web-deploy-c95b4b44c-zzfjq   1/1       Running             0          1h
web-deploy-fc785c5f7-glgsw   0/1       ContainerCreating   0          4s
web-deploy-fc785c5f7-jx95g   0/1       ContainerCreating   0          4s
web-deploy-fc785c5f7-pmff8   0/1       ContainerCreating   0          4s
web-deploy-fc785c5f7-vgb24   0/1       ContainerCreating   0          4s
web-deploy-fc785c5f7-x4f74   0/1       ContainerCreating   0          4s

## (3) 20秒後 過渡期
$ kubectl get po
NAME                         READY     STATUS              RESTARTS   AGE
web-deploy-c95b4b44c-7z548   1/1       Terminating         0          1h
web-deploy-c95b4b44c-fbmt2   1/1       Terminating         0          1h
web-deploy-c95b4b44c-rzhgj   1/1       Terminating         0          1h
web-deploy-c95b4b44c-wfnds   1/1       Terminating         0          1h
web-deploy-fc785c5f7-b52sb   1/1       Running             0          11s
web-deploy-fc785c5f7-glgsw   1/1       Running             0          19s
web-deploy-fc785c5f7-jx95g   1/1       Running             0          19s
web-deploy-fc785c5f7-n97km   0/1       Pending             0          9s
web-deploy-fc785c5f7-pmff8   1/1       Running             0          19s
web-deploy-fc785c5f7-vgb24   1/1       Running             0          19s
web-deploy-fc785c5f7-vwjck   1/1       Running             0          12s
web-deploy-fc785c5f7-x4f74   1/1       Running             0          19s
web-deploy-fc785c5f7-xnt5z   0/1       ContainerCreating   0          10s
web-deploy-fc785c5f7-zf5r9   1/1       Running             0          14s

## (4) 45秒後 全数入れ替わった状態
$ kubectl get po
NAME                         READY     STATUS    RESTARTS   AGE
web-deploy-fc785c5f7-b52sb   1/1       Running   0          37s
```

```
web-deploy-fc785c5f7-glgsw   1/1       Running   0          45s
web-deploy-fc785c5f7-jx95g   1/1       Running   0          45s
web-deploy-fc785c5f7-n97km   1/1       Running   0          35s
web-deploy-fc785c5f7-pmff8   1/1       Running   0          45s
web-deploy-fc785c5f7-vgb24   1/1       Running   0          45s
web-deploy-fc785c5f7-vwjck   1/1       Running   0          38s
web-deploy-fc785c5f7-x4f74   1/1       Running   0          45s
web-deploy-fc785c5f7-xnt5z   1/1       Running   0          36s
web-deploy-fc785c5f7-zf5r9   1/1       Running   0          40s
```

デプロイメントが持つロールアウト機能とロールバック機能の特徴は、サービスを停止させることなく新機能をリリースでき、簡単に元のバージョンに戻せることだと思います。この機能を利用するにはアプリケーション側の対応も必要ですが、今後のCI/CD推進に必要不可欠であると思います。

08.5 IPアドレスが「変わる／変わらない」

ポッドのIPアドレスは、イベントによって変わる場合と変わらない場合があります。

このアドレスはポッドの起動時に割り当てられ、終了時に回収されて他のポッドへ再割り当てされます。すなわち、ロールアウトやロールバックによるポッドの入れ替え、スケールによるポッド数の増減においても、ポッドが起動するたびにIPアドレスが変わります。

実行例9では、kubectlコマンドを使い、デプロイメント管理下のポッドを1つ削除しています。すると、マニフェストのreplicasで設定したポッド数を保つために、ただちに代わりのポッドが起動します。このときのポッドのIPアドレスは、削除されたポッドのIPアドレスを再利用することなく、新たなIPアドレスが割り当てられています。

実行例9 ポッドのIPアドレスが一定しない様子

```
$ kubectl get po -o wide
NAME                         READY   STATUS        RESTARTS   AGE   IP           NODE
web-deploy-fc785c5f7-glgsw   1/1     Running       0          11m   172.17.0.4   minikube
web-deploy-fc785c5f7-vgb24   1/1     Running       0          11m   172.17.0.8   minikube
web-deploy-fc785c5f7-x4f74   1/1     Running       0          11m   172.17.0.3   minikube

## (1) ポッドの1つを削除します。
$ kubectl delete  po web-deploy-fc785c5f7-vgb24
pod "web-deploy-fc785c5f7-vgb24" deleted

## (2) ただちに代替のポッドが起動しますが、新たなIPアドレス起動します。
$ kubectl get po -o wide
NAME                         READY   STATUS        RESTARTS   AGE   IP           NODE
web-deploy-fc785c5f7-b9jsx   1/1     Running       0          2s    172.17.0.6   minikube
web-deploy-fc785c5f7-glgsw   1/1     Running       0          12m   172.17.0.4   minikube
web-deploy-fc785c5f7-vgb24   0/1     Terminating   0          12m   172.17.0.8   minikube
web-deploy-fc785c5f7-x4f74   1/1     Running       0          12m   172.17.0.3   minikube

$ kubectl get po -o wide
```

```
NAME                        READY   STATUS    RESTARTS   AGE   IP           NODE
web-deploy-fc785c5f7-b9jsx  1/1     Running   0          19s   172.17.0.6   minikube
web-deploy-fc785c5f7-glgsw  1/1     Running   0          12m   172.17.0.4   minikube
web-deploy-fc785c5f7-x4f74  1/1     Running   0          12m   172.17.0.3   minikube
```

コマンド「kubectl get pod」を実行したときのRESTARTS（再スタート）は、ポッドの再スタートではなく、ポッドが内包しているコンテナが再スタートした回数です。たとえば、コンテナ内のプロセスが異常終了した場合、ポッドはコンテナを再スタートさせ、このRESTARTSのカウンタ値を繰り上げていきます。この場合、ポッドのIPアドレスは変わりません。

08.6 自己回復機能

次に、デプロイメントの自己回復機能を見ていきましょう。ここでは単独で起動したポッドと、デプロイメントから起動したポッドの振る舞いの違いを比べることで、デプロイメントが担っている自動回復の機能を確認します。

ポッド内のコンテナが何らかの理由で終了した場合、デフォルトの動作では、ポッドがコンテナを再スタートすることになっています。つまり、ポッドはコンテナレベルの障害に対応する自己回復を担っています。

これに対してデプロイメントの自己回復機能は、ポッドが喪失するレベルの障害に対応するものです。このレベルの障害ケースとして、ハードウェア障害などによるノードの停止を想定したシナリオで、自己回復機能を見ていくことにします。次の1〜5のステップは、ノード停止を想定した、自己回復機能を確認するための流れです。

1. ポッドを単独で起動するマニフェストを作成する。
2. デプロイメントのマニフェストを作成する。
3. 学習環境2に上記2つのマニフェストをデプロイする。
4. 単独ポッドが配置されたノードを停止して、自己回復の振る舞いを観察する。
5. 再びノードを起動してポッドの状態を確認する。

ファイル3は、ポッドを単独で生成するためのマニフェストです。このコンテナは、1時間経過後に終了するシェルを実行します。そして、最後の行でrestartPolicyをAlwaysに設定し、コンテナは停止すると常に再起動されるように明示的に設定しておきます。

ファイル3 ポッドを単独で生成するためのマニフェスト：pod.yml

```
1    apiVersion: v1
2    kind: Pod
```

1章 Dockerと Kubernetesの概要
2章 コンテナ開発を習得する5ステップ
3章 K8s実践活用のための10ステップ
付録 学習環境の構築法

```
3     metadata:
4       name: test1
5     spec:
6       containers:
7       - name: busybox
8         image: busybox:1
9         command: ["sh",  "-c", "sleep 3600; exit 0"]
10      restartPolicy: Always
```

ここでは実行例に取り上げませんが、ファイル3のキー項目commandの値を「"sh", "-c", "sleep 10; exit 1"」に変更して、マニフェストを適用することで、ポッドがコンテナを再スタートして、自己回復を試みる様子を観察できます。再スタート回数は、コマンド「kubectl get po」の実行結果RESTARTS列の数値で読み取ることができます。

次のファイル4は、デプロイメントからポッドを起動するマニフェストです。ファイル3と同じ仕様のコンテナを4個起動します。

ファイル4 デプロイメントのマニフェスト：deployment4.yml

```
1     apiVersion: apps/v1
2     kind: Deployment
3     metadata:
4       name: test2
5     spec:
6       replicas: 4
7       selector:
8         matchLabels:
9           app: test2
10      template:
11        metadata:
12          labels:
13            app: test2
14        spec:
15          containers:
16          - name: busybox
17            image: busybox:1
18            command: ["sh",  "-c", "sleep 3600; exit 0"]
```

学習環境2のK8sクラスタへ、ファイル3とファイル4のマニフェストを適用します。

実行例10 学習環境2に2つのマニフェストを適用する様子

```
$ kubectl get node
NAME      STATUS    ROLES     AGE       VERSION
master    Ready     master    8m        v1.14.0
node1     Ready     <none>    6m        v1.14.0
node2     Ready     <none>    6m        v1.14.0
```

```
$ kubectl apply -f pod.yml
pod/test1 created
$ kubectl apply -f deployment4.yml
deployment.apps/test2 created
```

次にノードの1つを停止させて、デプロイメントの自己回復の様子を見ていきます。単独で起動したtest1のポッドは、node2へ配置されていますから、コマンド「vagrant halt node2」を実行してノード2を停止します。

実行例11にある「ノード2停止 約5分後」のポッドリストでは、ノード2は停止しているにもかかわらず、Runningの状態になっています。そして、次の1分後の「ノード2停止 約6分後」では、ノード2上のポッドのSTATUSがUnknownに変わり、デプロイメントは代替となるポッドをノード1上に稼働させて55秒経過していることが読み取れます。一方、単独で起動したポッドtest1がノード1で起動されることはありません。

実行例11 ノード停止から代替ポッドが起動するまでの様子

```
# ノード2 停止直後
2018年 10月27日 土曜日 13時19分39秒 JST
NAME                      READY   STATUS    RESTARTS   AGE   IP            NODE
test1                     1/1     Running   0          3m    10.244.1.9    node2
test2-58dc5c6448-7xdzr    1/1     Running   0          2m    10.244.2.12   node1
test2-58dc5c6448-js6mm    1/1     Running   0          2m    10.244.1.11   node2
test2-58dc5c6448-k98xh    1/1     Running   0          2m    10.244.1.10   node2
test2-58dc5c6448-tvnjn    1/1     Running   0          2m    10.244.2.11   node1

## ノード2停止 約5分後
2018年 10月27日 土曜日 13時23分40秒 JST
NAME                      READY   STATUS    RESTARTS   AGE   IP            NODE
test1                     1/1     Running   0          7m    10.244.1.9    node2
test2-58dc5c6448-7xdzr    1/1     Running   0          7m    10.244.2.12   node1
test2-58dc5c6448-js6mm    1/1     Running   0          7m    10.244.1.11   node2
test2-58dc5c6448-k98xh    1/1     Running   0          7m    10.244.1.10   node2
test2-58dc5c6448-tvnjn    1/1     Running   0          7m    10.244.2.11   node1

## ノード2停止 約6分後
2018年 10月27日 土曜日 13時24分40秒 JST
NAME                      READY   STATUS    RESTARTS   AGE   IP            NODE
test1                     1/1     Unknown   0          8m    10.244.1.9    node2
test2-58dc5c6448-4qckm    1/1     Running   0          55s   10.244.2.13   node1
test2-58dc5c6448-7xdzr    1/1     Running   0          8m    10.244.2.12   node1
test2-58dc5c6448-f6wbf    1/1     Running   0          55s   10.244.2.14   node1
test2-58dc5c6448-js6mm    1/1     Unknown   0          8m    10.244.1.11   node2
test2-58dc5c6448-k98xh    1/1     Unknown   0          8m    10.244.1.10   node2
test2-58dc5c6448-tvnjn    1/1     Running   0          8m    10.244.2.11   node1
```

次の実行例12で、停止したノード2をコマンド「vagrant up node2」で再び起動します。すると、それまでUnknown状態だったポッドが削除されました。これはノード2との通信が回復し、状態を取得できたことで、不明な状態のポッドの有無が確認でき、削除の判断ができたからです。一方で、単独で起動したポッドtest1は、この段階で完全に消失してしまいました。

実行例12 node2を起動後のポッドのリスト

```
## ノード2復帰後
2018年 10月27日 土曜日 13時27分41秒 JST
NAME                    READY   STATUS    RESTARTS   AGE   IP            NODE
test2-58dc5c6448-4qckm   1/1     Running   0          3m    10.244.2.13   node1
test2-58dc5c6448-7xdzr   1/1     Running   0          11m   10.244.2.12   node1
test2-58dc5c6448-f6wbf   1/1     Running   0          3m    10.244.2.14   node1
test2-58dc5c6448-tvnjn   1/1     Running   0          11m   10.244.2.11   node1
```

ここまで見てきたように、デプロイメントは決して敏感な反応をするわけではありません。むしろ、ゆっくりと慎重な動作をするように作られています。その理由は、一時的な障害状態によって自己回復機能が発動し、結果として不安定な状態に陥ることを回避するためです。

08.7 デプロイメントを利用した高可用性構成

1章の「3.9 コントローラの基本」では、「デプロイメントはフロントエンド系処理に適している」と述べましたが、実は1つのポッドと永続ボリュームで、アクティブスタンバイの高可用性構成（以下、HA構成）を作ることができます（図3）。前述のとおり、デプロイメントは緩慢な安定動作を指向しており、自己回復動作の発動までに5分間必要ですが、適用できるケースはたくさんあると思います。

図3の構成では、ミドルウェアなどが動作するポッドは、どのノードからでも永続ボリュームをマウントできるようにします。ポッドが1つの場合には、アクティブスタンバイのHA構成に等しい動作を期待できます。

ノードが計画停止する場合には、事前にポッドを他のノードへ移動してサービスを継続できます。また、ハードウェア障害でノードが停止した場合には、デプロイメントがポッドを移動してサービスを再開することができます。

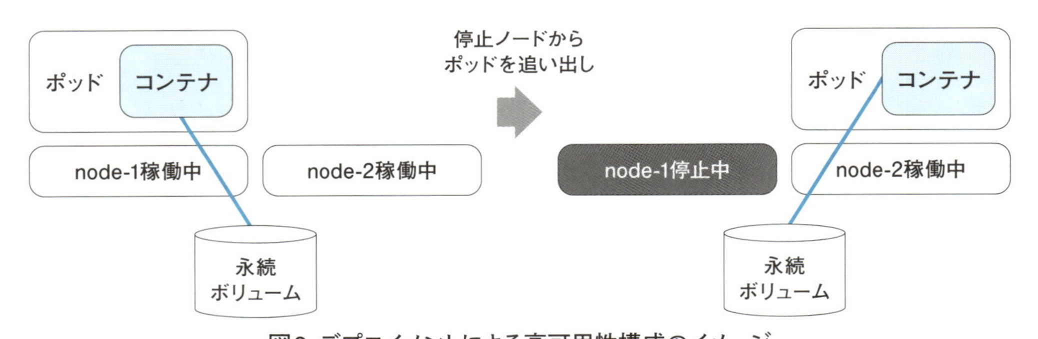

図3 デプロイメントによる高可用性構成のイメージ

最初に、計画停止予定のノードからポッドを退避する方法について、実行例を見ていきます。このケースは2つ以上のノードと永続ボリュームが必要なので、学習環境2のマルチノード構成のK8sクラスタと、「付録2.3 仮想GlusterFSクラスタ」の組み合わせが必要です。または、学習環境3の「付録3.1 IBM Cloud Kubernetes Service」や「付録3.2 Google Kubernetes Engine」では、パブリッククラウドの永続ボリュームのサービスを利用するようにマニフェストを修正することで、演習に利用できます。なお、クラウド環境で図3のHA構成を作る場合の注意点として、すべてのノードが同じゾーン（データセンターと同等の意味）に存在しなければなりません。この制約の原因は、永続ボリュームは同一ゾーンのサーバーからしかマウントできない制限があるためです。

実行例13では、MySQLサーバーのポッドが、K8sクラスタ外部の永続ボリュームをマウントするHA構成を作ります。このマニフェストは、MySQLのクライアントへアクセスを提供するためにサービスを併用しています。マニフェストの内容はこのStepの巻末に掲載しています。

実行例13 ファイル5のマニフェストをデプロイした様子

```
$ kubectl apply -f mysql-act-stby.yml
persistentvolumeclaim/gvol-1 created
deployment.apps/mysql created
service/mysql-dpl created
```

最初にノードのリストを表示しておきます。これは学習環境2でのリスト結果ですが、学習環境3のパブリッククラウドではノード名が長くて覚えにくいので、最初にノードのリストを表示しておくとコピー&ペーストしやすくて便利です。

実行例14 ノードのリスト表示

```
imac:k3 maho$ kubectl get node
NAME      STATUS    ROLES     AGE       VERSION
master    Ready     master    14h       v1.14.0
node1     Ready     <none>    14h       v1.14.0
node2     Ready     <none>    14h       v1.14.0
```

実行例15 MySQLのポッドが配置されたノードを確認しておく

```
$ kubectl get pod -o wide
NAME                     READY     STATUS    RESTARTS   AGE       IP           NODE
mysql-5595f7cfb8-c77c5   1/1       Running   0          1m        10.244.2.7   node1
```

実行例16のコマンドは、指定したノードへのポッドの実行割り当てを禁止するもので任意（オプション）です。その理由は、実行例17のkubectl drainを実行すると同時にcordonも実行されるからです。

実行例16 ノード1へスケジュールを停止

```
$ kubectl cordon node1
node "node1" cordoned
```

GKEやIKSのパブリッククラウド環境で実行例17が期待どおりの結果を得るには、退避先のノードが同一ゾーンに存在している必要があります。ノードが複数ゾーンに分散して配置されている場合には、次のコマンドはK8sクラスタから受け入れられますが、ポッドのスケジュールは失敗してしまいます。

実行例17 稼働中のポッドを他のノードへ退避する

```
$ kubectl drain node1 --ignore-daemonsets
node "node1" already cordoned
WARNING: Ignoring DaemonSet-managed pods: kube-flannel-ds-k499t, kube-proxy-zqknz
pod "mysql-5595f7cfb8-c77c5" evicted
node "node1" drained
```

退避が完了したら、配置先のノードを確認しておきます。

実行例18 退避が完了した状態

```
$ kubectl get pod -o wide
NAME                     READY     STATUS    RESTARTS   AGE       IP             NODE
mysql-5595f7cfb8-z5hzb   1/1       Running   0          43s       10.244.1.131   node2
```

これで、ノード1が停止できる状態になりました。ノードの保守作業を終えてノードを起動したら、スケジュール禁止の解除を実行して、K8sクラスタのメンバーとして役割を果たせるようにします。

実行例19 停止したノードが復帰したあとにスケジュール禁止の解除を実行する

```
$ kubectl uncordon node1
node "node1" uncordoned
```

従来、SQLデータベースでアクティブスタンバイのHA構成を組むにはクラスタリング用ミドルウェアを使っていましたが、デプロイメントはそのようなソフトウェアの代替としても利用できます。

08.8 デプロイメントの自己回復動作

次にノード障害に対するデプロイメントの働きを見てきます。MySQLのポッドが動作するノードが、ハードウェア障害で停止して、他のノードでポッドが再スタートするまでの振る舞いを見ていきます。

実行例20は、付録2.1のマルチノードK8sと付録2.3の仮想GlusterFSクラスタを組み合わせた学習環境2で、ノード停止の模擬障害から回復するまでの動作を追ったものです。実行例20は、その先頭行から読み取れるように、シェルのwhile文によって「kubectl get po...」と「kubectl get deploy」を10秒間隔で実行した記録です。

実行例20の「(1) 初期状態…」では、MySQLのポッドはnode1で稼働しています。そして、次の「(2) ノード1停止…」で18時14分00秒に「vagrant halt node1」を実行してノード1を停止しました。

その約30秒経過後、「(3) 30秒後に…」の部分の「kubectl get deploy」の結果は、AVAILABLE（存在数）が0に変化しています。この変化はポッドが動作していないことを検知したためです。しかし、「kubectl get pod」のSTATUS列はRunningを表しており、他ノードへの移行も発動しません。もし、この時点でnode1が一時的障害状態から復旧すると、MySQLのポッドは他のノードへは移行されずに、node1上でサービスが再開されます。

約5分が経過すると「(4) テイクオーバー開始」以降で、MySQLのポッドはnode2で起動を始め、やがてMySQLサービスが復旧します。

実行例20 障害発生からサービス復旧までの様子

```
$ while true; do date;kubectl get po -o wide; kubectl get deploy; sleep 10;done

## (1) 初期状態 (MySQLサーバーは node1で稼働中)

18時13分45秒 JST
NAME                     READY     STATUS    RESTARTS   AGE       IP           NODE
mysql-589b54f566-f8mpq   1/1       Running   0          25m       10.244.2.4   node1
NAME      DESIRED   CURRENT   UP-TO-DATE   AVAILABLE   AGE
mysql     1         1         1            1           25m

<中略>

## (2) ノード1停止 (vagrant halt node1を実行 18時14分00秒)

18時14分05秒 JST
NAME                     READY     STATUS    RESTARTS   AGE       IP           NODE
mysql-589b54f566-f8mpq   1/1       Running   0          25m       10.244.2.4   node1
NAME      DESIRED   CURRENT   UP-TO-DATE   AVAILABLE   AGE
mysql     1         1         1            1           25m
2018年 8月 1日 水曜日 18時14分16秒 JST
NAME                     READY     STATUS    RESTARTS   AGE       IP           NODE
mysql-589b54f566-f8mpq   1/1       Running   0          25m       10.244.2.4   node1
NAME      DESIRED   CURRENT   UP-TO-DATE   AVAILABLE   AGE
mysql     1         1         1            1           25m

<中略>

## (3) 30秒後にポッド喪失を判定 (AVAILABLE列に注目 1 -> 0 へ変化)

18時14分36秒 JST
NAME                     READY     STATUS    RESTARTS   AGE       IP           NODE
mysql-589b54f566-f8mpq   1/1       Running   0          25m       10.244.2.4   node1
NAME      DESIRED   CURRENT   UP-TO-DATE   AVAILABLE   AGE
mysql     1         1         1            0           26m

<中略>

18時18分43秒 JST
NAME                     READY     STATUS    RESTARTS   AGE       IP           NODE
mysql-589b54f566-f8mpq   1/1       Running   0          30m       10.244.2.4   node1
NAME      DESIRED   CURRENT   UP-TO-DATE   AVAILABLE   AGE
```

```
mysql     1         1         1           0          30m

## (4) テイクオーバー開始 (node2上でMySQLサーバーのコンテナが起動を開始)

18時18分54秒 JST
NAME                       READY     STATUS              RESTARTS   AGE     IP            NODE
mysql-589b54f566-f8mpq     1/1       Unknown             0          30m     10.244.2.4    node1
mysql-589b54f566-p5kfn     0/1       ContainerCreating   0          5s      <none>        node2
NAME      DESIRED   CURRENT   UP-TO-DATE   AVAILABLE   AGE
mysql     1         1         1            0           30m

## (5) ポッド稼働開始 (node2上でサービス復旧、IPアドレスに注目)

18時19分04秒 JST
NAME                       READY     STATUS    RESTARTS   AGE     IP             NODE
mysql-589b54f566-f8mpq     1/1       Unknown   0          30m     10.244.2.4     node1
mysql-589b54f566-p5kfn     1/1       Running   0          15s     10.244.1.121   node2
NAME      DESIRED   CURRENT   UP-TO-DATE   AVAILABLE   AGE
mysql     1         1         1            1           30m
```

「(5) ポッド稼働開始…」以降にある、MySQLのポッドが再開したときに、node2上のIPアドレスがどうなったかに注目してください。node1で稼働していたときのIPアドレスと変わっています。このようにポッドのIPアドレスは変化するため、必ずサービスの代表IPを利用してポッドに接続しなければなりません。

Step 08の最後に、このMySQLのデプロイメントを作成するためのYAMLを掲載しておきます。これはIKSとGKEでも動作を確認しています。この中には、後続のレッスンで取り上げるサービスと永続ボリュームのマニフェストが含まれていますので、後続のレッスンのあとに読み返すと効率よく理解が進むと思います。

ファイル5 アクティブスタンバイ構成のMySQLサーバーを生成するYAML

```
1    ## 永続ボリューム　K8sクラスタ外部のストレージシステムに論理ボリュームを要求する
2    apiVersion: v1
3    kind: PersistentVolumeClaim
4    metadata:
5     name: gvol-1
6    spec:
7     # storageClassName: gluster-heketi ## GKE/IKSの場合はコメントにしてください
8
9     accessModes:
10     - ReadWriteOnce    ## 1つのノードからのみアクセスを許可する
11    resources:
12      requests:         ## IKSの場合は、最小容量の20GBに切り上げられます
13        storage: 12Gi   ## 値を小さくすると、GlusterFSがプロビジョニングできません
14   ---
15   ## MySQLサーバー デプロイメント
16   apiVersion: apps/v1
17   kind: Deployment
18   metadata:
19     name: mysql
20     labels:
21       app: mysql
22   spec:
```

```
23     selector:
24       matchLabels:
25         app: mysql
26     replicas: 1        ## MySQL サーバーのポッド数です
27     template:
28       metadata:
29         labels:
30           app: mysql
31       spec:
32         containers:
33         - name: mysql
34           image: mysql:5.7
35           ports:
36           - containerPort: 3306
37           env:
38           - name: MYSQL_ROOT_PASSWORD
39             value: qwerty
40           volumeMounts:
41           - mountPath: /var/lib/mysql
42             name: pvc
43             subPath: mysql-data    ## GKEではsubPathを指定しないとMySQLが初期化できません
44           livenessProbe:
45             exec:
46               command: ["mysqladmin","ping"]
47             initialDelaySeconds: 120
48             timeoutSeconds: 10
49         volumes:
50         - name: pvc
51           persistentVolumeClaim:
52             claimName: gvol-1
53   ---
54   ## MySQLサーバー サービス  ポッドへのアクセスを仲介します
55   apiVersion: v1
56   kind: Service
57   metadata:
58     name: mysql-dpl
59     labels:
60       app: mysql
61   spec:
62     type: NodePort
63     ports:
64     - port: 3306
65       nodePort: 30306    ## NodePortでMySQLサーバーへアクセス可能になっています
66     selector:
67       app: mysql
```

GKEの永続ボリュームは、ファイルシステムのルートにlost+foundのディレクトリが存在しているので、MySQLコンテナの初期化処理がエラーをログに出力して、異常終了してしまいます。そのため、subPathを設定して空のディレクトリをマウントするようにしています。

パソコン上のK8sクラスタを利用する場合は、StorageClassNameの行のコメントマークを削除し有効化してください。GKEやIKSを利用する場合、コメントにした状態でないとエラーが発生します。

Step 08のまとめ

このStepの重要ポイントを箇条書きにして、まとめておきます。

- デプロイメントは、コントローラの1つであり、クライアントのリクエストに対応するサーバータイプのワークロードに適している。
- デプロイメントには、スケール、ロールアウト、ロールバック、自己回復の4つの機能がある。
- スケールは、コマンドなどでポッドの数を増減できる機能である。
- ロールアウトとロールバックは、サービス提供を維持しながらポッドを入れ替えできる機能だが、アプリケーションの設計や実装上の対応も必要となる。
- 自己回復機能は、ノード停止レベルの障害によるポッド喪失を回復する。
- デプロイメントと永続ボリュームとサービスコントローラの3つを組み合わせると、アクティブスタンバイのHA構成を組むことができる。

表4 Step 08で新たに登場したkubectlコマンド

コマンド	動作
kubectl scale	コマンドでreplicasの値を変更する
kubectl rollout	ロールアウトの状態表示、一時停止と再開、取り消しのほか、履歴を表示する
kubectl drain <ノード名>	稼働中のポッドを他のノードへ退避する
kubectl cordon <ノード名>	ノードへのスケジュールを停止する
kubectl uncordon <ノード名>	ノードへのスケジュールを再開する

Column

ポッドのトラブルシューティング

「マニフェストを書いて、kubectlコマンドを使ってデプロイしたけれども、リスタートを繰り返すばかりでランニング状態にならない」といった状況に遭遇された方がいるかもしれません。Kubernetesを始めたばかりの入門者は、対処方法がわからずに困るばかりです。そのようなときに、ここに挙げた筆者のノウハウが役立てばと思います。

1. ポッドのステータスにImagePullBackOffを表示して起動しない

現象 STATUSがContainerCreating → ErrImagePull → ImagePullBackOffを繰り返す

```
$ kubectl get po
NAME                          READY     STATUS              RESTARTS   AGE
web-apl1-56b9ccbfb5-cpgsz     0/1       ContainerCreating   0          6s

$ kubectl get po
NAME                          READY     STATUS         RESTARTS   AGE
web-apl1-56b9ccbfb5-cpgsz     0/1       ErrImagePull   0          8s

$ kubectl get po
NAME                          READY     STATUS             RESTARTS   AGE
web-apl1-56b9ccbfb5-cpgsz     0/1       ImagePullBackOff   0          22s
```

原因調査「kubectl get events | grep <ポッド名>」で絞り込んで探す。原因は下線部

```
$ kubectl get events |grep web-apl1-56b9ccbfb5-cpgsz
<中略>
5m          6m           4         web-apl1-56b9ccbfb5-cpgsz.155dc6047efe793d    Pod
spec.containers{web-server-c}    Normal    Pulling              kubelet, node2         pulling
image "maho/webapl3.1"
5m          6m           4         web-apl1-56b9ccbfb5-cpgsz.155dc60523cbdc10    Pod
spec.containers{web-server-c}    Warning   Failed               kubelet, node2         Error:
ErrImagePull
5m          6m           4         web-apl1-56b9ccbfb5-cpgsz.155dc60523cb78fa    Pod
spec.containers{web-server-c}    Warning   Failed               kubelet, node2         Failed to
pull image "maho/webapl3.1": rpc error: code = Unknown desc = Error response from daemon: pull
access denied for maho/webapl3.1, repository does not exist or may require 'docker login'
4m          6m           6         web-apl1-56b9ccbfb5-cpgsz.155dc60560222aa3    Pod
spec.containers{web-server-c}    Normal    BackOff              kubelet, node2         Back-off
pulling image "maho/webapl3.1"
1m          6m           19        web-apl1-56b9ccbfb5-cpgsz.155dc60560225271    Pod
spec.containers{web-server-c}    Warning   Failed               kubelet, node2         Error:
ImagePullBackOff
```

2. ポッドのステータスにContainerCreatingしたまま先へ進まない

現象 ContainerCreatingから先へ進まない

```
$ kubectl get po
NAME                         READY     STATUS              RESTARTS   AGE
web-apl3-67696f5769-89twp    0/1       ContainerCreating   0          5m
web-apl3-67696f5769-q4rkv    0/1       ContainerCreating   0          5m
web-apl3-67696f5769-sjzgv    0/1       ContainerCreating   0          5m

$ kubectl get po
NAME                         READY     STATUS              RESTARTS   AGE
web-apl3-67696f5769-89twp    0/1       ContainerCreating   0          1h
web-apl3-67696f5769-q4rkv    0/1       ContainerCreating   0          1h
web-apl3-67696f5769-sjzgv    0/1       ContainerCreating   0          1h
```

原因調査 「kubectl get events | grep <ポッド名>」で原因を探す。原因は下線部

```
$ kubectl get events |grep web-apl3-67696f5769-sjzgv |grep cert
45m         2h           72         web-apl3-67696f5769-sjzgv.155dbe00d5120b1e    Pod
Warning   FailedMount         kubelet, node1          MountVolume.SetUp failed for volume
"tls-cert" : secrets "cert" not found
35m         2h           62         web-apl3-67696f5769-sjzgv.155dbe1d76bf2519    Pod
Warning   FailedMount         kubelet, node1          Unable to mount volumes for pod "web-apl3-
67696f5769-sjzgv_default(5299ed02-d05c-11e8-9047-02483e15b50c)": timeout expired waiting for
volumes to attach or mount for pod "default"/"web-apl3-67696f5769-sjzgv". list of unmounted
volumes=[nginx-conf tls-cert]. list of unattached volumes=[nginx-conf tls-cert default-token-
ssftg]
28m         28m          1          web-apl3-67696f5769-sjzgv.155dc6054bce46b8    Pod
Warning   FailedMount         kubelet, node1          Unable to mount volumes for pod "web-apl3-
67696f5769-sjzgv_default(5299ed02-d05c-11e8-9047-02483e15b50c)": timeout expired waiting for
volumes to attach or mount for pod "default"/"web-apl3-67696f5769-sjzgv". list of unmounted
volumes=[nginx-conf tls-cert default-token-ssftg]. list of unattached volumes=[nginx-conf
tls-cert default-token-ssftg]
```

3. ポッドがリスタートを繰り返す

現象 STATUSがContainerCreating → Error → CrashLoopBackOffを繰り返し、RESTARTSの値が増え続ける

```
$ kubectl get po
NAME                      READY     STATUS              RESTARTS   AGE
chatbot-6c5b5c94-9sxtw    0/1       ContainerCreating   0          26s

$ kubectl get po
NAME                      READY     STATUS    RESTARTS   AGE
chatbot-6c5b5c94-9sxtw    0/1       Error     1          28s

$ kubectl get po
NAME                      READY     STATUS             RESTARTS   AGE
chatbot-6c5b5c94-9sxtw    0/1       CrashLoopBackOff   1          30s

$ kubectl get po
NAME                      READY     STATUS    RESTARTS   AGE
chatbot-6c5b5c94-9sxtw    0/1       Error     2          42s
```

原因調査#1 「kubectl describe po <ポッド名>」を実行して、Exitコードを確認する。この例では、コンテナがExitコード1で終了したことが読み取れる

```
$ kubectl describe po chatbot-6c5b5c94-9sxtw
Name:               chatbot-6c5b5c94-9sxtw
<中略>
Containers:
  chatbot:
    Container ID:   docker://2418eeb77398ab56fa29c10685862c2b1f46c50367475cf0609b99f3fed2703f
    Image:          maho/chat:0.8
    Image ID:       docker-pullable://maho/chat@sha256:c05af84c403b71f059beacbc0564bd73c917a8084
de52a30547dbb412e0e1fb7
    Port:           <none>
    Host Port:      <none>
    State:          Terminated
      Reason:       Error
      Exit Code:    1          <--- 最後の終了では、コンテナがEXITコード1で終了したことを表示
      Started:      Thu, 04 Oct 2018 10:41:31 +0900
      Finished:     Thu, 04 Oct 2018 10:41:31 +0900
    Last State:     Terminated
      Reason:       Error
      Exit Code:    1          <--- 1つ前も、EXITコード = 1で終了したことを表示
      Started:      Thu, 04 Oct 2018 10:40:47 +0900
      Finished:     Thu, 04 Oct 2018 10:40:47 +0900
    Ready:          False
    Restart Count:  4
    Environment:    <none>
    Mounts:
      /chatman/config from config-dir (rw)
      /var/run/secrets/kubernetes.io/serviceaccount from default-token-b525h (ro)
<以下省略>
```

このケースは、コンテナのメインプロセス、つまりDockerfileのCMDやENTRYPOINTで起動されるプロセスが終了したときに、EXITコード1で終了したことが原因で起きた現象です。

原因調査#2 コンテナのメインプロセスがExitコード=1で終了した原因を探るため、ポッド名を指定してログを表示する。アプリケーションがスタックトレースを表示していれば原因を突き止めることができる

```
$ kubectl get po
NAME                     READY     STATUS    RESTARTS   AGE
chatbot-6c5b5c94-9sxtw   0/1       Error     3          1m

$ kubectl logs -f chatbot-6c5b5c94-9sxtw
module.js:550
    throw err;
    ^

Error: Cannot find module '/chatman/chatman.jsa'
    at Function.Module._resolveFilename (module.js:548:15)
    at Function.Module._load (module.js:475:25)
    at Function.Module.runMain (module.js:694:10)
    at startup (bootstrap_node.js:204:16)
    at bootstrap_node.js:625:3
```

4. コンテナの開始に失敗する

現象 STATUSがRunContainerError → CrashLoopBackOffを繰り返すケース

```
$ kubectl get po
NAME                       READY     STATUS               RESTARTS   AGE
chatbot-749d49445-w9jmz    0/1       RunContainerError    0          9s

$ kubectl get po
NAME                       READY     STATUS              RESTARTS   AGE
chatbot-749d49445-w9jmz    0/1       CrashLoopBackOff    10         31m

$ kubectl get po
NAME                       READY     STATUS               RESTARTS   AGE
chatbot-749d49445-w9jmz    0/1       RunContainerError    11         31m
```

原因調査「kubectl describe po <ポッド名>」により終了理由を確認する

```
$ kubectl describe po chatbot-749d49445-w9jmz

<中略>

Containers:
  chatbot:
    Container ID:   docker://7efae0c54b4272586e7f674bf921a23f60f44cc1d7d31522b568fc6fb6960d8f
    Image:          maho/chat:0.9
    Image ID:       docker-pullable://maho/chat@sha256:8bde649b45bc6229e995b5f03268f83699173d509
bf376ca8c7a75127e610ef9
    Port:           <none>
    Host Port:      <none>
    State:          Waiting                <-- リトライするまでの待機状態
      Reason:       CrashLoopBackOff
    Last State:     Terminated
      Reason:       ContainerCannotRun    <-- 問題の原因表示、以下はエラーメッセージ
      Message:      OCI runtime create failed: container_linux.go:348: starting container
process caused "exec: \"nodex\": executable file not found in $PATH": unknown
      Exit Code:    127                    <-- 終了コード
      Started:      Thu, 04 Oct 2018 10:47:58 +0900
      Finished:     Thu, 04 Oct 2018 10:47:58 +0900
    Ready:          False
    Restart Count:  2
    Environment:    <none>
```

ReasonとしてContainerCannotRunが表示され、その下にエラーメッセージが表示されています。この内容からは、nodexという実行形式のファイルが環境変数PATHから探せないことがわかります。

5. アプリケーションが実行中に異常終了する

正常に稼働していたアプリケーションが、何らかの原因で突然停止するケースでは、「kubectl logs <ポッド名>」を使って、表示されたログから原因を判別していきます。

ログに残らないケースでは、アプリケーションの実行をcommandでオーバーライドして待機状態にします。そして、対話型でポッドを起動して、シェルからアプリケーションを起動してエラーメッセージを確認します。

コンテナのアプリケーションの起動をcommandでオーバーライドする

```
1    spec:
2      containers:
3      - name: chatbot
4        image: maho/chat:0.2
5        volumeMounts:
6        - name: config-dir
7          mountPath: /chatman/config
8        command: ["tail",  "-f", "/dev/null"]
```

起動したポッドにシェルを起動してアプリを実行し、エラーメッセージを確認する

```
kubectl exec -it chatbot-b7f5c87f6-gpmhr bash
```

6. サービスの応答がある頻度で正しくない

サービスにアクセスしたときに、一定の頻度で想定外の応答が返ってくる場合、ポッドに付与したラベルが、他のアプリケーションのポッドと重複しており、リクエストが意図しないポッドへ転送されている可能性があります。

原因調査#1 ポッドのラベル付きでリストする方法

```
$ kubectl get po --show-labels=true
NAME                                       READY     STATUS    RESTARTS   AGE        LABELS
open-liberty-ibm-open-li-6f44f764df-xt689   1/1       Running   0          22h        app=open-
liberty-ibm-open-li,chart=ibm-open-liberty-1.6.0,heritage=Tiller,pod-template-
hash=2900932089,release=open-liberty
open-liberty-ibm-open-li-6f44f764df-zpdrt   1/1       Running   0          22h        app=open-
liberty-ibm-open-li,chart=ibm-open-liberty-1.6.0,heritage=Tiller,pod-template-
hash=2900932089,release=open-liberty
web-deploy-84d778f979-p9bzl                 1/1       Running   0          1d
app=web,pod-template-hash=4083349535
web-deploy-84d778f979-ttzkb                 1/1       Running   0          1d
app=web,pod-template-hash=4083349535
web-deploy-84d778f979-vp75j                 1/1       Running   0          1d
app=web,pod-template-hash=4083349535
web1-bcdcc9b95-t67f5                        1/1       Running   0          14m        app=web-
x,pod-template-hash=678775651
web1-bcdcc9b95-vdq5x                        1/1       Running   0          14m        app=web-
x,pod-template-hash=678775651
web1-bcdcc9b95-x97k2                        1/1       Running   0          14m        app=web-
x,pod-template-hash=678775651
```

原因調査#2 ラベルを指定してポッドをリストする方法

```
$ kubectl get po --selector='app=web'
NAME                          READY     STATUS    RESTARTS   AGE
web-57456d4c64-9zthl          1/1       Running   0          7s
web-57456d4c64-cf75f          1/1       Running   0          7s
web-57456d4c64-nnq5n          1/1       Running   0          7s
web-deploy-84d778f979-p9bzl   1/1       Running   0          1d
web-deploy-84d778f979-ttzkb   1/1       Running   0          1d
web-deploy-84d778f979-vp75j   1/1       Running   0          1d
```

サービスのマニフェストで、次のようなselectorの指定がある場合、前述の6つのポッドにリクエストが転送されることなり、2分の1の確率で意図しない応答が返ることになります。

```
1    apiVersion: v1
2    kind: Service
3    metadata:
4      name: chatbot
5    spec:
6      selector:
7        app: web
8      ports:
9      - protocol: TCP
10       port: 9080
11     type: NodePort
```

Step 09 サービス

ポッドのアクセス手段であるサービスの4つのタイプと使い分けを理解する

「サービス」とは、一時的な存在であり永続的なIPアドレスを持たないポッドに対し、クライアントがアクセスするためのオブジェクトです[1]。このことは1章の「3.8 サービスの基本」で説明しました。ここでは、さらに一歩進めて「サービスタイプ」の概要から説明を始めます。そして、サービスのマニフェストの書き方を学んで、サービスを学習環境へデプロイして具体的な動作を体験していきます。

サービスには下記のようなサービスタイプがあり、それをマニフェストに指定することによって、アクセス可能なクライアントの対象範囲を変えることができます。

表1 サービスタイプの概要

サービスタイプ	アクセス可能範囲と手段
ClusterIP	デフォルトであり、ポッドネットワーク上のポッドから、内部DNSに登録された名前でアクセスできる
NodePort	ClusterIPのアクセス可能範囲に加えて、K8sクラスタ外のクライアントも、ノードのIPアドレスとポート番号を指定することでアクセスできる
LoadBalancer	NodePortのアクセス可能範囲に加えて、K8sクラスタ外のクライアントも、代表IPアドレスとプロトコルのデフォルトポート番号でアクセスできる
ExternalName	K8sクラスタ内のポッドネットワーク上のクライアントから、外部のIPアドレスを名前でアクセスできる

最初に、表1に整理したサービスタイプごとの特徴を詳細に確認していきます。

09.1 サービスタイプClusterIP

サービスのマニフェストでサービスタイプを省略すると、ClusterIPとして扱われます。もちろん、明示的に

参考資料

[1] サービスのコンセプトや概要、https://kubernetes.io/docs/concepts/services-networking/service

設定することもできます。このサービスタイプを指定すると、図1のように、ポッドネットワーク上のクライアントが、内部DNSに登録された名前または環境変数で、アプリケーションのポッドへリクエストを送信できるようになります。

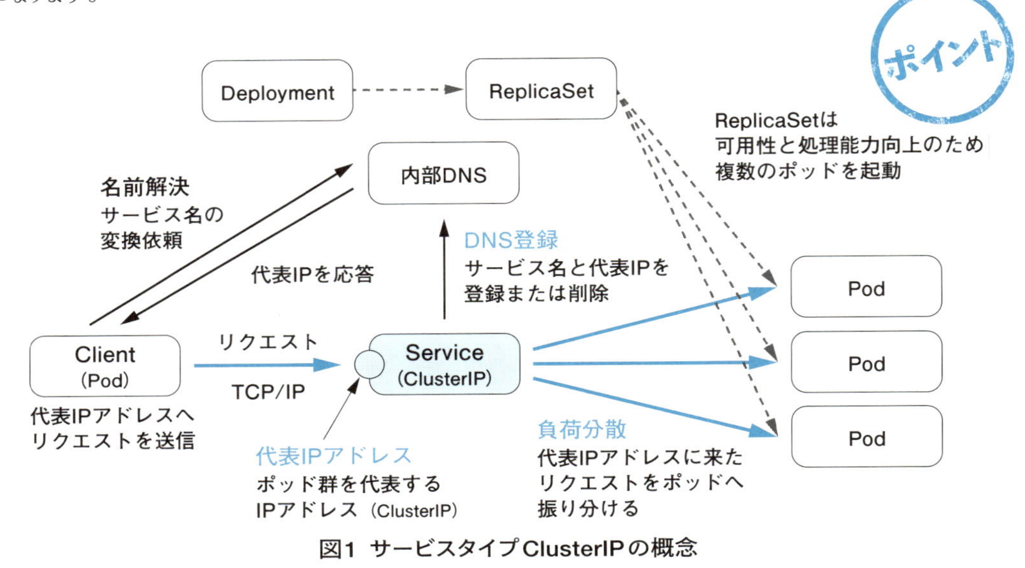

図1 サービスタイプClusterIPの概念

ClusterIPにはもう1つの使い方があります。スペックに「clusterIP: None」をセットすることで、ヘッドレス設定でサービスが動作します。この設定では、代表IPアドレスを取得せず、負荷分散も行われません。その代わりにポッド群のIPアドレスを内部DNSへ登録し、ポッドのIPアドレス変更にも対応して最新状態を保ちます。この設定の具体例は「Step 12 ステートフルセット」で紹介します。

09.2 サービスタイプNodePort

サービスタイプにNodePortを設定すると、前述のClusterIPに加えて、ノードのIPアドレスに公開用ポート番号を開きます。これにより、K8sクラスタ外のネットワーク上のクライアントが、クラスタ内のアプリケーションのポッドへリクエストを送信できるようになります（図2）。

公開用ポート番号の範囲は、デフォルトで30000から32767です。クライアントがノードのIPアドレスと公開用ポート番号に送ったリクエストは、最終的にポッドのポート番号に変換されて、ポッドに届けられます。

NodePortタイプのサービスを作成すると、クラスタの全ノードに公開用ポートが開設されます。そして、各ノードで受けたリクエストは、すべてのノード上のポッドを対象にして負荷分散、転送されます。また、サービスのマニフェストの設定によって、リクエストを受信したノード内のポッドに限定することもできます。これはノードの前段にロードバランサーを配置するときに便利な設定です。

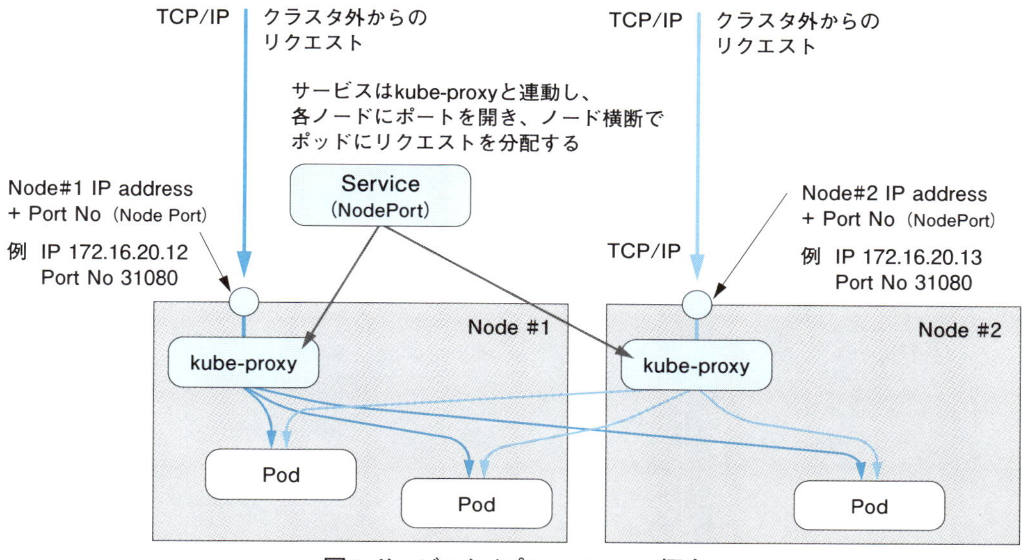

図2 サービスタイプNodePortの概念

ここでの注意点として、メンテナンスなどの理由により、クライアントがアクセスするノードをシャットダウンすると、クライアントはポッドの機能を利用できなくなってしまいます。そして、ノード上ですでに利用中の公開用ポート番号としてオープンしようとすると、当然エラーが発生してデプロイが失敗します。特に名前空間でK8sクラスタを分割して運用する環境において、マニフェストにNodePortの公開用ポート番号を設定している場合にはこの種の問題に遭遇しやすく、注意しなければなりません。

NodePortは手軽に利用できて便利なので筆者もよく利用しますが、本番運用向きのアプリケーションの公開方法ではないと思います。

kube-proxyの実装の変遷

Kubernetesの初期バージョンでは、kube-proxyはユーザーモードで動作するプロセスとして実装されていました。その後、バージョン1.2以降ではより高速に動作する「iptables」がデフォルトの動作モードになりました。この時点でkube-proxyはセッションを中継するプロセスではなく、Linuxのiptablesの設定を管理するものへと役割が変化しています。そしてバージョン1.9からは、カーネルモードで動作する「ipvs proxy」が追加されました。

09.3 サービスタイプLoadBalancer

サービスタイプにLoadBalancerを設定することによってロードバランサーが連携し、ポッドのアプリケーションを外部のネットワークからアクセスできるようになります。また、LoadBalancerはNodePortの上に作られるため、ClusterIPも自動的に作られます。

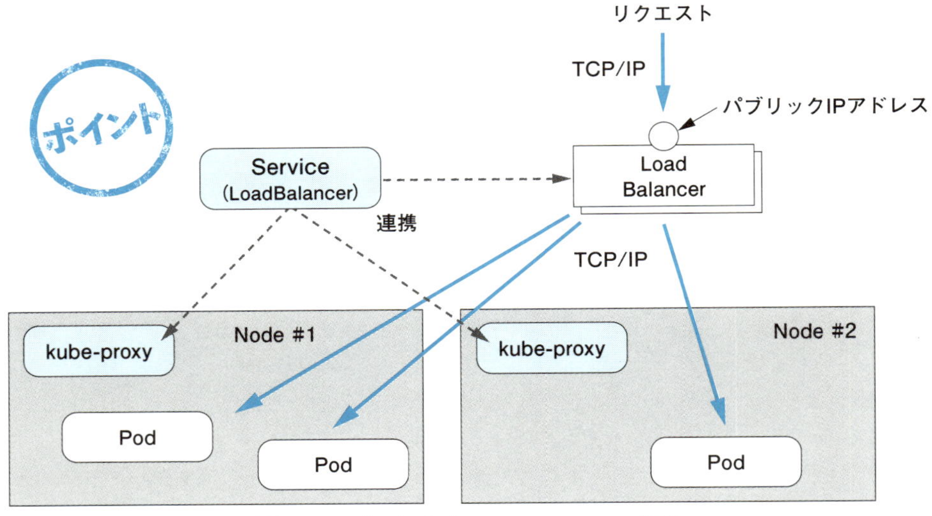

図3 サービスタイプLoadBalancerの概念

パブリッククラウドでは、クラウド各社からクラウドサービスの形で提供されているロードバランサーの1つとサービスが連携するので、ベンダーごとに実装の特徴が現れます。本レッスンのマニフェストでは、GoogleのGoogle Kubernetes Engine(GKE)、IBMのIBM Cloud Kubernetes Service(IKS)で共通して使用できることを確認しました。しかし、ファイアウォール設定などには、クラウドサービスに依存した設定が必要なケースもあるので、当該クラウドのドキュメントも参考にしてください。

IKSの ロードバランサー

IKSの場合は、SoftLayer時代からの仮想サーバーやベアメタルサーバーを利用して、K8sクラスタを構成しています。そのため、ノードにはパブリックIPアドレスがアサインされています。さらに、このノード群が接続されるパブリックVLANには、ロードバランサー用のグローバルIPのサブネットが追加されます。

そこでIKSでは、外部のロードバランサーと連携させるのではなく、ノード間でロードバランサー用の代表パブリックIPアドレスを共有させています。そして、この代表IPアドレスに到達したリクエストは、kube-proxyが管理するiptablesのコンフィグレーションにしたがって各ポッドへ振り分けられます。この方式はシステムを単純化し、外部のロードバランサーへの依存を低減できるので、信頼性を高める効果があります(2018年10月現在)。

参考資料

IBM Cloud Kubernetes Serviceのロードバランサーのアーキテクチャ、https://cloud.ibm.com/docs/containers?topic=containers-loadbalancer#loadbalancer

09.4 サービスタイプExternalName

サービスタイプのExternalNameはこれまでと反対に、ポッドネットワーク上のクライアントから、K8sクラスタ外のエンドポイントへアクセスするための名前解決を提供します。たとえばExternalNameは、パブリッククラウドのデータベースや人工知能系のAPIサービスなどをポッドからアクセスする際に便利です。

ExternalNameは、サービス名と外部DNS名の対応を内部DNSへ設定します。これによりポッドは、サービス名での外部ネットワークのIPアドレス解決ができます。もちろん、外部IPアドレスはK8sクラスタのポッドからアクセスできるようにルーティングしなければなりません。そして、ExternalNameではいかなる種類のプロキシも設定されないため、ポート番号を対応付ける機能はありません。

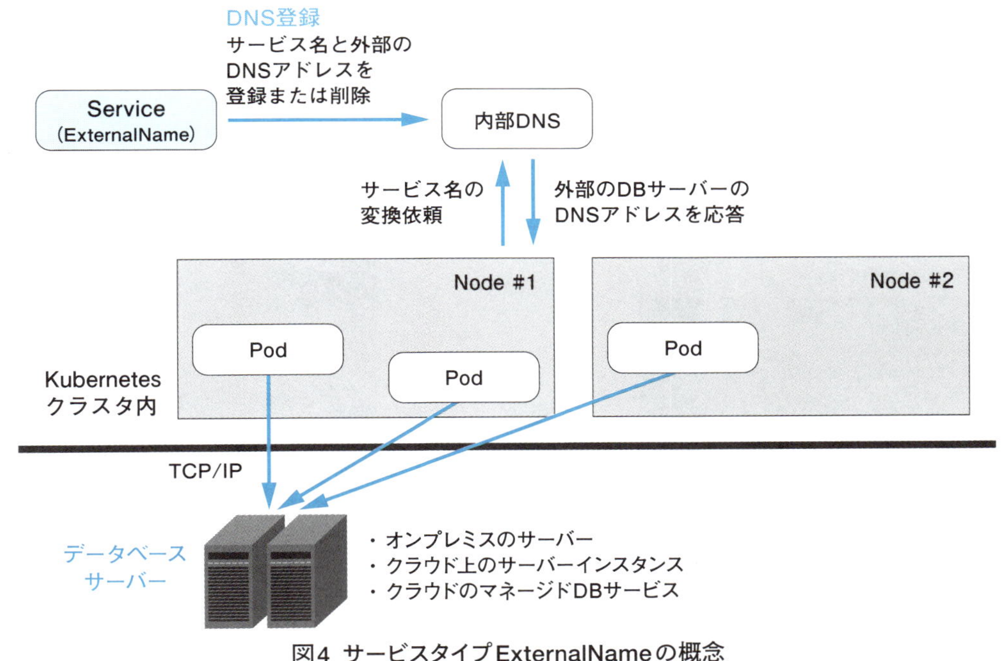

図4 サービスタイプExternalNameの概念

このサービスタイプは、ポッドからK8sクラスタ外部のエンドポイントをアクセスするときに便利です。そのDNSアドレスを固定的に保持する必要がなくなり、名前空間下のサービス名でIPアドレスを解決できるようになるからです。そのため、K8sクラスタ内のサービスへの切り替えも容易になります。

注意すべきは、外部のDNS名を登録するキー項目spec.externalNameにはIPアドレスを設定できないという点です。サービスのマニフェストにIPアドレスを設定したい場合は、前述のヘッドレスサービスを利用してください（使用例がStep 09のサンプルコードにあります）。

09.5 サービスとポッドとの関連付け

1章「3.8 サービスの基本」において、サービスは転送先のポッドを決定する際にセレクターのラベルに一致するポッドをetcdから選び出し、転送先のポッドのIPアドレスを取得することを説明しました。ここではサービスのマニフェストに記述されるセレクターと、ポッドのマニフェストに記述されるラベルを具体的に対比しながら見ていきます。

図5の左側はサービスのマニフェスト、右側はデプロイメントのマニフェストです。両方ともYAMLで記述されています。サービスのセレクター（selector）と、デプロイメントのポッドテンプレートに、同じラベル「app: web」を記述します。ここが一致することで、サービスのリクエスト転送先ポッドが決まります。

同じポッドテンプレートから作られたポッドには同じ属性が与えられ、ラベルも同じであるため、デプロイメント配下のレプリカセットによって生成されたポッドも同じラベルを持つことになり、サービスとデプロイメントとの対応関係が成立します。

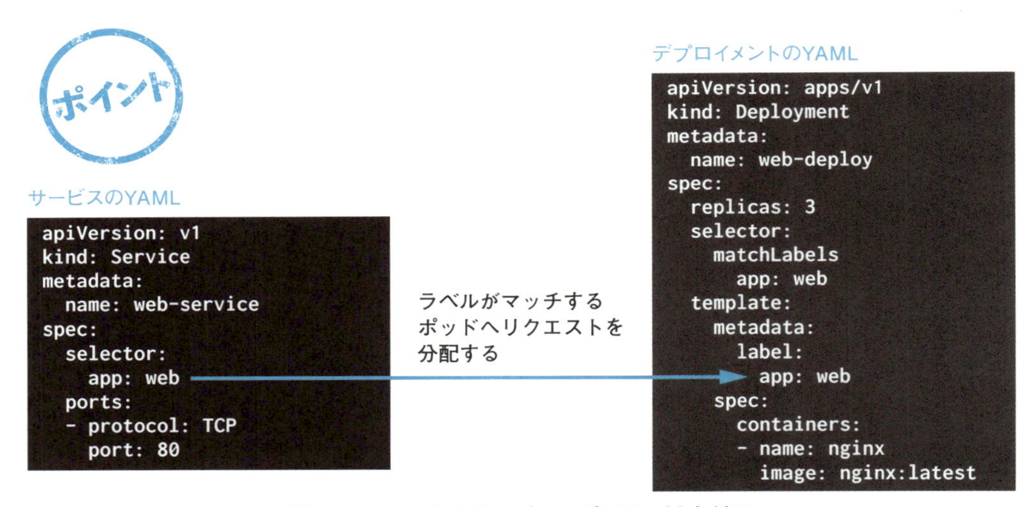

図5 ラベルによるサービスとポッドの対応付け

このラベルによる転送先の決定手法は、非常に大きな柔軟性をもたらします。サービスのselectorに設定するラベルを変更するだけで転送先のポッド群を変更できるので、サービス名と実装を疎結合にでき、柔軟で動的な組み合わせを可能とします。

しかし、もしラベルが重複すると、意図しない対応関係ができてしまい、異常動作の原因となります。ラベルの重複が起こらないようにプロジェクトの運営ルールを定めることは、障害を未然に防ぐうえで大切だと思います。

サンプルコードの利用法

本レッスンで提示するコードは、GitHub（https://github.com/takara9/codes_for_lessons）にあります。

GitHubからクローンする場合

```
$ git clone https://github.com/takara9/codes_for_lessons
$ cd codes_for_lessons/step09
```

移動先にはこのStepで利用するファイルがあります。

09.6 サービスのマニフェストの書き方

次のファイル1と2は、図5で示した2つのYAMLです。このうちのファイル2を使って、サービスのマニフェストの書き方を確認していきます。

ファイル1 デプロイメントのYAML記述例：deply.yml

```
1    ## デプロイメント
2    apiVersion: apps/v1
3    kind: Deployment
4    metadata:
5      name: web-deploy
6    spec:
7      replicas: 3
8      selector:            # これは deployment - pod 対応用
9        matchLabels:
10         app: web
11     template:            # ここからポッドテンプレート
12       metadata:
13         labels:
14           app: web       # ポッドのラベル
15       spec:
16         containers:
17         - name: nginx
18           image: nginx:latest
```

ファイル2 サービスのYAML記述例：svc.yml

```
1    ## サービス
2    apiVersion: v1         ## 表2 サービスAPI
3    kind: Service
4    metadata:
5      name: web-service
6    spec:                  ## 表3 サービス仕様を参照、type省略のためClusterIP
7      selector:            # これは service - pod 連携用
```

```
8         app: web
9       ports:              ## 表4 サービスのポート仕様
10      - protocol: TCP
11        port: 80
```

ファイル2の記述内容をキー項目ごとに見ていきましょう。このサービスをデプロイするYAMLを理解するには、下記の表2から表4までの階層にわたる知識が必要です。

表2はトップレベルのキー項目であり、オブジェクトの種類(kind)、APIのバージョン(apiVersion)、サービス名(metadata.name)、サービス仕様(spec)の概説です。表3にはサービス仕様(spec)のうち、この「Step 09」で扱う代表的な項目を挙げました。表4は、サービス仕様(spec)のキー項目portsの詳細です。各項目の概要について、表2～表4を参照してください。

表2 サービスAPI(Service v1 core)

項目	概要
kind	Serviceをセットする
apiVersion	v1をセットする
metadata	このmetadataのnameには、名前空間内で重複のないユニークな名前を設定する。ここで設定した名前はK8sクラスタ内部のDNSに登録され、IPアドレス解決に利用される。また、このサービスを設定した以降に起動されたポッドの環境変数に設定される
spec	サービスの仕様を記述する。詳細は表3 サービス仕様を参照

※ 本表のAPIの詳細は、https://kubernetes.io/docs/reference/generated/kubernetes-api/v1.14/#service-v1-coreにあります。v1.14の14部分を13や12に変更してアクセスすることで、他のマイナーバージョンのAPIを参照できます。

表3 サービス仕様(ServiceSpec v1 core)

項目	概要
type	サービスの公開方法を決める。選択可能なタイプは、ClusterIP、NodePort、LoadBalancer、ExternalNameの4種(それぞれの説明は前述のとおり)
ports	そのサービスによって公開されるポート番号。詳細は表4 サービスのポート仕様を参照
selector	クライアントからのリクエストを、このラベルと一致するポッドへ送る。これを適用できるのはClusterIP、NodePort、LoadBalancerの3つ。ExternalNameの場合は無視される このキー項目をセットしない場合、サービスは外部が管理するエンドポイントを持つとみなして振る舞う
sessionAffinity	設定可能なセッションアフィニティはClientIPのみ。省略時のデフォルトはNone
clusterIP	この項目を省略すると、代表IPアドレスは自動的に割り当てられる。また、Noneを設定するとヘッドレスで動作する

※ ここに挙げたサービススペック以外にも、サービスの動作を決定するキー項目があります。本表のAPIの詳細は、https://kubernetes.io/docs/reference/generated/kubernetes-api/v1.14/#servicespec-v1-coreにあります。

表4 サービスのポート仕様（ServicePort v1 core）

項目	概要
port	必須項目。このサービスによって公開されるポート番号
name	portが1つの場合は省略できる。複数ポートの場合は必須であり、各ポートの名前はサービススペック内でユニークでなければならない
protocol	省略時はTCPが設定される。TCPとUDPを設定できる
nodePort	省略時にはシステムが自動的に獲得する。type=NodePortやLoadBalancerの場合、各ノードでポートを公開する。これによってポート番号を指定した場合、そのポートがすでに使用中であれば、オブジェクトの生成が失敗する
targetPort	省略時にはportと同じ番号になる。selectorによって対応付けられたポッドが公開するポート番号、またはポート名を設定する

※ 本表のAPIの詳細は、https://kubernetes.io/docs/reference/generated/kubernetes-api/v1.14/#serviceport-v1-coreにあります。

09.7 サービスの作成と機能確認

先ほどの2つのYAMLファイルを利用して、オブジェクトを作成してみます。応答メッセージからは、deploymentとserviceが一緒に作られていることがわかります。

実行例1 マニフェストの適用

```
$ kubectl apply -f deploy.yml
deployment "web-deploy" created
$ kubectl apply -f svc.yml
service "web-service" created
```

結果をkubectl get allで確認します。一番下の行から、サービスが実行されていることがわかります。

実行例2 デプロイとサービスの状態をリスト

```
$ kubectl get all
NAME              DESIRED   CURRENT   UP-TO-DATE   AVAILABLE   AGE
deploy/web-deploy 3         3         3            3           24s

NAME                         DESIRED   CURRENT   READY     AGE
rs/web-deploy-57b4848db4     3         3         3         24s

NAME                               READY     STATUS    RESTARTS   AGE
po/web-deploy-57b4848db4-7rwnx     1/1       Running   0          24s
po/web-deploy-57b4848db4-rx65n     1/1       Running   0          24s
po/web-deploy-57b4848db4-wqbmm     1/1       Running   0          24s

NAME              TYPE        CLUSTER-IP      EXTERNAL-IP   PORT(S)   AGE
svc/web-service   ClusterIP   10.98.108.136   <none>        80/TCP    24s
```

前述のサービスタイプは、YAMLの中で指定していないため、デフォルトのClusterIPになっています。そして、ClusterIPは「10.98.108.136」で、PORT番号80番にサービスが開いていることがわかります。

それでは次に、対話型で動作するポッドを起動して、このCLUSTER-IPを指定してアクセスします。実行例3のように、サービスの名前でアクセスができます。もちろん「10.98.108.136」でもポッドのIPアドレスでも応答を得られますが、ポッドのIPアドレスは動的にアサインされ一定しないので、サービス名でアクセスすることをお勧めします。

実行例3 対話型コンテナを起動してサービスをアクセスした様子

```
## 対話型コンテナの起動
$ kubectl run -it bustbox --restart=Never --rm --image=busybox sh
If you don't see a command prompt, try pressing enter.

## サービスへのアクセス
/ # wget -q -O - http://web-service
<!DOCTYPE html>
<html>
<head>
<title>Welcome to nginx!</title>
以下省略
```

サービスを生成したあとに起動されたポッドには、サービスをアクセスするための環境変数がセットされています。すべて大文字に変換されて、サービス名を接頭文字列として提供されるので、プログラムからアクセスする場合には環境変数を利用するのが便利でしょう。

実行例4 対話型コンテナにセットされたサービスに関連する環境変数

```
/ # env |grep WEB_SERVICE
WEB_SERVICE_PORT=tcp://10.98.108.136:80
WEB_SERVICE_SERVICE_PORT=80
WEB_SERVICE_PORT_80_TCP_ADDR=10.98.108.136
WEB_SERVICE_PORT_80_TCP_PORT=80
WEB_SERVICE_PORT_80_TCP_PROTO=tcp
WEB_SERVICE_PORT_80_TCP=tcp://10.98.108.136:80
WEB_SERVICE_SERVICE_HOST=10.98.108.136
```

それでは、今回起動した各ポッドが応答していることを確かめてみます。3つのポッドのNginxサーバーのindex.htmlファイルに、各ポッドのホスト名を書き込みます。

実行例5 それぞれのNginxのindex.htmlのホスト名を書き込むシェル

```
$ for pod in $(kubectl get pods |awk 'NR>1 {print $1}'|grep web-deploy); do kubectl exec $pod
-- /bin/sh -c "hostname>/usr/share/nginx/html/index.html"; done
```

実行例6は、対話型のポッドから、サービスweb-serviceをアクセスした様子です。応答結果からは、ポッドがランダムに割り当てられていることがわかります。

実行例6 サービスへのアクセスと負荷分散の様子

```
## 対話型シェルの起動
$ kubectl run -it busybox --restart=Never --rm --image=busybox sh
If you don't see a command prompt, try pressing enter.

## 繰り返しサービスをアクセスして、3つのサーバーに分散されていることを確認
while true; do wget -q -O - http://web-service; sleep 1;done
web-deploy-57b4848db4-rx65n
web-deploy-57b4848db4-7rwnx
web-deploy-57b4848db4-rx65n
web-deploy-57b4848db4-7rwnx
web-deploy-57b4848db4-wqbmm
web-deploy-57b4848db4-rx65n
web-deploy-57b4848db4-rx65n
web-deploy-57b4848db4-7rwnx
web-deploy-57b4848db4-wqbmm
^C
```

ここまで作成してきたオブジェクトは、Step 09のディレクトリで「kubectl delete -f . 」を実行すると、一括削除することができます。

09.8 セッションアフィニティ

アプリケーションの都合によっては、代表IPアドレスで受けたリクエストを常に同じポッドに転送したいケースがあります。そのような場合には、マニフェストにキー項目としてセッションアフィニティ（sessionAffinity）を追加して、値にClientIPをセットすることで、クライアントのIPアドレスで転送先を固定することができます。

ファイル3 クライアントIPによる割り当て先固定のサービス例：svc-sa.yml

```
1    apiVersion: v1
2    kind: Service
3    metadata:
4      name: web-service
5    spec:
6      selector:
7        app: web
8      ports:
9      - protocol: TCP
10       port: 80
11     sessionAffinity: ClientIP  # クライアントIPアドレスで転送先ポッドを決定する
```

sessionAffinity: ClientIPを設定したときの実行例は、次のようになります。

実行例7 SessionAffinityを確認するテストの様子

```
## サービスの設定を変更
$ kubectl apply -f svc-sa.yml
service/web-service configured

## ポッドのリスト表示
$ kubectl get po
NAME                              READY     STATUS    RESTARTS   AGE
web-deploy-57b4848db4-7rwnx   1/1       Running   0          1h
web-deploy-57b4848db4-rx65n   1/1       Running   0          1h
web-deploy-57b4848db4-wqbmm   1/1       Running   0          1h

## 負荷分散テスト　応答がすべて同じホスト名になっていることに注目
$ kubectl run -it busybox --restart=Never --rm --image=busybox sh
If you don't see a command prompt, try pressing enter.
/ # while true; do wget -q -O - http://web-service; sleep 1;done
web-deploy-57b4848db4-7rwnx
web-deploy-57b4848db4-7rwnx
web-deploy-57b4848db4-7rwnx
web-deploy-57b4848db4-7rwnx
web-deploy-57b4848db4-7rwnx
^C
```

ここまで作成してきたオブジェクトは、Step 09のディレクトリで「kubectl delete -f .」を実行すると、一括削除することができます。

09.9 NodePortの利用

次に、NodePortタイプのサービスを生成するYAMLの記述ですが、次のようになります。

ファイル4 NodePortのマニフェスト：svc-np.yml

```
1    apiVersion: v1
2    kind: Service
3    metadata:
4      name: web-service-np
5    spec:
6      selector:
7        app: web
8      ports:
9      - protocol: TCP
10       port: 80
11     type: NodePort   ## 変更箇所
```

今回は、NodePortタイプのサービスを実行例2へ追加します。次のリスト中、一番下の行のweb-servcie-npでは、TYPEがNodePortになっています。そして右側に移り、PORT(S)で80番ポートが30947番ポートへマップされていることが読み取れます。

実行例8 デプロイの実行例(NodePortでK8sクラスタ外部へ公開)

```
$ kubectl apply -f deploy.yml
deployment "web-deploy" created

$ kubectl apply -f service-np.yml
service "web-service-np" created

$ kubectl get svc
NAME             TYPE        CLUSTER-IP       EXTERNAL-IP   PORT(S)         AGE
web-service-np   NodePort    10.110.113.124   <none>        80:30974/TCP    12s
```

Minikubeの仮想サーバーのIPアドレスをminikube ipで求め、このNodePortでマップされたポート番号へアクセスします。

実行例9 MinikubeのIPアドレスのNodePortへアクセスする例

```
## パソコンでサーバーのIPアドレス取得
$ minikube ip
192.168.99.100

## パソコンからNodePortをアクセス
$ curl http://192.168.99.100:30974/
<!DOCTYPE html>
<html>
<head>
<title>Welcome to nginx!</title>
以下省略
```

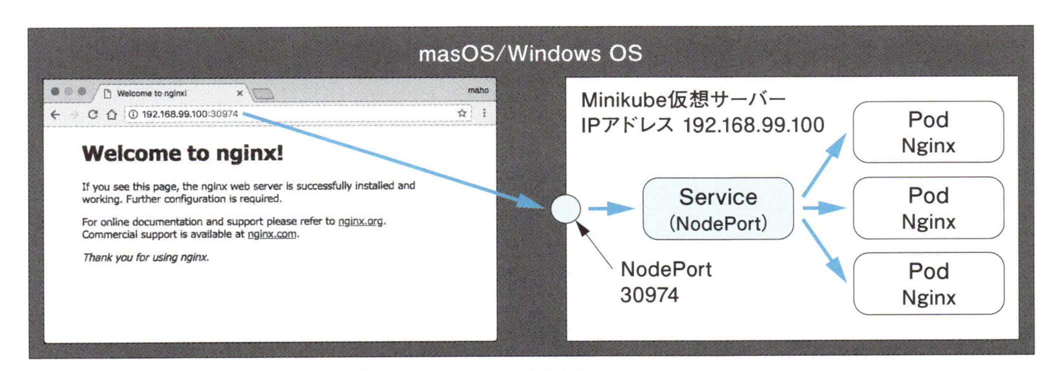

図6 MinikubeでA実現するNodePort

学習環境2では、クライアントのリクエストがノード境界を越えて負荷分散されるのを確認することができます。一方、学習環境1ではシングルノード構成のためにノードを跨る負荷分散は確認できません。

09.10 ロードバランサー

パブリッククラウドのK8sクラスタで、ロードバランサーのパブリックIPアドレスからポッドにアクセスするケースを確認します。

クラウドのアカウント取得、K8sクラスタの作成、kubectlコマンドのセットアップ方法については、付録の学習環境3で手引きしています。3.1がIBM Cloud Kubernetes Service(IKS)、3.2がGoogle Kubernetes Engine(GKE)と、プロバイダーは違いますが、Kubernetesのマニフェストは同じです。

下のファイル5は、サービスタイプがLoadBalancerのYAMLファイルであり、クラウドでパブリックIPを取得して、インターネットにHTTPポートを公開します。

ファイル5 パブリックIPを取得するロードバランサーのマニフェスト:svc-lb.yml

```
1     apiVersion: v1
2     kind: Service
3     metadata:
4       name: web-service-lb
5     spec:
6       selector:
7         app: web
8       ports:
9       - name: webserver
10        protocol: TCP
11        port: 80
12      type: LoadBalancer   ## <-- ここにロードバランサーを指定する
```

実行例10は、IKS上でロードバランサーをセットアップする様子です。パブリックIPを確保し、ポッドのエンドポイント(ポート番号)と関連付けていることが確認できます。

実行例10 ロードバランサーのセットアップの様子

```
## デプロイメントのマニフェストを適用
$ kubectl apply -f deploy.yml
deployment "web-deploy" created

## ロードバランサーを作成
$ kubectl apply -f svc-lb.yml
service/web-service-lb created

## サービスのリスト表示
$ kubectl get svc
NAME             TYPE           CLUSTER-IP       EXTERNAL-IP   PORT(S)        AGE
web-service-lb   LoadBalancer   172.21.219.177   169.**.*.**   80:30925/TCP   12m

## ロードバランサーの詳細表示
$ kubectl describe svc web-service-lb
Name:                     web-service-lb
```

```
Namespace:                default
Labels:                   <none>
Annotations:              kubectl.kubernetes.io/last-applied-configuration={"apiVersion":"v1","k
ind":"Service","metadata":{"annotations":{},"name":"web-service-lb","namespace":"default"},"spec
":{"ports":[{"name":"webserver","p...
Selector:                 app=web
Type:                     LoadBalancer
IP:                       172.21.219.177
LoadBalancer Ingress:     169.**.*.**          ## ここにパブリックIPが表示される
Port:                     webserver  80/TCP    ## ポート名、番号、プロトコル
TargetPort:               80/TCP               ## 転送先のポッドポート
NodePort:                 webserver  30925/TCP ## ノードポートも同時に公開される
Endpoints:                172.30.72.129:80,172.30.72.130:80,172.30.72.131:80
Session Affinity:         None
External Traffic Policy:  Cluster
Events:
  Type    Reason                Age   From                Message
  ----    ------                ----  ----                -------
  Normal  EnsuringLoadBalancer  12m   service-controller  Ensuring load balancer
  Normal  EnsuredLoadBalancer   12m   service-controller  Ensured load balancer
```

実行例11は動作確認の様子です。パソコンのクライアントから、IKSのパブリックIPアドレスを繰り返しアクセスして確認した結果です。これで、コンテナのアプリケーションをインターネットに公開できることを確認できました。

実行例11 ロードバランサーの動作確認

```
## ノードのリスト
$ kubectl get no
NAME            STATUS   ROLES    AGE   VERSION
10.132.253.17   Ready    <none>   11h   v1.11.2+IKS
10.132.253.30   Ready    <none>   11h   v1.11.2+IKS

## ポッドのリスト、配置ノードとポットのIPアドレス付き(表示項目は見やすさのため編集済み)
$ kubectl get po -o wide
NAME                          READY  STATUS   AGE  IP              NODE
web-deploy-84d778f979-dkxnh   1/1    Running  8h   172.30.54.7     10.132.253.17
web-deploy-84d778f979-mf5z5   1/1    Running  8h   172.30.194.137  10.132.253.30
web-deploy-84d778f979-vb8nj   1/1    Running  8h   172.30.194.138  10.132.253.30

## 繰り返しアクセスのテスト
$ while true; do curl http://169.**.*.**; sleep 1;done
web-deploy-84d778f979-vb8nj
web-deploy-84d778f979-vb8nj
web-deploy-84d778f979-dkxnh
web-deploy-84d778f979-dkxnh
web-deploy-84d778f979-mf5z5
web-deploy-84d778f979-dkxnh
web-deploy-84d778f979-mf5z5
web-deploy-84d778f979-vb8nj
web-deploy-84d778f979-vb8nj
web-deploy-84d778f979-vb8nj
^C
```

本番サービスを設計する際には、暗号化されたHTTPSを考慮しなければなりません。その方法には2つ

の選択肢があります。1つは、各ポッドでHTTPS暗号処理を実施する方法です。もう1つの選択肢は、Step 13で述べる「Ingressコントローラ」を利用する方法です。前者では、各ポッドが暗号処理の負荷を分担し、後者ではその負荷がIngressコントローラに集中します。このIngressには有用な機能が多数あるので、システムの要件を考慮しつつ比較検討することになります。

09.11 ExternalNameの利用

ExternalNameは、Kubernetes上のポッドから既存アプリケーションをアクセスするなど、ハイブリッド構成のアプリケーションを開発するときに有用です。ポッドのアプリケーションからはサービス名でアクセスできるので、IPアドレスに依存しない利点があります。

> CoreDNSでは externalName にIPアドレスを書いてもDNS名の文字列として扱うために動作が保証されなくなりました。DNS名をセットするか、サービスタイプのヘッドレスの利用を検討してください。

もし、レイアウトに困った場合は、実行例12の64 bytes from 10.132.253.7: seq=2 ttl=63 time=0.634 ms以下の行を削除して調整してください。

ファイル6 ExternalNameのマニフェスト：svc-ext.yml

```
1    kind: Service
2    apiVersion: v1
3    metadata:
4      name: apl-on-baremetal
5    spec:
6      type: ExternalName
7      externalName: 10.132.253.7    ##ここに外部のIPアドレスまたはDNS名を設定
```

実行例12では、ファイル5のマニフェストを適用して、外部のIPアドレス「10.132.253.7」をサービス名「apl-on-baremetal」で登録しておき、K8sクラスタ内のポッドからサービス名で疎通を確認しています。K8sクラスタと既存システムの組み合わせを容易に実現できることがわかると思います。

実行例12 ExternalNameで登録したサービスとの疎通テストの様子

```
## ExternalNameのサービスを設定
$ kubectl apply -f svc-ext.yml
service/apl-on-baremetal created

## サービスのリスト　EXTERNAL-IPアドレスに注目
$ kubectl get svc apl-on-baremetal
NAME               TYPE           CLUSTER-IP   EXTERNAL-IP    PORT(S)   AGE
apl-on-baremetal   ExternalName   <none>       10.132.253.7   <none>    15s
```

```
## サービス名での疎通テスト
$ kubectl run -it bustbox --restart=Never --rm --image=busybox sh
If you don't see a command prompt, try pressing enter.
/ # ping apl-on-baremetal
PING apl-on-baremetal (10.132.253.7): 56 data bytes
64 bytes from 10.132.253.7: seq=0 ttl=63 time=2.089 ms
64 bytes from 10.132.253.7: seq=1 ttl=63 time=0.592 ms
64 bytes from 10.132.253.7: seq=2 ttl=63 time=0.634 ms
64 bytes from 10.132.253.7: seq=3 ttl=63 time=0.491 ms
^C
--- apl-on-baremetal ping statistics ---
4 packets transmitted, 4 packets received, 0% packet loss
round-trip min/avg/max = 0.491/0.951/2.089 ms
```

Step 09のまとめ

このStepの重要ポイントを箇条書きにして、まとめておきます。

- Kubernetesの「サービス」は、クライアントのリクエストをポッドへ導くためのオブジェクトであり、ノード境界を越えたポッドの負荷分散機能を担う。サービスタイプの違いによって公開方法や公開先を設定できる。
- サービスタイプClusterIPはK8sクラスタ内部からのアクセス、NodePortはK8s外部からノードのIPアドレスとポート番号に対するアクセス、LoadBalancerはK8sクラスタ外部の代表IPアドレスによるアクセスを提供する。
- サービスタイプExternalNameは、K8sクラスタ外部のDNS名をサービス名に対応付ける。サービス名とIPアドレスを対応付けたい場合はヘッドレスサービスを検討する。
- サービスが受けたリクエストの転送先ポッドは、ラベルによって対応付ける。
- サービスの負荷分散アルゴリズムは、デフォルトではランダムであり、セッションアフィニティにより、クライアントのIPアドレスで、振り分け先ポッドを固定できる。なお、注意点としてサービスにはHTTPヘッダーのクッキーによるセッションアフィニティの機能はない。その必要がある場合は、Step 13のイングレスの利用を検討する。
- サービスタイプNodePortを使用すると、外部のネットワークへアプリケーションを公開できるが、可用性が不十分なため本番運用には適さない。一方、LoadBalancerは可用性もあり、HTTPやHTTPSのデフォルトポートを利用できるため本番運用に適している。

表5 Step 09で新たに登場したkubectlコマンド

コマンド	動作
kubectl get svc	実行中のサービスをリストする
kubectl describe svc	サービスの詳細を表示する

Step 10 ジョブとクーロンジョブ

失敗時に再試行するジョブと指定時刻にジョブを起動するクーロンジョブ

「ジョブ」は、ポッド内のすべてのコンテナが正常終了するまで、ポッドの再試行を繰り返すコントローラです。そして「クーロンジョブ」は、UNIXのcronと同じフォーマットで、ジョブの定期実行時刻を設定できるコントローラです。

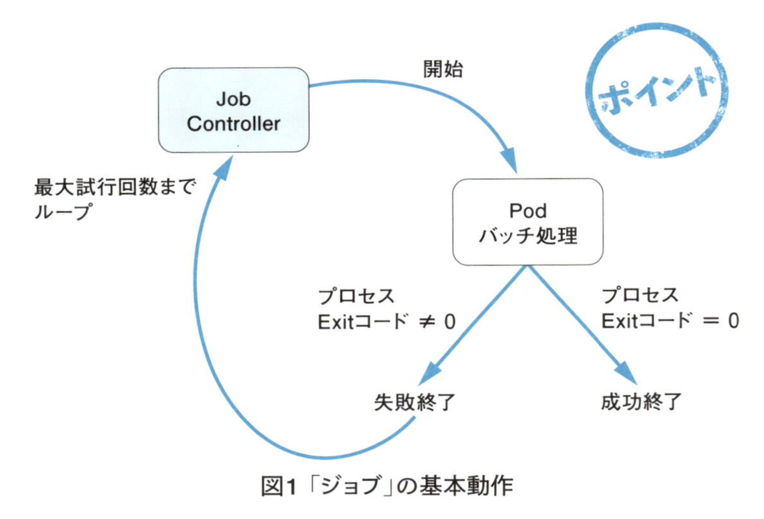

図1 「ジョブ」の基本動作

(1) ジョブの振る舞いと使用上の注意点

一般的に、コンピュータ用語の「ジョブ」は、バッチ処理とも呼ばれ「ひとまとまりのプログラムの実行」を指します。そして、ジョブ制御システムは、複数のバッチ処理の時間的スケジュールと前後関係、そして、並列度を管理しながら、バッチ処理全体の実行を管理するソフトウェアです。しかし、Kubernetesのコントローラの1つである「ジョブ」には、ジョブ制御システムのような機能は備わっていません。

そこで、Kubernetesのジョブを理解するために、その機能を文章で書き表したのが次の5項目です[1]。

1. ジョブは、ポッドの実行回数と並行数を指定して、1つ以上のポッドを実行します。
2. ジョブは、ポッドが内包するすべてのコンテナが正常終了した場合に、ポッドを正常終了したものとして扱います。複数のコンテナのうち1つでも異常終了があれば、そのポッドは異常終了と見なされます。
3. ジョブに記述したポッドの実行回数がすべて正常終了すると、ジョブは完了します。また、ポッド異常終了による再試行数上限に達すると、ジョブは中断します。
4. ノード障害などにより、ジョブのポッドが実行中に失われた場合、ジョブは他のノードでポッドを再スタートします。
5. ジョブによって実行されたポッドは、ジョブが削除されるまで保持されます。ジョブを削除すると、起動されたすべてのポッドが削除されます。

ジョブのオブジェクトを使用する際には、以下のような点に注意しなければなりません。

1. バッチ処理のシェルやプログラムは、ポッドのコンテナの上で実行されるため、プログラム実行の順番や、異常終了時の分岐などは、コンテナ上のシェルに書いておかなければなりません。
2. ポッドに複数のコンテナが存在する場合、ジョブはポッドに内包するすべてのコンテナが正常終了しない限り、そのポッドが正常終了したと見なさず、再試行を繰り返します。
3. ジョブはポッドの正常終了に関して、コマンド「kubectl get pod」で表示されるSTATUS列のcompletedでは判定しません。

(2) 時刻でポッドを制御するクーロンジョブ

本Stepでは、「クーロンジョブ」と呼ばれるコントローラも扱います。図2はクーロンジョブの概念図です。クーロンジョブは設定された時刻にジョブを生成します。その制御下で起動したポッドが、決められた保存世代数を越えると、クーロンジョブは「ガベージコレクション」と呼ばれるコントローラを使い、終了済みのポッドを削除します。

参考資料

[1] ジョブ概要、https://kubernetes.io/docs/concepts/workloads/controllers/jobs-run-to-completion/

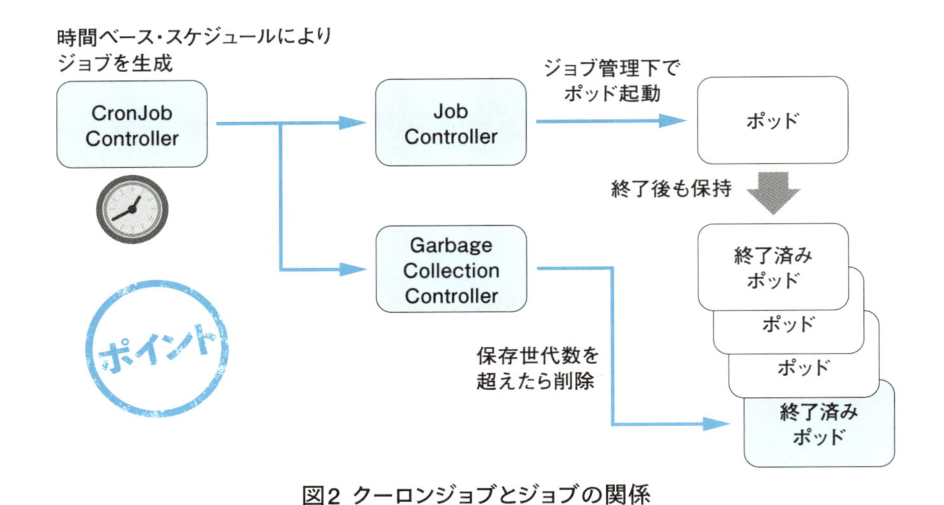

図2 クーロンジョブとジョブの関係

クーロンジョブは、時刻指定でジョブを実行するものです。そのため、まずジョブを理解しておく必要があります。クーロンジョブについては、このStepの終盤で学びます。

10.1 ジョブ適用のユースケース

ここまでのジョブの説明では「このコントローラはいったい何に使えるのか?」と、存在価値に疑問を感じたかもしれません。そこで、ジョブと他のコントローラとを組み合わせるユースケースに触れたいと思います。

(1) 同時実行と逐次実行

最初に挙げるのは、個々の処理に順序性がなく、互いに独立して実行できるバッチ処理を高速に実行する例です。ジョブ(コントローラ)は、複数のノード上で複数のポッドを同時に実行することで、バッチ処理が早く完了するように制御します。

この代表的なユースケースには、大量のメール送信、画像・動画・音源などの変換処理、大量のデータを抱えるKVS型データベースの検索などがあります。

また、ポッドの同時実行数を多くしても、デバイスアクセスの競合が増えるだけで、逆に処理が遅くなるケースもあります。そうした場合には同時実行数を少なく抑え、ポッドの総実行回数が同じになるように、ポッドの起動と終了を繰り返すようジョブを設定して対処します。

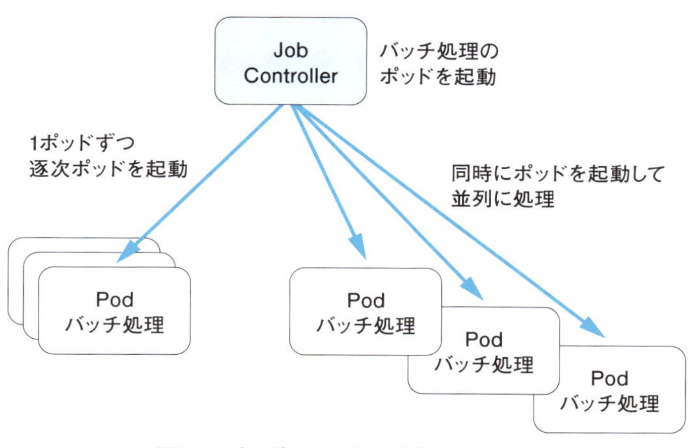

図3 逐次型処理と並列型処理の概念

(2) 計算資源によるポッドの実行ノード選択

次は、いろいろな仕様のノードを組み合わせてバッチ処理を実行する利用例です。

バッチ処理のマニフェストには、CPUアーキテクチャ、CPUコア数やメモリ容量の要求値、ノードセレクタのラベルなどの条件が記述されます。マスターノードのスケジューラは、記載された条件を満たす適切なノードを選び出して、ポッドの実行を割り当てます(図3)。

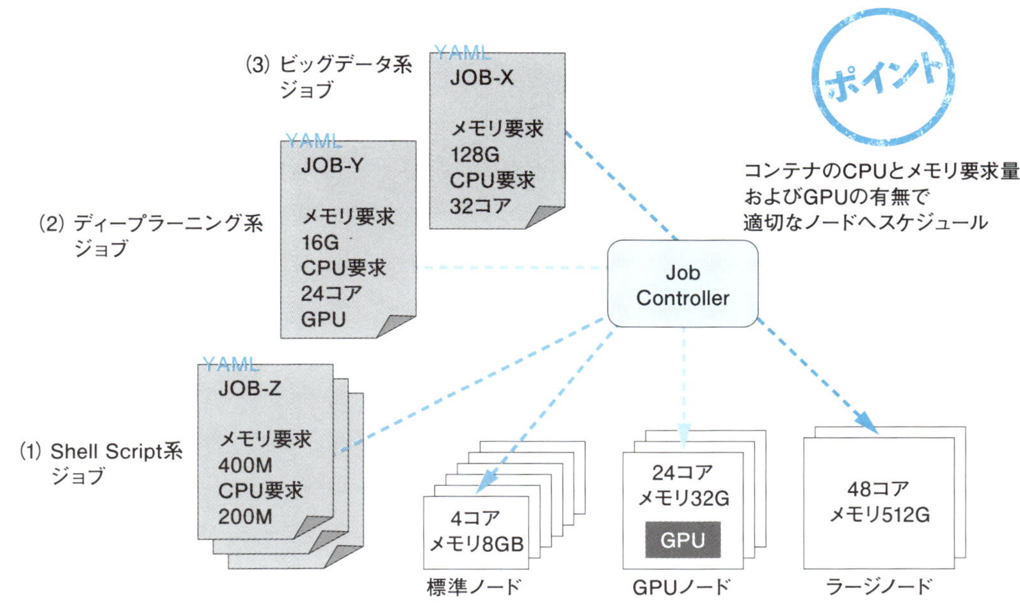

図4 ノードの計算資源に鑑みたジョブによるポッド実行の割り当て

(3) オンライン起動バッチ処理

図5は、アプリケーションの利用者を待たせないように、ジョブとメッセージブローカーを組み合わせる例を示しています。

この図の「ジョブ要求画面」と「ジョブリクエスター」は、アプリケーションの機能の一部を抜き出したものであり、「ジョブ」を生成する機能です。たとえば、「人工知能技術を応用した企業診断レポートの作成」といった複雑なバッチ処理をリクエストする要求画面があったとして、その画面で情報源リンク、各種レポート、キーワードなどの診断に必要な情報をインプットして、バッチ処理を依頼するといったフローを想定しています。

図の左上「ジョブ要求画面」で、ユーザーが要求を入力してサブミットすると、「ジョブリクエスター」がメッセージキューに書き込んで応答画面を返します。ジョブのポッドはキューからパラメータを受け取ってバッチ処理を実行し、完了通知をユーザーへ送信します。このような仕組みにより、ブラウザのタイムアウトエラーを回避できます。

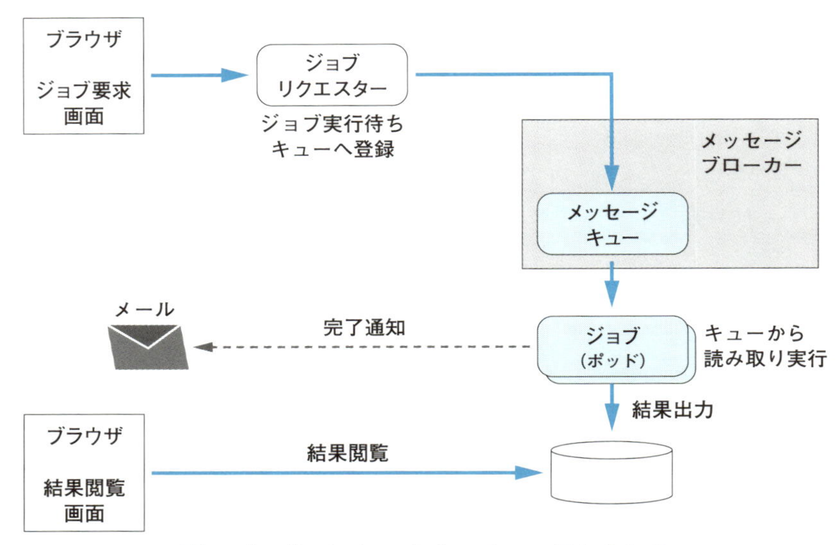

図5 ジョブとメッセージブローカーの組み合わせ

(4) 定期実行バッチ処理

クーロンジョブは設定時刻に定期的にジョブを実行するため、データのバックアップや時間ごとに自動実行するバッチ処理、日々実行する夜間バッチ処理などに利用できます。

サンプルコードの利用法

本Stepで提示するコードは、GitHub（https://github.com/takara9/codes_for_lessons）にあります。

GitHubからクローンする場合

```
$ git clone https://github.com/takara9/codes_for_lessons
$ cd codes_for_lessons/step10
```

移動先には、本Stepで利用するファイルを含むディレクトリがあります。

```
step10
├──── job_cron              クーロンジョブ
├──── job_finish_case       終了ケース / 並列処理
├──── job_prime_number      素数計算ジョブ
└──── job_w_msg_broker      メッセージブローカーとの連携
```

10.2 ジョブの同時実行数と実行回数

最初にジョブの基本動作として、ポッドの実行回数（Completions）と同時実行数（Parallelism）を指定した場合の振る舞いを見ていきます。

ファイル1は、最もシンプルなジョブのマニフェストです。これにより起動されたポッドは、5秒間スリープしたあとに正常終了します。そして、実行回数（Completions）に設定された数だけポッドを繰り返し実行します。

ファイル1 ジョブのマニフェスト：job-normal-end.yml

```
1     apiVersion: batch/v1        ## 表1 バッチジョブAPI
2     kind: Job
3     metadata:
4       name: normal-end
5     spec:                       ## 表2 バッチジョブ仕様
6       template:
7         spec:
8           containers:
9           - name: busybox
10            image: busybox:latest
11            command: ["sh",  "-c", "sleep 5; exit 0"]
12          restartPolicy: Never
13      completions: 6
14      # parallelism: 2
```

マニフェストの書き方を理解するために、表1と表2にキー項目と設定内容の概要をまとめました。表1はジョブのAPIコア部分であり、お決まりのトップレベルのパターンです。

表1 バッチジョブAPI（Job v1 batch）

キー項目	設定内容
apiVersion	batch/v1と設定
kind	Jobと設定
metadata:	このmetadataのnameは必須項目であり、名前空間内で重複がないユニークな名前を設定する
spec	ジョブ仕様を記述する。詳細は表2を参照

※ 本表のAPIの詳細は、https://kubernetes.io/docs/reference/generated/kubernetes-api/v1.14/#job-v1-batchにあります。v1.14の14部分を13や12に変更してアクセスすることで、他のマイナーバージョンのAPIを参照できます。

次の表2はジョブ仕様です。ここでは同時実行数（Parallelism）、実行回数（Completions）およびポッドテンプレートを利用します。

表2 バッチジョブ仕様（JobSpec v1 batch）

キー項目	概要
template	起動するポッドの雛形を記述するポッドテンプレート ポッドの仕様記述については、「Step 07 マニフェストとポッド」または、APIリファレンスPodSpec（https://kubernetes.io/docs/reference/generated/kubernetes-api/v1.14/#podspec-v1-core）を参照
completion	ジョブの実行回数。0より大きい整数を設定する
parallelism	ジョブを同時実行数する数。completionより少ない値となる
activeDeadlineSeconds	ジョブの最長実行時間を秒単位で指定する。ジョブのポッド数に関係なく、時間が過ぎるとジョブのポッドは強制停止される
backoffLimit	試行回数を設定。デフォルト値は6。指数バックオフ遅延が適用され、試行回数に応じて10秒、20秒、40秒と長くなり、上限は6分間

※ 本表のAPIの詳細は、https://kubernetes.io/docs/reference/generated/kubernetes-api/v1.14/#jobspec-v1-batchにあります。

実行例1は、ジョブオブジェクトを作成し、ポッドが実行された様子を表しています。ジョブが正常終了すると、「(2) ジョブの完了状態の確認」部分のSUCCESSFUL列の値が、その左横のDESIRED列と同じになります。SUCCESSFUL列の値が小さければ、ジョブは未完了の状態にあります。

次に、「(3) ジョブの詳細確認」のEventsのセクションのAge列に注目してください。これらの値はイベント発生からの経過時間を表しています。この列の値の変化量から、ポッドが順番に実行されていることが読み取れます。

実行例1 実行回数completions=6のポッド実行の様子

```
## (1) ジョブの作成
$ kubectl apply -f job-normal-end.yml
job "normal-end" created

## (2) ジョブの完了状態の確認
$ kubectl get jobs
NAME          DESIRED   SUCCESSFUL   AGE
```

```
normal-end   6         6            1m

## (3) ジョブの詳細確認
$ kubectl describe  job
Name:           normal-end
Namespace:      default
<中略>

$ kubectl describe job normal-end
Name:           normal-end
<中略>

Parallelism:    1
Completions:    6
<中略>

Events:
  Type    Reason            Age   From            Message
  ----    ------            ----  ----            -------
  Normal  SuccessfulCreate  1m    job-controller  Created pod: normal-end-dkl9f
  Normal  SuccessfulCreate  56s   job-controller  Created pod: normal-end-855nm
  Normal  SuccessfulCreate  46s   job-controller  Created pod: normal-end-rpw4d
  Normal  SuccessfulCreate  37s   job-controller  Created pod: normal-end-chsbt
  Normal  SuccessfulCreate  27s   job-controller  Created pod: normal-end-qf9lm
  Normal  SuccessfulCreate  17s   job-controller  Created pod: normal-end-tvz8q
```

次に、ファイル1の最終行「parallelism: 2」のコメントマークを削除して、ジョブを実行します。このとき、同じジョブ名が存在し実行が完了しているため、同じジョブ名を削除してから再実行します。

実行例2 実行回数completions=6にparallelism=2を加えて実行した結果

```
## (1) ジョブの削除と作成
$ kubectl delete -f job-normal-end.yml
job.batch "normal-end" deleted
$ kubectl apply -f job-normal-end.yml
job.batch/normal-end created

## (2) ジョブ完了後の詳細表示
$ kubectl describe job normal-end
Name:           normal-end
Namespace:      default
<中略>

Parallelism:    2
Completions:    6
<中略>

Events:
  Type    Reason            Age   From            Message
  ----    ------            ----  ----            -------
  Normal  SuccessfulCreate  27s   job-controller  Created pod: normal-end-cmfsx
  Normal  SuccessfulCreate  27s   job-controller  Created pod: normal-end-qks9d
  Normal  SuccessfulCreate  17s   job-controller  Created pod: normal-end-d4zfl
  Normal  SuccessfulCreate  14s   job-controller  Created pod: normal-end-rfcnv
  Normal  SuccessfulCreate  7s    job-controller  Created pod: normal-end-kbzqr
  Normal  SuccessfulCreate  4s    job-controller  Created pod: normal-end-ld8rr
```

実行例2は、マニフェストの「実行回数（completions）＝6」に「同時実行数（parallelism）＝2」を加えた結果です。EventsのAge列に注目してください。ポッドが2個ずつ実行されている様子を読み取ることができます。

10.3 ジョブが異常終了するケース

ここでは、ポッドのコンテナが異常終了するときの、ジョブの振る舞いを見ていきます。次のファイル2のマニフェストでは、ジョブ管理下のポッドのコンテナは起動5秒後に「exitコード=1」として異常終了します。そして「backoffLimit: 3」として、試行回数を最大3回までに制限しています。また、ここではparallelism（同時実行数）とcompletions（完了数）の設定を省略していますから、それぞれデフォルト値の1が設定されます。

ファイル2 異常終了するジョブのマニフェスト：job-abnormal-end.yml

```
1     apiVersion: batch/v1
2     kind: Job
3     metadata:
4       name: abnormal-end
5     spec:
6       backoffLimit: 3
7       template:
8         spec:
9           containers:
10          - name: busybox
11            image: busybox:latest
12            command: ["sh",  "-c", "sleep 5; exit 1"]
13          restartPolicy: Never
```

このマニフェストの実行結果を、実行例3と実行例4で詳しく読んでいきます。

実行例3のkubectl get jobの結果では、DESIRED列は「1」であり、SUCCESSFUL列は「0」です。ここから、1つのポッドを実行したものの、成功したポッドはないことが判別できます。

実行例3 コンテナが異常終了するジョブの実行

```
$ kubectl apply -f job-abnormal-end.yml
job "abnormal-end" created

$ kubectl get jobs
NAME           DESIRED   SUCCESSFUL   AGE
abnormal-end   1         0            16s
```

ポッドの異常終了と再試行の繰り返しの様子は、実行例4のkubectl describe jobの結果から読んでいくことができます。Eventsセクションでは、最初のコンテナの起動に加えて、backoffLimitに達するまでの3回、合計4回の起動が実行されたことが読み取れます。

実行例4 異常終了ジョブの詳細

```
$ kubectl describe job abnormal-end
Name:           abnormal-end
Namespace:      default
Selector:       controller-uid=675821ae-7c2d-11e8-a70e-b827eb69f415
Labels:         controller-uid=675821ae-7c2d-11e8-a70e-b827eb69f415
                job-name=abnormal-end
Annotations:    kubectl.kubernetes.io/last-applied-configuration={"apiVersion":"batch/v1",
"kind":"Job","metadata":{"annotations":{},"name":"abnormal-end","namespace":"default"},"spec":
{"backoffLimit":3,"template":{"s...
Parallelism:    1
Completions:    1
Start Time:     Sat, 30 Jun 2018 15:18:28 +0900
Pods Statuses:  0 Running / 0 Succeeded / 4 Failed
Pod Template:
  Labels:  controller-uid=675821ae-7c2d-11e8-a70e-b827eb69f415
           job-name=abnormal-end
  Containers:
   busybox:
    Image:   busybox:latest
    Port:    <none>
    Command:
      sh
      -c
      sleep 5; exit 1
    Environment:  <none>
    Mounts:       <none>
  Volumes:        <none>
Events:
  Type     Reason                Age   From            Message
  ----     ------                ----  ----            -------
  Normal   SuccessfulCreate      2m    job-controller  Created pod: abnormal-end-pxt4r
  Normal   SuccessfulCreate      1m    job-controller  Created pod: abnormal-end-x5pch
  Normal   SuccessfulCreate      1m    job-controller  Created pod: abnormal-end-tk4tf
  Normal   SuccessfulCreate      1m    job-controller  Created pod: abnormal-end-794n5
  Warning  BackoffLimitExceeded  44s   job-controller  Job has reach the specified backoff limit
```

筆者の経験では、Minikube 0.28でK8s バージョン1.10を利用すると、backoffLimitを超えて再試行が続くという問題に遭遇しましたが、クラウドのK8sクラスタでは問題ありませんでした。

10.4 コンテナの異常終了とジョブ

ジョブから起動されるポッド上のコンテナの1つが異常終了となったときの、ジョブの振る舞いを確認するために、次のマニフェスト「ファイル3」を準備しました。

このマニフェストのポッドでは、1番目のコンテナはexit=0で正常終了し、2番目のコンテナはexit=1で異常終了します。このような場合のポッドの終了ステータスはCompletedとなり、ポッドは正常終了した旨が表示されます。反対の場合、すなわち1番目のコンテナが異常終了し、2番目のコンテナが正常終了した場合には、ポッドの終了ステータスにはErrorが表示され、ポッドは異常終了したものとして扱われます。

このマニフェストを使って、2番目のコンテナが異常終了するポッドに対するジョブの振る舞いを確認します。

ファイル3 第2コンテナの異常終了を検証するマニフェスト：job-container-failed.yml

```
1    apiVersion: batch/v1
2    kind: Job
3    metadata:
4      name: two-containers
5    spec:
6      template:
7        spec:
8          containers:
9          - name: busybox1
10           image: busybox:1
11           command: ["sh",  "-c", "sleep 5; exit 0"]
12         - name: busybox2
13           image: busybox:1
14           command: ["sh",  "-c", "sleep 5; exit 1"]
15         restartPolicy: Never
16     backoffLimit: 2
```

実行例5「(2) ポッドの終了状態」に注目してください。ジョブから起動されたポッドのSTATUS列は正常終了となっており、問題がないように見えます。しかし、「(1) ジョブの再試行状況」のEventsでは、再試行を繰り返してbackoffLimitに達したことが読み取れます。

実行例5 第2コンテナが異常終了した場合のジョブの振る舞い

```
## (1) ジョブの再試行状況
$ kubectl describe job
Name:           two-containers
Namespace:      default
<中略>

Events:
Type    Reason                Age  From           Message
----    ------                ---- ----           -------
Normal  SuccessfulCreate      39s  job-controller Created pod: three-containers-4hpk6
Normal  SuccessfulCreate      32s  job-controller Created pod: three-containers-gfjtn
Normal  SuccessfulCreate      22s  job-controller Created pod: three-containers-qs4rx
Warning BackoffLimitExceeded 2s   job-controller Job has reached the specified backoff limit

## (2) ポッドの終了状態
$ kubectl get pod
NAME                     READY    STATUS      RESTARTS   AGE
two-containers---4hpk6   0/2      Completed   0          47s
three-containers-gfjtn   0/2      Completed   0          40s
three-containers-qs4rx   0/2      Completed   0          30s
```

このことから、ジョブは、その管理下で起動するポッドについてkubectl get podのSTATUS列を参照しておらず、ポッド内のコンテナがすべて正常終了することを以て、ジョブの正常終了と見なしていることがわかります。

10.5 素数計算ジョブの作成と実行

ジョブの基本動作を理解できたところで、ジョブのコンテナの作り方とジョブ実行を見ていきます。

Kubernetesのジョブは、数値計算系の処理に多く利用されています。そこで、数値計算でよく利用されるPythonの科学計算パッケージ「NumPy」[2]を使うことにします。素数を生成してリストするプログラムをNumPyで開発し、コンテナが計算した結果をジョブで得るまでを実施します。本Stepの冒頭に挙げた図1「「ジョブ」の基本動作」に当てはめると、「Podバッチ処理」の部分において、Pythonで書いた素数生成処理を実行することになります。

まず、素数生成のバッチ処理コンテナのイメージをビルドするため、ディレクトリを用意して、次のファイルを作成していきます。

実行例6 ディレクトリとファイルのリスト

```
$ tree job_prime_number/
job_prime_number/
├── Dockerfile           # コンテナのイメージ生成用ファイル
├── pn_job.yml           # ジョブ生成のマニフェスト
├── prime_numpy.py       # 素数計算プログラム
└── requirements.txt     # Pythonモジュールのバージョンリスト
```

最初にprime_number.pyを読んでいきます。このコードは、環境変数から素数生成の開始番号と終了番号を受け取り、配列に指定範囲の数値を埋めます。次に、素数判定関数is_primeで、素数か否かをチェックします。そこから素数の数だけを抽出して、最後に標準出力へ値を書き出して終了します。

要は、環境変数からパラメータを受け取って、計算を完了したらプログラムが終了する、一般的に言われるバッチ処理のプログラムです。

このような数値計算プログラムでは、受け取るパラメータ次第で必要となるメモリ容量が大幅に変化し、計算が完了するまでのCPU時間も一定しません。こうした特性から、このポッドがノードにスケジュールされると、実行中にノードのメモリが不足して、続行不能のエラーが発生して異常終了するなどの可能性が常にあります。

もしも、計算途中でメモリ不足に至り異常停止したら、ジョブは再度、空いているノードにポッドの実行を割

参考資料

[2] NumPy科学計算パッケージ、http://www.numpy.org/

り当てます。もちろん、事前にマニフェストに十分なメモリ要求量を記述しておけば、計算の途中でメモリ不足による異常停止を減らせるでしょう。

ファイル4 素数計算のプログラム：prime_number.py

```
1   #!/usr/bin/env python
2   # -*- coding: utf-8 -*-
3   # 素数計算プログラム
4   import os
5   import numpy as np
6   import math
7   np.set_printoptions(threshold='nan')
8   
9   ## 素数判定関数
10  def is_prime(n):
11      if n % 2 == 0 and n > 2:
12          return False
13      return all(n % i for i in range(3, int(math.sqrt(n)) + 1, 2))
14  
15  ## 環境変数から素数の計算範囲を受け取り、
16  ## 配列の中に開始番号から終了番号まで順に数字を並べる
17  nstart = eval(os.environ.get("A_START_NUM"))
18  nsize  = eval(os.environ.get("A_SIZE_NUM"))
19  nend   = nstart + nsize
20  ay     = np.arange(nstart, nend)
21  
22  ## 素数判定の関数をベクタ化
23  pvec = np.vectorize(is_prime)
24  
25  ## 配列要素へ適用して判定表作成
26  primes_tf = pvec(ay)
27  
28  ## 素数だけを抽出して表示
29  primes = np.extract(primes_tf, ay)
30  print primes
```

それにしても、NumPyはつくづく便利だと思います。NumPyを利用してコードを書くと、ループを回すことなく配列を1つの塊として扱うことができ、すっきりした読みやすいコードになります。次のファイル5で、Pythonに追加するモジュールのバージョンを指定します。

ファイル5 pipでインストールするパッケージのリスト：requirements.txt

```
1   numpy==1.14.1
```

ファイルの説明の最後は、イメージをビルドするためのDockerfileです。このファイルでは、Pythonの公式コンテナを使用して、前述のrequirements.txtとprime_number.pyをコンテナにコピーし、pipを実行して必要なパッケージをインストールします。

コンテナが起動したら、CMDに指定した素数生成の処理を開始します。

ファイル6 素数計算プログラムを含むイメージをビルドするDockerfile

```
1     FROM python:2
2     COPY ./requirements.txt /requirements.txt
3     COPY ./prime_numpy.py /prime_numpy.py
4     RUN pip install --no-cache-dir -r /requirements.txt
5     CMD [ "python", "/prime_numpy.py" ]
```

PCなどの開発環境でprime_number.pyの動作を確認できたら、イメージをビルドします。操作方法はこれまでと同じで、実行例7を参照してください。

実行例7 素数を生成するイメージをビルドする様子

```
$ docker build -t pn_generator .
Sending build context to Docker daemon  5.632kB
Step 1/5 : FROM python:2
 ---> 0fcc7acd124b

<中略>

Successfully built d65e5a4d19b6
Successfully tagged pn_generator:latest
```

これで、ローカルのリポジトリにイメージが作られたので、Kubernetesから利用できるようにリモートリポジトリへ登録します。Docker Hubの筆者のリポジトリmaho（https://hub.docker.com/r/maho/）は、読者のリポジトリへ置き換えてください。

実行例8 Docker Hubへログインしてビルド済みイメージを登録する様子

```
## DockerHub へログイン
$ docker login
Login with your Docker ID to push and pull images from Docker Hub. If you don't have a Docker ID,
head over to https://hub.docker.com to create one.
Username: maho
Password: **********
Login Succeeded

## リモートリポジトリのタグを付与
$ docker tag pn_generator:latest maho/pn_generator:0.1

## リモートリポジトリへ登録
$ docker push maho/pn_generator:0.1
The push refers to repository [docker.io/maho/pn_generator]
3a6a0d30154a: Pushed
<中略>
a2e66f6c6f5f: Mounted from library/python
0.1: digest: sha256:5f6fdab41889b70839bcf2eaf8fd694acf97be359188743eb90a3922b2a45653 size: 2848
```

イメージの準備ができたので、K8sクラスタで実行するためのマニフェストを作成します。素数計算のパラメータは、マニフェストから環境変数でコンテナへ渡します。

ファイル7 Pythonのコンテナを実行するジョブのYAML：pn_job.yml

```
1     apiVersion: batch/v1
2     kind: Job
3     metadata:
4       name: pn-gen
5     spec:
6       template:
7         spec:
8           containers:
9           - name: pn-generator
10            image: maho/pn_generator:0.1
11            env:
12            - name: A_START_NUM
13              value: "2"
14            - name: A_SIZE_NUM
15              value: "10**5"
16          restartPolicy: Never
17      backoffLimit: 4
```

このYAMLを適用して、ジョブでポッドを起動します。処理は数秒で終了し、kubectl get jobsのSUCCESSFULにカウントされます。ジョブは削除するまで残り続け、ジョブが削除されると、起動されたポッドも一緒に削除されます。

実行例9 ジョブの実行

```
$ kubectl apply -f pn_job.yml
job "prime-number" created

$ kubectl get jobs
NAME           DESIRED   SUCCESSFUL   AGE
prime-number   1         1            1h
```

ジョブの実行結果を参照するには、ジョブのコントロール下で起動したポッドのログを参照します。実行例10に示すように、ポッドをリストして探し、ポッドのログから結果を表示しています。

1. kubectl get pod ………………………… ポッドのリスト表示
2. kubectl logs <目的のポッド名> …… 計算結果の表示

実行例10 ジョブの実行結果表示

```
## (1)完了したジョブのポッド表示
$ kubectl get pod
```

```
NAME                 READY     STATUS       RESTARTS    AGE
prime-number-9l7cm   0/1       Completed    0           1h

## (2) ジョブの実行結果表示
$ kubectl logs prime-number-9l7cm
[    2     3     5     7    11    13    17    19    23    29    31    37
    41    43    47    53    59    61    67    71    73    79    83    89
    97   101   103   107   109   113   127   131   137   139   149   151
   157   163   167   173   179   181   191   193   197   199   211   223
   227   229   233   239   241   251   257   263   269   271   277   281
```

実務でジョブを利用する場合は、計算結果を他のプログラムから読み取れるようにするために、NoSQLデータベースやオブジェクトストレージへ保存するのがお勧めです。

10.6 メッセージブローカーとの組み合わせ

メッセージブローカーとジョブを組み合わせたユースケースを見ていきます。この2つを組み合わせる利点は、ポッドがメッセージブローカーから計算パラメータなどを受け取れる点にあり、マニフェストにパラメータを記述する必要がないことです。

それでは演習を進めていきます。先ほどの素数計算プログラムが生成できる素数の数には限界があります。素数の数は、コンテナが1つのノード上で利用できるメモリ容量に制約されているのです。そこで、計算範囲をノードのメモリ容量に収まるように複数に分割して並列計算を行えば、メモリ容量の制約を解消できます。より多くのノードを利用できれば計算時間の短縮につながり、効率よく処理を達成できるでしょう。

しかし、この方法を採用するためにマニフェストを多数用意し、それぞれの計算範囲の開始と数量を記述してジョブを実行するようなことをすれば、マニフェストの編集だけで多大な時間を要します。これはあまり幸せな方法とは言えません。

そこで、メッセージブローカーを利用します。そうすれば、ポッドが起動されたあとに、コンテナは計算範囲のパラメータをメッセージとして受け取ることができます。計算範囲のパラメータをメッセージブローカーに書き込んでおくだけで、ジョブのポッドは次々にパラメータを受け取って、それぞれの担当範囲を計算してくれるようになります。

次の図は、ジョブとメッセージブローカーを利用した並列処理の実装例です。

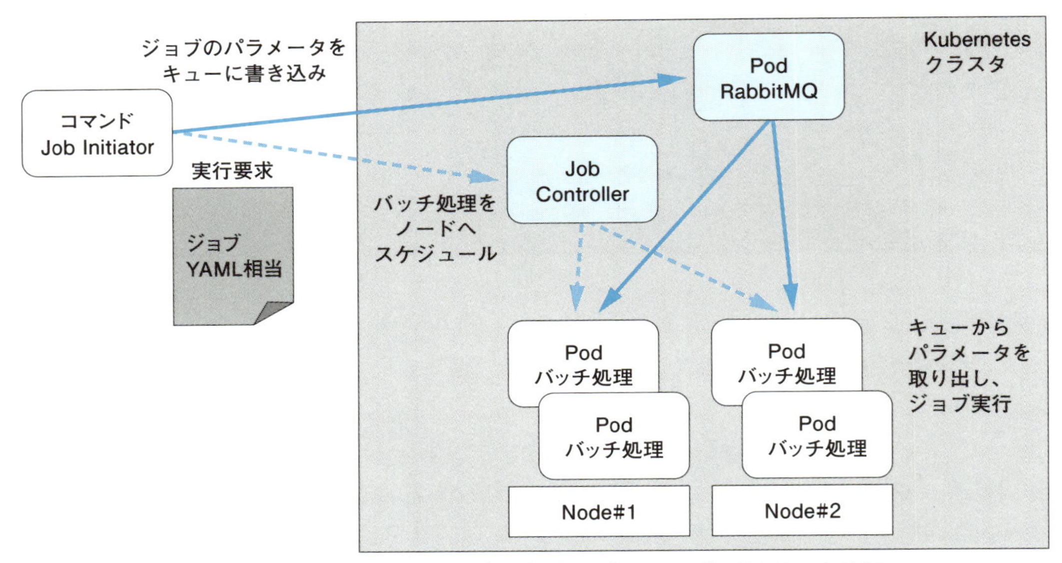

図6 メッセージブローカーとジョブを組み合わせた並列処理の実装例

図6で主な要素の概要を確認したら、必要なディレクトリとファイル、そしてファイル内容を詳しく見ていきましょう。

1. 「コマンドJob Initiator」は、バッチ処理の区間ごとのパラメータをキューに書き込み、並列数と繰り返し数を指定して、ジョブの実行を依頼します。このキューへの書き込みには、メッセージブローカー「RabbitMQ」のPythonライブラリを利用します。また、ジョブのマニフェストはKubernetesのクライアントライブラリを利用し、kubectlコマンドを利用することなく、Pythonのプログラムから動的に生成し、実行を依頼します。
2. 「RabbitMQ」は、デプロイメントによりRabbitMQのポッドを実行します。そして、K8sクラスタの外側の「コマンドJob Initiator」は、サービスのNodePortで開いたポートへ処理依頼をインプットします。
3. 「Job Controller」は、動的に生成されたマニフェストによって作られるジョブです。
4. 「Podバッチ処理」は、素数計算プログラムのポッドです。RabbitMQのキューから計算区間の開始と終了のパラメータを受け取り、その範囲の素数を計算して、計算結果を標準出力へ書き出します。

次が、構成要素を実装するためのファイルとディレクトリのリストです。

実行例11 Pythonプログラムのコンテナイメージを作るためのファイル一式

```
$ tree job_w_msg_broker/
job_w_msg_broker/
```

```
├── job-initiator
│   ├── Dockerfile
│   └── py
│       └── job-initiator.py
├── pn_generator-que
│   ├── Dockerfile
│   ├── prime_numpy.py
│   └── requirements.txt
└── taskQueue-deploy.yml

3 directories, 6 files
```

実行例11の内容を解説します。

1.「job-initiator」のディレクトリに、Job Initiatorイメージをビルドするためのファイルを集めました。
2.「pn-generator-que」のディレクトリに、素数計算プログラムのイメージを作るためのファイルを集めました。
3.「taskQueue-deploy.yml」は、RabbitMQのマニフェストです。

ここから先、ディレクトリ「pn-generator-que」と「taskQueue-deploy.yml」のコードの概要を読んでいきます。

(1) ディレクトリ「pn-generator-que」

素数計算プログラム「prime_numpy.py」は、メインの標準入力から計算範囲のパラメータ受け取り、素数生成関数を呼び出します。

ファイル8 キュー(標準入力)から範囲を受けて素数計算:prime_numpy.py

```
1     #!/usr/bin/env python
2     # -*- coding: utf-8 -*-
3
4     import sys
5     import os
6     import numpy as np
7     import math
8     np.set_printoptions(threshold='nan')
9
10    # 素数判定関数
11    def is_prime(n):
12        if n % 2 == 0 and n > 2:
13            return False
14        return all(n % i for i in range(3, int(math.sqrt(n)) + 1, 2))
15
16    # 素数生成関数
17    def prime_number_generater(nstart, nsize):
18        nend = nstart + nsize
19        ay   = np.arange(nstart, nend)
20        # 素数判定の関数をベクタ化
```

```
21        pvec = np.vectorize(is_prime)
22        # 配列要素へ適用して判定表
23        primes_t = pvec(ay)
24        # 素数だけを抽出して表示
25        primes = np.extract(primes_t, ay)
26        return primes
27
28    if __name__ == '__main__':
29        p = sys.stdin.read().split(",")
30        print p
31        print prime_number_generater(int(p[0]),int(p[1]))
```

Pythonの依存パッケージのリスト「requirements.txt」に変更はありません。

ファイル9 pythonパッケージのリストファイル：requirements.txt

```
1     numpy==1.14.1
```

Dockerfileには少し特徴があります。最終行のCMDに注目してください。ここで、RabbitMQのクライアントで受け取ったパラメータを、前述の素数生成のPythonコードへ標準入力で渡しています。この方法により、Pythonのコードにはほとんど修正を加えずに、バッチ処理が終了したらコンテナが終了します。

ファイル10 素数計算プログラムのコンテナイメージをビルドするDockerfile

```
1     FROM ubuntu:16.04
2     RUN apt-get update && ¥
3         apt-get install -y curl ca-certificates amqp-tools python python-pip
4
5     COPY ./requirements.txt requirements.txt
6     COPY ./prime_numpy.py /prime_numpy.py
7     RUN pip install --no-cache-dir -r /requirements.txt
8
9     CMD  /usr/bin/amqp-consume --url=$BROKER_URL -q $QUEUE -c 1 /prime_numpy.py
```

(2) RabbitMQのサービスを起動するマニフェスト

RabbitMQ（https://www.rabbitmq.com/）は、インターネットを検索すると多くの事例が見つかることからも、人気のメッセージブローカーだとわかります。ここでは、Docker Hubに公式イメージとして登録されているRabbitMQ（https://hub.docker.com/_/rabbitmq/）を利用して、デプロイメントの管理下で起動します。

そのRabbitMQのサービスを起動するマニフェストが、ファイル11の「taskQueue-deploy.yml」です。サービスタイプにNodePortを設定することで、パソコン上のジョブ投入プログラムJob Initiatorが、RabbitMQのキューへ計算パラメータを書き込めるようにします。

ファイル11 RabbitMQをデプロイするマニフェスト：taskQueue-deploy.yml

```
1   ## RabbitMQ デプロイメント
2   apiVersion: extensions/v1beta1
3   kind: Deployment
4   metadata:
5     name: taskqueue
6   spec:
7     selector:
8       matchLabels:
9         app: taskQueue
10    replicas: 1
11    template:
12      metadata:
13        labels:
14          app: taskQueue
15      spec:
16        containers:
17        - image: rabbitmq    ## 公式RabbitMQイメージ
18          name: rabbitmq
19          ports:
20          - containerPort: 5672
21          resources:
22            limits:
23              cpu: 100m
24  ---
25  ## RabbitMQ NodePortサービス
26  apiVersion: v1
27  kind: Service
28  metadata:
29    name: taskqueue
30  spec:
31    type: NodePort
32    ports:
33    - port: 5672
34      nodePort: 31672    # この番号が他と衝突する場合は、ポート番号を変更してください
35    selector:
36      app: taskQueue
```

10.7 Kubernetes APIライブラリの利用

「Job Initiator」はkubectlコマンドに代わってPythonのコードでマニフェストを動的に生成し、マスターノードへ送ることでジョブを作成します。これにはプログラム言語からK8sクラスタを操作するためのクライアントAPIライブラリ[3]を利用します。

job-initiatorのディレクトリのpy/job-initiator.pyの内容を見ていきます。次のPythonコードの概要は、(a)

参考資料

[3] k8sクライアント APIライブラリ、https://github.com/kubernetes-client

1章 DockerとKubernetesの概要
2章 コンテナ開発を習得する5ステップ
3章 K8s実践活用のための10ステップ
付録 学習環境の構築法

メッセージブローカーとの接続関数、(b)ジョブのマニフェスト生成関数、(c)計算パラメータをキューに入れてマニフェストを送信するメイン関数、これらの3要素から成ります。このコードは、読者のパソコンのDocker実行環境でコンテナとして利用されることを想定しています。

ファイル12 キューにパラメータを書いて、ジョブを起動するコード:job-initiator.py

```
1   #!/usr/bin/env python
2   # -*- coding:utf-8 -*-
3
4   from os import path
5   import yaml
6   import pika
7   from kubernetes import client, config
8
9   OBJECT_NAME = "pngen"
10  qname = 'taskqueue'
11
12  ## (a)メッセージブローカーと接続関数
13  def create_queue():
14      qmgr_cred= pika.PlainCredentials('guest', 'guest')    # (a1)ユーザー ID、パスワード
15      qmgr_host='172.16.20.11'                              # (a2)ノードのIPアドレス
16      qmgr_port='31672'                                     # (a3)NodePort番号
17      qmgr_pram = pika.ConnectionParameters(
18            host=qmgr_host,
19        port=qmgr_port,
20        credentials=qmgr_cred)
21      conn = pika.BlockingConnection(qmgr_pram)
22      chnl = conn.channel()
23      chnl.queue_declare(queue=qname)
24      return chnl
25
26  ## (b)ジョブのマニフェスト作成関数
27  def create_job_manifest(n_comp, n_para):
28      container = client.V1Container(
29          name="pn-generator",
30          image="maho/pn_generator:0.7",    # (b1)コンテナのリポジトリ
31          # (b2) コンテナ環境変数
32          env=[
33              client.V1EnvVar(name="BROKER_URL",value="amqp://guest:guest@taskqueue:5672"),
34              client.V1EnvVar(name="QUEUE",value="taskqueue")
35          ]
36      )
37      template = client.V1PodTemplateSpec(
38          spec=client.V1PodSpec(containers=[container],
39                                restart_policy="Never"
40          ))
41      spec = client.V1JobSpec(
42          backoff_limit=4,
43          template=template,
44          completions=n_comp,
45          parallelism=n_para)
46      job = client.V1Job(
47          api_version="batch/v1",
48          kind="Job",
49          metadata=client.V1ObjectMeta(name=OBJECT_NAME),
```

```
50              spec=spec)
51          return job
52
53  ## (c)メイン関数
54  if __name__ == '__main__':
55
56      # (c1)素数計算範囲の分割パラメータ
57      job_parms = [[1,1000],[1001,2000],[2001,2000],[3001,4000]]
58      completions = len(job_parms)
59      parallelism = 2  #  (c1a)並列数
60
61      # (c2)キューへの書き込み
62      queue = create_queue()
63      for param_n in job_parms:
64          param = str(param_n).replace('[','').replace(']','')
65          queue.basic_publish(exchange='',routing_key=qname,body=param)
66
67      # (c3) kubectlの .kubeを読んでK8sマスターへジョブリクエストを送信
68      config.load_kube_config()
69      client.BatchV1Api().create_namespaced_job(
70          body=create_job_manifest(completions, parallelism),namespace="default")
```

「(a)メッセージブローカーと接続関数」では、K8sクラスタで起動しているRabbitMQへ接続します。「(a1)ユーザーID、パスワード」は、公式コンテナに最初から組み込まれており、そのまま利用します。

「(a2)ノードのIPアドレス」は、K8sクラスタを構成するノードのIPアドレスです。K8sクラスタのどのノードにアクセスしても、目的とするRabbitMQのポッドへルーティングされます。Minikubeで動作させている場合、「(a2)ノードのIPアドレス」はqmgr_host='192.168.99.100'に書き換えてください。また、すでにお気付きと思いますが、K8sクラスタ外部のコンテナですから、K8sクラスタの内部DNSは利用できません。そのため、IPアドレスの指定が必須です。

「(b)ジョブのマニフェスト作成関数」では、マニフェストを動的に生成してK8sマスターノードへ送り込みます。

「(b1)コンテナのリポジトリ」の行「image=」に、DockerHubのリポジトリ名をセットしています。読者自身で実行するには、このアドレスを読者自身のリポジトリ名に変更してください。

「(b2)コンテナ環境変数」以下の環境変数の設定部分は、変更する必要はありません。このポッドのコンテナはK8sクラスタ内で実行されるため、BROKER_URLのサーバーアドレスはKubernetesのサービスとしてクラスタIPとDNS登録が実施され、この記述でポッドへアクセスできます。また、このサービスのタイプはNodePortであり、K8sクラスタの外側へ提供するポート番号を指定していますが、K8sクラスタ内からはコンテナのポート番号でアクセスする必要があります。

「(c)メイン関数」は、「(c1)素数計算範囲の分割パラメータ」、「(c2)キューへの書き込み」、「(c3)kubectlの.kubeを読んでK8sマスターへジョブリクエストを送信」の3つの部分から成ります。「(c1)素数計算範囲の分割パラメータ」では、素数生成の開始と終了の数値の組みを4つ、配列で持っています。この大きさであればほんの数秒で終了しますが、値を大きく変更して、どのような課題が発生するかを確認することもできます。「(c1a) 並列数」は、スケジュール可能なノード数とするか、CPUのコア数で決めるなど、さまざまな判断があると思います。

「(c2) キューへの書き込み」では、素数計算範囲のパラメータを文字列としてキューに書き込みます。

「(c3)kubectlの.kubeを読んでK8sマスターへジョブリクエストを送信」では、kubectlコマンドのK8sクラスタの接続先と接続資格情報を読み込み、K8sクラスタへの接続を実施します。そして、動的に生成したマニフェストをK8sクラスタのマスターへ送信します。

これまでkubectlコマンドとYAMLファイルでの操作により、K8sクラスタの操作を進めてきましたが、K8sクライアントAPIライブラリ（https://github.com/kubernetes-client）があります。これにより、Java、JavaScript、Python、C#、Ruby、Goなどのさまざまな言語を使って、K8sクラスタのオペレーションを自動化することができます。本レッスンではその一端を体験できるように、Pythonのクライアントライブラリ（https://github.com/kubernetes-client/python/blob/master/kubernetes/README.md）を利用しました。

Googleが提唱するSite Reliability Engineering（SRE）のスキルを身に付けるうえで、K8sクライアントAPIライブラリは格好の題材であると思います。

10.8 ジョブの投入と実行

ここから、素数計算プログラムのイメージのビルド、リポジトリへの登録、オブジェクトのデプロイ、ジョブの開始、結果の参照までの実行例を見ていきます。

まずは「pn-generator-que」ディレクトリでイメージをビルドして、Docker Hubへ登録します。ここでも、Docker Hubのリポジトリは読者自身のリポジトリへ変更してください。

実行例12 イメージのビルドとリポジトリへの登録

```
## イメージのビルド
$ docker build --tag pn_generator:0.2 .
Sending build context to Docker daemon  4.608kB
Step 1/6 : FROM ubuntu:16.04
 ---> 5e8b97a2a082
<中略>
---> Using cache
 ---> 4ccb7d0a4c3b
Successfully built 4ccb7d0a4c3b
Successfully tagged pn_generator:0.2

## リモートリポジトリのタグ付け
$ docker tag pn_generator:0.2 maho/pn_generator:0.2

## リモートリポジトリへプッシュ
$ docker push maho/pn_generator:0.2
```

```
The push refers to repository [docker.io/maho/pn_generator]
<中略>
0.2: digest: sha256:c5a9a2045556ffc84c53993b479a4704c598f7f6ef0229b5fce5d705c8967ceb size: 2196
```

K8sクラスタにRabbitMQをデプロイします。これでRabbitMQのNodePortが開きます。

実行例13 RabbitMQのデプロイ

```
$ kubectl get node
NAME       STATUS    ROLES     AGE       VERSION
minikube   Ready     master    6m        v1.14.0

$ kubectl apply -f taskQueue-deploy.yml
deployment "taskqueue" created
service "taskqueue" created

$ kubectl get pod,svc
NAME                           READY     STATUS    RESTARTS   AGE
po/taskqueue-7dd6789f9-klsgh   1/1       Running   0          23s

NAME               TYPE        CLUSTER-IP     EXTERNAL-IP   PORT(S)          AGE
svc/kubernetes     ClusterIP   10.96.0.1      <none>        443/TCP          7m
svc/taskqueue      NodePort    10.99.248.92   <none>        5672:31672/TCP   23s
```

job-initiatorのディレクトリで、コンテナのイメージをビルドします。

実行例14 job-initiatorコンテナのビルド

```
##
$ docker build --tag job-init:0.1 .
Sending build context to Docker daemon  5.632kB
Step 1/8 : FROM ubuntu:16.04
---> 5e8b97a2a082
<中略>
---> c860c2143fc0
Successfully built c860c2143fc0
Successfully tagged job-init:0.1
```

ビルドが終わったら、ビルドしたディレクトリでコンテナを起動します。このときに「-v」オプションを使い、3つのディレクトリをコンテナにマウントします。

- -v `pwd`/py:/py　Pythonのコードのあるディレクトリです。
- -v ~/.kube:/root/.kube　kubectlが利用するコンフィグファイルの場所です。
- -v ~/.minikube:/Users/maho/.minikube　パソコン上のMinikubeを利用するときに必要なオプションです。また ~/.minikube は、MinikubeのK8sクラスタへの接続に必要な証明書の場所です。

以上で、パソコン上のコンテナの中からkubectlコマンドを利用できるようになります。実行例14でコンテナを起動し、コンテナからkubectlコマンドを実行して、実行例15ではコンテナ上から、ジョブを投入するコマンドjob-initiator.pyを実行します。

実行例15 kubectlを利用できるコンテナを対話型で起動

```
$ docker run -it --rm --name kube -v `pwd`/py:/py -v ~/.kube:/root/.kube -v ~/.minikube:/Users/
maho/.minikube job-init:0.1 bash

root@053cac7dc629:/# kubectl get node
NAME       STATUS   ROLES    AGE     VERSION
minikube   Ready    master   19m     v1.14.0
```

コンテナの「/py」の下へ移り、Pythonのコードを実行します。Minikubeで実行するケースでは、(a2)のノードのIPアドレスを変更してから実行します。

実行例16 コンテナ内のジョブを開始するPythonコードの実行

```
root@053cac7dc629:/py# pwd
/py
root@053cac7dc629:/py# python job-initiator.py
```

このPythonコードを実行するとジョブが生成され、そのコントロール下でポッドが実行されていきます。素数の生成結果は、ポッドのログとして参照できます。実務では、オブジェクトストレージやKVSなどに書き込むとよいでしょう。

実行例17 ジョブの実行状態のリスト

```
$ kubectl get jobs,pod -a
NAME         DESIRED   SUCCESSFUL   AGE
jobs/pngen   4         4            11m

NAME                              READY     STATUS      RESTARTS   AGE
po/pngen-48jqb                    0/1       Completed   0          11m
po/pngen-dsthf                    0/1       Completed   0          11m
po/pngen-fcdn7                    0/1       Completed   0          11m
po/pngen-hfzsf                    0/1       Completed   0          11m
po/taskqueue-7dd6789f9-klsgh      1/1       Running     0          27m

$ kubectl logs po/pngen-48jqb
['1001', ' 2000']
[1009 1013 1019 1021 1031 1033 1039 1049 1051 1061 1063 1069 1087 1091
 1093 1097 1103 1109 1117 1123 1129 1151 1153 1163 1171 1181 1187 1193
 1201 1213 1217 1223 1229 1231 1237 1249 1259 1277 1279 1283 1289 1291
 1297 1301 1303 1307 1319 1321 1327 1361 1367 1373 1381 1399 1409 1423
 1427 1429 1433 1439 1447 1451 1453 1459 1471 1481 1483 1487 1489 1493
```

再実行するには、先にジョブを削除しておく必要があります。

実行例18 ジョブの削除

```
$ kubectl get job
NAME     DESIRED   SUCCESSFUL   AGE
pngen    4         4            19m

$ kubectl delete job pngen
job "pngen" deleted
```

10.9 クーロンジョブ

クーロンジョブは、cron形式で記述されたスケジュールにしたがって、ジョブを実行するコントローラです[4,5]。名前の由来になっているクーロン(cron)とは、タイムスケジュールベースのジョブスケジューラであり、UNIX系のオペレーティングシステムに実装されています。古いリファレンスマニュアルには「cron is clock daemon」という一文がありましたが、cronとは語呂が合いませんね。このcronの語源は、時間の神クロノス(Chronos)を短縮した名前だとも記されています[6]。

クーロンジョブの使い方としては、たとえば「毎日0時にデータベースのバックアップを取得する」、あるいは「9時から17時の営業時間内では1時間に1回、ある業務処理を実行する」といったように、定められた時間にジョブのポッドを実行するために利用します。

さっそく、ファイル13でクーロンジョブのマニフェストの書き方を見ていきましょう。特徴的な部分はscheduleで、この部分にcronの設定ファイルcrontab形式の記述でスケジュールします。その後、jobTemplate以下のポッドテンプレートにポッドの雛形を記述します。

ファイル13 クーロンジョブを実行するマニフェストcron-job.yml

```
1    apiVersion: batch/v1beta1        ## 表3 クーロンジョブAPI
2    kind: CronJob
3    metadata:
4      name: hello
5    spec:                            ## 表4 クーロンジョブ仕様
6      schedule: "*/1 * * * *"
7      jobTemplate:
8        spec:
9          template:
10           spec:
11             containers:
12             - name: hello
13               image: busybox
```

参考資料

[4] クーロンジョブ概要、https://kubernetes.io/docs/concepts/workloads/controllers/cron-jobs/
[5] クーロンジョブの設定方法、https://kubernetes.io/docs/tasks/job/automated-tasks-with-cron-jobs/
[6] クーロンの名前の由来、https://unix.stackexchange.com/questions/29986/origin-of-the-word-cron

```
14            args:
15            - /bin/sh
16            - -c
17            - date; echo Hello from the Kubernetes cluster
18          restartPolicy: OnFailure
```

表3 クーロンジョブAPI（CronJob v1beta1 batch）

キー項目	解説
apiVersion	batch/v1beta1と設定
kind	CronJobと設定
metadata	このmetadataのnameは必須項目であり、名前空間内で重複がないユニークな名前を設定する
spec	ジョブ仕様を記述する。詳細は表2を参照

※ 本表のAPIの詳細は、https://kubernetes.io/docs/reference/generated/kubernetes-api/v1.14/#cronjob-v1beta1-batch にあります。

表4 クーロンジョブ仕様（CronJobSpec v1beta1 batch）

キー項目	解説
schedule	Cron形式でスケジュールを記述する（詳細は後述）。 ローカルのパソコン環境で実行する学習環境1と学習環境2、そして、パブリッククラウドの学習環境3で、ともに、時刻はUTCである
jobTemplate	ジョブの雛形を記述する。主な内容はポッドテンプレートとなる
startingDeadlineSeconds	ジョブが開始するまでの秒数を指定する。何らかの理由で締切を過ぎても開始できない場合はジョブを開始しない
concurrencyPolicy	下記のポリシーのうち1つを選択できる ● Allow：同時実行を許す（デフォルト） ● Forbid：前のジョブが未完了の場合にはスキップする ● Replace：前の未完了ジョブを中断して実行する
suspend	デフォルトはFalse。Trueにすると、次からのスケジュールを停止する
successfulJobsHistoryLimit	デフォルトは3。指定回数の成功したジョブが保持される
failedJobsHistoryLimit	デフォルトは1。指定回数の失敗したジョブが保持される

※ 本表のAPIの詳細は、https://kubernetes.io/docs/reference/generated/kubernetes-api/v1.14/#cronjobspec-v1beta1-batchにあります。

ファイル14 Cron形式でのスケジュール記述方法とフィールドの説明

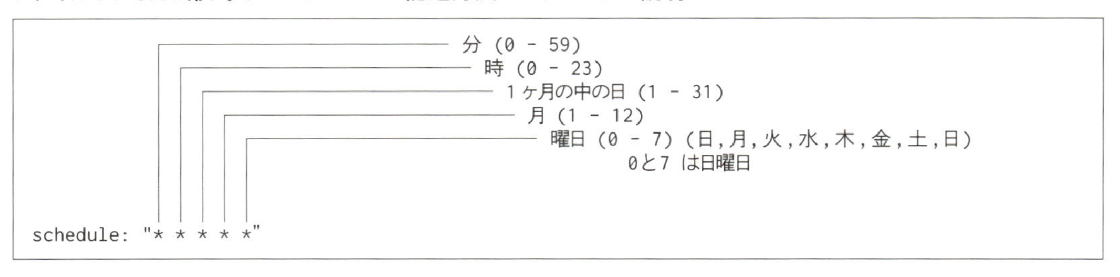

表5 スケジュールフィールド記述方法の補足

指定方法	例	説明
リスト	0,10,45	分フィールドでは、0分、10分、45分に実行する
範囲	6-9	月フィールドでは、6月から9月の期間に実行する
共存	1,6-9	月フィールドでは、1月と6月〜9月で実行となる
間隔	*/5	分フィールドの場合、5分間隔で実行する

実行例19は、ファイル13のマニフェストでクーロンジョブを実行した結果です。ジョブの名前として、クーロンジョブの名前の後ろにUNIX時刻が付加されています。そして、ポッドをリストすると、並列実行された場合でもポッド名が一意になるように、ハッシュ文字列が付加されていることがわかります。

実行例19 クーロンジョブの実行結果

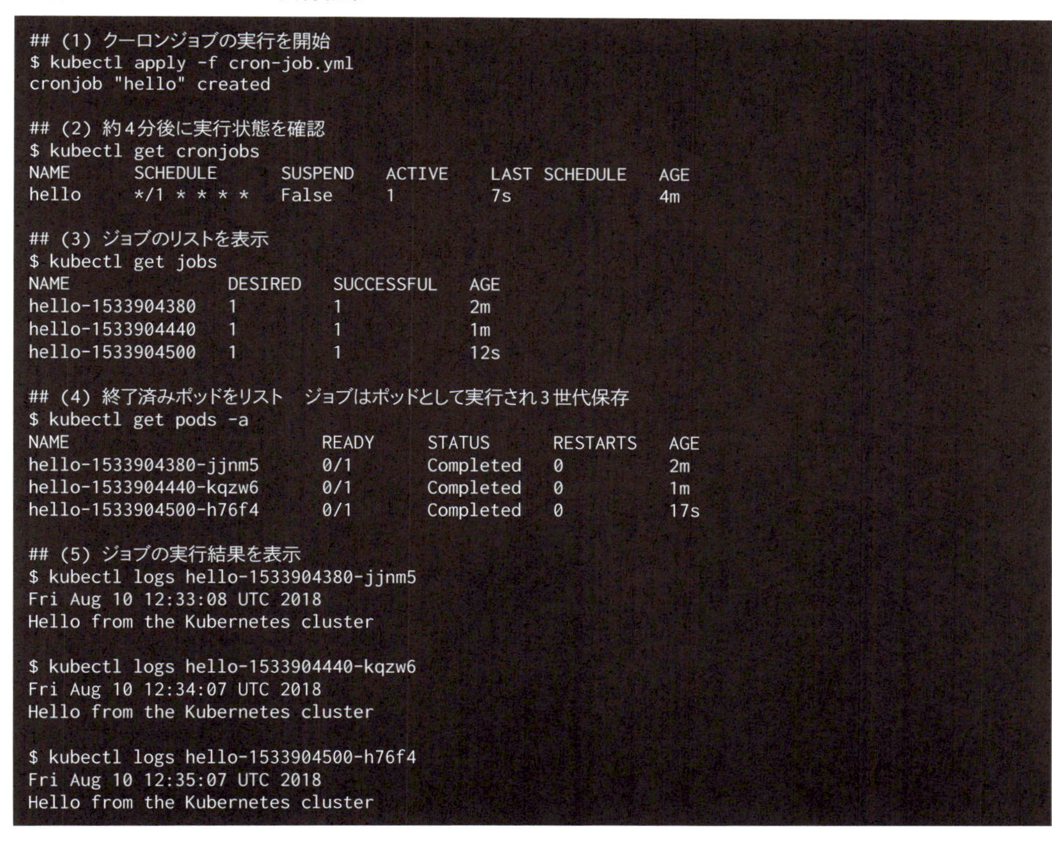

```
## (1) クーロンジョブの実行を開始
$ kubectl apply -f cron-job.yml
cronjob "hello" created

## (2) 約4分後に実行状態を確認
$ kubectl get cronjobs
NAME      SCHEDULE      SUSPEND   ACTIVE    LAST SCHEDULE   AGE
hello     */1 * * * *   False     1         7s              4m

## (3) ジョブのリストを表示
$ kubectl get jobs
NAME               DESIRED   SUCCESSFUL   AGE
hello-1533904380   1         1            2m
hello-1533904440   1         1            1m
hello-1533904500   1         1            12s

## (4) 終了済みポッドをリスト　ジョブはポッドとして実行され３世代保存
$ kubectl get pods -a
NAME                     READY     STATUS      RESTARTS   AGE
hello-1533904380-jjnm5   0/1       Completed   0          2m
hello-1533904440-kqzw6   0/1       Completed   0          1m
hello-1533904500-h76f4   0/1       Completed   0          17s

## (5) ジョブの実行結果を表示
$ kubectl logs hello-1533904380-jjnm5
Fri Aug 10 12:33:08 UTC 2018
Hello from the Kubernetes cluster

$ kubectl logs hello-1533904440-kqzw6
Fri Aug 10 12:34:07 UTC 2018
Hello from the Kubernetes cluster

$ kubectl logs hello-1533904500-h76f4
Fri Aug 10 12:35:07 UTC 2018
Hello from the Kubernetes cluster
```

Step 10のまとめ

このStepの重要ポイントを箇条書きにして、まとめておきます。

- ジョブは、バッチ処理タイプのワークロードに適したコントローラである。
- ジョブ管理下のポッド上のコンテナが異常終了すると、再試行回数の上限に達するか、正常終了するまで繰り返しポッドを実行する。
- ジョブとメッセージブローカーと組み合わせると、起動後のコンテナへパラメータを与えることができる。
- K8sクライアントAPIライブラリを利用すると、マニフェストの動的生成に加えてkubectlコマンドのオペレーションも自動化できる。
- クーロンジョブは、時刻指定で定期的にジョブを作成するコントローラである。

表6 Step 10で新たに登場したkubectlコマンド

コマンド	動作
kubectl get jobs	完了したジョブを含めてリストする
kubectl describe jobs	完了したジョブを含めて詳細表示する
kubectl delete jobs	ジョブを削除する
kubectl get cronjobs	クーロンジョブをリストする
kubectl describe cronjobs	クーロンジョブの実行状態を含め表示する
kubectl delete cronjobs	クーロンジョブを削除する

Step 11 ストレージ

多様な方式のストレージを抽象化して ポッド上コンテナにマウントする

K8sクラスタ上のアプリケーションに対して「データの保全性」を確保するには、外部ストレージシステムと連携した永続ボリューム（Persistent Volume）を利用する必要があります[1]。

ここで言うデータの保全性とは、データの喪失、破損、想定外の変更など、不測かつ突発的な事故から、大切なデータ資産を守ることを指します。データの保全性を損なう原因には、システムの操作ミス、不正なアクセス、ディスク装置などのハードウェア障害によるデータ喪失、プログラム実行時の例外発生や異常中断によるデータの破損、アプリケーションの同時実行によるロック競合など、さまざまなものがあります。

外部ストレージシステムについては、複数の物理デバイスをグループ化して使用することで、単一障害点をなくして可用性を得るとともに、データ資産の喪失防止を実現することができます。そして、ストレージデバイスのプールから複数の論理ボリュームを構成して、永続ボリュームとして使えるようにします。このシステムの実装方法は、専用の外部記憶装置を使用するケースと、ソフトウェアで一般的なサーバーをクラスタ化してストレージ装置として使用するSDS（Software Defined Storage）、そしてこれらの両方を組み合わせたケースがあります。

「永続ボリューム」の「永続」とは、短期的な存在であるコンテナやポッドがたとえ終了しても、失われないことが保証されていることを意味します。そして「ボリューム」は、外部ストレージシステムの論理ボリュームを、コンテナからマウントできるようにフォーマットした形式で提供されます。

Kubernetesには、オンプレミスやクラウドなどに共通のオペレーション環境を提供するというコンセプトがあり、永続ボリュームについても、外部ストレージシステムの種類による差異を隠蔽するための工夫が凝らされています。そこで「Step 11」では、ストレージを抽象化することの必要性と仕組みに触れ、ダイナミックプロビジョニング、マニュアル設定、クラウド環境での永続ボリューム、そしてオンプレミス環境を想定したSDS連携までを網羅していきます。

参考資料

[1] ストレージのコンセプトや概要、https://kubernetes.io/docs/concepts/storage/volumes/

11.1 ストレージの種類とクラスタ構成

データ保全性の高い永続ボリュームだけではなく、高速に読み書き可能な作業用ボリュームもなくてはなりません。そのため、K8sクラスタ内部で簡便に利用できるボリュームもあります。本Stepは、それらの種類と制約を見ていくことから始めます。

ノード内部の簡便なボリュームには、emptyDirとhostPathがあります。外部ストレージシステムの永続ボリュームとの違いを図1に表し、整理しました。

図1左端のシングルノードクラスタを見てください。この構成はMinikube、Docker-CEに付属するKubernetes、そしてKubernetesを内包したソフトウェア製品の試用版などに採用されています。

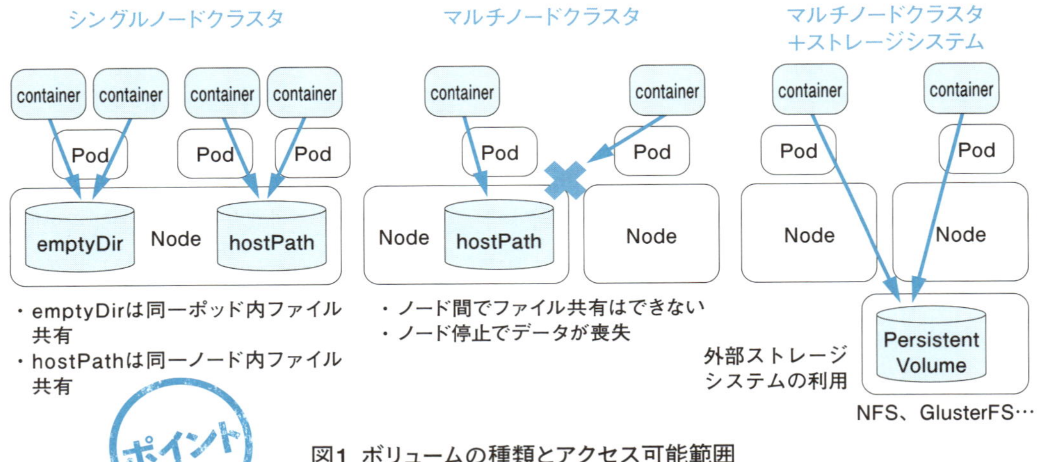

図1 ボリュームの種類とアクセス可能範囲

emptyDirはノードのディスクをポッドから一時的に利用する仕組みであり、同じポッドのコンテナ間でボリュームを共有できますが、異なるポッド間での共有はできません。そして、ポッドが終了すると、emptyDirは一緒に削除されます。このような特性から、emptyDirはポッド内コンテナのデータ連携の一時的な作業エリアとしての用途に適しています。

これに対して、hostPathは同じくノードのディスクを使用しますが、異なるポッド間でも、同じ永続ボリュームとして共有することができます。hostPathはポッドとともに削除されることはありませんが、利用するのは自ノードのディスクに限られます。そのため図1の中央のケースのように、異なるノードに配置されたポッド間での共有はできません。また、同じノードに集約してデータを保存することは、データの保存性確保の観点からも望ましくありません。hostPathは、外部ストレージを準備できない場合の簡易的手段と見なすべきです。

図1の右端は、外部ストレージシステムと連携するケースです。この場合は、すべてのノードに外部ストレージシステムへのアクセス経路が実装されている必要があります。これによって、ノード停止時でもポッドを他のノードへ退避することで、アプリケーションの稼働を継続することができます。

このケースの留意点は、外部ストレージシステムを利用したからといって、必ずしもノード間でボリュームを共有できるとは限らないことです。そこはストレージシステムの方式に依存します。ここでの「方式」とは、NFSやiSCSIなど、サーバーとストレージをつなぐためのプロトコル、ソフトウェア、そしてクラウドのストレージサービスを指します。たとえば、NFSのようにファイルシステムの共有を前提とした方式では、ノード間で永続ボリュームを共有できますが、iSCSIのようなブロックストレージを基礎とした方式であれば、永続ボリュームをマウントできるノードは1つに制約されます。

11.2 ストレージシステムの諸方式

前項では、ストレージシステムの方式に由来して、永続ボリュームの機能に差異が生じることを述べました。ここではさらに一歩進めて、KubernetesのAPIで指定できる代表的な永続ボリュームを見ていきます。表1には、Kubernetesのドキュメントのストレージ[1]に記載されている永続ボリュームの一部と、クラウドで利用できる永続ボリュームを記載しました。

表1 Kubernetesと連携できる代表的なストレージシステム方式

ストレージの種類名	分類	アクセス範囲	ReadWrite	概要
hostPath	K8sノード	ノード	Once	ポッドをホストするノードのファイルシステム上のディレクトリをコンテナからマウントできる
local	K8sノード	ノード	Once	ノードのディスクをコンテナからマウントして利用する
iscsi	OSS	クラスタ	Once	iSCSIディスクをコンテナからマウントする
nfs	OSS	クラスタ	Many	NFSのファイルシステムをコンテナからマウントする
glusterfs	OSS	クラスタ	Many	SDSの1つで、コンテナからGlusterFSの論理ボリュームをマウントする
awsElasticBlockStore	クラウドサービス	クラスタ	Once	EC2のノードのコンテナからEBSをマウントする
azureDisk	クラウドサービス	クラスタ	Once	AzureのDISKをコンテナからマウントする
azureFile	クラウドサービス	クラスタ	Many	AzureのSMBファイルシステムをコンテナからマウントする
gcePersistentDisk	クラウドサービス	クラスタ	Once	GCE(Google Compute Engine)のディスクをコンテナからマウントする
IBM Cloud Storage -File Storage	クラウドサービス	クラスタ	Many	IBM Cloudのファイルストレージ(NFS)をコンテナからマウントする
IBM Cloud Storage - Block Storage	クラウドサービス	クラスタ	Once	IBM Cloudのブロックストレージ(iSCSI)をコンテナからマウントする。ファイルシステムの作成はプロビジョニング時に自動的に実施される

※ K8sストレージのリスト(https://kubernetes.io/docs/concepts/storage/volumes/)、IBM Cloudストレージ(https://cloud.ibm.com/docs/containers/cs_storage.html)

表1の「分類」列は、曖昧な分け方ですが、基本的に永続ボリュームの提供元を記載しています。OSSは自前で準備することで、オンプレミス環境とクラウド環境の両方で利用できます。また、「ReadWrite」列のOnceは、ReadWriteモードでマウントできるノードの数が1つに限定されることを表しています。一方、Manyは複数ノード上のコンテナからマウントして、書き込みができることを意味します。

クラウドのK8sクラスタで永続ボリュームを利用していると、その裏側のストレージシステムの実装が異なっている場合があります。その結果、同一ノードのポッド間で永続ボリュームを共有できなかったり、マニフェストの適用時にエラーが発生したりするので事前に検証しておくことが大切です。

Kubernetesは、基盤の複雑さを隠蔽して、共通のオペレーションで利用できるように設計されています。次項では、Kubernetesがストレージシステムの方式の違いを吸収する方法を見ていきます。

11.3 ストレージの抽象化と自動化

ポッド上のコンテナは、共通の定義によって、永続ボリュームをマウントすることができます。この項では、そのための抽象化レイヤーのオブジェクトを見ていきます。この便利なオブジェクトにより、前述の表1に挙げたさまざまなストレージシステムの詳細なパラメータを設定しなくても、マニフェストのポッドテンプレートに要点だけを記述すれば、アプリケーションは永続ボリュームの利用を開始することができます。次の図2では、この抽象化のためのオブジェクトを、色付きのボックスの形で概念的に表しました。

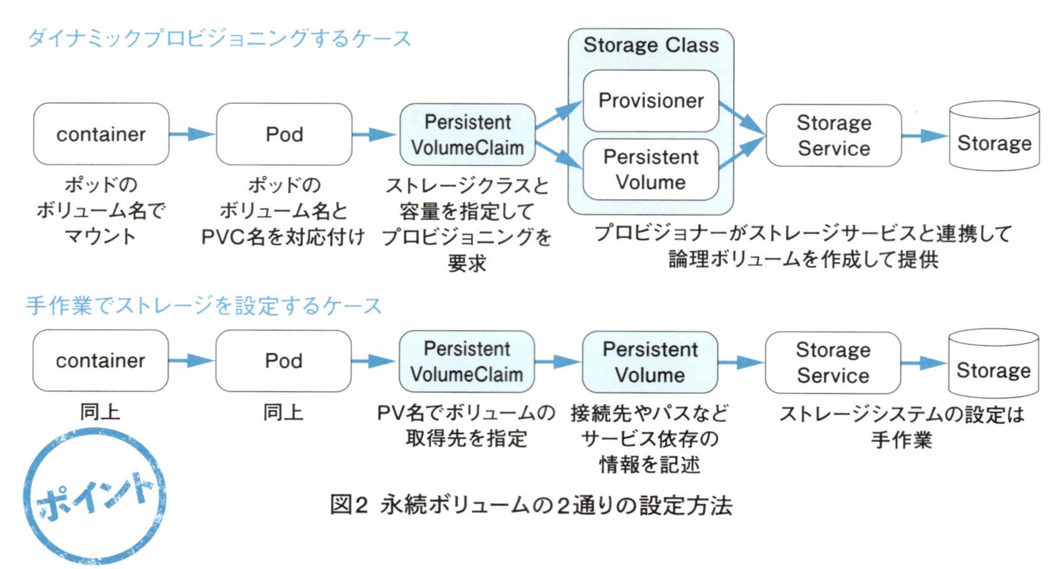

図2 永続ボリュームの2通りの設定方法

図は上下2段ありますが、いずれにおいても抽象化のK8sオブジェクトは、左側の永続ボリューム要求(Persistent Volume Claim、以下PVCと略)と、その右側の永続ボリューム(Persistent Volume、以下PV

と略）の2つから成ります。

あらかじめPVCを作成しておけば、ポッドのマニフェストにPVCの名前を記述することで、永続ボリュームをコンテナにマウントできるようになります。そして図2の上段は、永続ボリュームを利用するために、Kubernetesが外部ストレージシステムのAPIで連携して、論理的記憶領域を自動的に準備する方法を表しています。一方の下段は、外部ストレージシステムの設定を手作業で行う方法を表しています。

上段の「ダイナミックプロビジョニング」を行う場合、ストレージクラス（Storage Class）はプロビジョナー（Provisioner）とPVを含んでいます。プロビジョナーは外部ストレージシステムに対して、マニフェストに記述されたスペックの論理的記憶領域を作成するよう要求します。

パブリッククラウドのダイナミックプロビジョニングについては、そのプロバイダーのストレージサービスのメニューに、対応するストレージクラスが登録されています。PVCのマニフェストでストレージクラスを指定し、K8sクラスタへ適用するだけで、コンテナからマウントできる永続ボリュームが自動作成されます。その間、パブリッククラウド固有の操作は必要ありません。また当然のことながら、ストレージクラスに応じて課金されます。

次の実行例1は、IKSのストレージクラスをリストしたものであり、NAME列がストレージクラスを識別するためのキーワードです。PROVISIONER列は、ストレージシステムと連携するソフトウェアの名前です。

実行例1 ストレージクラスのリスト例（IKSのケース）

```
$ kubectl get storageclass
NAME                         PROVISIONER         AGE
default                      ibm.io/ibmc-file    14d
ibmc-file-bronze             ibm.io/ibmc-file    14d
ibmc-file-custom             ibm.io/ibmc-file    14d
ibmc-file-gold               ibm.io/ibmc-file    14d
ibmc-file-retain-bronze      ibm.io/ibmc-file    14d
ibmc-file-retain-custom      ibm.io/ibmc-file    14d
ibmc-file-retain-gold        ibm.io/ibmc-file    14d
ibmc-file-retain-silver      ibm.io/ibmc-file    14d
ibmc-file-silver             ibm.io/ibmc-file    14d
```

本書の「学習環境1」として利用するMinikubeにも、ストレージクラスが事前設定されています。これによりパブリッククラウドと同様に、YAMLにストレージクラス名を記述し適用することで、永続ボリュームがダイナミックプロビジョニングされる様子を擬似体験することができます。さらに、本Stepの後半で紹介するGlusterFSでは、学習環境2にダイナミックプロビジョニング機能を加えて構築するまでの擬似体験ができます。

一方、図2下段の「手作業でストレージを設定するケース」では、プロビジョナーやストレージクラスが存在せず、PVCのマニフェストからPV名を直接指定します。そして、PV作成とストレージ設定を手作業で実施します。具体例としては、K8sクラスタから既存システムのNFSサーバーを利用して、ファイル共有を実現するケースがあります。その際には、PV作成のマニフェストに、NFSサーバーのIPアドレスやエクスポートパスなどといった、NFSにアクセスするために必要な設定を記述します。NFSサーバーの側には、K8sクラスタのノードのIPアドレスからのアクセスを許可するなどの設定を施します。

「ダイナミックプロビジョニング」と「手作業によるストレージ設定」という2つの方法にはそれぞれ一長一短があり、プロジェクトごとの要求に合わせて方法を選択する必要があります。そこで、本Stepでは両方のケースを見ていきます。

サンプルコードの利用法

本Stepで提示するコードは、GitHub（https://github.com/takara9/codes_for_lessons）にあります。

GitHubからクローンする場合

```
$ git clone https://github.com/takara9/codes_for_lessons
$ cd codes_for_lessons/step11
```

移動先には、本Stepで利用するファイルを含むディレクトリがあります。

```
step11
├──── glusterfs      SDSダイナミックプロビジョニング (GlusterFS)
├──── iks-block      IKS ブロックストレージ
├──── iks-file       IKS ファイルストレージ
├──── minikube-pvc   Minikube (hostpath)
└──── nfs            既存のNFSサーバーへ接続
```

11.4 永続ボリューム利用の実際

ここから「学習環境1」のMinikubeを使って、step11/minikube-pvc の実行例を挙げながら、理解を深めていきたいと思います。

次の図3は、左肩のコンテナから永続ボリュームを利用する際の概念図であり、オブジェクトの論理的なつながりを表しています。このつながりを、YAMLに記述されたキーワードで追ってみましょう。「PVCを利用するポッドのYAML」にはvolumeMountsが記述されており、pvc1をコンテナのファイルシステムの/mntにマウントしています。さらにpvc1は、persistentVolumeClaimの下で、PVC名data1を指しています。

次に、「永続ボリュームを要求するPersistentVolumeClainのYAML」では、data1のストレージクラスはstandardを指しています。その下の記述では、ストレージ容量として2GiB（ギビバイト）を要求しています。

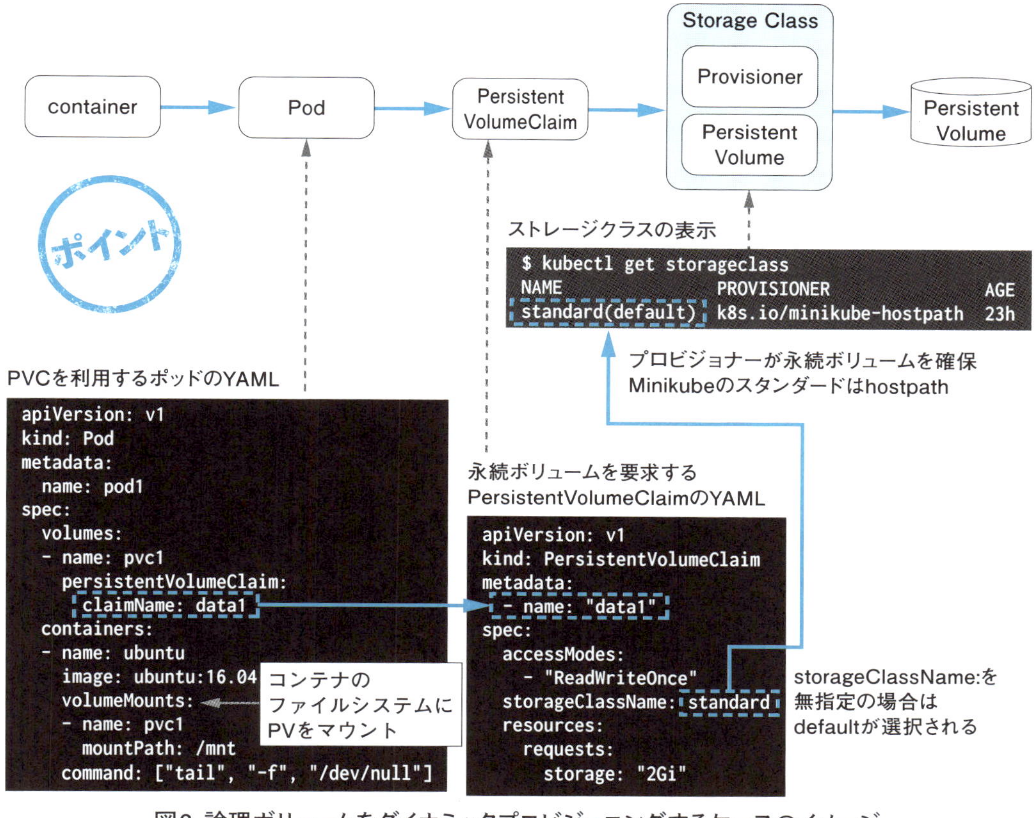

図3 論理ボリュームをダイナミックプロビジョニングするケースのイメージ

その右側に移動して、ストレージクラスの中身を見ていきます。「kubectl get storageclass」を実行することで、standard(default)のプロビジョナーは、k8s.io/minikube-hostpathであることがわかります。つまり、Minikubeで模擬体験できる永続ボリュームは、外部ストレージシステムと連携しているのではなく、hostPathによってノードのディスクを利用していることが読み取れます。

下のファイル1は、図3中央の「永続ボリュームを要求するYAML」のリストであり、実行例2はこのマニフェストを適用した一例です。この実行例からわかるとおり、PVCの作成に応じて、PVが自動的にプロビジョニングされます。

ファイル1 PVC作成用マニフェスト:pvc.yml

```
1    apiVersion: v1                   ##「表2 永続ボリューム要求API」
2    kind: PersistentVolumeClaim
3    metadata:                        ##「表3 ObjectMeta v1 meta」
4      name: data1
5    spec:                            ##「表4 永続ボリューム要求の仕様」
6      accessModes:
```

```
7         - ReadWriteOnce
8         storageClassName: standard
9         resources:                          ##「表5 ResourceRequirements v1 core」
10          requests:
11            storage: 2Gi
```

実行例2「永続ボリューム要求」を適用して永続ボリュームが提供された様子

```
$ kubectl apply -f pvc.yml
persistentvolumeclaim "data1" created

$ kubectl get pvc,pv
NAME        STATUS   VOLUME          CAPACITY   ACCESS MODES   STORAGECLASS   AGE
pvc/data1   Bound    pvc-9e536c22    2Gi        RWO            standard       15s

NAME             CAPACITY ACCESS MODES RECLAIM POLICY STATUS CLAIM         STORAGECLASS AGE
pv/pvc-9e536c22 2Gi      RWO          Delete         Bound  default/data1 standard     12s
```

実行例2で表示されたSTORAGECLASS列standardの中身については、次のコマンドでプロビジョナーの名前を知ることができます。

実行例3 ストレージクラスのリストMinikube

```
$ kubectl get storageclass
NAME                 PROVISIONER                 AGE
standard (default)   k8s.io/minikube-hostpath    2h
```

このプロビジョナー名のhostpathの文字列からは、仮想サーバーのディスクから永続ボリュームが作られたかのように見せていることがわかります。そのため、ファイル1の一番下の行「storage: "2Gi"」には、どんな値を設定してもMinikubeが動作する仮想サーバーのストレージ容量が表示されます(実行例4を参照)。

ファイル1のPVC作成のYAML記述に利用した項目について、表2〜5にキー項目と概要をまとめました。これらの詳細はK8s APIリファレンスにあり、この表よりも多くのキー項目や深い階層があるものもあります。本格的な運用を目指す際には、各表の下に記載したURLを確認しておくことをお勧めします。

表2 永続ボリューム要求API(PersistentVolumeClaim v1 core)

キー項目	概要
apiVersion	v1と設定
kind	PersistentVolumeClaimと設定
metadata	名前、ラベル、注釈などの情報を記述する。詳細は表3 オブジェクトのメタデータを参照
spec	ストレージ要求の仕様を記述する。表4を参照

※ 本表のAPIの詳細は、https://kubernetes.io/docs/reference/generated/kubernetes-api/v1.14/#persistentvolumeclaim-v1-coreにあります。v1.14の14部分を13や12に変更してアクセスすることで、他のマイナーバージョンのAPIを参照できます。

表3 ObjectMeta v1 meta

キー項目	概要
annotations	この注釈で、ストレージシステムに渡すパラメータや、ストレージクラスを記述することもある
labels	IKSでは、月単位か時間単位の課金種別をクラウドのストレージシステムへ与えるために利用される
name	name（名前）はオブジェクトを特定するための必須項目であり、名前空間内で同一名は許されない

※本表のAPIの詳細は、https://kubernetes.io/docs/reference/generated/kubernetes-api/v1.14/#objectmeta-v1-metaにあります。

表4 永続ボリューム要求の仕様（PersistentVolumeClaimSpec v1 core）

キー項目	概要
accessModes	ストレージが複数ノードからマウントできるか、単一ノードに限定されるかを、以下のキーワードから選択して記述する。ただし、実装に由来して制約があるので Step 11.6を参照 ● ReadWriteOnce：単一ノードの読み出しアクセスと書き込みアクセス ● ReadOnlyMany：複数ノードの読み出しアクセス ● ReadWriteMany：複数ノードの読み出しアクセスと書き込みアクセス
storageClassName	省略すると、defaultのストレージクラスが選択される。使用中のK8sクラスタ環境で選択可能なストレージクラスをリストするには、kubectl get storageclassを利用する
resources	ストレージ容量の設定については表5 リソースの必要要件を参照

※本表のAPIの詳細は、https://kubernetes.io/docs/reference/generated/kubernetes-api/v1.14/#persistentvolumeclaimspec-v1-coreにあります。

表5 リソースの必要要件（ResourceRequirements v1 core）

キー項目	概要
requests	永続ボリュームの容量を指定する。使用するストレージクラスの仕様により、設定可能な容量が定められている場合があるので、仕様の確認をお勧めする

※本表のAPIの詳細は、https://kubernetes.io/docs/reference/generated/kubernetes-api/v1.14/#resourcerequirements-v1-coreにあります。

次のファイル2は、ポッドを作成するためのマニフェストであり、前述の実行例2で作成したPVCをマウントするコンテナが起動します。

ファイル2 ポッドにボリュームをマウントするYAML：pod.yml

```
1   apiVersion: v1
2   kind: Pod
3   metadata:
4     name: pod1
5   spec:
6     volumes:                ## 表6 ボリューム種別の指定を参照
7     - name: pvc1
8       persistentVolumeClaim:
9         claimName: data1    ## <-- PVCの名前をセットする
10    containers:
11    - name: ubuntu
```

```
12        image: ubuntu:16.04
13        volumeMounts:         ## 表7 コンテナ内のマウントポイント指定を参照
14        - name: pvc1
15          mountPath: /mnt     ## <-- コンテナ上のマウントポイント
16        command: ["/bin/bin/tail", "-f", "/dev/null"]
```

表6 ボリューム種別の指定（Volume v1 core）

キー項目	概要
name	ボリューム名
persistentVolumeClaim	PVCの名前

※ 本表のAPIの詳細は、https://kubernetes.io/docs/reference/generated/kubernetes-api/v1.14/#volume-v1-coreにあります。

表7 コンテナ内のマウントポイント指定（VolumeMount v1 core）

キー項目	概要
name	ポッドスペックのボリューム名を記述して対応付ける
mountPath	PVのコンテナ内マウントポイント
subPath	PV内のパス。省略するとPVのルートにマウントされる。PVのディレクトリにマウントしたい場合に、このオプションを設定する。クラウドでPV数を節約したい場合に重宝する
readOnly	読み取り専用にしたい場合はtrueをセットする

※ 本表のAPIの詳細は、https://kubernetes.io/docs/reference/generated/kubernetes-api/v1.14/#volumemount-v1-coreにあります。

次に実行例4を見ていきます。起動したポッドからdf -hコマンドの結果である/dev/sda1の行に注目してください。前述のファイル1では容量に2GBを指定していましたが、このコマンドの結果は17GBになっています。これはMinikubeの仮想マシンの空き容量が表示されているのです。Minikubeのプロビジョナーはストレージ装置と連携するのではなく、hostPathからボリュームを作成しているためです。

実行例4 ポッドから永続ボリュームをマウントするまでの様子

```
## PVC(永続ボリューム要求)作成
$ kubectl apply -f pvc.yml
persistentvolumeclaim "data1" created

## ポッド作成
$ kubectl apply -f pod.yml
pod "pod1" created

## PVC(永続ボリューム要求)、PV(永続ボリューム)、ポッドのリスト表示
$ kubectl get pvc,pv,po
NAME        STATUS   VOLUME          CAPACITY  ACCESS MODES  STORAGECLASS  AGE
pvc/data1   Bound    pvc-e7f227b8 2Gi          RWX           standard      24s

NAME              CAPACITY ACCESS MODES RECLAIM POLICY STATUS CLAIM         STORAGECLASS AGE
pv/pvc-e7f227b8 2Gi        RWX          Delete         Bound  default/data1 standard     24s

NAME       READY     STATUS    RESTARTS   AGE
po/pod1    1/1       Running   0          17s
```

```
## ポッドに対話型シェルを実行して、マウント状態を確認した結果です。/mntの容量に注目
$ kubectl exec -it pod1 sh
# df -h
Filesystem      Size  Used Avail Use% Mounted on
overlay          17G  1.7G   14G  11% /
tmpfs            64M     0   64M   0% /dev
tmpfs           996M     0  996M   0% /sys/fs/cgroup
/dev/sda1        17G  1.7G   14G  11% /mnt
shm              64M     0   64M   0% /dev/shm
tmpfs           996M   12K  996M   1% /run/secrets/kubernetes.io/serviceaccount
tmpfs           996M     0  996M   0% /proc/scsi
tmpfs           996M     0  996M   0% /sys/firmware
```

11.5 既存NFSサーバーを利用する場合

Kubernetesの永続ストレージとして、NFSサーバーは設定も簡単なので便利です。図4に示したNFS利用のケースでは、事前にNFSサーバー側に、ポッドへ公開する領域を設定したうえで、PVを作成します。これらの設定は手作業で行います。

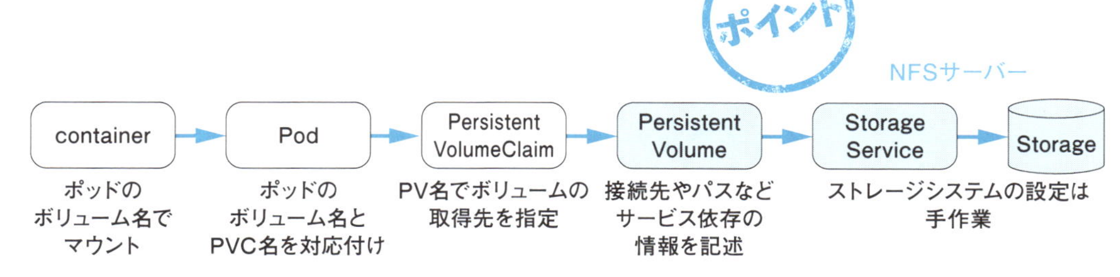

図4 NFSサーバーを利用するケースの構成

この図4の実装を体験するには、図5の環境を構築します。すなわち、学習環境1「1.3 VagrantのLinux上でMinikubeを動かす」と学習環境2「2.2 仮想NFSサーバー」を組み合わせます。そして、学習環境1のMinikube上のポッドからNFSサーバーのファイルシステムをマウントするように、PVとPVCを作成します。このポッドのコンテナがNFSのボリュームをマウントできる理由は、Minikubeの仮想サーバーのLinuxにNFSのパッケージがインストールされているからです。

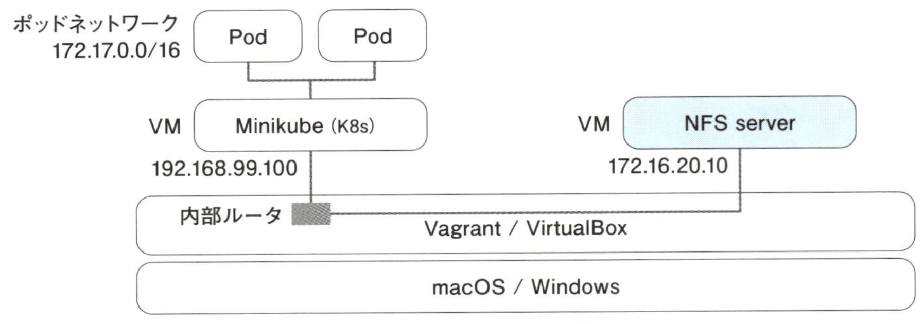

図5 MinikubeとNFSの構成

(1) 永続ボリューム (PV) のマニフェスト作成

それでは実際に、K8sクラスタ上にPVから作っていきます。ファイル3は、NFSサーバーに接続するためのPVを作成するYAMLです。ここではNFSサーバーのIPアドレスのほか、公開するディレクトリなどのNFS固有の情報をセットします。

ファイル3 nfs-pv.yml（NFSサーバーにアクセスするためのPVを作成するYAML）

```
1    apiVersion: v1               ##「表8 PersistentVolume v1 core」
2    kind: PersistentVolume
3    metadata:                    ##「表9 ObjectMeta v1 meta」
4      name: nfs-1
5      labels:
6        name: pv-nfs-1
7    spec:                        ##「表10 PersistentVolumeSpec v1 core」
8      capacity:
9        storage: 100Mi
10     accessModes:
11       - ReadWriteMany
12     nfs:                       ##「表11 NFSVolumeSource v1 core」
13       server: 172.16.20.10     ## VagrantのNFSサーバーのIPアドレス
14       path: /export            ## NFSサーバーが公開するパス
```

表8 永続ボリュームAPI（PersistentVolume v1 core）

キー項目	概要
apiVersion	v1と設定
kind	PersistentVolumeと設定
metadata	詳細は表9を参照
spec	永続ボリュームの仕様を記述する。項目は表10を参照

※ 本表のAPIの詳細は、https://kubernetes.io/docs/reference/generated/kubernetes-api/v1.14/#persistentvolume-v1-coreにあります。

表9 メタデータ（ObjectMeta v1 meta）

キー項目	概要
labels	PVCとPVを対応付けるために利用される
name	必須項目であり、名前空間内で唯一の名前をセットする必要がある

※本表のAPIの詳細は、https://kubernetes.io/docs/reference/generated/kubernetes-api/v1.14/#objectmeta-v1-metaにあります。

表10 永続ボリューム仕様（PersistentVolumeSpec v1 core）

キー項目	概要
capacity	ボリューム容量。設定できる容量は、連携するストレージシステムの仕様に依存する。NFSやHostPathのケースでは必須項目なので値のセットが必要だが、効力はない
accessModes	この値は表4の説明と同じ
nfs	ストレージシステムがNFSの場合のパラメータを記述する。内容は表11を参照
glusterfs	ストレージシステムの実体に応じたパラメータをセットする。各々の記述方法については下記のリンクを参照
hostPath	
local	

※本表のAPIの詳細は、https://kubernetes.io/docs/reference/generated/kubernetes-api/v1.14/#persistentvolumespec-v1-coreにあります。

表11 NFSサーバーのIPとエクスポートパス（NFSVolumeSource v1 core）

キー項目	概要
path	NFSサーバーがエクスポートするパス
server	NFSサーバーのDNS名またはIPアドレス

※本表のAPIの詳細は、https://kubernetes.io/docs/reference/generated/kubernetes-api/v1.14/#persistentvolumespec-v1-coreにあります。

(2) 永続ボリューム要求（PVC）のマニフェスト作成

次は、nfs-pv.ymlに対応するPVC作成用のマニフェストです。ポイントとなる設定項目を表12にまとめましたので、併せて参照してください。

ファイル4 PVを利用するPVC作成のYAML：nfs-pvc.yml

```
1    apiVersion: v1
2    kind: PersistentVolumeClaim
3    metadata:
4      name: nfs-1
5    spec:
6      accessModes:
7      - ReadWriteMany
8      storageClassName: "" ## 表12 永続ボリューム要求の仕様を参照
9      resources:
10       requests:
11         storage: "100Mi"
12     selector:            ## 対応するPVのラベルを設定する
13       matchLabels:
```

```
14          name: pv-nfs-1
```

表12 PersistentVolumeClaimSpec v1 core

キー項目	概要
storageClassName	ストレージクラスがない永続ボリュームを利用するので、文字列がないことを意味する「""」を設定する。この項目を省略するとデフォルトのストレージクラスが選択されるので、必ず「""」を設定しなければならない
selector	接続すべきPVのラベルmetadata.labelsと一致している必要がある

※ 本表のAPIの詳細は、https://kubernetes.io/docs/reference/generated/kubernetes-api/v1.14/#persistentvolumeclaimspec-v1-coreにあります。

(3) 動作検証

学習環境が起動している状態で、ポッドからNFSサーバーをマウントする様子を見ていきます。

作業の始めとして、Minikube上のポッドと仮想NFSサーバーの間の疎通を確認します。このような用途に重宝するのが、BusyBoxというコンテナイメージです。実行例5では、busyboxに対話型シェルを起動して、仮想NFSサーバーのIPアドレス「172.16.20.10」へpingを実行し、応答を確認しています。応答がない場合は問題判別と対処を行い、pingの応答が得られるようにしてください。

実行例5 MinikubeとNFSサーバーの疎通確認

```
$ kubectl run -it bb --image=busybox sh
If you don't see a command prompt, try pressing enter.
/ # ping 172.16.20.10
PING 172.16.20.10 (172.16.20.10): 56 data bytes
64 bytes from 172.16.20.10: seq=0 ttl=61 time=61.284 ms
64 bytes from 172.16.20.10: seq=1 ttl=61 time=0.925 ms
64 bytes from 172.16.20.10: seq=2 ttl=61 time=0.774 ms
64 bytes from 172.16.20.10: seq=3 ttl=61 time=0.902 ms
^C
--- 172.16.20.10 ping statistics ---
4 packets transmitted, 4 packets received, 0% packet loss
round-trip min/avg/max = 0.774/15.971/61.284 ms
```

実行例6では、PVとPVCを作成します。下記のように、数秒で結果を見ることがきます。

実行例6 PVとPVCの作成

```
$ kubectl apply -f nfs-pv.yml
persistentvolume/nfs-1 created

$ kubectl apply -f nfs-pvc.yml
persistentvolumeclaim/nfs-1 created

## 出力結果は画面幅に収まるように編集済み
$ kubectl get pv,pvc
NAME                    CAPACITY ACCESS RECLAIM STATUS CLAIM          STORAGECLASS REASON AGE
persistentvolume/nfs-1 100Mi     RWX    Retain  Bound  default/nfs-1                      5s
```

```
NAME                           STATUS   VOLUME   CAPACITY   ACCESS MODES   STORAGECLASS   AGE
persistentvolumeclaim/nfs-1    Bound    nfs-1    100Mi      RWX                           2s
```

この永続ボリュームをマウントするポッドを起動して、動作を確認します。次のマニフェストでは2つのポッドを起動し、それぞれから永続ボリュームへアクセスできることを確認しています。

ファイル5 PVCのボリュームをマウントするデプロイメント：nfs-client.yml

```
1    apiVersion: apps/v1
2    kind: Deployment
3    metadata:
4      name: nfs-client
5    spec:
6      replicas: 2                          ## ボリューム共有を確認するために2ポッドを起動する
7      selector:
8        matchLabels:
9          app: ubuntu
10     template:
11       metadata:
12         labels:
13           app: ubuntu
14       spec:
15         containers:
16         - name: ubuntu
17           image: ubuntu:16.04
18           volumeMounts:                  ## コンテナにマウントするディレクトリを指定
19           - name: nfs
20             mountPath: /mnt
21           command: ["/usr/bin/tail", "-f", "/dev/null"]  ## コンテナが終了防止のコマンド
22         volumes:
23         - name: nfs
24           persistentVolumeClaim:
25             claimName: nfs-1            ## PVC名を設定する
```

次の実行例7は、ファイル5「nfs-client.yml」を適用して、デプロイメントからポッドを2個起動した状態です。

実行例7 NFSクライアントのポッドの起動

```
$ kubectl apply -f nfs-client.yml
deployment.extensions/nfs-client created

$ kubectl get po
NAME                           READY   STATUS    RESTARTS   AGE
nfs-client-75cfc578b7-p46wg    1/1     Running   0          6s
nfs-client-75cfc578b7-pr255    1/1     Running   0          7s
```

実行例8では、ポッドの1つに対話型シェルを起動して、コマンドを実行しています。コマンド「df -h」の結果、172.16から始まる行はNFSサーバーのIPアドレスであり、NFSサーバーをマウントしていることが読み

取れます。

ここで、コマンド「ls -lR > /mnt/test.dat」でNFS上にファイルを作成し、「md5sum」でハッシュを計算してファイルに残します。このハッシュ値が、もう1つのポッドで実行したハッシュ値と一致すれば、ファイルが正確に共有されている証拠となります。

実行例8 NFSを利用したポッド間でのファイル共有テスト（書き込み）

```
$ kubectl exec -it nfs-client-75cfc578b7-p46wg bash
root@nfs-client-75cfc578b7-p46wg:/# df -h
Filesystem            Size  Used Avail Use% Mounted on
overlay                17G  1.4G   14G   9% /
tmpfs                  64M     0   64M   0% /dev
tmpfs                 996M     0  996M   0% /sys/fs/cgroup
172.16.20.10:/export  9.7G  1.2G  8.5G  12% /mnt
/dev/sda1              17G  1.4G   14G   9% /etc/hosts
shm                    64M     0   64M   0% /dev/shm
tmpfs                 996M   12K  996M   1% /run/secrets/kubernetes.io/serviceaccount
tmpfs                 996M     0  996M   0% /proc/scsi
tmpfs                 996M     0  996M   0% /sys/firmware
root@nfs-client-75cfc578b7-p46wg:/# ls -lR > /mnt/test.dat
root@nfs-client-75cfc578b7-p46wg:/# md5sum /mnt/test.dat
2a99f870f506119f9a58673ae268350b  /mnt/test.dat
root@nfs-client-75cfc578b7-p46wg:/# exit
```

次の実行例9は、もう1つのポッド（末尾ハッシュがpr255）に対話型シェルを起動して、実行例8で書き込んだファイルのハッシュ値を再計算した結果です。目視により、同じ値であり、2つのポッドでNFSのファイルシステムをマウントしており、ファイルを共有できていることが確認できました。

実行例9 NFSを利用したポッド間でのファイル共有テスト（読み出し）

```
$ kubectl exec -it nfs-client-75cfc578b7-pr255 bash
root@nfs-client-75cfc578b7-pr255:/# df -h
Filesystem            Size  Used Avail Use% Mounted on
overlay                17G  1.4G   14G   9% /
tmpfs                  64M     0   64M   0% /dev
tmpfs                 996M     0  996M   0% /sys/fs/cgroup
172.16.20.10:/export  9.7G  1.2G  8.5G  12% /mnt
/dev/sda1              17G  1.4G   14G   9% /etc/hosts
shm                    64M     0   64M   0% /dev/shm
tmpfs                 996M   12K  996M   1% /run/secrets/kubernetes.io/serviceaccount
tmpfs                 996M     0  996M   0% /proc/scsi
tmpfs                 996M     0  996M   0% /sys/firmware
root@nfs-client-75cfc578b7-pr255:/# md5sum /mnt/test.dat
2a99f870f506119f9a58673ae268350b  /mnt/test.dat
```

11.6 クラウドでのダイナミックプロビジョニング

パブリッククラウドの環境で、永続ボリューム要求(PVC)を作成して、コンテナからマウントするまでの具体例を見ていきたいと思います。

ブロックストレージの利用法は、学習環境3の「3.1 IBM Cloud Kubernetes Service(以下、IKS)」[2]と「3.2 Google Kubernetes Engine(以下、GKE)」の両方で見ていきます。一方、ファイルストレージの利用方法はIKSのみで確認します[3]。

(1)IKSまたはGKEのブロックストレージ

IKSやGKEのブロックストレージは、iSCSIを用いて実装されています。その基礎となったSCSIを簡単に説明します。SCSIは1台のコンピュータに複数のハードディスクドライブを接続するための技術仕様です。SCSIケーブルで、SCSIイニシエーター(ホストアダプタ)にSCSIターゲット(ハードディスクドライブ)を接続します。一方、iSCSIでは、物理的なケーブルに代えてIPプロトコルで両者を連携させます。

この方式はNFSと比べて高速に動作するという特徴があり、ブロック単位でストレージを読み書きするリレーショナルデータベース管理システム(RDBMS)の性能を引き出せます。しかしSCSIは、複数のSCSIイニシエーターからハードディスクドライブを共有する構成にはできません。そのため、iSCSIを利用したブロックストレージでも、複数のノードで読み出しアクセスと書き込みアクセスが可能なモード「ReadWriteMany」でマウントすることはできません。ファイル6aおよびファイル6bのアクセスモード(accessModes)設定がReadWriteOnceになるのは、このようなSCSI技術の制約に由来します。IKSでブロックストレージを利用するためには、事前にブロックストレージのストレージクラスをインストールしなければなりません。その方法については「Helm chart to install IBM Cloud Block Storage plug-in(https://cloud.ibm.com/kubernetes/helm/iks-charts/ibmcloud-block-storage-plugin)」を参照してください。

ファイル6a IKSブロックストレージの永続ボリューム要求:iks-pvc-block.yml

```
1   apiVersion: v1
2   kind: PersistentVolumeClaim
3   metadata:
4     name: bronze-blk
5     annotations:
6       volume.beta.kubernetes.io/storage-class: "ibmc-block-bronze"
7     labels:
8       billingType: "hourly"
9   spec:
```

参考資料

[2] IBM Cloud Kubernetes Service ブロックストレージ、https://cloud.ibm.com/docs/containers/cs_storage_block.html#block_storage
[3] IBM Cloud Kubernetes Service ファイルストレージ、https://cloud.ibm.com/docs/containers/cs_storage_file.html#file_storage

```
10      accessModes:
11        - ReadWriteOnce    ## Block(iSCSI)のため多重アクセスが不可
12      resources:
13        requests:
14          storage: 20Gi    ## プロビジョニング要求容量(GB)
```

ファイル6b GKEブロックストレージの永続ボリューム要求：gke-pvc-block.yml

```
1     apiVersion: v1
2     kind: PersistentVolumeClaim
3     metadata:
4       name: bronze-blk
5     spec:
6       accessModes:
7         - ReadWriteOnce    ## Block(iSCSI)のため多重アクセスが不可
8       resources:
9         requests:
10          storage: 20Gi    ## プロビジョニング要求容量(GB)
```

次の実行例10aと実行例10bでは、ファイル6aおよびファイル6bのPVCのマニフェストを適用しています。これにより、自動的にPVがプロビジョニングされる様子を、実行例11aおよび11bで見ることができます。

実行例10a IKS PVCの作成と結果確認（紙面上で見やすくするため編集済み）

```
$ kubectl get node
NAME           STATUS   ROLES    AGE     VERSION
10.193.10.14   Ready    <none>   2d18h   v1.13.8+IKS
10.193.10.58   Ready    <none>   2d18h   v1.13.8+IKS

$ kubectl apply -f iks-pvc-block.yml
persistentvolumeclaim/bronze-blk created

$ kubectl get pvc
NAME         STATUS   VOLUME       CAPACITY   ACCESS MODES   STORAGECLASS        AGE
bronze-blk   Bound    pvc-290ad8   20Gi       RWO            ibmc-block-bronze   3m57s
```

実行例10b GKE PVCの作成と結果確認（紙面上で見やすくするため編集済み）

```
$ kubectl get node
NAME                                   STATUS   ROLES    AGE   VERSION
gke-gke-1-default-pool-4b8e4604-mlwr   Ready    <none>   21h   v1.12.8-gke.10
gke-gke-1-default-pool-4b8e4604-t0lq   Ready    <none>   21h   v1.12.8-gke.10

$ kubectl apply -f gke-pvc-block.yml
persistentvolumeclaim/bronze-blk created

$ kubectl get pvc
NAME         STATUS   VOLUME         CAPACITY   ACCESS MODES   STORAGECLASS   AGE
bronze-blk   Bound    pvc-4aa4ee42   20Gi       RWO            standard       5s
```

実行例11a IKS PV のプロビジョニング結果（紙面上で見やすくするため編集済み）

```
$ kubectl get pv
NAME          CAPACITY   ACCESS MODES   RECLAIM POLICY   STATUS   CLAIM
pvc-290ad8    20Gi       RWO            Delete           Bound    default/bronze-blk
```

実行例11b GKE PVのプロビジョニング結果（紙面上で見やすくするため編集済み）

```
$ kubectl get pv
NAME             CAPACITY   ACCESS MODES   RECLAIM POLICY   STATUS   CLAIM
pvc-4aa4ee42     20Gi       RWO            Delete           Bound    default/bronze-blk
```

ファイル7のマニフェストとポッドの振る舞いはIKSもGKEも同じです。そのため、IKSだけで見ていきます。

次のファイル7は、ポッド上のコンテナがPVをマウントするためのYAMLです。Linuxにハードディスクを増設した経験のある読者は、「たったこれだけで、なぜポッドがDISKをマウントできるのか？」と不思議に思うのではないでしょうか。mkfsコマンドでフォーマットされていないディスクを、Linux OSからマウントすることはできないからです。それが可能なのは、プロビジョナーが永続ボリュームのフォーマットまでを行っているからです。

ファイル7 PVCをマウントするポッドテンプレート：deploy-1pod.yml

```
1     apiVersion: apps/v1
2     kind: Deployment
3     metadata:
4       name: dep1pod-blk
5       labels:
6         app: dep1pod-blk
7     spec:
8       selector:
9         matchLabels:
10          app: dep1pod-blk
11      template:
12        metadata:
13          labels:
14            app: dep1pod-blk
15        spec:
16          containers:
17          - image: ubuntu
18            name: ubuntu
19            volumeMounts:
20            - name: blk
21              mountPath: /mnt
22            command: ["/usr/bin/tail", "-f", "/dev/null"]
23          volumes:                          ## ポッドの永続ボリューム指定
24          - name: blk
25            persistentVolumeClaim:
26              claimName: bronze-blk
```

実行例12では、ファイル7からポッドを作成して、ポッドのPVのマウント状態を確認しています。コマンド「df -h」の結果の中で「/dev/mapper」から始まる行が、PVがマウントされたものです。このmapperは「デバイスマッパー」と呼ばれる論理デバイスによって、ブロックデバイスのI/Oを取りまとめて変換します。このことから、「/mnt」はブロックストレージとしてマウントされていることが読み取れます。

実行例12 ブロックデバイスをマウントしたポッドの様子

```
$ kubectl apply -f deploy-1pod.yml
deployment.apps/dep1pod-blk created

$ kubectl get deploy,po
NAME                                 DESIRED   CURRENT   UP-TO-DATE   AVAILABLE   AGE
deployment.extensions/dep1pod-blk   1         1         1            1           2m

NAME                                READY     STATUS    RESTARTS   AGE
pod/dep1pod-blk-6989fcb9bf-8z8rz   1/1       Running   0          2m

## ポッドに対話型シェルを起動して、PVのマウント状況を確認
$ kubectl exec -it dep1pod-blk-6989fcb9bf-8z8rz bash
root@dep1pod-blk-6989fcb9bf-8z8rz:/# df -h
Filesystem                                  Size  Used Avail Use% Mounted on
overlay                                     1.8T  1.3G  1.7T   1% /
tmpfs                                        64M     0   64M   0% /dev
tmpfs                                        16G     0   16G   0% /sys/fs/cgroup
/dev/mapper/docker_data                     1.8T  1.3G  1.7T   1% /etc/hosts
shm                                          64M     0   64M   0% /dev/shm
/dev/mapper/3600a09803830446d445d4c3066664758   20G   44M   20G   1% /mnt
<以下省略>
```

前述の「表4 永続ボリューム要求」において、ブロックストレージの「accessModes」は「ReadWriteOnce」に設定するべきであり、「単一ノードからの読み出しアクセスと書き込みアクセス」と記しました。しかし実際には、実装に起因する制約があることがわかっています。IKSでブロックストレージを使用する場合には以下の①の考慮点があります（2019年7月現在）。一方、GKEでは①は該当せず「ReadWriteOnce」の説明のとおりです。また②は、IKSとGKEで同じように利用できます。

①同一ノード上の複数のポッドから同じブロックストレージをマウントすることはできない。
②同一ポッド上のコンテナは、ブロックストレージをそれぞれがマウントして利用できる。

①はクラウドのストレージに由来する制約です。仮に2つ以上のポッドからマウントを試みた場合の結果を実行例13に挙げます。このYAMLは、ファイル7（deploy-1pod.yml）にレプリカセット数=3（spec.replicas: 3）を加えたものです。これにより、同一のポッドが同時に3個起動します。3つのうち、最初にPVをマウントしたポッド以外のポッドは、ContainerCreatingの状態で止まっていることがわかります。2番目以降のポッドは、マウントでエラーが発生しているからです。

実行例13 複数ポッドから1つのブロックストレージのマウントを試みた結果（紙面上で見やすくするため編集済み）

```
$ kubectl apply -f deploy-3pod.yml
deployment.apps/dep3pod-blk created

$ kubectl get pod -o wide
NAME                 READY   STATUS              AGE    IP              NODE
dep3pod-blk-97828    0/1     ContainerCreating   3m3s   <none>          10.193.10.14
dep3pod-blk-q52rq    0/1     ContainerCreating   3m3s   <none>          10.193.10.58
dep3pod-blk-x8rqj    1/1     Running             3m3s   172.30.94.135   10.193.10.14
```

このような状態でポッドの起動が停滞している場合、原因を探るには次の実行例14のコマンドを実行します。ここでは、Eventsフィールド以下にエラーメッセージが表示されています。「... is already mounted on mountpath"」というキーワードがあり、すでに使用中であることがうかがえます。

実行例14 ステータスがContainerCreatingで停滞する原因の調査（紙面上で見やすくするため編集済み）

```
$ kubectl describe po dep3pod-blk-97828
Name:               dep3pod-blk-7867d697dc-97828
Namespace:          default
<中略>
Events:
  Type     Reason       Age                  From                     Message
  ----     ------       ----                 ----                     -------
<中略>
  Warning  FailedMount  64s (x9 over 3m14s)  kubelet, 10.193.10.14  MountVolume.SetUp failed for
volume "pvc-290ad8fc-b127-11e9-94e5-0a38ae6121b9" : mount command failed, status: Failure,
reason: Error while mounting the volume &errors.errorString{s:"RWO check has failed. DevicePath
/var/data/kubelet/plugins/kubernetes.io/flexvolume/ibm/ibmc-block/mounts/pvc-290ad8fc-b127-11e9-
94e5-0a38ae6121b9 is already mounted on mountpath /var/data/kubelet/pods/f7b606ce-b14f-11e9-
8295-e641deacb5f3/volumes/ibm~ibmc-block/pvc-290ad8fc-b127-11e9-94e5-0a38ae6121b9 "}
```

さて、もう1つの考慮点は「同一ポッド上のコンテナは、ブロックストレージをそれぞれがマウントして利用できる」でした。これはいったいどのようなことか、ポッドを生成するためのYAMLを見ていきます。

ファイル8は、1つのポッド上に2つのコンテナを持つ、いわゆる「サイドカー構成」が作られます。このポッドではリストのボトム付近でPVCを指定しており、そのボリュームを2つのコンテナでそれぞれマウントしています。ポッド内のコンテナのプロセス空間は相互に分離しているのに、I/Oはポッドレベルで共通化されています。なんだか不思議な感じですが、これによりファイルシステムのマウントポイントはコンテナごとに自由に選ぶことができます。

ファイル8 2つのコンテナを内包するポッドのYAML：deploy-1pod-2cnt.yml

```
1    apiVersion: apps/v1
2    kind: Deployment
3    metadata:
4      name: dep1pod2c-blk
5      labels:
6        app: dep1pod2c-blk
```

```
7     spec:
8       selector:
9         matchLabels:
10          app: dep1pod2c-blk
11      template:
12        metadata:
13          labels:
14            app: dep1pod2c-blk
15        spec:
16          containers:    ## 2つのコンテナを内包するポッド
17          - name: c1              ## コンテナ#1
18            image: ubuntu
19            volumeMounts:
20            - name: blk
21              mountPath: /mnt
22            command: ["/usr/bin/tail", "-f", "/dev/null"]
23          - name: c2              ## コンテナ#2
24            image: ubuntu
25            volumeMounts:
26            - name: blk
27              mountPath: /mnt
28            command: ["/usr/bin/tail", "-f", "/dev/null"]
29          volumes:        ## ポッドのボリューム定義
30          - name: blk
31            persistentVolumeClaim:
32              claimName: bronze-blk
```

この機能はとても有用です。たとえば、コンテナ#1はRDBMSを動かし、コンテナ#2はオブジェクトストレージへのバックアッププロセスを実行するといったことができます。

(2) IKSのファイルストレージ

このファイルストレージの特徴は、複数のポッドから同時にマウントして利用できる点です。ベースとなっているプロトコルはNFSなので、複数のポッドからのマウントを受け入れることができます。そして、前述の「マニュアル作業」で接続したNFSとは異なり、クラウドではPVCで自動的にPVをプロビジョニングして提供してくれるため、運用面の負担がありません。

ファイル9は、ファイルストレージを作成するPVCです。ブロックストレージとの違いは、アノテーションに記述したストレージクラスの値「ibmc-file-bronze」とアクセスモード（accessModes）の値「ReadWriteMany」です。これにより、複数のポッドが永続ボリュームを共有してアクセスできます。

ファイル9 ファイルストレージのPVCを作るYAML：iks-pvc-file.yml

```
1     apiVersion: v1
2     kind: PersistentVolumeClaim
3     metadata:
4       name: bronze-file
5       annotations:
6         volume.beta.kubernetes.io/storage-class: "ibmc-file-bronze"
7       labels:
```

```
8          billingType: "hourly"
9      spec:
10       accessModes:
11         - ReadWriteMany  ## File(NFS)のため複数クライアントからマウント可
12       resources:
13         requests:
14           storage: 20Gi  ## プロビジョニング要求容量(GB)
```

ファイル10は、ファイルストレージのPVをマウントするポッドのYAMLです。

ファイル10 ファイルストレージのPVをマウントするポッドを生成するYAML：deploy-2pod.yml

```
1      apiVersion: apps/v1
2      kind: Deployment
3      metadata:
4        name: dep2pod-file
5        labels:
6          app: dep2pod-file
7      spec:
8        replicas: 2                ## ポッドが2つ起動
9        selector:
10         matchLabels:
11           app: dep2pod-file
12       template:
13         metadata:
14           labels:
15             app: dep2pod-file
16         spec:
17           containers:
18           - image: ubuntu
19             name: ubuntu
20             volumeMounts:
21             - name: fs
22               mountPath: /mnt
23            command: ["/usr/bin/tail", "-f", "/dev/null"]
24           volumes:
25           - name: fs
26             persistentVolumeClaim:
27               claimName: bronze-file   ## ファイルストレージのPVC名をセットする
```

実行例15では、ファイル9を適用してPVCを作成します。「kubectl get pvc」の実行結果では、NAME列bronze-blkがブロックストレージであり、bronze-fileがファイルストレージです。両者にはACCESS MODES列のRWO（ReadWriteOnce）とRWX（ReadWriteMany）の違いがあります。

実行例15 ファイルストレージのPVCを作成（紙面上で見やすくするため編集済み）

```
$ cd ../iks-file/
$ kubectl apply -f iks-pvc-file.yml
persistentvolumeclaim/bronze-file created
```

```
$ kubectl get pvc
NAME          STATUS   VOLUME       CAPACITY  ACCESS MODES  STORAGECLASS        AGE
bronze-blk    Bound    pvc-290ad8   20Gi      RWO           ibmc-block-bronze   21m
bronze-file   Bound    pvc-df9032   20Gi      RWX           ibmc-file-bronze    97s
```

次の実行例16は、PVCが作成されたことで、PVのプロビジョニングが完了した状態です。ファイルストレージは下の行になります。

実行例16 PVCによりPVが作成された状態(紙面上で見やすくするため編集済み)

```
$ kubectl get pv
NAME        CAPACITY   ACCESS MODES  RECLAIM POLICY  STATUS  CLAIM
pvc-290ad8  20Gi       RWO           Delete          Bound   default/bronze-blk
pvc-df9032  20Gi       RWX           Delete          Bound   default/bronze-file
```

前述のファイル10を適用してポッドを2つ起動します。今回はブロックストレージのときとは異なり、2つ起動したことを確認できます。そのうちの1つに対話型シェルを起動して、マウント状態を確認します。

その結果を見ると、「Mount on」列で「/mnt」の行がPVです。NFSサーバーのドメイン名が表示されており、このコンテナはNFSサーバーにマウントしていることが読み取れます。

実行例17 ポッドがファイルストレージをマウントした様子(紙面上で見やすくするため編集済み)

```
$ kubectl apply -f deploy-2pod.yml
deployment.apps/dep2pod-file created

$ kubectl get deploy,po
NAME                                 READY   UP-TO-DATE   AVAILABLE   AGE
deployment.extensions/dep2pod-file   2/2     2            2           11s

NAME                                READY   STATUS    RESTARTS   AGE
pod/dep2pod-file-569ffbcf5d-gsf2d   1/1     Running   0          10s
pod/dep2pod-file-569ffbcf5d-w9fgx   1/1     Running   0          10s

$ kubectl exec -it dep2pod-file-569ffbcf5d-gsf2d sh
# df -h
Filesystem                         Size  Used Avail Use% Mounted on
overlay                             98G  2.3G   91G   3% /
tmpfs                               64M     0   64M   0% /dev
tmpfs                              2.0G     0  2.0G   0% /sys/fs/cgroup
svc.softlayer.com:/IBM02S/data01    20G     0   20G   0% /mnt
/dev/mapper/docker_data             98G  2.3G   91G   3% /etc/hosts
<以下省略>
```

11.7 SDS連携によるダイナミックプロビジョニング

前述のように、パブリッククラウドではPVC（永続ボリューム要求）を作成することで、自動的にPV（永続ボリューム）が作成されて、コンテナから利用を開始できます。一方、自社のデータセンター内にK8sクラスタを構築した場合、手作業の設定でNFSサーバーに連携するだけでは運用に大きな負荷がかかってしまいます。できることなら、オンプレミス環境でもパブリッククラウドのように、論理ボリュームのプロビジョニングを自動化したいものです。

この課題は、KubernetesとSDS（Software Defined Storage）を連携させれば解決します。PVのダイナミックプロビジョニングを実現できるのです。

本演習ではSDSに、よく利用されているGlusterFSを使います。GlusterFSはOSSとしてRedHatがメンテナンスを担っており、商用製品としても提供されています。そして、Kubernetesとの連携のために、GlusterFSの操作をRESTサービスに変換する「Heketi」と呼ばれるソフトウェアがGitHubで公開されています。

本書では、学習環境2「2.1 マルチノードK8s」と「2.3 仮想GlusterFSクラスタ」を使用して、SDS連携を体験できるようにしました。パソコン上の仮想サーバーで、ミニチュアサイズのGlusterFSクラスタを構築します。読者が本Stepの演習をトレースする場合には、上記2つの学習環境をセットアップしてください。どちらの環境も、それぞれ付録に記載された方法で自動構築されるので、クラスタ構築の経験がなくても簡単に用意できるはずです。

GlusterFSとは？

GlusterFSは、OSSのスケーラブルな分散ファイルシステムであり、数ペタバイトにスケールアップ可能で、数千のクライアントに対応できる性能を持っています。しかも、特別なストレージ装置ではなく、一般的なハードウェアを利用して構築するSoftware Defined Storage（SDS）です。このソフトウェアはさまざまな分野で利用されています。

参考資料

GlusterFSドキュメント、https://docs.gluster.org/en/v3/Administrator%20Guide/GlusterFS%20Introduction/#what-is-gluster

GlusterFSとK8sをつなぐHeketi

Heketiは、GlusterFSボリュームのライフサイクルを管理するRESTfulサービスを提供します。このソフトウェアの目標は、複数ノードのストレージでGlusterFSボリュームを作成、一覧表示、および削除するための簡単な方法を提供し、クラスタ内のディスク全体からブロックの割り当て、作成、削除をインテリジェントに管理することです。

参考資料

Heketi GitHub、https://github.com/heketi/heketi

学習用のシステムは図6の構成になります。1台のPC上に、K8sクラスタの仮想サーバー3台と、GlusterFSクラスタの仮想サーバー4台を起動して、専用プライベートネットワークで連携させます。

この環境を実行するために必要なPCのメモリ要件は、それぞれ付録に明記しています。ざっくりですが、K8sクラスタの仮想マシンのメモリは1台あたり1GB、3台で計3GBです。GlusterFSクラスタのほうは1台512MB、4台で2GB。仮想マシン全部で3GB+2GBのメモリがPCに必要になります。

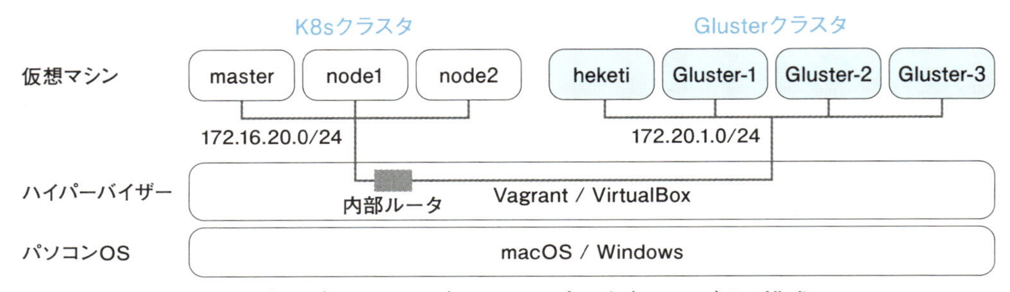

図6 論理ボリュームをダイナミックプロビジョニングする構成

ここから先は、学習環境として図6に表した2つのクラスタが起動している状態を想定して話を進めます。作業開始前に、2つのクラスタの疎通を確認しておきます。K8sマスターノードに「vagrant ssh」でログインし、次のIPアドレスへpingを実行して、およそ以下のラウンドトリップ時間（rtt）になっていれば、PC内で正常に通信できていると見なすことができます。

実行例18 マスターノードからHeketiサーバーへの疎通確認

```
$ ping 172.20.1.20
PING 172.20.1.20 (172.20.1.20) 56(84) bytes of data.
64 bytes from 172.20.1.20: icmp_seq=1 ttl=63 time=1.11 ms
64 bytes from 172.20.1.20: icmp_seq=2 ttl=63 time=0.547 ms
64 bytes from 172.20.1.20: icmp_seq=3 ttl=63 time=0.648 ms
64 bytes from 172.20.1.20: icmp_seq=4 ttl=63 time=0.574 ms
64 bytes from 172.20.1.20: icmp_seq=5 ttl=63 time=0.624 ms
^C
--- 172.20.1.20 ping statistics ---
5 packets transmitted, 5 received, 0% packet loss, time 3999ms
rtt min/avg/max/mdev = 0.547/0.702/1.119/0.212 ms
```

疎通を確認できたところで、ストレージクラスを作成します。これは、GlusterFSのプロビジョナーがHeketiを介してGlusterFSへ指令を送り、PVを自動生成するためです。

ファイル11 ストレージクラスを設定するYAML：gfs-sc.yml

```
1    apiVersion: storage.k8s.io/v1
2    kind: StorageClass
3    metadata:
4      name: "gluster-heketi"
5    provisioner: kubernetes.io/glusterfs
6    parameters:                          ## プロビジョナーへ与えるパラメータ
7      resturl: "http://172.20.1.20:8080"  ## HeketiのIPアドレスとポート
8      restuser: "admin"                  ## RESTユーザーのIDとパスワード
9      restuserkey: "admin"
```

次の実行例19は、ストレージクラスの作成と確認結果です。

実行例19 GlusterFSストレージクラスの作成と結果確認

```
$ kubectl apply -f gfs-sc.yml
storageclass.storage.k8s.io/gluster-heketi created

$ kubectl get sc
NAME             PROVISIONER               AGE
gluster-heketi   kubernetes.io/glusterfs   6s
```

ファイル12は、容量を指定してPVを作成するためのPVCのYAMLです。ボリュームサイズの記述はGlusterFSの最小単位にしたがいますので、8GB以上を設定すればエラーは発生しません。

ファイル12 永続ボリューム要求のYAML：gfs-pvc.yml

```
1    apiVersion: v1
2    kind: PersistentVolumeClaim
3    metadata:
4     name: gvol-1
5    spec:
6     storageClassName: gluster-heketi
7     accessModes:
8      - ReadWriteMany
9     resources:
10      requests:
11        storage: 10Gi
```

次の実行例20のように、ENTERキーを押下してからおよそ30秒経過すると、PVCが生成されてリストを参照することができます。

実行例20 PVCによってPVが作成される様子

```
$ kubectl apply -f gfs-pvc.yml
persistentvolumeclaim/gvol-1 created

$ kubectl get pvc
NAME     STATUS    VOLUME    CAPACITY   ACCESS MODES   STORAGECLASS     AGE
gvol-1   Pending                                       gluster-heketi   7s
$ kubectl get pvc
NAME     STATUS    VOLUME    CAPACITY   ACCESS MODES   STORAGECLASS     AGE
gvol-1   Pending                                       gluster-heketi   15s

$ kubectl get pvc
NAME     STATUS    VOLUME          CAPACITY   ACCESS MODES   STORAGECLASS     AGE
gvol-1   Bound     pvc-c0e<省略>  10Gi       RWX            gluster-heketi   24s

$ kubectl get pv
NAME           CAPACITY    ACCESS RECLAIM POLICY STATUS CLAIM          STORAGECLASS    AGE
pvc-c0e<省略>  10Gi        RWX    Delete         Bound  default/gvol-1 gluster-heketi  12s
```

次のファイル13(gfs-client.yml)で作成するデプロイメントは、GlusterFSのPVをマウントするUbuntu OSのポッドを2つ作成します。これらのポッドが利用する永続ボリュームは、このファイルの最後の部分「persistentVolumeClaim」の中で指定されています。よって、この部分を別のPVC名に変更すれば、別のストレージシステムの永続ボリュームを利用できます。

ファイル13 GlusterFSを利用するデプロイメントのYAML:gfs-client.yml

```
1     apiVersion: apps/v1
2     kind: Deployment
3     metadata:
4       name: gfs-client
5     spec:
6       replicas: 2
7       selector:
8         matchLabels:
9           app: ubuntu
10      template:
11        metadata:
12          labels:
13            app: ubuntu
14        spec:
15          containers:
16          - name: ubuntu
17            image: ubuntu:16.04
18            volumeMounts:            ## PVをコンテナの/mntにマウントする
19            - name: gfs
20              mountPath: /mnt
21            command: ["/usr/bin/tail", "-f", "/dev/null"]
22          volumes:
23          - name: gfs
24            persistentVolumeClaim:  ## PVCの名前を指定
25              claimName: gvol-1     ## GlusterFSのPVC名を指定
```

このデプロイメントを適用して、PVのマウント状態を確認します。

実行例21 GlusterFSを利用するポッドの起動

```
$ kubectl apply -f gfs-client.yml
deployment.extensions/gfs-client created

$ kubectl get po
NAME                          READY     STATUS    RESTARTS   AGE
gfs-client-649b9995fc-6gvk7   1/1       Running   0          7m
gfs-client-649b9995fc-qkv9n   1/1       Running   0          7m
```

ポッドが起動したところで、リスト表示される最初のポッドに対話型シェルを起動します。そして、マウントしたファイルシステムにデータを書き込み、2番目のポッドからアクセスして確認します。

ファイルシステムのリストを表示する「df -h」から得られた結果の172.20から始まる行に注目してください。これまでのhostPathやマニュアル設定のNFSの場合と異なり、PVCのYAMLで要求したボリューム容量が表示されています。

実行例22では、1番目のポッドでGlusterFS上の/mnt/test.datへ書き込み、MD5暗号のハッシュを計算しています。そして実行例23で、2番目のポッドで同ファイルのMD5ハッシュをとり、2つのハッシュが一致していることを目視で確認します。その結果、2つのポッドの間で正しくデータが共有されたことを確認できました。

実行例22 1番目のポッドからGlusterFSへのファイル書き込み

```
$ kubectl exec -it gfs-client-649b9995fc-6gvk7 sh
# df -h
Filesystem                  Size  Used Avail Use% Mounted on
overlay                     9.7G  2.1G  7.6G  22% /
tmpfs                        64M     0   64M   0% /dev
tmpfs                       497M     0  497M   0% /sys/fs/cgroup
172.20.1.21:vol_6f17e8df     10G   68M   10G   1% /mnt
/dev/sda1                   9.7G  2.1G  7.6G  22% /etc/hosts
shm                          64M     0   64M   0% /dev/shm
tmpfs                       497M   12K  497M   1% /run/secrets/kubernetes.io/serviceaccount
tmpfs                       497M     0  497M   0% /proc/scsi
tmpfs                       497M     0  497M   0% /sys/firmware
# ls -lR / > /mnt/test.dat
# md5sum /mnt/test.dat
f5440a60b0d59ad69146aab81b2654cd  /mnt/test.dat
```

実行例23 2番目のポッドからGlusterFSのファイルを読んでハッシュ計算した結果

```
$ kubectl exec -it gfs-client-649b9995fc-qkv9n sh
# df -h
Filesystem                  Size  Used Avail Use% Mounted on
overlay                     9.7G  2.1G  7.6G  22% /
tmpfs                        64M     0   64M   0% /dev
tmpfs                       497M     0  497M   0% /sys/fs/cgroup
172.20.1.21:vol_6f17e8df     10G   68M   10G   1% /mnt
/dev/sda1                   9.7G  2.1G  7.6G  22% /etc/hosts
shm                          64M     0   64M   0% /dev/shm
tmpfs                       497M   12K  497M   1% /run/secrets/kubernetes.io/serviceaccount
```

```
tmpfs                        497M     0  497M   0% /proc/scsi
tmpfs                        497M     0  497M   0% /sys/firmware
# md5sum /mnt/test.dat
f5440a60b0d59ad69146aab81b2654cd  /mnt/test.dat
```

Step 11のまとめ

このStepの重要ポイントを箇条書きにして、まとめておきます。

- ポッドが利用できるストレージには、ノードのストレージを利用するものと、K8sクラスタの外にあるストレージシステムをアクセスするものがある。データ保全性や可用性を得るには、外部のストレージを利用する。
- ポッドと永続ボリュームをプロビジョニングする機能とは独立しており、それぞれ設定が必要である。
- 外部連携可能なストレージシステムにはさまざまな種類がある。K8sオブジェクトのPVC（永続ボリューム要求）、PV（永続ボリューム）、ストレージクラスは、これら外部ストレージシステムの方式の詳細を隠蔽し、抽象化することで共通のオペレーションを実現する。
- PVの作成方法には、PVCを作成することで自動的にプロビジョニングする方法と、手作業で設定する方法がある。
- ダイナミックプロビジョニングでは、PVCを作成することで、プロビジョナーが外部ストレージシステムと連携してPVを準備する。
- クラウドの永続ボリュームの動作は、クラウドのストレージサービスに起因する制約があるので、事前の検証が重要である。

表13 Step 11で新たに登場したkubectlコマンド

コマンド	動作
kubectl get pvc	永続ボリューム要求のリストを表示する
kubectl describe pvc	永続ボリューム要求の詳細を表示する
kubectl get pv	永続ボリュームをリスト表示する
kubectl describe pv	永続ボリュームの詳細を表示する
kubectl get sc	ストレージクラスのリストを表示する

Step 12 ステートフルセット

データベースなどの永続データを保持するポッドに適したコントローラ

Kubernetesの「ステートフルセット（StatefulSet）」とは、コントローラの一種であり、永続ボリュームとポッドとの組み合わせを制御するのに適しています[1]。

一般的なIT用語で「ステートフル」と言えば、内部に状態を保持しつつ、状態に応じて処理内容が変化することを意味します。たとえば、清涼飲料水の自動販売機の制御プログラムを大雑把に考えると、状態には「コイン投入待ち状態」と「注文待ち状態」の2つがあります。コイン投入待ち状態では、注文ボタンを押しても反応しないように制御しています。コインが投入されると注文待ち状態に遷移し、注文ボタンに反応して商品を取り出して口へ落とす動作を制御します。そして、自動販売機は再びコイン待ち状態へ遷移して、次の客を待ちます。この制御プログラムは、「コイン投入待ち」と「注文待ち」の2つの状態を持つ、ステートフルなプログラムと言えます。

コンテナ上で動作する高度なプログラムは、一度にもっと多くの状態を管理することになります。たとえば、ウェブの自動販売機とも言えるECサイトでは、商品在庫の状態や顧客ごとの注文状態を把握し、商品配達の状態を追跡するなど、さまざまな状態を一度に大量に管理します。このようなことを行うために、データベースのミドルウェアを利用します。

しかし、コンテナやポッドでは、データを永続的に保持することができないので、「ポッドと永続ボリュームの組み合わせ」のセットでデータベースを実行しなければなりません。そのようなニーズから、Kubernetesでは「ステートフルセット」と呼ばれるコントローラが提供されています。このコントローラは、ポッドと永続ボリュームの対応関係をより厳格に管理し、永続ボリュームのデータ保護を優先するよう振る舞います。

Step 12では、このコントローラをStep 08のデプロイメントと対比し、動作の違いを確認します。具体例として、ステートフルセットの管理下でMySQLのサーバーコンテナを稼働させ、計画停止時とノード障害時の振る舞いを見ていきます。

さらに、ステートフルセットのノード障害時における課題に触れ、対策として「自己回復」するためのコンテナを開発します。このコンテナは、マスターがノードの情報を取得できない状態が続くと、問題のあるノードを

参考資料

[1] ステートフルセット、https://kubernetes.io/docs/concepts/workloads/controllers/statefulset/

K8sクラスタから切り離します。この動作により、短時間のうちに残りのノード上でポッドが起動し、自己回復が完了します。

このコンテナの開発には、kubectlの代わりにPythonのK8s APIライブラリを用います。そして、ポッドにK8sクラスタ操作の特権を与えるために「サービスアカウント」と「RBAC」を活用します。さらに、K8sクラスタの構成変更に追随するように、デーモンセット（コントローラ）の管理下でこのポッドが起動するようにします。

本StepではKubernetesのAPIを使って、システム運用を自動化するコードの開発が疑似体験できるので、SRE（Site Reliability Engineering）スキル修得の手掛かりになると思います。

12.1 デプロイメントとの違い

ステートフルセットの特徴を、デプロイメントと対比しながら挙げていきます。次の図1は、この2つのコントローラを使い分ける際の参考にもなるように描きました。

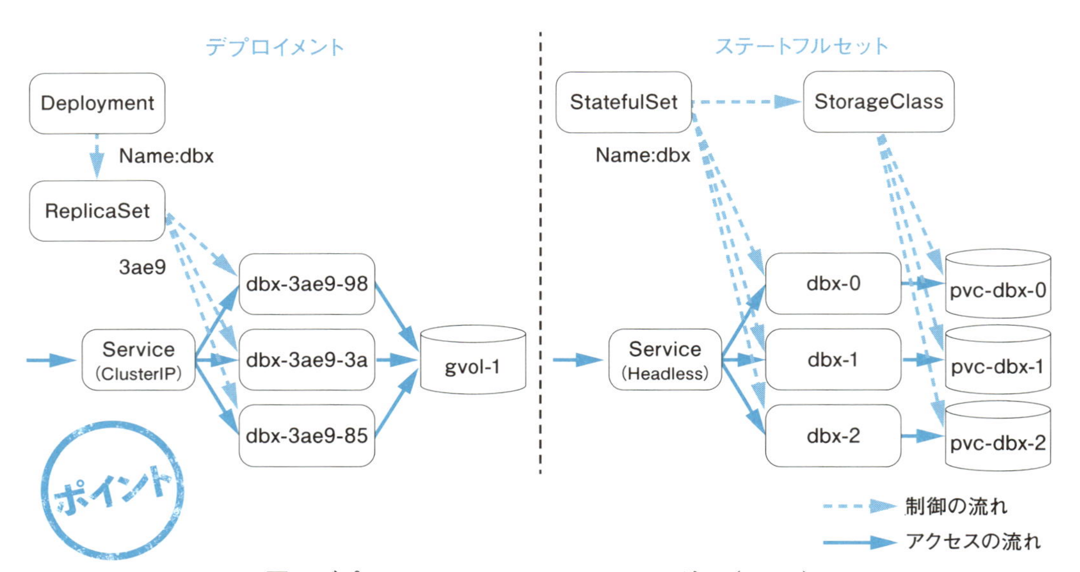

図1 デプロイメントとステートフルセットの違い（その1）

（1）ポッド名と永続ボリューム名

ステートフルセットでも、レプリカ数に指定した数のポッドを、ポッドテンプレートの記述内容にしたがって起動します。ステートフルセット管理下のポッド名は、ステートフルセット名の末尾に連番を付与して命名されます。デプロイメントのように、レプリカセットと連携したハッシュ文字列の組み合わせでポッド名が付与されることはありません（図1）。

ステートフルセットでは、ポッドと永続ボリュームのセットを単位として、レプリカに指定した数が生成されます。この2つの対応付けが明確になるように、ポッド名の末尾連番と同じ末尾番号を永続ボリューム名に付与します。

(2) サービスとの連携と名前解決

ステートフルセット管理下のポッドへリクエストを転送するためのサービスには、代表IPアドレスを持たないClusterIPの「ヘッドレス」モードを利用しなければなりません。クライアントがサービス名でIPアドレスを解決すると、ステートフルセット管理下にあるポッドのIPアドレスをランダムに返します。

絶対ドメイン名	サービス名.名前空間名.クラスタドメイン名
相対ドメイン名	サービス名

ステートフルセットのマニフェストの「spec.serviceName:」に、連携するサービス名を設定すると、末尾に連番が付与されたポッド名で個々のポッドのIPアドレスを解決できるようになります。データベースをシャーディングして利用する場合などのように、個々のデータベースサーバーを指定してアクセスするときに便利です。

絶対ドメイン名	ポッド名.サービス名.名前空間名.クラスタドメイン名
相対ドメイン名	ポッド名.サービス名

(3) ポッド喪失時の振る舞い

ステートフルセット管理下のポッドが失われた場合は、同じポッド名を維持してポッドを起動します。対応した永続ボリュームは存続を続け、末尾番号が同じ名前のポッドから再びマウントされます(図2)。

ここで注意すべきポイントは、ポッド名が同じであっても、ポッドのIPアドレスは変わるという点です。よって、ステートフルセット制御下のポッドをアクセスするケースであっても、必ず内部DNSの名前解決を使用しなければなりません。

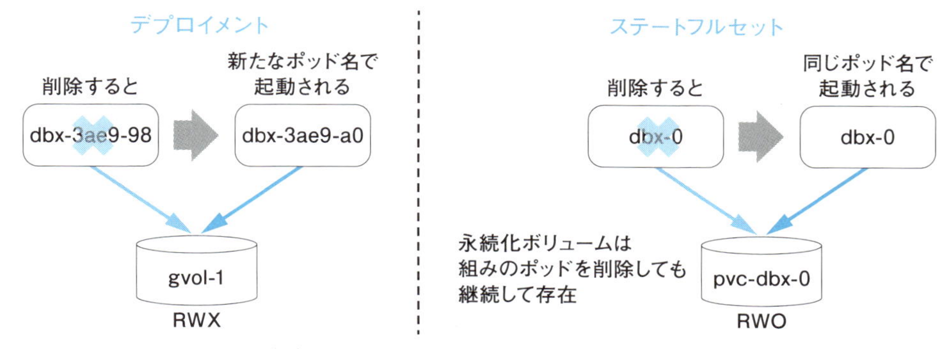

図2 デプロイメントとステートフルセットの違い(その2)

(4) ノード停止時の振る舞い

ステートフルセットは、データが破壊されないように振る舞うことを第一に設計されています。ハードウェア障害やネットワーク障害により、ノードの1つがマスターと連携できなくなった場合、ステートフルセットのコントローラは新たなポッドを起動しません。仮に、ノード上で状態を管理するkubeletとマスターの間の通信が一時的に切断されており、情報が更新されていないだけで実際にはポッドが存続しており、永続ボリュームのデータにアクセスしていたとします(ありえます)。このとき、代替のポッドを起動して永続ボリュームにアクセスすると、その永続ボリューム上のデータを破壊することになるからです。

ポッドがマウントする永続ボリュームのアクセスモードには、複数のノードからの読み書きを許可するReadWriteMany(RWX)と、1つのノードからの読み書きだけを許可するReadWriteOnce(RWO)があります。これらは外部ストレージシステムの方式に由来するパラメータなので、NFSのような共有可能な永続ボリュームにRWOをセットしてポッド起動の抑止に使うことはできません。

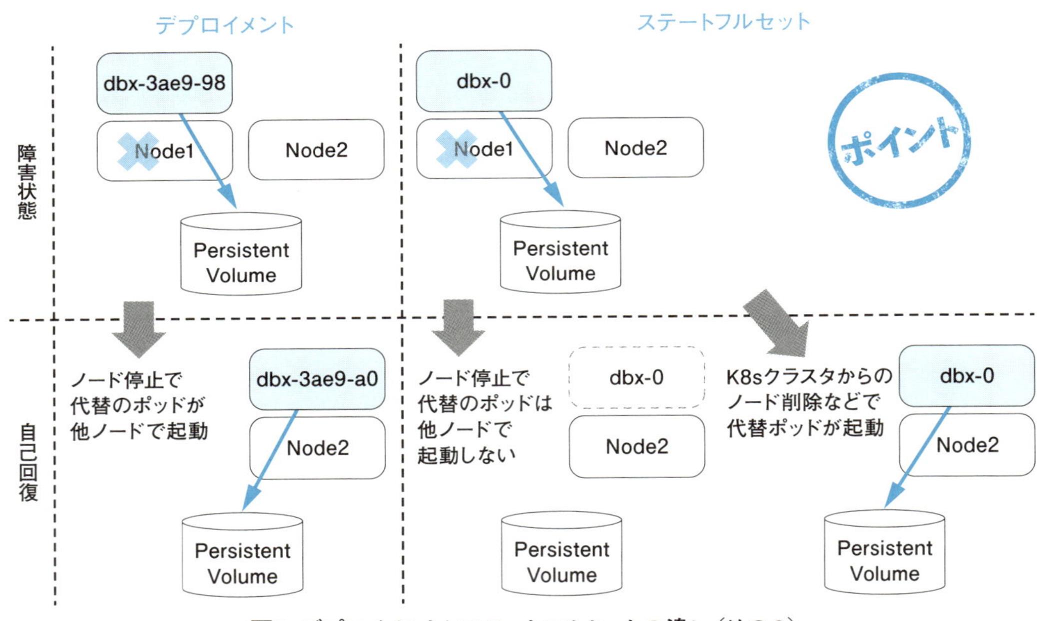

図3 デプロイメントとステートフルセットの違い(その3)

次のいずれか1つのアクションがあった場合にのみ、ステートフルセットは失われたポッドを代替ノード上で起動します。

- 障害ノードをK8sクラスタのメンバーから削除する。
- ノード上の問題があるポッドを強制終了する。
- 障害停止したノードを再起動する。

これらのアクションが必要な理由について、一部は繰り返しになりますが、重要な点なので詳しく説明します。

ステートフルセットがノードの障害を検知したとき、代替ノード上でポッドを起動することにはリスクが生じます。もし、障害ノード上でポッドが継続して稼働していると、ポッドの二重起動状態となって、永続ボリューム上のデータを破格するおそれがあるからです。このリスクを回避するには、どうしたらよいでしょうか？

まず、障害ノードをK8sクラスタから切り離せば、そのノード上で動作していたポッドはすべて終了させられることになり、安全に代替ポッドを起動できる状態になります。あるいは、ノードを再起動して通信が回復すれば、ポッドの制御を取り戻せます。

ポイント

しかし、ステートフルセットの役割はポッドのコントロールであり、ノードの再起動や切り離しは責任範囲外となります。そのため、外部からのアクションが必要ということになります。具体的には、障害で停止したノードをK8sクラスタから削除するコマンド「kubectl delete node ＜障害ノード名＞」を実行することで、他の残存ノード上で代替となるポッドが開始されます。また、障害ノードを再起動して、幸運にもノードが稼働すればマスターとの情報伝達が回復し、二重起動のおそれはなくなるため、代替ポッドの起動を開始できます。

しかし、マスターと障害ノードのkubeletが通信できない場合は、上記のコマンド「kubectl delete pod ＜ポッド名＞」を実行しても、削除操作は失敗し、代替となるポッドは起動されません。したがって、障害レベルを見極め、適切な対処方法を選択する必要があります。

一方で、自動的にコンテナの障害を検知して対処する方法として活性プローブ（Liveness Probe）がありますが、これはノード上のkubeletがポッド上のコンテナを監視するものであり、ノードが停止している場合には働きません。

(5) ポッドの順番制御

ステートフルセットのポッド名の連番は、デフォルト設定の状態ではポッドの起動と停止のほか、ローリングアップデートの順番にも利用されます。一方、デプロイメントの管理下のポッド名は、デプロイメント名の末尾にハッシュ文字列が付与されて決まります。ただし、ポッドの起動などの順番は、ランダムに選択、実行されます。

- レプリカ数に達するまで、ポッドと永続ボリュームのセットが順番に起動されます。停止時はポッド名末尾の番号の降順になります。
- レプリカ数を増やすと、ポッド名末尾の連番が追加されたポッド名で順番に起動されます。反対に、レプリカ数を減らすとポッド名末尾の大きな番号から削除されていきます。
- アプリケーションのコンテナを順次更新するローリングアップデートも、ポッドの連番順に1ずつ更新されます。

サンプルコードの利用法

本Stepで提示するコードは、GitHub（https://github.com/takara9/codes_for_lessons）にあります。

GitHubからクローンする場合

```
$ git clone https://github.com/takara9/codes_for_lessons
$ cd codes_for_lessons/step12
```

移動先には、本Stepで利用するファイルを含むディレクトリがあります。

```
$ tree step12
step12
├── gfs-sc.yml                          # ストレージクラス作成用
├── liberator
│   ├── container                       # ノード監視コンテナ開発用
│   │   ├── Dockerfile
│   │   └── main.py
│   ├── daemonset.yml                   # デーモンセット起動用
│   └── k8s-rbac                        # RBAC設定用
│       ├── namespace.yml
│       ├── role-base-access-ctl.yml
│       └── service-account.yml
└── mysql-sts.yml                       # ステートフルセットでのMySQL起動用
```

12.2 マニフェストの書き方

MySQLをサンプルとして、ステートフルセットのマニフェストの書き方を見ていきます。最初にステートフルセットのマニフェストの4つの特徴を挙げますので、重要ポイントを読み取ってください。

①「clusterIP: None」：ヘッドレスサービスを設定
②「serviceName: サービス名」：連携するべきサービス名を指定
③「template:」：ボリューム要求のテンプレート名でマウントポイント指定
④「volumeClaimTemplates:」：レプリカ数だけボリューム要求が作成

次にファイル1「mysql-sts.yml」のマニフェストで全体を見ていきます。このファイルは「サービス」と「ステートフルセット」の2つのYAMLを文字列 "---" で連結しています。

前半の「サービス」のマニフェストの中にある「clusterIP: None」の定義は、ポッド群の代表IPアドレスを獲得しないヘッドレスサービス[2]を設定するものであり、理由はステートフルセットの仕様として定められているからです[3]。

「spec.serviceName:」に連携するサービス名をセットすることで、ポッド名でのIPアドレス解決を可能にしています。

「volumeMounts:」は、コンテナ上のファイルシステムに永続ボリュームのマウントポイントを指定するものです。永続ボリュームは、「spec.volumeClaimTemplates」以下の配列中のmetadata.nameから指定します。

ポッドテンプレート「spec.template」とボリューム要求テンプレート「spec.volumeClaimTemplates」の仕様を雛形として、「spec.replicas」に指定した数が生成されます。この例ではMySQLサーバーを1つだけ起動していますが、「spec.replicas」に2以上の値をセットして、複数のMySQLサーバーで「シャーディング」して負荷分散するのに利用できます。その際には、末尾に連番の付いたポッド名でIPアドレス解決ができるので、クライアントからポッド名を指定してアクセスできます。

ファイル1 ステートフルセットのMySQLサーバーのマニフェスト:mysql-sts.yml

```
1     apiVersion: v1
2     kind: Service
3     metadata:
4       name: mysql         ## この名前がK8s内のDNS名として登録されます
5       labels:
6         app: mysql-sts
7     spec:
8       ports:
9       - port: 3306
10        name: mysql
11      clusterIP: None     ## 特徴① ヘッドレスサービスを設定
12      selector:
13        app: mysql-sts    ## 後続のステートフルセットと関連付けるラベル
14    ---
15    ## MySQL ステートフルセット
16    #
17    apiVersion: apps/v1         ## 表1 ステートフルセットAPIを参照
18    kind: StatefulSet
19    metadata:
20      name: mysql
21    spec:                       ## 表2 ステートフルセット仕様を参照
22      serviceName: mysql        ## 特徴② 連携するサービス名を設定
23      replicas: 1               ## ポッド稼働数
24      selector:
25        matchLabels:
26          app: mysql-sts
27      template:                 ## 表3 ポッドテンプレート仕様を参照
28        metadata:
29          labels:
30            app: mysql-sts
31        spec:
32          containers:
33          - name: mysql
34            image: mysql:5.7    ## Docker Hub MySQLリポジトリを指定
35            env:
36            - name: MYSQL_ROOT_PASSWORD
37              value: qwerty
38            ports:
```

参考資料

[2] ヘッドレスサービス、https://kubernetes.io/docs/concepts/services-networking/service/#headless-services

[3] ステートフルセットはヘッドレスとする、https://kubernetes.io/docs/concepts/workloads/controllers/statefulset/#limitations

```
39            - containerPort: 3306
40              name: mysql
41            volumeMounts:        ## 特徴③コンテナ上のマウントポイント設定
42            - name: pvc
43              mountPath: /var/lib/mysql
44              subPath: data      ## 初期化時に空ディレクトリが必要なため
45            livenessProbe:       ## MySQL稼働チェック
46              exec:
47                command: ["mysqladmin","-p$MYSQL_ROOT_PASSWORD","ping"]
48              initialDelaySeconds: 60
49              timeoutSeconds: 10
50      volumeClaimTemplates:      ## 特徴④ボリューム要求テンプレート
51      - metadata:
52          name: pvc
53        spec:                    ## 表4 永続ボリューム要求を参照
54          accessModes: [ "ReadWriteOnce" ]
55          ## 環境に合わせて選択して、storageの値を編集
56          #storageClassName: ibmc-file-bronze   # 容量 20Gi IKS
57          #storageClassName: gluster-heketi     # 容量 12Gi GlusterFS
58          storageClassName: standard           # 容量 2Gi  Minikube/GKE
59          resources:
60            requests:
61              storage: 2Gi
```

「MySQLステートフルセット」のマニフェストの項目について、表1〜4にまとめます。詳細は、各表の下に付記したURLを参照してください。また、MySQLのコンテナに与える環境変数については、Docker HubのMySQL 公式イメージのページ[4]を参照してください。

表1 ステートフルセットAPI（StatefulSet v1 apps）

キー項目	解説
apiVersion	apps/v1と設定
kind	StatefuleSetをセットする
metadata	このオブジェクト名をnameにセットする
spec	スレートフルセットの仕様を記述。詳細は表2を参照

※ 本表のAPIの詳細は、https://kubernetes.io/docs/reference/generated/kubernetes-api/v1.14/#statefulset-v1-appsにあります。

表2 ステートフルセット仕様（StatefulSetSpec v1 apps）

キー項目	解説
serviceName	ヘッドレスサービスの名前をセットする
replicas	ポッドテンプレート（雛形）を使って起動するポッドの数を指定する。本コントローラは、この数を維持するように動作する。たとえば保守作業のためにノードを停止させる場合、残ったノードで停止したポッドを起動して、replicasで指定した値と一致するように振る舞う

参考資料

[4] Docker Hub MySQL公式イメージ、https://hub.docker.com/_/mysql/

キー項目	解説
selector.matchLabels	本コントローラは制御下のポッドを対応付けるために、matchLabelsのラベルを利用する。このラベルがポッドテンプレートのラベルと一致しなければ、kubectl create/apply時にエラーが発生する
template	本コントローラが起動するポッドテンプレート(雛形)を記述する。詳細は表3を参照
volumeClainTemplates	ポッドがマウントするボリュームのテンプレート(雛形)を記述する。詳細は表4を参照

※ 本表のAPIの詳細は、https://kubernetes.io/docs/reference/generated/kubernetes-api/v1.14/#statefulsetspec-v1-appsにあります。v1.14の14部分を13や12に変更してアクセスすることで、他のマイナーバージョンのAPIを参照できます。

表3 ポッドテンプレート仕様(PodTemplateSpec v1 core)

キー項目	解説
metadata.labels	このラベルは、上記のセレクターと同じラベルを設定する
containers	ポッドのコンテナについて記述する

※ 本表のAPIの詳細は、https://kubernetes.io/docs/reference/generated/kubernetes-api/v1.14/#podtemplatespec-v1-coreにあります。

表4 永続ボリューム要求(PersistentVolumeClaim v1 core)

キー項目	解説
metadata.name	ポッド数に合わせてPVCが作成されるので、この名前はPVC名のプレフィックスになる
spec	ボリュームの仕様を記述する

※ 本表のAPIの詳細は、https://kubernetes.io/docs/reference/generated/kubernetes-api/v1.14/#persistentvolumeclaim-v1-coreにあります。

このマニフェストの中のstorageClassNameにセットすべき文字列は、実行環境によって異なります。K8sクラスタ環境で利用できるストレージクラスは、コマンド「kubectl get sc」の実行でリスト表示されます。以下に、学習環境別のストレージクラスの設定を挙げます。

- 学習環境1:Minikubeは「standard」を設定し、ホストのディスクから割り当て
- 学習環境2:Vagrant K8s + GlusterFSは「gluster-heketi」を設定し、最小8GBで割り当て
- 学習環境3:IKSは「ibmc-file-bronze」を指定し、最小20GBで割り当てられる(有償)
- 学習環境3:GKEは「standard」を設定し、ブロックストレージが割り当てられる(有償)

次の実行例1は「学習環境1」のMinikube上のものです。ステートフルセットのコントローラによって、ポッド、永続ボリューム要求(PVC)と永続ボリューム(PV)のセットが生成されていることが確認できます。

実行例1 ステートフルセットでMySQLサーバーをデプロイする様子(紙面上で見やすくするため編集済み)

```
## MySQLサーバーのデプロイ
$ kubectl apply -f mysql-sts.yml
service/mysql created
statefulset.apps/mysql created
```

```
## デプロイ結果の確認 永続ボリュームも一緒に生成される
$ kubectl get svc,sts,po
NAME                 TYPE        CLUSTER-IP   EXTERNAL-IP   PORT(S)    AGE
service/kubernetes   ClusterIP   10.96.0.1    <none>        443/TCP    16m
service/mysql        ClusterIP   None         <none>        3306/TCP   74s

NAME                     READY   AGE
statefulset.apps/mysql   1/1     74s

NAME          READY   STATUS    RESTARTS   AGE
pod/mysql-0   1/1     Running   0          74s

$ kubectl get pvc
NAME          STATUS   VOLUME         CAPACITY   ACCESS MODES   STORAGECLASS   AGE
pvc-mysql-0   Bound    pvc-62f30fe9   2Gi        RWO            standard       84s

$ kubectl get pv
NAME         CAPACITY   ACCESS MODES   RECLAIM POLICY   STATUS   CLAIM
pvc-62f30fe9 2Gi        RWO            Delete           Bound    default/pvc-mysql-0
```

次に、永続ボリュームが引き継がれることを確認するために、MySQLにログインして「create database」で適当なデータベースを作成しておきます（実行例2）。

実行例2 MySQLのコンテナでcreate databaseを実行

```
## MySQLコンテナに対話型シェルを起動
$ kubectl exec -it mysql-0 -- bash

## MySQLクライアントを起動
root@mysql-0:/# mysql -u root -pqwerty

<中略>

## データベース hello を作成
mysql> create database hello;
Query OK, 1 row affected (0.00 sec)

## 作成結果の確認
mysql> show databases;
+--------------------+
| Database           |
+--------------------+
| information_schema |
| hello              |      <- helloが存在
| mysql              |
| performance_schema |
| sys                |
+--------------------+
5 rows in set (0.00 sec)
```

上記の方法で永続ボリュームにデータを書き込んだら、ステートフルセットを削除して、永続ボリュームが存続しているか否かを確認します。

次の実行例3では、ポッドやステートフルセットは削除されてしまいましたが、PVCとPVが存続しています。永続性が必要なデータベースなどのデータを抱えるポッドは、ステートフルセットを使うことで、誤ってデータを消してしまうリスクに対処することができます。

実行例3 ステートフルセットの削除後でもボリュームは存続（紙面上で見やすくするため編集済み）

```
## ステートフルセットの削除
$ kubectl delete -f mysql-sts.yml
service "mysql" deleted
statefulset.apps "mysql" deleted

## 永続ボリュームが削除されていないことを確認
$ kubectl get svc,sts,po
NAME                 TYPE        CLUSTER-IP   EXTERNAL-IP   PORT(S)   AGE
service/kubernetes   ClusterIP   10.96.0.1    <none>        443/TCP   21m

$ kubectl get pvc
NAME          STATUS   VOLUME         CAPACITY   ACCESS MODES   STORAGECLASS   AGE
pvc-mysql-0   Bound    pvc-62f30fe9   2Gi        RWO            standard       6m34s

$ kubectl get pv
NAME           CAPACITY   ACCESS MODES   RECLAIM POLICY   STATUS   CLAIM
pvc-62f30fe9   2Gi        RWO            Delete           Bound    default/pvc-mysql-0
```

再びステートフルセットを作成して、ポッドと永続ボリュームの関係が復元されることと、データが保持されていることを確認します（実行例4）。

次の実行例4からは、ステートフルセットの削除前に「create database hello」を実行して作成したデータはステートフルセットの削除後も存続し、再びステートフルセットを作成してデータにアクセスできることが確認できました。

実行例4 ステートフルセットの再デプロイと永続ボリュームの確認

```
## MySQLサーバーの再デプロイ
$ kubectl apply -f mysql-sts.yml
service "mysql-sts" created
statefulset.apps "mysql" created

## データベースのhelloが存在することを確認
$ kubectl exec -it mysql-0 -- bash
root@mysql-0:/# mysql -u root -pqwerty

<中略>

mysql> show databases;
+--------------------+
| Database           |
+--------------------+
| information_schema |
| hello              |    <- 存続
| mysql              |
| performance_schema |
| sys                |
+--------------------+
5 rows in set (0.00 sec)
```

12.3 手動テイクオーバーの方法

ハードウェアの保守作業などで、ノードを一時的に停止したい場合の操作を説明します。

下記の実行例では、2つ以上のノードが必要なので「学習環境2」を使用しています。実行例5では、ノード#2を計画停止するために新たなポッドのスケジュールを停止し、ノード#2からポッドを追い出します。その後、自動的にノード#1でMySQLのポッドが起動します。

実行例5 保守作業のためにノードを停止させる準備操作(スケジュール禁止と追い出し)

```
## MySQLのポッドがノード2で動作していることを確認
$ kubectl get po mysql-0 -o wide
NAME      READY     STATUS    RESTARTS   AGE       IP            NODE
mysql-0   1/1       Running   0          36m       10.244.6.4    node2

## node2への新たなスケジュール禁止
$ kubectl cordon node2
node "node2" cordoned

## 稼働中のポッドをnode2から、node1へ退避
$ kubectl drain node2 --ignore-daemonsets
node "node2" already cordoned
WARNING: Ignoring DaemonSet-managed pods: node-deleter-kkn7k, kube-flannel-ds-zf8cg, kube-proxy-
vnsbg
pod "mysql-0" evicted
node "node2" drained

## 移行完了後状態
$ kubectl get po mysql-0 -o wide
NAME      READY     STATUS    RESTARTS   AGE       IP            NODE
mysql-0   1/1       Running   0          17s       10.244.7.3    node1
```

メンテナンス作業後のノード#2の復帰は「kubectl uncordon node2」の実行によって行われ、ポッドのスケジュールが再開されます。

実行例6 保守作業後のノード復帰(node2へのスケジュールの再開)

```
$ kubectl get po mysql-0 -o wide
NAME      READY     STATUS    RESTARTS   AGE       IP            NODE
mysql-0   1/1       Running   0          17s       10.244.7.3    node1

$ kubectl uncordon node2
node "node2" uncordoned
```

ここでの注意点は、ポッドの退避はライブマイグレーションではないため、MySQLのサービスはいったん終了して次のノード上で起動するという点です。実行中のトランザクションがあった場合はキャンセルされ、ロールバックされてしまいます。したがって、このようなノードの切り替え作業は計画停止の中で実施しなければ

なりません。

12.4 ノード障害時の動作

ステートフルセットのポッドが稼働するノードが停止した場合の振る舞いを確認しましょう（実行例7）。

「vagrant halt node1」の実行によってノード停止1分後から、1分間隔でノードとポッドをリストした結果、ノード1が停止してから1分以内にSTATUSは「NotReady」に変化しており、ノードの状態が取得できないことを示しています。さらに2時間経過しても、ポッド「mysql-0」はノード2へ移行されません。

この実行例の最後の部分では、「kubectl delete node node1」を実行してノード1を削除すると、ノード2でMySQLのポッドが実行を再開する様子を見ることができます。

実行例7 node1停止時のステートフルセットの振る舞い

```
$ while true; do date;kubectl get no;echo;kubectl get po -o wide;echo; sleep 60;done
14時58分34秒 JST  停止後 1分経過
NAME      STATUS     ROLES    AGE    VERSION
master    Ready      master   1d     v1.14.0
node1     NotReady   <none>   22m    v1.14.0
node2     Ready      <none>   16h    v1.14.0

NAME      READY    STATUS    RESTARTS   AGE    IP           NODE
mysql-0   1/1      Running   0          3m     10.244.5.4   node1

<中略>

15時02分35秒 JST  停止後 5分経過
NAME      STATUS     ROLES    AGE    VERSION
master    Ready      master   1d     v1.14.0
node1     NotReady   <none>   26m    v1.14.0
node2     Ready      <none>   16h    v1.14.0

NAME      READY    STATUS    RESTARTS   AGE    IP           NODE
mysql-0   1/1      Running   0          7m     10.244.5.4   node1

15時03分35秒 JST  停止後 6分経過
NAME      STATUS     ROLES    AGE    VERSION
master    Ready      master   1d     v1.14.0
node1     NotReady   <none>   27m    v1.14.0
node2     Ready      <none>   16h    v1.14.0

NAME      READY    STATUS    RESTARTS   AGE    IP           NODE
mysql-0   1/1      Unknown   0          8m     10.244.5.4   node1

<中略>

17時31分19秒 JST  停止後 2時間半経過
NAME      STATUS     ROLES    AGE    VERSION
master    Ready      master   1d     v1.14.0
node1     NotReady   <none>   2h     v1.14.0
node2     Ready      <none>   18h    v1.14.0
```

```
NAME       READY     STATUS     RESTARTS   AGE        IP             NODE
mysql-0    1/1       Unknown    0          2h         10.244.5.4     node1
^C

## ノード1を削除することで、サービスが再開
$ kubectl delete node node1
node "node1" deleted
$ kubectl get po -o wide
NAME       READY     STATUS     RESTARTS   AGE        IP              NODE
mysql-0    1/1       Running    0          29s        10.244.4.11     node2
```

※この実行例は、紙面上で見やすくするために、コマンドが実際に出力している内容から、値の入らない項目を削除するなどの編集を加えています。

実行例7の結果からは、ステートフルセットの2つの特性が読み取れます。まず、永続データの保護を優先するため、障害ノード上のポッドを不用意に他のノードで起動しないことです。もう1つは、ポッドのコントローラとしての役割を越えた行為となる、ノードの削除は行わないことです。この振る舞いは「ステートフルセットの高可用性構成に対する課題」と捉えることができます。

なお、パブリッククラウドのステートフルセットでは、ノード障害時の動作は必ずしもこのとおりにはなりません。GKEではノードの仮想サーバーが削除されると、ノード数を維持するように、すぐに自動でノードを再作成して起動します。そして、ポッドは同一ノード上で再び起動され、アプリケーションが再開されます。一方、IKSでは実行例7と同じ動作になります。

次項では、状態を取得できなくなったノードの削除を、K8s APIの利用により自動化する方法を見ていきます。

12.5 テイクオーバー自動化コードの開発

前述の「ステートフルセットの高可用性構成に対する課題」に対して、GKEでは「停止したノードに代わるノードを起動する」というアプローチで自己回復を実施します。しかし、オンプレミスのサーバーでノードを構成している場合には、ノードの障害停止に巻き込まれたポッドを一刻も早く他のノードへ退避させて、サービスを再開したいところです。

そこで、この課題に対する学習環境2用のソリューションを開発してみます。詳細には、停止したノードをK8sクラスタから自動的に切り離すコードを開発して、ポッド上のコンテナとして稼働させることにします。これにより、ノード停止の影響を受けたアプリケーションのポッドは短時間のうちに他ノードで起動され、アプリケーションが再開されるようになります（図4）。

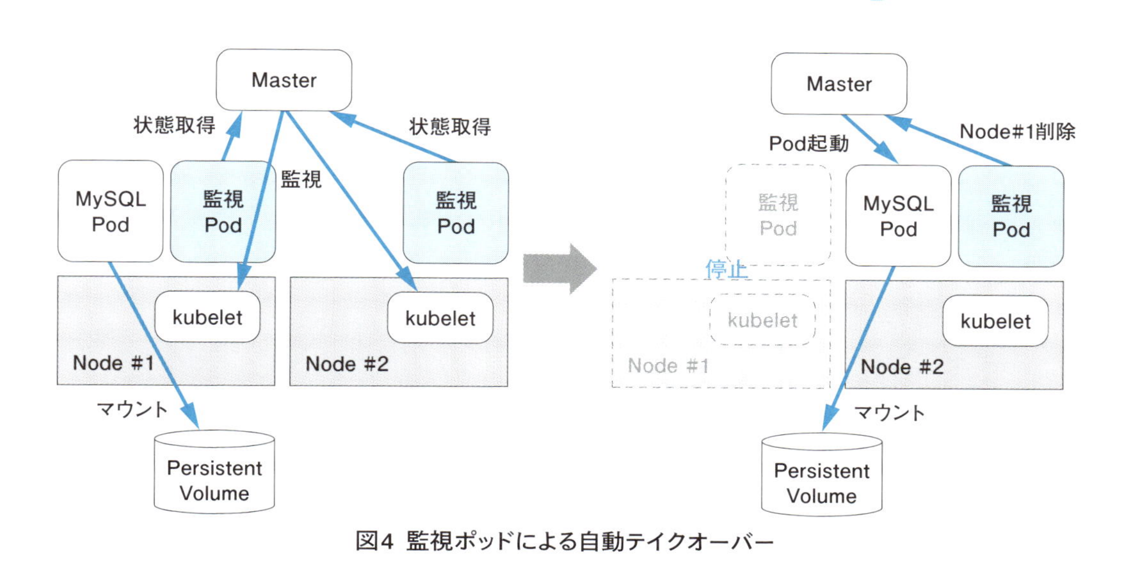

図4 監視ポッドによる自動テイクオーバー

この機能の実装にあたっては、次の4つポイントに考慮しながら進めていきます。

(1) K8s APIライブラリを利用したコード開発： kubectlコマンドは利用しません。ポッド上のコンテナのプログラムからK8s APIを直接コールすることで、K8sクラスタの状態変化に対応するアクションを自動化します。
(2) K8sクラスタ操作の特権をポッドへ付与： kubectlコマンドには「マスター」へアクセスするための認証情報（KUBECONFIG）が必要です。それと同様に、ポッド上のコンテナがK8sクラスタを操作するためには、特権的なアクセス権をコンテナへ与える必要があります。
(3) 名前空間の分離： アプリケーションのポッドとシステム運用のポッドとでは責任部署や担当者が異なります。それと同様に、ポッドの管理についても対象範囲を分けることが望ましいと考えられます。Kubernetesの「名前空間」は、管理スコープを明確に分離する手段として適しています。ここで開発するポッドは、専用の「名前空間」に配置するようにします。
(4) K8sクラスタ構成変更の自動対応： この自動化ポッドは、ノードの停止・追加・変更に追随して対応できる必要があります。そこで、Kubernetesの「デーモンセット」コントローラの管理下でポッドを起動します。

それでは、以上を踏まえて実装を進めていきます。

(1) K8s APIをアクセスするプログラムの開発

Pythonのプログラムから K8sクラスタを操作するために、クライアントライブラリ[5,6]を利用します。ここから、このライブラリを使用したファイル2「main.py」の内容を説明していきます。

ファイル2 状態不明ノードをK8sクラスタから削除するPythonプログラム：main.py

```
1   # coding: UTF-8
2   #
3   # 状態不明ノードをクラスタから削除する
4   #
5   import signal, os, sys
6   from kubernetes import client, config
7   from kubernetes.client.rest import ApiException
8   from time import sleep
9
10  uk_node = {}  # KEYは状態不明になったノード名、値は不明状態カウント数
11
12  ## 停止要求シグナル処理
13  def handler(signum, frame):
14      sys.exit(0)
15
16  ## ノード削除 関数
17  def node_delete(v1,name):
18      body = client.V1DeleteOptions()
19      try:
20          resp = v1.delete_node(name, body)
21          print("delete node %s done" % name)
22      except ApiException as e:
23          print("Exception when calling CoreV1Api->delete_node: %s\n" % e)
24
25  ## ノード監視 関数
26  def node_monitor(v1):
27      try:
28          ret = v1.list_node(watch=False)
29          for i in ret.items:
30              n_name = i.metadata.name
31              #print("%s" % (i.metadata.name)) #デバッグ用
32              for j in i.status.conditions:
33                  #print("\t%s\t%s" % (j.type, j.status)) #デバッグ用
34                  if (j.type == "Ready" and j.status != "True"):
35                      if n_name in uk_node:
36                          uk_node[n_name] += 1
37                      else:
38                          uk_node[n_name] = 0
39                      print("unknown %s  count=%d" % (n_name,uk_node[n_name]))
40                      # カウンタが3回超えるとノードを削除
41                      if uk_node[n_name] > 3:
42                          del uk_node[n_name]
43                          node_delete(v1,i.metadata.name)
44                  # 1回でも状態が戻るとカウンタリセット
```


参考資料

[5] K8s API クライアントライブラリ、https://github.com/kubernetes-client

[6] K8s API Python クライアントライブラリ、https://github.com/kubernetes-client/python/blob/master/kubernetes/README.md

```
45                  if (j.type == "Ready" and j.status == "True"):
46                      if n_name in uk_node:
47                          del uk_node[n_name]
48          except ApiException as e:
49              print("Exception when calling CoreV1Api->list_node: %s\n" % e)
50
51  ## メイン
52  if __name__ == '__main__':
53      signal.signal(signal.SIGTERM, handler) # シグナル処理
54      config.load_incluster_config()         # 認証情報の取得
55      v1 = client.CoreV1Api()                # インスタンス化
56      # 監視ループ
57      while True:
58          node_monitor(v1)
59          sleep(5) # 監視の間隔時間
```

このプログラムの最後のほうにある「メイン」では、「認証情報の取得」としてconfig.load_incluster_config()をコールしています。これはポッド内で実行するAPIクライアントが、サービスアカウントの認証情報を取得するためです[7]。このポッドが実行されるときは、必ずサービスアカウントのアクセス権の範囲内で実行されます。実行に際してサービスアカウントの指定がなければ、「default」という名前のサービスアカウントが対応付けられます。このdefaultには、K8sクラスタに対して操作できるアクセス権は与えられていません。

このプログラムが実行されるポッドには、「ノードの状態取得と削除」という、K8sクラスタの構成を変更するための特権が必要となります。そこで、後述する(2)のパートでは、サービスアカウント「high-availability」を作成して、それらのアクセス権を付与します。「config.load_incluster_config()」は、ポッドを起動する際に割り当てるサービスアカウントの認証情報をロードし、マスターに対してAPIコールができるようにします。

この認証情報には、ポッドの起動時に対応付けられたサービスアカウントのディレクトリが、コンテナのストレージとしてマウントされています。実行例8では、マウントされたファイルシステム「/run/secrets/kubernetes.io/serviceaccount」の中に、認証情報としてクライアント証明書(ca.crt)、名前空間(namespace)、トークン(token)というファイルがあることがわかります。

実行例8 実行中ポッドのアクセス権のトークン

```
$ kubectl get po -n tkr-system
NAME               READY    STATUS    RESTARTS   AGE
liberator-7jr68    1/1      Running   0          13h

$ kubectl exec -it liberator-7jr68 -n tkr-system bash

root@liberator-7jr68:/# df -h
Filesystem        Size  Used Avail Use% Mounted on
overlay           9.7G  2.5G  7.2G  26% /
```

参考資料

[7] API関数 load_incluster_config()、https://kubernetes.readthedocs.io/en/latest/kubernetes.config.html#module-kubernetes.config.incluster_config

```
tmpfs             64M      0   64M   0% /dev
tmpfs            497M      0  497M   0% /sys/fs/cgroup
/dev/sda1        9.7G   2.5G  7.2G  26% /etc/hosts
shm               64M      0   64M   0% /dev/shm
tmpfs            497M    12K  497M   1% /run/secrets/kubernetes.io/serviceaccount
tmpfs            497M      0  497M   0% /proc/scsi
tmpfs            497M      0  497M   0% /sys/firmware

root@liberator-7jr68:/# ls /run/secrets/kubernetes.io/serviceaccount/
ca.crt  namespace  token
```

再びファイル2のメインに注目してください。監視ループの中で、スリープ5秒で、間隔を空けてノード状態を監視しています。

次に、ノード監視関数「node_monitor(v1)」の「v1.list_node(watch=False)」[8]は、ノードのリストを取得します。ここで取得されたデータは、たとえばkubectlコマンドの次に相当するデータを導出するために利用されます。

実行例9 kubectlコマンドでノードの状態を取得する例

```
$ kubectl get no -o=custom-columns=NAME:.metadata.name,STATUS:.status.conditions[4].type
NAME      STATUS
master    Ready
node1     Ready
node2     Ready
```

K8s APIから得られた「状態不明ノード」を削除するために、ノード削除関数「node_delete(v1,name)」が、コマンド「kubectl delete node <ノード名>」に相当する処理を実行します[9]。

ここから、Pythonコードをコンテナのイメージとしてビルドし、リポジトリへ登録することで、Kubernetesのマニフェストからイメージを指定できるようにします。実行例10のように、イメージをビルドするためのファイルを同じディレクトリに集めます。

実行例10 コンテナをビルドするためのディレクトリ

```
$ ls
Dockerfile main.py
```

DockerfileにはPythonをインストールし、main.pyが利用するK8s APIライブラリをpipでインストールします。そして、ファイルmain.pyをコンテナのファイルシステムのルートに置きます。最後にコンテナ起動時のコマンドを指定するという簡単なものです。

参考資料

[8] API関数 list_node()、https://github.com/kubernetes-client/python/blob/master/kubernetes/docs/CoreV1Api.md#list_node

[9] API関数 delete_node()、https://github.com/kubernetes-client/python/blob/master/kubernetes/docs/CoreV1Api.md#delete_node

ファイル3 Dockerfile

```
1    FROM ubuntu:16.04
2    RUN apt-get update
3    # python
4    RUN apt-get install -y python python-pip
5    RUN pip install kubernetes
6    COPY main.py /main.py
7    WORKDIR /
8    CMD python /main.py
```

コンテナのイメージを作成する材料がそろったので、ビルドしてDocker Hubに登録します。この中でイメージのリポジトリ名を「maho/liberator:0.1」としています。「maho」は筆者のリポジトリですので、読者自身のリポジトリ名に変更してください。

実行例11 イメージのビルド

```
$ docker build --tag maho/liberator:0.1 .
Sending build context to Docker daemon  4.608kB
Step 1/7 : FROM ubuntu:16.04
16.04: Pulling from library/ubuntu
3b37166ec614: Pull complete
 <中略>
Digest: sha256:45ddfa61744947b0b8f7f20b8de70cbcdd441a6a0532f791fd4c09f5e491a8eb
Status: Downloaded newer image for ubuntu:16.04
 ---> b9e15a5d1e1a
Step 2/7 : RUN apt-get update # && apt-get install -y curl apt-transport-https
 ---> Running in bccaadf95531
 <中略>
Removing intermediate container bccaadf95531
 ---> ae6a36c53874
Step 3/7 : RUN apt-get install -y python python-pip
 ---> Running in 387121940d63
 <中略>
Removing intermediate container 387121940d63
 ---> 9fd4c21644f7
Step 4/7 : RUN pip install kubernetes
 ---> Running in cd09e5aba416
 <中略>
Removing intermediate container cd09e5aba416
 ---> 51a054524207
Step 5/7 : COPY main.py /main.py
 ---> eca0363f2c75
Step 6/7 : WORKDIR /
 ---> Running in 7760b349e03e
Removing intermediate container 7760b349e03e
 ---> 99a4bc50d595
Step 7/7 : CMD python /main.py
 ---> Running in e8494ff47865
Removing intermediate container e8494ff47865
 ---> 03e0cd89d054
Successfully built 03e0cd89d054
Successfully tagged maho/liberator:0.1
```

実行例11が終了すると、これを実行したPCのDocker環境のローカルリポジトリに、コンテナが作られています。このケースでは、ベースイメージとした「ubuntu:16.04」と、ここでビルドした「maho/liberator:0.1」が登録されたことがわかります。

実行例12 イメージのビルドが終わった状態

```
$ docker images
REPOSITORY          TAG                 IMAGE ID            CREATED             SIZE
maho/liberator      0.1                 03e0cd89d054        11 minutes ago      469MB
ubuntu              16.04               b9e15a5d1e1a        2 weeks ago         115MB
```

次は、Docker Hubへイメージを登録するために、ログインしてプッシュします。クラウドのレジストリサービスや、プライベートのレジストリを利用するケースでも同じ流れになります。

実行例13 Docker Hubへのログインとプッシュ

```
$ docker login
Authenticating with existing credentials...
Login Succeeded

$ docker push maho/liberator:0.1
The push refers to repository [docker.io/maho/liberator]
7f9a639a0489: Pushed
a6174d6893a6: Pushed
f1580dfab68f: Pushed
d4e2df5151d8: Pushed
75b79e19929c: Mounted from maho/c-cloner
4775b2f378bb: Mounted from maho/c-cloner
883eafdbe580: Mounted from maho/c-cloner
19d043c86cbc: Mounted from maho/c-cloner
8823818c4748: Mounted from library/ubuntu
0.1: digest: sha256:099ae4c7c57d9dae10e1a6bdce6c73d8dd988d5475e7b6ff91b8c6241706a932 size: 2201
```

これで、コンテナのイメージの準備が完了しました。次はサービスアカウントのアクセス権限まわりを進めていきます。

ポイント

(2) RBACのアクセス権付与のマニフェスト作成

表題のRBACとはRole-based Access Controlの略称で、「役割基準のアクセス制御」と訳します。これは、K8sクラスタ内での「役割(Role)」を設定して、その役割でアクセスできる権限を定義するアクセスコントロールです。この方式はABAC(Attribute-based Access Control:属性基準のアクセス制御)よりも管理が容易とされ、Kubernetesにおけるアクセスコントロールの基本になっています[10,11]。

Kubernetesでは、RBACで定義した役割(アクセス権)と対応付けられるのは、「サービスアカウント」です。従来から聞き慣れた「ユーザーアカウント」は、操作する個人を識別します。しかし、サービスアカウント

参考資料

[10] RBAC、https://kubernetes.io/docs/reference/access-authn-authz/rbac/
[11] ABAC、https://kubernetes.io/docs/reference/access-authn-authz/abac/

が特定するのは個人ではなくポッドで動作するコンテナであり、Kubernetesの名前空間の中で唯一となります。

サービスアカウントの仕組みを利用する理由は軽量化にあり、「最小限の特権」だけをコンテナへ付与することにあります[12]。Kubernetesはサービスアカウントの概念を持ち込むことで、ユーザーが所属する組織のデータベースとの同期や、複雑なワークフローや組織変更への対応といった課題を回避しています。とはいえ、クラウドサービスやソフトウェア製品において個人に対応するユーザー管理は必須機能ですから、これらではユーザーアカウントとサービスアカウントが対応するように実装されることになります。

この(2)ではマニフェストのファイルの説明にとどめ、後述する(3)「名前空間によるスコープ設定のマニフェスト作成」の実行例16で、まとめてK8sクラスタへ適用します。ここではサービスアカウント「high-availability」を作成して、それらのアクセス権を付与する方法を見ていきましょう。ファイル4「service-account.yml」を適用すれば、名前空間に対してアカウントを作成できます。名前空間については、のちほど(3)で説明します。

ファイル4 service-account.yml

```
1   # ノード監視用のサービスアカウント(SA)を作成
2   apiVersion: v1
3   kind: ServiceAccount
4   metadata:
5     namespace: tkr-system     # 属する名前空間
6     name: high-availability   # サービスアカウント名
```

サービスアカウントのマニフェストの項目について、表5に概要をまとめておきます。

表5 ServiceAccount v1 coreとObjectMeta v1 metaの合成表

キー項目		概要
apiVersion		v1と設定
kind		ServiceAccountと設定
metadata	name	サービスアカウントの名前で、名前空間の中で同オブジェクトの重複は許されない
	namespace	サービスアカウントが属する名前空間

※ 本表のAPIの詳細は、https://kubernetes.io/docs/reference/generated/kubernetes-api/v1.14/#serviceaccount-v1-core、および、https://kubernetes.io/docs/reference/generated/kubernetes-api/v1.14/#objectmeta-v1-metaにあります。

次に、ファイル5「role-based-access-ctl.yml」を用いて、上記のサービスアカウントに対し、役割とアクセス権を付与します。

参考資料

[12] サービスアカウント、https://kubernetes.io/docs/reference/access-authn-authz/service-accounts-admin/

ファイル5 role-based-access-ctl.yml

```
1    # クラスタ内役割
2    kind: ClusterRole     ## 表6 クラスタロールを参照
3    apiVersion: rbac.authorization.k8s.io/v1
4    metadata:
5      name: nodes
6    rules:                ## 表7 対象リソースと許可する行為の規則を参照
7    - apiGroups: [""]
8      resources: ["nodes"]
9      verbs: ["list","delete"]
10   ---
11   # クラスタ内役割とサービスアカウントの対応付け
12   kind: ClusterRoleBinding   ## 表8 サービスアカウントとクラスタロールの対応付けを参照
13   apiVersion: rbac.authorization.k8s.io/v1
14   metadata:
15     name: nodes
16   subjects:                  ## 表9 紐付け対象のサービスアカウントなどの指定を参照
17   - kind: ServiceAccount
18     name: high-availability  # サービスアカウント名
19     namespace: tkr-system    # ネームスペースの指定必須
20   roleRef:                   ## 表10 紐付けロールを参照
21     kind: ClusterRole
22     name: nodes
23     apiGroup: rbac.authorization.k8s.io
```

ファイル5のクラスタロール（K8sクラスタ内の役割）について、表6と表7に概要をまとめます。また、後半のロールバインディング（サービスアカウントの対応付け）については、表8〜表10にまとめます。

表6 クラスタロール（ClusterRole v1 rbac.authorization.k8s.io）

キー項目		概要
apiVersion		rbac.authorization.k8s.io/v1と設定
kind		ClusterRoleと設定
metadata	name	クラスタロールの名前で、同オブジェクトのK8sクラスタ内で重複は許されない
rules		複数のルールを記述できる。記述方法は表7を参照

※本表のAPIの詳細は、https://kubernetes.io/docs/reference/generated/kubernetes-api/v1.14/#clusterrole-v1-rbac-authorization-k8s-ioにあります。

表7 対象リソースと許可する行為の規則（PolicyRule v1 rbac.authorization.k8s.io）

キー項目	概要
apiGroups	リソースを含むAPIGroupの名前の配列。[""]の場合はcoreグループを指している。core以外では、たとえばdeploymentは["apps"]となり、K8s APIリファレンスのhttps://kubernetes.io/docs/reference/generated/kubernetes-api/v1.14/#deployment-v1-appsのgroupの値になる
resources	ルールを適用するリソースのリスト。設定可能なリソースのリストは実行例14を参照
verbs	許可する動詞のリストである。ここに設定可能なResources（リソース）とVerb（動詞）の関係は、実行例14の方法で取得できる

※本表のAPIの詳細は、https://kubernetes.io/docs/reference/generated/kubernetes-api/v1.14/#policyrule-v1-rbac-authorization-k8s-ioにあります。

実行例14 ResourcesとVerbsのリスト

```
$ kubectl describe clusterrole admin -n kube-system
Name:         admin
Labels:       kubernetes.io/bootstrapping=rbac-defaults
Annotations:  rbac.authorization.kubernetes.io/autoupdate=true
PolicyRule:
  Resources                            Verbs
  ---------                            -----
  serviceaccounts                      [create delete deletecollection get list patch update watch
impersonate]
  configmaps                           [create delete deletecollection get list patch update watch]
  endpoints                            [create delete deletecollection get list patch update watch]
  persistentvolumeclaims               [create delete deletecollection get list patch update watch]
  pods/attach                          [create delete deletecollection get list patch update watch]
  pods/exec                            [create delete deletecollection get list patch update watch]
  pods/portforward                     [create delete deletecollection get list patch update watch]
  pods/proxy                           [create delete deletecollection get list patch update watch]
  pods                                 [create delete deletecollection get list patch update watch]
  secrets                              [create delete deletecollection get list patch update watch]
  services/proxy                       [create delete deletecollection get list patch update watch]
  services                             [create delete deletecollection get list patch update watch]
  daemonsets.apps                      [create delete deletecollection get list patch update watch]
  deployments.apps/rollback            [create delete deletecollection get list patch update watch]
  deployments.apps/scale               [create delete deletecollection get list patch update watch]
  deployments.apps                     [create delete deletecollection get list patch update watch]
  replicasets.apps/scale               [create delete deletecollection get list patch update watch]
  replicasets.apps                     [create delete deletecollection get list patch update watch]
  statefulsets.apps/scale              [create delete deletecollection get list patch update watch]
  statefulsets.apps                    [create delete deletecollection get list patch update watch]
  cronjobs.batch                       [create delete deletecollection get list patch update watch]
  jobs.batch                           [create delete deletecollection get list patch update watch]
  daemonsets.extensions                [create delete deletecollection get list patch update watch]
  deployments.extensions/rollback      [create delete deletecollection get list patch update watch]
  deployments.extensions/scale         [create delete deletecollection get list patch update watch]
  deployments.extensions               [create delete deletecollection get list patch update watch]
  ingresses.extensions                 [create delete deletecollection get list patch update watch]
  networkpolicies.extensions           [create delete deletecollection get list patch update watch]
  replicasets.extensions/scale         [create delete deletecollection get list patch update watch]
  replicasets.extensions               [create delete deletecollection get list patch update watch]
  poddisruptionbudgets.policy          [create delete deletecollection get list patch update watch]
  bindings                             [get list watch]
  events                               [get list watch]
  limitranges                          [get list watch]
  namespaces/status                    [get list watch]
  namespaces                           [get list watch]
  pods/log                             [get list watch]
  pods/status                          [get list watch]
  replicationcontrollers/status        [get list watch]
  resourcequotas/status                [get list watch]
  resourcequotas                       [get list watch]
```

※ この実行例は、紙面上で見やすくするために、コマンドが実際に出力している内容を省略したり、値の入らない項目を削除するなどの編集を加えています。実際にコマンドを実行して内容を確かめてください。

表8 サービスアカウントとクラスタロールの対応付け（ClusterRole v1 rbac.authorization.k8s.io）

キー項目		概要
apiVersion		rbac.authorization.k8s.io/v1と設定
kind		ClusterRoleBindingと設定
metadata	name	クラスタロールバインディングの名前であり、同オブジェクトのK8sクラスタ内で重複は許されない
subjects		関連付けるサービスアカウントの名前と、それが属する名前空間をセットする。詳しくは表9を参照
roleRef		subjectで指定したサービスアカウントが、参照するクラスタロールを設定する。詳しくは表10を参照

※ 本表のAPIの詳細は、https://kubernetes.io/docs/reference/generated/kubernetes-api/v1.14/#clusterrole-v1-rbac-authorization-k8s-ioにあります。

表9 紐付け対象のサービスアカウントなどの指定（Subject v1 rbac.authorization.k8s.io）

キー項目	概要
kind	ServiceAccountを設定する
name	サービスアカウント名をセットする
namespace	対応付けるサービスアカウントが属する名前空間を設定する

※ 本表のAPIの詳細は、https://kubernetes.io/docs/reference/generated/kubernetes-api/v1.14/#subject-v1-rbac-authorization-k8s-ioにあります。

表10 紐付けロール（RoleRef v1 rbac.authorization.k8s.io）

キー項目	概要
kind	参照するオブジェクトの種類としてClusterRoleを設定
name	参照するロールの名前
apiGroup	ClusterRoleの場合はrbac.authorization.k8s.ioを設定する

※ 本表のAPIの詳細は、https://kubernetes.io/docs/reference/generated/kubernetes-api/v1.14/#roleref-v1-rbac-authorization-k8s-ioにあります。

(3) 名前空間によるスコープ設定のマニフェスト作成

名前空間をスコープ設定のために利用します。K8sクラスタに名前空間「tkr-system」を追加し、サービスアカウント、クラスタロール、クラスタロールバインディングを設定します。この名前空間には、ノード監視などK8sクラスタの運用を補助するために、ユーザーが独自に開発した機能を動作させることを意図しています。

なお、tkrは筆者の苗字takaraの子音で、特に意味はありません。もしサンプルコードを利用する場合は、読者の名前や担当するシステム名などに適宜変更してください。

ファイル6 namespace.yml

```
1    apiVersion: v1
2    kind: Namespace
3    metadata:
4      name: tkr-system    # 専用の名前空間
```

これを適用して名前空間を分離することで、次の実行例15のように、表示される範囲をコマンドで設定することができます。

実行例15 名前空間の指定ありとなしのポッドのリスト表示

```
# 名前空間を指定せずに、ポッドのリストを表示したケース
$ kubectl get pods
NAME      READY     STATUS    RESTARTS   AGE
mysql-0   1/1       Running   0          1d

# 名前区間としてtkr-systemを指定してポッドのリストを表示したケース
$ kubectl get pods -n tkr-system
NAME                READY     STATUS    RESTARTS   AGE
liberator-dvs9r     1/1       Running   0          1h
liberator-jfckt     1/1       Running   0          1h
```

この名前空間のその他の使い方、そして、デフォルトの名前空間の設定方法は、最終Step「クラスタの仮想化」でさらに詳しく説明します。

(4) マニフェストをK8sクラスタへ適用する

これまで作成してきたマニフェストを一括で適用するには、「kubectl apply -f ディレクトリ名」を実行します。実行例16では、名前空間、サービスアカウント、クラスタロール、クラスタロールとサービスアカウントの対応付け(バインディング)を一度に実行しています。

実行例16 名前空間、サービスアカウント、RBACの設定実行

```
$ tree k8s-rbac/
k8s-rbac/
├── namespace.yml
├── role-base-access-ctl.yml
└── service-account.yml

0 directories, 3 files

$ kubectl apply -f k8s-rbac/
namespace/tkr-system created
clusterrole.rbac.authorization.k8s.io/nodes created
clusterrolebinding.rbac.authorization.k8s.io/nodes created
serviceaccount/high-availability created
```

GKEで実行例16を実施する場合、次のコマンドによりロールを作成する権限をGCP (Google Cloud Platform)のユーザーに付与する必要があります[13]。

「kubectl create clusterrolebinding cluster-admin-binding --clusterrole cluster-admin --user USER_

参考資料

[13] ロールベースのアクセス制御を使用するための前提条件、https://cloud.google.com/kubernetes-engine/docs/how-to/role-based-access-control#interaction_with_identity_and_access_management

ACCOUNT」

なお、この中のUSER_ACCOUNTは、ユーザーのメールアドレスになります。

(5) クラスタ構成変更への自動対応

Kubernetesには、すべてのノードでポッドを実行するためのコントローラ「デーモンセット」があります。「デーモン」は守護神や半神半人を意味するギリシャ語ですが、UNIX OSのプロセスではログ取得、リモートからのターミナル接続、プリンタ出力など、煩わしい処理をバックグラウンドで担っています。このことからデーモンセットは、K8sクラスタのさまざまな裏方の仕事を担う、ポッドのコントローラであると理解することができます[14]。

デーモンセットは管理下にあるポッドを、K8sクラスタの全ノードで稼働するように制御します。K8sクラスタから1つのノードが削除されると、デーモンセット管理下のポッドはそのノードから削除されます。また、デーモンセットが削除されると、その管理下のポッドは全ノードから削除されます。さらに、デーモンセットの管理下で配置されるポッドを一部のノードに限定したい場合にはノードセレクタを設定します。

今回、名前空間tkr-systemにデーモンセットを作成することで、アプリケーションの管理者はデーモンセットとその管理下のポッドの存在を意識することなく、K8sクラスタのノードの追加と削除を実施できるようになります。

次のファイル7「daemonset.yml」は、(1)で開発したイメージをK8sクラスタの全ノード上で動作させるためのマニフェストです。そのために、(2)で作成したサービスアカウントのアクセス権を、(3)で作成した名前空間に設定しています。

ファイル7 デーモンセットのマニフェスト：daemonset.yml

```
1    apiVersion: apps/v1         ## 表11 デーモンセットAPIを参照
2    kind: DaemonSet
3    metadata:
4      name: liberator
5      namespace: tkr-system     ## システム用名前空間
6    spec:                        ## 表12 デーモンセット仕様を参照
7      selector:
8        matchLabels:
9          name: liberator
10     template:                  ## 表13 ポッドテンプレート仕様を参照
11       metadata:
12         labels:
13           name: liberator
14       spec:                    ## 表14 ポッド仕様を参照
15         serviceAccountName: high-availability # 権限と紐付くアカウント
16         containers:            ## 表15 コンテナの各種設定と起動条件を参照
17         - name: liberator
18           image: maho/liberator:0.1     ## 注意　読者のリポジトリに変更してください
19           resources:
```

参考資料

[14] デーモンセット、https://kubernetes.io/docs/concepts/workloads/controllers/daemonset/

```
20            limits:
21              memory: 200Mi
22            requests:
23              cpu: 100m
24              memory: 200Mi
```

表11 デーモンセットAPI（DaemonSet v1 apps）

キー項目		概要
apiVersion		apps/v1と設定
kind		DaemonSetと設定
metadata	name	デーモンセットの名前。名前空間内で同オブジェクト名は唯一でなければならない
	namespace	名前空間名
spec		デーモンセットの仕様を記述する。表12を参照

※本表のAPIの詳細は、https://kubernetes.io/docs/reference/generated/kubernetes-api/v1.14/#daemonset-v1-appsにあります。

表12 デーモンセット仕様（DaemonSetSpec v1 apps）

キー項目	概要
selector	テンプレートから作られるポッドと対応付けるため必須
template	ポッドを作るための仕様。詳しくは表13を参照

※本表のAPIの詳細は、https://kubernetes.io/docs/reference/generated/kubernetes-api/v1.14/#daemonsetspec-v1-appsにあります。

表13 ポッドテンプレート仕様（PodTemplateSpec v1 core）

キー項目	概要
metadata	表8のselectorと対応付けるラベルを設定する
spec	ポッドの仕様。表14を参照

※本表のAPIの詳細は、https://kubernetes.io/docs/reference/generated/kubernetes-api/v1.14/#podtemplatespec-v1-coreにあります。

表14 ポッド仕様（PodSpec v1 core）

キー項目	概要
serviceAccountName	アクセス権を付与するために、サービスアカウント名を設定する
containers	コンテナの仕様を記述する。詳しくは表15を参照
nodeSelector	ラベルと一致するノードへ、ポッドをスケジュールする

※本表のAPIの詳細は、https://kubernetes.io/docs/reference/generated/kubernetes-api/v1.14/#podspec-v1-coreにあります。

表15 コンテナの各種設定と起動条件（Container v1 core）

キー項目	概要
name	アクセス権を付与するために、サービスアカウント名を設定する
image	コンテナの仕様を記述する。詳しくは表11を参照
resoureces	コンテナのCPU時間とメモリ量の要求量（requests）と上限（limits）を設定する。詳しくは「Step15 クラスタの仮想化」を参照

※ 本表のAPIの詳細は、https://kubernetes.io/docs/reference/generated/kubernetes-api/v1.14/#container-v1-coreにあります。

デーモンセットのマニフェストを適用したときの実行状態を確認するために、実行例17の「## 起動が完了した状態」に注目してください。各ノードに分散してポッドが起動していることが読み取れます。

実行例17 デーモンセットのマニフェスト適用と状態確認

```
## デーモンセットのマニフェスト適用
$ kubectl apply -f daemonset.yml
daemonset.apps/liberator created

## 名前空間の指定なしで、デーモンセットをリストしたケース
$ kubectl get ds
No resources found.

## 名前空間 tkr-systemを指定してデーモンセットをリストしたケース
$ kubectl get ds -n tkr-system
NAME         DESIRED   CURRENT   READY   UP-TO-DATE   AVAILABLE   NODE SELECTOR   AGE
liberator    2         2         0       2            0           <none>          45s

## デーモンセットの管理下のポッド起動状態
$ kubectl get po -n tkr-system
NAME              READY     STATUS              RESTARTS   AGE
liberator-7jr68   0/1       ContainerCreating   0          53s
liberator-x5tvq   0/1       ContainerCreating   0          53s

## 起動が完了した状態
$ kubectl get po -n tkr-system -o wide
NAME              READY   STATUS    RESTARTS   AGE   IP           NODE    NOMINATED NODE
liberator-7jr68   1/1     Running   0          2m    10.244.4.2   node2   <none>
liberator-x5tvq   1/1     Running   0          2m    10.244.2.4   node1   <none>

## デーモンセットの状態
$ kubectl get ds -n tkr-system
NAME         DESIRED   CURRENT   READY   UP-TO-DATE   AVAILABLE   NODE SELECTOR   AGE
liberator    2         2         2       2            2           <none>          3m
```

これで、ステートフルセットのノード障害対策が完了しました。それでは次に、ノード障害状態から回復する様子を確認していきましょう。

12.6 障害回復テスト

ここでは、障害回復テストを行います。ステートフルセットの管理下で、MySQLのポッドが稼働するノードをシャットダウンし、残ったノードでMySQLサーバーがサービスを再開するまでの様子を確認します。

まず初期状態から、状態不明ノードを削除するポッドをファイル7「daemonset.yml」で起動し、MySQLのポッドをファイル1「mysql-ste.yml」で起動します。次の実行例18は初期状態で、MySQLのポッドが稼働するノードを調べたものです。この実行例からは、node1の上で稼働していることが読み取れます。次に、この

ポッドでmysqlコマンドを実行し、永続ボリュームが代替ポッドに引き継がれたことの目印となる確認用データベースを作成しておきます。

実行例18 初期状態で確認用データベースを作成する様子

```
$ kubectl get node                    ## ポッドはnode1とnode2で動作します
NAME      STATUS    ROLES     AGE       VERSION
master    Ready     master    1d        v1.14.0
node1     Ready     <none>    1d        v1.14.0
node2     Ready     <none>    10h       v1.14.0

$ kubectl get sts                     ## ステートフルセットのリスト表示コマンド
NAME      DESIRED   CURRENT   AGE
mysql     1         1         1d

$ kubectl get po mysql-0 -o wide  ## この結果MySQLはnode1で動作中です
NAME      READY     STATUS    RESTARTS   AGE       IP           NODE
mysql-0   1/1       Running   0          1d        10.244.2.3   node1

$ kubectl exec -it mysql-0 bash   ## MySQLのポッドでmysqlコマンドを実行します
root@mysql-0:/# mysql -u root -p
Enter password: qwerty
Welcome to the MySQL monitor.  Commands end with ; or \g.
Your MySQL connection id is 5267
Server version: 5.7.23 MySQL Community Server (GPL)
<中略>

mysql> create database test123;
Query OK, 1 row affected (0.13 sec)

mysql> show databases;
+--------------------+
| Database           |
+--------------------+
| information_schema |
| mysql              |
| performance_schema |
| sys                |
| test123            |   <-- 確認用データベース名
+--------------------+
5 rows in set (0.08 sec)
```

次に、コマンド「vagrant halt node1」でnode1を停止させます。実行例19では、node1のシャットダウンが完了したところからサービスが再開するまで、15秒間隔でポッドを表示しています。

実行例19 模擬障害発生からサービスが復旧する様子

```
$ while true; do date;kubectl get po -o wide;echo; sleep 15;done
09時21分56秒 JST  # ノード1 シャットダウン完了
NAME      READY     STATUS    RESTARTS   AGE       IP           NODE
mysql-0   1/1       Running   0          1d        10.244.2.3   node1

09時22分12秒 JST  # ノード1停止状態 15秒経過
NAME      READY     STATUS    RESTARTS   AGE       IP           NODE
mysql-0   1/1       Running   0          1d        10.244.2.3   node1
```

```
09時22分27秒 JST  # ノード1停止状態 30秒経過
NAME      READY    STATUS    RESTARTS   AGE       IP           NODE
mysql-0   1/1      Running   0          1d        10.244.2.3   node1

09時22分42秒 JST  # ノード1停止状態 45秒経過
NAME      READY    STATUS    RESTARTS   AGE       IP           NODE
mysql-0   1/1      Running   0          1d        10.244.2.3   node1

09時22分57秒 JST  # ノード2 でステートフルセットのポッドが復旧
NAME      READY    STATUS    RESTARTS   AGE       IP           NODE
mysql-0   1/1      Running   0          3s        10.244.4.3   node2

09時23分12秒 JST  # ノード2 MySQLサービス提供中
NAME      READY    STATUS    RESTARTS   AGE       IP           NODE
mysql-0   1/1      Running   0          18s       10.244.4.3   node2
```
※ この実行例19は、紙面上の見やすさのために編集を加えています。

ここでは、node1の停止から約1分後にMySQLサーバーのサービスが復帰していることがわかります。この結果は、デプロイメントを利用した場合よりもかなり速いと言えます。

起動後に、MySQLのポッド上でデータベースのリストを表示し、データが引き継がれていることを確認します。次のように、模擬障害前に作成したデータベースのリストが表示されれば成功と見なすことができます。実行例20では、リストに「test123」と表示されており、node2に永続ボリュームが引き継がれていることを確認できました。

実行例20 復旧したコンテナ上で永続ボリュームが引き継がれている状況の確認

```
$ kubectl get po mysql-0 -o wide
NAME      READY    STATUS    RESTARTS   AGE       IP           NODE
mysql-0   1/1      Running   0          16m       10.244.4.3   node2

$ kubectl exec -it mysql-0 bash
root@mysql-0:/# mysql -u root -p
Enter password: qwerty
Welcome to the MySQL monitor.  Commands end with ; or \g.
Your MySQL connection id is 97
Server version: 5.7.23 MySQL Community Server (GPL)
<中略>
mysql> show databases;
+--------------------+
| Database           |
+--------------------+
| information_schema |
| mysql              |
| performance_schema |
| sys                |
| test123            |    <-- 確認用データベースの存在を確認
+--------------------+
```

障害回復テストの最後に、実行例21で名前解決の動きを確認してみます。初期状態では、MySQLのポッドはnode1上で稼働し、エンドポイントのIPアドレスは「10.244.5.3」でした。node1停止後、MySQLのポッドがnode2上で起動したときには、エンドポイントのIPアドレスは「10.244.6.4」に変化しました。

これまでのアクティブスタンバイ方式の高可用性構成は、代表となるIPアドレスは同じで、アクティブになっているサーバーに代表のIPアドレスを付け替える動作でしたが、ステートフルセットではエンドポイントのIPアドレスが変化します。

実行例21 模擬障害発生からポッドが復旧する様子

```
$ vagrant status     #<-- 初期状態確認
Current machine states:

master                    running (virtualbox)
node1                     running (virtualbox)
node2                     running (virtualbox)
<中略>

$ kubectl get po mysql-0 -o wide
NAME       READY     STATUS    RESTARTS   AGE       IP            NODE
mysql-0    1/1       Running   0          3m        10.244.5.3    node1

$ kubectl get ep mysql
NAME        ENDPOINTS          AGE
mysql       10.244.5.3:3306    1d


$ vagrant halt node1      #<- ノード1 停止 模擬障害発生
==> node1: Removing cache buckets symlinks...
==> node1: Attempting graceful shutdown of VM...

<1分後>

$ kubectl get po mysql-0 -o wide
NAME       READY     STATUS    RESTARTS   AGE       IP            NODE
mysql-0    1/1       Running   0          35s       10.244.6.4    node2


$ kubectl get ep mysql
NAME        ENDPOINTS          AGE
mysql       10.244.6.4:3306    1d
```

次の実行例22は、障害前と障害後の名前解決の様子です。DNS名は変わりませんが、ステートフルセットでは代表IPがないため、DNSサーバーから返されるアドレスが変化していることがわかります。

実行例22 障害前と復旧後の名前解決の違い

```
## 確認用のコンテナを起動
$ kubectl run -i --tty --image ubuntu dns-test --restart=Never --rm /bin/sh
If you don't see a command prompt, try pressing enter.

# apt-get update && apt-get install dnsutils
<中略>

## 初期状態　IPアドレスの変化を確認するため、初期状態を取得
# nslookup mysql
Server:     10.244.0.10
Address:    10.244.0.10#53

Name:       mysql.default.svc.cluster.local
```

```
Address:    10.244.5.3          #<- MySQLサーバーのIPアドレス障害前

## 仮想サーバー停止から1分後、ヘッドレスサービスのIPアドレスを確認

# nslookup mysql
Server:     10.244.0.10
Address:    10.244.0.10#53

Name:       mysql.default.svc.cluster.local
Address:    10.244.6.4          #<- MySQLサーバーのIPアドレス復旧後
```

K8sクラスタから削除されたノードは、再起動すれば再びクラスタのメンバーになりますので、kubeadm joinを再実行する必要はありません。

Step 12のまとめ

本Stepで取り扱ったステートフルセットとデーモンセットについて、重要ポイントを箇条書きにして、まとめておきます。

- ステートフルセットは、永続性が必要なデータを保持するアプリケーションに適したコントローラである。
- ステートフルセットの作成時に、永続ボリュームが存在しなければ作成される。ステートフルセットの削除時には、永続ボリュームは削除されない。
- ステートフルセットの管理下にあるポッドへアクセスするサービスには、ヘッドレスモードを設定する。
- ステートフルセット管理下にあるポッドの名前は、ステートフルセット名の末尾に連番が付与されて決まる。起動は連番の若い順に1つずつ行われ、終了時には連番の大きなものから降順に停止される。
- ステートフルセットは、永続データの保護を優先するため、障害ノード上のポッドを不用意に他のノードで起動しない。しかし、ポッドのコントローラとしての役割を越えて、ノードを削除するような行為もしない。そのため、アプリケーションを回復させるには、停止したノードを再起動するか、K8sクラスタから削除する必要がある。
- デーモンセットは、全ノードにポッドを稼働させるためのコントローラである。
- K8s APIクライアントライブラリを利用することで、ステートフルセットの課題を補う運用自動化のソリューションを開発できる。
- サービスアカウントは、ポッドにアクセス権を付与するためのアカウントである。
- サービスアカウントの認証情報は、ボリュームとしてコンテナにマウントされる。

- RBACは役割に対してアクセス権を付与するものであり、最終的にサービスアカウントに対応付けられる。

表16 Step 12で新たに登場したkubectlコマンド

コマンド	動作
kubectl cordon <node名>	ポッドのスケジュール停止
kubectl uncordon <node名>	ポッドのスケジュール禁止解除
kubectl drain <node名>	ノードからのポッド退避
kubectl get sts	ステートフルセットのリスト
kubectl get ds	デーモンセットのリスト
kubectl get ns	ネームスペースのリスト
kubectl get sa	サービスアカウントのリスト
kubectl get no	ノードのリスト
kubectl get clusterroles	クラスタロールのリスト
kubectl get clusterrolebindings	クラスタロールバインディングのリスト

※ getの代わりにdescribeを利用すると、詳細表示します。

Step 13 イングレス

リバースプロキシとしての役割を持ち サービスと連携してアプリを公開

イングレス（Ingress）は、K8sクラスタの外部からのリクエストをK8sクラスタ内部のアプリケーションへつなぐためのAPIオブジェクトです。これは図1のように、デプロイメントの管理下で起動されたポッドのアプリケーションを外部公開用のURLとマッピングして、インターネットへ公開することができます。さらに、SSL/TLS暗号化やセッションアフィニティなどの機能を備え、イングレスはレガシーなウェブアプリケーションをKubernetesへ移行する際の敷居を低くしてくれます。

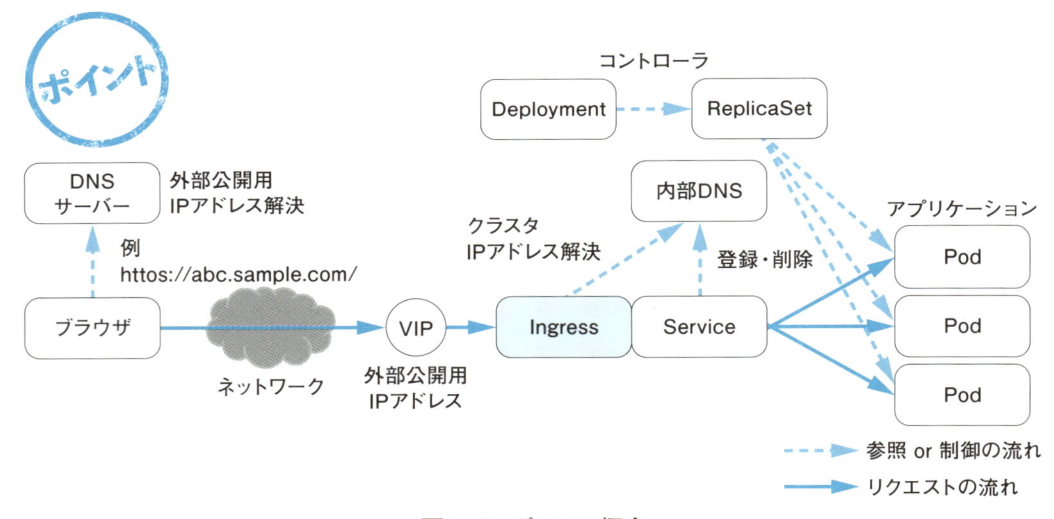

図1 イングレスの概念

この「Step 13」では、イングレスの機能概要、学習環境1のMinikubeでのイングレスの有効化、また、基本的な使い方としてURLマッピング、SSL/TLS暗号化設定、セッションアフィニティを学びます。そして、学習環境2を使い、オンプレミス環境を想定したHA構成を見ていきます。最後に、イングレスというAPIオブジェクトの設定を実行するイングレスコントローラについて確認します。

13.1 イングレスの機能概要

イングレスの代表的な機能には、次のようなものがあります。これらはコンテナ以前のレガシーなウェブアプリケーションをモダナイズ（現代化）するために有用です。

- 公開用URLとアプリケーションの対応付け
- 複数のドメイン名を持つ仮想ホストの機能
- クライアントのリクエストを複数のポッドへ負荷分散
- SSL/TLS暗号化通信HTTPS
- セッションアフィニティ

こうした便利な機能により、イングレスは従来のロードバランサーやリバースプロキシの代替として利用することができます。たとえば、公開用URLのパスへアプリケーションをマッピングでき、ロードバランシング、HTTPS通信およびセッションアフィニティなどが可能です。

イングレスコントローラは他のコントローラと異なり、マスター上のkube-controller-managerの一部として実行されるものではありません。イングレスコントローラの実装は複数あり[1]、NGINXイングレスコントローラ（Ingress Controller）[2]が代表的です。また、ロードバランサーの老舗F5 BIG-IPのコントローラ[3]もその1つとされています。NGINXイングレスコントローラはOSSとして無料で使用でき、上に列挙した以外にもさまざまな機能を備えています。利用にあたってはホームページ[2]を参照してください。

イングレスを利用するためには、K8sクラスタにイングレスコントローラがセットアップされている必要があります。パブリッククラウドでは、K8sクラスタのインスタンスを作った時点で、イングレスコントローラも組み込まれるので、開発者はイングレスのマニフェストを作成し適用するだけで、利用を開始できます。一方、学習環境1のMinikubeや、学習環境2のCNCFが配布する実行形式（バイナリ）をインストールした環境では、追加でセットアップを行う必要があります。

イングレスに関する注意点として、イングレスコントローラの実装によっては、インターネットの公開用IPアドレスを取得する機能は必ずしも含まれていないことが挙げられます。そのため、パブリッククラウドのK8sマネージドサービスでは、クラウドの機能とイングレスを連携して、公開用IPアドレスとの紐付けを実現します。

一方、オンプレミスにK8sクラスタを構築する場合には、公開用IPアドレス（以下、VIP）をノード間で共有する機能を追加する必要があります。この機能を実装する方法として、kube-keepalived-vip がGitHubに公

参考資料

[1] イングレスコントローラの種類、https://kubernetes.io/docs/concepts/services-networking/ingress/#ingress-controllers
[2] NGINX Ingress Controllerホームページ、https://kubernetes.github.io/ingress-nginx/
[3] BIG-IPイングレスコントローラ、https://clouddocs.f5.com/products/connectors/k8s-bigip-ctlr/v1.6/

開されています[4]。kube-keepalived-vipはKubernetesのソースコードには含まれていませんが、CNCF Kubernetesプロジェクトのgithubに登録されています。

サンプルコードの利用法

本Stepで提示するコードは、GitHub(https://github.com/takara9/codes_for_lessons)にあります。

GitHubからクローンする場合

```
$ git clone https://github.com/takara9/codes_for_lessons
$ cd codes_for_lessons/step13
```

移動先には本Stepで利用するファイルを含むディレクトリがあります。

```
step13
├── ingress-keepalived   イングレスコントローラとkube-keepalived-vip
├── session_affinity     セッションアフィニティ
├── test-apl             テスト用模擬アプリケーション
└── url-mapping          パスのマッピングとTLS暗号設定
```

13.2 イングレスの学習環境準備

学習環境1の上で、イングレスを利用するための準備を進めていきます。学習環境1を起動したあとに、実行例1の方法で有効化します。

実行例1 学習環境1のMinikubeにおけるイングレスコントローラの有効化

```
$ minikube addons enable ingress
ingress was successfully enabled
```

有効化されたことを確認するには、次のコマンドを用います。ingressがenableになっていれば動作中であり、準備完了です。

実行例2 Minikubeアドオンのリスト表示

```
$ minikube addons list
- addon-manager: enabled
- coredns: disabled
- dashboard: enabled
```

参考資料

[4] kube-keepalived-vip、https://github.com/kubernetes/contrib/tree/master/keepalived-vip

```
- default-storageclass: enabled
- efk: disabled
- freshpod: disabled
- heapster: enabled
- ingress: enabled          # <-- ここ
- kube-dns: enabled
- metrics-server: enabled
- registry: disabled
- registry-creds: disabled
- storage-provisioner: enabled
```

ここまでの操作により、Minikubeの仮想サーバーのIPアドレスにアクセスすることで、イングレスを利用できるようになります。そのIPアドレスを確認するには、コマンド「minikube ip」を実行します。なお、「付録1.3」のVagant環境の場合は「172.16.10.10」になります。

13.3 公開用URLとアプリケーションの対応付け

イングレスは公開用URLのパス部分に、複数のアプリケーションを対応付けることができます。たとえば、http://abc.sample.comのパス部分reservationとorderを設けて、それぞれに専用アプリケーションをマッピングします。そうすれば、ユーザーからの見た目は1つのURLでも内部は適度に分割され、疎結合になったアプリケーションの集合体という実装ができます。

- http://abc.sample.com/reservation →予約アプリケーションのポッドへ転送
- http://abc.sample.com/order →注文アプリケーションのポッドへ転送

これはマイクロサービスのように、役割の違う組織単位や予算単位のドメインに機能を分割したり、アプリケーションを相互に独立した疎結合モジュールとして、変更による影響を低減したりできます。開発生産性の向上にも有用だと思います。

もう一歩、詳細に進みましょう。図2のIngressとServiceのつながりに注目してください。イングレスは、公開用URLのパスに対するリクエストを「ポッドを代表するサービス」へと振り向けます。たとえば、ドメイン名「abc.sample.com」のルート「/」へのリクエストは、サービスapl-svc#1と連携するポッドapl#1へ転送されます。また、同じドメインの/apl2、すなわち「http://abc.sample.com/apl2」へのリクエストは、サービスapl-svc#2が指すポッドapl#2へ転送されます。

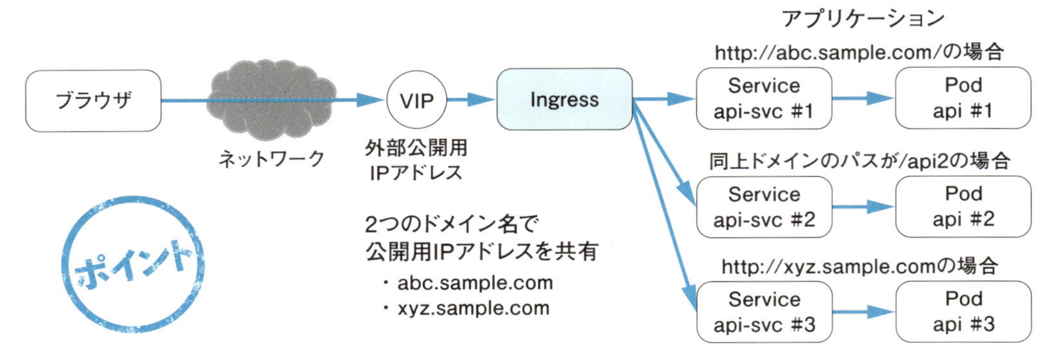

図2 イングレスによる仮想ホストの作成例

そして、イングレスには「仮想ホスト」の機能があります。これにより、1つのパブリックIPアドレスを共有して、ドメイン名によって転送先を設定することができます。ブラウザで「http://xyz.sample.com/」にアクセスした場合、DNSサーバーから返されるIPアドレスは同じものですが、サービスapl-svc#3が指すポッドapl#3へ転送されます。この機能は、たとえば販売キャンペーンに用いる一時的なドメイン名を取得して、特設サイトを作るような場合に便利でしょう。

仮想ホストとサービスを関係付けるマニフェスト記述

ここから、この図2を実現するイングレスのマニフェスト(ファイル1)を詳しく見ていきます。イングレスのマニフェストでは、メタデータ(metadata)のアノテーション(annotation)が重要な役割を持ちます。このアノテーションにキーと値を記述することで、イングレスコントローラへコマンドを送っています。

ファイル1には、次の2つのアノテーションがあります。

- kubernetes.io/ingress.class: 'nginx':複数のイングレスコントローラがK8sクラスタ内で動作している場合は、これにより、指示の送り先となるイングレスコントローラを指定できます。
- nginx.ingress.kubernetes.io/rewrite-target: /:URLパスを書き換える要求です。この設定がないと、クライアントからのリクエストのパスをポッドへそのまま転送するので、File NotFound エラーとなることがあります。

NGINXイングレスコントローラのアノテーションに関する詳しい情報は、ユーザーガイドのアノテーションのページ[5]にありますので、本格的に実務で利用する場合には参照してください。またこのページには、コンフィグマップ[6]からの設定についても記載されています。

参考資料

[5] NGINX Ingress Controller ユーザーガイド、アノテーション、https://kubernetes.github.io/ingress-nginx/user-guide/nginx-configuration/annotations/

[6] NGINX Ingress Controller ユーザーガイド、コンフィグマップ、https://kubernetes.github.io/ingress-nginx/user-guide/nginx-configuration/configmap/

コンフィグマップ

コンフィグマップ（ConfigMap）とはKubernetesのオブジェクトの1つで、設定ファイルをK8sクラスタの名前空間に保存するものです。これを利用するポッドは、コンフィグマップをディスクのようにマウントできます。たとえば、ミドルウェアの設定ファイルをコンフィグマップに保存することで、ポッドは実行環境の名前空間から必要な設定を受け取ることができます。

参考資料

https://kubernetes.io/docs/tasks/configure-pod-container/configure-pod-configmap/

イングレスのマニフェストに記述すべきK8s APIを、ファイル1にまとめるとともに、各キー項目の意味を表1～表6に要約しました。詳細は表の下にあるURLから、それぞれのリファレンスマニュアルで確認できます。なお、表7は、後述する「13.5 イングレスのSSL/TLS暗号化」にあるリストから参照しています。

ファイル1 仮想ホストとサービスの関連付けの例：ingress.yml

```
1     apiVersion: extensions/v1beta1  ## 表1 イングレスAPIを参照
2     kind: Ingress
3     metadata:
4       name: hello-ingress
5       annotations:                    ## イングレスコントローラの指定と要求
6         kubernetes.io/ingress.class: 'nginx'
7         nginx.ingress.kubernetes.io/rewrite-target: /
8     spec:                             ## 表2 イングレス仕様を参照
9       rules:                          ## 表3 イングレス規則を参照
10      - host: abc.sample.com            # ドメイン名1
11        http:
12          paths:                      ## 表4 URLパス部分とバックエンドのサービスの対応配列を参照
13          - path: /                   ## 表5 URLパス部分とバックエンドのサービス対応要素を参照
14            backend:                  ## 表6 転送先のサービス名とポート番号を参照
15              serviceName: helloworld-svc
16              servicePort: 8080
17          - path: /apl2                 # URLのパス2
18            backend:                    # 対応するサービス名とポート番号
19              serviceName: nginx-svc
20              servicePort: 9080
21      - host: xyz.sample.com            # ドメイン名2
22        http:
23          paths:
24          - path: /                     # ドメイン名2のパス
25            backend:
26              serviceName: java-svc     # ドメイン名2のパスに対応するサービス
27              servicePort: 9080
```

表1 イングレスAPI（Ingress v1beta1 extensions）

キー項目	解説
apiVersion	extensions/v1beta1と設定
kind	Ingressと設定
metadata.name	イングレスのオブジェクト名
metadata.annotations	イングレスコントローラの設定に利用する。詳しい設定項目と値は、https://kubernetes.github.io/ingress-nginx/user-guide/nginx-configuration/annotations/を参照
spec	表2を参照

※ 本表のAPIの詳細は、https://kubernetes.io/docs/reference/generated/kubernetes-api/v1.14/#ingress-v1beta1-extensionsにあります。
※ アノテーションの記述はIngressコントローラの実装によって異なるので、ご注意ください。v1.14の14部分を13や12に変更してアクセスすることで、他のマイナーバージョンのAPIを参照できます。

表2 イングレス仕様（IngressSpec v1beta1 extensions）

キー項目	解説
rules	DNS名とバックエンドサービスを対応付けるルールのリスト。詳細は表3を参照。このルールに合致しないリクエストは、デフォルトバックエンドという名のポッドへ転送される
tls	表7を参照

※ 本表のAPIの詳細は、https://kubernetes.io/docs/reference/generated/kubernetes-api/v1.14/#ingressspec-v1beta1-extensionsにあります。

表3 イングレス規則（IngressRule v1beta1 extensions）

キー項目	解説
host	ドメイン名、サブドメイン名、ホスト名を略さずにすべて記述した完全修飾ドメイン名（FQDN: Fully Qualified Domain Name）をセットする
http	詳細は表4を参照

※ 本表のAPIの詳細は、https://kubernetes.io/docs/reference/generated/kubernetes-api/v1.14/#ingressrule-v1beta1-extensionsにあります。

表4 URLパス部分とバックエンドのサービスの対応配列（HTTPIngressRuleValue v1beta1 extensions）

キー項目	解説
paths	URLのパス部分をバックエンドのサービスを対応付けるリストを記述する。表5を参照

※ 本表のAPIの詳細は、https://kubernetes.io/docs/reference/generated/kubernetes-api/v1.14/#httpingressrulevalue-v1beta1-extensionsにあります。

表5 URLパス部分とバックエンドのサービス対応要素（HTTPIngressPath v1beta1 extensions）

キー項目	解説
path	URLアドレスのパス部分を記載して、backendのサービスとポート番号に対応付ける
backend	このパスにアクセスしたときに、対応付けられたサービスとポート番号へ転送する。表6を参照

※ 本表のAPIの詳細は、https://kubernetes.io/docs/reference/generated/kubernetes-api/v1.14/#httpingresspath-v1beta1-extensionsにあります。

表6 転送先のサービス名とポート番号（IngressBackend v1beta1 extensions）

キー項目	解説
serviceName	K8sオブジェクトの「サービス」の名前を記述する
servicePort	サービスのポート番号を記述する

※ 本表のAPIの詳細は、https://kubernetes.io/docs/reference/generated/kubernetes-api/v1.14/#ingressbackend-v1beta1-extensionsにあります。

表7 TLS証明書保管先とドメイン（IngressTLS v1beta1 extensions）

キー項目	解説
hosts	ドメイン名のリスト
secretName	サーバー証明書のシークレット名、シークレットは名前空間内に秘匿性を保存するためのK8sオブジェクトで、コンテナからは、ボリュームとしてマウントできる

※ 本表のAPIの詳細は、https://kubernetes.io/docs/reference/generated/kubernetes-api/v1.14/#ingresstls-v1beta1-extensionsにあります。
※ この表のマニフェストとの対応は、「13.5 イングレスのSSL/TLS暗号化」で扱っています。

13.4 イングレスの適用

ここから実際に動作を確認していきます。実行例3を順番に実行していきます。この中の(1)～(3)が擬似アプリケーションのデプロイです。そして、(4)がイングレスの設定で、(5)と(6)が実行状態の確認です。

(5)のコマンド「kubectl get svc, deploy」は、svc（サービス）とdeploy（デプロイメント）のリストを順番に表示しています。(1)～(3)でデプロイされたサービス名とデプロイメント名が表示されており、デプロイメントのポッドの希望数（DESIRED）が、存在数（AVAILABLE）と同じになっており、デプロイに成功したことが読み取れます。

そして(6)の結果から、ホスト（HOSTS）列からドメイン名「abc.sample.com, xyz.sample.com」、ポート列の80番ポートで、リクエストを待ち受けていることが読み取れます。

実行例3 模擬アプリケーションとイングレスの設定例

```
## (1) アプリケーション1 のデプロイ
$ cd step13/url-mapping/
$ kubectl apply -f application1.yml
deployment "helloworld-deployment" created
service "helloworld-svc" created

## (2) アプリケーション2 のデプロイ
$ kubectl apply -f application2.yml
deployment "nginx-deployment" created
service "nginx-svc" created

## (3) アプリケーション3 のデプロイ
$ kubectl apply -f application3.yml
deployment "java-deployment" created
service "java-svc" created
```

```
## (4) イングレスの設定
$ kubectl apply -f ingress.yml
ingress "hello-ingress" created

## (5) サービスとデプロイメントの確認
$ kubectl get svc,deploy
NAME                  TYPE        CLUSTER-IP       EXTERNAL-IP   PORT(S)          AGE
svc/helloworld-svc    NodePort    10.107.175.75    <none>        8080:31445/TCP   28s
svc/java-svc          ClusterIP   10.110.185.229   <none>        9080/TCP         21s
svc/kubernetes        ClusterIP   10.96.0.1        <none>        443/TCP          2d
svc/nginx-svc         ClusterIP   10.103.229.70    <none>        9080/TCP         24s

NAME                           DESIRED   CURRENT   UP-TO-DATE   AVAILABLE   AGE
deploy/helloworld-deployment   1         1         1            1           28s
deploy/java-deployment         1         1         1            1           21s
deploy/nginx-deployment        3         3         3            3           24s

## (6) イングレスの確認
$ kubectl get ing
NAME            HOSTS                             ADDRESS   PORTS     AGE
hello-ingress   abc.sample.com,xyz.sample.com               80        23s
```

ブラウザからイングレスをテストする場合は、ドメイン名でアクセスしないと正しく動作しませんが、正式にドメイン名を取得してアクセスするのは手間がかかります。そこで簡便な方法として、パソコンのhostsファイルにドメイン名とIPアドレスを登録して、パソコン上のブラウザからドメイン名でアクセスできるようにします。

Windowsと macOSではhostsファイルのパスが異なっており、Windows 10では「C:\Windows\System32\drivers\etc\hosts」、macOSでは「/etc/hosts」です。学習環境によっても仮想サーバーのIPアドレスは異なりますから、hostsファイルを編集する際には環境をよく確認してください。

ファイル2a 付録1.1と付録1.2の学習環境1におけるhostsファイルへの追加部分

```
1    192.168.99.100   abc.sample.com xyz.sample.com
```

ファイル2b 付録1.3の学習環境1におけるhostsファイルの追加部分

```
1    172.16.10.10    abc.sample.com xyz.sample.com
```

下の画面1〜3のURLアドレスに注目してください。

図3 アプリケーション#1 http://abc.sample.com/の応答

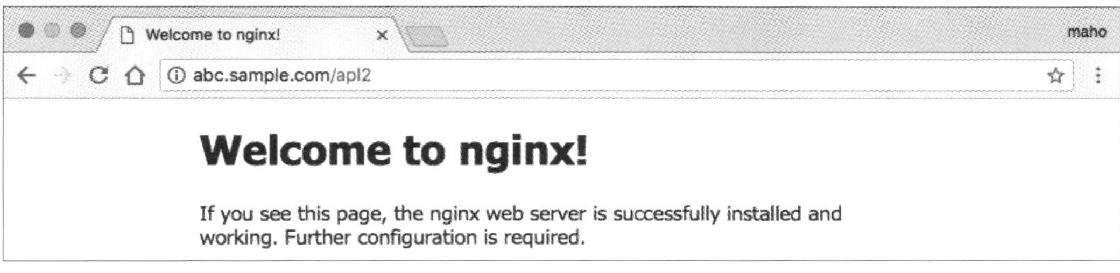

図4 アプリケーション#2 http://abc.sample.com/apl12の応答

図5 アプリケーション#3 http://xyz.sample.com/の応答

ここで利用した3つのアプリケーションのマニフェストを見ていきます。図3は、Docker Hub（https://hub.docker.com/r/strm/helloworld-http/）にあるもので、コンテナのホスト名を表示します。

ファイル3 application1.yml（アプリケーション#1のマニフェスト）

```
1    apiVersion: apps/v1
2    kind: Deployment
3    metadata:
4      name: helloworld-deployment
5    spec:
6      replicas: 1
```

```
7       template:
8         metadata:
9           labels:
10            app: hello-world
11        spec:
12          containers:
13            - image: "strm/helloworld-http"
14              name: hello-world-container
15              ports:
16                - containerPort: 80
17    ---
18    apiVersion: v1
19    kind: Service
20    metadata:
21      name: helloworld-svc
22    spec:
23      type: NodePort
24      ports:
25         -  port: 8080
26            protocol: TCP
27            targetPort: 80
28            nodePort: 31445
29      selector:
30        app: hello-world
```

ファイル4はウェブサーバーNginxの公式イメージで、Docker Hub（https://hub.docker.com/_/nginx/）にあるものです。

ファイル4 application2.yml（アプリケーション#2のマニフェスト）

```
1     apiVersion: apps/v1
2     kind: Deployment
3     metadata:
4       name: nginx-deployment
5     spec:
6       replicas: 3
7       template:
8         metadata:
9           labels:
10            app: nginx
11        spec:
12          containers:
13            - image: nginx
14              name:  nginx
15              ports:
16                - containerPort: 80
17    ---
18    apiVersion: v1
19    kind: Service
20    metadata:
21      name: nginx-svc
22    spec:
23      selector:
24        app: nginx
```

```
25     ports:
26       - port: 9080
27         targetPort: 80
```

ファイル5は、Javaアプリケーションサーバー Open Liberty（https://openliberty.io/）の公式コンテナイメージです。

ファイル5 application3.yml（アプリケーション#3のマニフェスト）

```
1     apiVersion: apps/v1
2     kind: Deployment
3     metadata:
4       name: java-deployment
5     spec:
6       replicas: 1
7       template:
8         metadata:
9           labels:
10            app: liberty
11        spec:
12          containers:
13            - image: openliberty/open-liberty:javaee8-ubi-min-amd64
14              name:  open-liberty
15              ports:
16                - containerPort: 9080
17                  name: httpport
18    ---
19    apiVersion: v1
20    kind: Service
21    metadata:
22      name: java-svc
23    spec:
24      selector:
25        app: liberty
26      ports:
27        - port: 9080
28          targetPort: 9080
```

以上で、イングレスによってURLのパスとアプリケーションを対応付ける方法、そして、複数のドメイン名でIPアドレス共有し、DNS名でリクエストの転送先を決める方法の学習が完了しました。

13.5 イングレスのSSL/TLS暗号化

イングレスにSSL/TLS暗号化の設定を行うことで、ブラウザからHTTPSでアプリケーションにアクセスできるようにします。この方法であれば、アプリケーションのポッドにSSL/TLS暗号設定を施すことなく、設定をイングレスにまとめることができて便利です。しかし、この方法は、イングレスコントローラのポッドへ負荷が集中するため、本番サービスへの適用にあたっては、リクエストストリームの帯域やCPU時間など、パフォーマンスのボトルネックが発生しないように考慮する必要があります。

次のファイル6のYAMLでは、暗号通信の追加部分に(1)～(4)のコメントを記しました。(1)では、HTTPでアクセスされた場合にHTTPSへリダイレクトします。(2)は暗号設定のセクションであり、その対象となるドメイン(3)と、そのドメインのサーバー証明書(4)が保存されるコンフィグマップです。

ファイル6 TLS暗号化を含むマニフェスト：ingress-tls.yml

```
1    apiVersion: extensions/v1beta1
2    kind: Ingress
3    metadata:
4      name: hello-ingress
5      annotations:
6        kubernetes.io/ingress.class: 'nginx'
7        nginx.ingress.kubernetes.io/rewrite-target: /
8        nginx.ingress.kubernetes.io/force-ssl-redirect: 'true' ## (1)リダイレクト
9
10   spec:
11     tls:                           ## (2)暗号化設定セクション　表7 TLS証明書保管先とドメインを参照
12     - hosts:
13       - abc.sample.com             ## (3)ドメイン名
14       secretName: tls-certificate  ## (4)サーバー証明書
15     rules:
16     - host: abc.sample.com
17       http:
18         paths:
19         - path: /
20           backend:
21             serviceName: helloworld-svc
22             servicePort: 8080
23         - path: /apl2
24           backend:
25             serviceName: nginx-svc
26             servicePort: 9080
27     - host: xyz.sample.com
28       http:
29         paths:
30         - path: /
31           backend:
32             serviceName: java-svc
33             servicePort: 9080
```

次に、このマニフェストがSSL/TLS暗号化のために参照する証明書を作成します。公式な証明書を作成すると費用がかかるため、実行例4では、手軽に作成できる自己署名証明書を作ります。コマンドを実行すると、証明書に書き込む項目のインプットを要求されますが、必須項目は(1)対象ドメインのみです。それ以外は入力しても、しなくても構いません。

実行例4 自己署名証明書の生成

```
$ openssl req -x509 -nodes -days 365 -newkey rsa:2048 -keyout nginx-selfsigned.key -out nginx-
selfsigned.crt
Generating a 2048 bit RSA private key
..........+++
.............................................................................................
..+++
writing new private key to 'nginx-selfsigned.key'
-----
You are about to be asked to enter information that will be incorporated
into your certificate request.
What you are about to enter is what is called a Distinguished Name or a DN.
There are quite a few fields but you can leave some blank
For some fields there will be a default value,
If you enter '.', the field will be left blank.
-----
Country Name (2 letter code) []:JP
State or Province Name (full name) []:Tokyo
Locality Name (eg, city) []:
Organization Name (eg, company) []:
Organizational Unit Name (eg, section) []:
Common Name (eg, fully qualified host name) []:abc.sample.com   ##(1)対象ドメイン
Email Address []:
```

生成された証明書と鍵のファイルを、シークレット（secret）に登録します。シークレットとはKubernetesの機能で、秘匿性を求められるデータを名前空間に保存します。シークレットにはTLS用の鍵と証明書を保存するオプション「tls」があり、それらを用いると必要なシークレットを簡単に作成できます。次の実行例5では、オプションtlsを追加して、--keyと--certのファイルを指定し、名前空間へTLS用証明書を保存しています。

実行例5 自己署名証明書をシークレットへ保存する

```
$ kubectl create secret tls tls-certificate --key nginx-selfsigned.key --cert nginx-selfsigned.
crt
secret "tls-certificate" created

$ kubectl get secret
NAME                  TYPE                                  DATA      AGE
default-token-4pfpj   kubernetes.io/service-account-token   3         3h
tls-certificate       kubernetes.io/tls                     2         18s
```

これでSSL/TLS暗号化通信の準備ができたので、実行例6でingress-tls.ymlを適用します。「kubectl describe ing」の実行結果に、abc.sample.comドメインと対応するシークレットの名前が表示されており、期待どおりにマニフェストが適用されたことがわかります。

実行例6 イングレスの設定変更と状態確認

```
$ kubectl apply -f ingress-tls.yml
ingress "hello-ingress" created

$ kubectl describe ing
Name:             hello-ingress
```

```
Namespace:         default
Address:
Default backend:  default-http-backend:80 (172.17.0.7:8080)
TLS:
  tls-certificate terminates abc.sample.com   ## <-- この部分に注目
Rules:
  Host             Path  Backends
  ----             ----  --------
  abc.sample.com
                   /       helloworld-svc:8080 (<none>)
                   /apl2   nginx-svc:9080 (<none>)
  xyz.sample.com
                   /   java-svc:9080 (<none>)
Annotations:
Events:
  Type    Reason  Age   From                      Message
  ----    ------  ----  ----                      -------
  Normal  CREATE  4s    nginx-ingress-controller  Ingress default/hello-ingress

$ kubectl get ing
NAME            HOSTS                             ADDRESS     PORTS     AGE
hello-ingress   abc.sample.com,xyz.sample.com   10.0.2.15   80, 443   48s
```

これで、ブラウザからHTTPSでアクセスを確認できます。今回は公的機関が発行した証明書ではなく、俗に「オレオレ証明書」と呼ばれる自己署名証明書ですから、ブラウザは「セキュリティ上のリスクがある」との警告を表示しますが、例外を追加してアクセスします。

図6 アプリケーション#1 https:/abc.sample.com/の応答

図7 アプリケーション#2 https://abc.sample.com/apl2の応答

ここで「http://abc.sample.com/」へアクセスすると、リダイレクトのアノテーションが効いていますから、「https://abc.sample.com/」に変換されます。

13.6 モダナイゼーションの課題

レガシーなウェブアプリケーションでは、ロードバランサーのセッションアフィニティ（Session Affinity、Affinityは親和性）を利用するのが一般的でした。

この「セッション」とは、ブラウザの操作結果の記憶です。たとえば、ショッピングサイトで選択した商品は、買い物カゴに入っている状態を保持しています。ウェブアプリケーションへのログインでも、ブラウザから入力されたユーザーIDとパスワードを照合し一致した結果として、「アクセスを許可する」という情報がセッションに保存されています。アプリケーションがブラウザごとに管理しなければならないセッション情報の例には、ログイン状態、買い物カゴに入った商品のリスト、次に何ページ目を表示するかなどがあります。

一方、ブラウザで用いるHTTPはステートレスなプロトコルであり、サーバーとクライアントの間で通信のつながりを維持しません。たとえば、ブラウザがHTTPでURLをアクセスした場合、画面表示が完了すると、TCP/IP通信の仮想回線はクローズしてしまいます。基本的には、ブラウザがURLにアクセスするたびにTCP/IPの仮想回線をオープンし、データを受け取ったらクローズするという動作を繰り返しています。そのためアプリケーションは、仮想回線のIDなどを手掛りにしてブラウザを特定することはできません。

そこでアプリケーションは、ブラウザを識別するためにクッキー（Cookie）をHTTPプロトコルのヘッダーにセットして送信します。ブラウザはクッキーを保存しておき、同じURLをアクセスする際には、記憶したクッキーをHTTPヘッダーにセットして送信します。このようにしてアプリケーションは、過去に送信したクッキーがHTTPヘッダーに含まれていれば、その情報からセッションの情報を参照して、リクエストに対する処理内容を決定することができます。

しかし、ここで問題が起こります。ウェブアプリケーションのサーバーが1台であればよいのですが、ロードバランサーの背後にアプリケーションサーバーを複数並べて、可用性や処理能力を改善する構成の場合は違います。ロードバランサーが、セッション情報を保持していないサーバーへリクエストを振り分けてしまうと、アプリケーションは正しい処理ができません。たとえば、認証成功の情報がセッションに記憶されていないことを理由に、ログイン画面に戻ってしまいます。あるいは、買い物カゴに選択した商品が入っていたり、なくなったりするといった異常な動作になってしまいます。

この問題を解決するため、ロードバランサーは「セッションアフィニティ」と呼ばれる機能を搭載しています。一言で説明すると、ブラウザのリクエストを常に同じサーバーの同じアプリケーションのプロセスへ転送する機能です。つまり、セッションの情報があるアプリケーションのプロセスにしか転送しないのです。ロードバランサーのこの機能によって、サーバーサイドのアプリケーション開発者は従来、サーバーの境界を越えたセッション情報の共有に時間を費やすことなく、アプリケーションロジックの開発に専念できました。

一方、クラウドネイティブなアプリケーション開発のバイブル的な存在となっている「The Twelve Factor Apps」[7]では、セッションの情報を外部のキャッシュサービスに保存し、アプリケーション間で共有することを推奨しています。Kubernetesは、アプリケーションがこの推奨にしたがっており、セッション情報がポッド外部のキャッシュに保存されているものとして扱います。その結果、Kubernetesの「サービス」の負荷分散機能は、クライアントからのリクエストをポッドへランダムに振り分けます。しかし、このことはレガシーなウェブアプリケーションのモダナイゼーションにとって、難関となってしまいます。

イングレスのセッションアフィニティ機能の活用は、この難関を突破する有効な選択肢です。これにより、コードの修正作業を最小限にとどめ、手っ取り早くコンテナ化の恩恵にあずかることができます。

図3に、アプリケーションを「K8s最適化」する場合と、「イングレス利用」による構成変更を行う場合との違いをイメージで表しました。後者では、アプリケーションをほとんど変えることなく、Kubernetesへ移行できることがわかると思います。

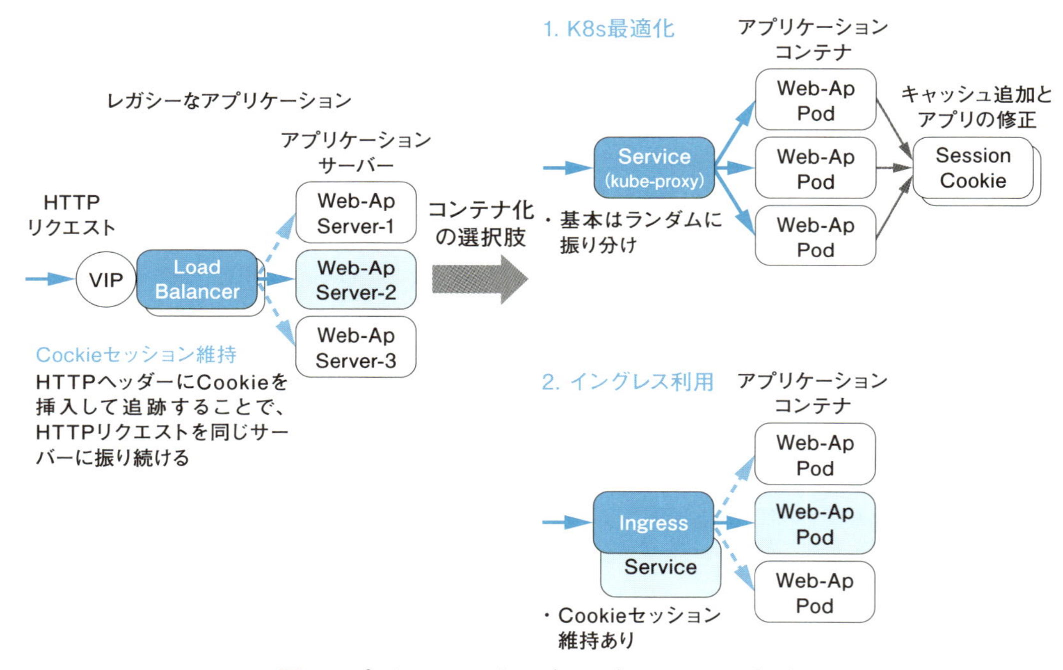

図8 アプリケーションをモダナイズするときの選択肢

サービスの負荷分散機能

「サービス」のポッドに対するロードバランス機能はレイヤー3相当の負荷分散であり、クライアントのIPアドレスにより、リクエストの転送先のポッドを一定にできます。しかし、レイヤー7相当であるHTTP Cookieによって、セッションを開始したポッドへリクエストを固定的に転送することはできません。

図8の選択肢について補足します。Kubernetesへ移行するためのアプリケーション改修やテストの費用を

参考資料

[7] THE TWELVE FACTOR APP、https://12factor.net/

抑えるうえで、イングレスは最適な選択肢かもしれません。

1.の「K8s最適化」では、アプリケーションのコードまたはミドルウェア設定を修正して、セッション情報をキャッシュに保存するよう変更します。キャッシュのクラスタはK8sクラスタ上に構成することも、パブリッククラウドのサービスを利用することもできます。アプリケーションやミドルウェアの変更コストとキャッシュの運用コストが、追加で発生することになります。

2.の「イングレス利用」では、セッションアフィニティの機能を利用して、アプリケーションコードの修正やミドルウェアの設定変更なしに、アプリケーションをコンテナ化してK8sクラスタ上にデプロイします。これは移行コストや運用コストの削減にも効果を期待できます。この選択肢の欠点として、アプリケーションの稼働中にはロールアウトができない点があります。

13.7 セッションアフィニティ機能の利用

イングレスのセッションアフィニティの設定と機能を見ていきます。必要な設定箇所は、ファイル7の「アノテーション(1)」の部分だけです。

ファイル7 ingress-session.yml(セッションアフィニティを設定するマニフェスト)

```
1     apiVersion: extensions/v1beta1
2     kind: Ingress
3     metadata:
4       name: hello-ingress
5       annotations:
6         kubernetes.io/ingress.class: 'nginx'
7         nginx.ingress.kubernetes.io/affinity: 'cookie'  # (1)セッションアフィニティ有効化
8     spec:
9       rules:
10      - host: abc.sample.com
11        http:
12          paths:
13          - path: /
14            backend:
15              serviceName: session-svc
16              servicePort: 9080
```

実行例7はセッションアフィニティの機能がない場合、実行例8はある場合の結果です。両者を比較してみましょう。このアプリケーションは、クッキーでクライアントを判別して、カウンターを増やしていきます。

実行例7のcurlの応答では、毎回ホスト名すなわちポッドが異なり、カウンター値は増えません。これはリクエストがランダムにポッドに割り振られていることを意味しています。

実行例7 セッションアフィニティがない場合のアクセス例

```
$ curl -c cookie.dat http://abc.sample.com
Hostname: session-deployment-68f45d44df-pnhv5<br>
1th time access.

$ curl -b cookie.dat http://abc.sample.com   ## オプションを -c から -b へ変更
Hostname: session-deployment-68f45d44df-sjmvk<br>
1th time access.

$ curl -b cookie.dat http://abc.sample.com
Hostname: session-deployment-68f45d44df-d8g62<br>
1th time access.

$ curl -b cookie.dat http://abc.sample.com
Hostname: session-deployment-68f45d44df-jpjd5<br>
1th time access.

$ curl -b cookie.dat http://abc.sample.com
Hostname: session-deployment-68f45d44df-l86f8<br>
```

次は実行例8のケースです。セッションアフィニティが有効になり、クッキーによってクライアントが識別され、転送先ポッドが固定されるため、カウンター値が増えていることが読み取れます。

実行例8 セッションアフィニティがある場合のアクセス例

```
$ curl -c cookie.dat http://abc.sample.com
Hostname: session-deployment-68f45d44df-jpjd5<br>
1th time access.

$ curl -b cookie.dat http://abc.sample.com   ## オプションを -c から -b へ変更
Hostname: session-deployment-68f45d44df-jpjd5<br>
2th time access.

$ curl -b cookie.dat http://abc.sample.com
Hostname: session-deployment-68f45d44df-jpjd5<br>
3th time access.

$ curl -b cookie.dat http://abc.sample.com
Hostname: session-deployment-68f45d44df-jpjd5<br>
4th time access.

$ curl -b cookie.dat http://abc.sample.com
Hostname: session-deployment-68f45d44df-jpjd5<br>
5th time access.
```

このように、イングレスの簡単な設定で、セッションアフィニティの課題を解決できます。

この検証に利用したコンテナのファイルと、ビルド方法を紹介しておきます。読者の環境での機能確認に活用してください。実行例9は、テスト実施のディレクトリ構造です。この中には、アクセスするたびにカウンターをアップするアプリケーションを含め、必要なファイルが入っています。

実行例9 ファイルのリスト

```
$ tree step13
step13
├── session_affinity
│   ├── ingress-session.yml    # セッション維持イングレス マニフェスト
│   ├── session-test           # イメージ ビルド用ディレクトリ
│   │   ├── Dockerfile
│   │   └── php
│   │       └── index.php     # カウンターアプリケーション
│   └── session-test.yml       # デプロイメントのマニフェスト
```

session_affinity/session-testの下に、コンテナのイメージをビルドするためのファイルがあるので、ディレクトリを移動し、実行例10のコマンドを実行してイメージを登録します。筆者のDocker Hubアカウントmahoは、読者のアカウント名へ置き換えてください。

実行例10 コンテナのビルドとレジストリへの登録（実行コマンドのみ抜粋）

```
$ cd step13/session_affinity/session-test
$ docker build --tag maho/session-test .
$ docker login
$ docker push maho/session-test:1.1
```

次のファイル8はイメージを作成するためのDockerfileです。ファイル9は、コンテナの中で実行するPHPのプログラムであり、セッションにカウンター値を保存します。これは、アクセスするたびにカウンターを加算する作りになっています。

ファイル8 Dockerfile

```
1    FROM php:7.0-apache
2    COPY php/ /var/www/html/
3    RUN chmod a+rx /var/www/html/*.php
```

ファイル9 index.php

```
1    <?php
2    session_start();
3    if (!isset($_SESSION['count'])) {
4        $_SESSION['count'] = 1;
5    } else {
6        $_SESSION['count']++;
7    }
8    echo "Hostname: ".gethostname()."<br>\n";
9    echo $_SESSION['count']."th time access.\n";
10   ?>
```

次のファイル10は、K8sクラスタへデプロイするためのYAMLファイルです。分散具合がよくわかるように、レプリカセット数は10としています。

ファイル10 session-test.yml(セッションをテストするアプリケーションのマニフェスト)

```
1    apiVersion: apps/v1
2    kind: Deployment
3    metadata:
4      name: session-deployment
5    spec:
6      replicas: 10  #<-- ポッド数
7      template:
8        metadata:
9          labels:
10           app: session
11       spec:
12         containers:
13           - image: 'maho/session-test:1.1'
14             name: session
15             ports:
16               - containerPort: 80
17   ---
18   apiVersion: v1
19   kind: Service
20   metadata:
21     name: session-svc
22   spec:
23     selector:
24       app: session
25     ports:
26       - port: 9080
27         targetPort: 80
```

最後にセッションのテスト用コンテナ(ファイル12)とイングレス(ファイル7)をデプロイして、検証環境のセットアップは完了です。

実行例11 K8sクラスタへのデプロイ

```
$ kubectl apply -f session-test.yml
$ kubectl apply -f ingress-session.yml
```

セッションアフィニティがない状態のテストでは、ingress-session.ymlリストの(1)の行をコメントにして、マニフェストを適用します。

13.8 kube-keepalived-vipによるVIP獲得とHA構成

NGINXイングレスコントローラは、Virtual IP(以下VIP)をノード間で共有する機能を持っていません。そのため複数のノードで構成される学習環境2のマルチノードK8sでは、keepalivedと組み合わせる必要があります。パブリッククラウドのK8sマネージドサービスは、イングレスとVIPを連携させる機能を実装しているので、対策を講じる必要はありません。一方、オンプレミス環境でK8sクラスタを構築する場合には、イングレスにVIPを加えるための考慮が必要になります。

そこで以下では、従来のkeepalivedをK8s用に書き直したkube-keepalived-vipを利用して、VIPのノード間共有とHA構成を学習環境2に実装し、理解を深めていきましょう。

ただ、読者の中には、「クラウドサービスや商用のソフトウェア製品を利用するので、そのような知識は不要」と思う方もいるでしょう。また、この「Step 13」を参考にして、自力でイングレスのHA構成をオンプレミス環境に構築するエンジニアは少ないかもしれません。しかし、自身で苦労して構築しないまでも、本書での疑似体験は、読者のスキルアップに必ず貢献すると筆者は確信しています。

ここで実装するのは図4の構成です。図では2つのノードで表していますが、2つ以上のノードに対応しています。一方のイングレスコントローラの動作は、これまでと同じです。

kube-keepalived-vipのポッドは、VRRP (Virtual Router Redundancy Protocol) によってメンバーの存在を確認し、メンバー内の1つのノードがVIPを受け持ちます。このVIPを受け持つノードが、アプリケーションへのリクエストを受け取り、イングレスコントローラに転送します。

図9のように、イングレスコントローラが動作するノードと、VIPを受け持つノードは同じである必要はありません。ノード境界を越えて構成されるポッドネットワークを通じて、リクエストは転送されます。もし、VIPを受け持つノードがオフラインになったら、残ったノードがVIPを引き継ぎます。

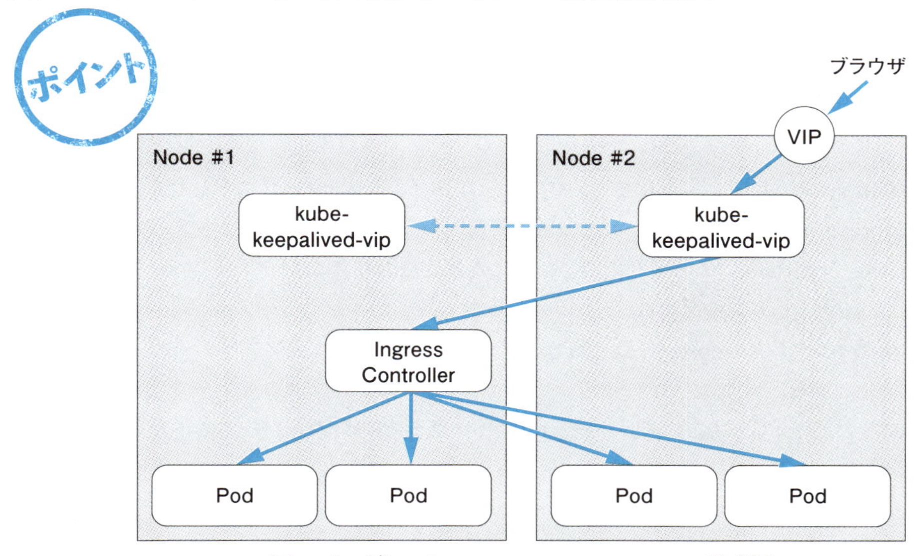

図9 イングレスとkube-keepalived-vipの構成例

演習には2ノード以上の環境が必要なため、学習環境2を使用して、イングレスコントローラやkube-keepalived-vipなどの必要なマニフェスト一式を作成し、構築を進めていきます。本レッスンで構成するK8sオブジェクトの役割分担を概念図に表すと、図10のようになります。

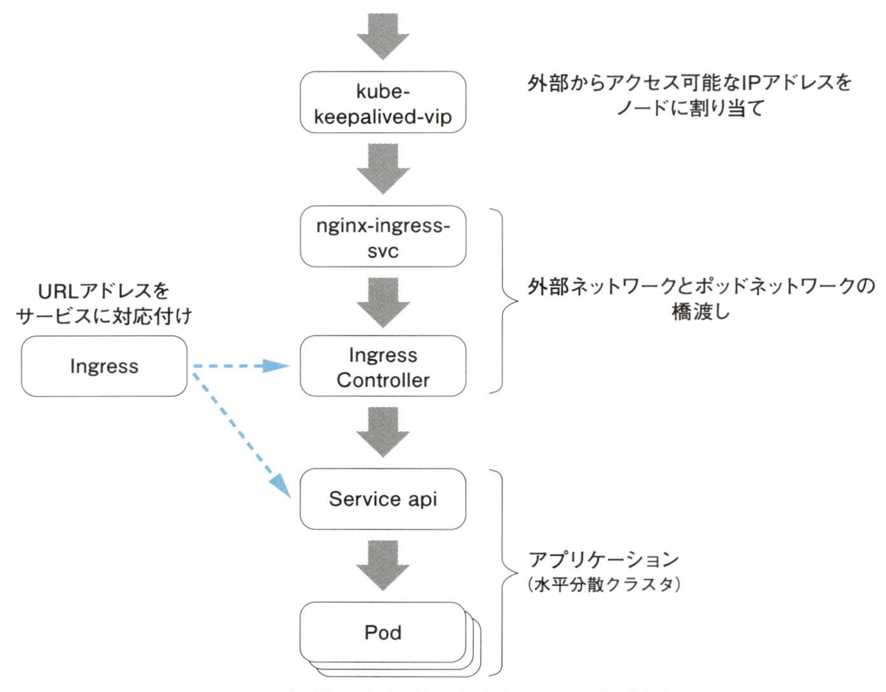

図10 仮想IPからポッドに到るまでの概念図

図5に沿って上から順に、アプリケーションのポッドに至るまでの過程を、次の(1)〜(4)で説明します。

(1) kube-keepalived-vipは、外部からアクセス可能なIPアドレスをノードに割り当てる。
(2) nginx-ingress-svcとIngress Controllerが、外部ネットワークとポッドネットワークとを橋渡しする。Ingress Controllerはポッドなので、これに外部からのリクエストを転送するために、サービスnginx-ingress-svcを設定する。
(3) 図中左側のイングレス(Ingress)はK8sオブジェクトであり、URLとアプリケーションを対応付ける仕様記述である。
(4) これら前段の働きによって、アプリケーションはK8sクラスタ外部のクライアントからのリクエストを受け取れるようになる。

以上の概要がわかったところで、構築作業を開始しましょう。

(1) 高可用性イングレス環境の構築

上記図5の構築工程を細かく列挙すると次の8項目になり、実行例12のリストに対応します。

1. 専用のネームスペース作成（a-namespace.yml）
2. イングレスのコンフィグマップ作成（ing-configmap.yml）
3. イングレスのサービスアカウント作成とRBAC設定（ing-controller-with-rbac.yml）
4. イングレスのデフォルトバックエンドのデプロイ（ing-default-backend.yml）
5. イングレスコントローラのデプロイ（ing-rbac.yml）
6. kube-keepalived-vipのコンフィグマップの作成（vip-configmap.yml）
7. kube-keepalived-vipのサービスアカウント作成とRBAC設定（vip-rbac.yml）
8. kube-keepalived-vipのデーモンセットのデプロイ（vip-daemonset.yml）

実行例12 イングレスコントローラ + kube-keepalived-vip構築用マニフェストのリスト

```
$ tree ingress-keepalived/
ingress-keepalived/
├── a-namespace.yml
├── ing-configmap.yml
├── ing-controller-with-rbac.yml
├── ing-default-backend.yml
├── ing-rbac.yml
├── vip-configmap.yml
├── vip-daemonset.yml
└── vip-rbac.yml
```

構築作業はコマンド1つで完了します。実行例13の先頭行のように「kubectl apply -f ＜ディレクトリ名＞」とするだけで、指定ディレクトリのYAMLファイルを一度に適用することができます。適用の順番はアルファベット順となりますので、前提になるネームスペース作成のマニフェストには、頭文字とし“a-”を付与してあります。

実行例13 高可用性イングレスの構築作業の様子

```
$ kubectl apply -f ingress-keepalived/
namespace/tkr-system created
configmap/nginx-configuration created
configmap/tcp-services created
configmap/udp-services created
deployment.extensions/nginx-ingress-controller created
service/nginx-ingress-svc created
deployment.extensions/default-http-backend created
service/default-http-backend created
serviceaccount/nginx-ingress-serviceaccount created
clusterrolebinding.rbac.authorization.k8s.io/nginx-ingress-clusterrole-nisa-binding created
configmap/vip-configmap created
daemonset.extensions/kube-keepalived-vip created
serviceaccount/kube-keepalived-vip created
clusterrole.rbac.authorization.k8s.io/kube-keepalived-vip created
clusterrolebinding.rbac.authorization.k8s.io/kube-keepalived-vip created
```

これらのすべてのマニフェストはK8sクラスタの機能を拡張するものなので、名前空間tkr-systemに生成されるようにしました。そこで、実行結果を確認するために、コマンドのスコープを切り替える「-n tkr-system」を指定して、デーモンセット、サービス、ポッドのリストを表示したのが実行例14です。

実行例14 実行結果確認

```
$ kubectl get ds,svc,po -n tkr-system
NAME                                     DESIRED CURRENT READY UP-TO-DATE AVAILABLE AGE
daemonset.extensions/kube-keepalived-vip 2       2       2     2          2         1m

NAME                         TYPE         CLUSTER-IP     EXTERNAL-IP  PORT(S)
AGE
service/default-http-backend ClusterIP    10.244.124.91  <none>       80/TCP
1m
service/nginx-ingress-svc    LoadBalancer 10.244.139.171 172.16.20.99 80:30438/TCP,443:30570/TCP
1m

NAME                                        READY   STATUS    RESTARTS   AGE
pod/default-http-backend-c7d668c9d-2g9hl    1/1     Running   0          1m
pod/kube-keepalived-vip-2tzmc               1/1     Running   0          1m
pod/kube-keepalived-vip-wwrsj               1/1     Running   0          1m
pod/nginx-ingress-controller-58bc7847bf-44266   1/1     Running   0          1m
```

このコマンド「kubectl get ds,svc,po」の応答は、ds（デーモンセット）、svc（サービス）、po（ポッド）の順にリストを表示していきます。

最初のdsに対応する部分では、要求数（DESIRED）が2なのに対して存在数（AVAILABLE）が2となっており、要求数だけポッドが作成されたことが読み取れます。この要求数（DESIRED）2はノードの数に由来します。もし、node1とnode2に加えてnode3が存在すれば、この数は3となります。

次のsvcの中のサービス名「default-http-backend」は、イングレスのマニフェスト中のルールに合致しないリクエストが来たときに導かれるサービスであり、エラー表示を担当します。

一方、サービス名「nginx-ingress-svc」は、イングレスコントローラへ導くためのロードバランサーの設定です。ここではVIP（公開用IPアドレス）として「172.16.20.99」が表示されています。これはkube-keepalived-vipがノードに付与するIPアドレスと同じです。

次の実行例15の3番目のNAMEで「pod/」から始まるリストは、コントローラから起動されたポッドです。

(2) アプリケーションのデプロイとテスト

実行例16では2つのマニフェストを適用しています。一方はイングレスのマニフェストであり、ドメイン名「abc.sample.com」で、かつ公開用IPアドレス「172.16.20.99」宛てのリクエストを、アプリケーションへ導きます。もう一方は、ポッド名を表示する模擬アプリケーションのマニフェストです。

先ほどの実行例では、イングレスとkube-keepalived-vipのオブジェクトを名前空間tkr-systemに作りましたが、今回は名前空間defaultに作成します。理由は今回、tkr-systemをシステム基盤機能の名前空間とし、defaultをアプリケーションが動作するための名前空間として、分けているからです。

実行例15 アプリケーションのデプロイ

```
$ tree test-apl/
test-apl/
├── hello-world.yml
└── ingress.yml

0 directories, 2 files

$ kubectl apply -f test-apl/
deployment.apps/hello-world-deployment created
service/hello-world-svc created
ingress.extensions/hello-world-ingress created
```

結果確認(実行例16)では、オブジェクトとして、模擬アプリケーションのデプロイメント、ポッド、サービス、イングレスが作成されていることを読み取れます。名前空間を指定するオプション「-n」を省略した場合、defaultのみが表示されます。

実行例16 アプリケーションのデプロイ結果の確認

```
$ kubectl get deploy,po,svc,ing
NAME                                             DESIRED CURRENT UP-TO-DATE AVAILABLE AGE
deployment.extensions/hello-world-deployment 5       5       5          5         15s

NAME                                           READY     STATUS    RESTARTS   AGE
pod/hello-world-deployment-76f77bf4dc-5bgqf   1/1       Running   0          15s
pod/hello-world-deployment-76f77bf4dc-654k7   1/1       Running   0          15s
pod/hello-world-deployment-76f77bf4dc-d4g4q   1/1       Running   0          15s
pod/hello-world-deployment-76f77bf4dc-qzcrt   1/1       Running   0          15s
pod/hello-world-deployment-76f77bf4dc-z4trm   1/1       Running   0          15s

NAME                      TYPE        CLUSTER-IP      EXTERNAL-IP   PORT(S)          AGE
service/hello-world-svc   NodePort    10.244.169.188  <none>        8080:31445/TCP   15s
service/kubernetes        ClusterIP   10.244.0.1      <none>        443/TCP          3h

NAME                                      HOSTS             ADDRESS   PORTS     AGE
ingress.extensions/hello-world-ingress   abc.sample.com              80        15s
```

PCのブラウザからドメイン名でアクセスできるように、PCのhostsファイルにIPアドレスとドメイン名を登録しておきます。

実行例17 アプリケーションアクセス /etc/hosts

```
172.16.20.99    abc.sample.com
```

PCのcurlコマンドやブラウザから、ドメイン名「http://abc.sample.com/」でアクセスして、次の応答(実行例18)が返れば成功です。ここでは5つのポッドがありますから、ランダムに5つのポッド名の中から応答があります。

実行例18 アプリケーションアクセス

```
$ curl http://abc.sample.com
<html><head><title>HTTP Hello World</title></head><body><h1>Hello from hello-world-deployment-
76f77bf4dc-z4trm</h1></body></html>

$ curl http://abc.sample.com
<html><head><title>HTTP Hello World</title></head><body><h1>Hello from hello-world-deployment-
76f77bf4dc-qzcrt</h1></body></html>

$ curl http://abc.sample.com
<html><head><title>HTTP Hello World</title></head><body><h1>Hello from hello-world-deployment-
76f77bf4dc-654k7</h1></body></html>
```

ここまでで、ノード間で公開用IPアドレスを共有して、イングレスに設定したアプリケーションから応答があることを確認できました。

(3) 障害回復テスト

次に、図6のような障害回復の試験を行います。VIPを受け持つノードを停止させたとき、kube-keepalived-vipの機能によってVIPが移動し、アクセスが回復するまでの時間を測ります。

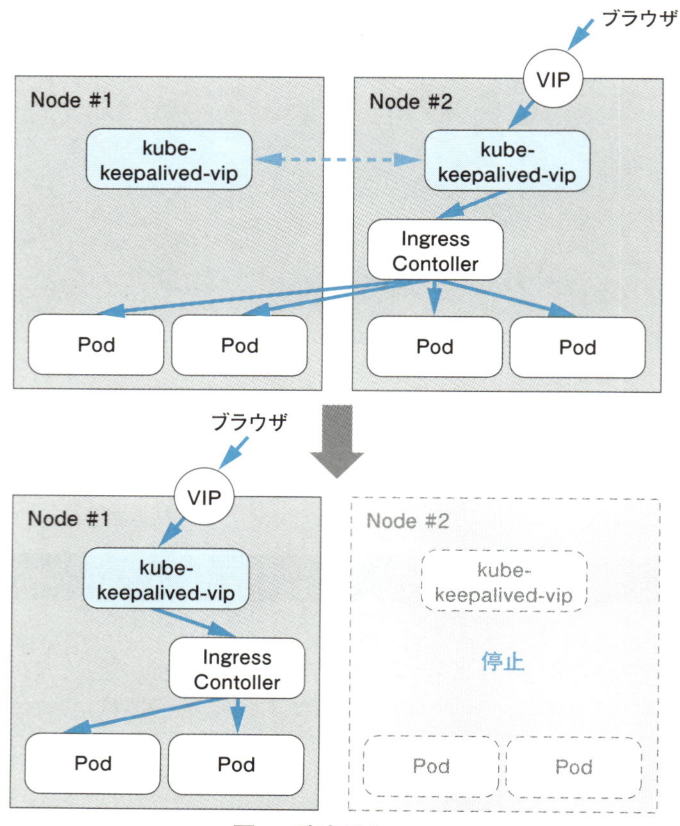

図11 障害回復テスト

次の実行例19では、15秒間隔でアクセスした結果を表示しています。そして、2回目の応答があったところで、ノード#2を「vagrant halt node2」でシャットダウンして、レスポンスが回復する時間を見ています。curlコマンドのセッションを確立するまでのタイムアウト時間を3秒にしていますから、応答がない場合の実行間隔は15秒+3秒で計18秒になります。次の結果では6回のタイムアウトが発生していますから、6×18=108秒ほど応答できなかったことが読み取れます。

実行例19 障害回復テスト

```
$ while true; do curl --connect-timeout 3 http://abc.sample.com; sleep 15; done
<html><head><title>HTTP Hello World</title></head><body><h1>Hello from hello-world-deployment-
b58876bbd-gk985</h1></body></html>
<html><head><title>HTTP Hello World</title></head><body><h1>Hello from hello-world-deployment-
b58876bbd-56lmq</h1></body></html>
curl: (28) Connection timed out after 3004 milliseconds
curl: (28) Connection timed out after 3001 milliseconds
curl: (28) Connection timed out after 3002 milliseconds
curl: (28) Connection timed out after 3002 milliseconds
curl: (28) Connection timed out after 3004 milliseconds
curl: (28) Connection timed out after 3003 milliseconds
<html><head><title>HTTP Hello World</title></head><body><h1>Hello from hello-world-deployment-
b58876bbd-xkzkl</h1></body></html>
<html><head><title>HTTP Hello World</title></head><body><h1>Hello from hello-world-deployment-
b58876bbd-7m7xk</h1></body></html>
<html><head><title>HTTP Hello World</title></head><body><h1>Hello from hello-world-deployment-
b58876bbd-q9rjf</h1></body></html>
```

この障害回復テストの結果は、水平クラスタを構成するK8sクラスタにおいて回復時間が長く、奇異に感じるかもしれません。長くなった理由は、イングレスコントローラが、クライアントのリクエストを中継するリバースプロキシとして動作し、実質的にはアクティブスタンバイ構成となっているからです。そのため、K8sクラスタの前段にロードバランサーを配置した場合に比べ、イングレスコントローラのポッドが稼働するノードやVIPを持つノードが、停止するケースでは、切り替え時間が長くなる欠点があります。しかし、K8sクラスタの構築作業を簡便かつ完結して行うことができますので、予算とサービスレベルに応じて活用を検討するとよいでしょう。

(4) クリーンナップ方法

イングレスコントローラ一式を削除するには、名前空間tkr-systemを削除します。これにより、その名前空間にあるすべてのオブジェクトを削除することができます。

実行例20 NGINXイングレスコントローラ + kube-keepalived-vip (環境クリーンナップ)

```
$ kubectl delete ns tkr-system
```

模擬アプリケーションを削除するには、「kubectl delete -f <ディレクトリ名>」とします。これで、そのディレクトリに存在するマニフェストのオブジェクトを削除することができます。

実行例21 模擬アプリケーションのクリーンナップ

```
$ kubectl delete -f test-apl
```

(5) YAMLファイルの説明

YAMLファイルの中身の説明に入る前に、それぞれのファイル名、分類、概要を表8にまとめました。

表8の項目「分類」の列には、運用時の役割として、そのYAMLファイルが「基盤」に属すか「アプリ」に属すものかを記しました。イングレスコントローラやkube-keepalived-vipは、K8sクラスタの機能を拡張するものなので「基盤」に分類し、イングレスや模擬アプリケーションは「アプリ」に分類しました。この表からは、個々のYAMLファイルを分類し、役割分担を決めて運用できることが読み取れると思います。

表8 NGINXイングレスコントローラ、kube-keepalived-vip（模擬アプリの各マニフェスト一覧）

No	YAMLファイル名	分類	概要
1	a-namespace.yml	基盤	本レッスン用ネームスペース
2	ing-configmap.yml	基盤	イングレスコントローラのパラメータ
3	ing-default-backend.yml	基盤	IPアドレスでのアクセスや、存在しないページへのアクセスに対し、エラーのHTMLページを表示する
4	ing-rbac.yml	基盤	イングレスコントローラのサービスアカウントとRBACの設定用
5	ing-controller-with-rbac.yml	基盤	イングレスコントローラ本体のデプロイ用
6	vip-configmap.yml	基盤	kube-keepalived-vipのパラメータ
7	vip-rbac.yml	基盤	kube-keepalived-vipのサービスアカウントとRBACの設定用
8	vip-daemonset.yml	基盤	kube-keepalived-vipのデプロイ用
9	hello-world.yml	アプリ	模擬アプリケーションのデプロイ用
10	ingress.yml	アプリ	イングレスの設定用

1. 基盤用名前空間

K8sクラスタを管理しやすくするために、アプリケーションの名前空間と、このイングレスコントローラやkube-keepalived-vipなど基盤のポッドが動作する名前空間とを分けています。なお、名前空間名のtkr-systemのtkrは筆者の名前takaraの子音であり、特に意味はありません。読者が利用するときは、適当な名前に変更してください。

ファイル11 a-namespace.yml（基盤用名前空間作成用マニフェスト）

```
1    apiVersion: v1
2    kind: Namespace
3    metadata:
4      name: tkr-system
```

2. イングレス用コンフィグマップ

ここではデフォルト値を利用するので、それぞれのコンフィグマップは空ですが、このコンフィグマップに設定できるパラメータが、ファイル12の下に記載した参考資料リンクにあります。

ファイル12 ing-configmap.yaml（イングレス用コンフィグマップ作成用マニフェスト）

```
1     kind: ConfigMap
2     apiVersion: v1
3     metadata:
4       name: nginx-configuration
5       namespace: tkr-system
6       labels:
7         app: ingress-nginx
8     ---
9     kind: ConfigMap
10    apiVersion: v1
11    metadata:
12      name: tcp-services
13      namespace: tkr-system
14    ---
15    kind: ConfigMap
16    apiVersion: v1
17    metadata:
18      name: udp-services
19      namespace: tkr-system
```

※ イングレスのパラメータ:https://kubernetes.github.io/ingress-nginx/user-guide/nginx-configuration/configmap/

3. デフォルトバックエンド

ファイル13は、イングレスのルールに合致しないURLがアクセスされた場合にエラーを表示するためのマニフェストです。

ファイル13 ing-default-backend.yaml（エラー表示用バックエンドのマニフェスト）

```
1     apiVersion: apps/v1
2     kind: Deployment
3     metadata:
4       name: default-http-backend
5       namespace: tkr-system
6       labels:
7         app: default-http-backend
8     spec:
9       replicas: 1
10      selector:
11        matchLabels:
12          app: default-http-backend
13      template:
14        metadata:
15          labels:
16            app: default-http-backend
17        spec:
```

```
18          terminationGracePeriodSeconds: 60
19          containers:
20          - name: default-http-backend
21            image: gcr.io/google_containers/defaultbackend:1.4
22            ports:
23            - containerPort: 8080
24    ---
25    apiVersion: v1
26    kind: Service
27    metadata:
28      name: default-http-backend
29      namespace: tkr-system
30      labels:
31        app: default-http-backend
32    spec:
33      ports:
34      - port: 80
35        targetPort: 8080
36      selector:
37        app: default-http-backend
```

4. サービスアカウント作成とRBAC設定

ファイル14は、イングレスコントローラのソースコードに含まれるマニフェストを簡略化したものです。最小限の権限だけを割り当てたいときには、引用元のファイルを参照してください。

ファイル14 ing-rbac.yaml（サービスアカウント作成と権限設定）

```
1     apiVersion: v1
2     kind: ServiceAccount
3     metadata:
4       name: nginx-ingress-serviceaccount
5       namespace: tkr-system
6     ---
7     apiVersion: rbac.authorization.k8s.io/v1beta1
8     kind: ClusterRoleBinding
9     metadata:
10      name: nginx-ingress-clusterrole-nisa-binding
11    roleRef:
12      apiGroup: rbac.authorization.k8s.io
13      kind: ClusterRole
14      name: admin
15    subjects:
16      - kind: ServiceAccount
17        name: nginx-ingress-serviceaccount
18        namespace: tkr-system
```

※ 引用元：https://github.com/kubernetes/ingress-nginx/blob/master/deploy/rbac.yaml

5. イングレスコントローラ本体のデプロイ用YAML

ファイル15は、NGINXイングレスコントローラのソースコードに含まれるマニフェストです。本書の学習用環境に合わせて、以下の2点を変更しました。

(1)修正：「- --publish-service=$(POD_NAMESPACE)/nginx-ingress-svc」の引数は、ロードバランサーnginx-ingress-svcのEXTERNAL IPアドレスを受け入れることを指定します。
(2)追加：この学習用環境のサービス「Type LoadBalancer」は、K8sクラスタ外部のロードバランサーと連動しません。ただし、外部向け（ExternalIP）のIPアドレスのアクセスを、NGINXイングレスコントローラへ転送します。

ファイル15 ing-controller-with-rbac.yml（イングレスコントローラ用マニフェスト）

```
1   apiVersion: apps/v1
2   kind: Deployment
3   metadata:
4     name: nginx-ingress-controller
5     namespace: tkr-system
6   spec:
7     replicas: 1
8     selector:
9       matchLabels:
10        app: ingress-nginx
11    template:
12      metadata:
13        labels:
14          app: ingress-nginx
15      spec:
16        serviceAccountName: nginx-ingress-serviceaccount
17        containers:
18          - name: nginx-ingress-controller
19            image: quay.io/kubernetes-ingress-controller/nginx-ingress-controller:0.13.0
20            args:
21              - /nginx-ingress-controller
22              - --default-backend-service=$(POD_NAMESPACE)/default-http-backen4d
23              - --configmap=$(POD_NAMESPACE)/nginx-configuration
24              - --tcp-services-configmap=$(POD_NAMESPACE)/tcp-services
25              - --udp-services-configmap=$(POD_NAMESPACE)/udp-services
26              - --annotations-prefix=nginx.ingress.kubernetes.io
27              - --publish-service=$(POD_NAMESPACE)/nginx-ingress-svc # (1)修正
28            env:
29              - name: POD_NAME
30                valueFrom:
31                  fieldRef:
32                    fieldPath: metadata.name
33              - name: POD_NAMESPACE
34                valueFrom:
35                  fieldRef:
36                    fieldPath: metadata.namespace
37            ports:
38            - name: http
39              containerPort: 80
40            - name: https
41              containerPort: 443
42  ---
43  apiVersion: v1
44  kind: Service
45  metadata:
```

```
46      name: nginx-ingress-svc
47      namespace: tkr-system
48      labels:
49        app: nginx-ingress-svc
50    spec:
51      type: LoadBalancer  # (2)追加
52      ports:
53      - name: http
54        port: 80
55        targetPort: http
56      - name: https
57        port: 443
58        targetPort: https
59      selector:
60        app: ingress-nginx
61      externalIPs:
62        - 172.16.20.99       # kube-keepalived-vipのVIPと一致すること
```

※ 引用元：https://github.com/kubernetes/ingress-nginx/blob/master/deploy/with-rbac.yaml

6. kube-keepalived-vipのコンフィグマップ

ファイル16は、公開用IPアドレスをイングレスコントローラのサービスへ転送する設定です。公開用IPアドレスは、ノードが接続されたLANにアサインされ、外部からアクセスできるようにルーティングされている必要があります。

ファイル16 vip-configmap.yml（kube-keepalived-vipのコンフィグマップ）

```
1    apiVersion: v1
2    kind: ConfigMap
3    metadata:
4      name: vip-configmap
5      namespace: tkr-system
6    data:
7      172.16.20.99: tkr-system/nginx-ingress-svc
```

7. kube-keepalived-vipのサービスアカウントとRBAC設定

ファイル17は、kube-keepalived-vipのサービスアカウントと、クラスタロールとを作成して、サービスアカウントに結び付けるマニフェストです。

ファイル17 vip-rbac.yml

```
1    apiVersion: v1
2    kind: ServiceAccount
3    metadata:
4      name: kube-keepalived-vip
5      namespace: tkr-system
6    ---
7    apiVersion: rbac.authorization.k8s.io/v1beta1
8    kind: ClusterRole
```

```
9     metadata:
10      name: kube-keepalived-vip
11    rules:
12    - apiGroups: [""]
13      resources:
14      - pods
15      - nodes
16      - endpoints
17      - services
18      - configmaps
19      verbs: ["get", "list", "watch"]
20    ---
21    apiVersion: rbac.authorization.k8s.io/v1beta1
22    kind: ClusterRoleBinding
23    metadata:
24      name: kube-keepalived-vip
25    roleRef:
26      apiGroup: rbac.authorization.k8s.io
27      kind: ClusterRole
28      name: kube-keepalived-vip
29    subjects:
30    - kind: ServiceAccount
31      name: kube-keepalived-vip
32      namespace: tkr-system
```

※ 引用元：https://github.com/kubernetes/contrib/tree/master/keepalived-vip#optional-install-the-rbac-policies

8. kube-keepalived-vipのデプロイ用マニフェスト

ファイル18は、kube-keepalived-vipのポッドを、各ノードにデプロイするためのマニフェストに変更を加えたものです。変更箇所は次の2点です。

(1) ユニキャストの利用　：vagrantから利用するVirtualBoxの仮想ネットワークを利用しているため、ユニキャストのオプションを利用します。

(2) ノードセレクタの無効化：学習用環境ではマスターへのスケジュールを禁止しているので不要です。もし、外部ネットワークと接続する専用ノードをデプロイする場合には、ノードにラベルを追加して、ノードセレクタに一致するラベル名をセットします。

ファイル18 vip-daemonset.yml

```
1     apiVersion: extensions/v1beta1
2     kind: DaemonSet
3     metadata:
4       name: kube-keepalived-vip
5       namespace: tkr-system
6     spec:
7       template:
8         metadata:
9           labels:
10            name: kube-keepalived-vip
```

```
11        spec:
12          hostNetwork: true
13          serviceAccount: kube-keepalived-vip
14          containers:
15            - image: k8s.gcr.io/kube-keepalived-vip:0.11
16              name: kube-keepalived-vip
17              imagePullPolicy: Always
18              securityContext:
19                privileged: true
20              volumeMounts:
21                - mountPath: /lib/modules
22                  name: modules
23                  readOnly: true
24                - mountPath: /dev
25                  name: dev
26              env:
27                - name: POD_NAME
28                  valueFrom:
29                    fieldRef:
30                      fieldPath: metadata.name
31                - name: POD_NAMESPACE
32                  valueFrom:
33                    fieldRef:
34                      fieldPath: metadata.namespace
35              # to use unicast
36              args:
37              - --services-configmap=tkr-system/vip-configmap
38              - --use-unicast=true  # 変更箇所(1)
39              #- --vrrp-version=3
40          volumes:
41            - name: modules
42              hostPath:
43                path: /lib/modules
44            - name: dev
45              hostPath:
46                path: /dev
47          #nodeSelector:     # 変更箇所(2)
48          #  type: worker
```

※ 引用元：https://github.com/kubernetes/contrib/blob/master/keepalived-vip/vip-daemonset.yaml

9. 模擬アプリケーション

ファイル19では、Docker Hub（https://hub.docker.com/r/strm/helloworld-http/）に登録されたロードバランサーのテスト用コンテナをデプロイします。このコンテナはホスト名を表示するので、負荷分散の状況を確認するのに便利です。

ファイル19 hello-world.yml

```
1    apiVersion: apps/v1
2    kind: Deployment
3    metadata:
4      name: hello-world-deployment
5    spec:
```

```
6       replicas: 5
7       template:
8         metadata:
9           labels:
10            app: hello-world
11        spec:
12          containers:
13            - image: "strm/helloworld-http"
14              imagePullPolicy: Always
15              name: hello-world-container
16              ports:
17                - containerPort: 80
18    ---
19    apiVersion: v1
20    kind: Service
21    metadata:
22      name: hello-world-svc
23      labels:
24        app: hello-world-svc
25    spec:
26      type: NodePort
27      ports:
28          -  port: 8080
29             protocol: TCP
30             targetPort: 80
31             nodePort: 31445
32      selector:
33        app: hello-world
```

10. APIオブジェクトイングレスの作成用マニフェスト

ファイル20は、イングレスのマニフェストです。開発者にとってやさしく、抽象化されており、これまでの複雑な連携の設定を忘れさせてくれます。主な設定箇所は、リスト中にコメントした5点です。

ファイル20 ingress.yml

```
1     apiVersion: extensions/v1beta1
2     kind: Ingress
3     metadata:
4       name: hello-world-ingress
5       annotations:
6         kubernetes.io/ingress.class: 'nginx' # (1)イングレスコントローラの指定
7
8     spec:
9       rules:
10      - host: abc.sample.com  # (2) URLのドメイン名部分
11        http:
12          paths:
13          - path: /  # (3) URLのパス部分
14            backend:
15              serviceName: hello-world-svc  # (4) アプリケーションのサービス名
16              servicePort: 8080             # (5) 同ポート番号
```

13.9 パブリッククラウドのイングレス利用

IKSのイングレスコントローラ[8,9]は、IBM独自に実装されています。そのため、アノテーションの設定がNGINXイングレスコントローラと違っています。この変更点の例を、ファイル5(ingress-tls.yml、TLS暗号化を含むマニフェスト)を題材にして確認します。

ファイル21 ingress-iks.yml(ファイル5をIKS用に書き換えた例)

```
1   apiVersion: extensions/v1beta1
2   kind: Ingress
3   metadata:
4     name: hello-ingress
5     annotations:
6       # kubernetes.io/ingress.class: 'nginx'
7       # nginx.ingress.kubernetes.io/rewrite-target: /
8       # nginx.ingress.kubernetes.io/force-ssl-redirect: 'true' ## (1)リダイレクト
9        ingress.bluemix.net/rewrite-path: "serviceName=nginx-svc rewrite=/;serviceName=java-
    svc rewrite=/"
10      ingress.bluemix.net/redirect-to-https: "True" ## (1)リダイレクト
11  spec:
12    tls:                              ## (2)暗号化設定セクション　表7 TLS証明書保管先とドメインを参照
13    - hosts:                          ## (3)ドメイン名
14      - iks2.jp-tok.containers.appdomain.cloud
15      secretName: iks2                ## (4)サーバー証明書
16    rules:
17    - host: iks2.jp-tok.containers.appdomain.cloud
18      http:
19        paths:
20        - path: /
21          backend:
22            serviceName: helloworld-svc
23            servicePort: 8080
24        - path: /apl2
25          backend:
26            serviceName: nginx-svc
27            servicePort: 9080
28    - host: xyz.sample.com
29      http:
30        paths:
31        - path: /
32          backend:
33            serviceName: java-svc
34            servicePort: 9080
```

参考資料

[8] IKSネットワークプランニング、https://cloud.ibm.com/docs/containers/cs_network_planning.html#planning

[9] IKS イングレスプランニング、https://cloud.ibm.com/docs/containers/cs_ingress.html#planning

「nginx.ingress.kubernetes.io/rewrite-target」は「ingress.bluemix.net/rewrite-path」に代わり、値の書き方も変わってしまいます。これは「nginx.ingress.kubernetes.io/force-ssl-redirect」も同様です。コード上で対比できるように、NGINXイングレスコントローラ用のアノテーションをコメントにして残しておきます。ここに挙げたIKSのイングレスのアノテーションの記述法は、参考資料[10]にありますので必要に応じて参照してください。

IKSのイングレスのドメイン名は、インスタンス構成時にあらかじめ獲得され、サーバー証明書も作られます。そのため、ドメイン名を取得しなくてもSSL/TLS通信を利用できます。このリストのコメント(3)と(4)の値は、CLIコマンド「ibmcloud ks cluster-get <クラスタ名>」で表示された情報から拾うことができます。

GKEも、独自のイングレスコントローラを実装しています[11,12,13]。イングレス本体の記述方法は同じですが、アノテーションに記述するイングレスコントローラの設定には、独自の特徴があります[13]。

Step 13のまとめ

イングレスを理解するためのポイントを列挙します。

- イングレスを利用するには、K8sクラスタ上でイングレスコントローラが動作していなければならない。
- イングレスは、URLのパスとアプリケーションを対応付け、複数のアプリケーションにマッピングすることを可能にするリバースプロキシである。
- 1つのIPアドレスに複数のドメイン名を登録し、ドメイン名によって対応するアプリケーションを定義できる。
- サーバー証明書を登録すれば、SSL/TLS暗号化、すなわちHTTPSでのアクセスが可能になる。
- イングレスのセッションアフィニティの機能は、ロードバランサーのセッション維持機能に依存したレガシーなウェブアプリケーションのコンテナ化とKubernetesへの移行を容易にする。
- NGINXイングレスコントローラとkube-keepalived-vipを使えば、VIPをノード間で共有するHA構成を構築できる。

参考資料

[10] IKS イングレスアノテーションによるカスタマイズ、https://cloud.ibm.com/docs/containers/cs_annotations.html#ingress_annotation
[11] GKEイングレス、https://cloud.google.com/kubernetes-engine/docs/concepts/ingress
[12] GCEイングレスコントローラ、https://github.com/kubernetes/ingress-gce
[13] GCEイングレスコントローラのアノテーション、https://github.com/kubernetes/ingress-gce/blob/master/docs/annotations.md

表9 Step 13で新たに登場したkubectlコマンド

コマンド	動作
kubectl get ing	イングレスをリスト表示する。getの代わりに、describeで詳細を表示する
kubectl get ds,svc,po -n <名前空間名>	指定した名前空間内でのデーモンセット、サービス、ポッドを表示する
kubectl delete ns <名前空間名>	指定した名前空間にあるすべてのオブジェクトを削除する

本書では紹介していませんが、Kubernetes用のパッケージマネージャーHelmには、NGINXイングレスコントローラ[14]が登録されています。

参考資料

[14] Helmイングレスコントローラ、https://github.com/kubernetes/charts/tree/master/stable/nginx-ingress

Step 14 オートスケール

処理の負荷状況に応じて処理能力を自動調整する仕組みを理解する

オートスケールとは、ポッドに内包されたコンテナのCPUやメモリの状況をモニタリングして、使用率が閾値を超えるとポッド数やノード数を増やし、逆にCPUの使用率低下に応じてポッド数やノード数を減らすことです。パブリッククラウドでKubernetesを利用する場合、ノードのスペック、数量、利用時間に応じて利用料金が変わります。そのため、オートスケール機能を利用することでサービス運営コストを適正化できる可能性があります。

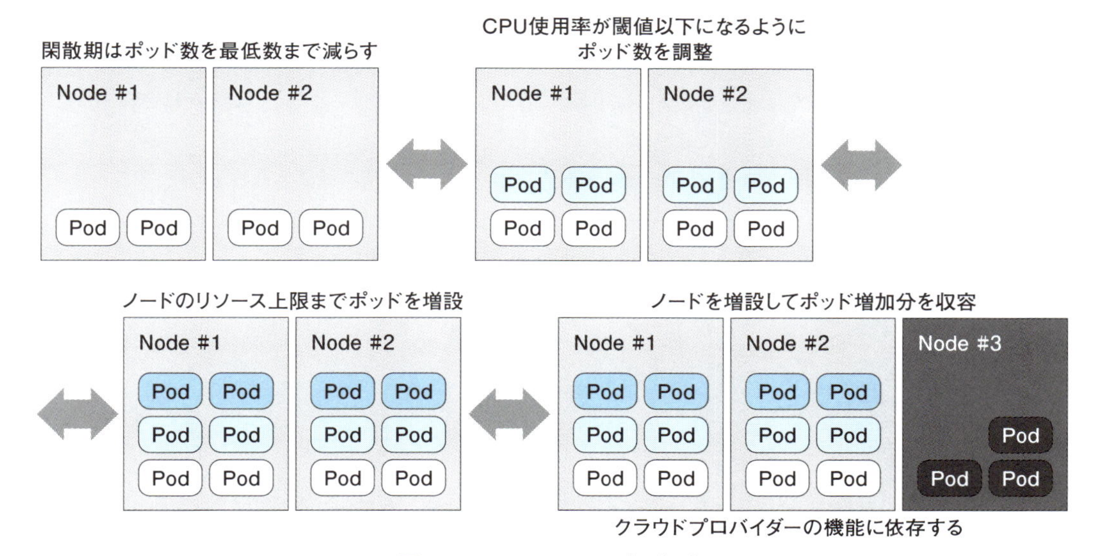

図1 オートスケーリングの概念

一方、オンプレミスのK8sクラスタでは、限られたサーバーリソースの有効活用や最適化を期待できます。たとえば、日中のビジネス時間帯ではウェブオンライン処理に資源を多く割り当て、業務終了後はそのリソースを夜間処理にまわすといった運用を計画することも可能になります。

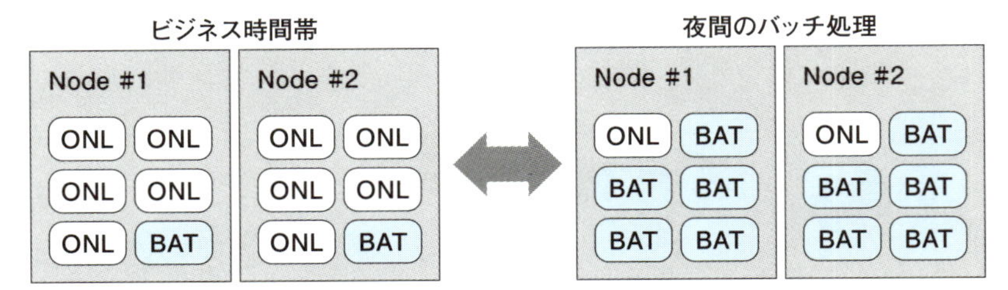

図2 オンプレミスでのオートスケール活用案

Kubernetesのオートスケーリング開発グループには、複数のサブプロジェクト[1,2]があります。その中でも特に注目すべきは、次の2つの活動だと思います。

- 水平ポッドオートスケーラ（Horizontal Pod Autoscaler：HPA）
- クラスタオートスケーラ（Cluster Autoscaler：CA）

HPAは、ポッドのCPUの使用率を監視しながら、ポッドのレプリカ数を増減するものです[2]。一方、CAは、リソース要求に対してノードの資源が不足している状態を解消するために、ノードを追加します[3]。

HPAは、ポッドのCPU使用率が閾値を超えるとレプリカ数を増やして処理能力を向上させますが、既存のノード数に対し新たにノードを追加してくれるわけではありません[4,5]。クラウドを利用する場合、ノード数は使用料金に関わるため、処理の要求量の少ない時間帯にはノード数を減らして費用を節約し、逆に、要求量の大きなときにはノード数を増やして、要求に応えるようにしたいものです。しかし、HPAだけを利用していたのでは、このニーズに応えることができません。

そこでCAの出番となります。CAは要求を満たす数だけポッドのレプリカを稼働させるために、クラウドプロバイダのAPIと連携して、必要な数までノード数を増加させます。もちろん、要求量が減ればノードをキャンセルして、無駄なコストが発生しないように働きます。

本ステップでは、HPAの学習を中心に進めていきます。

参考資料

[1] Autoscaling Special Interest Group、https://github.com/kubernetes/community/blob/master/sig-autoscaling/README.md
[2] 水平ポッドオートスケーラ、Horizontal Pod Autoscaler、https://kubernetes.io/docs/tasks/run-application/horizontal-pod-autoscale/
[3] K8sオートスケーラ、https://github.com/kubernetes/autoscaler
[4] 水平ポッドオートスケーラ、詳細動作、https://kubernetes.io/docs/tasks/run-application/horizontal-pod-autoscale-walkthrough/
[5] 水平ポッドオートスケーラ API、https://kubernetes.io/docs/reference/generated/kubernetes-api/v1.14/#horizontalpodautoscaler-v1-autoscaling

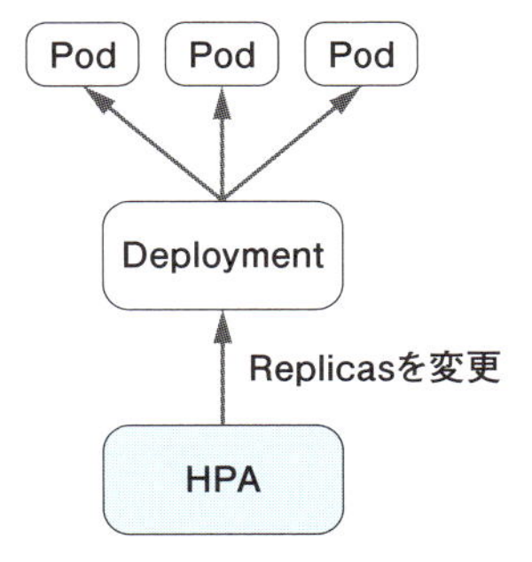

図3 オートスケールのアーキテクチャ

オートスケーリングでは、コンテナは突然の終了要求に対応できなければいけません。そのため、終了要求のシグナルSIGTERMを受信したら、終了処理を完了してコンテナを終了する機能を実装する必要があります。

14.1 オートスケーリングの動作

HPAは制御ループを実装しており、対象となるポッドのCPU稼働率を定期的に収集します。そして、ポッドのCPU使用率の平均を目標値と比較して、両者が一致するようにレプリカ数を調整します。このときの調整範囲は「MinReplicas <= Replicas <= MaxReplicas」になります。

図4のグラフは、CPU使用率50%という目標値をHPAに与えて、アクセス負荷を加えた検証の結果です。ポッドのレプリカ数の初期数は1で、最大数は10に設定されています。経過時間2分からアクセス負荷を与え始めます。シェルの無限ループからwgetコマンドでアクセス負荷を与えています。単位時間当たりのアクセス数はテスト期間中一定で、途中で変化しません。

このグラフでは、アクセス負荷を加え始めると、直ちにレプリカ数が3となり、約3分経過後にレプリカ数は6に増えます。さらに3分後にはレプリカ数が8となり、最終的にCPU使用率が目標の50%を少し下回るように調整されました。

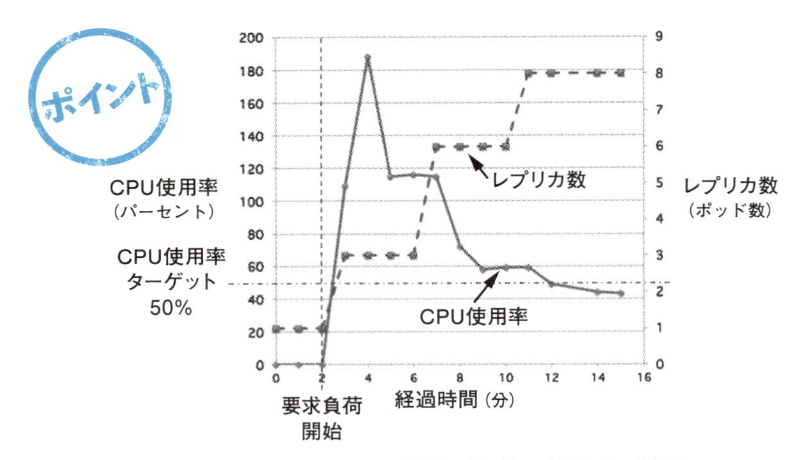

図4 オートスケール機能が負荷に対応する様子

なお、スケール発生後に3分間の静止時間がとれる理由は、ポッド増設に伴うCPU使用量増加のノイズによって、HPAが不適切な動作をしないためです。

ポッド数を決める計算式は次のとおりです。

ポッド数 = 小数点以下切上げ整数化関数(ポッドCPU使用率の合計 / ターゲットCPU使用率)

実行例1は、アクセス開始後1分間のポッドのCPU使用時間(ミリ秒)です。

実行例1 kubectl top pod の実行例(抜粋)

```
NAME                        CPU(cores)    MEMORY(bytes)
web-php-db58745d7-7fmd2     218m          22Mi
```

ここからCPU使用率を求めるには、ポッドの実CPU使用時間を、デプロイ時のリソース要求におけるCPU要求時間で除算します。次のファイル1では、このポッドのテンプレートの一部「cpu : 200m」がポッドのCPU要求時間(ミリ秒)です。

ファイル1 コンテナごとに設定するCPU要求時間(抜粋)

```
1        spec:
2          containers:
3          - image: maho/web-php:0.2
4            name: web-php
5            resources:
6              requests:
7                cpu: 200m    ## このコンテナのCPU要求時間
```

アクセス開始後に、ポッドは1つだけですから、

ポッドCPU使用率：実使用時間 218 ミリ秒 / 要求時間 200 ミリ秒 = 109%

ポッド必要数：CPU使用率 109% / ターゲット 50% = 2.18

小数点以下切上げ整数化すると 2.18 → レプリカ数= 3

こうして求められたHPAのレプリカ数が、デプロイメントのレプリカ数に同期されて、スケールが実行に移されます。HPAがポッドのレプリカ数を設定する間隔は、デフォルトで30秒に定められており、kube-controller-manager[6]の起動オプション「--horizontal-pod-autoscaler-sync-period」として設定されるため、パブリッククラウドを利用する場合、一般ユーザーは変更することができません。

このマニフェスト中のポッドテンプレートのスペックCPU要求時間200ミリ秒は、毎秒あたりのポッドのCPU要求時間です。つまり、「CPU要求時間 200ミリ秒 / 毎秒1,000ミリ秒」となり、もし1 vcpuを専用に割り当てたとすると、そのCPU使用率は20%になります。HPAの目標は50%に設定されていますから、各ポッドのCPU使用時間が 100ミリ秒となるように、ポッド数を調整することになります。

CPU要求時間は、1vcpuあたりのポッド数を決める基準となります。たとえば、CPU要求時間に200m（ミリ秒）、レプリカ数10として、ノード数2のK8sクラスタへデプロイしたアプリケーションweb-phpにおいて、ノードにデプロイできるポッド数は、次の実行例2のようになります。

この実行例2のNon-terminated Pods（実行中ポッド）の以下の表示に注目してください。デプロイメントweb-phpポッドは、全部で4つ稼働しています。ポッドkube-flannel-ds-vw5sfはCPU Requestsとして100ミリ秒を要求しています。これら合計で900ミリ秒となり、1 vcpuに対して90%の時間が予約されていることが読み取れます。

実行例2 ノード上のポッドのリソース要求状態

```
$ kubectl describe node node1
Name:               node1

<中略>

Addresses:
  InternalIP:  172.16.20.12
  Hostname:    node1
Capacity:
 cpu:          1                    <-- vcpuの数

<中略>

Non-terminated Pods:         (7 in total)
  Namespace    Name                          CPU Requests  CPU Limits
  ---------    ----                          ------------  ----------
  default      web-php-db58745d7-czp7d       200m (20%)    0 (0%)
  default      web-php-db58745d7-dbdb2       200m (20%)    0 (0%)
  default      web-php-db58745d7-fdxln       200m (20%)    0 (0%)
  default      web-php-db58745d7-pqppr       200m (20%)    0 (0%)
  kube-system  kube-flannel-ds-vw5sf         100m (10%)    100m (10%)
  kube-system  kube-proxy-jld7n              0 (0%)        0 (0%)
```

参考資料

[6] kube-controller-managerコマンドリファレンス、https://kubernetes.io/docs/reference/command-line-tools-reference/kube-controller-manager/

```
  kube-system  metrics-server-6fbfb84cdd-4v9mn  0 (0%)        0 (0%)
Allocated resources:
  (Total limits may be over 100 percent, i.e., overcommitted.)
  CPU Requests  CPU Limits  Memory Requests  Memory Limits
  ------------  ----------  ---------------  -------------
  900m (90%)    100m (10%)  50Mi (5%)        50Mi (5%)

<以下省略>
```

このように、デプロイメントのマニフェストのレプリカ数（replicas:）に大きな値を入れても、CPU要求時間を割り当てられる以上に多くのポッド数を起動することはできません。このことは、HPAの最大ポッド数においても同様です。また、メモリ要求容量もポッド稼働数を制約しますから、同様に把握する必要があります。

オートスケールを利用するにあたり、これからデプロイするアプリケーションのポッドのCPU要求時間と各ノードのリソース使用状況から、最大ポッド数を試算して、スケール可能なのかを把握しておくことをお勧めします。

アクセス負荷が減少するケースも見ていきましょう。次の図は前掲したグラフの続きであり、16分と22分の時点でアクセス数を2段階に変化させています。スケールダウンでは前回のスケーリングから5分間待機します。そして、水平ポッドオートスケーラは過去1分間の平均CPU使用率を利用します。そのため、グラフのCPU使用率も過去1分間の平均ですから、アクセス数の減少を開始した時点から約1分後に変化が表れます。次のグラフの18〜21分のCPU使用率の変化に注目してください。レプリカ数（ポッド数）が大幅に減少したあとも多少の変動がありますが、ターゲットの50%付近を推移する結果になっています。

最後に22分でアクセスを止めています。この2分後にポッド数が1まで減少しました。

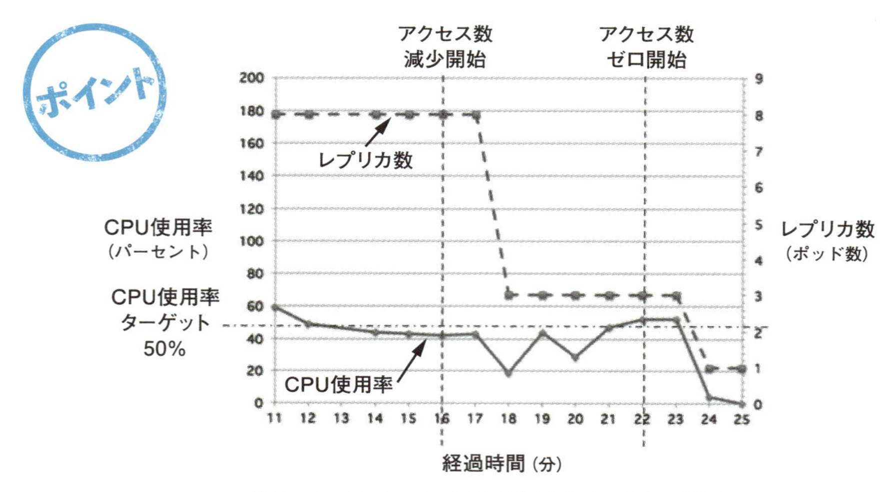

図5 オートスケールが負荷減少に対応する様子

14.2 学習環境3でのオートスケールの体験

HPAを動作させるには、CPUの利用状況などを収集するためのメトリックスサーバー（Metrics server）[7]が動作している必要があります。

ところが、学習環境2でメトリックスサーバーを稼働させるには、少々手間が掛かります。一方、筆者の学習環境1で試したところでは、CPU使用率を高くするとMinikubeの動作が不安定になり、途中で中断せざるをえない状況に陥ってしまいました。そこで、簡単に試せるパブリッククラウドの学習環境3を使用して、HPAの動きを確かめることにします。

サンプルコードの利用法

本Stepで提示するコードは、GitHub（https://github.com/takara9/codes_for_lessons）にあります。

GitHubからクローンする場合

```
$ git clone https://github.com/takara9/codes_for_lessons
$ cd codes_for_lessons/step14
```

移動先には、本Stepで利用するファイルを含むディレクトリがあります。

```
$ tree step14
step14
├──── Dockerfile
├──── autoscale.yml
└──── src
      └──── index.php
```

参考資料

[7] メトリックスサーバー、https://github.com/kubernetes-incubator/metrics-server

14.3 負荷テスト用コンテナの準備

オートスケールの機能を体験するために、HTTP GETのリクエストを受けると、CPU使用時間を大量に消費するコンテナを特別に作ります。そして、連続してリクエストを発生させることでCPU使用率を上げながらHPAを働かせて、ポッド数が増える様子を確認できるようにします。

まずは、実行例の3のファイルと1つのディレクトリを作成します。

実行例3 負荷テスト用コンテナをビルドするためのディレクトリ

```
$ tree .
.
├── Dockerfile
├── autoscale.yml
└── src
    └── index.php

1 directory, 3 files
```

次のリストの「php:7.0-apache」は、Docker Hubに登録された公式のPHPコンテナであり、Apacheウェブサーバーを同梱しています。後述のPHPのコードと一緒に、このコンテナをビルドします。

ファイル2 Dockerfile

```
1    FROM php:7.0-apache
2    COPY src/ /var/www/html/
3    RUN chmod a+rx /var/www/html/*.php
```

CPUの使用率を上げるためのPHPコードです。平方根の計算をループさせ、CPU使用率を高くしてHPAを働かせます。

ファイル3 index.php（CPUの使用率を上げるためのPHP）

```
1    <?php
2      $x = 0.0001;
3      for ($i = 0; $i <= 200000; $i++) {
4        $x += sqrt($x);
5      }
6      echo "OK!";
7    ?>
```

コンテナをビルドして、リポジトリへ登録します。

実行例4 負荷テスト用コンテナのビルドとリポジトリへの登録

```
## (1)コンテナのビルド　読者のリポジトリ名に置換ください。
$ docker build --tag maho/web-php:0.2 .
Sending build context to Docker daemon   5.12kB
Step 1/3 : FROM php:7.0-apache
 ---> e18e9bf71cab
Step 2/3 : COPY src/ /var/www/html/
 ---> 936c14901021
Step 3/3 : RUN chmod a+rx /var/www/html/*.php
 ---> Running in 50a65fef3daa
Removing intermediate container 50a65fef3daa
 ---> 0d1538e4c751
Successfully built 0d1538e4c751
Successfully tagged maho/web-php:0.2

## (2) レジストリへログイン
$ docker login
Login with your Docker ID to push and pull images from Docker Hub. If you don't have a Docker ID,
head over to https://hub.docker.com to create one.
Username (maho):
Password:
Login Succeeded

## (3) リポジトリへ登録　読者のリポジトリ名に置換ください。
$ docker push maho/web-php:0.2
The push refers to repository [docker.io/maho/web-php]
dd2e4a4cea92: Pushed
999a998cc304: Pushed
5a1b09e279b7: Layer already exists
<中略>
d626a8ad97a1: Layer already exists
0.2: digest: sha256:b4a83813f79ba744d23ab47755d054e6d2d9fe7f5f40d93ac2dbea2c74dbe155 size: 3657
```

ファイル4は、負荷テスト用コンテナをデプロイするためのマニフェスト（YAMLファイル）です。(1)に注釈したとおり、読者の登録したリポジトリに変更してください。

ファイル4 autoscale.yml（CPU使用率を高めるコンテナをデプロイするマニフェスト）

```
1     apiVersion: apps/v1
2     kind: Deployment
3     metadata:
4       name: web-php
5     spec:
6       replicas: 1
7       selector:
8         matchLabels:
9           run: web-php
10      template:
11        metadata:
12          labels:
13            run: web-php
14        spec:
15          containers:
16          - image: maho/web-php:0.2  # (1) 読者のリポジトリ名へ変更ください
17            name: web-php
18            resources:
```

```
19              requests:
20                cpu: 200m     # (2) HPAが評価するCPU使用率に影響するので注意
21    ---
22    apiVersion: v1
23    kind: Service
24    metadata:
25      name: web-php
26    spec:
27      type: NodePort
28      selector:
29        run: web-php
30      ports:
31      - port: 80
32        protocol: TCP
33        nodePort: 31446
```

学習環境3で、実行例5の操作を行いデプロイします。

実行例5 オートスケール検証用デプロイメントとサービスのデプロイ

```
$ kubectl apply -f autoscale.yml
deployment "web-php" created
service "web-php" created
```

14.4 HPA設定と負荷テスト

このデプロイメントweb-php に対し、HPAを適用します。その結果、CPU使用率に応じてレプリカ数が調整されるようになります。HPAのコマンドは、kubectlのコマンドとして提供されています。

```
kubectl autoscale (-f <ファイル名> | <コントローラ> <オブジェクト名前> | <コントローラ>/<オブジェクト名>) [--min=<最小ポッド数>] --max=<最大ポッド数> [--cpu-percent=<数値パーセント>] [オプション]
```

このコマンドのファイル名に指定するものは、デプロイメントやレプリケーションコントローラのマニフェストのファイルです。

次の実行例では、CPU使用率50%を維持するように、レプリカ数を最小数1から最大数10までの範囲で調整します。

実行例6 デプロイメントweb-phpに対するHPAの設定例

```
$ kubectl autoscale deployment web-php --cpu-percent=50 --min=1 --max=10
deployment "web-php" autoscaled
```

次の実行例7の中央部分TARGETSは最初<unknown>ですが、数分するとデータが収集されて数値が表示されるようになります。

実行例7 HPA設定後の状態

```
$ kubectl get deploy,rs,hpa,po,svc
NAME             DESIRED   CURRENT   UP-TO-DATE   AVAILABLE   AGE
deploy/web-php   1         1         1            0           7s

NAME                   DESIRED   CURRENT   READY     AGE
rs/web-php-db58745d7   1         1         0         7s

NAME          REFERENCE            TARGETS           MINPODS   MAXPODS   REPLICAS   AGE
hpa/web-php   Deployment/web-php   <unknown> / 50%   1         10        10         58s

NAME                         READY     STATUS              RESTARTS   AGE
po/web-php-db58745d7-6mzwr   0/1       ContainerCreating   0          7s

NAME                   TYPE        CLUSTER-IP      EXTERNAL-IP   PORT(S)        AGE
svc/web-php            NodePort    10.244.114.16   <none>        80:31446/TCP   7s
```

アクセス負荷を与えるためにターミナルをもう1つ開き、コンテナBusyBoxの対話型ポッドを立ち上げて、web-phpに対して無限ループでwgetコマンドを実行します。

実行例8 対話型ポッドを起動して無限ループのシェルを実行

```
$ kubectl run -it bustbox --restart=Never --rm --image=busybox sh

<中略>

/ # while true; do wget -q -O - http://web-php>/dev/null; done
```

実行例9は、ターミナルをもう1つ開き、60秒間隔で「kubectl get hpa」を実行した結果です。オートスケールを設定して3分後にTARGETSの値が表示されるようになり、4分後から上記の方法で負荷を与えました。

実行例9 オートスケーリングの動作状態のモニタリング

```
imac:l19 maho$ while true; do kubectl get hpa; sleep 60; done
NAME      REFERENCE            TARGETS           MINPODS   MAXPODS   REPLICAS   AGE
web-php   Deployment/web-php   <unknown> / 50%   1         10        0          5s
NAME      REFERENCE            TARGETS           MINPODS   MAXPODS   REPLICAS   AGE
web-php   Deployment/web-php   <unknown> / 50%   1         10        1          1m
NAME      REFERENCE            TARGETS           MINPODS   MAXPODS   REPLICAS   AGE
web-php   Deployment/web-php   <unknown> / 50%   1         10        1          2m
NAME      REFERENCE            TARGETS     MINPODS   MAXPODS   REPLICAS   AGE
web-php   Deployment/web-php   0% / 50%    1         10        1          3m
NAME      REFERENCE            TARGETS     MINPODS   MAXPODS   REPLICAS   AGE
web-php   Deployment/web-php   0% / 50%    1         10        1          4m <-- アクセス負荷開始
NAME      REFERENCE            TARGETS     MINPODS   MAXPODS   REPLICAS   AGE
web-php   Deployment/web-php   125% / 50%  1         10        1          5m
```

```
NAME      REFERENCE              TARGETS     MINPODS   MAXPODS   REPLICAS   AGE
web-php   Deployment/web-php     235% / 50%  1         10        3          6m
NAME      REFERENCE              TARGETS     MINPODS   MAXPODS   REPLICAS   AGE
web-php   Deployment/web-php     117% / 50%  1         10        3          7m
NAME      REFERENCE              TARGETS     MINPODS   MAXPODS   REPLICAS   AGE
web-php   Deployment/web-php     115% / 50%  1         10        3          8m
NAME      REFERENCE              TARGETS     MINPODS   MAXPODS   REPLICAS   AGE
web-php   Deployment/web-php     114% / 50%  1         10        3          9m
NAME      REFERENCE              TARGETS     MINPODS   MAXPODS   REPLICAS   AGE
web-php   Deployment/web-php     86% / 50%   1         10        6          10m
NAME      REFERENCE              TARGETS     MINPODS   MAXPODS   REPLICAS   AGE
web-php   Deployment/web-php     58% / 50%   1         10        6          11m
NAME      REFERENCE              TARGETS     MINPODS   MAXPODS   REPLICAS   AGE
web-php   Deployment/web-php     59% / 50%   1         10        6          12m
NAME      REFERENCE              TARGETS     MINPODS   MAXPODS   REPLICAS   AGE
web-php   Deployment/web-php     59% / 50%   1         10        6          13m
NAME      REFERENCE              TARGETS     MINPODS   MAXPODS   REPLICAS   AGE
web-php   Deployment/web-php     50% / 50%   1         10        8          14m
NAME      REFERENCE              TARGETS     MINPODS   MAXPODS   REPLICAS   AGE
web-php   Deployment/web-php     44% / 50%   1         10        8          15m <-- アクセス負荷停止
NAME      REFERENCE              TARGETS     MINPODS   MAXPODS   REPLICAS   AGE
web-php   Deployment/web-php     23% / 50%   1         10        8          16m
NAME      REFERENCE              TARGETS     MINPODS   MAXPODS   REPLICAS   AGE
web-php   Deployment/web-php     0% / 50%    1         10        8          17m
NAME      REFERENCE              TARGETS     MINPODS   MAXPODS   REPLICAS   AGE
web-php   Deployment/web-php     0% / 50%    1         10        8          18m
NAME      REFERENCE              TARGETS     MINPODS   MAXPODS   REPLICAS   AGE
web-php   Deployment/web-php     0% / 50%    1         10        1          19m
NAME      REFERENCE              TARGETS     MINPODS   MAXPODS   REPLICAS   AGE
web-php   Deployment/web-php     0% / 50%    1         10        1          20m
```

スケールアップ時には3分間の保持時間、スケールダウン時には5分間の保持時間があることを確認できます。このようにHPAは、とても穏やかに振る舞います。

Step 14のまとめ

- ポッド数のオートスケーリングの実現には、水平ポッドオートスケーラ(Horizontal Pod Autoscaler:HPA)と、デプロイメントなどを併用する。
- HPAは制御ループとして実装されており、CPUの平均使用率と目標使用率を比較して、両者の値が一致するようにレプリカ数を制御する。
- ポッド数のスケールアップは前回動作から3分経過後に発動され、スケールダウンは前回のスケーリングから5分間待機したあとに発動される。
- HPAがターゲットにするCPU使用率は、ポッドの実CPU使用時間を、マニフェストのリソース要求のCPU要求時間で除算して求める。
- HPAはポッド数の調整しかできないため、ノードの増減が必要なケースには、クラスタオートスケーラ(Cluster Autoscaler:CA)を併用する。ただし、この機能はクラウドプロバイダの対応が必須である。

表1 Step 14で新たに登場したkubectlコマンド

コマンド	動作
kubectl describe node <ノード名>	ノードの詳細を表示する。リソースの保有量や使用量などを参照できるので、HPAの設定を計画するときの事前調査に利用する
kubectl autoscale <コントローラ> <オブジェクト名>	HPAを設定する。kubectl autoscale helpで使用例が表示される
kubectl get hpa	HPAの状態をリストする。get をdescribeに変更することで詳細を表示する

Step 15 クラスタの仮想化

K8sクラスタを論理的に分割して、RBACと組み合わせた運用環境を構築する

K8sクラスタを名前空間によって論理的に分割して利用する方法、すなわち「クラスタの仮想化」へと話を進めます。

名前空間を設定すると、K8sクラスタを仮想的に分割して運用するうえで便利な機能を使用できます。その機能には、名前空間別および役割（ロール）別のアクセスコントロール、設定情報の名前空間への保存、パスワードや証明書など秘匿性が必要なデータの名前空間への保存、CPUやメモリの名前空間ごとの利用制限、名前空間へのアクセスポリシー設定などがあります。本節ではこれらの要素を総合的に見ていきます。

まず、クラスタ仮想化の必要性を考えてみましょう（図1）。もし、複数のK8sクラスタを利用できる予算・人材・時間がプロジェクトにあれば、それぞれ独立したK8sクラスタに環境を分けるのがもちろん理想的です。しかし、現実のプロジェクトが置かれた厳しい制約条件の中では、1つのK8sクラスタを複数に分割して利用できれば、とても有用なはずです。

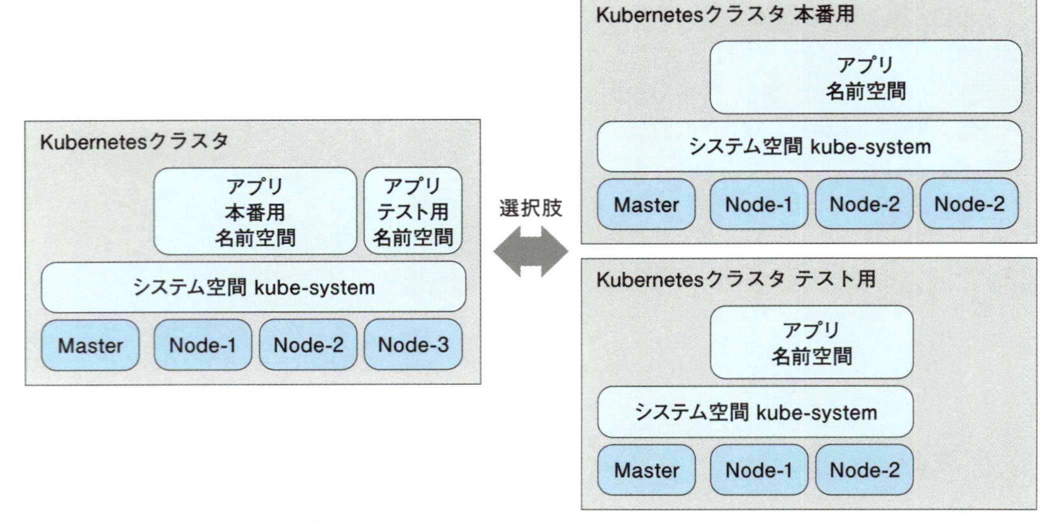

図1 名前空間によるクラスタ仮想化 vs ステージ別クラスタ

本書のレッスンもいよいよ最終Stepとなりました。ここでは1つのK8sクラスタに「本番環境」と「テスト環境」の名前空間を作成し、相互に悪影響を及ぼさない環境を構築していきます。この環境構築には以下の要素が含まれています。

1. 名前空間（namespace）の作成
2. kubectlコマンドによるK8sクラスタと名前空間への接続設定
3. スタッフの役割に応じたアクセス権限の設定
4. 機密ファイル（Secret）の名前空間への保存と利用
5. 設定ファイル（ConfigMap）の名前空間への保存と利用
6. リソースリミット（メモリ、CPU）の設定
7. 名前空間のアクセス制限（ポリシー）の設定

このStep 15の前半では、K8sクラスタの仮想化に用いる機能を説明します。後半では、学んだ知識を実践に適用するための演習を行います。

15.1 名前空間（namespace）

K8sクラスタは複数の名前空間を持つことができ、Minikubeの最小のK8sクラスタでも、次のような名前空間を持っています。これらは、コマンドの有効範囲を限定するために使われています。

- default：デフォルトの名前空間。特に指定がないときに割り当てられる。
- kube-public：すべてのユーザーが読める名前空間。K8sクラスタのための予約領域。
- kube-system：システムやアドオンによって利用される名前空間。

前述の「Step 12 ステートフルセット」で名前空間を使ったときも、コマンドの有効範囲を限定することが目的でした。

名前空間を利用して論理的に区分できる対象は、コマンドの有効範囲である「スコープ設定」だけではありません。それに加えて、CPU時間やメモリ容量などの「リソース割り当て」、そして、ポッドネットワーク上の通信の「アクセス制御」にも利用できます。このように名前空間は、1つの物理的なK8sクラスタを仮想化し、複数の専有環境としての利用を可能にします[1,2,3]。これら3つの分割対象のうち、本節（15.1）では（1）

参考資料

［1］ Namespaces、https://kubernetes.io/docs/concepts/overview/working-with-objects/namespaces/
［2］ Share a Cluster with Namespaces、https://kubernetes.io/docs/tasks/administer-cluster/namespaces/
［3］ Namespaces Walkthrough、https://kubernetes.io/docs/tasks/administer-cluster/namespaces-walkthrough/

スコープ設定を説明します。(2)リソース割り当ては「15.4 シークレットの利用」、(3)アクセス制御は「15.7 ネットワークのアクセス制限(Calico)」の項で説明します。

実行例1のように、初めてMinikubeを起動して「kubectl get pod」を実行したときは、何も表示されません。名前空間defaultにAPIオブジェクトが作成されていないからです。一方、「kubectl get pod -n kube-system」を実行すると、Kubernetesのシステムを支えるポッドがリストされます。

実行例1 Minikubeのシステム用名前空間で動作するポッド

```
## (1) 標準の名前空間
C:¥Users¥Maho>kubectl get ns
NAME              STATUS   AGE
default           Active   47m
kube-node-lease   Active   47m
kube-public       Active   47m
kube-system       Active   47m

## (2)ポッドのリスト、対象の名前空間はdefault
C:¥Users¥Maho>kubectl get pod
No resources found.

## (3)ポッドのリスト、対象の名前空間はkube-system
C:¥Users¥Maho>kubectl get pod -n kube-system
NAME                               READY   STATUS    RESTARTS   AGE
coredns-fb8b8dccf-5n744            1/1     Running   1          47m
coredns-fb8b8dccf-v2bnq            1/1     Running   1          47m
etcd-minikube                      1/1     Running   0          46m
kube-addon-manager-minikube        1/1     Running   0          46m
kube-apiserver-minikube            1/1     Running   0          46m
kube-controller-manager-minikube   1/1     Running   0          46m
kube-proxy-nqfvr                   1/1     Running   0          47m
kube-scheduler-minikube            1/1     Running   0          46m
storage-provisioner                1/1     Running   0          47m
```

このように名前空間は、kubectlコマンドのスコープを定める役割があります。上記のように、kubectlコマンドでの名前空間の指定がなければ名前空間defaultをスコープし、オプション「-n kube-system」を付加するとシステムのポッド名をリストします。

ユーザーは任意の名前空間を作成することができます。実行例2は名前空間prod(「本番」を意味するproductionの先頭文字で命名)を作成した例です。

実行例2 名前空間の作成

```
## クラスタの名前空間
C:¥Users¥Maho>kubectl get ns
NAME              STATUS   AGE
default           Active   53m
kube-node-lease   Active   53m
kube-public       Active   53m
kube-system       Active   53m
```

```
## 名前空間の作成 prod (= 本番環境;production)
C:¥Users¥Maho>kubectl create ns prod
namespace/prod created

## 作成した名前空間のリスト
C:¥Users¥Maho>kubectl get ns
NAME              STATUS   AGE
default           Active   53m
kube-node-lease   Active   53m
kube-public       Active   53m
kube-system       Active   53m
prod              Active   18s   ## <--- 追加
```

名前空間の作成に合わせて、サービスアカウントdefaultと、それに対応する「シークレット」が作成されます。この名前空間prodを作成した際に作られたサービスアカウントとシークレットは、実行例3のようにして確認できます。

実行例3 名前空間の作成に伴い作成されるサービスアカウントとシークレット

```
## 名前空間を作成すると、サービスアカウントdefaultが作成される
## 次は名前空間 prod のサービスアカウントのリスト
C:¥Users¥Maho>kubectl get sa -n prod
NAME      SECRETS   AGE
default   1         8m33s

## このサービスアカウントdefaultのシークレットも作成される
C:¥Users¥Maho>kubectl get secret -n prod
NAME                  TYPE                                  DATA   AGE
default-token-75f6l   kubernetes.io/service-account-token   3      8m49s

## このシークレットには、サービスアカウントのトークンが収められている
C:¥Users¥Maho>kubectl describe secret default-token-75f6l -n prod
Name:         default-token-75f6l
Namespace:    prod
Labels:       <none>
Annotations:  kubernetes.io/service-account.name=default
              kubernetes.io/service-account.uid=d70e0a9a-5813-11e9-90db-080027b942dc

Type:  kubernetes.io/service-account-token

Data
====
ca.crt:     1066 bytes      ## クライアント証明書
namespace:  4 bytes         ## 名前空間名
token:      eyJhbGci<省略>  ## サービスアカウントのトークン
```

シークレットには、「クライアント証明書」「名前空間名」「サービスアカウントのトークン」が入っています。シークレットは、この名前空間内で起動したポッドに含まれるコンテナからマウントされ利用されます（実行例4）。

実行例4 ポッドのコンテナにマウントされたシークレット

```
## 名前空間 prod にポッドを起動するとサービスアカウント
## のシークレットが、自動的にマウントされ、このポッドは
## このサービスアカウントに与えられたアクセス権を利用できる
C:¥Users¥Maho>kubectl run -it test --image=ubuntu:16.04 --restart=Never --rm -n prod /bin/bash
If you don't see a command prompt, try pressing enter.
root@test:/# df -h
Filesystem      Size  Used Avail Use% Mounted on
overlay          17G  1.4G   15G   9% /
tmpfs            64M     0   64M   0% /dev
tmpfs           996M     0  996M   0% /sys/fs/cgroup
/dev/sda1        17G  1.4G   15G   9% /etc/hosts
shm              64M     0   64M   0% /dev/shm
tmpfs           996M   12K  996M   1% /run/secrets/kubernetes.io/serviceaccount
tmpfs           996M     0  996M   0% /proc/acpi
tmpfs           996M     0  996M   0% /proc/scsi
tmpfs           996M     0  996M   0% /sys/firmware

## シークレットがマウントされている
root@test:/# ls /run/secrets/kubernetes.io/serviceaccount/
ca.crt  namespace  token
```

同じK8sクラスタの中に、本番環境に加えて、テストのための環境など複数のアプリケーションの実行環境を作りたいケースがあります。しかし、1つの名前空間には、サービスやデプロイメントなどの同一リソースタイプでオブジェクト名の重複は許されません。そのため、マニフェストを修正してオブジェクト名を変更しない限り、2つ以上のアプリケーションの実行環境を作ることができません。

このようなケースでは、実行環境ごとに名前空間を作成して、それぞれの中でオブジェクト群を構成することができます(図2)。つまり、名前空間の名前によって、オブジェクト名に階層を持たせることができます。この機能によって、適用先の名前空間の名前指定を変更するだけで、同じマニフェストを利用して複数の環境を作っていくことができます。

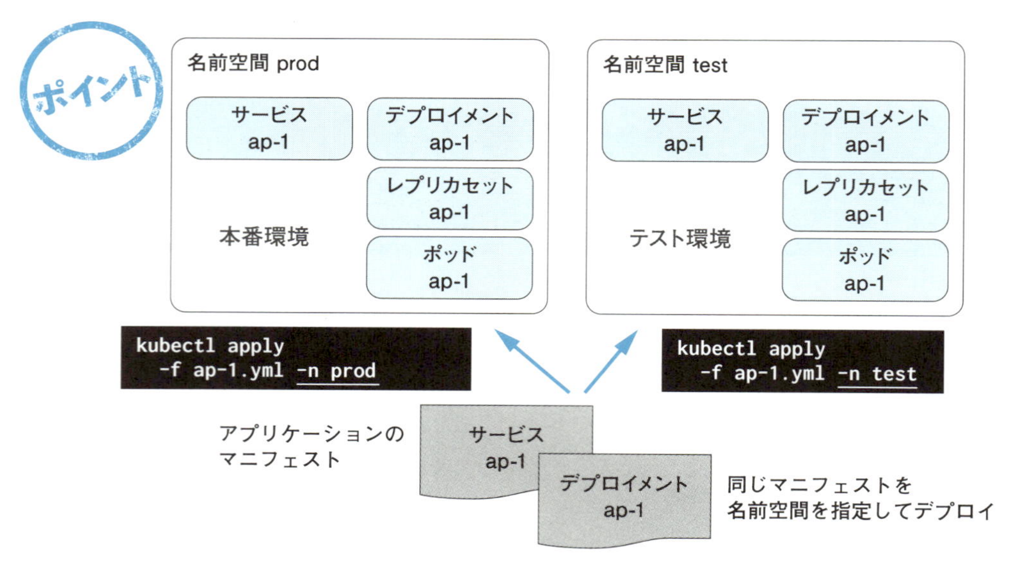

図2 名前空間による階層構造の概念

次に、それぞれの名前空間内のサービスへのアクセスについて考えてみましょう。サービスが特定の名前空間にデプロイされるときには、K8sクラスタの内部DNSに対して、名前空間ごとのDNSドメイン名の階層下にサービス名が設定されることになります。これにより、あるオブジェクトが自己の名前空間内のサービスへアクセスするには、サービス名を指定するだけで、同一名前空間のDNSドメイン名下のサービス名のIPアドレスを取得できることになります。

次に、実行環境ごとの設定やパスワードの分離性について考えます。こちらも名前空間という階層の下に、コンフィグマップやシークレットが作成されることになります。よって、コンテナのアプリケーションは、デプロイされた名前空間から、これらの情報をを取得することができます。実行環境ごと、すなわち、名前空間ごとに変更しなければならない情報は、あらかじめ名前空間に保存することがお勧めです。

15.2 kubectlコマンドの名前空間切り替え

kubectlコマンドで名前空間を指定するには、コマンドのオプションで「-n <名前空間名>」とします。しかし、オプションを毎回追加するのは間違いの元にもなりますから、オプションなしで、対象とする名前空間を切り替えたいものです。それにはコマンドkubectl configを使います。さらに、複数のK8sクラスタの中から操作すべき対象の名前空間を選択することもできます。

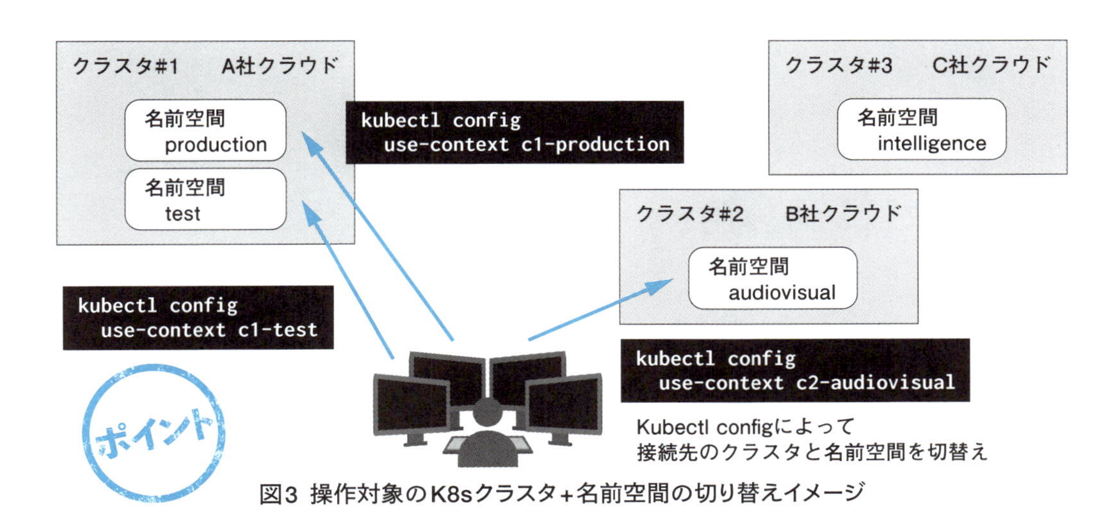

図3 操作対象のK8sクラスタ+名前空間の切り替えイメージ

このコマンドkubectl configを使うには、マスターと連携するための情報の格納場所を押さえておく必要があります。kubectlはマスターと連携するために、次の3つの方法で接続情報を持つことができます。

①実行時のオプション -kubeconfig <configファイルのパス>
②ホームディレクトリの .kube/config
③環境変数KUBECONFIGで指定されるconfigファイルのPATH

本書の「学習環境1（Minikube）」では、デフォルトで②の方法を採用しています。「minikube start」によるK8sクラスタの初回起動時にディレクトリ「.kube」が作られ、K8sクラスタへのアクセス情報configが置かれます。一方、「学習環境2（マルチノードK8s）」では、③の方法で接続できます。この環境を起動するための「vagrant up」を実行する際のディレクトリに「kubeconfig/config」が作られます。このファイルへのパスを環境変数KUBECONFIGへセットすることで、「マスター」へアクセスできるようになります。

複数のパブリッククラウドでも、②または③の方法を採用しています。IKS（IBM Cloud Kubernetes Service）では、「ibmcloud cs cluster-config <クラスタ名>」を実行すると、K8sクラスタを利用するための情報をダウンロードして、設定すべき環境変数KUBECONFIGを表示してくれますので、コマンドラインからその環境変数を設定することで利用を開始できます。

実行例5 環境変数KUBECONFIGの設定によるK8sクラスタの追加

```
##「学習環境2 マルチノードK8s」のディレクトリでvagrant up が完了した状態で
##  KUBECONFIGを設定します。読者の環境に合わせてパスは修正願います。
$ export KUBECONFIG="/Users/maho/tmp/vagrant-kubernetes/kubeconfig/config"

## この設定により、クラスタへアクセスできるようになり、以下のように
## ノードのリストを表示できるようになります。
$ kubectl get node
NAME      STATUS    ROLES     AGE       VERSION
master    Ready     master    4d        v1.14.0
node1     Ready     <none>    4d        v1.14.0
node2     Ready     <none>    4d        v1.14.0

## 管理対象のK8sクラスタを追加していきます。
##「学習環境3 IKSのアカウント取得から利用まで」の手順が完了した状態で、
##  KUBECONFIGに設定するべき値を取得します。
$ ibmcloud cs cluster-config mycluster1
OK
mycluster1 の構成は正常にダウンロードされました。 環境変数をエクスポートして Kubernetes の使用を開始してください。

export KUBECONFIG=/Users/maho/.bluemix/plugins/container-service/clusters/mycluster1/kube-config-tok02-mycluster1.yml

## 上記で表示された環境変数KUBECONFIGに値を追加します。
##
export KUBECONFIG="$KUBECONFIG:/Users/maho/.bluemix/plugins/container-service/clusters/mycluster1/kube-config-tok02-mycluster1.yml"

## この環境変数の追加により、次のコマンドで複数のクラスタが表示されるようになります。
##
$ kubectl config get-contexts
CURRENT   NAME                          CLUSTER      AUTHINFO           NAMESPACE
*         kubernetes-admin@kubernetes   kubernetes   kubernetes-admin
          mycluster1                    mycluster1   takara             default

## 操作対象のクラスタを、「学習環境3」へ切り替えます。
```

```
##
$ kubectl config use-context mycluster1
Switched to context "mycluster1".

## これで、「学習環境3」のIKSへ切り替えます。
##
$ kubectl get node
NAME            STATUS    ROLES     AGE       VERSION
10.132.253.17   Ready     <none>    15d       v1.12.6+IKS
10.132.253.30   Ready     <none>    15d       v1.12.6+IKS
10.132.253.38   Ready     <none>    11d       v1.12.6+IKS


## さらにもう1つ、管理対象のK8sクラスタを追加してみます。
##
$ ibmcloud cs cluster-config mycluster2
OK
mycluster2 の構成は正常にダウンロードされました。 環境変数をエクスポートして Kubernetes の使用を開始してください。

export KUBECONFIG=/Users/maho/.bluemix/plugins/container-service/clusters/mycluster2/kube-config-tok04-mycluster2.yml

## この環境変数を追加することで、3つのクラスタを切り替えられるようになりました。
##
$ export KUBECONFIG="$KUBECONFIG:/Users/maho/.bluemix/plugins/container-service/clusters/mycluster2/kube-config-tok04-mycluster2.yml"
$ kubectl config get-contexts
CURRENT   NAME                          CLUSTER      AUTHINFO           NAMESPACE
          kubernetes-admin@kubernetes   kubernetes   kubernetes-admin
*         mycluster1                    mycluster1   takara              default
          mycluster2                    mycluster2   takara              default
```

K8sクラスタの名前空間を直接指定して切り替えるには、「名前空間名」「クラスタ名」「ユーザー認証情報」の3つのパラメータを組み合わせて、「コンテキスト名」として登録します。そして、コマンドの中で目的のコンテキスト名を指定します。実行例6は、コンテキストを追加して名前空間を切り替える例です。

実行例6 コンテキスト追加と名前空間の切り替え

```
## コンテキストの追加の実行例です。
## コンテキスト名 prodに、追加の名前空間名、クラスタ名、認証情報をセットします。
##
$ kubectl config set-context prod --namespace=prod --cluster=mycluster2 --user=takara
Context "prod" created.

## コンテキストの登録結果のリストです。 CURRENTにアスタリスクが表示された
## 部分が選択されているコンテキストです。
$ kubectl config get-contexts
CURRENT   NAME                          CLUSTER      AUTHINFO           NAMESPACE
          kubernetes-admin@kubernetes   kubernetes   kubernetes-admin
*         mycluster1                    mycluster1   takara             default
          mycluster2                    mycluster2   takara             default
          prod                          mycluster2   takara             prod

## コンテキスト名 prodの利用を宣言します。
##
$ kubectl config use-context prod
Switched to context "prod".
```

```
## コンテキストのリストを表示すると、アスタリスクがコンテキスト名 prodに
## 表示されています。 これで、名前空間 prodがデフォルトになりました。
$ kubectl config get-contexts
CURRENT   NAME                          CLUSTER      AUTHINFO             NAMESPACE
          kubernetes-admin@kubernetes   kubernetes   kubernetes-admin
          mycluster1                    mycluster1   takara@jp.ibm.com    default
          mycluster2                    mycluster2   takara@jp.ibm.com    default
*         prod                          mycluster2   takara@jp.ibm.com    prod

## オプションなしで、ポッドのリストを表示します。1個だけ終了済の
## ポッドが表示されています。
$ kubectl get po
NAME      READY     STATUS      RESTARTS   AGE
test      0/1       Completed   0          12h

## 今度は、オプションを追加して名前空間 prodのポッドリストの表示です。
## 前回と同じものが表示されており、prodがデフォルトになっていることが確認できました。
$ kubectl get po -n prod
NAME      READY     STATUS      RESTARTS   AGE
test      0/1       Completed   0          12h

## 次の名前空間にdefaultを指定して、ポッドのリストを表示します。
## prodとは異なる、名前空間 defaultのポッドのリストが表示されました。
$ kubectl get po -n default
NAME                            READY     STATUS    RESTARTS   AGE
dep2pod-file-5fc5f4b998-6ks7v   1/1       Running   0          1d
dep2pod-file-5fc5f4b998-6qbm4   1/1       Running   0          1d
dep2pod-file-5fc5f4b998-c8ggn   1/1       Running   0          1d
dep2pod-file-5fc5f4b998-f6sgc   1/1       Running   0          1d
dep2pod-file-5fc5f4b998-qw74k   1/1       Running   0          1d
web-php-698c7bf8-mvk6s          1/1       Running   0          20h
```

日常的に利用するkubectl configコマンドを表1にまとめました。これ以外にも多くの機能があり、kubectl config --helpで参照できます。

表1 名前空間に関連するコマンド

コマンド	概要
kubectl get ns	名前空間をリストする
kubectl config view	コンフィグファイルに登録された情報を表示する
kubectl config get-contexts	K8sクラスタと名前空間の設定であるコンテキスト名をリストする
kubectl config use-context <コンテキスト名>	コンテキスト名を指定して切り替える
kubectl config set-context <コンテキスト名> --namespace=<名前空間名> --cluster=<クラスタ名> --user=<ユーザー名>	コンテキストとして、K8sクラスタ名、名前空間、ユーザー名の組み合わせを設定する このユーザー名はタグであり、クラウドなどのユーザーと連動しない
kubectl config current-context	現在のコンテキストを表示する

学習環境構築時、またはパブリッククラウドのK8sクラスタ開始時に利用する認証情報は、たとえばOSのスーパーユーザーに相当するものであり、すべての権限が与えられたユーザーです。しかし、本格的な運用

では、役割に応じてアクセス権を付与することになります。

15.3 シークレットとコンフィグマップ

アプリケーションやミドルウェアの「設定情報」、パスワードなどの「認証情報」は、コンテナに内包するのではなく、各コンテナがテスト環境や本番環境といった名前空間から取得することが推奨されています。そうすれば、アプリケーションをテスト環境から本番環境へ移動する際にコンテナを再ビルドする必要がなくなります。その結果、アプリケーションが依存しているソフトウェアモジュールが、バグ対応や機能追加などによって入れ替わることを防止できます。構成するモジュールを固定することは、テストされないコードや欠陥が入り込むリスクの低減につながります。このようにして、コンテナの不変性（Immutable）を維持することができます。

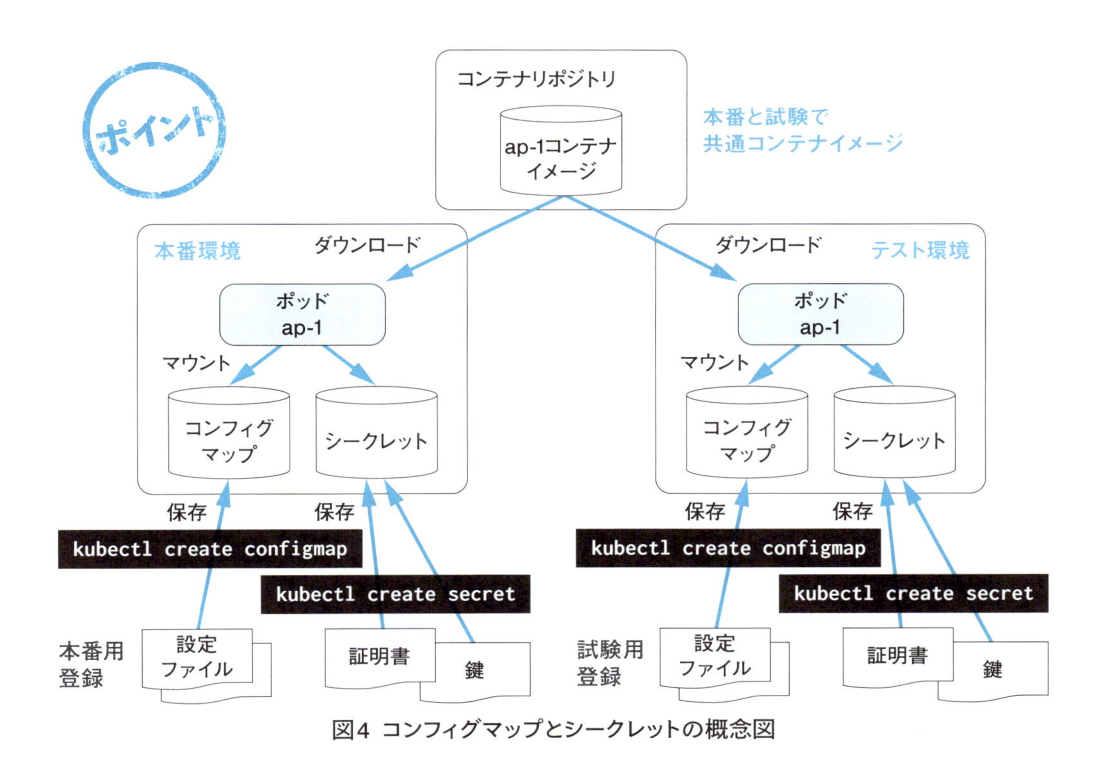

図4 コンフィグマップとシークレットの概念図

「設定情報」を名前空間に保存するオブジェクトを「コンフィグマップ（ConfigMap）」と呼びます。また、「認証情報」などの秘匿性が必要な情報を名前空間に保存するオブジェクトを「シークレット（Secret）」と呼びます。アプリケーションのコンテナでは、これらのオブジェクトを永続ボリュームとしてマウントして利用したり、環境変数としてプログラム言語から参照したりできます。

コンフィグマップについては「15.5 コンフィグマップの利用」の項で解説します。一方シークレットには、以下の特徴があります。

- シークレットは、パスワード、トークン、またはキーなどの少量の機密データを含む。このオブジェクトを利用すると、偶発的な暴露のリスクを軽減できる。また、サイズは1MB未満の制限がある。
- 名前空間やサービスアカウントを作成した際には、サービスカウントのトークンを保存したシークレットがその名前空間に自動生成される。そのトークンはRBACによるアクセス制御に利用される。
- ユーザーが自分でシークレットを作成することもでき、ポッドの環境変数、マウントされたボリューム、またはファイルとして利用できる。
- シークレットは名前空間に属し、他の名前空間からは読めない。
- シークレットは、暗号化とは直接関係しない仕組みであり、ベンダーによって実装された暗号化機能を有効にすることもできる。
- シークレットを利用するには、ポッドを起動する前にシークレットが存在していなければならない。

15.4 シークレットの利用

具体的なシークレットのユースケースを紹介します。

開発チームは、「テスト環境でアプリケーションがテストに合格したら、再ビルドすることなく、そのまま本番環境へデプロイしたい」と考えています。しかし、コンテナにテスト用DBのユーザーIDやパスワードが内包されていると、本番環境へデプロイする前に、それらを本番用に差し替えてイメージを再ビルドしなければなりません。これではコンテナの不変性という特徴を活かせません。さらに、誤ってテスト環境から本番DBのデータを更新するといった事故の原因となってしまいます。

そこで、テスト環境と本番環境にシークレットを作成し、それぞれの環境で利用するIDとパスワードを保存します。そして、アプリケーションのマニフェストは、デプロイされた先のシークレットからIDやパスワードなどを取得し、環境変数にセットするようにします。こうすることでアプリケーションは、デプロイされた環境から、接続すべきDBの認証情報を得ることができるようになります。

このケースについて、Kubernetesの設定レベルで見ていきます。実運用環境では、ユーザーID以外にもデータベース名やサーバーのIPアドレスなど多くの情報が必要なのですが、ここでは要点を明確化するために、ユーザーIDとパスワードだけを取り上げます。

Kubernetesでは、マニフェストからシークレットに登録するテキストデータはbase64でエンコードされていなければなりません。そのため、マニフェストを編集する前に、base64コマンドを使用して、キー項目にセットするテキストをエンコードします（実行例7）。

実行例7 登録文字列のBase64エンコード

```
$ echo -n 'takara' | base64
dGFrYXJh
$ echo -n 'password' | base64
cGFzc3dvcmQ=
```

base64でエンコードした文字列は、対応するキー項目に、ペーストして利用します。

ファイル1 DBのユーザーIDとパスワードをシークレットへ登録するマニフェスト

```
1    apiVersion: v1
2    kind: Secret
3    metadata:
4      name: db-credentials
5    type: Opaque
6    data:
7      username: dGFrYXJh
8      password: cGFzc3dvcmQ=
```

このマニフェストを使って、次の実行例8で認証情報をセットします。このオプションでは、現在選択されている名前空間にデータベースの認証情報が保存されます。

実行例8 DBアクセス情報の登録と確認

```
$ kubectl apply -f db_credentials.yml
secret/db-credentials created

$ kubectl get -f db_credentials.yml
NAME             TYPE     DATA   AGE
db-credentials   Opaque   2      12s
```

次に、アプリケーションをデプロイするときのマニフェストを作成します。この中では、シークレットのキー項目と値を環境変数へセットするための定義を記述します。

次のファイル2のenv以下にある環境変数「DB_USERNAME」は、シークレットdb-credentialsのキー項目usernameの値をセットするための記述です。また、環境変数「DB_PASSWORD」にpasswordの値をセットするための定義です。

ファイル2 シークレットへの証明書と鍵ファイルの登録および確認の例

```
1    apiVersion: v1
2    kind: Pod
3    metadata:
4      name: web-apl
5    spec:
6      containers:
```

```
7       - name: nginx
8         image: nginx
9         env:
10          - name: DB_USERNAME           ## 環境変数
11            valueFrom:
12              secretKeyRef:
13                name: db-credentials    ## シークレット名
14                key: username           ## シークレットのキー
15          - name: DB_PASSWORD           ## 環境変数
16            valueFrom:
17              secretKeyRef:
18                name: db-credentials
19                key: password
```

このマニフェストをデプロイして、ポッドのコンテナの環境変数を表示したのが実行例9です。この実行例の中で、環境変数DB_USERNAMEとDB_PASSWORDを表示すると、Base64でエンコードする前の文字列がそれぞれの環境変数にセットされていることがわかります。

実行例9 シークレットへの証明書と鍵ファイルの登録および確認の例

```
$ kubectl apply -f db_client.yml
pod/web-apl created

$ kubectl get po
NAME        READY     STATUS      RESTARTS    AGE
web-apl     1/1       Running     0           10s

$ kubectl exec -it web-apl -- bash -c 'echo $DB_USERNAME, $DB_PASSWORD'
takara, password
```

もう1つの使用例として、NginxなどでHTTPSを利用する場合、すなわち、SSL/TLS暗号を設定するケースを見ていきます。コマンドラインから「kubectl create secret tls」としてtlsを付加すれば、鍵と証明書のファイルを指定できます。実行例10ではこの機能を使い、シークレットwww-certに、証明書ファイルselfsigned.crtと鍵ファイルselfsigned.keyを保存しています。このオプションtlsを使うと、保存されるファイル名はtls.crtおよびtls.keyになります。

実行例10 シークレットへの証明書と鍵ファイルの登録および確認の例

```
$ ls
selfsigned.crt  selfsigned.key

$ kubectl create secret tls www-cert --cert=selfsigned.crt --key=selfsigned.key
secret/www-cert created

$ kubectl get secret www-cert
NAME       TYPE                DATA      AGE
www-cert   kubernetes.io/tls   2         7s

$ kubectl describe secret www-cert
Name:         www-cert
```

```
Namespace:    default
Labels:       <none>
Annotations:  <none>

Type:  kubernetes.io/tls

Data
====
tls.crt:  1034 bytes
tls.key:  1708 bytes
```

ファイル3は、シークレットをボリュームとしてマウントするポッドのマニフェストの例です。最後の行でsecretNameにシークレットの名前「www-cert」を指定しており、その2つ上の行でボリューム名を「cert-vol」とすることで、シークレットをボリューム（ファイルシステム）としてマウントできるようにしています。そして、コンテナのセクションで、「volumeMounts」にボリューム名とマウントパスを設定します。これで、コンテナのファイルシステムに、シークレットをマウントできるようになります。

ファイル3 シークレットをボリュームとしてコンテナにマウントするマニフェストの例

```
1     apiVersion: v1
2     kind: Pod
3     metadata:
4       name: web
5     spec:
6       containers:
7       - name: nginx
8         image: nginx
9         ports:
10        - protocol: TCP
11          containerPort: 443
12        volumeMounts:           ## コンテナのボリュームマウントの定義
13        - name: cert-vol        ## シークレットのボリューム名(参照側)
14          mountPath: /etc/cert ## コンテナ上のマウントパス
15      volumes:                  ## ボリューム定義
16      - name: cert-vol          ## シークレットのボリューム名(定義側)
17        secret:
18          secretName: www-cert ## 参照するシークレットの名前
```

このマニフェストで起動したポッドは、シークレットの内容がマウントされたボリュームのファイルとして参照できます。実行例11はそのことを確認した様子です。証明書ファイルtls.crtと鍵ファイルtls.keyは、/etc/certに存在しています。このあとは、このコンテナ内のNginx設定ファイルに、鍵と証明書のパスを含むSSL/TLS暗号の記述を加えることで、コンテナはHTTPSポートで通信できるようになります。

実行例11 シークレットをボリュームとしてコンテナにマウントしたときの確認例

```
$ kubectl apply -f apl.yml
pod/web created
```

```
$ kubectl get po
NAME      READY     STATUS    RESTARTS   AGE
web       1/1       Running   0          7s

$ kubectl exec -it web -- df -h
Filesystem      Size  Used Avail Use% Mounted on
overlay          17G  1.4G   14G   9% /
tmpfs            64M     0   64M   0% /dev
tmpfs           996M     0  996M   0% /sys/fs/cgroup
tmpfs           996M  8.0K  996M   1% /etc/cert
/dev/sda1        17G  1.4G   14G   9% /etc/hosts
shm              64M     0   64M   0% /dev/shm
tmpfs           996M   12K  996M   1% /run/secrets/kubernetes.io/serviceaccount
tmpfs           996M     0  996M   0% /proc/scsi
tmpfs           996M     0  996M   0% /sys/firmware

$ kubectl exec -it web -- ls /etc/cert
tls.crt  tls.key
```

Nginxの設定ファイルを名前空間からポッドへ供給するときは、次に説明するコンフィグマップを利用します。

15.5 コンフィグマップの利用

コンフィグマップにもシークレットと同様のコンセプトがあります。すなわち、環境に応じて変わる情報をコンテナから切り離すことで、コンテナの不変性を維持し、再利用性を高めます。シークレットは機密情報を環境に保存して参照を制限しましたが、コンフィグマップは名前空間に構成情報を保存して共有することを目的としています。APIオブジェクトを扱う点ではほとんど差がないのですが、以下に列挙した相違点があります。

- コンフィグマップでは、Base64のエンコードとデコードを意識する必要はない。YAMLからコンフィグマップを登録する際、シークレットのようにBase64でエンコードしなくてもよい。
- kubectl describe secretでは内容が表示されないが、コンフィグマップの場合、kubectl describe configmapによってデータまで表示される。
- シークレットはポッドの起動前に存在しなければならないが、コンフィグマップは定期的に更新をチェックされており、ボリュームとしてマウントされた場合は、kubeletのキャッシュ保持時間による更新の遅延があるものの自動更新される[4]。
- クラスタロールviewの対象リソースにシークレットは含まれないが、コンフィグマップは含まれるため、参照権限のみでコンフィグマップの構成情報を参照できる。

参考資料

[4] Add ConfigMap data to a Volume、https://kubernetes.io/docs/tasks/configure-pod-container/configure-pod-configmap/#add-configmap-data-to-a-volume

ユースケースとして、シークレットで取り上げたNginxのSSL/TLS暗号設定ファイルをコンフィグマップへ登録します。Nginxの公式イメージを使用した場合、/etc/nginx/conf.dに設定ファイルを置いて起動すれば、設定が有効になります。そこで、以下のファイル4を設定ファイルのディレクトリへ配置するように、コンフィグマップとポッドのマニフェストを作成していきます。

ファイル4 NginxのSSL/TLS暗号設定ファイル：tls.conf

```
1    ssl_protocols TLSv1 TLSv1.1 TLSv1.2;
2    server {
3        listen 443 ssl;
4        server_name www.sample.com;
5        ssl_certificate /etc/cert/tls.crt;
6        ssl_certificate_key /etc/cert/tls.key;
7
8        location / {
9            root   /usr/share/nginx/html;
10           index  index.html index.htm;
11       }
12   }
```

最初にコンフィグマップを登録します。次の実行例12は、ディレクトリnginx-confに置かれたファイルを一括で登録しています。このディレクトリにファイル4 tls.confなどの設定ファイルを置いておき、実行することでコンフィグマップに保存され、ボリュームとしてマウントできるようになります。

シークレットの場合は、kubectl describeにより詳細を表示するとファイル名までしか表示されませんでした。しかし、コンフィグマップではファイルの内容まで表示されています。

実行例12 ディレクトリnginx-confの設定ファイルを一括でコンフィグマップへ登録

```
$ kubectl create configmap nginx-conf --from-file=nginx-conf
configmap/nginx-conf created

$ kubectl get configmap nginx-conf
NAME         DATA      AGE
nginx-conf   1         11s

$ kubectl describe configmap nginx-conf
Name:         nginx-conf
Namespace:    default
Labels:       <none>
Annotations:  <none>

Data
====
tls.conf:
----
ssl_protocols TLSv1 TLSv1.1 TLSv1.2;
server {
    listen 443 ssl;
    server_name www.sample.com;
    ssl_certificate /etc/cert/tls.crt;
    ssl_certificate_key /etc/cert/tls.key;
```

```
    location / {
        root   /usr/share/nginx/html;
        index  index.html index.htm;
    }
}
```

環境変数としてセットして、プログラムから読み取る方法もとれます。ファイル5は、キー項目「log_level」に値「INFO」を登録するためのYAMLです。これを登録することで、「コンフィグマップ名」と「キー項目名」によって値を取得できるようになります。

ファイル5 コンフィグマップにデータを登録するマニフェスト：cm-env.yml

```
1    apiVersion: v1
2    kind: ConfigMap
3    metadata:
4      name: env-config
5    data:
6      log_level: INFO
```

次はポッドのYAMLです。コード中にコメントしたように、コンテナ内環境変数名、データの取得先であるコンフィグマップ名とキー項目を定義します。あとは、シェルスクリプトやプログラムから環境変数を参照することで、値を利用できるようになります。

ファイル6 コンフィグマップにデータを登録するマニフェスト

```
1    apiVersion: v1
2    kind: Pod
3    metadata:
4      name: web-apl
5    spec:
6      containers:
7      - name: web
8        image: nginx
9        env:
10       - name: LOG_LEVEL        ## コンテナの環境変数名
11         valueFrom:
12           configMapKeyRef:
13             name: env-config  ## コンフィグマップ名
14             key: log_level    ## キー項目
```

コンフィグマップとポッドをデプロイしたあとに、ポッドの環境変数を表示したのが、実行例13です。環境変数のLOG_LEVELにINFOが表示されていることが読み取れます。KUBERNETESを接頭語にする環境変数がたくさん表示されていますが、これはデフォルトで動作するサービスkubernetesによるものであり、kubectl get svcでサービスの存在を確認できます。

実行例13 コンフィグマップの変数がポッド(コンテナ)の環境変数に設定された様子

```
## コンフィグマップをデプロイ
$ kubectl apply -f cm-env.yml
configmap/env-config created

## ポッドのマニフェストをデプロイ
$ kubectl apply -f pod.yml
pod/web-apl created

## ポッド (コンテナ) の環境変数を表示
$ kubectl exec -it web-apl env
PATH=/usr/local/sbin:/usr/local/bin:/usr/sbin:/usr/bin:/sbin:/bin
HOSTNAME=web-apl
TERM=xterm
LOG_LEVEL=INFO                    <<--- ここに注目 環境変数LOG_LEVEL
KUBERNETES_PORT_443_TCP_PROTO=tcp
KUBERNETES_PORT_443_TCP_PORT=443
KUBERNETES_PORT_443_TCP_ADDR=10.96.0.1
KUBERNETES_SERVICE_HOST=10.96.0.1
KUBERNETES_SERVICE_PORT=443
KUBERNETES_SERVICE_PORT_HTTPS=443
KUBERNETES_PORT=tcp://10.96.0.1:443
KUBERNETES_PORT_443_TCP=tcp://10.96.0.1:443
NGINX_VERSION=1.15.5-1~stretch
NJS_VERSION=1.15.5.0.2.4-1~stretch
HOME=/root
```

15.6 メモリとCPUの割り当てと上限指定

Kubernetesは、名前空間ごとにCPUやメモリの最小要求量と最大使用制限などのリソース割り当てを設定できます。たとえば、2つのプロジェクトチームが1つのK8sクラスタを共有する場合、それぞれプロジェクト用に名前空間を作成し、リソースを割り当てることができます。また、テスト環境と本番環境で1つの物理的なK8sクラスタを共有するケースでは、それぞれの環境用に名前空間を作成して、その名前空間にリソースを設定できます。たとえば、テスト中のアプリケーションに無限ループが発生した場合でも、秒当たりのCPU時間の上限を割り当てておけるので、本番環境への悪影響を予防できます[5]。

名前空間へリソースを割り当てる方法には、Resource QuotaとLimit Rangeの2つがあります。

- Resource Quotaでは、名前空間ごとのリソースの総使用量を制限する。リソースとは、コンテナのCPU時間とメモリ量を指し、起動時に確保するリソースの合計量、および、上限となるリソース使用量の合計量を設定する。
- Limit Rangeでは、CPUやメモリの要求量と最大量のデフォルト値を設定する。

参考資料

[5] Resource Quotas、https://kubernetes.io/docs/concepts/policy/resource-quotas/

Limit Rangeの主要な設定項目の1つであるリソースリミットの動作を図5で説明します。この図のノードで使えるCPU時間は、最大1000ミリ秒とします。これはCPU 1コアと同じ意味になります。たとえばコア2つでは、CPU時間は最大2000ミリ秒を使用できることになります。一般的なノードでは、ポッドネットワークを維持するためのデーモンセットなどが動作しているため、1コアのノードでは1000ミリ秒のCPU時間を使用することはできませんが、ここでは抽象化してリソースリミットの機能に焦点を当てるために、1000ミリ秒としました。

図5の上部枠の「ノードへ割り当て可能なコンテナ」で表す実行要求があります。この枠の中の「CPU要求時間（Request）」は、コンテナの実行前にCPU時間を確保することを意味します。また「CPU上限（Limit）」は、コンテナが利用できる最大のCPU時間です。数字の単位はミリ秒であり、毎秒あたりCPUを割り当てる時間です。

たとえば、コンテナ-AのCPU要求時間が200ミリ秒の場合、毎秒（1000ミリ秒）のうち200ミリ秒をコンテナ-Aのために確保して、他コンテナに与えないようにします。「CPU上限（Limit）」は、コンテナ-Aが使用できるCPU時間の上限です。このことは、CPUに仕事がなく暇な時間すなわちアイドル時間があっても、毎秒のうち400ミリ秒までしか、コンテナ-AにCPUの時間を与えないことを意味します。

実際には、コンテナはポッドというグループで、ノードに割り当てられることになります。ここでは、問題をわかりやすくするために、ポッドには1つのコンテナだけが内包され、コンテナのCPU要求時間（request.cpu）などは、ポッドとしての合計と同じとしています。複数のコンテナを内包するポッドの場合は、コンテナのCPU要求時間の合計、CPU上限の合計で、ノードへの割り当ての可否が判断されることになります。

この実行要求のリストを上から順に、この1コアのノードに投入したとします。そうすると、コンテナ-A～Cまでは実行されますが、コンテナ-DはCPU要求時間の条件を満たせないので、割り当て（スケジュール）は保留（ペンディング）されます。コンテナ-A～CまでのCPU要求時間の合計は900ミリ秒であり、ノードとしての割り当て量の90%に相当しますから、このノードにスケジュールできます。一方、4番目のコンテナ-DのCPU要求時間（request.cpu）は200ミリ秒ですから、これをすでに予約されている900ミリ秒に加えると、ノードの1コアのCPU時間1000ミリ秒を超えることになります。そのため、スケジュールできずにペンディング状態となります。

実行状態のコンテナ-A～Cが、CPU上限までの値でノードのCPUのアイドル時間を奪い合うことになります。一方、CPU要求時間は必ず利用できます。

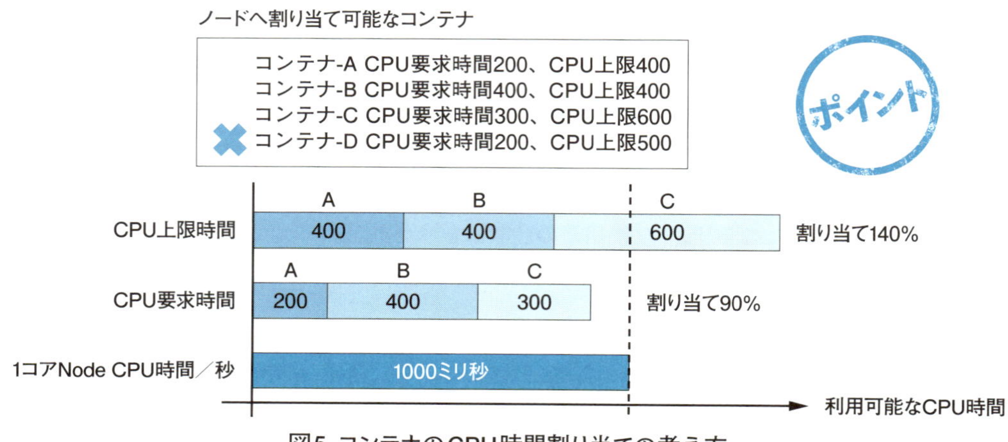

図5 コンテナのCPU時間割り当ての考え方

図6は、CPU時間の要求と上限の関係を時系列で表しています。A〜Cのコンテナは、CPU時間をできるだけ多く使って、バッチ処理を早く完了することを目指しているとします。

コンテナBは最初から最後まで実行を続け、要求400、上限400ですから、共存するコンテナCとAに関係なく、毎分400ミリ秒のCPU時間を利用できます。経過時間4分、コンテナCが立ち上がったところで、コンテナAはそれまで上限400まで使えていましたが、コンテナCが稼働することで、コンテナAの要求200までCPU時間を抑えられます。コンテナCはコンテナAが終了すると、上限を600として空いているCPU時間を使えることになります。

このようにLimit Rangeは、ポッド上のコンテナ単位にリソース設定を実施でき、名前空間ごとにデフォルト値を設定できます。また、名前空間ごとに要求と上限を設定できるため、複数の名前空間が共存するK8sクラスタで、リソースの配分を正確に実行することができます。

コンテナの設定

CPU時間	コンテナA	コンテナB	コンテナC
要求(ミリ秒)	200	400	300
上限(ミリ秒)	400	400	600

CPU時間配分イメージ

経過時間	CPU時間(ミリ秒)			実行状態	CPU競合
	コンテナA	コンテナB	コンテナC		
1	400	400	0	B連続処理	A、B
2	400	400	0		A、B
3	400	400	0		A、B
4	400	400	0		A、B
5	300	400	300	C処理開始	A、B、C
6	250	400	350		A、B、C
7	250	400	350		A、B、C
8	250	400	350	A処理終了	A、B、C
9	0	400	600		B、C
10	0	400	600		B、C
11	0	400	600		B、C
12	200	400	400	A処理開始	A、B、C
13	250	400	350		A、B、C
14	250	400	350	C処理終了	A、B、C
15	400	400	0		A、B
16	400	400	0		A、B
17	400	400	0		A、B
18	400	400	0		A、B

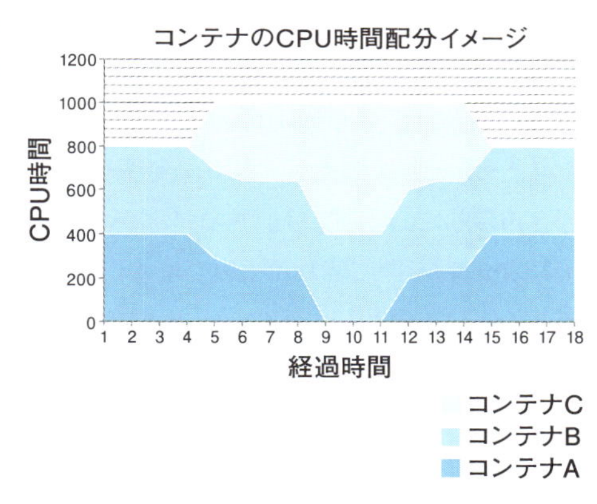

図6 コンテナ共存環境でのCPU時間の配分のイメージ

メモリの使用上限を超えると強制終了のシグナルが送られ、コンテナが止められるので注意が必要です(図7)。もちろんこれによって、暴走プロセスがメモリを確保し続け枯渇させて引き起こすシステムダウンから、ノード全体を保護することができます。このようなことからプログラムは、設定した上限を超えないように、メモリ使用量をコントロールしなければなりません。または、メモリ使用量の上限を把握して、適切な上限値を設定する必要があります。

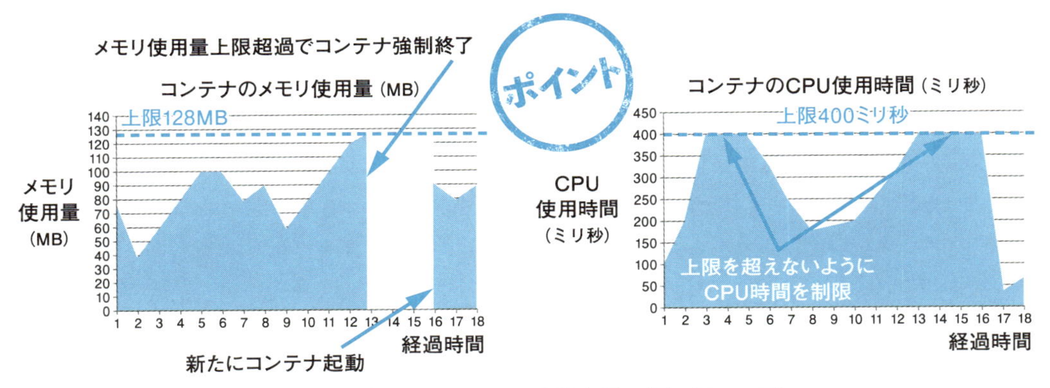

図7 メモリ容量上限とCPU時間上限の振る舞いの違い

15.7 ネットワークのアクセス制限（Calico）

ネットワークポリシーを名前空間へ適用して、アクセス制限を実施する機能があります。これは「Calico」と呼ばれ、複数の名前空間の間にアクセスルールを適用して、制限を設定することができます[6,7]。

利用例として、1つの物理的K8sクラスタを名前空間で分割して、テスト環境と本番環境を作成する場合を考えましょう。たとえば、本番で発生したアプリケーションの障害原因を解析するために、テスト環境で障害を再現して、対策を検討する対応ができます。アプリケーションのコンテナが、配置された環境から正しく接続先情報を得ていればよいのですが、もし正しい作法をとっていない場合、テスト環境から本番環境のデータをアクセスすることになり、再現テストによって本番データが破壊されるおそれがあります。ネットワークポリシーではこのような事故を未然に防止することができます。

ただし、この機能を利用するには、Calicoが有効になっていなければなりません。「学習環境2」で使用するFlannelはネットワークポリシーを実装しないため、アクセス範囲の制限を有効にできません。そのため、ネットワークポリシーの動きはIKSのクラスタで動作を見ていきます。

CalicoとFirewallはよく似た機能を持つので、適用に際して混乱を招きます。それを回避するためにCalicoとFirewallの関係を表しました（図8）。Firewallはノードの外部からの保護を目的とし、CalicoはK8sクラスタの名前空間相互のアクセスポリシーの実装に利用されます。また、calicoctlを使ってダイレクトにCalicoを設定することで、Firewallの代替としても利用できます。

参考資料

[6] Network Policies、https://kubernetes.io/docs/concepts/services-networking/network-policies/

[7] Declare Network Policy、https://kubernetes.io/docs/tasks/administer-cluster/declare-network-policy/

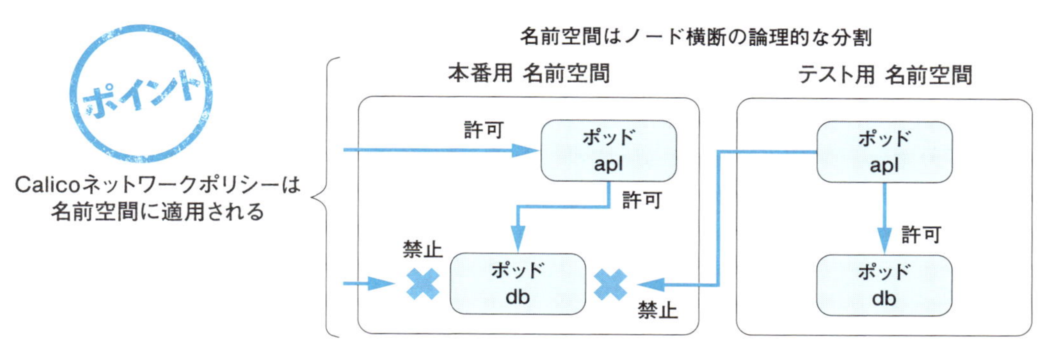

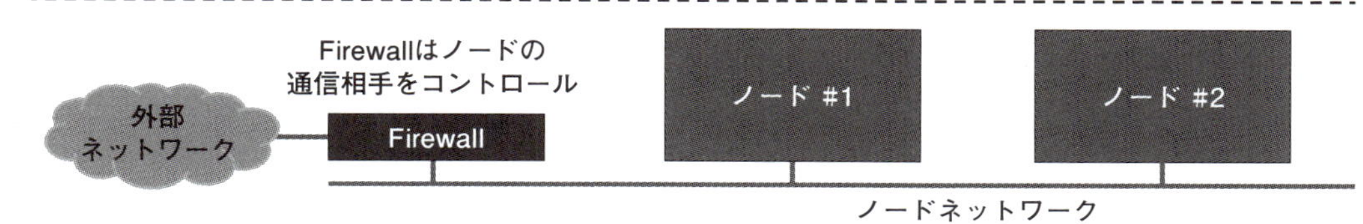

図8 FirewallとCalicoのネットワークポリシーの関係

15.8 役割によるアクセス範囲の制限

K8sクラスタを運用するケースでは、さまざまな理由からスタッフ全員をスーパーユーザーとするわけにはいきません。スタッフ一人一人の役割にふさわしいアクセス権限を付与することが安定的な運用にとって重要だからです。

たとえば、経験の浅いスタッフの誤った操作によって、重要なAPIオブジェクトを消去して商用運用中のサービスを止めることがないように、そのスタッフのアクセス権を制限して、スタッフ自身とサービスを保護するのは賢明な管理です。また、アプリケーションの開発者にとっても、テスト環境を管理者として操作でき、本番環境については参照のみに制限されることは安心材料になると思います。

加えて、秘匿性の高い情報にアクセスできるスタッフを極力減らすことは、セキュリティ維持のためにも重要です。

より実践的に進めるために、図9のようなサービス運用を想定したケーススタディを考えてみましょう。「クラスタ管理担当」、「システム運用担当」、「アプリ開発担当」といった役割を持つ個人やグループが互いに連携して、K8sクラスタ上の共同作業を行うとします。それぞれの役割と相互の関係を列挙します。

1. 「クラスタ管理担当」は、K8sクラスタ構築、運用自動化のコード開発、スタッフへのアクセス権の付与などを担当しています。そのため、OSのスーパーユーザーに相当するK8sクラスタのアクセス権限を持ちます。また、K8sクラスタのすべての名前空間に対して責任を負います。

2.「システム運用担当」は、本番用名前空間におけるアプリケーションのリリース、メトリックス監視、ログ監視、負荷変動対応などに責任を負い、本番サービス運用を担当します。したがって、本番用名前空間の管理者としての役割を担当します。
3.「アプリ開発担当」は、アプリケーション開発と品質確認テストを担当します。そのため、テスト用名前空間の中でリリース前の総合テストを実施して、合格したアプリケーションだけが「アプリ開発担当」から「システム運用担当」へ引き継がれ、リリースされます。

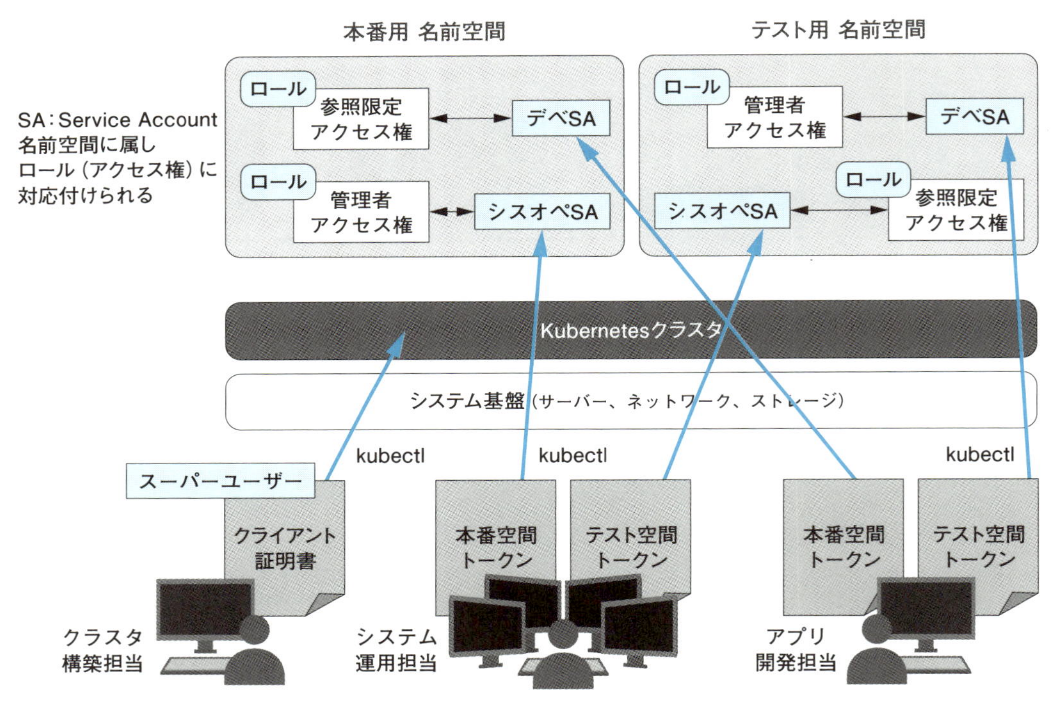

図9 アクセスコントロールの概要

ここに挙げた3つの役割に即して、アクセス権の管理方法を考えます。まず、「クラスタ管理担当」は、「システム運用担当」と「アプリ開発担当」に対し、それぞれに適したアクセス権を付与するために、次の4つのアクションをとります。

1.「本番用名前空間」と「テスト用名前空間」の2つを作成する。
2. それぞれの名前空間で、「システム運用担当」と「アプリ開発担当」の「サービスアカウント」を作成する。
3. クラスタレベルの「役割（ロール）」を作成して、「サービスアカウント」と対応付ける。
4. それぞれの名前空間で「役割」を作成して、「サービスアカウント」と対応付ける。

この対応の結果、「システム運用担当」の「本番用名前空間」に対するトークンと、「テスト用名前空間」に対するトークンの2つが作られます。「アプリ開発担当」にも、同様に2つのトークンが作られます。

「クラスタ管理担当」は、ここで作られた「システム運用担当」向けの2つのトークン、および「アプリ開発担当」向けの2つのトークンを、関連情報と一緒に渡します。それを受け取った担当者は、kubectl configコマンドを使って、自身の設定ファイルを追加します。その結果、自身に与えられたアクセス権で、K8sクラスタを利用できるようになります。

たとえば「アプリ開発担当」はこれらのトークンを使い、「テスト用名前空間」に対しては管理者のアクセス権でアクセスする一方、「本番用名前空間」に対しては参照のみのアクセス権でアクセスします。その具体的な実行例は、このあと「15.9 環境構築レッスン」の「(4)アクセス権配布とスタッフの設定作業」で確認できます。

15.9 環境構築レッスン

それでは、具体的に環境構築を進めていきます。進め方は、はじめに仕様と全体感を捉え、目的とする動作を見て、その後、個々のファイルの内容を説明します。

(1) K8sクラスタ環境のスペック
(2) 本番環境とテスト環境のスペック
(3) マニフェストの準備と適用
(4) アクセス権配布とスタッフの設定作業
(5) SSL/TLS暗号設定
(6) 模擬アプリケーションのデプロイ
(7) ネットワークアクセスポリシーとリソースリミットの確認

(1) クラスタ環境のスペック

このレッスンでは、「学習環境2」と「学習環境3」を利用することができます。教材となる構成は、パソコン上の「学習環境2」で動作するように仕様を設定してあります。このスペックは、業務で利用する環境と比べるとCPU数とメモリ容量が少なく、とても小さく可愛いミニチュアサイズですが、シンプルで再構築が簡単、意図的障害も可能、無料、リソース上限の再現が簡単など、効率よく学習を進めるうえでさまざまなメリットがあります。ぜひ、自分だけのK8sクラスタを作っていろいろ実験し、理解を深めるために役立ててください。

一方、クラウドベースの「学習環境3」を選んだ方は、費用がかかってしまいますが、商用運用可能な本格的なK8sクラスタ環境を体験することができます。

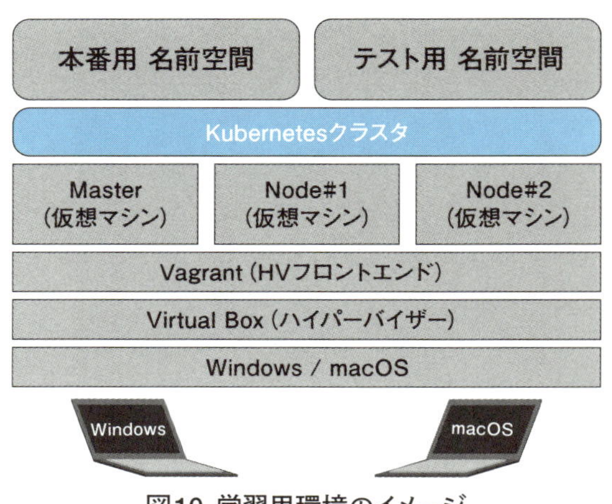

図10 学習用環境のイメージ

表2 本Stepの最小スペックのK8sクラスタ環境

ノード	コア数	メモリ容量
マスター	2コア	1GB
ノード1	1コア	1GB
ノード2	1コア	1GB
合計	4コア	3GB

※ Kubernetesバージョン1.12以降からマスターノードの最小コア数が2コアになりました。

(2) 本番環境とテスト環境のスペック

前掲の表2の環境を、本番環境とテスト環境に分割して使用できるようにしていきます。分割の基本的な仕様は表3のとおりです。

表3のリソース割り当てでは、前述のノードのCPUコア数合計2コアのうち、本番環境へ1コア、テスト環境へ0.5コアを配分します。残りの0.5コアは、K8sクラスタのシステム空間に必要な量として残します。この配分は、1秒間あたりのコアの時間配分です。つまり1コアを割り当てると、毎秒1000ミリ秒のCPU時間相当を利用できることになり、0.5コアを割り当てるのは、毎秒500ミリ秒のCPU時間に相当します。

コンテナ1個当たりCPU時間は、200ミリ秒を要求値としています。これは、コンテナをスケジュール(起動)するノードには、CPU時間200ミリ秒を確保しなければならないという意味です。本番環境のCPUの割り当ては1コアで、コンテナ1つの要求が200ミリ秒なので、本番環境では最大5個のコンテナを同時実行できる計算になります。また、本番のコンテナ1つのメモリの上限が200Mi〈注1〉なので、5個立ち上げたときの最大量は1Gi〈注2〉になります。

〈注1〉
「Mi」はMiB(メビバイト)の略記であり、2の20乗を表すバイト単位です。一方、MB(メガバイト)は10の6乗を表す単位です。
〈注2〉
「Gi」はGiB(ギビバイト)の略記であり、2の30乗を表すバイト単位です。一方、GB(ギガバイト)は10の9乗を表す単位です。

一方、テスト環境のCPU割り当ては0.5コアなので毎秒500ミリ秒を利用できることになり、コンテナのCPU時間上限は200ミリ秒なので最大2個のコンテナを起動できます。残りのテスト環境の100ミリ秒は、デバッグ用対話型コンテナ用に残しておきます。

メモリ容量の割り当ては、本番環境が1Gi、テスト環境が500Miです。こちらも同様に、本番環境のコンテナの上限メモリ容量を200Miにしているため、最大5個立ち上げたら上限いっぱいです。テスト環境では、コンテナのメモリ上限は200Miで、コンテナを2個立ち上げても100Miの余裕がありますが、テスト中のコンテナなのでデバッグ用に余裕を与えることにします。

以上の値は学習用ミニチュア環境の場合であり、実際の業務用環境では最小でも1桁から3桁くらい値が大きくなると思いますが、基本的な考え方は同じです。

表3 本番環境とテスト環境の仕様

項目	仕様				
名前空間名	本番環境	prod			
	テスト環境	test			
リソース割り当て	本番環境	コンテナのデフォルト値	要求	CPU時間	200ミリ秒
				メモリ容量	100Mi
			上限	CPU時間	200ミリ秒
				メモリ容量	200Mi
		名前空間の設定値	要求	CPU時間	1コア
				メモリ容量	1Gi
			上限	CPU時間	1コア
				メモリ容量	1Gi
	テスト環境	コンテナのデフォルト値	要求	CPU時間	200ミリ秒
				メモリ容量	100Mi
			上限	CPU時間	200ミリ秒
				メモリ容量	200Mi
		名前空間の設定値	要求	CPU時間	0.5コア
				メモリ容量	500Mi
			上限	CPU時間	0.5コア
				メモリ容量	500Mi
ドメイン名	本番環境	www.sample.com	HTTPSを利用、SSL/TLS暗号化を有効化		
	テスト環境	test.sample.com	同上		
役割	クラスタ管理担当		K8sクラスタ構築と管理、アクセス権付与		
	システム運用担当		アプリのリリース、本番サービス運用		
	アプリケーション開発担当 (以下、「アプリ開発担当」と略)		アプリケーションの開発と品質保証		

<table>
<tr><th>項目</th><th colspan="3">仕様</th></tr>
<tr><td rowspan="5">役割別アクセス権</td><td rowspan="2">本番環境</td><td>アプリ開発担当</td><td>参照のみ</td></tr>
<tr><td>システム運用担当</td><td>管理者として、生成・変更・削除</td></tr>
<tr><td rowspan="2">テスト環境</td><td>アプリ開発担当</td><td>管理者として、生成・変更・削除</td></tr>
<tr><td>システム運用担当</td><td>参照のみ</td></tr>
<tr><td colspan="3">テスト環境の担当が、本番環境の認証情報などのオブジェクトを参照することを制限する</td></tr>
<tr><td rowspan="2">ネットワークアクセス制御</td><td colspan="2">名前空間の相互通信</td><td>本番とテストの相互通信は禁止、名前空間内は任意に通信可能</td></tr>
<tr><td colspan="2">インターネットとK8sクラスタ間通信</td><td>指定コンテナのみインターネットと通信許可、それ以外は通信禁止</td></tr>
</table>

KubernetesのCPUとメモリ資源の有効活用に関する機能

Kubernetesには、CPUやメモリの利用量を詳細に指定して、物理的資源を無駄なく高い稼働率で利用できる特徴があります。

過去、メインフレームのハードウェアは非常に高価なため、アプリケーションのCPU時間やメモリ使用量の割り当てを設定して、限られた計算資源を無駄にしない運用を目指していました。一方、オープンシステムではメモリやCPUの制限ができませんでしたが、比較して安価なので、CPUやメモリに余裕を持たせて、アプリケーション単位に専用サーバーを構築するという考え方がありました。その後、そのような考え方によって数が増え過ぎた物理サーバーを、仮想化技術を用いてより少ない物理サーバーへ集約するという変遷を辿りました。

しかし、これから未来に向けて発展を続けるKubernetesは、名前空間の単位、および、アプリケーションのコンテナ単位でCPU時間とメモリ容量の割り当てを可能にします。これはK8sクラスタを構成する全ノードに適用することができます。これにより、オープンシステムのハードウェアを最大限有効活用できるようにします。

さて、このレッスンでの読者の役割は「クラスタ管理担当」となり、「システム運用担当」と「アプリ開発担当」へアクセス権を付与して、管理責任を担うことです。

ウェブにアクセスするための「ドメイン名」は、本番環境用とテスト環境用に2つを持たせ、それぞれ暗号化されたプロトコルHTTPSでアクセスできるようにします。

サービスアカウントに与えられる役割別アクセス権（RBAC）は、個人のユーザーIDに紐付くものではなく、役割に対して与えられます。そして、サービスアカウント名が同じでも、本番環境とテスト環境ではアクセス可能な範囲が異なります。たとえば、「アプリ開発担当」の場合、テスト環境では管理者に相当する権限があり、アプリケーションのデプロイ、削除、更新が可能ですが、本番環境では参照の権限しかありません。一方、「システム運用担当」には、本番環境において管理者に相当する権限が付与されます。

「ネットワークアクセス制御」では、テスト環境から本番環境へのアクセスを防止し、また、その逆方向のアクセスを制限します。そして、インターネットからアクセスできるポッドを限定・管理します。これはファイアウォールのように、外部からの不正アクセスに対する保護も果たしますが、主な適用用途は、K8sクラスタ内の名前空間同士の通信を制限することです。

(3) マニフェストの準備と適用

ここから、表3の仕様に基づいて記述されたマニフェストを、学習環境に適用して、テスト環境と本番環境を構築していきます。実行例14のリストが、表3の仕様を実装するためのマニフェストです。進め方として、先に環境を実装し、模擬アプリケーションによって動作を確認したあと、個々のファイルを見ていきたいと思います。

実行例14 環境構築用のYAMLファイルのリスト

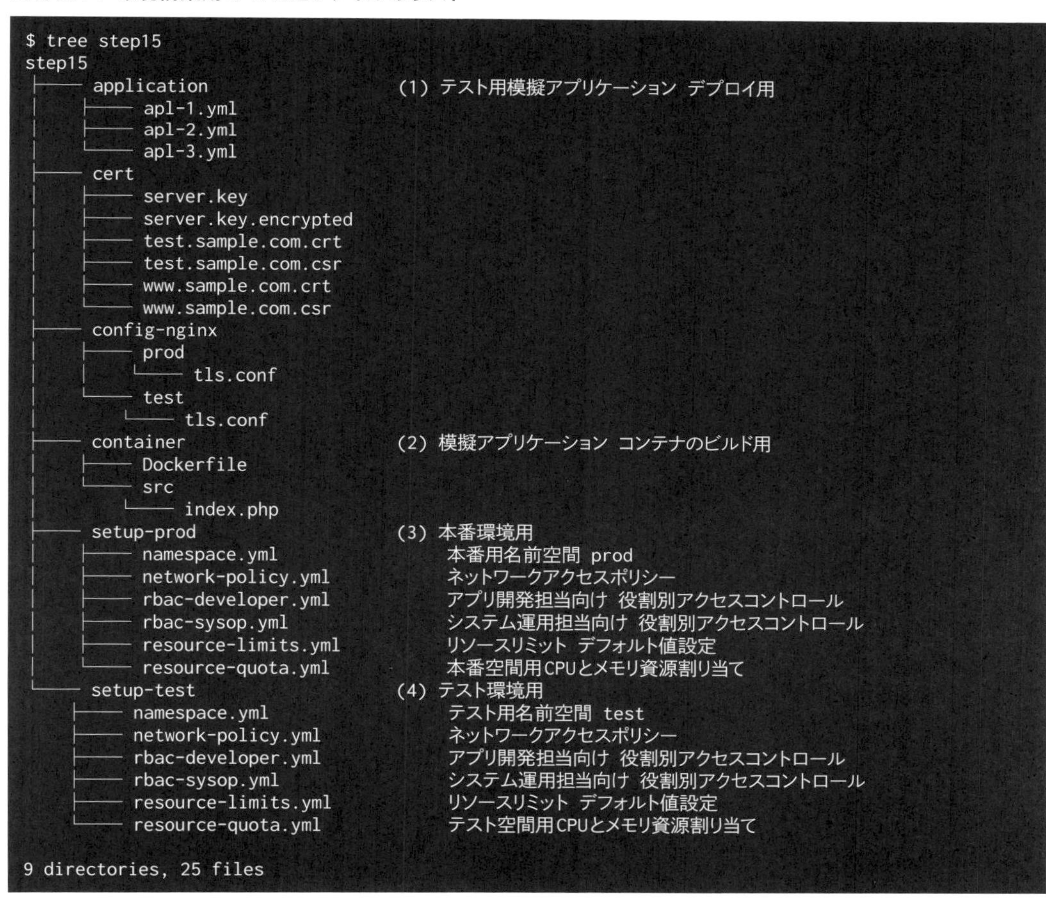

```
$ tree step15
step15
├── application                    (1) テスト用模擬アプリケーション デプロイ用
│   ├── apl-1.yml
│   ├── apl-2.yml
│   └── apl-3.yml
├── cert
│   ├── server.key
│   ├── server.key.encrypted
│   ├── test.sample.com.crt
│   ├── test.sample.com.csr
│   ├── www.sample.com.crt
│   └── www.sample.com.csr
├── config-nginx
│   ├── prod
│   │   └── tls.conf
│   └── test
│       └── tls.conf
├── container                      (2) 模擬アプリケーション コンテナのビルド用
│   ├── Dockerfile
│   └── src
│       └── index.php
├── setup-prod                     (3) 本番環境用
│   ├── namespace.yml                  本番用名前空間 prod
│   ├── network-policy.yml             ネットワークアクセスポリシー
│   ├── rbac-developer.yml             アプリ開発担当向け 役割別アクセスコントロール
│   ├── rbac-sysop.yml                 システム運用担当向け 役割別アクセスコントロール
│   ├── resource-limits.yml            リソースリミット デフォルト値設定
│   └── resource-quota.yml             本番空間用CPUとメモリ資源割り当て
└── setup-test                     (4) テスト環境用
    ├── namespace.yml                  テスト用名前空間 test
    ├── network-policy.yml             ネットワークアクセスポリシー
    ├── rbac-developer.yml             アプリ開発担当向け 役割別アクセスコントロール
    ├── rbac-sysop.yml                 システム運用担当向け 役割別アクセスコントロール
    ├── resource-limits.yml            リソースリミット デフォルト値設定
    └── resource-quota.yml             テスト空間用CPUとメモリ資源割り当て

9 directories, 25 files
```

kubernetes-adminの権限、すなわち管理者権限でkubectlコマンドを操作して、前述の仕様を満たすテスト環境と本番環境を構築していきます(実行例15)。

実行例15 K8sクラスタの仮想化実行例

```
## 現在の権限を確認、管理者権限で2つの名前空間をセットアップ
$ kubectl config get-contexts
CURRENT   NAME                          CLUSTER      AUTHINFO           NAMESPACE
*         kubernetes-admin@kubernetes   kubernetes   kubernetes-admin

## (1) テスト環境(名前空間)のセットアップ
$ kubectl apply -f setup-test/
namespace "test" created
networkpolicy "deny-from-other-namespaces" created
serviceaccount "developer" created
rolebinding "developer-crb" created
role "developer" created
rolebinding "developer-rb" created
serviceaccount "sysop" created
rolebinding "sysop-crb" created
role "sysop" created
rolebinding "sysop-rb" created
resourcequota "test" created

## (2) 本番環境(名前空間)のセットアップ
$ kubectl apply -f setup-prod/
namespace "prod" created
networkpolicy "deny-from-other-namespaces" created
serviceaccount "developer" created
rolebinding "developer-crb" created
role "developer" created
rolebinding "developer-rb" created
serviceaccount "sysop" created
rolebinding "sysop-crb" created
role "sysop" created
rolebinding "sysop-rb" created
resourcequota "prod" created
```

注意 GKEでは実行例15のrole作成時に次のエラーが発生します。

```
Error from server (Forbidden): error when creating "rbac-developer.yml": roles.rbac.
authorization.k8s.io "developer" is forbidden: attempt to grant extra privileges...
```

これはアカウントに、次の方法で権限を付与することで解決できます。

```
$ gcloud info | grep Account
Account: [user-account@xxxx.xxx]
$ kubectl create clusterrolebinding cluster-admin-binding --clusterrole=cluster-
admin --user=user-account@xxxx.xxx
```

(4) アクセス権配布とスタッフの設定作業

環境のセットアップが完了したので、次に「クラスタ管理担当」から「システム運用担当」と「アプリ開発担当」に対し、K8sクラスタのアクセス権と対応するトークンを配布して、運営体制を整備していきます。

●「クラスタ管理担当」の作業

K8sクラスタをセットアップした状態では、コンテキスト名が長くてタイプに時間がかかるため、短く変更しておきます(実行例16)。以下は「学習環境2」の例ですが、「学習環境3」でも同じ傾向がありますので、同様に対策すると作業効率を改善できます。なお、K8sクラスタ構築後のコンテキストは管理者権限を持つので、superuserという名前にしました(実行例16)。

実行例16 K8sクラスタを生成時の管理者コンテキスト名をsuperuserに変更

```
## 環境変数を設定してクラスタにアクセス
$ export KUBECONFIG=`pwd`/kubeconfig/config
$ kubectl get node
NAME     STATUS   ROLES    AGE     VERSION
master   Ready    master   4m31s   v1.14.0
node1    Ready    <none>   3m44s   v1.14.0
node2    Ready    <none>   3m44s   v1.14.0

## コンテキスト名を表示
$ kubectl config get-contexts
CURRENT   NAME                          CLUSTER      AUTHINFO           NAMESPACE
*         kubernetes-admin@kubernetes   kubernetes   kubernetes-admin

## コンテキスト名を短くして、扱いやすいように変更する
$ kubectl config rename-context kubernetes-admin@kubernetes superuser
Context "kubernetes-admin@kubernetes" renamed to "superuser".

## このコンテキストは管理者権限と対応するので、変更後のコンテキスト名をsuperuserとする
$ kubectl config get-contexts
CURRENT   NAME        CLUSTER      AUTHINFO           NAMESPACE
*         superuser   kubernetes   kubernetes-admin
```

次に、配布先のユーザーに伝えるために、K8sクラスタのAPIエンドポイントを表示してメモをとっておきます。次の表示では、KubeDNSが表示されていますが、バージョン1.14 ではCoreDNSに置き換わっています。コマンド「kubectl get pods -n kube-system |grep dns」でCoreDNSのポッドの起動が確認できるはずです。

実行例17 K8sクラスタのAPIエンドポイントを取得

```
$ kubectl cluster-info
Kubernetes master is running at https://172.16.20.11:6443
KubeDNS is running at https://172.16.20.11:6443/api/v1/namespaces/kube-system/services/kube-dns:dns/proxy
```

実行例15で適用したマニフェストによって、テスト環境として名前空間test、本番環境として名前空間prodが作られています。両方の名前空間のサービスアカウントのトークン名から実体を取り出して配布するために、それぞれのトークン名をリストしておきます。

実行例18 サービスアカウントdeveloperとsysopのトークン名をリストする

```
$ kubectl get secret -n test
NAME                    TYPE                                  DATA      AGE
default-token-lzlhb     kubernetes.io/service-account-token   3         49m
developer-token-g59dw   kubernetes.io/service-account-token   3         49m
sysop-token-jpqmg       kubernetes.io/service-account-token   3         49m

$ kubectl get secret -n prod
NAME                    TYPE                                  DATA      AGE
default-token-s8kcv     kubernetes.io/service-account-token   3         49m
developer-token-bcgh5   kubernetes.io/service-account-token   3         49m
sysop-token-mr97d       kubernetes.io/service-account-token   3         49m
```

トークンやサーバー証明書のファイルをユーザーごとに保管するためのディレクトリを作成します。今回はアプリ開発担当とシステム運用担当に相当するdeveloperとoperatorの2つを作ります（実行例19）。

実行例19 デベロッパーとオペレータにトークンを配布するためのディレクトリを作成

```
$ mkdir users
$ cd users
$ mkdir developer
$ mkdir operator
```

アプリ開発担当のディレクトリに移動して、本番環境用のトークンとテスト環境用のトークンをファイルに保存します。続いて、K8sクラスタにアクセスするためのクライアント証明書もファイルに保存します（実行例20）。

実行例20 デベロッパー向けへのトークンを取り出してファイルに保存

```
$ cd developer/
$ kubectl get secret developer-token-g59dw -n test -o jsonpath={.data.ca¥¥.crt} |base64 --decode
> ca.crt
$ kubectl get secret developer-token-g59dw -n test -o jsonpath={.data.token} |base64 --decode >
token-dev-test.txt
$ kubectl get secret developer-token-bcgh5 -n prod -o jsonpath={.data.token} |base64 --decode >
token-dev-prod.txt
$ ls
ca.crt          token-dev-prod.txt    token-dev-test.txt
```

運用担当向けのディレクトリへ移動して、2つの環境のトークンをファイルに保存します。クライアント証明書は、サービスアカウントにかかわらず同じなので、開発担当のディレクトリからコピーします。

実行例21 運用担当向けへのトークンを取り出してファイルに保存

```
$ cd ../operator
$ cp ../developer/ca.crt .
```

```
$ kubectl get secret sysop-token-jpqmg -n test -o jsonpath={.data.token} |base64 --decode >
token-sysop-test.txt
$ kubectl get secret sysop-token-mr97d -n prod -o jsonpath={.data.token} |base64 --decode >
token-sysop-prod.txt
$ ls
ca.crt            token-sysop-prod.txt    token-sysop-test.txt
```

「クラスタ管理担当」は、これら2つのディレクトリのファイルをそれぞれの担当者へ送ります。それらを受け取った各担当者は、kubectlコマンドの環境を設定すると、それぞれの役割権限の範囲でアクセスができるようになります。

「クラスタ管理担当」が、アクセス権のトークンを自分のkubectl設定に登録して、動作確認するまでの手順を見ていきます。実行例22で、初期状態ではスーパーユーザーのコンテキストしかありませんでしたが、各トークンを登録することでコンテキストのリストに表示されるようになりました。

実行例22 作成したトークンのファイルを利用して、クラスタ担当のコンテキストにも追加

```
## 初期状態
$ kubectl config get-contexts
CURRENT   NAME        CLUSTER      AUTHINFO            NAMESPACE
*         superuser   kubernetes   kubernetes-admin

## 開発担当(デベロッパー)のトークンの登録
cd ../developer
$ kubectl config set-credentials dev-prod --token=`cat token-dev-prod.txt`
$ kubectl config set-context le2-pd --cluster=kubernetes --user=dev-prod  --namespace=prod
$ kubectl config set-credentials dev-test --token=`cat token-dev-test.txt`
$ kubectl config set-context le2-td --cluster=kubernetes --user=dev-test  --namespace=test

## 運用担当(オペレータ)のトークンの登録
cd ../operator
$ kubectl config set-credentials sysop-prod --token=`cat token-sysop-prod.txt`
$ kubectl config set-context le2-po --cluster=kubernetes --user=sysop-prod  --namespace=prod
$ kubectl config set-credentials sysop-test --token=`cat token-sysop-test.txt`
$ kubectl config set-context le2-to --cluster=kubernetes --user=sysop-test  --namespace=test

## 登録後のコンテキストのリスト
$ kubectl config get-contexts
CURRENT   NAME        CLUSTER      AUTHINFO            NAMESPACE
          le2-pd      kubernetes   dev-prod            prod
          le2-po      kubernetes   sysop-prod          prod
          le2-td      kubernetes   dev-test            test
          le2-to      kubernetes   sysop-test          test
*         superuser   kubernetes   kubernetes-admin
```

●「アプリ開発担当」の設定作業

「アプリ開発担当」の立場で、「クラスタ管理担当」から送られてきたトークンと証明書を自分のkubectlの設定に追加する様子を見ていきましょう。

kubectlコマンドが参照する環境変数KUBECONFIGにパスが設定されていれば、そのパスが指すファイルに設定が保存されます。この環境変数が設定されていなければ、ユーザーのホームディレクトリの.kube/

configに設定が保存されます。ディレクトリが存在しない場合は、自動で作られます。また、すでに.kube/configが存在する場合は、追加または更新されます。

実行例23 サービスアカウントの権限でアクセスするためのkubectl設定

```
## 初期状態 何も登録されていない
$ kubectl config get-contexts
CURRENT   NAME      CLUSTER   AUTHINFO   NAMESPACE

## 受け取ったファイル
$ ls
ca.crt    token-dev-prod.txt    token-dev-test.txt

## クラスタ、トークンの登録
$ kubectl config set-cluster le2 --server=https://172.16.20.11:6443 --certificate-authority=ca.
crt
$ kubectl config set-credentials dev-test --token=`cat token-dev-test.txt`
$ kubectl config set-credentials dev-prod --token=`cat token-dev-prod.txt`
$ kubectl config set-context le2-td --cluster=le2 --user=dev-test --namespace=test
$ kubectl config set-context le2-pd --cluster=le2 --user=dev-prod --namespace=prod

## 登録結果
$ kubectl config get-contexts
CURRENT   NAME      CLUSTER   AUTHINFO   NAMESPACE
          le2-pd    le2       dev-prod   prod
          le2-td    le2       dev-test   test

## コンテキストの選択
$ kubectl config set-context le2-td
```

これで「アプリ開発担当」がアクセスする環境が整いました。さっそく試してみましょう。アプリケーションのデプロイ、ポッドやサービスのリスト表示、削除ができるはずです。

ディレクトリを1つ上がって、アプリケーションをデプロイします。実際はその前に、コンテナのイメージをビルドしてリポジトリへ登録する必要がありますが、ここでは省略して、後述のYAMLファイルの解説のあとに記述します。ここまで読み進めてきた読者には、今さら解説は不要と思います。

実行例24では、はじめにテスト環境での模擬アプリケーション（web-apl1）のデプロイを試みます。そして本番環境に切り替えて、同じ模擬アプリケーションのデプロイを試みます。その結果、テスト環境ではデプロイが進行しているのに対して、本番環境では禁止（Forbidden）エラーを発生して失敗しました。これは、各名前空間でサービスアカウントへ付与したアクセス権と一致する振る舞いとなっています。

実行例24 アプリケーションのデプロイ

```
## コンテキストをテスト環境にセット
$ kubectl config use-context le2-td
Switched to context "le2-td".

## テスト環境のコンテキストで、アプリケーションのデプロイを実施した結果です。
$ kubectl apply -f ../../application/apl-1.yml
deployment.apps/web-apl1 created
service/web-apl1 created
```

```
## ポッドのデプロイが進行中
$ kubectl get po
NAME                       READY   STATUS              RESTARTS   AGE
web-apl1-7865ffbd54-76cjp  0/1     ContainerCreating   0          15s

## 本番環境のコンテキストに切り替えて、アプリケーションのデプロイを試みます。
$ kubectl config use-context le2-pd
Switched to context "le2-pd".

## 本番環境のデプロイは、権限がないために失敗しました。
$ kubectl apply -f ../../application/apl-1.yml
Error from server (Forbidden): error when creating "../../application/apl-1.yml": deployments.
apps is forbidden: User "system:serviceaccount:prod:developer" cannot create deployments.apps in
the namespace "prod"
Error from server (Forbidden): error when creating "../../application/apl-1.yml": services is
forbidden: User "system:serviceaccount:prod:developer" cannot create services in the namespace
"prod"
```

(5) SSL/TLS暗号の設定

次に、K8sクラスタにデプロイされたNginxのポッドが、HTTPSすなわちSSL/TLS暗号でHTTP通信できる環境を整備します。それには、それぞれの名前空間のシークレットに証明書と鍵のファイルを配置し、コンフィグマップにNginxのSSL/TLS設定ファイルを配置します。

「表3 本番環境とテスト環境の仕様」に基づいて、www.sample.com、test.sample.comのFQDNに対してサーバー証明書を取得する手続きを取っていきます。これは演習ですから、これらのFQDNは架空のものですが、実際の業務で利用する場合にはドメイン名を所有している必要があります。

●サーバー証明書署名要求の作成

SSL/TLS暗号で必要なサーバー証明書を取得するために、証明書署名要求(以下CSRとする。CSR: Certificate Signing Request)を作成します。公開鍵証明書認証局にサーバーのデジタル証明書の発行を注文するときは、ここで作成したCSRを注文フォームに添付して送付しなければなりません。また、このCSRから、俗称「オレオレ証明書」と呼ばれる自己署名の証明書を作成することもできます。

実行例25では、2つのFQDNを利用するために、CSRを2つ作成します。

実行例25 CSR作成

```
## サーバー証明書保存用のディレクトリ作成
$ mkdir cert
$ cd cert

## DES3で暗号化されたプライベート鍵を生成する。
$ openssl genrsa -des3 -out server.key.encrypted 2048
Generating RSA private key, 2048 bit long modulus
.............................................................................................+++
...........................................................................+++
e is 65537 (0x10001)
Enter pass phrase for server.key:********
Verifying - Enter pass phrase for server.key:********
```

```
## TLS暗号設定で利用するため、暗号を解いて平文にしておく。
$ openssl rsa -in server.key.encrypted -out server.key
Enter pass phrase for server.key:********
writing RSA key

## ドメイン名を指定して、CSRを作成する
$ openssl req -new -key server.key -out www.sample.com.csr -subj "/C=JP/ST=Tokyo/L=Nihombash/
O=SampleCorp/CN=www.sample.com"
$ openssl req -new -key server.key -out test.sample.com.csr -subj "/C=JP/ST=Tokyo/L=Nihombash/
O=SampleCorp/CN=test.sample.com"

## 生成したCSRファイルを確認
$ ls
server.key  server.key.encrypted  test.sample.com.csr  www.sample.com.csr
```

実行例25のCSR作成時に、オプション「-subj」を設定すると、対話式で必要項目を入力する手間を省いて、1行でCSRを生成できます。この「-subj」の各フィールドの略記号と、セットすべき項目の説明を表4にまとめておきます。注意事項として、これらの値はすべて英数字でなければなりません。また、外部の認証局に証明書の発行を注文する場合には、正確に記述する必要があります。

表4 -subjのフィールドに設定する略記号と説明

略記号	フルスペル	説明
CN	CommonName	証明書を申請するサーバーのFQDN
OU	OrganizationalUnit	事業部や部など、証明書を利用する部門名
O	Organization	会社や団体などの公式な組織名をセット
L	Locality	組織の所在地の市町村名をセット
ST	StateOrProvinceName	組織の所在地の都道府県をセット
C	CountryName	組織が所在する国の2文字コード

●自己署名証明書の作成

第三者機関の認証局が発行する証明書を利用するには費用がかかります。そのため、テスト環境など関係者だけがアクセスする場合には、無料で利用できる自己署名の証明書がしばしば利用されます。この場合、CSRファイルと、CSR作成の前に作成したプラベート鍵をインプットファイルとして、サーバー証明書を作成することができます（実行例26）。

実行例26 自己署名証明書の作成

```
## 本番用ドメインの自己署名証明書作成
$ openssl x509 -req -days 365 -in www.sample.com.csr -signkey server.key -out www.sample.com.crt
Signature ok
subject=/C=JP/ST=Tokyo/L=Nihombash/O=SampleCorp/CN=www.sample.com
Getting Private key

## テスト用ドメインの自己署名証明書作成
$ openssl x509 -req -days 365 -in test.sample.com.csr -signkey server.key -out test.sample.com.
crt
```

```
Signature ok
subject=/C=JP/ST=Tokyo/L=Nihombash/O=SampleCorp/CN=test.sample.com
Getting Private key
```

●シークレットとコンフィグマップへのTLS関連ファイルの登録

第三者機関の公的な認証局や組織内で運営するプライベート認証局が発行する証明書、または、自己署名証明書と、CSRを作成したときに使用したプライベート鍵をセットにして、シークレットに登録します（実行例27）。本番環境とテスト環境ではドメイン名が異なります。そのため、証明書はそれぞれ専用となるので、間違いのないように注意しなければなりません。

実行例27 サーバー証明書と鍵を各名前空間のシークレットへ登録する

```
## 本番環境へ登録
$ kubectl create secret tls cert -n prod --cert=www.sample.com.crt --key=server.key
secret/cert created

## テスト環境への登録
$ kubectl create secret tls cert -n test --cert=test.sample.com.crt --key=server.key
secret/cert created

## 登録結果の確認
$ kubectl get secret cert -n prod
NAME     TYPE                DATA     AGE
cert     kubernetes.io/tls   2        2m
$ kubectl get secret cert -n test
NAME     TYPE                DATA     AGE
cert     kubernetes.io/tls   2        2m
```

NginxのSSL/TLS暗号の設定ファイルには、ドメイン名をセットする部分があるので、ファイルは本番用とテスト用に2つ用意する必要があります（ファイル7a、ファイル7b）。

ファイル7a 本番用Nginxのコンフィグファイル

```
1     ssl_protocols TLSv1.2;
2     server {
3         listen 443 ssl;
4         server_name www.sample.com;       ### 本番用ドメイン名
5         ssl_certificate /etc/cert/tls.crt;
6         ssl_certificate_key /etc/cert/tls.key;
7         location / {
8             root   /usr/share/nginx/html;
9             index  index.html index.htm;
10        }
11    }
```

ファイル7b テスト用Nginxのコンフィグファイル

```
1     ssl_protocols TLSv1.2;
2     server {
3         listen 443 ssl;
4         server_name test.sample.com;       ### ドメイン名だけを変更します。
5         ssl_certificate /etc/cert/tls.crt;
6         ssl_certificate_key /etc/cert/tls.key;
7         location / {
8             root   /usr/share/nginx/html;
9             index  index.html index.htm;
10        }
11    }
```

ファイル7aを本番用名前空間prodのコンフィグマップへ登録し、ファイル7bをテスト用名前空間testのコンフィグマップへ登録します（実行例28）。

実行例28 コンフィグマップの登録

```
$ cd ../config-nginx

$ kubectl create configmap nginx-conf --from-file=prod -n prod
configmap/nginx-conf created

$ kubectl create configmap nginx-conf --from-file=test -n test
configmap/nginx-conf created

$ kubectl get cm nginx-conf -n test
NAME         DATA      AGE
nginx-conf   1         20s

$ kubectl get cm nginx-conf -n prod
NAME         DATA      AGE
nginx-conf   1         37s
```

これで、SSL/TLS暗号をポッドのレベルで利用するための準備が整いました。

（6）模擬アプリケーションのデプロイ

「アプリ開発担当」がテスト環境を操作する設定に切り替え、3種類の模擬アプリケーションをデプロイして、確認していきます。3種類とは次のようなものです。

a. ノードのIPアドレスとポート番号でアクセスするタイプのアプリケーション。
b. K8sクラスタ内アプリケーションの部品、すなわちマイクロサービスとして、内部からのみ利用するケース。
c. ロードバランサーに付与された代表IPアドレスと、SSL/TLS暗号を設定する外部公開向けのアプリケーション。

この3種類を押さえておけば、大半のウェブアプリケーションの形態をカバーできると思います。

最初に、テスト用名前空間で開発者のサービスアカウントへ切り替えます(実行例29)。テスト用空間はメモリとCPUの割り当て量が少なく、すぐに制限に触れますから、その際の動作も一緒に確認できます。また、テスト用名前空間におけるアプリ開発者の役割は「管理者」ですから、すべてのアクセス権を持っています。

実行例29 テスト用名前空間の開発者権限へ切り替え

```
$ kubectl config get-contexts
CURRENT   NAME        CLUSTER      AUTHINFO            NAMESPACE
          le2-pd      kubernetes   dev-prod            prod
          le2-po      kubernetes   sysop-prod          prod
          le2-td      kubernetes   dev-test            test
          le2-to      kubernetes   sysop-test          test
*         superuser   kubernetes   kubernetes-admin
$ kubectl config use-context le2-td
Switched to context "le2-td".
$ kubectl config current-context
le2-td
```

●ノードポートで公開するアプリケーションの場合

ノードポートでサービスを外部公開するアプリケーションをデプロイして、割り当てられたポート番号を確認したのが「実行例30」です。この中で、公開用TCPポートに30718番が割り当てられたことがわかります。

実行例30 ノードポートで公開するアプリケーション

```
$ kubectl apply -f apl-1.yml
deployment.apps/web-apl1 created
service/web-apl1 created

$ kubectl get svc,deploy,po
NAME               TYPE       CLUSTER-IP      EXTERNAL-IP   PORT(S)        AGE
service/web-apl1   NodePort   172.21.50.145   <none>        80:30718/TCP   13s

NAME                                DESIRED   CURRENT   UP-TO-DATE   AVAILABLE   AGE
deployment.extensions/web-apl1     1         1         1            1           13s

NAME                              READY     STATUS    RESTARTS   AGE
pod/web-apl1-7865ffbd54-rjvw6     1/1       Running   0          13s
```

ノードのポート番号に加えて、ノードのIPアドレスを知る必要があります。「学習環境2」では、ノードのIPアドレスはVagrantの設定ファイルVagrantfileに記述されていますから、それを読めばすぐにわかります(実行例31a)。一方、パブリッククラウドでノードのIPアドレスを知るには、クラウドベンダーごとのCLIコマンドを実行して調べる必要があります。実行例31bはIKSの例であり、実行例31cはGKEの例です。

実行例31a 学習環境2:マルチノードK8sでのテスト結果

```
## サービスの起動状況とポート番号の確認
```

```
$ kubectl get -f apl-1.yml
NAME       DESIRED   CURRENT   UP-TO-DATE   AVAILABLE   AGE
web-apl1   1         1         1            1           6h

NAME       TYPE       CLUSTER-IP      EXTERNAL-IP   PORT(S)        AGE
web-apl1   NodePort   10.244.37.150   <none>        80:32101/TCP   6h

## ノード node1へアクセステスト
$ curl http://172.16.20.12:32101/
Hostname: web-apl1-7865ffbd54-76cjp

## ノード node2へアクセステスト
$ curl http://172.16.20.13:32101/
Hostname: web-apl1-7865ffbd54-76cjp
```

実行例31b 学習環境3：IKSノードIPアドレスの調べ方とテスト結果

```
## クラスタのリスト
$ bx cs clusters
OK
Name    ID          State    Created      Workers   Location   Version
iks-1   553551c0f   normal   5 days ago   3         Tokyo      1.11.3_1524

## ノードのリスト（紙面で見やすくなるように編集済み）
$ bx cs workers --cluster iks-1
OK
ID             Public IP      Private IP     Machine Type       Status Zone  Version
553551c0f-w2 161.**.**.** 10.132.253.17 u2c.2x4.encrypted Ready  tok02 1.11.3_1524*
553551c0f-w1 128.**.**.** 10.192.9.105  u2c.2x4.encrypted Ready  tok04 1.11.3_1524*
553551c0f-w3 165.**.**.** 10.193.10.41  u2c.2x4.encrypted Ready  tok05 1.11.3_1524*

## 各ノードへのアクセステスト
$ curl http://161.**.**.**:30718/
Hostname: web-apl1-7865ffbd54-rjvw6

$ curl http://128.**.**.**:30718/
Hostname: web-apl1-7865ffbd54-rjvw6

$ curl http://165.**.**.**:30718/
Hostname: web-apl1-7865ffbd54-rjvw6
```

実行例31c 学習環境3：GKEノードIPアドレスの調べ方とアクセステスト結果

```
## サービスの起動状況とポート番号の確認
$ kubectl get -f apl-1.yml
NAME       DESIRED   CURRENT   UP-TO-DATE   AVAILABLE   AGE
web-apl1   1         1         1            0           9s

NAME       TYPE       CLUSTER-IP     EXTERNAL-IP   PORT(S)        AGE
web-apl1   NodePort   10.7.245.227   <none>        80:30453/TCP   9s

## ノードのリスト表示
$ gcloud compute instances list
NAME             ZONE                MACHINE_TYPE   INTERNAL_IP   EXTERNAL_IP    STATUS
98b8b443-q1mx    asia-northeast1-a   g1-small       10.146.0.3    **.221.**.**   RUNNING
c080f90f-4rn5    asia-northeast1-b   g1-small       10.146.0.5    **.200.**.**   RUNNING
03d7ddc3-vh8n    asia-northeast1-c   g1-small       10.146.0.4    **.194.**.**   RUNNING
```

```
## ファイアウォールの設定 TCP30453ポートへのアクセス許可
$ gcloud compute firewall-rules create myservice1 --allow tcp:30453
Creating firewall...|Created [https://www.googleapis.com/compute/v1/projects/intense-base-183010
/global/firewalls/myservice1].
Creating firewall...done.
NAME        NETWORK  DIRECTION  PRIORITY  ALLOW      DENY
myservice1  default  INGRESS    1000      tcp:30453

## アクセステスト
$ curl http://**.221.**.**:30453
Hostname: web-apl1-74cb4d5959-qwqcb

$ curl http://**.200.**.**:30453
Hostname: web-apl1-74cb4d5959-qwqcb

$ curl http://**.194.**.**:30453
Hostname: web-apl1-74cb4d5959-qwqcb
```

kubectlコマンドは基本的にどの環境を利用しても同じなのですが、ノードのIPアドレスを求めるなどの仮想サーバーに関わる部分は、クラウドベンダーの機能に依存していることがわかると思います。

●K8sクラスタ内部向けのマイクロサービスの場合

アプリケーションの共通部品として、内部的にコールされるマイクロサービスを想定した模擬アプリケーションの場合です。これはK8sクラスタ内部のDNSサービスによって、サービス名から目的のポッドへアクセスでき、負荷分散も兼ねるので、マイクロサービスの実装に適していることがわかると思います。

実行例32で、デプロイする際のサブコマンド「apply」を「get」に変更して実行すると、デプロイしたオブジェクトのリストが表示されます。サービスのCLUSTER-IPの部分に表示されたIPアドレスは、NAME列に表示されたサービス名「web-apl2-rest」で、K8sクラスタ内部のDNSに登録されています。

実行例32 K8sクラスタ内部向けのマイクロサービスを想定した擬似アプリをデプロイ

```
$ kubectl apply -f apl-2.yml
deployment.extensions/web-apl2-rest created
service/web-apl2-rest created

$ kubectl get -f apl-2.yml
NAME            DESIRED   CURRENT   UP-TO-DATE   AVAILABLE   AGE
web-apl2-rest   1         1         1            1           42s

NAME            TYPE        CLUSTER-IP      EXTERNAL-IP   PORT(S)   AGE
web-apl2-rest   ClusterIP   172.21.33.149   <none>        80/TCP    42s
```

ここで、内部DNS名でアクセスできることを確かめるためにBusyBoxを起動しようとすると、エラーメッセージが表示されて起動に失敗しました(実行例33)。この内容は「exceeded quota」の表示に続いて、現在の割り当て量合計CPU時間が400ミリ秒で、テスト環境の上限値CPU時間が500ミリ秒と表示されています。また、この起動するポッドに割り当てられるCPU時間が200ミリ秒となっており、現在の合計400ミリ秒に上乗せして600ミリ秒となり、上限の500ミリ秒を超過することが読み取れます。この問題を解決するために、最初にデプロイしたアプリケーションを削除して、もう一度BusyBoxの起動を試みます。

実行例33 割り当て制限を超えようとしたためエラーが発生しapl-1を削除する

```
$ kubectl run -it client --image=busybox --restart=Never bash
Error from server (Forbidden): pods "client" is forbidden: exceeded quota: quota, requested: limits.cpu=200m,requests.cpu=200m, used: limits.cpu=400m,requests.cpu=400m, limited: limits.cpu=500m,requests.cpu=500m

$ kubectl delete -f apl-1.yml
deployment.apps "web-apl1" deleted
service "web-apl1" deleted
```

今度は、エラーもなくポッドが起動しました。続いてwgetコマンドを使って、サービス名でアクセスするためURLに「http://web-apl2-rest」を指定して、応答を得ることができました。

実行例34 確認用のポッドを起動してアクセステスト

```
$ kubectl run -it client --image=busybox --restart=Never sh
If you don't see a command prompt, try pressing enter.
/ # wget -q -O -  http://web-apl2-rest/
Hostname: web-apl2-rest-5c66d46588-lc5z4
```

ここでは、ポッドの稼働数（replicas）を1としているので、応答のHostnameには常に同じ文字列が返ってきます。マニフェストを変更してロードバランスの様子を見たいところですが、そのためにはテスト環境のCPU時間の上限を引き上げる必要があります。次に進む前に、今回デプロイしたアプリケーションを削除して、CPU割り当て時間を空けておきます（実行例35）。

実行例35 アプリケーションのクリーンナップ

```
$ kubectl delete po client
pod "client" deleted

$ kubectl delete -f apl-2.yml
deployment.extensions "web-apl2-rest" deleted
service "web-apl2-rest" deleted
```

●暗号化通信を利用する外部向けアプリケーションの場合

ここでは、ロードバランサーの代表IPアドレスでHTTPSのリクエストを受けて、複数のポッドへリクエストを分散します。これは最も一般的に利用される形態だと思います。そのデプロイの様子を「実行例36」で見ることができます。

実行例36 HTTPSで外部へ公開するアプリケーションのデプロイ

```
$ kubectl apply -f apl-3-svc.yml
service/web-apl3 created

$ kubectl apply -f apl-3.yml
deployment.apps/web-apl3 created

$ kubectl get svc,deploy,po
NAME               TYPE           CLUSTER-IP       EXTERNAL-IP     PORT(S)         AGE
service/web-apl3   LoadBalancer   172.21.166.112   161.**.**.**    443:32489/TCP   19s

NAME                              DESIRED   CURRENT   UP-TO-DATE   AVAILABLE   AGE
deployment.extensions/web-apl3    3         2         2            2           14s

NAME                            READY     STATUS    RESTARTS   AGE
pod/web-apl3-67696f5769-2kwtm   1/1       Running   0          14s
pod/web-apl3-67696f5769-f2dnw   1/1       Running   0          14s
```

この例では、要求数(DESIRED)3に対して利用可能数(AVAILABLE)が2となっており、足りないことが読み取れます。しかし、ここでは問題の原因が表示されず、理由がわかりませんね。この原因を表示するには「kubectl get events」を利用します(実行例37)。

その結果から、ReplicaSetで問題が発生しており、前述と同じようにテスト環境のCPU割り当て時間の上限に達していることが読み取れます。対策として、テスト環境のCPU割り当て時間を引き上げることになります。

実行例37 イベントの発生状況の表示結果

```
$ kubectl get events
LAST SEEN   FIRST SEEN   COUNT     NAME                                        KIND         SUBOBJECT
TYPE        REASON       SOURCE                        MESSAGE
16m         16m          1         web-apl3-67696f5769.155d4f73139bf6a1    ReplicaSet
Warning     FailedCreate   replicaset-controller   Error creating: pods "web-apl3-67696f5769-
bfd7f" is forbidden: exceeded quota: quota, requested: limits.cpu=200m,requests.cpu=200m, used:
limits.cpu=400m,requests.cpu=400m, limited: limits.cpu=500m,requests.cpu=500m
12s         12s          1         web-apl3-67696f5769.155d505be8c0039c    ReplicaSet
Warning     FailedCreate   replicaset-controller   Error creating: pods "web-apl3-67696f5769-
4wnxn" is forbidden: exceeded quota: quota, requested: limits.cpu=200m,requests.cpu=200m, used:
limits.cpu=400m,requests.cpu=400m, limited: limits.cpu=500m,requests.cpu=500m
```

問題の原因が明確になったので、アクセステストを続行します。kubectlコマンドを実行しているパソコンから、curlコマンドでHTTPSを指定して応答が得られたことを確認できます(実行例25)。ここで使用したサーバー証明書は自己署名の証明書ですので、エラーを表示して処理が中断されるのを防止するためにオプション「-k」を付与しています。また、第三者の認証局から取得した証明書の場合はDNS名が限定されますので、「-H」のオプションを追加して、リクエストのヘッダーにFQDNを加えます。

実行例38 HTTPSでのアクセステスト

```
$ curl -k -H 'test.sample.com' https://161.**.**.** /
<!DOCTYPE html>
<html>
<head>
<title>Welcome to nginx!</title>
<以下省略>
```

(7) ネットワークアクセスポリシーとリソースリミットの確認

この確認には、パブリッククラウドの「学習環境3」であるIKSまたはGKEを利用します。「学習環境2」を利用しない理由は、①負荷を与えるテストによりパソコンの仮想サーバーの動作が不安定になる、②アクセスポリシー制御に必要なCalicoを「学習環境2」は実装していない、といったことがあるからです。

次の実行例39は、テスト環境から本番環境へのアクセス禁止を確認するテストです。テスト環境のポッドにシェルを起動し、curlコマンドで、同一テスト環境内のサービスhttp://rest-server.test/と、本番環境内の同サービスhttp://rest-server.prod/にアクセスした結果です。同一空間内のサービスからは応答がありますが、本番環境へのアクセスはタイムアウトになっています。1つのK8sクラスタの名前空間で、アクセス範囲を制限していることがわかります。

実行例39 名前空間テストと本番のアクセス禁止ポリシーの確認

```
$ kubectl run -it ubuntu --image=ubuntu -n test --restart=Never --rm --limits='cpu=100m,memory=
200Mi'
If you don't see a command prompt, try pressing enter.
root@ubuntu:/# apt-get update && apt-get install -y curl

<途中省略>

root@ubuntu:/# curl --connect-timeout 3 http://rest-server.test/
Hostname: rest-server-7bffb6d9f4-5b5j4

root@ubuntu:/# curl --connect-timeout 3 http://rest-server.prod/
curl: (28) Connection timed out after 3000 milliseconds
```

インターネットからのアクセスを許可するポッド、および、許可しないポッドの振る舞いを確認します。実行例40のNAME列rest-serverは内部アクセス用、web-serverは公開用のポッドと連携しています。つまり、web-serverのポッドにはインターネットからのアクセス許可があり、rest-serverには許可がありません。しかし、ここでは実験のためにrest-serverにもNodePortを割り当て、アクセスができるようにしています。

実行例40 外部アクセスを許可するポッドと許可しないポッドの振る舞い確認

```
$ kubectl get svc -n prod
NAME          TYPE       CLUSTER-IP      EXTERNAL-IP   PORT(S)        AGE
rest-server   NodePort   172.21.255.215  <none>        80:31528/TCP   16s
web-server    NodePort   172.21.124.124  <none>        80:31602/TCP   16s
```

次の実行例41は、インターネットから上記のサービスアドレスへアクセスした結果です。塗り潰した箇所は、K8sクラスタノードのパブリックIPアドレスです。rest-serverとweb-serverはポート番号で区別できます。ポート番号31528がrest-serverです。

実行例41 インターネットからのアクセステスト

```
## (1) 内部用rest-serverへのアクセスは、NodePortで入り口を開いてもタイムアウト
$ curl --connect-timeout 3 http://161.**.**.**:31528
curl: (28) Connection timed out after 3004 milliseconds

## (2) 公開用web-serverへのアクセスは、応答あり。
$ curl --connect-timeout 3 http://161.**.**.**:31602
Hostname: web-server-b948c685b-gf6jh
```

リソース制限の機能について、簡単ですが見ていきます。ポッドのCPU時間の最大を200ミリ秒として設定しています。(1) web-serverでレプリカ数を5に変更します。デフォルトのCPU要求時間は200ミリ秒、本番環境のCPU要求が1コアなら、最大5コンテナが起動できます。すでにrest-serverが1つ起動していますから、web-serverとして増やせるのは4個までになります。次の実行例の(2)の部分では、4つのweb-serverを確認できます。

次に、(3)と(4)のCPU(cores)の数値に注目してください。CPU時間の上限値付近で推移していることがわかります。この結果からは、コンテナ単位でCPU時間をかなり正確に制御できることがわかります。

実行例42 インターネットからのアクセステスト

```
## (1) 負荷テストのためにレプリカ数を5にアップします。
$ kubectl scale --replicas=5 deploy/web-server -n prod
deployment "web-server" scaled

## (2) 負荷テスト開始前
$ kubectl top pod -n prod
NAME                          CPU(cores)   MEMORY(bytes)
rest-server-7bffb6d9f4-695rx  0m           7Mi
web-server-b948c685b-drhp2    0m           7Mi
web-server-b948c685b-gf6jh    0m           7Mi
web-server-b948c685b-hqndq    0m           7Mi
web-server-b948c685b-nc9mk    0m           7Mi

## (3) 負荷テスト開始後 1分30秒経過後
$ kubectl top pod -n prod
NAME                          CPU(cores)   MEMORY(bytes)
rest-server-7bffb6d9f4-695rx  0m           7Mi
web-server-b948c685b-drhp2    196m         52Mi
web-server-b948c685b-gf6jh    200m         70Mi
web-server-b948c685b-hqndq    201m         61Mi
web-server-b948c685b-nc9mk    199m         53Mi


## (4) さらに60秒経過後
$ kubectl top pod -n prod
NAME                          CPU(cores)   MEMORY(bytes)
rest-server-7bffb6d9f4-695rx  0m           7Mi
web-server-b948c685b-drhp2    200m         72Mi
web-server-b948c685b-gf6jh    199m         90Mi
```

```
web-server-b948c685b-hqndq     201m         93Mi
web-server-b948c685b-nc9mk     198m         72Mi
```

15.10 設定ファイルの内容

(1) 名前空間

設定ファイルに関してテスト環境と本番環境の違いはnameの部分だけです。

ファイル8a 本番環境用の名前空間：setup-prod/namespace.yml

```
1    ##
2    # 本番用の名前空間の作成
3    #
4    apiVersion: v1
5    kind: Namespace
6    metadata:
7      name: prod          # production の先頭4文字を利用
```

ファイル8b テスト環境用の名前空間：setup-test/namespace.yml

```
1    ##
2    # テストの名前空間の作成
3    #
4    apiVersion: v1
5    kind: Namespace
6    metadata:
7      name: test          # テスト用名前空間
```

(2) ネットワークポリシー

K8sクラスタ内部のポッドネットワークポリシーを制御するためのYAMLです。これらのファイルの概要は次の2つです。(1)同じネームスペース以外からのアクセスを禁止、(2)一致するラベルを持ったコンテナは外部からのアクセスを許可します。本番環境用とテスト環境用のYAMLファイルの違いは、namespace.nameだけです。

ファイル9a 本番環境用：setup-prod/network-policy.yml

```
1    ##
2    # 同じネームスペース以外からのアクセスを禁止
3    #
4    kind: NetworkPolicy
5    apiVersion: networking.k8s.io/v1
```

```
6     metadata:
7       name: deny-from-other-namespaces
8       namespace: prod
9     spec:
10      podSelector:
11        matchLabels:          #  ← すべてのポッドが対象
12      ingress:
13      - from:
14        - podSelector: {}
15    ---
16    ##
17    # app: expose ラベルが付いたポッドだけ、外からのアクセスを許可する
18    #
19    kind: NetworkPolicy
20    apiVersion: networking.k8s.io/v1
21    metadata:
22      name: expose-external
23      namespace: prod
24    spec:
25      podSelector:
26        matchLabels:
27          app: expose    ## ポッドにこのラベルがないと外からアクセスできない。
28      ingress:
29      - from: []
```

ファイル9b テスト環境用：setup-test/network-policy.yml

```
1     ##
2     # 同じネームスペース以外からのアクセスを禁止
3     #
4     kind: NetworkPolicy
5     apiVersion: networking.k8s.io/v1
6     metadata:
7       name: deny-from-other-namespaces
8       namespace: test
9     spec:
10      podSelector:
11        matchLabels:          #  ← すべてのポッドが対象
12      ingress:
13      - from:
14        - podSelector: {}
15    ---
16    ##
17    # app: expose ラベルが付いたコンテナは公開する
18    #
19    kind: NetworkPolicy
20    apiVersion: networking.k8s.io/v1
21    metadata:
22      name: expose-external
23      namespace: test
24    spec:
25      podSelector:
26        matchLabels:
27          app: expose
28      ingress:
```

```
29       - from: []
```

本番環境用とテスト環境用YAMLのAPIリファレンスを表5に載せ、アクセスポリシーの設定例を表6に載せました。詳しい説明は表に添付したURLを参照してください。

表5 NetworkPolicy v1 networking.k8s.io

キー項目		解説
apiVersion		networking.k8s.io/v1を設定
kind		NetworkPolicyを設定
metadata	name	このオブジェクトの名前
	namespace	適用するべき名前空間名
spec		仕様を記述。表6を参照

※本表のAPIの詳細は、https://kubernetes.io/docs/reference/generated/kubernetes-api/v1.14/#networkpolicy-v1-networking-k8s-ioにあります。v1.14の14部分を13や12に変更してアクセスすることで、他のマイナーバージョンのAPIを参照できます。

ポイント

表6 ネットワークポリシーの設定

ネットワークポリシー	説明
spec: podSelector: matchLabels: app: web	名前空間内のポリシーを適用するポッドを指定する ラベルapp: webと一致するポッドにルールが適用されている
spec: podSelector: matchLabels:	名前空間内のすべてのポッドにポリシーを適用する
spec: podSelector: {}	名前空間内のすべてのポッドにポリシーを適用する
Ingress: []	すべてのトラフィックをドロップする
Ingress: - from: []	外部からのトラフィックを含め、受け入れる
ingress - from: -podSelector: {}	名前空間内のすべてのポッドからのトラフィックを受け入れる。異なる名前空間からはすべてドロップする
ingress: - from: - podSelector: matchLabels: app: bookstore	名前空間内の特定のラベル(app:bookstore)が一致するポッドからのトラフィックを受け入れる
ingress: - {}	すべてのトラフィックを受け入れる

※この表には、https://github.com/ahmetb/kubernetes-network-policy-recipes から基本的なものをピックアップしました。詳しくはリンク先を参照してください。

(3) ロールベースのアクセス制御

このRBACを設定するYAMLは、長くてわかりにくいと敬遠したくなるのですが、次の4つのYAMLを連携して1つのファイルにしたものです。本番環境用とテスト環境用の相違点は、それぞれにコメントを入れてあります。

(a)「アプリ開発担当」用のサービスアカウント(SA)を作成する。
(b)「アプリ開発担当」SAを「クラスタロールadmin」を対応付ける。
(c)「アプリ開発担当」ロールを作成する(任意)。
(d)「アプリ開発担当」SAと「ロールdeveloper」を対応付ける(任意)。

このうち、(c)で与えられるアクセス権はクラスタロールadminに含まれるので、関連する(d)を含め削除することもできます。将来、カスタムなロールを作成するためのテンプレートとして利用してください。

ファイル10a 本番環境デベロッパー用RBAC:setup-prod/rbac-developer.yml

```
1   ##
2   #「アプリ開発担当」用のサービスアカウント(SA)を作成
3   #
4   apiVersion: v1
5   kind: ServiceAccount
6   metadata:
7     name: developer
8     namespace: prod
9   ---
10  ################################################
11  ##
12  #「アプリ開発担当」SAを「クラスタロール」を対応付ける
13  #
14  apiVersion: rbac.authorization.k8s.io/v1
15  kind: RoleBinding
16  metadata:
17    name: developer-crb
18    namespace: prod
19  roleRef:
20    apiGroup: rbac.authorization.k8s.io
21    kind: ClusterRole
22    name: view            # 本番では参照だけに制限
23  subjects:
24  - kind: ServiceAccount
25    namespace: prod
26    name: developer
27  ---
28  ##
29  #「アプリ開発担当」ロールの作成
30  #   クラスタロールに含まれるので任意
31  #
32  apiVersion: rbac.authorization.k8s.io/v1
33  kind: Role
34  metadata:
35    name: developer
36    namespace: prod
37  rules:
```

```
38    # podsアクセス権 コアAPIを指定 apiVersion: v1
39    - apiGroups: [""]
40      resources: ["pods","pods/log","services"]
41      verbs: ["get", "watch", "list"]
42    # deploymentアクセス権  extention/applsを指定する
43    - apiGroups: ["extensions", "apps"]
44      resources: ["deployments"]
45      verbs: ["get", "watch", "list"]
46    ---
47    ##
48    #「アプリ開発担当」SAと「ロールdeveloper」を対応付ける
49    #   (クラスタロールに含まれるので任意)
50    #
51    apiVersion: rbac.authorization.k8s.io/v1
52    kind: RoleBinding
53    metadata:
54      name: developer-rb
55      namespace: prod
56    roleRef:
57      apiGroup: rbac.authorization.k8s.io
58      kind: Role
59      name: developer
60    subjects:
61    - kind: ServiceAccount
62      namespace: prod      ## 本番環境のdeveloperに参照権
63      name: developer
64    - kind: ServiceAccount
65      namespace: test      ## テスト環境のdeveloperに参照権
66      name: developer
```

ファイル10b テスト環境 デベロッパー用RBAC：setup-test/rbac-developer.yml

```
1     ##
2     #「アプリ開発担当」用のサービスアカウント(SA)を作成
3     #
4     apiVersion: v1
5     kind: ServiceAccount
6     metadata:
7       name: developer
8       namespace: test
9     ---
10    ################################################
11    ##
12    #「アプリ開発担当」SAを「クラスタロールADMIN」を対応付ける
13    #
14    apiVersion: rbac.authorization.k8s.io/v1
15    kind: RoleBinding
16    metadata:
17      name: developer-crb
18      namespace: test
19    roleRef:
20      apiGroup: rbac.authorization.k8s.io
21      kind: ClusterRole
22      name: admin
23    subjects:
```

```
24    - kind: ServiceAccount
25      namespace: test
26      name: developer
27    ---
28    ##
29    #「アプリ開発担当」ロールの作成
30    #   クラスタロール admin に含まれるので任意
31    #
32    apiVersion: rbac.authorization.k8s.io/v1
33    kind: Role
34    metadata:
35      name: developer
36      namespace: test
37    rules:
38    # ポッドのアクセス権 コアAPIを指定 apiVersion: v1
39    - apiGroups: [""]
40      resources: ["pods","pods/log","services"]
41      verbs: ["get", "watch", "list"]
42    # deploymentのアクセス権  extention/applsを指定
43    - apiGroups: ["extensions", "apps"]
44      resources: ["deployments"]
45      verbs: ["get", "watch", "list"]
46
47    ---
48    ##
49    #「アプリ開発担当」SAと「ロールdeveloper」を対応付ける
50    #
51    #
52    apiVersion: rbac.authorization.k8s.io/v1
53    kind: RoleBinding
54    metadata:
55      name: developer-rb
56      namespace: test
57    roleRef:
58      apiGroup: rbac.authorization.k8s.io
59      kind: Role
60      name: developer
61    subjects:
62    - kind: ServiceAccount
63      namespace: test
64      name: developer
```

クラスタロールには、便利なロールがあらかじめ用意されています（表7）。クラスタロールは名前空間kube-systemに属しますが、特定の名前空間に属するサービスアカウントとバインドできます。

表7 あらかじめセットされた便利なクラスタロール

クラスタロール	概要
admin	管理者のアクセス権で、作成、編集、削除などの操作ができる
edit	編集可能なアクセス権
view	参照のみのアクセス権

表8 Role v1 rbac.authorization.k8s.io

キー項目		概要
apiVersion		rbac.authorization.k8s.io/v1を設定
kind		Roleを設定
metadata	name	ロールの名前であり、同オブジェクトのK8sクラスタ内での重複は許されない
rules		複数のルールを記述できる。記述方法は「Step 12 ステートフルセット」表7を参照

※本表のAPIの詳細は、https://kubernetes.io/docs/reference/generated/kubernetes-api/v1.14/#role-v1-rbac-authorization-k8s-ioにあります。

サービスアカウント、クラスタロール、ロールバインディングについては「Step 12」ですでに解説していますので、表9にそれぞれの参照先を記載しておきます。

表9 既出のK8s APIリファレンス表の参照先

API	参照先
サービスアカウント ServiceAccount	Step 12「表5 ServiceAccount v1 core と ObjectMeta v1 meta の合成表」
クラスタロール ClusterRole	Step 12「表6 クラスタロール」
ロールバインディング RoleBinding	Step 12「表8 サービスアカウントとクラスタロールの対応付け」

次のYAMLファイルでは、システム運用担当向けのサービスアカウントsysopを本番用名前空間prodに作成して、クラスタロールとバインドすることで、アクセス権を付与しています。

ファイル11a 本番環境システム運用担当用RBAC：setup-prod/rbac-sysop.yml

```
1     ##
2     #「システム運用担当」サービスアカウント(SA)を作成
3     #
4     apiVersion: v1
5     kind: ServiceAccount
6     metadata:
7       name: sysop
8       namespace: prod
9     ---
10    ##
11    #「システム運用担当」SAと「クラスタロール」を対応付ける
12    #
13    apiVersion: rbac.authorization.k8s.io/v1
14    kind: RoleBinding
15    metadata:
16      name: sysop-crb
17      namespace: prod
18    roleRef:
19      apiGroup: rbac.authorization.k8s.io
20      kind: ClusterRole
```

```
21      name: admin
22    subjects:
23    - kind: ServiceAccount
24      namespace: prod
25      name: sysop
26    ##---
27    ##
28    # 「システム運用担当」 ロールの作成
29    # 21行目 ClusterRole adminにアクセス権が含まれるためコメントにしています。
30    # 個別に設定を追加したい場合は有効化してください。
31    ##apiVersion: rbac.authorization.k8s.io/v1
32    ##kind: Role
33    ##metadata:
34    ##  name: sysop
35    ##  namespace: prod
36    ##rules:
37    # ポッドのアクセス権 コアAPIを指定 apiVersion: v1
38    ##- apiGroups: [""]
39    ##  resources: ["pods","pods/log","services"]
40    ##  verbs: ["get", "watch", "list"]
41    # deploymentのアクセス権  extention/applsを指定
42    ##- apiGroups: ["extensions", "apps"]
43    ##  resources: ["deployments"]
44    ##  verbs: ["get", "watch", "list"]
45    ---
46    ##
47    # 「システム運用担当」 SAと「ロールsysop」を対応付ける
48    #   (クラスタロールに含まれるので任意)
49    #
50    apiVersion: rbac.authorization.k8s.io/v1
51    kind: RoleBinding
52    metadata:
53      name: sysop-rb
54      namespace: prod
55    roleRef:
56      apiGroup: rbac.authorization.k8s.io
57      kind: Role
58      name: sysop
59    subjects:
60    - kind: ServiceAccount
61      namespace: prod
62      name: sysop
```

次のYAMLを適用することで、テスト環境用名前空間にサービスアカウント「test」を作成して、クラスタロールとバインドすることでアクセス権を付与します。

ファイル11b テスト環境「システム運用担当」用RBAC：setup-test/rbac-sysop.yml

```
1     ##
2     # 「システム運用担当」 サービスアカウント(SA)を作成
3     #
4     apiVersion: v1
5     kind: ServiceAccount
6     metadata:
```

```
7      name: sysop
8      namespace: test
9    ---
10   ##
11   #「システム運用担当」SAと「クラスタロールVIEW」を対応付ける
12   #
13   apiVersion: rbac.authorization.k8s.io/v1
14   kind: RoleBinding
15   metadata:
16     name: sysop-crb
17     namespace: test
18   roleRef:
19     apiGroup: rbac.authorization.k8s.io
20     kind: ClusterRole
21     name: view
22   subjects:
23   - kind: ServiceAccount
24     namespace: test
25     name: sysop
26
27   ##---
28   ##
29   #「システム運用担当」ロールの作成
30   # 21行目 ClusterRole view のアクセス権に含まれるためコメントにしています。
31   # 個別に設定を追加したい場合は有効化してください。
32   ##apiVersion: rbac.authorization.k8s.io/v1
33   ##kind: Role
34   ##metadata:
35   ##  name: sysop
36   ##  namespace: test
37   ##rules:
38   # ポッドのアクセス権 コアAPIを指定 apiVersion: v1
39   ##- apiGroups: [""]
40   ##  resources: ["pods","pods/log","services"]
41   ##  verbs: ["get", "watch", "list"]
42   # deploymentのアクセス権  extention/applsを指定
43   ##- apiGroups: ["extensions", "apps"]
44   ##  resources: ["deployments"]
45   ##  verbs: ["get", "watch", "list"]
46
47   ---
48   ##
49   #「システム運用担当」SAと「ロールsysop」を対応付ける
50   #   (クラスタロール view に含まれるので任意)
51   #
52   apiVersion: rbac.authorization.k8s.io/v1
53   kind: RoleBinding
54   metadata:
55     name: sysop-rb
56     namespace: test
57   roleRef:
58     apiGroup: rbac.authorization.k8s.io
59     kind: Role
60     name: sysop
61   subjects:
62   - kind: ServiceAccount
63     namespace: test
64     name: sysop
```

(4) 名前空間ごとのリソース割り当て (Resource Quota)

Resource Quotaでは、ポッドの開始時に確保するべきリソースの合計量、および上限となるリソース使用量の合計量を設定することで、名前空間ごとのリソースの総使用量を制限します。

ポイント

ファイル12a 本番環境用リソース割り当て:setup-prod/resource-quota.yml

```
1   ##
2   # 本番環境のリソース割り当て
3   #
4   apiVersion: v1
5   kind: ResourceQuota
6   metadata:
7     name: quota         # Quotaの名前
8     namespace: prod     # 対象の名前空間
9   spec:
10    hard:
11      requests.cpu: "1"      # CPU要求の合計量  1コア
12      requests.memory: 1Gi   # メモリ要求の合計 1ギガバイト
13      limits.cpu: "1"        # CPU最大の合計量  1コア
14      limits.memory: 1Gi     # メモリ要求の合計 1ギガバイト
```

ファイル12b テスト環境用リソース割り当て:setup-test/resource-quota.yml

```
1   ##
2   # テスト環境のリソース割り当て
3   #
4   apiVersion: v1
5   kind: ResourceQuota
6   metadata:
7     name: quota         # Quotaの名前
8     namespace: test     # 対象の名前空間 テスト環境
9   spec:
10    hard:
11      requests.cpu: "0.5"       # CPU要求の合計量  0.5コア
12      requests.memory: 500Mi    # メモリ要求の合計 500メガバイト
13      limits.cpu: "0.5"         # CPU最大の合計量  0.5コア
14      limits.memory: 500Mi      # メモリ要求の合計 500メガバイト
```

表10 ResourceQuota v1 core

キー項目		概要
apiVersion		v1コアに属すためv1のみの記述になる
kind		ResourceQuotaを設定
metadata	name	ロールの名前であり、同オブジェクトのK8sクラスタ内での重複は許されない
	namespace	適用すべき名前空間の名前
spec		仕様を記述。表11を参照

※本表のAPIの詳細は、https://kubernetes.io/docs/reference/generated/kubernetes-api/v1.14/#resourcequota-v1-core にあります。

表11 ResourceQuotaSpec v1 core

キー項目	概要
hard	ハードリミットを記述する。表12を参照

※ 本表のAPIの詳細は、https://kubernetes.io/docs/reference/generated/kubernetes-api/v1.14/#resourcequotaspec-v1-coreにあります。

表12 ハードリミットのリソース名と動作

リソース名	概要
cpu	名前空間内のCPU要求量の合計は、この値を超えられない
requests.cpu	同上
limits.cpu	名前空間内のCPU使用上限は、この値を超えられない
memory	名前空間内のメモリ要求量の合計は、この値を超えられない
requests.memory	同上
limits.cpu	名前空間内のメモリ使用上限は、この値を超えられない

※ さらに詳しい情報はResource Quotasを参照してください。https://kubernetes.io/docs/concepts/policy/resource-quotas/#enabling-resource-quota

(5) リソースの要求と上限のデフォルト値設定 (Limit Range)

Limit Rangeには、CPUやメモリの要求使用量と最大使用量のデフォルト値を設定します。Resource Quotaを設定した名前空間では、要求(request)と上限(limit)の条件に合致しなければ、ポッドは起動できません。このリソースの要求と上限は、ポッドスペック下のコンテナのスペックに個別に書くことができます。しかし、目的別環境として名前空間を変えてデプロイする場合には、環境のデフォルト値を利用したいケースもあります。この要求に応えてくれるのがLimit Rangeです。

ポイント

ファイル13a 本番環境用 リソースリミット：setup-prod/resource-limits.yml

```
1   ##
2   # リソース設定　コンテナに対する要求と最大のデフォルト値
3   #
4   apiVersion: v1
5   kind: LimitRange
6   metadata:
7     name: limits
8     namespace: prod
9   spec:
10    limits:
11    - default:            # デフォルト・リミット
12        cpu: 200m         # CPU最大時間(上限、これ以上割り当たらない)
13        memory: 200Mi     # メモリ最大量(上限で超えると強制停止)
14      defaultRequest:     # デフォルト・リクエスト
15        cpu: 200m         # CPU要求時間(確保できないと起動しない)
16        memory: 100Mi     # メモリ要求量(確保できないと起動しない)
17      type: Container
```

ファイル13b テスト環境用リソースリミット:setup-test/resource-limits.yml

```
1    ##
2    # リソース設定　コンテナに対する要求と最大のデフォルト値
3    #
4    apiVersion: v1
5    kind: LimitRange
6    metadata:
7      name: limits
8      namespace: test
9    spec:
10     limits:
11     - default:              # デフォルト・リミット
12         cpu: 200m           # CPU最大時間(上限、これ以上割り当たらない)
13         memory: 200Mi       # メモリ最大量(上限で超えると強制停止)
14       defaultRequest:       # デフォルト・リクエスト
15         cpu: 200m           # CPU要求時間(確保できないと起動しない)
16         memory: 100Mi       # メモリ要求量(確保できないと起動しない)
17       type: Container
```

表13 LimitRange v1 core

キー項目		概要
apiVersion		v1を設定。コアに属すためv1のみの記述になる
kind		LimitRangeを設定
metadata	name	ロールの名前であり、同オブジェクトのK8sクラスタ内での重複は許されない
	namespace	適用すべき名前空間の名前
spec		仕様を記述。表14を参照

※ 本表のAPIの詳細は、https://kubernetes.io/docs/reference/generated/kubernetes-api/v1.14/#limitrange-v1-coreにあります。

表14 LimitsRangeのリソースと概要

リソース名	概要
default.cpu	デフォルトのCPU上限
default.memory	デフォルトのメモリ上限
defaultRequest.cpu	デフォルトのCPU要求
defaultRequest.memory	デフォルトのメモリ要求
type	適用する対象

※ 詳しい資料の参照先は以下のとおりです。

- Configure Default Memory Requests and Limits for a Namespace、https://kubernetes.io/docs/tasks/administer-cluster/manage-resources/memory-default-namespace/
- Configure Default CPU Requests and Limits for a Namespace、https://kubernetes.io/docs/tasks/administer-cluster/manage-resources/cpu-default-namespace/
- Kubernetes API Reference Docs, LimitRangeItem v1 core、https://kubernetes.io/docs/reference/generated/kubernetes-api/v1.14/#limitrangeitem-v1-core

(6) テスト用コンテナのファイルの説明とビルド方法

テスト用コンテナのディレクトリを作成して、次のファイルとディレクトリを作成します。

実行例43 テスト用コンテナのディレクトリ構造

```
$ tree .
.
├── Dockerfile
└── src
    └── index.php

1 directory, 3 files
```

コンテナのイメージのビルドは、次の4ステップです。

実行例44 テスト用コンテナのイメージのビルド

```
## (1) ディレクトリへ移動して、Dockerfileとsrcディレクトリがある場所です。
$ ls
Dockerfile    src


## (2) イメージをビルド (リポジトリ名 maho は、読者のリポジトリ名へ変更ください。)
$ docker build --tag maho/webapl3 .
Sending build context to Docker daemon   7.68kB
<途中省略>
Successfully built 3cd0a957f5db
Successfully tagged maho/webapl3:latest


## (3) レジストリへログインします。DockerHubのアカウントが必要です。
$ docker login
<途中省略>
Username (maho):
Password:
Login Succeeded


## (4) リポジトリへプッシュします
$ docker push maho/webapl3
The push refers to repository [docker.io/maho/webapl3]
db75af880eed: Pushed
<途中省略>
latest: digest: sha256:9296f3ba30d609b1ceac7a583659e301dee38a76b6e54c7f4777b6fe81bf386c size:
3657
```

次のDockerfileが、実行例44で参照しているファイルです。

ファイル14 Dockerfile

```
1    FROM php:7.0-apache
2    COPY src/ /var/www/html/
3    RUN chmod a+rx /var/www/html/*.php
```

次のPHPファイルが、テスト用アプリケーションの本体です。このアプリケーションは、コンテナに与えられたホスト名を表示するものですが、ループを回してCPU負荷を発生させます。

ファイル15 index.php

```
1    <?php
2      $x = 0.0001;
3      for ($i = 0; $i <= 200000; $i++) {
4        $x += sqrt($x);
5      }
6      echo "Hostname: ".gethostname()."¥n";
7    ?>
```

(7) 模擬アプリケーション

本レッスンで構築したK8sクラスタ環境のテストを実施するには、テスト用コンテナが必要です。そのコンテナイメージをデプロイするためのマニフェストを見てみましょう。

マニフェストweb-apl1.ymlでは、ノードのIPアドレス上のポートを開いて、K8sクラスタ外部からのアクセスをポッド上のテスト用アプリケーションへ転送しています。

ファイル16 外部公開用模擬アプリケーション：web-apl1.yml

```
1    #
2    # 外部公開用 模擬
3    #
4    apiVersion: apps/v1
5    kind: Deployment
6    metadata:
7      name: web-apl1
8    spec:
9      replicas: 1
10     template:
11       metadata:
12         labels:
13           web: web-apl1
14           app: expose # 外部公開用ラベル
15       spec:
16         containers:    # 模擬アプリ
17         - image: maho/webapl3
18           name: web-server-c
19           ports:
20           - containerPort: 80
21   ---
```

```
22    apiVersion: v1
23    kind: Service
24    metadata:
25      name: web-apl1
26    spec:
27      type: NodePort
28      ports:
29      - port: 80
30        protocol: TCP
31      selector:
32        web: web-apl1
```

マニフェストweb-apl2.ymlは、アプリケーション内部で用いられるマイクロサービスを模擬的に作ります。ClusterIPでサービスを作成します。そして、確認用にNodePortも設定できるよう、コメントが加えてあります。

ファイル17 内部用マイクロサービスのアプリケーション：web-apl2.yml

```
1     #
2     # 内部用マイクロサービス 模擬
3     #
4     apiVersion: apps/v1
5     kind: Deployment
6     metadata:
7       name: web-apl2-rest
8     spec:
9       replicas: 1
10      selector:
11        matchLabels:
12          apl: web-apl2-rest
13      template:
14        metadata:
15          labels:
16            apl: web-apl2-rest
17        spec:
18          containers:
19          - image: maho/webapl3
20            name: rest-server-c
21            ports:
22              - containerPort: 80
23    ---
24    #
25    # 内部マイクロサービス用
26    #
27    apiVersion: v1
28    kind: Service
29    metadata:
30      name: web-apl2-rest
31    spec:
32      ##type: NodePort
33      type: ClusterIP
34      selector:
```

```
35        apl: web-apl2-rest
36      ports:
37      - port: 80
38        protocol: TCP
```

次のweb-apl3.ymlは、シークレットとコンフィグマップを検証するためのマニフェストです。これを適用する前に、シークレットとコンフィグマップが作られている必要があります。

ファイル18　SSL/TLS暗号でポートを開く模擬アプリケーション（NGINX）：web-apl3.yml

```
1    ##
2    ## HTTPS 模擬アプリケーション
3    ##
4    apiVersion: apps/v1
5    kind: Deployment
6    metadata:
7      name: web-apl3
8    spec:
9      replicas: 3
10     selector:          # これは deployment - pod 対応用
11       matchLabels:
12         apl: web-apl3 # ポッドと一致するべきラベル
13     template:          ### ここからポッドテンプレート
14       metadata:
15         labels:
16           apl: web-apl3   # ポッドのラベル
17           app: expose     # アクセスポリシーで公開を指定
18       spec:
19         containers:
20         - name: nginx
21           image: nginx:latest      # Nginx 公式コンテナ
22           ports:                   # 公開用ポート
23           - protocol: TCP          # TCP
24             containerPort: 443     # HTTPS
25           volumeMounts:                    ## ボリュームのマウント
26           - name: nginx-conf               # コンフィグマップのVol名
27             mountPath: /etc/nginx/conf.d  # マウントパス
28           - name: tls-cert                 # シークレットのVol名
29             mountPath: /etc/cert           # マウントパス
30         volumes:                 ## ボリューム定義
31         - name: nginx-conf       # Vol名
32           configMap:             # コンフィグマップを指定
33             name: nginx-conf     # 参照先のコンフィグマップ名
34         - name: tls-cert         # Vol名
35           secret:                # シークレットを指定
36             secretName: cert     # 参照先のシークレット名
```

次のマニフェストはロードバランサーを設定するものであり、「学習環境3」のIKS/GKEで利用することができます。

ファイル19 web-apl3-svc.yml

```
1    ##
2    ## HTTPS 模擬アプリケーション サービス
3    ##
4    apiVersion: v1
5    kind: Service
6    metadata:
7      name: web-apl3
8    spec:
9      selector:
10       apl: web-apl3      ## ポッドテンプレートのラベルと一致が必須
11     ports:
12     - name: https
13       protocol: TCP
14       port: 443
15     type: LoadBalancer   ## 外部向けロードバランサー
```

Step 15のまとめ

このStepの重要ポイントを箇条書きにして、まとめておきます。

- 1つのK8sクラスタを名前空間で分割し、資源を共有して共存することによる相互の影響を少なくして、テスト環境や本番環境として利用できる。これにより、効率のよいK8sクラスタ運用ができる。
- テスト環境が本番環境へ影響を与えないために、名前空間に資源（CPUとメモリ）の上限（Limits）と要求（Requests）を設定して制御できる。
- 目的別の名前空間に対して、ネットワークポリシーを適用して、名前空間間の通信を制御できる。それには、Calicoなどが K8sクラスタへインストールされている必要がある。
- それぞれの目的別名前空間に対して、各スタッフの役割に応じたアクセス権を付与することができる。これにはサービスアカウントを作成してトークンをスタッフへ配布する。そしてサービスアカウントに対応づけたロールの権限でアクセス範囲を設定する。
- ユーザーはkubectl configコマンドを利用して、接続先のK8sクラスタ、名前空間、役割を切り替えて利用できる。

表15 Step 15で新たに登場したkubectlコマンド

コマンド	動作
kubectl config	kubectlコマンドの操作対象のK8sクラスタ、名前空間、ユーザー認証情報を設定し、切り替えなどを行う 本Stepの表1を参照
kubectl create secret	秘匿性の必要なデータをシークレットへ登録する

コマンド	動作
kubectl create secret tls	SSL/TLS暗号のための証明書と鍵ファイルをシークレットへ登録する
kubectl get secret	シークレットのリストを表示する
kubectl create configmap	ファイルをコンフィグマップへ登録する
kubectl get configmap	コンフィグマップのリストを表示する
kubectl top < node | pod >	ノードまたはポッドのCPUとメモリ利用量のリストを表示する

※ getの代わりにdescribeを利用することで、詳細表示します。

結語

ここまで読み進めていただき、ありがとうございます。これで本書のレッスンは終了ですが、多くの読者にとってはこれからが始まりであると思います。

前章では、Kubernetesを利用するため最小限必要なDockerの知識を厳選して、5段階のレッスンにまとめました。さらに、本章では、企業の情報システムを構築するために最も必要なKubernetesの機能を厳選して、10段階のレッスンにまとめました。そして、演習においては、特定の製品やサービスに理解が偏ることなく進むように、CNCFが直接配布するアップストリームのKubernetesを利用しました。また、パブリッククラウドでは、GKEとIKSの2つを紹介しました。

これから業務で利用する場合には、いずれかのソフトウェアベンダーが提供するKubernetesをコアとした製品、または、パブリッククラウドのKubernetes マネージドサービスを採用することが、ほとんどであろうと思います。将来、Kubernetesのベンダーを選択しなければならない状況に置かれたときに、本書で学んだ基礎知識は必ず役立つであろうと思います。

さらにKubernetesには、本書では紹介しきれなかった便利なツールが存在します。そして、たくさんの関連プロジェクトが活発な活動を続けています。これらは今後も開発が継続され、機能を拡充し続けていくでしょう。しかし、現在の発展段階にあっても、本書で学んだKubernetesの基本知識はこれから先10年以上は、読者の仕事に役立つと信じています。なぜなら、世界のIT業界の大手各社が、現在のKubernetesを基礎として、莫大な投資を進めているためです。

本書で得た知識や体験を足掛かりにして自己研鑽を続け、Kubernetes関連の資格取得、より良い仕事の獲得、そして充実した毎日へとつながることを願っています。

付録

学習環境の構築法

「付録」では、読者がPC上に学習環境を構築する方法を手引きします。環境構築に必要なOSSのインストール方法や、自動設定のためのファイルも提示します。これらはすべての読者に必要な情報ではありませんし、短期間のうちに更新されて役立たなくなってしまうかもしれません。むしろ、ソフトウェアの目的や組み合わせ方を記載することで、将来変化したあとでも参考になるよう心がけました。

そして最後に、代表的な商用Kubernetesサービスに慣れ親しんでいただくため、GoogleとIBMのクラウドのKubernetesマネージドサービスの利用方法を記載しました。学習環境に関するこれらの記述は、CNCF Certified Kubernetes Administrator認定試験などの受験対策としても役立つと思います。

3種の学習環境

本書では、以下の3種の学習環境を用います。

- 学習環境1：シングルノード構成のKubernetesである「Minikube」環境。macOS、Windows、Vagrantで自動設定するUbuntu仮想サーバー上で動かせる。
- 学習環境2：個人のPCでも動作するコンパクトなマルチノードのKubernetes学習環境。
- 学習環境3：IBM Cloud Kubernetes Service（IKS）と、Google Kubernetes Engine（GKE）。

自動設定用コードを公開

「付録」の1.3（Vagrantの場合）、2.1（マルチノードK8s）、2.2（仮想NFSサーバー）、2.3（仮想GlusterFSクラスタ）、2.4（プライベートレジストリ）では、著者オリジナルの自動設定コードを使って、システム環境の自動設定を行います。VagrantとAnsibleの自動設定のコードはhttps://github.com/takara9/vagrant-kubernetes（およびhttps://github.com/takara9/vagrant-nfs）で公開しています。2.3の仮想GlusterFSクラスタ環境をVagrantとAnsibleで自動設定するためのコードはhttps://github.com/takara9/vagrant-glusterfsで提供します。

2.4の学習環境はDockerComposeにより自動起動します。このコードはhttps://github.com/takara9/registryで提供します。ただし、注意事項として、パブリッククラウドのK8sクラスタと連携できません。自己署名証明書を使っているために信頼されないからです。

1 学習環境1

シングルノード構成のMinikubeを
インストールする手順

本書の3種の学習環境のうち「学習環境1」として、シングルノード構成のKubernetesである「Minikube」で環境を構築します。まず、macOSとWindowsの場合について、必要なパッケージのインストールおよびセットアップの手順をガイドします。また、Vagrantを使って、macOSまたはWindows上にLinuxの仮想サーバーを導入し、その上にMinikubeの学習環境を構築する手順もガイドします。

Dockerコンテナの環境には、最も使われているDocker Community EditionやDocker Toolboxを利用します。Kubernetesについては、CNCFが配布する公開コード（アップストリームコード）を利用して学習環境を構築します。読者がコア技術に触れることで、DockerコンテナやKubernetesのコードを組み込んだ多くの製品やサービスについて、真価を見極める力が養われると考えるからです。

注意点として、本書の記載内容は執筆時点での情報であり、画面やバージョンは進化していきます。この「付録」は本書学習環境構築のための参考資料として扱い、インストール時点の最新の情報などは各URLを参照してください。

1.1 Macの場合

macOS上にDockerの実行環境とMinikubeをインストールして「学習環境1」を構築します。具体的には、Docker CE、VirtualBox、kubectlコマンド、Minikube、Vagrant、gitコマンドの6つのパッケージをインストールします。

(1) Docker CEのインストール

Docker Community Edition for Mac（https://docs.docker.com/docker-for-mac/install/）を参照しながらインスールを進めます。

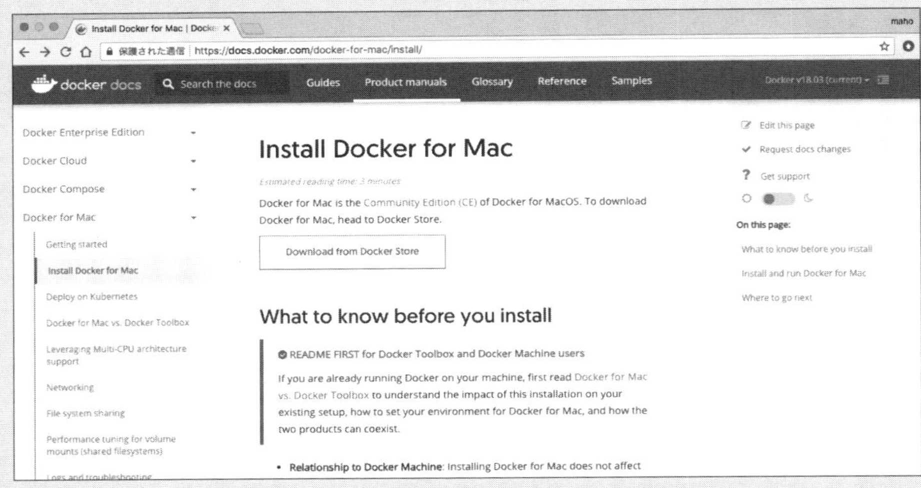

図1 Docker for Macインストールガイドの画面

2018年8月現在、Docker Community Editionをダウンロードするには、Docker Storeにアカウントを作る必要があります。「Download from Docker Store」をクリックすると、ログイン画面が表示されます。この画面のLoginボタンの下にCreate Accountのリンクがありますので、移動してアカウントを作成します。

アカウントは、アカウントID、メールアドレス、パスワードを入力すると無料で作成できます。このアカウントは、DockerHubのリポジトリに、自分でビルドしたコンテナを登録しておき、Kubernetes環境にコンテナをデプロイするために必須になります。

ログインすると、ダウンロードの画面へ遷移します。

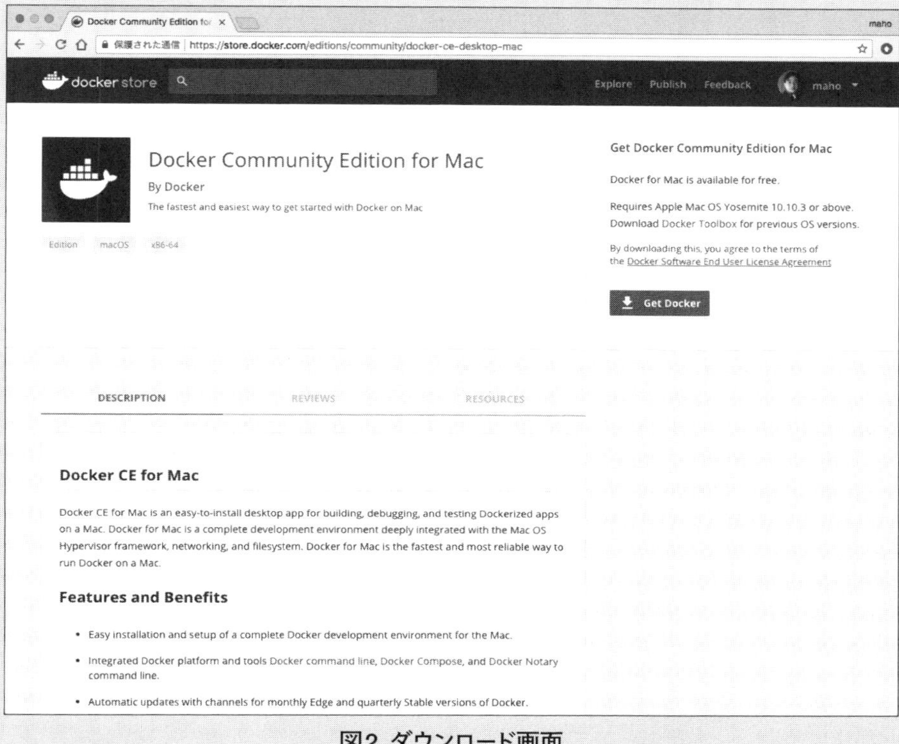

図2 ダウンロード画面

このページをスクロールすると、インストールするDocker CEのバージョンを確認できます。動作不安定のリスクを避けるために、Stableを選択します。

図3 StableとEdgeの選択

「Get Docker CE for Mac(stable)」をクリックすると、インストール用ファイルがダウンロードされます。ダウンロードしたファイルをダブルクリックし、インストーラの表示にしたがってインストールを進めます。

図4のようにDockerのアイコンをドラッグ＆ドロップします。

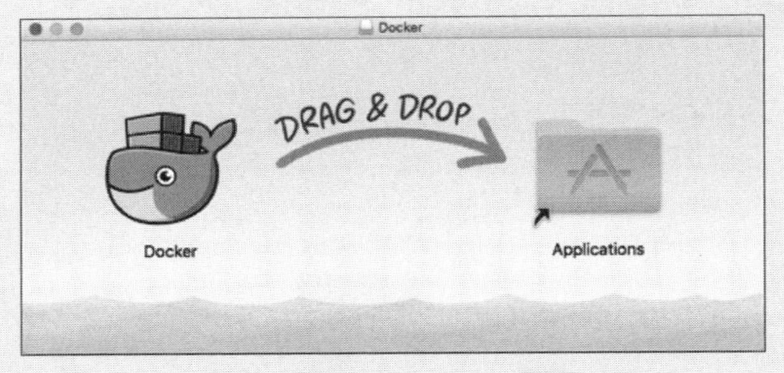

図4 Macのインストール画面

図5 macOSのアプリケーションに表示されたDockerのアイコン

macOSのアプリケーションにDockerのアイコンが表示されるので、ダブルクリックしてDockerを起動します。

警告ウィンドウが出ますが、「開く」をクリックして続行します。

図6 ダウンロードしたソフトウェアの実行確認ウィンドウ

「特権アクセスのためにパスワードのインプットが必要」というメッセージが表示されるので、「OK」をクリックしてパスワードを入力します。

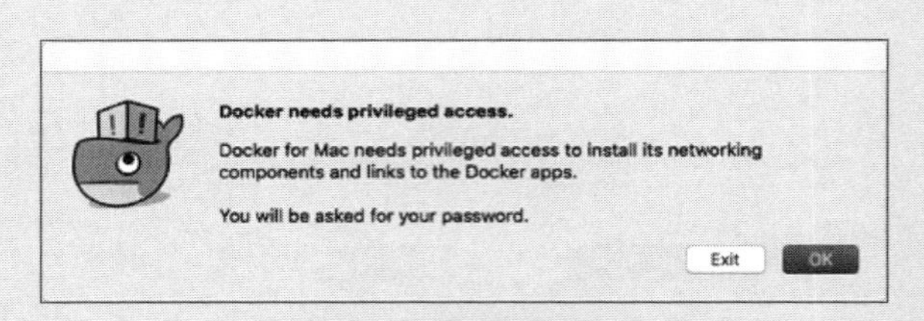

図7 特権アクセスの確認ウィンドウ

Dockerが起動すると、メニューバーのDockerのアイコンからウィンドウが吹き出し表示されるのでログインしておきます。このアイコンから表示されるメニューの中からKubernetesを選び有効化することでシングルノードのKubernetesを動かすこともできますが、本書ではMinikubeを利用するのでDocker CEのKubernetesは利用しません。

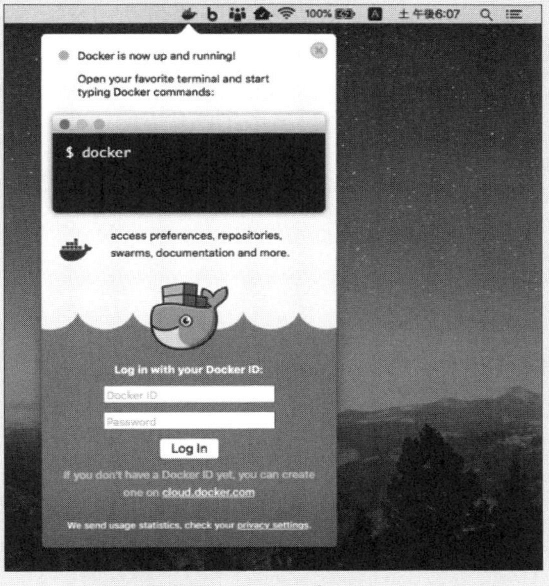

図8 特権アクセスの確認ウィンドウ

以上で、Docker CE for Macのインストール作業は完了です。

(2) VirtualBoxのインストール

VirtualBox（Oracle VM VirtualBox）はオラクルが提供する多機能なハイパーバイザ（仮想化ソフトウェア）で、多数のホストOSとゲストOSに対応していることで知られています。

ここではVirtualBox（https://www.virtualbox.org/wiki/Downloads/）のリンクからインストール用ファイルをダウンロードして、インストーラを実行します。図9のページの（執筆時の最新版）にある見出し「VirtualBox 5.2.16 platform packages」のOS X hostsをクリックすると、ダウンロードが始まります。

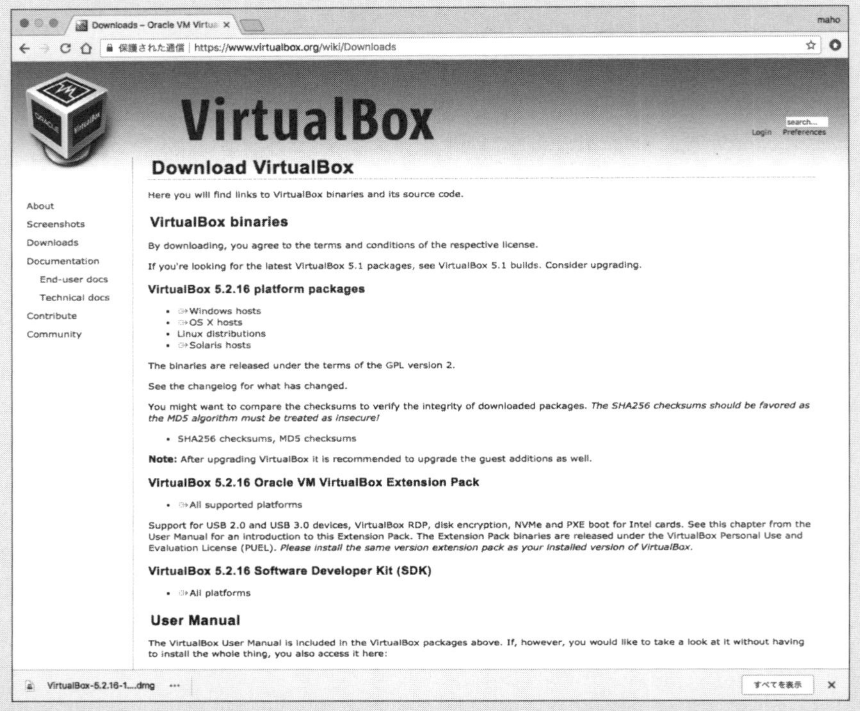

図9 VirtualBoxのダウンロードページ(https://www.virtualbox.org/wiki/Downloads/)

ダウンロードしたdmgファイルをダブルクリックして、VirtualBoxのインストーラを起動します。インストーラの案内にしたがって、「1」部分のアイコンをクリックします。

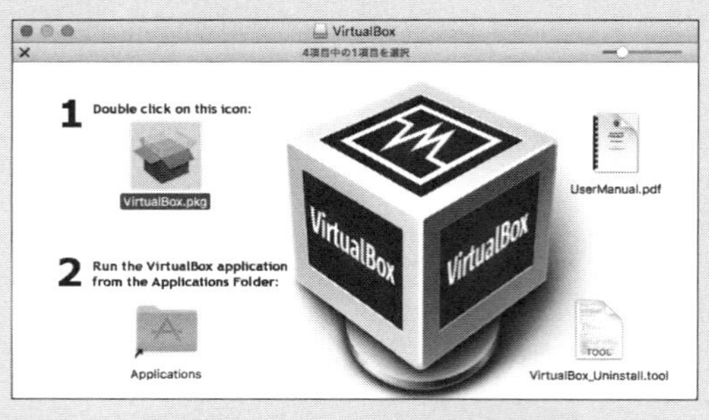

図10 Vagrantインストーラ画面

図11 メニューのVirtualBoxアイコン

オプションはすべてデフォルトで進めます。完了したら、macOSアプリケーションの中に次のアイコンがあることを確認して終了です。なお、このアイコンをクリックして仮想マシンを操作することはありません。MinikubeやVagrantのコマンドだけで、すべての操作が完結します。

(3) kubectlコマンドのインストール

kubectlコマンドのインストールについては、CNCFのKubernetesプロジェクトのページ(https://kubernetes.io/docs/tasks/tools/install-kubectl/)に複数の方法が提示されています。次の実行例1は、macOSのパッケージマネージャーHomebrewを使ってインストールする例です。

実行例1 Homebrewによるkubectlコマンドのインストール

```
$ brew install kubernetes-cli
==> Downloading https://homebrew.bintray.com/bottles/kubernetes-cli-1.11.2.high_sie
######################################################################## 100.0%
==> Pouring kubernetes-cli-1.11.2.high_sierra.bottle.tar.gz
==> Caveats
Bash completion has been installed to:
  /usr/local/etc/bash_completion.d

zsh completions have been installed to:
  /usr/local/share/zsh/site-functions
==> Summary
  /usr/local/Cellar/kubernetes-cli/1.11.2: 196 files, 53.7MB
```

もしHomebrewが入っていなければ、次のURL(https://brew.sh/index_ja)の案内にしたがってインストールできます。

図12 Homebrewのインストール案内ページ(https://brew.sh/index_ja)

(4) Minikubeのインストール

実行例2のコマンドを実行すると、最新バージョンのminikubeがインスールされます。

実行例2 minikubeのインストール

```
$ brew cask install minikube
darwin-amd64 && chmod +x minikube && sudo cp minikube /usr/local/bin/ && rm minikube
```

インストールが完了したら、バージョンを表示して結果を確認します。

実行例3 minikubeインストールの確認

```
$ minikube version
minikube version: v1.0.0
```

CNCF KubernetesプロジェクトのMinikubeのインストールページ(https://kubernetes.io/docs/tasks/tools/install-minikube/)に詳しい説明があります。また、GitHub(https://github.com/kubernetes/minikube/releases)には、バージョンごとのリリースノートがあります。

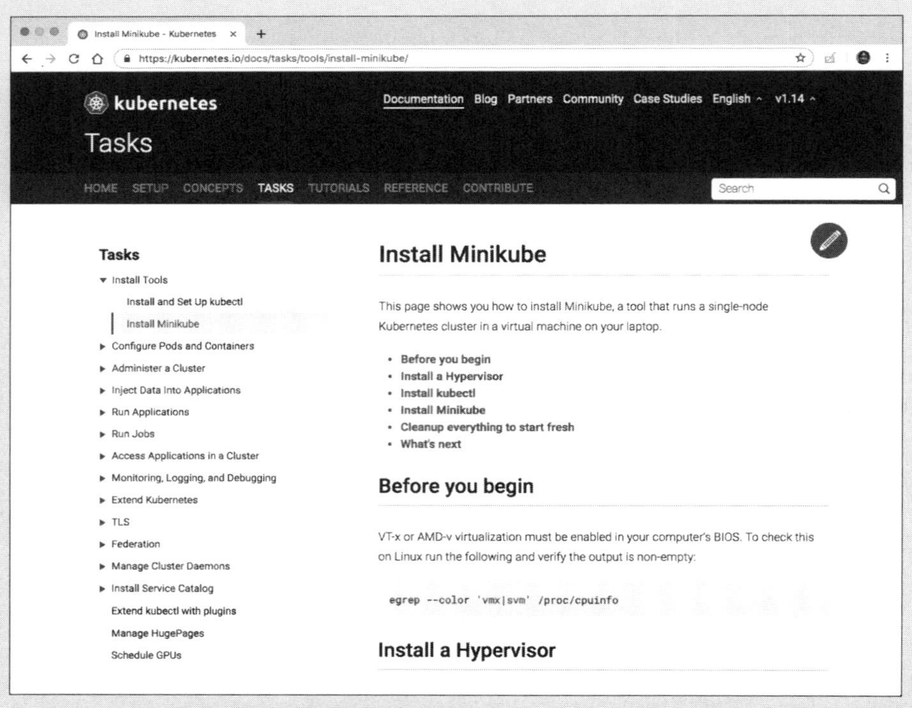

図13 KubernetesプロジェクトのMinikubeインストールガイド
(https://kubernetes.io/docs/tasks/tools/install-minikube/)

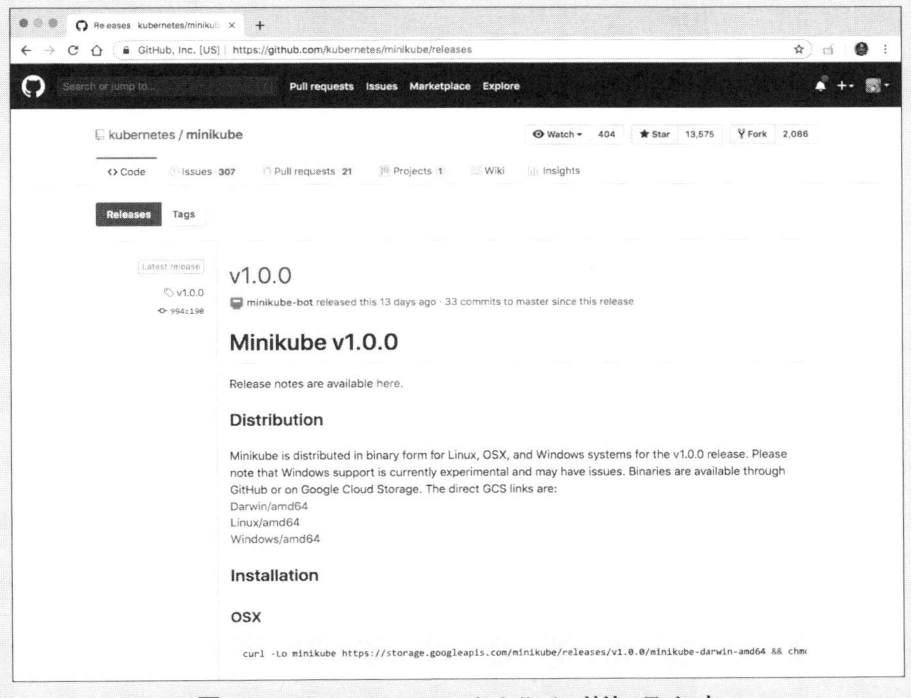

図14 GitHub kubernetes/minikubeリリースノート
（https://github.com/kubernetes/minikube/releases）

(5) Vagrantのインストール

ハイパーバイザーであるVirtualBoxのフロントエンドとして利用するVagrantをインストールします。ダウンロードページ（https://www.vagrantup.com/downloads.html）の中からmacOSをクリックしてインストーラをダウンロードします。

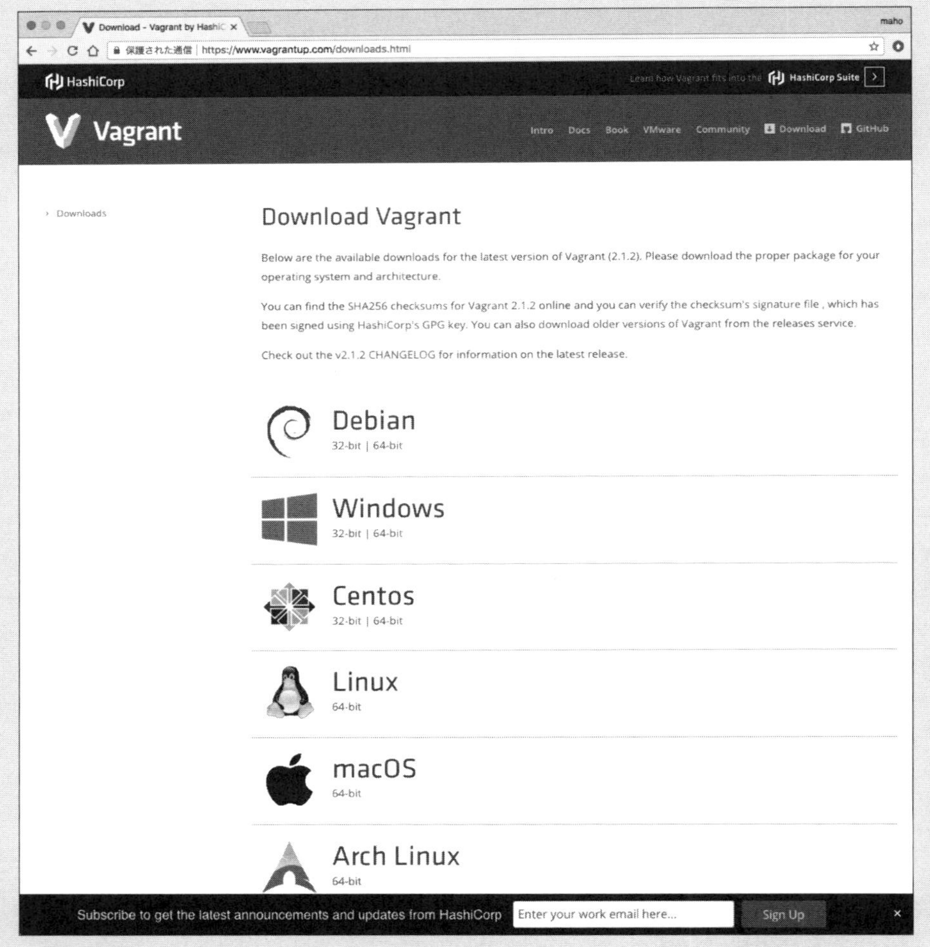

図15 Vagrantダウンロードページ（https://www.vagrantup.com/downloads.html）

ダウンロードしたファイルをダブルクリックすると、インストーラが起動して、次のウィンドウが表示されます。画面のガイドにしたがって、インストールを完了させます。

図16 Vagrantインストーラ

(6) Gitコマンドのインストール

利用しているmacOSに統合開発環境のXcodeがインストールされていれば、gitコマンドはすでにインストールされていると思います。しかし、もしもgitコマンドが入っていない場合は、Homebrewでインストールすると、Xcodeをインストールするよりも短時間で完了します（実行例4）。

実行例4 Homebrewを利用したgitコマンドのインストール

```
$ brew install git
==> Downloading https://homebrew.bintray.com/bottles/git-2.18.0.high_sierra.bottle.
######################################################################## 100.0%
==> Pouring git-2.18.0.high_sierra.bottle.tar.gz
==> Caveats
Bash completion has been installed to:
  /usr/local/etc/bash_completion.d

zsh completions and functions have been installed to:
  /usr/local/share/zsh/site-functions

Emacs Lisp files have been installed to:
  /usr/local/share/emacs/site-lisp/git
==> Summary
  /usr/local/Cellar/git/2.18.0: 1,488 files, 295.6MB
```

これでMinikubeを動かすための準備は完了です。Minikubeの起動や停止などの利用方法については、後述の付録「1.4 Minikubeの使い方」を参照してください。

1.2 Windowsの場合

この1.2項では、Windows 10上にDockerの実行環境と、シングルノードのKubernetesであるMinikubeをインストールして「学習環境1」を構築します。具体的には、Docker Toolbox for Windows、VirtualBox、kubectlコマンド、Minikube、Vagrant、gitコマンドの6つのパッケージをインストールします。

(1) Docker Toolbox for Windowsのインストール

「Docker Toolbox for Windows」はVirtualBoxを利用するので、Hyper-Vと共存できません。そのためインストールの前に、Hyper-Vの機能を無効にしておきます。確認するには、「コントロールパネル」→「プログラム」の順にメニューを進み、「プログラムと機能のグループ」の「Windowsの機能の有効化または無効化」をクリックします。

図17 Windowsの機能の有効化または無効化

次のウィンドウが開きますから、Hyper-Vの機能にチェックが入っていないことを確認します。もしチェックが入っていたら、以下の状態になるようにチェックを外し、OKをクリックします。その後、Windowsが再起動すると、Hyper-V機能がアンインストールされます。

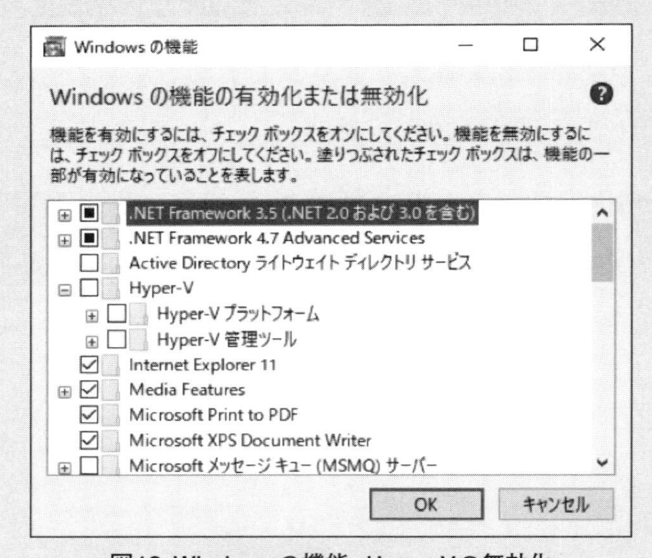

図18 Windowsの機能、Hyper-Vの無効化

「Docker Toolbox for Windows」のインストールは、https://docs.docker.com/toolbox/toolbox_install_windows/に解説がありますので、参考にしながら進めます。

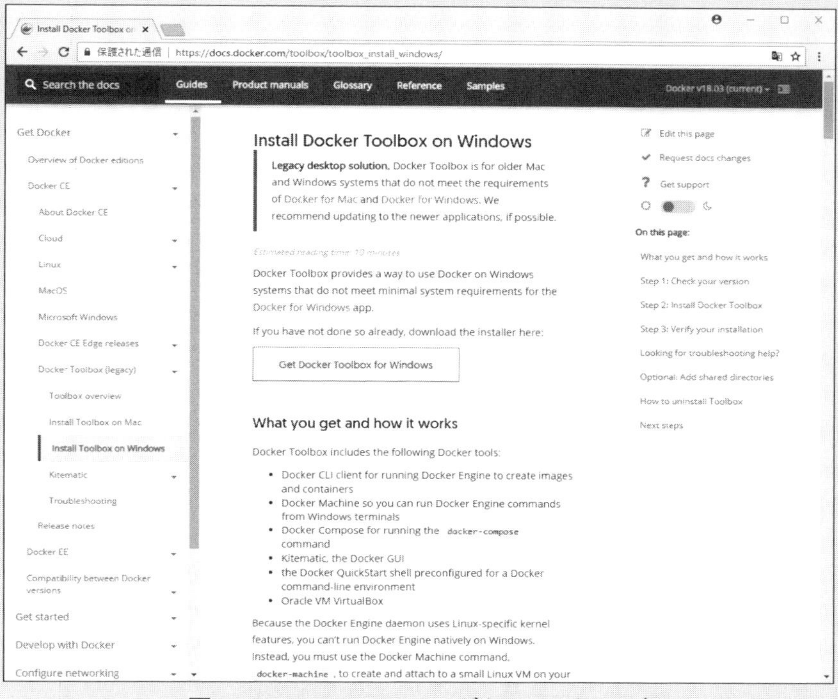

図19 Docker Toolbox のダウンロードページ
（https://docs.docker.com/toolbox/toolbox_install_windows/）

図19の画面上のリンクからダウンロードしたインストーラ（DockerToolbox.exe）を起動して、インストールを進めます。

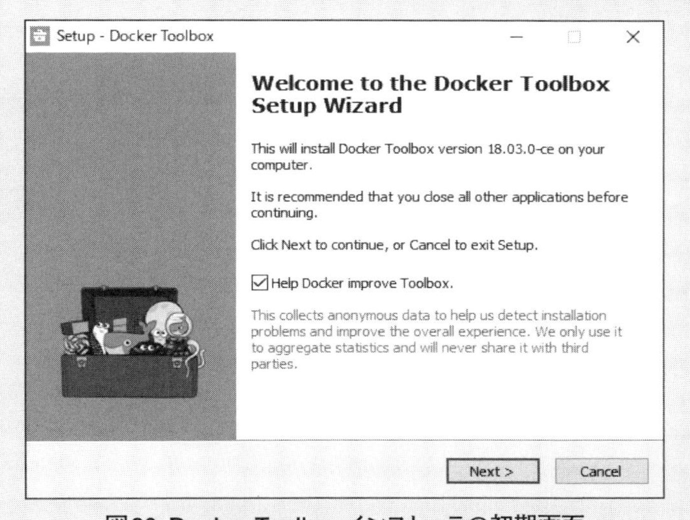

図20 Docker Toolboxインストーラの初期画面

次の選択画面では、Docker Compose for WindowsとVirtualBoxが必須であり、Git for Windowsは選択しません。

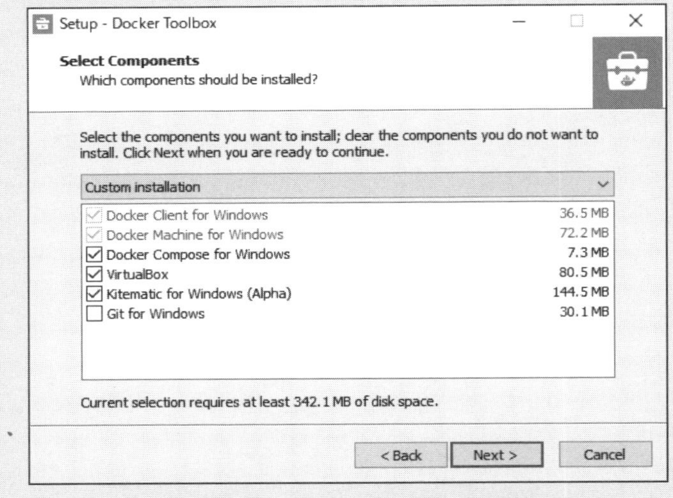

図21 コンポーネント選択ウィンドウ

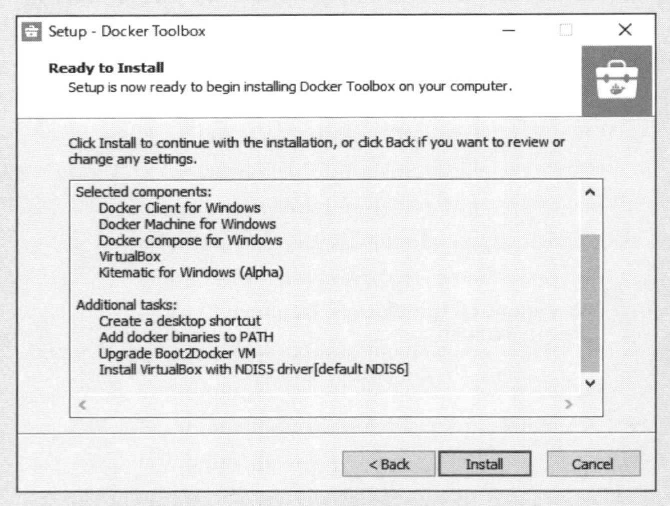

図22 インストール開始確認ウィンドウ

図23 インストール完了時に作られるアイコン

インストールが完了すると、デスクトップにアイコンが表示されます。

図23のアイコンをクリックするとVirtualBox上にDocker環境が起動し、コマンドプロンプトやWindows PowerShellからdockerコマンドを利用できるようなります。

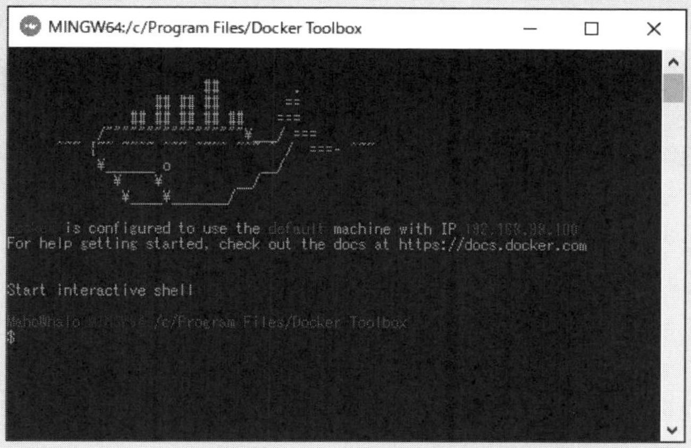

```
MINGW64:/c/Program Files/Docker Toolbox

      is configured to use the default machine with IP 192.168.99.100
For help getting started, check out the docs at https://docs.docker.com

Start interactive shell

$
```

図24 Docker Quickstart Terminalをクリックしたあとの起動画面

図25の画面は、Toolboxのウィンドウでdockerのバージョンを確認した例です。

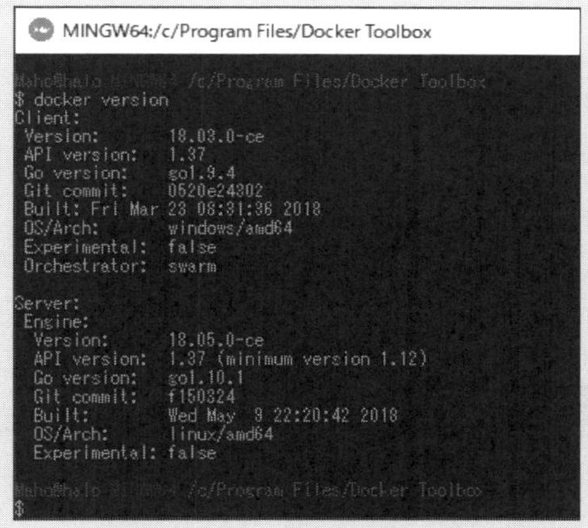

```
MINGW64:/c/Program Files/Docker Toolbox
$ docker version
Client:
 Version:       18.03.0-ce
 API version:   1.37
 Go version:    go1.9.4
 Git commit:    0520e24302
 Built: Fri Mar 23 08:31:36 2018
 OS/Arch:       windows/amd64
 Experimental:  false
 Orchestrator:  swarm

Server:
 Engine:
  Version:      18.05.0-ce
  API version:  1.37 (minimum version 1.12)
  Go version:   go1.10.1
  Git commit:   f150324
  Built:        Wed May  9 22:20:42 2018
  OS/Arch:      linux/amd64
  Experimental: false

$
```

図25 docker versionを実行した結果

(2) Vagrantのインストール

ハイパーバイザーであるVirtualBoxのフロントエンドとして利用するVagrantをインストールします。Vagrantのダウンロードページ(https://www.vagrantup.com/downloads.html)を開いてインストーラ(vagrant_2.1.2_x86_64.msi, 2018/8/10現在)をダウンロードして実行します。

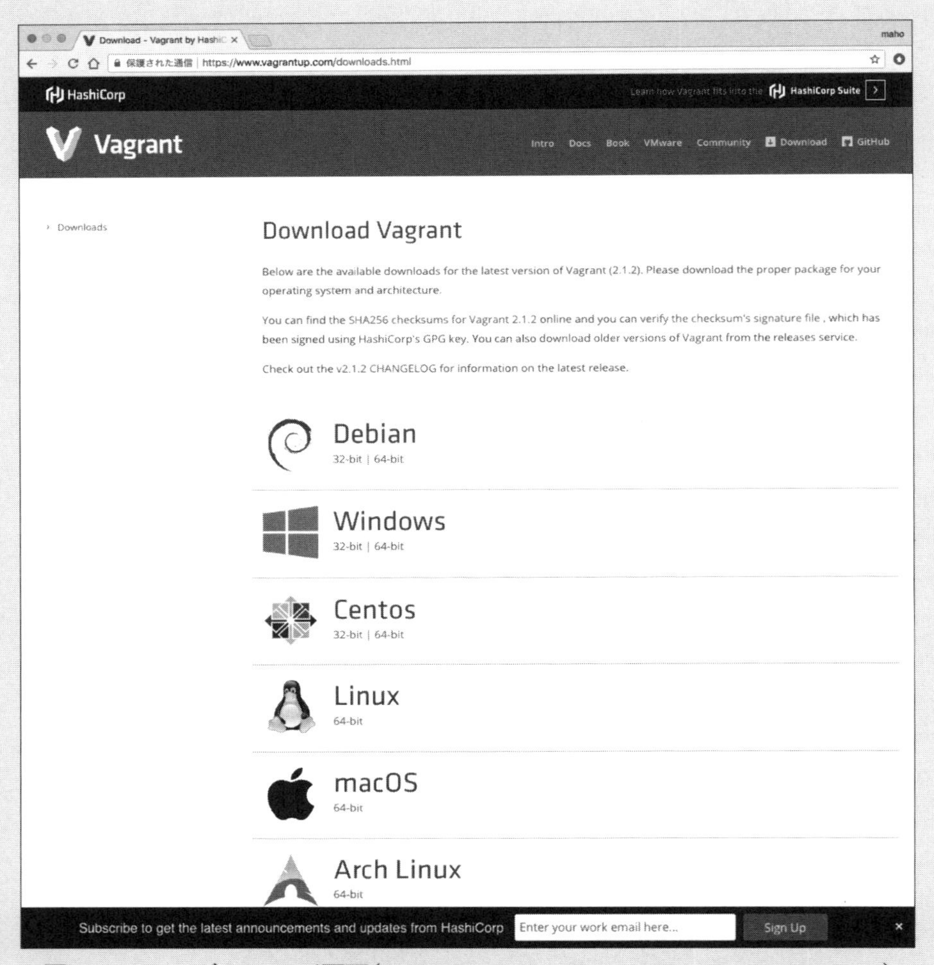

図26 Vagrantダウンロード画面（https://www.vagrantup.com/downloads.html）

(3) パッケージマネージャーChocolateyのインストール

Windows 10にcurlなどのOSSをインストールするために、WindowsのパッケージマネージャーChocolateyをインストールします。これは、Linuxではaptやyum、macOSではbrewに相当するパッケージ管理のソフトウェアです。Chocolateyウェブページ（https://chocolatey.org/）のガイドにしたがってインストールします。

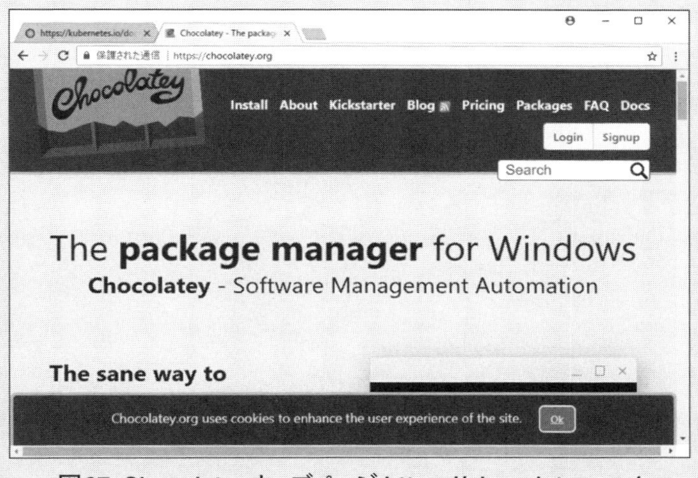

図27 Chocolateyウェブページ https://chocolatey.org/

スタートメニューのコマンドプロンプトを右クリックしてメニューを開き、「その他」を選択し、管理者としてウィンドウを開きます。そして、次のインストールページ（https://chocolatey.org/install）へ移動してコマンドをコピーし、管理者コマンドプロンプトにペーストしてコマンドを実行するとインストールされます。

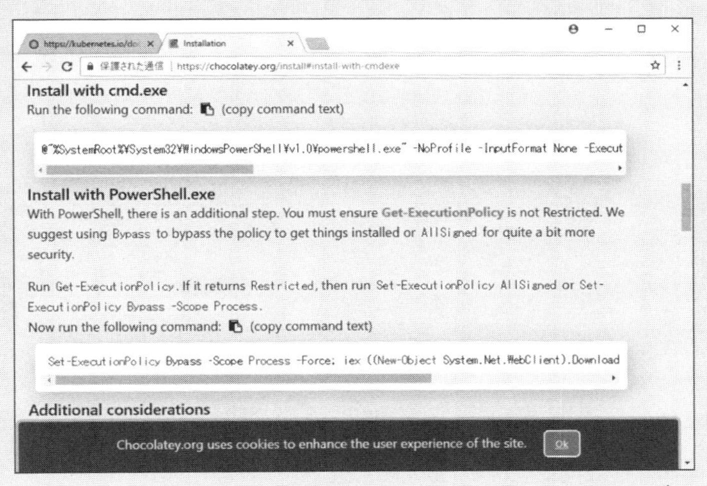

図28 インストールガイド画面（https://chocolatey.org/install）

(4) curlとkubectlコマンドのインストール

curlコマンドとkubectlコマンドを、Chocolateyを利用してインストールします。実行例5のコマンドでインストールできます。ここでもGitコマンドはインストールしません。

実行例5 curlとkubectlのインストール

```
C:¥WINDOWS¥system32>cinst -y curl kubernetes-cli
Chocolatey v0.10.11
Installing the following packages:
curl;kubernetes-cli
By installing you accept licenses for the packages.
Progress: Downloading curl 7.61.0... 100%

curl v7.61.0 [Approved]
curl package files install completed. Performing other installation steps.
Extracting 64-bit C:¥ProgramData¥chocolatey¥lib¥curl¥tools¥curl-7.61.0-win64-mingw.zip to
C:¥ProgramData¥chocolatey¥lib¥curl¥tools...
C:¥ProgramData¥chocolatey¥lib¥curl¥tools
ShimGen has successfully created a shim for curl.exe
The install of curl was successful.
  Software installed to 'C:¥ProgramData¥chocolatey¥lib¥curl¥tools'
Progress: Downloading kubernetes-cli 1.11.2... 100%

kubernetes-cli v1.11.2 [Approved]
kubernetes-cli package files install completed. Performing other installation steps.
Extracting 64-bit C:¥ProgramData¥chocolatey¥lib¥kubernetes-cli¥tools¥kubernetes-client-
windows-amd64.tar.gz to C:¥ProgramData¥chocolatey¥lib¥kubernetes-cli¥tools...
C:¥ProgramData¥chocolatey¥lib¥kubernetes-cli¥tools
Extracting 64-bit C:¥ProgramData¥chocolatey¥lib¥kubernetes-cli¥tools¥kubernetes-client-
windows-amd64.tar to C:¥ProgramData¥chocolatey¥lib¥kubernetes-cli¥tools...
C:¥ProgramData¥chocolatey¥lib¥kubernetes-cli¥tools
 ShimGen has successfully created a shim for kubectl.exe
 The install of kubernetes-cli was successful.
  Software installed to 'C:¥ProgramData¥chocolatey¥lib¥kubernetes-cli¥tools'

Chocolatey installed 2/2 packages.
See the log for details (C:¥ProgramData¥chocolatey¥logs¥chocolatey.log).
```

インストールしたパッケージを確認するには、実行例6のコマンドを利用します。

実行例6 インストールしたパッケージのリスト

```
C:¥WINDOWS¥system32>choco list -lo
Chocolatey v0.10.11

chocolatey 0.10.11
chocolatey-core.extension 1.3.3
curl 7.61.0
kubernetes-cli 1.11.2

4 packages installed.
```

(5) Minikubeのインストール

Minikubeのバージョンが1.0となり、Chocolateyパッケージマネージャーを使用して、Minikubeをインストールできるようになりました。図29のように、コマンドプロンプトまたはWindows PowerShellを管理者として実行し、パッケージ名を指定してインストールコマンドを実行するだけで、Minikubeが利用できるようになります。

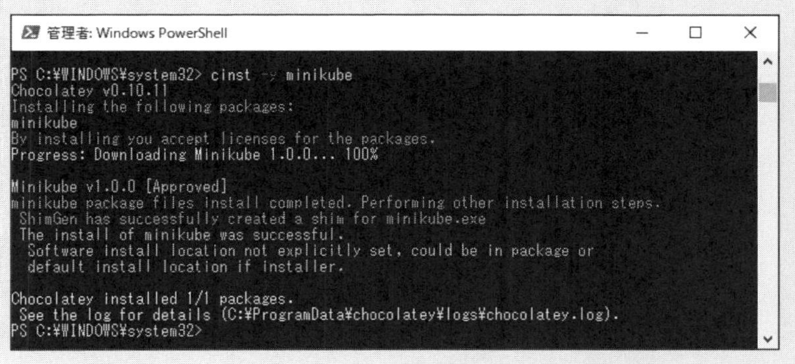

図29 パッケージマネージャーによるMinikubeのインストール

(6) VirtualBoxのバージョンアップ

「Docker Toolbox for Windows」と一緒にインストールされるVirtualBoxを、最新バージョンへ更新しておきます。「Oracle VM VirtualBoxマネージャー」のアイコンをクリックして、起動したウィンドウのメニューから「ファイル」→「アップデートを確認」を選択します。

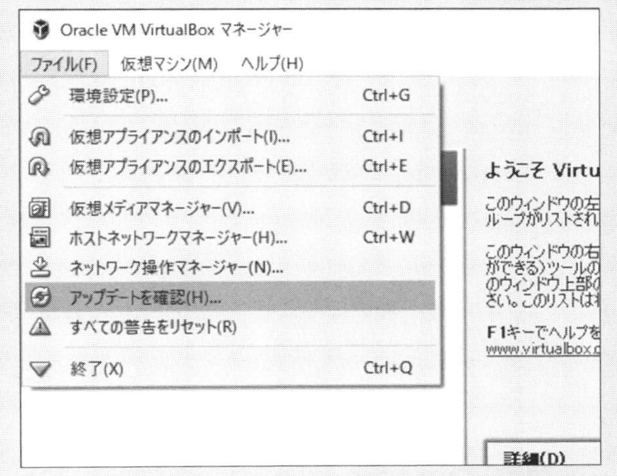

図30「アップデートを確認」メニュー

新しいバージョンへのアップデートを促すメッセージが表示されるので(図31)、リンクをクリックしてEXEファイルをダウンロードします。そのEXEを実行して、バージョンアップを実施します。

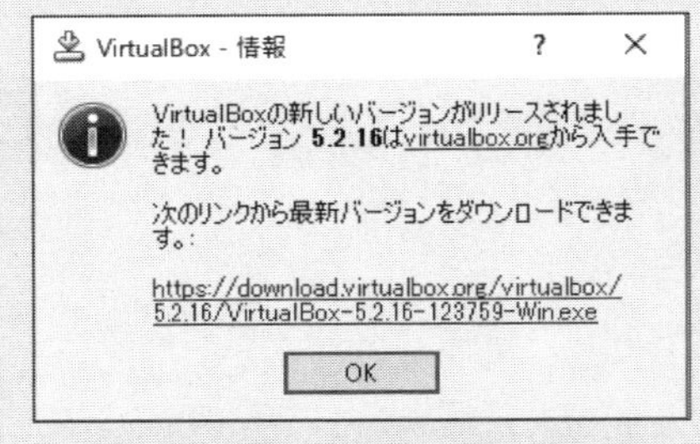

図31 アップデートの確認結果

(7) Gitコマンドのインストール

WindowsのGitクライアントには、テキストファイルの行の改行コードCR+LFとLFの自動変換の機能があります。この機能は、WindowsとmacOSのクロスプラットフォームで開発する場合にとても便利なのですが、コンテナをビルドする際には少し困ったことになります。

コンテナは、Linuxベースの技術ですからテキストの改行コードはLFで、macOSも同様にLFです。一方、Windowsの改行コードはCR+LFです。この改行コードの違いは、ときに問題の原因となります。たとえば、macOS環境で作成したシェルスクリプトをgit pushでリポジトリへ登録して、次にWindows環境にgit cloneすると、WindowsのGitクライアントによって、改行コードがLFからCR+LFに変更されてしまいます。

このシェルスクリプトのテキストファイルをdocker buildコマンドで、コンテナ環境に置いたら、どうなるでしょうか？ この改行コードが変換されたシェルスクリプトを実行しようとすると、シェルにとって規格外のCR+LFの改行コードによってエラーが発生し、コンテナは異常終了することになります。

このトラップを回避する方法は、次の2つがあります。

1. .gitattributesによって、リポジトリ単位、拡張子で変換の有無などを設定する
2. Gitクライアントのインストール時に変換機能を停止する

ここでは、2番目のインストール時に自動変換を停止する方法について紹介します。

まず、Gitコマンドのダウンロードページ（https://git-scm.com/download/win）からインストーラをダウンロードします。このページを開くと、自動的にインストーラのEXEファイルがダウンロードされます。

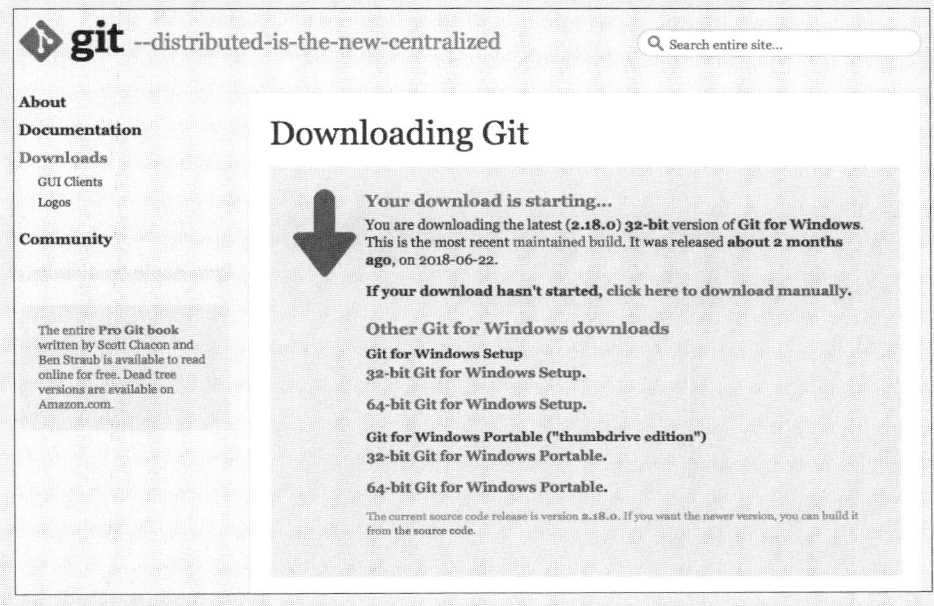

図32 gitコマンドのダウンロードページ（https://git-scm.com/download/win）

インストール時の選択項目を図33のように変更します。デフォルトは一番上で、「Checkout Windows-style, commit Unix-style line endings」です。これを３番目の「Checkout as-is, commit as-is」を選択します。

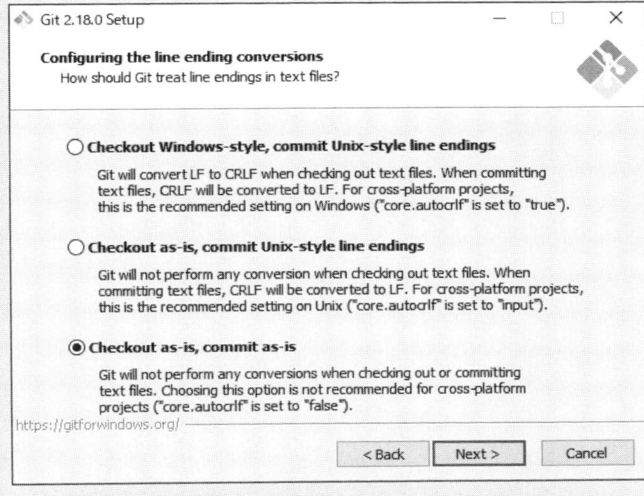

図33 gitクライアントの改行コード変換設定

これにより、「Windows環境でシェルを実行するコンテナをビルドしたら動作しない」というトラップを回避できます。以上で、Windows 10環境のインストールは完了です。次のMinikubeの起動や停止、環境設定などの利用方法については、後述の付録「1.4 Minikubeの使い方」を参照してください。

1.3 VagrantのLinux上でMinikubeを動かす

この1.3項では、macOSやWindowsの上でハイパーバイザのVirtualBoxを用い、Ubuntuの仮想サーバー上でDockerとMinikubeの学習環境を構築します。この環境の構築では、VagrantとAnsibleを使って仮想環境を自動的に設定していきます。これらのコードはGitHubレポジトリ(https://github.com/takara9/vagrant-minikube)にMITライセンスで公開していますので、誰でも無料で利用できます〈補足1〉。

(1) 環境要件

PCのハードウェア要件とソフトウェア要件を、表1と表2に示します。筆者が確認済みの環境ですので参考にしてください。

表1 ハードウェア、オペレーティングシステム、ネットワーク環境の要件

必要項目	条件
PCハードウェア	Windows PCまたはMac
CPU	Intel Core i5以上、仮想化支援機能(VT)
RAM(メモリ)	最小4GB、推奨8GB
オペレーティングシステム	macOS High Sierraバージョン10.13以上 Windows 10バージョン1803以上 64bit
インターネット環境	ブロードバンド接続環境(50Mbps以上)

〈補足1〉
以下の免責事項があります。

- 自動設定のコードを適用することにより、読者のPCなどに悪影響や損害を与えるかもしれません。このコードの使用による損害に対する保証やサポートはありません。
- 本コードが基礎とするOSSは、予告なしに変更または提供終了などとなる可能性があり、継続的な提供が保証されるものではありません。また、動作保証やサポートはありません。
- 本コードに、不適切な記述、欠陥、意図しない動作などがあっても対応しません。

表2 PCにインストールするソフトウェアパッケージ

OS	パッケージ	最低バージョン
Windows 10	VirtualBox	5.2.8
	Vagrant	2.1.2
	gitコマンド	2.9.0
macOS	VirtualBox	5.1.10
	Vagrant	2.0.3
	gitコマンド	2.17.0

※ 筆者の環境で確認済みですから、これ以降の新しいバージョンであれば問題ないと思います。

表3 仮想サーバーのスペック

ソフトウェア	条件
Linux	Ubuntu 16.04 LTS x86_64
Host Only (Private) IPアドレス	172.16.10.10
vCPU	2
メモリ	2GB

表4 DockerとKubernetesのバージョン

ソフトウェア	条件
Docker	Community Editionバージョン18.06.2-ce
Minikube	実行時の最新バージョン
Kubernetes	Minikubeに依存

(2) セットアップ手順

macOSでは「付録1.1」、Windowsでは「付録1.2」を参照して、VirtualBox、Vagrant、gitコマンドの3つのソフトウェアをインストールしてください。環境の用意ができたら、実行例7を参考にしてセットアップを進めていきます。Minikubeが完全に起動するまでに、3分から5分間かかります。

実行例7 Vagrantの仮想サーバーでDockerとMinikubeを起動する様子

```
$ git clone https://github.com/takara9/vagrant-minikube
Cloning into 'vagrant-minikube'...

<中略>

$ cd vagrant-minikube/
vagrant-minikube$ vagrant up
Bringing machine 'default' up with 'virtualbox' provider...

<中略>

vagrant-minikube$ vagrant ssh
Welcome to Ubuntu 16.04.4 LTS (GNU/Linux 4.4.0-130-generic x86_64)
```

```
<中略>

## DockerCEのインストール確認

vagrant@minikube:~$ docker version
Client:
 Version:           18.06.2-ce
 API version:       1.38
 Go version:        go1.10.3
 Git commit:        6d37f41
 Built:             Sun Feb 10 03:48:06 2019
 OS/Arch:           linux/amd64
 Experimental:      false

Server:
 Engine:
  Version:          18.06.2-ce
  API version:      1.38 (minimum version 1.12)
  Go version:       go1.10.3
  Git commit:       6d37f41
  Built:            Sun Feb 10 03:46:30 2019
  OS/Arch:          linux/amd64
  Experimental:     false


## Minikubeの実行開始

vagrant@minikube:~$ sudo minikube start
```

(3) 利用方法

Minikube上のKubernetesをアクセスするには「vagrant ssh」で仮想サーバーに入り、kubectlコマンドを利用するだけです。仮想サーバーとパソコンとのファイル共有については、仮想サーバーのディレクトリ「/vagrant」がVagrantfileと同じディレクトリをマウントすることで実現しています。

実行例8 Minikubeでのkubectlコマンド実行例

```
vagrant-minikube$ vagrant ssh

# ノードのリスト表示
vagrant@minikube:~$ kubectl get node
NAME       STATUS   ROLES    AGE    VERSION
minikube   Ready    master   3m     v1.14.0

# ノードの全ポッドのリスト表示
vagrant@minikube:~$ kubectl get pod --all-namespaces
NAMESPACE     NAME                               READY   STATUS    RESTARTS   AGE
kube-system   coredns-fb8b8dccf-fnsqx            1/1     Running   0          3m19s
kube-system   coredns-fb8b8dccf-thlkp            1/1     Running   0          3m19s
kube-system   etcd-minikube                      1/1     Running   0          2m22s
kube-system   kube-addon-manager-minikube        1/1     Running   0          2m21s
kube-system   kube-apiserver-minikube            1/1     Running   0          2m17s
kube-system   kube-controller-manager-minikube   1/1     Running   0          2m17s
kube-system   kube-proxy-zvd5k                   1/1     Running   0          3m20s
kube-system   kube-scheduler-minikube            1/1     Running   0          2m7s
kube-system   storage-provisioner                1/1     Running   0          3m18s
```

仮想マシンをシャットダウンして資源を解放するには、Vagrantfileのあるディレクトリで次のコマンドを実行します。再度パワーオンするには、vagrant upします。

実行例9 Minikube仮想サーバーの停止

```
$ vagrant halt
```

仮想マシンを削除して、仮想ストレージを削除するには、次のコマンドを実行します。このとき、保存されたデータも消去されます。

実行例10 Minikube仮想サーバーの削除

```
$ vagrant destroy
```

Minikubeのさらなる利用方法については、後述の付録「1.4 Minikubeの使い方」を参照してください。

1.4 Minikubeの使い方

この1.4項では、Minikubeの基本的な利用方法を説明します。本書の2章と3章で解説した15のStepで扱う機能は次の箇条書きのうち1と2だけですが、3以降の機能もKubernetesの大切な側面ですから、環境条件が許せばぜひとも試して理解を深めていただきたいと思います。また、環境構築が難しい場合は、パブリッククラウドを利用して体験することをお勧めします。

1. 起動
2. 停止と削除
3. ダッシュボードの利用
4. メトリックス監視基盤の利用
5. ログ分析基盤の利用

(1) Minikubeのオプション

次の表には、本項の学習環境を操作を実行するうえでの主要なコマンドを列挙しました。このリストは「minikube -h」を実行することでいつでも参照できます。

表5 Minikubeの主要なコマンドのリスト

Minikubeコマンド	概要
minikube start	仮想マシンを起動、ホームディレクトリのコンフィグファイルを修正してkubectlコマンド利用可能にする
minikube stop	仮想マシンを停止してメモリを解放する
minikube delete	仮想マシンを削除する
minikube status	Minikubeの起動状態を表示する
minikube ip	仮想マシンのIPアドレスを表示する
minikube ssh	仮想マシンのLinuxへログインする
minikube addons list	アドオン機能をリストする
minikube dashboard	ブラウザを起動、Kubernetesダッシュボードを表示する

(2) Minikubeの起動

Windowsではコマンドプロンプトから、macOSではターミナルから、コマンド「minikube start」を投入します。

実行例11 Minikubeの起動

```
$ minikube start
Starting local Kubernetes v1.10.0 cluster...
Starting VM...
Downloading Minikube ISO
 160.27 MB / 160.27 MB [============================================] 100.00% 0s
Getting VM IP address...
Moving files into cluster...
Setting up certs...
Connecting to cluster...
Setting up kubeconfig...
Starting cluster components...
Kubectl is now configured to use the cluster.
Loading cached images from config file.

$ minikube status
minikube: Running
cluster: Running
kubectl: Correctly Configured: pointing to minikube-vm at 192.168.99.100

$ kubectl get node
NAME       STATUS   ROLES    AGE     VERSION
minikube   Ready    master   2m      v1.10.0
```

Vagrantで起動した仮想マシン上で、Minikubeを動かしている(以降Vagrant-Minikubeとする)場合は、Vagrantfileのディレクトリへ移動して仮想マシンを起動したあと、ログインしてMinikubeを起動します。kubectlコマンドは仮想マシンの中から利用できます。

実行例12 Vagrant仮想マシン上でのMinikubeの起動

```
$ vagrant up                ## 仮想マシンを起動
<中略>

$ vagrant ssh               ## 仮想マシンへログイン
<中略>

$ sudo minikube start       ## Minikube開始
```

（3）Minikubeの停止と削除

Minikubeを使い終わったあとには、仮想マシンを停止させて、PCのメモリを解放するために次のコマンドを実行します。仮想マシンのOSイメージは保存されていますから、前回の終了時のオブジェクトの状態は再起動後に復元されます。K8sクラスタ内のデプロイメント、サービス、それにポッド数は、同じものが再起動されます。

実行例13 minikubeの仮想マシンを停止

```
$ minikube stop
```

何らかの問題によってMinikubeの応答がなくなり、kubectlコマンドに反応しない状態は、珍しくありません。読者が学習を進め、深い理解を追い求める過程でたびたび体験すると思います。そのようなときは、minikubeの仮想マシンを削除して、初期状態からやり直すのがお勧めです。

実行例14 minikubeの仮想マシンを削除

```
$ minikube delete
```

この削除でも問題が回復しない場合は、MinikubeのOSイメージから消してしまう方法があります。その後の起動時には仮想マシンのOSイメージからダウンロードが始まるので、起動には少し時間を要します。

実行例15 minikubeのOSイメージや設置の削除

```
$ minikube delete && rm -fr ~/.minikube
```

Vagrant-Minikubeを利用している場合は、次の順番で停止します。

実行例16 Vagrant仮想マシン上でのMinikubeの停止

```
$ sudo minikube stop     ## Minikube終了
$ exit                   ## 仮想マシンからログアウト
$ vagrant halt           ## 仮想マシンのシャットダウン
```

OSイメージから削除したい場合は実行例17のようになります。このケースでは仮想マシンのOSイメージにはVirtualBoxのBOXイメージが保存されているので、Minikubeの仮想マシンを削除した場合と比べ、起動時間はそれほど遅くなりません。

実行例17 Vagrant仮想マシンの削除

```
$ exit                   ## 仮想マシンからログアウト
$ vagrant destroy        ## 仮想マシンの削除
$ vagrant up             ## 仮想マシンの起動
```

(4) ダッシュボードの利用

ダッシュボードは本書の15のStepでは触れませんが、サービス、ポッド、コントローラなどの関係を理解するために非常に役立つ視覚的情報を提供してくれます。ぜひセットアップして、理解を深めるのに役立てください。

Kubernetesのダッシュボードだけを起動した場合、CPUやメモリの使用量の時系列変化を視覚化するグラフが表示されないので、Heapsterとmetrics-serverを先に起動しておきます。

Heapsterは、各ノードに常駐するプロセスkubeletから稼働データを収集するポッドです。このコンポーネントはバージョン1.11からmetrics-serverへの移行が始まり、バージョン1.13では削除される予定です（https://github.com/kubernetes/heapster/blob/master/docs/deprecation.md）。そのため今後、ダッシュボードは、Heapsterから得ていた情報をmetrics-serverから取得するように変更されると思われるので、metrics-severも起動しておきます。

最後に「minikube dashboard」を実行すると、PCのブラウザが起動してダッシュボードを表示します。

実行例18 ダッシュボードの起動

```
$ minikube addons enable heapster
heapster was successfully enabled

$ minikube addons enable metrics-server
metrics-server was successfully enabled

$ minikube dashboard
Opening kubernetes dashboard in default browser...
```

ダッシュボードのネームスペースに「すべてのネームスペース」を選択して、Overviewをクリックすると、次のブラウザ画面が表示されます(図34)。このときにHeapsterなどが起動していないと、CPU usageとMemory usageのグラフ、それにポッドごとのグラフが表示されません。ここでメトリックスサーバーなどを起動して、グラフが表示されるようになるまでに約5分程度かかります。これは稼働情報を収集して統計的な計算を行うために時間経過を必要とするからです。

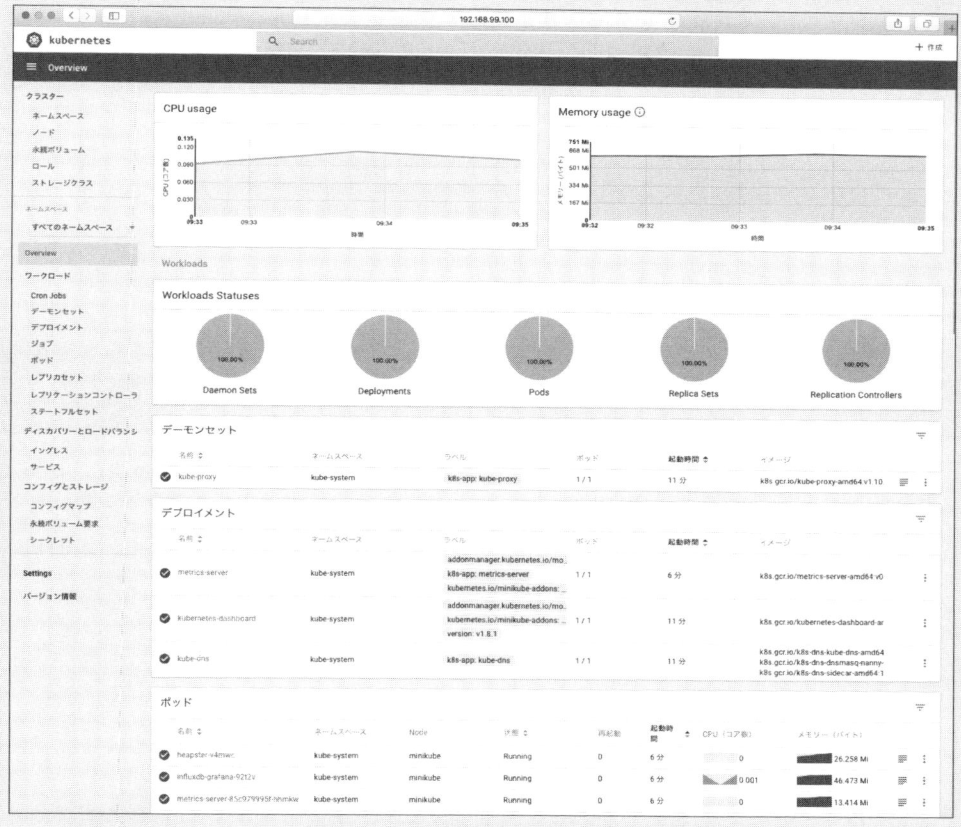

図34 Minikubeのダッシュボード

Windows 10環境の場合、ブラウザMicrosoft Edgeは、既定の設定ではVirtualBoxの仮想マシンのウェブページへアクセスできないようです。その場合、Google ChromeやFirefoxでアクセスできるでしょう。

Vagrant-Minikubeの環境では、minikubeの前に「sudo」を付けてください。また、仮想マシン内からはPCのデフォルトブラウザを起動できませんから、ブラウザでVagrant仮想マシンのIPアドレス「172.16.10.10」にアクセスして、ダッシュボードを閲覧します。

次の手順でダッシュボードに必要なポッドを起動します。最後のコマンドはフォアグラウンドで動作するので、次の手順に進むには、別のターミナルで作業が必要です。

実行例19 ダッシュボードの起動

```
vagrant@minikube:~$ sudo minikube addons enable heapster
heapster was successfully enabled

vagrant@minikube:~$ sudo minikube addons enable metrics-server
metrics-server was successfully enabled

vagrant@minikube:~$ sudo minikube dashboard --url
<中略>
http://127.0.0.1:39574/api/v1/namespaces/kube-system/services/http:kubernetes-dashboard:
/proxy/
```

新たなターミナルを開いて、vagrant sshでログインしたシェルで次のコマンドを実行することで、仮想サーバーのIPアドレスからアクセスできるようになります。こちらもフォアグラウンドで動作するので、ダッシュボードにアクセスする間は、ターミナルは継続して実行する必要があります。

実行例20 K8sクラスタ外部からアクセスのためプロキシ起動

```
vagrant@minikube:~$ kubectl proxy --address="0.0.0.0" -p 8001 --accept-hosts='^*$' -n
kube-system
Starting to serve on [::]:8001
```

次のURLで、Vagrant-Minikubeの仮想マシンで動作するPCのブラウザからダッシュボードへアクセスできます。

http://172.16.10.10:8001/api/v1/namespaces/kube-system/services/http:kubernetes-dashboard:/proxy/

(5) メトリックス監視基盤の利用

MinikubeでHeapsterを起動すると、時系列データベースのInfluxDBと、監視と分析ツールのGrafanaが起動してきます。時系列データベースPrometheusがCNCFのプロジェクトに加わったことから、今後はPrometheusに置き換わると思われますが、ここでは起動したものをそのまま利用します。

次の実行例21の下線部、PORT(S)列の部分で、GrafanaのNodePort番号を知ることができます。そして、MinikubeのIPアドレスを求めて、ブラウザでアクセスします。

実行例21 Grafanaのノードポートの確認

```
$ kubectl get svc --all-namespaces
NAMESPACE     NAME                  TYPE        CLUSTER-IP       EXTERNAL-IP   PORT(S)
AGE
default       kubernetes            ClusterIP   10.96.0.1        <none>        443/TCP
16m
kube-system   heapster              ClusterIP   10.110.144.64    <none>        80/TCP
11m
```

```
kube-system   kube-dns                ClusterIP   10.96.0.10      <none>        53/
UDP,53/TCP        16m
kube-system   kubernetes-dashboard    NodePort    10.102.105.50   <none>        80:30000/
TCP          16m
kube-system   metrics-server          ClusterIP   10.96.243.180   <none>        443/TCP
11m
kube-system   monitoring-grafana      NodePort    10.99.233.235   <none>        80:30002/
TCP          11m
kube-system   monitoring-influxdb     ClusterIP   10.109.137.217  <none>        8083/
TCP,8086/TCP    11m

$ minikube ip
192.168.99.100
```

次は、前述の実行例から求めたGrafanaのURLアドレスです。このアドレスは、環境によりIPアドレスとポート番号が変わるので、前述のポート番号とIPアドレスの求め方を参考にして読者自身の環境のURLを求めてください。

```
http://192.168.99.100:30002
```

Vagrant-Minikubeの環境では、仮想マシンのIPアドレス「172.16.10.10」になります。次はブラウザからGrafanaをアクセスした初回の画面です。

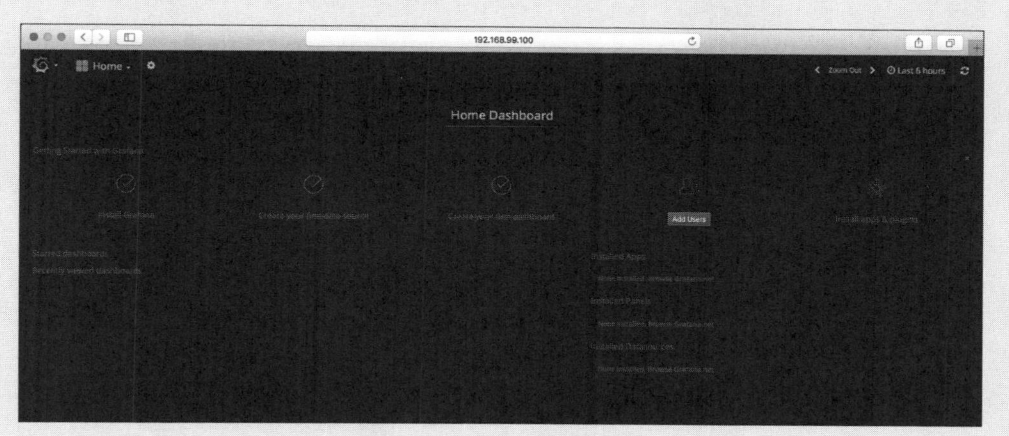

図35 Grafanaの初期画面

ここではGrafanaを簡単に紹介します。画面左上角のアイコンのクリックでメニューが表示され、「Sign in」からログインできます。

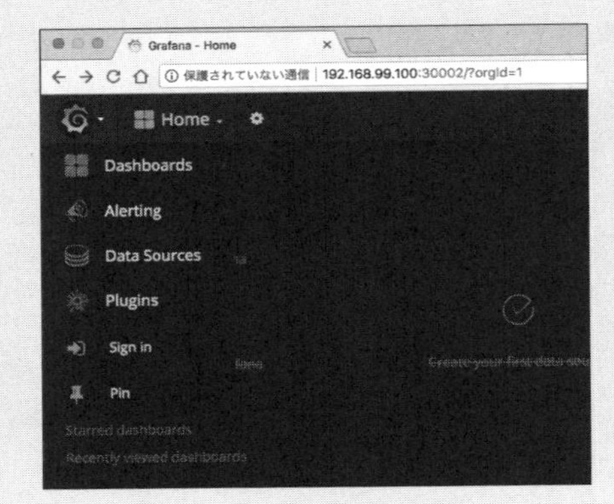

図36 Grafanaメニュー

このログイン画面は「User : admin」、「Password : admin」でログインできます。

図37　Grafanaへのログイン画面

ログイン後にHomeメニューをクリックすると、Home、Cluster、Podsのメニューが表示されます。ClusterではMinikube仮想マシンのCPUとメモリの使用状況が表示され、Podsではポッド単位のCPUとメモリの要求量、上限、実際の利用状況が表示されます。

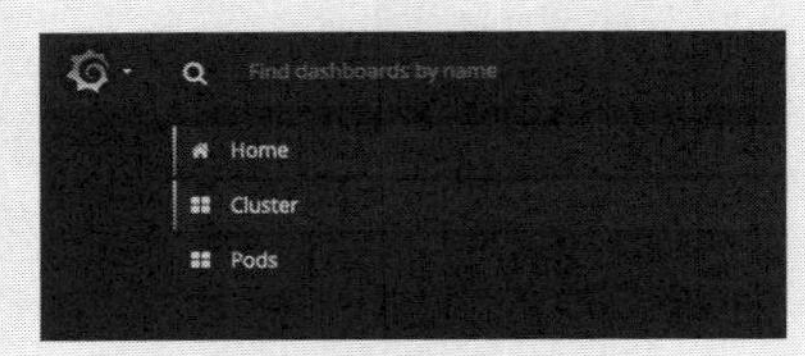

図38 表示画面の選択メニュー

次の画面は、K8sクラスタレベルのグラフです。

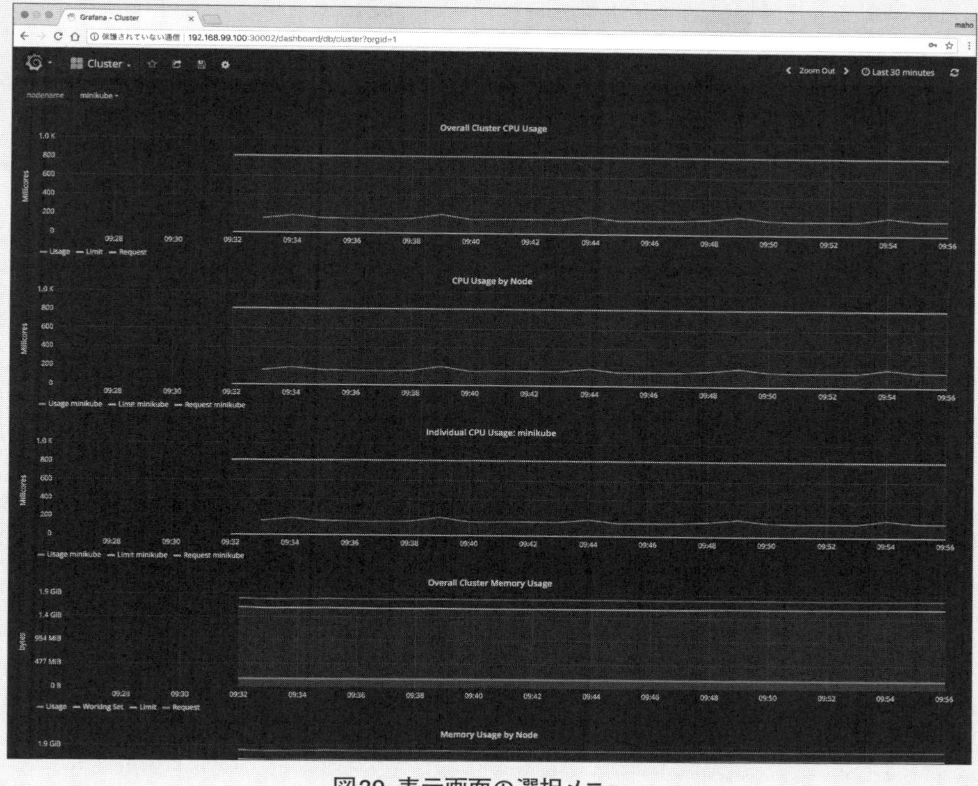

図39 表示画面の選択メニュー

(6) ログ分析基盤の利用

Minikubeは、その仮想サーバーに全文検索エンジンのElasticSearch、ログ収集ツールFluentd、データ可視化と分析のツールKibanaを起動することで、ログの収集および分析の学習用環境（以下、EFK）としても利用できます。ElasticSearchとKibanaの組み合わせは、ELK（ElasticSearch Logstash Kibana）と呼ばれることが多いのですが、ここではMinikubeアドオンの名前として「EFK」と呼ぶことにします。この部分は、Windows 10またはmacOSで動作するMinikubeについて解説しますので、ご了承ください。

利用条件として、ElasticSearchのコンテナのメモリ要求量だけで約2.4GBありますから、十分なメモリをPCに搭載している必要があります。一方、Minikubeの仮想サーバーのデフォルトのメモリ確保量は2GBなので、そのままではEFKを起動できません。そこで、いったんminikubeの仮想マシンを削除し、メモリを8GB割り当ててから再起動します。

実行例22 Minikubeの削除、メモリ8Gでの起動

```
$ minikube delete
Deleting local Kubernetes cluster...
Machine deleted.

$ minikube start --memory=8192
Starting local Kubernetes v1.10.0 cluster...
Starting VM...
Getting VM IP address...
Moving files into cluster...
Setting up certs...
Connecting to cluster...
Setting up kubeconfig...
Starting cluster components...
Kubectl is now configured to use the cluster.
Loading cached images from config file.
```

Minikubeの起動後にEFKを起動します。minikube startコマンドが完了しても、kubernetesが完全に起動して動作可能となるまでに2～3分ほどの時間を要します。起動完了を確認するために次のコマンドを実行して、すべてのポッドがRunningとなっているかを見るとよいでしょう。

実行例23 minikube起動確認のためのコマンド

```
$ kubectl get po --all-namespaces
```

EFKを起動します。筆者の環境では、ElasticSearchが完全に立ち上がるまでに10分間近くかかりましたので気長に待ちましょう。

実行例24 EFKの開始

```
$ minikube addons enable efk
efk was successfully enabled
```

フロントエンドとなるKibanaはNodePortでポートを公開しているので、次のコマンドでポート番号を確認してMinikubeの仮想サーバーのIPアドレスとNodePort番号でアクセスします。

実行例25 NodePort番号の確認

```
$ kubectl get svc --all-namespaces
NAMESPACE     NAME                    TYPE        CLUSTER-IP      EXTERNAL-IP   PORT(S)
AGE
default       kubernetes              ClusterIP   10.96.0.1       <none>        443/TCP
1h
kube-system   elasticsearch-logging   ClusterIP   10.101.175.41   <none>        9200/TCP
1m
kube-system   heapster                ClusterIP   10.110.144.64   <none>        80/TCP
1h
```

```
kube-system   kibana-logging          NodePort    10.104.42.227    <none>
5601:30003/TCP      1m
kube-system   kube-dns                ClusterIP   10.96.0.10       <none>        53/
UDP,53/TCP      1h
kube-system   kubernetes-dashboard    NodePort    10.102.105.50    <none>
80:30000/TCP        1h
kube-system   metrics-server          ClusterIP   10.96.243.180    <none>        443/TCP
1h
kube-system   monitoring-grafana      NodePort    10.99.233.235    <none>
80:30002/TCP        1h
kube-system   monitoring-influxdb     ClusterIP   10.109.137.217   <none>        8083/
TCP,8086/TCP   1h
```

PORT(S)の列の下線を引いた部分では「5601:30003/TCP」となっていることから、ClusterIPのポート番号が5601、ノードのIPアドレスで公開するポート番号は30003であることがわかります。

URLをアクセスすると、Kibanaの初回起動画面が表示されます。チェックボックスは非推奨となっているので、「Create」をクリックして次の画面へ進みます。

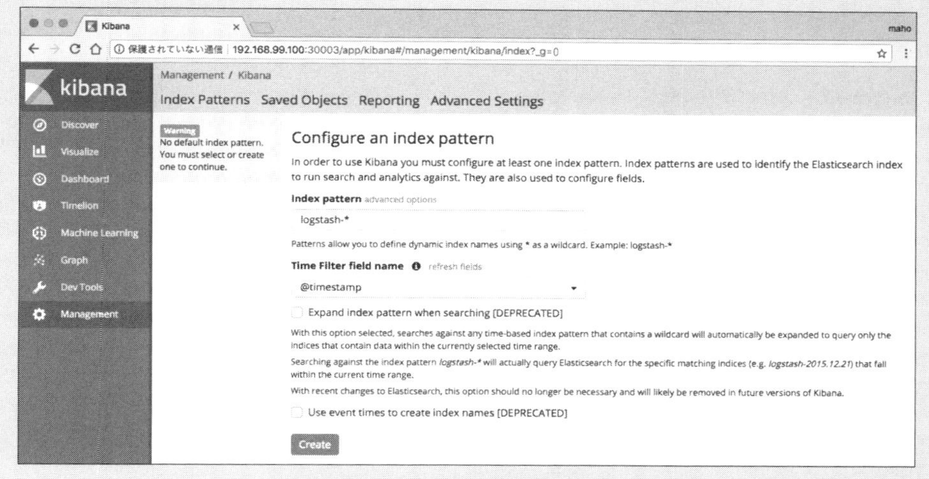

図40 kibana初回起動画面

画面左側のメニューのDiscoverをクリックすると、最新のログ状況を閲覧できます。

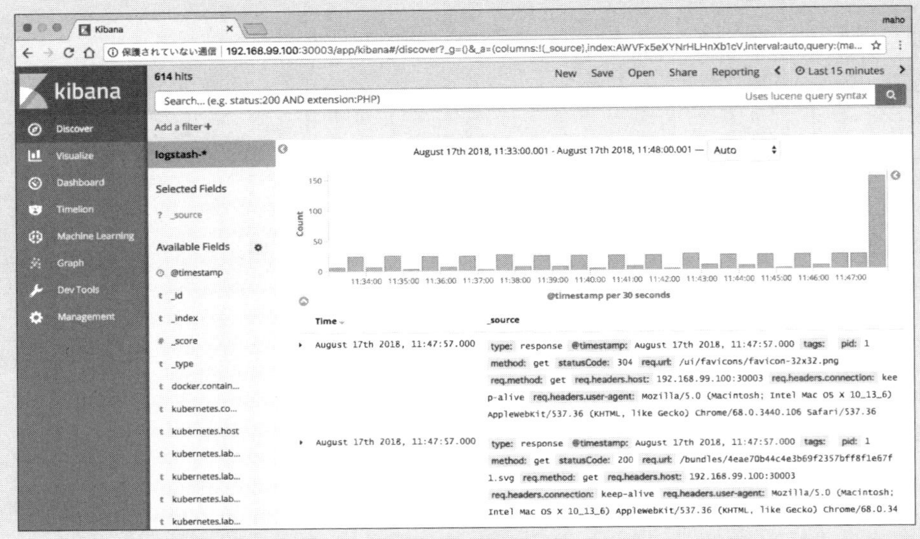

図41 ログ閲覧画面

「稼働監視と分析基盤」や「ログ分析基盤」などはメモリやCPUを多く消費するので、Minikubeでは、立ち上げて雰囲気をつかむくらいにしか利用できないかもしれません。この部分はパブリッククラウドで体験するのが手軽でよいと思います。

2 学習環境2

マルチノードのK8sクラスタを個人のPC上に構築する手順

2.1 マルチノードK8s

付録1(学習環境1)のMinikubeは、シングルノード構成のKubernetesでした。そのため、PCのメモリ容量が少なくても動作しますが、複数ノードの学習や検証には利用できません。また、Kubernetes Certified Administrator (CKA)の試験もマルチノード環境で実技能力を審査するものですから、Minikubeでは学習環境として不十分です。これに対し「学習環境2」では、CNCFのKubernetesプロジェクトが配布するアップストリームコードを使用して、個人のPCでも動作するコンパクトなマルチノードのKubernetes学習環境を構築します。

仮想環境の構築では、「付録1.3」と同じく、VagrantとAnsibleを使って設定を自動化します。本項(付録2.1)で用いるサーバー自動設定コードは、GitHubレポジトリ(https://github.com/takara9/vagrant-kubernetes)にMITライセンスで公開していますので、誰でも無料で利用できます〈補足1〉。

(1) 環境要件

図1は、この環境のソフトウェアスタックです。下記の手順によって、図の網掛け部分が自動設定されます。

〈補足1〉
免責事項:「付録1.3」冒頭の脚注を参照してください。

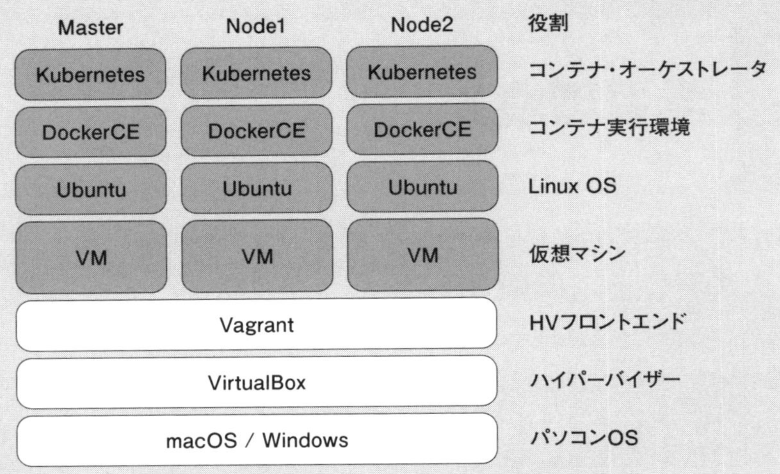

図1 学習環境2 ソフトウェアスタックの概要

表1にPC環境、表2に追加インストールするソフトウェア、表3に本ガイドでインストールされるDockerとKubernetesのバージョン、表4には仮想NFSサーバーに必要なスペックをそれぞれまとめました。表2については筆者の環境で確認済みですから、これ以降の新しいバージョンであれば問題ないと思います。

表1 ハードウェア、オペレーティングシステム、ネットワークなどの環境要件

必要項目	条件
PCハードウェア	Windows PCまたはMac
CPU	Intel Core i5以上、仮想化支援機能（VT）
RAM（メモリ）	最小8GB、推奨16GB
オペレーティングシステム	macOS High Sierraバージョン10.13以上 Windows 10バージョン1803以上 64bit
インターネット環境	ブロードバンド接続環境（50Mbps以上）

表2 PCにインストールすべきソフトウェアパッケージ

OS	パッケージ	最低バージョン
Windows 10	VirtualBox	5.2.8
	Vagrant	2.1.2
	gitコマンド	2.9.0
macOS	VirtualBox	5.1.10
	Vagrant	2.0.3
	gitコマンド	2.17.0

表3 DockerとKubernetesのバージョン

ソフトウェア	条件
Linux	Ubuntu 16.04 LTS x86_64
Docker	Community Editionバージョン 18.06.1-ce
Kubernetes	バージョン1.14.0

表4 仮想NFSサーバーのスペック

ノード	項目	条件
マスター	ホスト名	master
	Linux	Ubuntu 16.04 LTS x86_64
	Host Only (Private) IPアドレス	172.16.20.11
	vCPU	2
	メモリ	1GB
ノード1	ホスト名	node1
	Linux	Ubuntu 16.04 LTS x86_64
	Host Only (Private) IPアドレス	172.16.20.12
	vCPU	1
	メモリ	1GB
ノード2	ホスト名	node2
	Linux	Ubuntu 16.04 LTS x86_64
	Host Only (Private) IPアドレス	172.16.20.13
	vCPU	1
	メモリ	1GB

(2) セットアップ手順

macOSの場合は「付録1.1」、Windowsの場合は「付録1.2」を参照し、VirtualBox、Vagrant、gitコマンドの3つのソフトウェアをインストールしてください。

本付録では、VagrantとAnsibleのコードから図2の構成を自動構築します。これらのコードを記述したファイルは、GitHub (https://github.com/takara9/vagrant-kubernetes) または本書のダウンロードサイトから入手できます。実行例のほとんどはmacOSでの例ですが、Windows 10でも操作は同じです。

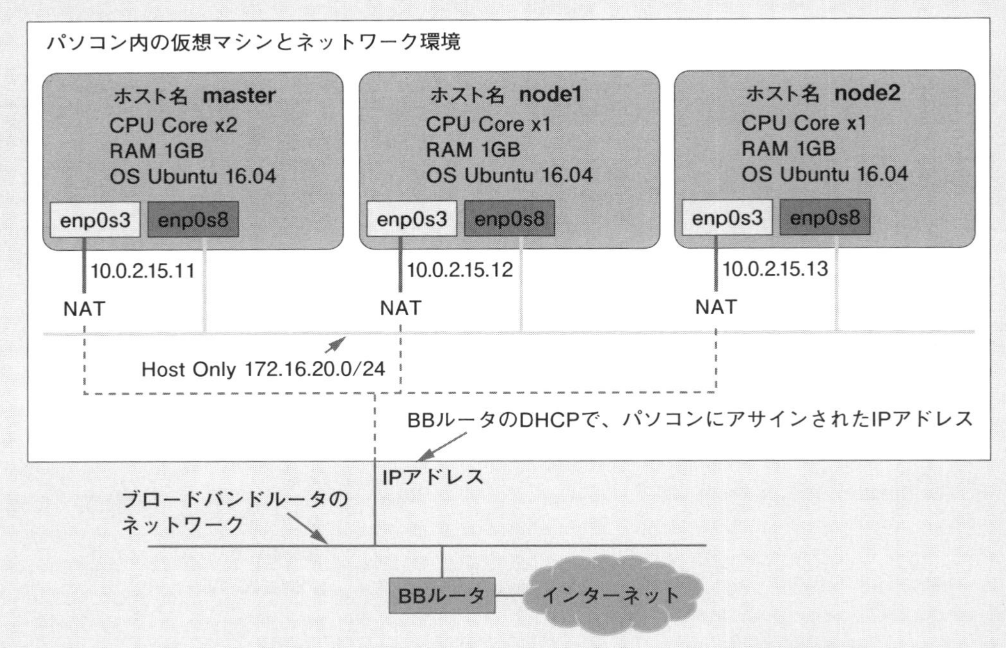

図2 Vagrantによって構築するシステム構成とインターネット想定環境

図2のK8sクラスタの構築は、下記の実行例に記載した3つのコマンドで完了します。構築が完了するまでの時間は、PCの性能やインターネット接続回線の帯域に依存し一律ではありませんが、筆者の環境（東京都内）では15分〜20分くらいでした。

実行例1 GitHubからクローンしてvagrant up（macOSの場合）

```
$ git clone https://github.com/takara9/vagrant-kubernetes
$ cd vagrant-kubernetes
$ vagrant up
```

実行例2 GitHubからクローンしてvagrant up（Windows 10の場合）

```
C:¥Users¥Maho¥tmp¥git clone https://github.com/takara9/vagrant-kubernetes
C:¥Users¥Maho¥tmp¥cd vagrant-kubernetes
C:¥Users¥Maho¥tmp¥vagrant-kubernetes>vagrant up
```

（3）kubectlによるクラスタの操作方法

K8sクラスタの起動完了後のkubectlコマンドのセットアップ方法には3つの方法があります。できることはどれも同じですが、簡単な順に紹介します。

方法1：マスターノードへログインしてkubectlを利用
方法2：環境変数KUBECONFIGを設定してPCのkubectlから利用
方法3：PCのホームディレクトリ.kube/configに、コピーまたはマージして利用

方法1～3のいずれかを選び、ご自分のパーソナルコンピュータのOSに合わせて手順を進めていきます。

方法1:マスターノードにログインして操作

実行例3 マスターノードへのログイン macOSの場合

```
$ vagrant ssh master
Welcome to Ubuntu 16.04.4 LTS (GNU/Linux 4.4.0-130-generic x86_64)

<中略>

vagrant@master:~$ kubectl get node
NAME      STATUS    ROLES     AGE       VERSION
master    Ready     master    9h        v1.14.0
node1     Ready     <none>    9h        v1.14.0
node2     Ready     <none>    9h        v1.14.0
```

実行例4 マスターノードへのログイン Windows10の場合

```
C:¥Users¥Maho¥tmp¥vagrant-kubernetes>vagrant ssh master
Welcome to Ubuntu 16.04.4 LTS (GNU/Linux 4.4.0-130-generic x86_64)

<中略>

Last login: Sun May 5 07:44:26 2019 from 10.0.2.2
vagrant@master:~$ kubectl get node
NAME      STATUS    ROLES     AGE       VERSION
master    Ready     master    10m       v1.14.0
node1     Ready     <none>    10m       v1.14.0
node2     Ready     <none>    10m       v1.14.0
```

方法2:環境変数に設定して操作

実行例5 環境変数をセットしてkubectlでノードのリスト表示 macOS

```
imac:vagrant-kubernetes maho$ pwd
/Users/maho/tmp/vagrant-kubernetes

imac:vagrant-kubernetes maho$ export KUBECONFIG=`pwd`/kubeconfig/config

imac:vagrant-kubernetes maho$ kubectl get node
NAME      STATUS    ROLES     AGE       VERSION
master    Ready     master    25m       v1.14.0
node1     Ready     <none>    23m       v1.14.0
node2     Ready     <none>    23m       v1.14.0
```

実行例6 環境変数をセットしてkubectlでノードのリスト表示 Windows10の場合

```
C:¥Users¥Maho¥tmp¥vagrant-kubernetes>set KUBECONFIG=%CD%¥kubeconfig¥config

C:¥Users¥Maho¥tmp¥vagrant-kubernetes>kubectl get node
NAME     STATUS   ROLES    AGE     VERSION
master   Ready    master   2m      v1.14.0
node1    Ready    <none>   2m      v1.14.0
node2    Ready    <none>   2m      v1.14.0
```

方法3:.kube/configにファイルをコピーして操作

実行例7 ホームディレクトリに認証情報をコピーしてkubectlでノードのリスト表示 macOSの場合

```
#
# デフォルトのコンフィグ保存用ディレクトリを作成
#
$ mkdir -p $HOME/.kube

#
# vagrant-kubernetesをcloneしたディレクトリのkubeconfig/configをコピー
#
$ cp -i /Users/maho/tmp/vagrant-kubernetes/kubeconfig/config $HOME/.kube/config

$ kubectl get node
NAME     STATUS   ROLES    AGE     VERSION
master   Ready    master   30m     v1.14.0
node1    Ready    <none>   29m     v1.14.0
node2    Ready    <none>   29m     v1.14.0
```

実行例8 ホームディレクトリに認証情報をコピーしてkubectlでノードのリスト表示 Windows10の場合

```
C:¥Users¥Maho¥tmp¥vagrant-kubernetes¥kubeconfig>copy config C:¥Users¥Maho¥.kube¥
        1 個のファイルをコピーしました。

C:¥Users¥Maho¥tmp¥vagrant-kubernetes¥kubeconfig>kubectl get node
NAME     STATUS   ROLES    AGE     VERSION
master   Ready    master   8m      v1.14.0
node1    Ready    <none>   8m      v1.14.0
node2    Ready    <none>   8m      v1.14.0
```

(4) 稼働確認方法

次のコマンドで稼働状態を確認できます。次のように3つのサーバーがrunningになっていれば準備完了です。

実行例9 Vagrant仮想マシンの状態確認(macOSとWindows10で共通)

```
$ vagrant status
Current machine states:

master                    running (virtualbox)
node1                     running (virtualbox)
node2                     running (virtualbox)
```

K8sクラスタの内部状態は方法5にしたがって確認します。

実行例10 K8sクラスタの状態確認(macOSとWindows10で共通)

```
#
# クラスタ情報を表示
#
$ kubectl cluster-info
Kubernetes master is running at https://172.16.20.11:6443
KubeDNS is running at https://172.16.20.11:6443/api/v1/namespaces/kube-system/services/
kube-dns:dns/proxy

To further debug and diagnose cluster problems, use 'kubectl cluster-info dump'.

#
# コンポーネントの状態チェック
#
$ kubectl get componentstatus
NAME                 STATUS    MESSAGE             ERROR
scheduler            Healthy   ok
controller-manager   Healthy   ok
etcd-0               Healthy   {"health":"true"}
```

(5) K8sクラスタの運用

PC上の仮想環境とはいえ、決して簡易的なものではないので、Kubernetesクラスタは正しく運用する必要があります。

たとえば、PCの電源を切る前にK8sクラスタを停止するのを忘れてしまうと、次にPCの電源を入れた際に、仮想マシンのステータスが「abort(中断)」と表示されて起動しません。その場合は「vagrant up」を実行して、再度、仮想マシンを立ち上げます。もし、エラーが出るようなら、「vagrant halt」で停止したあとに「vagrant up」を試みます。また、仮想マシンが壊れて起動できない場合は、「vagrant destroy」で削除したあと、「vagrant up」で仮想マシンを新たに構築します。

表5 よく利用するvagrantコマンド

コマンド	動作概要
vagrant up [VM名]	カレントディレクトリのVagrantfileから仮想マシンを起動。VM名を省略すると、Vagrantfileの全VMが対象になる
vagrant halt [VM名]	仮想マシンをシャットダウン。VM名省略時の動作は同じ。Haltで停止したあとに再びONにするにはvagrant upを利用する
vagrant destroy [VM名]	仮想マシンを削除。VM名省略時の動作は同じ。もし仮想マシンにデータがあると、消去されて復元できない
vagrant ssh [VM名]	仮想マシンを指定してログインする。その際、パスワードは不要
vagrant status	仮想マシンの状態を表示する

次に、K8sクラスタの停止・起動・削除・再構築の実行例を挙げます。

実行例11 K8sクラスタの停止の実行例

```
#
# マスターからログアウト
#
vagrant@master:~$ logout
Connection to 127.0.0.1 closed.

#
# ディレクトリ vagrant-kubernetes のディレクトリで、停止コマンドを実行
#
$ vagrant halt
vagrant@master:~$ logout
Connection to 127.0.0.1 closed.
imac:vagrant-kubernetes maho$ vagrant halt
==> master: Removing cache buckets symlinks...
==> master: Attempting graceful shutdown of VM...
==> node2: Removing cache buckets symlinks...
==> node2: Attempting graceful shutdown of VM...
==> node1: Removing cache buckets symlinks...
==> node1: Attempting graceful shutdown of VM...
```

実行例12 K8sクラスタの起動の実行例

```
#
# ディレクトリ vagrant-kubernetes のディレクトリで、起動コマンドを実行
#

$ vagrant up
Bringing machine 'node1' up with 'virtualbox' provider...
Bringing machine 'node2' up with 'virtualbox' provider...
Bringing machine 'master' up with 'virtualbox' provider...

<中略>

==> master: Configuring cache buckets...
==> master: Machine already provisioned. Run `vagrant provision` or use the `--provision`
==> master: flag to force provisioning. Provisioners marked to run always will still run.
$
```

実行例13 K8sクラスタの削除の実行例

```
#
# ディレクトリ vagrant-kubernetes のディレクトリで、削除実行
#

$ vagrant destroy
    master: Are you sure you want to destroy the 'master' VM? [y/N] y
==> master: Forcing shutdown of VM...
==> master: Destroying VM and associated drives...
    node2: Are you sure you want to destroy the 'node2' VM? [y/N] y
==> node2: Forcing shutdown of VM...
==> node2: Destroying VM and associated drives...
    node1: Are you sure you want to destroy the 'node1' VM? [y/N] y
==> node1: Forcing shutdown of VM...
==> node1: Destroying VM and associated drives...
```

実行例14 K8sクラスタの再構築の実行例

```
#
# ディレクトリ vagrant-kubernetes のディレクトリで状態確認
#
$ vagrant status
Current machine states:

node1                     not created (virtualbox)
node2                     not created (virtualbox)
master                    not created (virtualbox)

<以下省略>

#
# ディレクトリ vagrant-kubernetes のディレクトリで vagrant up
#
$ vagrant up
Bringing machine 'node1' up with 'virtualbox' provider...
Bringing machine 'node2' up with 'virtualbox' provider...
Bringing machine 'master' up with 'virtualbox' provider...
```

(6) 他のPCからのアクセス方法

この学習用環境は、他のPCからアクセス可能にすることができます。それには、K8sクラスタを構成するそれぞれの仮想マシン(以下、VM)にブリッジインタフェースを追加して、PCを接続しているLANの空きIPアドレスを割り当てます。これにより、同じLAN上の他のPCからアクセスできます。より具体的な手順を以下に説明します。

手順1:IPアドレスの割り当て

ブロードバンドルータ(以下、BBルータ)を利用してインターネットへ接続している読者は、この対応だけで済みます。

BBルータは、インターネットのパブリックIPアドレスを、宅内専用のプライベートIPアドレスへ変換しています。そのアドレスには一般的に「192.168.0.0/24」などのプライベートIPネットワークアドレスが用いられ、未使用のIPアドレスがあります。それらをPC上のVMに割り当てることで、同一LAN上の他PCからでもK8sクラスタにアクセスできるようにします。

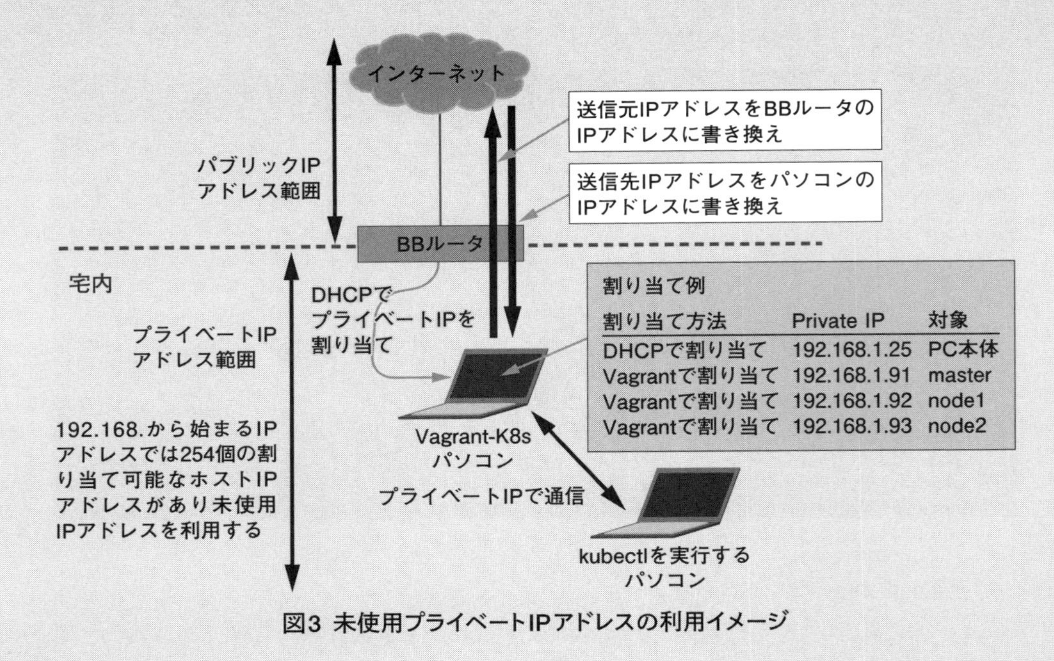

図3 未使用プライベートIPアドレスの利用イメージ

実際のプライベートIPアドレスは、BBルータのマニュアルや設定で確認して、自身の環境に合わせたアドレスに書き換えてください。

LANの空きアドレスを利用するこの方法は、会社オフィスのLANでも利用できますが、IPアドレスが重複すると正常に通信できませんので、IPアドレスの利用可能範囲を管理者に割り当ててもらうのがよいでしょう。

ここでは「192.168.1.90」から「192.168.1.253」までが未使用だと仮定して設定を進めていきます。図4では、各VMにネットワークインタフェース「enp0s9」が追加され、PCが接続するLANとブリッジによってIPネットワークが延長されていることが読み取れると思います。この構成によって、K8sクラスタのマスターに192.168.1.91を割り当て、ノード1とノード2へ「192.168.1.92」と「192.168.1.93」それぞれを割り当てています。

これで、VMをホストするPC以外からでも、マスターへのアクセスと、NodePortで開いたポート番号へのアクセスができるようになります。

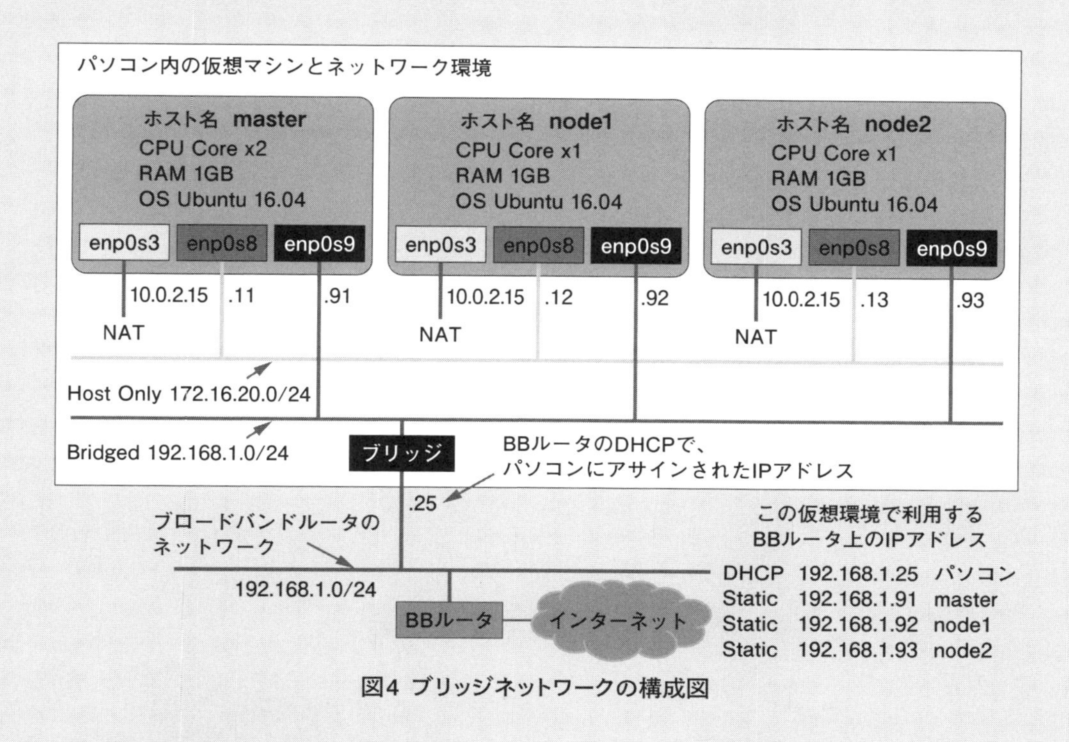

図4 ブリッジネットワークの構成図

手順2：Vagrantfileの編集

ネットワークの構成を見るととても複雑そうですが、Vagrantfileの修正箇所はいたってシンプルです。ノード1、ノード2、マスターのそれぞれについて、以下のコメント部分を有効化するだけです。IPアドレスは、読者の環境に合わせて修正します。

ファイル1抜粋 Vagrantfileにブリッジ I/Fを追加するため2行目の#を削除

```
1    machine.vm.network :private_network,ip: "172.16.20.12"
2    #machine.vm.network :public_network, ip: "192.168.1.92", bridge: "en0: Ethernet"
3    machine.vm.provider "virtualbox" do |vbox|
```

手順3：K8sクラスタの再起動

次のvagrantコマンドで仮想サーバーを再起動し、設定を反映させます。

実行例15 仮想サーバーの再起動

```
$ vagrant reload
```

再起動した際にブリッジが有効となることで、仮想サーバーは宅内LANのIPアドレスを取得した状態で起動します。仮想サーバーのOSの設定ファイルを変更する必要はありません。

2.2 仮想NFSサーバー

本項（付録2.2）では、macOSやWindows上にあるKubernetesのポッドからマウントすることができる仮想NFSサーバーの学習環境を構築します。この環境の構築でも、「付録1.3」や「付録2.1」と同じく、VagrantとAnsibleによって自動的に設定していきます。本項で用いるサーバー自動設定コードはGitHubレポジトリ（https://github.com/takara9/vagrant-nfs）にMITライセンスで公開していますから、誰でも無料で利用できます〈補足2〉。

（1）環境要件

この仮想NFSサーバーの構成は、図5の網掛け部分であり、Minikubeやマルチノード K8sの学習環境から接続できます。

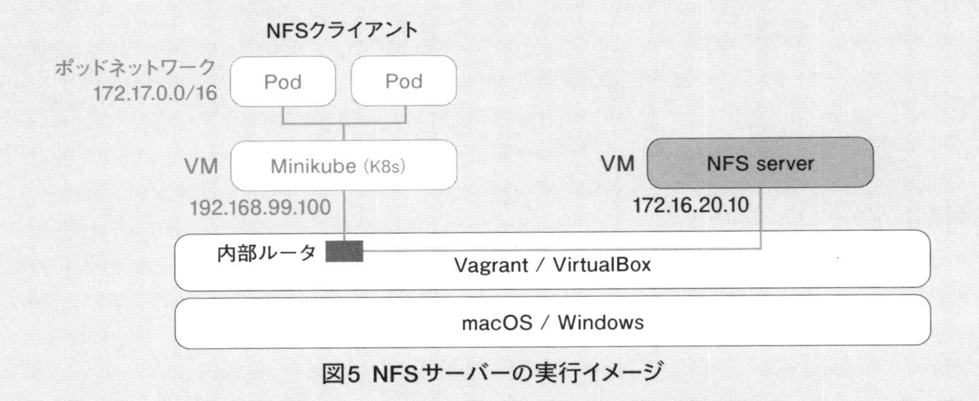

図5 NFSサーバーの実行イメージ

PCのハードウェアとソフトウェアの要件を、表6〜8に提示します。筆者が確認した環境ですから参考にしてください。

表6 ハードウェア、オペレーティングシステム、ネットワーク環境の要件

必要項目	条件
PCハードウェア	Windows PCまたはMac
CPU	Intel Core i5以上、仮想化支援機能（VT）
RAM（メモリ）	最小4GB
オペレーティングシステム	macOS High Sierraバージョン10.13以上 Windows 10バージョン1803以上 64bit
インターネット環境	ブロードバンド接続環境（50Mbps以上）

〈補足2〉
免責事項：「付録1.3」冒頭の脚注を参照してください。

表7 PCにインストールするソフトウェアパッケージ

OS	パッケージ	最低バージョン
Windows 10	VirtualBox	5.2.8
	Vagrant	2.1.2
	gitコマンド	2.9.0
macOS	VirtualBox	5.1.10
	Vagrant	2.0.3
	gitコマンド	2.17.0

筆者の環境で確認済みですから、これ以降の新しいバージョンであれば問題ないと思います。

表8 仮想NFSサーバーのスペック

ソフトウェア	条件
Linux	Ubuntu 16.04 LTS x86_64
Host Only (Private) IPアドレス	172.16.20.10
vCPU	1
メモリ	512MB
NFSサーバー	nfs-kernel-server 1:1.2.8-9 ubuntu12.1 supported NFSv3/NFSv4

(2) 使用方法

GitHubのリポジトリからクローンしてvagrant upで開始すれば、数分でNFSサーバーが起動します。

実行例16 NFSサーバーの起動

```
$ git clone https://github.com/takara9/vagrant-nfs
$ cd vagrant-nfs/
$ vagrant up
```

仮想マシンをシャットダウンして資源を解放するには、次のコマンドを実行します。再度パワーオンするにはvagrant upします。

実行例17 NFSサーバーの停止

```
$ vagrant halt
```

NFSサーバーの仮想ストレージを削除して、占有しているストレージ資源を解放します。仮想マシンを削除するとディスクイメージが削除され、データなども失われますので注意してください。

実行例18 NFSサーバーの削除

```
$ vagrant destroy
```

2.3 仮想GlusterFSクラスタ

「学習環境2」のマルチノードK8sクラスタから、永続ボリュームをダイナミックプロビジョニングできる学習環境を構築するためのコードについて利用方法を解説します。

この環境の構築でも「付録1.3」などと同じく、VagrantとAnsibleによって自動的に設定していきます。本項（付録2.3）で用いるサーバー自動設定コードはGitHubレポジトリ（https://github.com/takara9/vagrant-glusterfs）にMITライセンスで公開していますので、誰でも無料で利用できます〈補足3〉。

（1）仮想GlusterFSクラスタとは?

GlusterFSとは、NFSやSambaと同じようなOSSのネットワークファイルシステムです。特徴はファイルシステムを大規模並列化できることで、膨大なデータを活用する生物医学やクラウドコンピューティングで利用されています。

本項は、Vagrant+VirtualBoxの環境で、PC上にミニチュアサイズのGlusterFSクラスタを構築します。そして、Kubernetesのプロビジョナーと連携するソフトウェアHeketiと組み合わせることで、マニフェストから永続ボリュームを自動的に構成（ダイナミックプロビジョニング）できるようにします。

（2）GlusterFSの環境要件

この環境のソフトウェアスタックは図6のとおりです。このガイドによって、網掛け部分が自動設定されます。

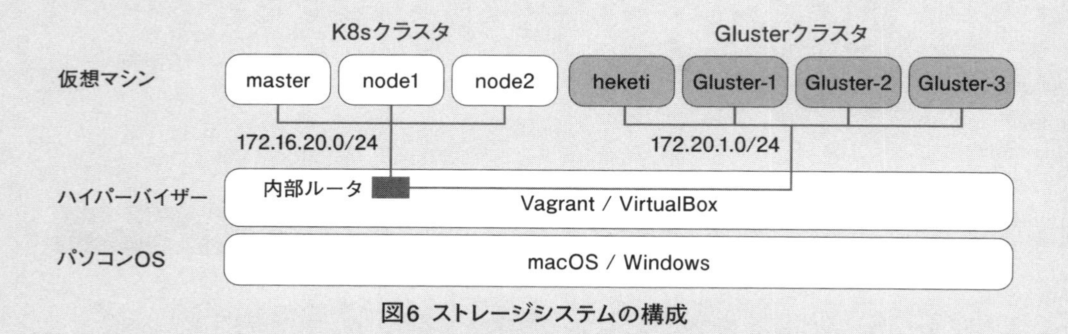

図6 ストレージシステムの構成

〈補足3〉
免責事項：「付録1.3」冒頭の脚注を参照してください。

表9 ハードウェア、オペレーティングシステム、ネットワーク環境要件

必要項目	条件
PCハードウェア	Windows PCまたはMac
CPU	Intel Core i5以上、仮想化支援機能(VT)
RAM(メモリ)	最小8GB、推奨16GB
オペレーティングシステム	macOS High Sierraバージョン10.13以上 Windows 10バージョン1803以上 64bit
インターネット環境	ブロードバンド接続環境(50Mbps以上)

表10 PCにインストールするソフトウェアパッケージ

OS	パッケージ	最低バージョン
Windows 10	VirtualBox	5.2.8
	Vagrant	2.1.2
	gitコマンド	2.9.0
macOS	VirtualBox	5.1.10
	Vagrant	2.0.3
	gitコマンド	2.17.0

筆者の環境で確認済みですから、これ以降の新しいバージョンであれば問題ないと思います。

表11 GlusterFSの仮想サーバーのスペック

ノード	項目	条件
Heketi	ホスト名	heketi
	Linux	Ubuntu 16.04 LTS x86_64
	Host Only(Private)IPアドレス	172.20.1.20
	vCPU	1
	メモリ	512MB
Gluster1	ホスト名	gluster1
	Linux	Ubuntu 16.04 LTS x86_64
	Host Only(Private)IPアドレス	172.20.1.21
	vCPU	1
	メモリ	512MB
Gluster2	ホスト名	gluster2
	Linux	Ubuntu 16.04 LTS x86_64
	Host Only(Private)IPアドレス	172.20.1.22
	vCPU	1
	メモリ	512MB
Gluster3	ホスト名	gluster3
	Linux	Ubuntu 16.04 LTS x86_64
	Host Only(Private)IPアドレス	172.20.1.23
	vCPU	1
	メモリ	512MB

(3) 使用方法

GitHubのリポジトリをクローンしてvagrant upで開始すれば、数分でGlusterFSのシステムが起動します。

実行例19 GlusterFSクラスタの起動

```
$ git clone https://github.com/takara9/vagrant-glusterfs
$ cd vagrant-glusterfs/
$ vagrant up
```

仮想マシンをシャットダウンして資源を解放するには、Vagrantfileが存在するディレクトリで次のコマンドを実行します。再度パワーオンするにはvagrant upします。

実行例20 GlusterFSクラスタの停止

```
$ vagrant halt
```

削除は同様のディレクトリで次のコマンドです。VirtualBoxの仮想マシンを削除するとディスクイメージが削除され、データなども失われますので注意してください。

実行例21 GlusterFSクラスタの削除

```
$ vagrant destroy
```

2.4 プライベートレジストリ

この2.4項では、1章の「2.3 Dockerのアーキテクチャ」の「(5) Dockerレジストリ」で取り上げたプライベートレジストリの学習用環境について説明します。これを用いると、PCにコンテナのイメージを保存しておくレジストリを作ることができます。

この学習環境は、Docker Composeによって自動的に構築と起動を実行します。そのためのコードは、GitHubレポジトリ（https://github.com/takara9/registry）にMITライセンスで公開していますので、誰でも無料で利用できます〈補足4〉。なお注意事項として、パブリッククラウドからのイメージのプルには適用できません。自己署名証明書しているために、信頼されないからです。

〈補足4〉
免責事項：「付録1.3」冒頭の脚注を参照してください。

(1) システム構成

このプライベートレジストリに登録したコンテナイメージはPCのディスクに保存されるため、レジストリを停止させてもコンテナイメージは消えることはありません。再び起動すれば、利用できます。

このレジストリにより、次の機能を実現できます。

- dockerコマンドから、レジストリへログイン(login)、ログアウト(logout)、登録(push)、削除(rmi)、リスト取得(images)、実行(run)、ダウンロード(pull)など
- ブラウザから、レジストリが保有する全リポジトリのリスト表示、リポジトリの詳細表示

これらの機能を実現するためのアーキテクチャを図7に表しました。この図の箱は、コンテナを表しています。各役割は以下のとおりです。

- コンテナnginxはHTTPS 5043ポートを開き、registryに対してプロキシとして振る舞います。
- コンテナfront-endはregistryのフロントエンドとなり、ブラウザのUIを提供します。

コンテナregistryは、コンテナレジストリのサーバーです。

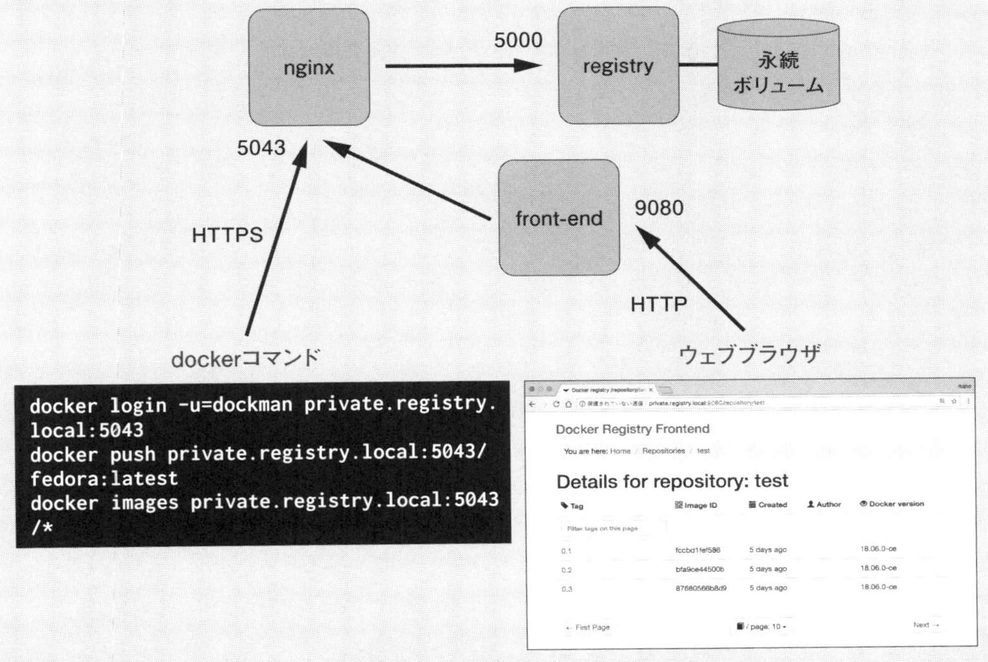

図7 レジストリのシステム構成

(2) 準備作業

自己署名証明書を使用するために、下記の2つの準備作業があります。

準備1：PCのhostsファイルにドメイン名を登録する

自己署名証明書のドメイン名でアクセスできるようにするために、PCのhostsファイルに下記を登録します。この「192.168.1.25」は、コンテナをホストするPCや仮想サーバーのIPアドレスです。DHCPでIPアドレスを取得している場合は、IPアドレスを調べて設定します。「付録1.3」の仮想サーバー(Vagrant)上であれば、「private_network 172.16.10.10」を設定します。

hostsファイルの追加行

```
1    192.168.1.25    private.registry.local
```

準備2: 自己署名証明書をPCにインストールする

● macOSの場合

dockerコマンドを実行するMacでの自己署名証明書のエラーを回避するために、自己署名証明書をMacのキーチェーンへ登録します。ドメイン名「private.registry.local」であらかじめ作成した自己署名証明書が、GitHubリポジトリ https://github.com/takara9/registry のauthフォルダへ置いてありますので、これを利用します。読者自身で自己署名証明書を作成する方法は後述します。

1. キーチェーンアクセスをクリックして、以下を選択。
   →キーチェーン：システム→分類：証明書
2. auth/domain.crtファイルをキーチェーンの証明書リストへドラッグ＆ドロップ。
3. piravate.registry.localをクリック。
4. ポップアップしたウィンドの「信頼」を展開し、この証明書を利用するとき：「常に信頼」を選択。
5. Dockerを再起動。
6. 「docker-compose up -d」で、レジストリ、プロキシ、フロントエンドを起動。
7. レジストリへログイン。

● Windowsの場合

筆者のDocker toolbox環境で、プライベートリポジトリへの接続を試みたのですが、残念ながら成功しませんでした。もっと深く追求すると原因がわかるかもしれませんが、Docker toolboxは今後、Docker-CEへと置き換えが見込まれるため、ここには時間を使わず、「付録1.3」のMinikubeの仮想マシン環境から利用することをお勧めします。これはLinux環境ですから、後述の「KubernetesのDocker Engineから利用するケース」の方法で、接続することができます。

(3) レジストリの起動と停止

レジストリの開始と終了には「docker-compose」コマンドを使います。

実行例22 レジストリの起動

```
$ git clone https://github.com/takara9/registry
$ cd registry
$ docker-compose up -d
```

実行例23 レジストリの停止

```
$ docker-compose stop
```

実行例24 レジストリの再スタート

```
$ docker-compose start
```

実行例25 レジストリの削除

```
$ docker-compose down --rm all
```

(4) Dockerコマンドからのアクセス手順

以下に基本操作の手順を挙げます。ログインのユーザーはdockman、パスワードはqwertyです。

実行例26 レジストリへのログイン

```
$ docker login -u=dockman private.registry.local:5043
Password:
Login Succeeded
```

実行例27 コンテナをDockerHubから取得してプライベートリポジトリへ登録する手順

```
$ docker pull ubuntu:18.04
$ docker tag ubuntu:18.04 private.registry.local:5043/ubuntu:18.04
$ docker push private.registry.local:5043/ubuntu:18.04
```

実行例28 コンテナイメージのローカルへのコピー

```
$ docker pull private.registry.local:5043/alpine
Using default tag: latest
latest: Pulling from alpine
Digest: sha256:0873c923e00e0fd2ba78041bfb64a105e1ecb7678916d1f7776311e45bf5634b
Status: Image is up to date for private.registry.local:5043/alpine:latest
```

実行例29 コンテナの実行

```
$ docker run -it --rm private.registry.local:5043/busybox ps
PID   USER     TIME  COMMAND
    1 root      0:00 ps
```

実行例30 イメージの削除

```
$ docker rmi private.registry.local:5043/fedora:latest
Untagged: private.registry.local:5043/fedora:latest
Untagged: private.registry.local:5043/fedora@sha256:c4cc32b09c6ae3f1353e7e33a8dda93dc4167
6b923d6d89afa996b421cc5aa48

$ docker images private.registry.local:5043/fedora:latest
REPOSITORY          TAG                 IMAGE ID            CREATED             SIZE
```

実行例31 レジストリからのログアウト

```
$ docker logout private.registry.local:5043
```

(5) ブラウザからレジストリへのアクセス

ブラウザを起動するPCのhostsファイルに、private.registry.localのIPアドレスが登録されていれば、フロントエンドの画面がブラウザに表示されます。

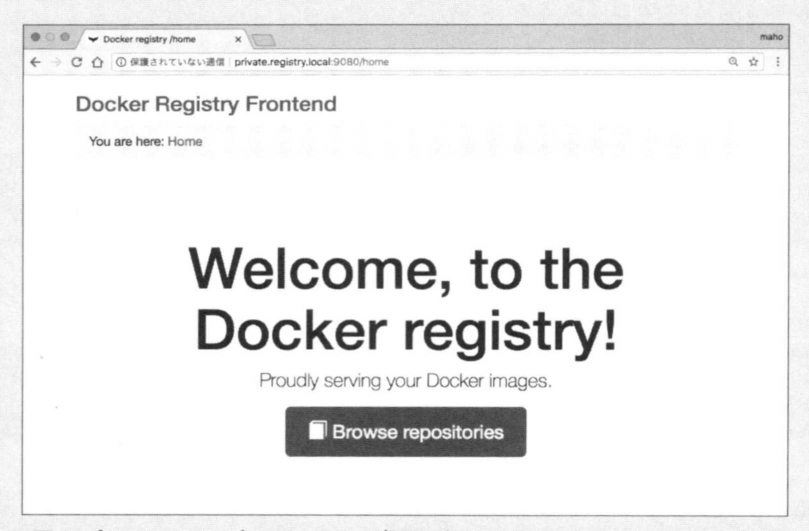

図8 プライベートレジストリのウェブ画面(https://private.registry.local/)

(6) 自己署名証明書の作り方

次のターミナルの実行例は、TLS暗号化のためにFQDN(Fully Qualified Domain Name)のドメインを設定した自己署名証明書を作成する方法です。FQDNは、Common Nameにドメイン名を設定します。

このコマンドのオプションでは、「-days 3650」として有効期間が約10年、2,048ビットの鍵を新規に生成し、鍵ファイルdomain.key、証明書domain.crtを出力します。

実行例32 自己署名証明書の作成

```
$ cd auth
$ openssl req -x509 -nodes -days 3650 -newkey rsa:2048 -keyout domain.key -out domain.crt
Generating a 2048 bit RSA private key
................................+++
............+++
writing new private key to 'domain.key'
-----
You are about to be asked to enter information that will be incorporated
into your certificate request.
What you are about to enter is what is called a Distinguished Name or a DN.
There are quite a few fields but you can leave some blank
For some fields there will be a default value,
If you enter '.', the field will be left blank.
-----
Country Name (2 letter code) []:JP
State or Province Name (full name) []:Tokyo
Locality Name (eg, city) []:Koto
Organization Name (eg, company) []:
Organizational Unit Name (eg, section) []:
Common Name (eg, fully qualified host name) []:private.registry.local
Email Address []:
```

(7) ログインパスワードの作成方法

registryのBasic認証におけるユーザーIDとパスワードは、registryコンテナに入っているhtpasswdを利用して、生成し登録します。

実行例33 ログインパスワードの作成と登録

```
docker run --rm --entrypoint htpasswd registry:v2 -Bbn dockman qwerty > auth/nginx.
htpasswd
```

(8) KubernetesのDocker Engineから利用するケース

Kubernetesのマニフェストに、自己署名証明書を利用するレジストリを記述する場合、その証明書をKubernetesが利用するDocker Engineに登録する必要があります。これはK8sクラスタの各ノードに登録しなければなりません。また、パブリックなDNSにはFQDNを登録できないため、同様に個別のhostsファイルにIPアドレスとFQDNを登録します。

ノードの1つにログインして、/etc/dockerのディレクトリに、証明書を置くためのディレクトリ「certs.d」を作成し、「FQDN:ポート番号」の形式でディレクトリを作成します。そして、そのディレクトリ内にdomain.crtなどの証明書を配置します。

実行例34 証明書配置用ディレクトリ作成

```
# cd /etc/docker/
# mkdir -p certs.d/private.registry.local:5043
```

次に、そのノードの/etc/hostsファイルに、IPアドレスとFQDNを登録します。IPアドレスは、ノードから到達可能なアドレスでなければなりません。registryのコンテナがPCのDocker環境で実行されていれば、PCのIPアドレスをセットします。また、仮想サーバーで実行していれば、そのIPアドレスをセットします。

/etc/hostsファイルへの下記行の追加

```
1    192.168.1.25    private.registry.local
```

(9) 認証が必要なレジストリをK8sクラスタからアクセスする方法

シークレットにレジストリのFQDNとユーザーIDとパスワードを保存します。

実行例35 レジストリの認証情報をK8sシークレットへ登録

```
$ kubectl create secret docker-registry registry-auth --docker-server=private.registry.
local:5043 --docker-username=dockman --docker-password=qwerty --docker-email=xxx@yyy
secret "registry-auth" created
```

「kubectl create secret docker-registry <シークレット名>」のオプションは以下になります。

表12 シークレット登録のパラメータ説明

パラメータ	概要
--docker-server=	レジストリFQDN:ポート番号
--docker-username=	レジストリのユーザーID
--docker-password=	レジストリのパスワード
--docer-email=	メールアドレス

プライベートレジストリ名、ユーザーID、パスワードの設定例を示します。imageにリポジトリ名とタグをセットして、imagePullSecrets[0].nameに、上記で設定したシークレット名を記述します。

レジストリサーバーをポッドとして起動するYAMLファイル

```
1    apiVersion: v1
2    kind: Pod
3    metadata:
4      name: ubuntu
5    spec:
6      containers:
7      - name: nginx
8        image: private.registry.local:5043/ubuntu:18.04
9        command: ["tail","-f","/dev/null"]
10     imagePullSecrets:
11       - name: registry-auth
```

3 学習環境3

IBMやGoogleのクラウドサービスで本番サービスも可能なK8sクラスタを構築する

パブリッククラウドが提供する便利な機能を使いこなすことは、IT技術者にとって非常に重要なスキルです。プロジェクトの目的を達成するために、時間をかけずに既存で使えるものを組み合わせて必要な仕組みを実現することは、なくてはならない能力です。そして、IT技術者としての価値をさらに高めるには、ベンダー各社に共通する技術の根幹を理解することで、特定のベンダーに依存せず、複数のベンダーを適切に使い分けるスキルだと思います。たとえば、各社の製品スペックを比較分析する表面的なものでは、業界の競争の中ですぐに陳腐化してしまいますが、根幹となるテクノロジーは、10年、20年と変わらないことが多いためです。

言い換えると、ベンダーに頼りきりのIT技術者ではなく自らの知識と理解によって、自社の事業に最適なサービスや製品を使い分ける能力を獲得するために、OSSを利用してスキルを向上させることは、たいへん有益と思います。

3.1 IBM Cloud Kubernetes Service

本項（付録3.1）では、IBMのクラウドサービスの1つ、IBM Cloud Kubernetes Service（以下、IKS）を利用したマルチノードの学習環境についてセットアップ方法をガイドします。

注意事項として、IKSの利用には課金が発生します。また、IBM Cloudではゾーンすなわちデータセンターごとにグローバル IPのサブネットを利用者専用のVLANへ割り当てるため、パブリックIPのサブネット利用料金に加えてグローバルロードバランシング料金が発生します。一方、1つのゾーンだけを利用する場合は、パブリックIPのサブネット料金は1箇所分で済み、グローバルロードバランシング料金も発生しません。

(1) IKSとは？

IKSは、IBM Cloudのパブリッククラウドのサービスの1つとして提供されており、CNCFのKubernetes適合認証プログラムのテストに合格しています。日本では東京リージョンの3つのゾーン（データセンター）でインスタンスを起動することができ、ノードは仮想サーバーとベアメタルサーバーから選択できます。

(2) IBM Cloudのアカウント取得

IKSの標準クラスタを利用するには、アカウントと支払いのためのクレジットカード情報を登録する必要があります。「https://cloud.ibm.com/」にアクセスして、「IBM Cloudアカウントの作成」をクリックします。

アカウント開設画面が表示されたら、画面の案内にしたがって登録してください。

図1 IBMクラウドのログイン画面

(3) IKSのクラスタ作成

IBMクラウドへログインすると「ダッシュボード」が表示されます。図2の左肩にある3本線アイコンで、通称ハンバーガーメニューをクリックします。展開されたメニューの中からKubernetesをクリックします。

図2 IBM Cloudへのログイン後に表示されるダッシュボード画面

「クラスターの作成」ボタンが表示されるので、クリックして先へ進みます。

図3 Kubernetes 管理画面

次に、K8sクラスタ作成に必要な項目をセットする画面が表示されます。ブラウザ画面の上から順に、項目のセットについて見ていきます。

「プランの選択」では「標準」を選択します。「クラスターのタイプおよびバージョン」では「Kubernetes」の「(Stable, デフォルト)」の付いたバージョンを選択します。「環境の選択」では「クラシック・インフラストラークチャー」を選択し、入力を要求される次の項目を入力します。

- 「クラスタ名」は英数字でK8sクラスタの名前をセット
- 「タグ」は必要に応じて設定
- 「リソース・グループ」はdefaultを選択
- 「リージョン」は「Asia Pacific」を選択

「ロケーション」を選択することで、入力項目が決まりますから、次のように選択します。

- 「可用性」では「単一ゾーン」を選択
- 「ワーカー・ゾーン」はTokyo02、Tokyo03、Tokyo04の中から好みの1箇所を選択
- 「マスター・サービス・エンドポイント」は「パブリック・エンドポイントのみ」を選択

「デフォルトのワーカー・プール」では、

- 「フレーバー」の中から「2G Cores 4GB RAM」を選択
- 「ローカル・ディスクの暗号化」にチェックを入れる
- 「ワーカー・ノード」では「2」または、それより大きな値を選択

必須項目が満たされると「クラスターの作成」ボタンが有効になるので、クリックして進みます。

作成要求が成功すると、クラスタへのアクセス方法が表示されますから、そのガイドにしたがって、

ターミナルでコマンドを操作することで、クラスタへアクセスできます。ガイド画面の最終行付近に「次のステップ」などが表示されますが、演習では必要ありません。

注意事項として、ロードバランサーやイングレスコントローラのために、パブリックIPのサブネットが同時に取得されます。これはクラスタ構成の必須機能となるため、クラスタ作成時に自動的にオーダーされます。IBM Cloudの仕組み上、各ゾーンに1ずつ必要なので、選択したゾーンの数だけ必要となります。このサブネットは「ポータブル・サブネット」と呼ばれ、追加の月額料金が発生します。料金は「クラスター作成」の画面に表示されますので確認してください。

(4) kubectlを利用したクラスタへのアクセス

ウェブコンソールの「アクセス」タブをクリックすると、kubectlを利用するまでの手順が表示されます。その手順にしたがってPC側の設定を進めます。

ここからの操作には、ibmcloudコマンド(旧名称bluemixコマンド)とkubectlコマンドが必要です。いずれのコマンドも「IBM Cloud CLIおよびDeveloper Tools」のガイド(https://cloud.ibm.com/docs/cli?topic=cloud-cli-ibmcloud-cli#overview)にしたがって一括でインストールできます。このガイドはWindows10 Pro、Mac、Linuxを対象としています。

以降の説明は、「IBM Cloud CLIとDeveloper Tools」がインストールされている状態を想定して、進めていきます。

ibmcloudコマンドでログインします。すると、Cloud Foundryなども利用できるようになるため関連メッセージが表示されますが、ここでは無視してください。

実行例1 CLIによるIBMクラウドへのログイン

```
$ ibmcloud login -a https://cloud.ibm.com
```

ログインが完了したら、kubectlでアクセスするための、アクセス資格情報の取得を進めていきます。まず、操作対象のリージョンに「ap-north」(東京リージョン)を設定します。

実行例2 操作対象のリージョンをセット

```
$ ibmcloud ks region-set ap-north
OK
```

次に、IKSクラスタへアクセスするためのコンフィグ情報を取得します。作成時に命名したクラスタ名を指定します。

実行例3 KUBECONFIGの情報取得の例

```
$ imac:k4 maho$ ibmcloud cs cluster-config iks-1
```

環境変数KUBECONFIGが表示されるので、シェルにセットして有効化します。既存にKUBECONFIGを設定している場合、実行例4のようにコロン「:」でつなげます。

実行例4 KUBECONFIGに複数のパスを設定する方法

```
$ export KUBECONFIG=$KUBECONFIG:/Users/maho/.bluemix/plugins/container-service/clusters/
iks-1/kube-config-tok04-iks-1.yml
```

環境変数KUBECONFIGに複数のパスを設定することで、複数のK8sクラスタを切り替えて利用できるようになります（実行例5）。この例では、GoogleのGKE、IBMのIKS、本書の「学習環境2 マルチノードK8s」の3つから選択できるようになった状態です。

実行例5 kubectl configによる接続先K8sクラスタの切り替え

```
$ kubectl config get-contexts
CURRENT   NAME     CLUSTER              AUTHINFO             NAMESPACE
*         gke-1    gke_intense-base     gke_intense-base
          iks-1    iks-1                takara@jp.ibm.com    default
          study2   vagrant-k8s          admin
$ kubectl config use-context iks-1
Switched to context "iks-1".
$ kubectl config current-context
iks-1
```

接続先のK8sクラスタ切り替えを、「kubectl get node」で確認します。バージョンの部分で「+IKS」と表示されており、IKS上で動作しているK8sクラスタに接続されていることがわかります。

実行例6 kubectlコマンドでノードをリストした様子

```
$ kubectl get node
NAME            STATUS   ROLES    AGE    VERSION
10.132.253.17   Ready    <none>   2h     v1.11.3+IKS
10.192.9.105    Ready    <none>   2h     v1.11.3+IKS
10.193.10.41    Ready    <none>   2h     v1.11.3+IKS
```

NodePortでサービスを公開するために、ノードのパブリックIPアドレスを知りたい場合があります。IBM Cloudのコンソールからも確認できますが、実行例7のコマンドでも表示することができます。

実行例7 ibmcloudコマンドでノードをリストした様子

```
$ ibmcloud ks workers iks-1
ID                         パブリック IP  プライベート IP  マシン・タイプ        状況   ゾーン バー
ジョン
kube-bkssh3c...-0000011c  165.***.**.*  10.193.10.58  u3c.2x4.encrypted  Ready tok05
1.13.8_1529
kube-bkssh3c...-00000216  165.***.**.** 10.193.10.14  u3c.2x4.encrypted  Ready tok05
1.13.8_1529
```

(5) パブリックIPによるサービスの公開

IKSでは、NodePortを開くことで、インターネットのパブリックIPへサービスが公開されます。実行例8は、「Step 09 サービス」のマニフェストを適用した例です。

実行例8 NodePortによるパブリックIPでのサービス公開

```
## マニフェストの適用
$ kubectl apply -f deploy-svc.yml
deployment.apps/web-deploy created
service/web-service created

## ノードポートによるサービス公開
$ kubectl apply -f svc-np.yml
service/web-service-np created

## NodePort番号の確認
$ kubectl get svc
NAME             TYPE        CLUSTER-IP       EXTERNAL-IP   PORT(S)        AGE
kubernetes       ClusterIP   172.21.0.1       <none>        443/TCP        2h
web-service      ClusterIP   172.21.227.124   <none>        80/TCP         27s
web-service-np   NodePort    172.21.76.152    <none>        80:31045/TCP   5s

## 実行例7で得たパブリックIPに対して、インターネットからNodePort番号でアクセスした結果
$ curl http://165.**.**.*:31045/
<!DOCTYPE html>
<html>
<head>
<title>Welcome to nginx!</title>
```

また実行例9のように、ロードバランサーのサービスを追加することで、HTTPポートでの公開もできるようになります。

実行例9 ロードバランサーによるパブリックIPでのサービス公開

```
## レッスン-K4のロードバランサーのマニフェスト適用
$ kubectl apply -f svc-lb.yml
service/web-service-lb created

## ロードバランサーのサービスの開始を確認
$ kubectl get svc
NAME             TYPE        CLUSTER-IP       EXTERNAL-IP   PORT(S)        AGE
kubernetes       ClusterIP   172.21.0.1       <none>        443/TCP        3h
web-service      ClusterIP   172.21.227.124   <none>        80/TCP         33m
```

```
web-service-lb   LoadBalancer   172.21.127.244   128.***.**.***   80:30476/TCP   6s
web-service-np   NodePort       172.21.76.152    <none>           80:31045/TCP   32m

## インターネットからHTTPポートへアクセスした結果
$ curl http://128.***.**.***/
<!DOCTYPE html>
<html>
<head>
<title>Welcome to nginx!</title>
```

(6) プライベートなレジストリサービスの利用

IBM Cloudのプライベートのレジストリサービスからイメージを取得するには、マニフェストのポッドテンプレート部分に、レジストリサービスの認証情報が保存されたシークレットが記述されている必要があります。これにより、IBM Cloud以外から、たとえばMinikubeからでも、登録さているイメージを利用することができます。

ファイル1 IBMのプライベートレジストリからイメージを取り込むマニフェスト

```
1     apiVersion: v1
2     kind: Pod
3     metadata:
4       name: nginx-pod
5     spec:
6       containers:
7       - name: nginx
8         image: jp.icr.io/takara/webpage:v1
9         ports:
10        - containerPort: 80
11      imagePullSecrets:     ## プライベートレジストリからのイメージ取得
12      - name: tokyo    ## 認証情報が収められたシークレット名
```

次の実行例は、前述のシークレットへ認証情報を保存するためのコマンドです。このコマンドで、「tokyo」という名前のシークレットが作られます。

シークレットを作成するコマンドは、「kubectl create secret docker-registry シークレット名 パラメータ」です。必須のパラメータは以下の3つです。

- --docker-server=レジストリサービスのURL
- --docker-username=iamapikey
- --docker-password=api-key

実行例10 プライベートレジストリの認証情報をシークレットに登録する様子

```
$ kubectl create secret docker-registry tokyo --docker-server=jp.icr.io --docker-
username=iamapikey --docker-password=2VFfJ60oLXQuDeri91abDX9VJJDFWJxQqehyMZVaY1sv
secret/tokyo created
```

IBM Cloud のレジストリサービスのAPIキーの取得は、ポータル画面のメニューバーから「管理」→「アクセスIAM」→「IBM Cloud APIキー」とクリックして進め、「IBM Cloud APIキーの作成」ボタンをクリックします。名前をインプットして「作成」ボタンをクリックすると、APIキーが生成され画面に表示できるようになります。表示できるのは1回だけですから、コピーして大切に保管します。この詳しい情報は、IBM Cloud Container Registryへのアクセスの自動化（https://cloud.ibm.com/docs/Registry?topic=registry-registry_access&locale=ja）にあります。

実行例11 IBM Cloud のレジストリサービスからイメージをプルする方法

```
## IBM Cloud CLIでログイン
$ ibmcloud login -a cloud.ibm.com
API エンドポイント: https://cloud.ibm.com
<中略>

地域を選択します (または Enter キーを押してスキップします):
1. au-syd
2. jp-osa
3. jp-tok
4. eu-de
5. eu-gb
6. us-south
7. us-east
数値を入力してください> 3
ターゲットの地域 jp-tok
<中略>
API エンドポイント:      https://cloud.ibm.com
<中略>

## さらに、IBM Cloud レジストリサービスへログイン
$ ibmcloud cr login
<中略>
「us.icr.io」にログインしています...
「us.icr.io」にログインしました。

## 対象とする地域で日本を選択
$ ibmcloud cr region-set
地域を選択してください
1. ap-north ('jp.icr.io')
2. ap-south ('au.icr.io')
3. eu-central ('de.icr.io')
4. global ('icr.io')
5. uk-south ('uk.icr.io')
6. us-south ('us.icr.io')
Enter a number ()> 1
地域は「ap-north」に設定されました。地域は「jp.icr.io」です。

## 日本のレジストリサービスに登録したイメージをリストできるようになる
$ ibmcloud cr images
リポジトリー                タグ  ダイジェスト      サイズ   セキュリティー状況
jp.icr.io/takara/centos     7    ca58fe458b8d   75 MB    1 件の問題
jp.icr.io/takara/webpage  v1    f83b2ffd963a   45 MB    7 件の問題

## ibmcloudにログインしているので、dockerコマンドでイメージを取得できる
$ docker pull jp.icr.io/takara/centos:7
```

コンテナレジストリへのイメージの登録では、実行例11の「ibmcloud cr login」を実行することで

「docker login」も実行されます。その後、ログイン先のレジストリへの「docker push リポジトリ名[:タグ]」によって、イメージが登録できるようになります。

(7) IKSのクリーンナップ

使い終わったK8sクラスタを削除するには、クラウドのコンソール画面右上端のドットが縦に3つ並んだアイコンをクリックし、メニューから「クラスターの削除」を選択します。確認ウィンドウが表示されますから、要求する文字列をインプットして「削除」をクリックすれば、削除が実行されます。

図4 クラスタの削除メニューの表示

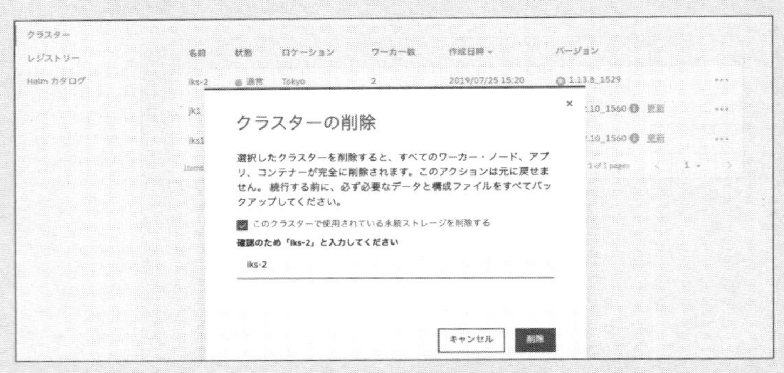

図5 クラスタの削除確認画面

(8) IKS監視機能とHelmカタログ

IKSの管理画面には、Kubernetesのパッケージマネージャーである Helmカタログのリンクもあります。カタログをクリックすると、使用法が表示されます。記載された内容をよく読んで、コマンドを実行しなければなりません。また、このカタログには、IKS用以外のパッケージも載っていますから、適用できるかを見極める必要があります。

参考資料のリンクに、IKSの概要[1]、メトリックス管理[2]、ログ分析[3]、コマンドラインツール

[4] を載せておきますので、読み進めていただければと思います。

無料で利用できるKubernetes製品
IBM Cloud Private Community Edition

IBM Cloud Private Community Editionは、誰でも無料でダウンロードして利用できるKubernetesをコアとしたソフトウェア製品の評価と学習用のエディションです。このソフトウェア製品の特徴は、IBMのミドルウェア製品 WebSphere Liberty、Db2、MQなどを手軽に利用でき、さらに、Javaアプリケーションの CI/CDを実現するためのツールが含まれていることです。また今後、IBM Watson関連ソフトウェアの実行基盤となることです。

さらに、有償版へアップグレードすれば、商用利用も可能となりますので、無料で評価して、アプリケーションの開発を始めることができます。商用運用開始後もIBMからのサポートを受けることができますから、企業情報システムへのKubernetes導入に適した製品と言えます。

❗ IBM Cloud Private は IBM Cloud Pak に名称変更されました。IBMのRed Hat買収にともない、今後、IBM Cloud Pak と OpenShift の製品体系の変更が予想されます。一方、執筆時点では、IBM Cloud Private Community Edition は継続しているため、名称はそのままにしておきます。

参考資料

1. コミュニティエディションインストール手順：https://github.com/IBM/deploy-ibm-cloud-private
2. 技術情報ブログ IBM Cloud Technical Communityは、URLが変わることがあるので、インターネットで「IBM Cloud Technical Community」を検索すればヒットすると思います。

3.2 Google Kubernetes Engine

本項（付録3.2）では、GoogleのクラウドサービスGoogle Kubernetes Engine（GKE）を利用したマルチノードの学習環境について、セットアップ方法をガイドします。こちらの注意点として、無償期間が終了すれば課金が発生します。そのため、放置してしまうと請求でびっくりすることになりますので、都度クリーンナップするのがお勧めです。

参考資料

[1] IBM Cloud Kubernetes Service 概説、https://cloud.ibm.com/docs/containers/container_index.html#container_index
[2] IBM Cloud Monitoring の概要、https://cloud.ibm.com/docs/services/cloud-monitoring/index.html#getting-started-with-ibm-cloud-monitoring
[3] IBM Cloud Log Analysis、https://cloud.ibm.com/docs/services/CloudLogAnalysis/log_analysis_ov.html#log_analysis_ov
[4] IBM Cloud Developer Tools CLI、https://www.ibm.com/cloud/cli

(1) GKEとは?

GKEは、パブリッククラウドGoogle Cloud Platform(GCP)の中のサービスの1つです。そもそもKubernetesの原型は、GoogleのBorg(ボーグ)と呼ばれる運用システムであったこと、そしてコミッターの多くが同社のエンジニアであることから、Kubernetesの本家のようなサービスと見なされています。

(2) GKEのインスタンス作成

GCPにアカウントを持っていない場合は、https://cloud.google.com/ にアクセスしてアカウントを取得してください。アカウントの取得後、GCPのコンソールにログインすると、図6のような画面が表示されていると思います。

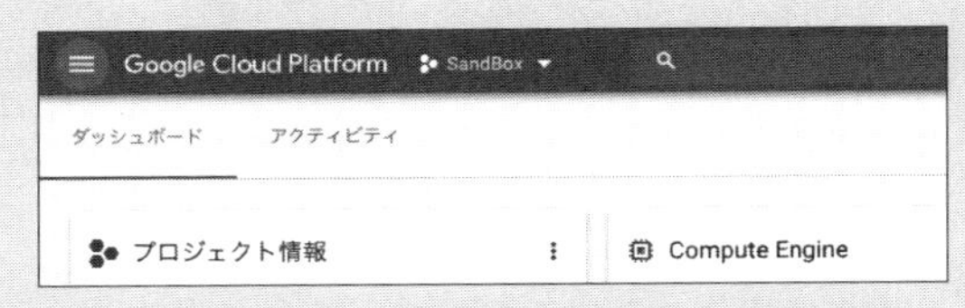

図6 Google Cloud Platformのコンソール画面

ウェブブラウザ画面の左上端にある、ハンバーガーメニュー(3本線のアイコン)をクリックしてメニューを表示します。そのメニュー項目中で「コンピューティング」グループの「Kubernetes Engine」をクリックします。

図7の右側下のブルーに反転したボタン「クラスタを作成」をクリックして次へ進みます。

図7 クラスタ作成開始画面

クラスタを作成するための画面へ遷移したら、クラスタ作成に必要な項目をセットしていきます。ここでは最小限の項目の変更だけでクラスタを作成します。

「クラスタテンプレート」に「標準クラスタ」を選択します。これにより、K8sクラスタを作成する入力項目に切り替わります。

●「名前」には、クラスタの名前として識別できる文字列を設定

「ロケーションタイプ」は「ゾーン」を選択。これにより次の入力項目が切り替わります。

●「ゾーン」に「asia-northeast1」を設定
●「マスターのバージョン」は、クラウドのデフォルトを選択

「ノードプール」のdefault-poolだけを利用して以下の項目を設定します。

●「ノード数」は、2以上をセットします。
●「マシンタイプ」は、最小スペックの「vCPUx1」を選択

以上の設定で、「作成」ボタンをクリックして、クラスタの作成を開始します。

(3) kubectlコマンドの設定

次の操作のためには、gcloudコマンドがインストールされている必要があります。インストールとセットアップ方法は、「Google Cloud SDK のインストール」https://cloud.google.com/sdk/downloads?hl=JA#interactiveを参照してください。

図8のK8sクラスタのリストの中から、操作したい行の「接続」ボタンをクリックして、kubectlコマンドの利用のためのガイド画面を表示します。「コマンドラインアクセス」の白黒反転したエリアの右端に「コピー」のためのアイコンがありますから、クリックしてコピーします。そして、ターミナルを開いてペーストし、コマンドを実行します。

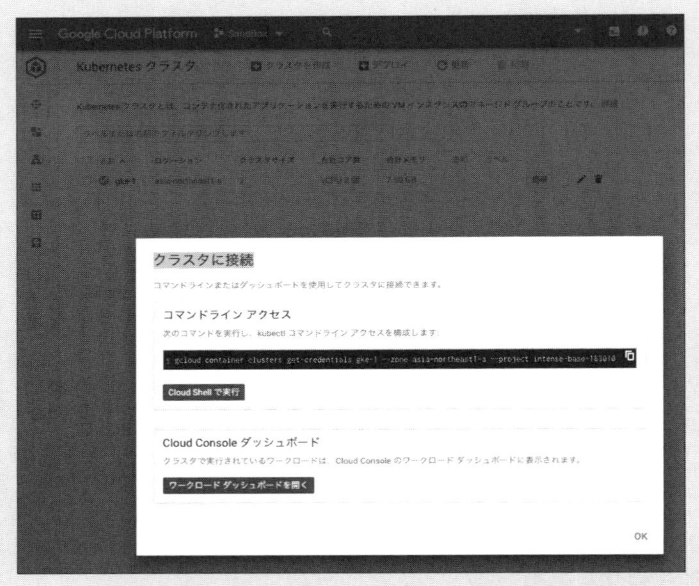

図8 コマンドラインからのアクセス用のガイド画面

実行例12 コピーしたコマンドをターミナル上でペーストした様子

```
$ gcloud container clusters get-credentials gke-1 --zone asia-northeast1-a --project
intense-base-183010
Fetching cluster endpoint and auth data.
kubeconfig entry generated for gke-1.
```

これにより、既存のkubectlのコンフィグファイルに、GKEをアクセスするための設定が追加されます。次の実行例13は、学習環境2で設定した環境変数KUBECONFIGが指すconfigファイルに、GKEの設定が追加されたところです。

実行例13 GKEのK8sクラスタが追加された様子（紙面上で見やすくするため編集済み）

```
$ kubectl config get-contexts
CURRENT   NAME                      CLUSTER                   AUTHINFO
*         gke_intense-base-183010   gke_intense-base-183010   gke_intense-base-183010
          study2                    vagrant-k8s               admin
```

このままでは、切り替えて使うには面倒ですから、コンテキストの名前を変更しておきます。実行例14では「kubectl config rename-context」を使って、コンテキスト名を短くしています。これで、PC上のK8sクラスタと、クラウド上のK8sクラスタを切り替えて利用できるようになりました。

実行例14 コンテキスト名の変更（紙面上で見やすくするため編集済み）

```
$ kubectl config rename-context gke_intense-base-183010_asia-northeast1-a_gke-1 gke-1
Context "gke_intense-base-183010_asia-northeast1-a_gke-1" renamed to "gke-1".

$ kubectl config get-contexts
CURRENT   NAME     CLUSTER
*         gke-1    gke_intense-base-183010_asia-northeast1-a_gke-1
          study2   kubernetes
```

これは、「付録3.1」のIKS（IBM Cloud Kubernetes Service）も同じように切り替えることができます。このようにPC環境、IKS、GKEを切り替えることができ、kubectlコマンドによる共通の操作で利用できることは、Kubernetesの運用環境の素晴らしい一面であると思います。

ここでバージョンを確認しておきます。筆者のmacOS環境では、kubectlコマンドはバージョン1.14を利用しています。これに対して実行例15の下線部を比較すると、マスターのバージョンが1.12.8-gke.10であることがわかります。このバージョンの違いは問題にはありませんので、確認だけで次に進みます。

実行例15 バージョンの確認

```
$ kubectl version --short
Client Version: v1.14.0
Server Version: v1.12.8-gke.10
```

次に、K8sクラスタを構成するノードをリスト表示してみます（実行例16）。IKSの場合と同じで、GKEでもマスターノードは表示されず、ノードだけが表示されます。

実行例16 ノードのリスト表示

```
$ kubectl get node
NAME                                     STATUS   AGE   VERSION
gke-gke-1-default-pool-4b8e4604-mlwr   Ready    23m   v1.12.8-gke.10
gke-gke-1-default-pool-4b8e4604-t0lq   Ready    23m   v1.12.8-gke.10
```

読者もそれぞれの環境を立ち上げ、実際に操作して比較してみると、いろいろわかることがあって、Kubernetesの理解を深めるのに役立つと思います。

(4) ファイアウォールの設定

NodePortを利用して外部へサービスを公開する場合には、GCPのファイアウォールに設定して、ポートへのアクセスを許可するようにします。たとえば実行例17のように、NodePortでTCPの30795でサービスを公開している場合には、gcloudコマンドによってファイアウォールにアクセス許可を与える必要があります。

実行例17 NodePortで30795をオープンしている場合

```
$ kubectl get svc
NAME              TYPE        CLUSTER-IP      EXTERNAL-IP   PORT(S)          AGE
kubernetes        ClusterIP   10.7.240.1      <none>        443/TCP          1h
web-service       ClusterIP   10.7.245.247    <none>        80/TCP           7m
web-service-np    NodePort    10.7.243.165    <none>        80:30795/TCP     7m
```

実行例18では、gcloudコマンドによってファイアウォールの設定を行い、ポート番号へのアクセス許可を与えています。このコマンド中「create」の部分以降を「delete ルール名」とすれば、ルールを削除できます。また、ルールをリストするには、「list」に置き換えて実行します。

実行例18 ファイアウォールの設定

```
$ gcloud compute firewall-rules create myservice --allow tcp:30795
Creating firewall...-Created [https://www.googleapis.com/compute/v1/projects/intense-
base-183010/global/firewalls/myservice].
Creating firewall...done.
NAME       NETWORK  DIRECTION  PRIORITY  ALLOW      DENY
myservice  default  INGRESS    1000      tcp:30795
```

ノードのパブリックIPアドレス（EXTERNAL_IP）は、gcloudコマンドで取得（実行例19）できますので、実行例20のようにPCのcurlコマンドでアクセスできるようになります。

実行例19 ノードのIPアドレスの表示例（紙面上で見やすくするため編集済み）

```
$ gcloud compute instances list --project intense-base-183010
NAME                                    MACHINE_TYPE  INTERNAL_IP EXTERNAL_IP
gke-gke-1-default-pool-4b8e4604-mlwr n1-standard-1 10.146.0.3  35.***.**.***
gke-gke-1-default-pool-4b8e4604-t0lq n1-standard-1 10.146.0.2  104.***.***.**
```

実行例20 curlコマンドでGKEのNodePortサービスをアクセスした例

```
$ curl http://35.***.***.***:30795/
<!DOCTYPE html>
<html>
<head>
<title>Welcome to nginx!</title>
```

(5) レジストリサービスの利用

GKEのレジストリサービスについては、Container Registryのクイックスタート（https://cloud.google.com/container-registry/docs/quickstart?hl=ja）に示された手順にしたがってセットアップを進め、「Container Registry API」を有効にします。

次の実行例21は、本書の「Step 01」にある「01.2 コンテナの…」(8)の終わり近く、「Google Cloud Platform（GCP）のContainer Registryを利用する場合」において、dockerコマンドから登録したイメージを、kubectlからポッドとして実行した例です。

実行例21 curlコマンドでGKEのNodePortサービスをアクセスした例

```
## リポジトリに格納されたイメージのリスト表示
$ gcloud container images list-tags gcr.io/intense-base-183010/centos
DIGEST          TAGS   TIMESTAMP
ca58fe458b8d    7      2019-03-15T06:19:53

## クラスタへの接続設定
$ gcloud container clusters get-credentials gke-1 --zone asia-northeast1-a --project
intense-base-183010
Fetching cluster endpoint and auth data.
kubeconfig entry generated for gke-1.

## ノードのリスト表示
$ kubectl get node
NAME                                       STATUS   AGE   VERSION
gke-gke-1-default-pool-4b8e4604-mlwr   Ready    30m   v1.12.8-gke.10
gke-gke-1-default-pool-4b8e4604-t0lq   Ready    30m   v1.12.8-gke.10

## プライベートレジストリのイメージからコンテナの起動
$ kubectl run -it test --restart=Never --image=gcr.io/intense-base-183010/centos:7 bash
If you don't see a command prompt, try pressing enter.
[root@test /]#
```

(6) クリーンナップ

　クラウド環境は時間で課金されますから、使い終わったら小まめに消しておかないと、あとで請求書を見てビックリすることになります。インスタンスを削除するには、K8sクラスタのリストの右端のゴミ箱マークをクリックします。確認ウィンドウが表示されるので、「削除」をクリックすることで、それ以上課金されないようにできます。

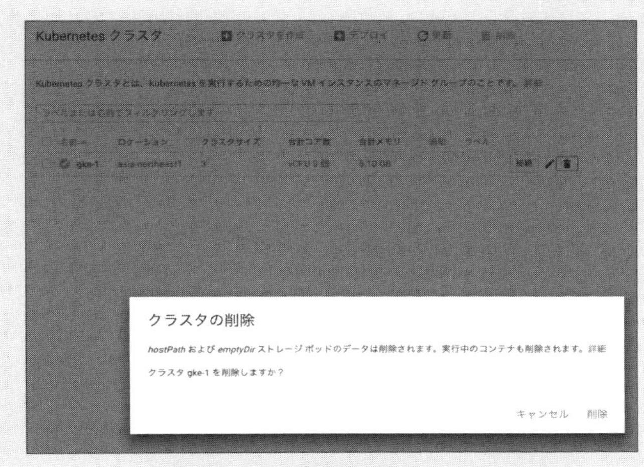

図9 クラスタ削除の確認ウィンドウ

謝辞

これまでたくさんの方々から、本書を執筆するための数多くのアイデアの元を頂きました。

コンテナとKubernetesの勉強会を実施する中では、参加者の方々との討論を通して自分自身の理解も一層深まり、何よりもこれらの技術の価値を確かめることができました。また、お客様企業の方々から、日本企業が置かれている厳しい現状を、わが身につまされる思いで伺う機会も少なくありませんでした。これまでの活動を通じて出会った全ての方々に感謝します。

Kubernetesという素晴らしいソフトウェアを開発しているCNCF Kubernetesプロジェクトの方々に感謝を表したいと思います。また、クラウドのKubernetesを推進する傍らでご指導して下さったIBMグローバルの方々と、グローバル研修講師の機会を与えてくれた上司に感謝します。一冊の本を世の中に送り出すことの大変さ、品質に対する拘りをご指導くださった編集者の松本昭彦さんにも感謝します。

そして多くの方々が、忙しい業務の中でプライベートな時間までも割いて、熱心に本書のゲラを査読しコメントを返してくださいました。下記にお名前を列挙して、感謝の気持ちを表したいと思います。最後に、日々、支えてくれた妻の由美に心から感謝します。

本書を査読してくださった方々

本書は以下の方々に事前に査読していただきました。ご多忙中にもかかわらず熱心に査読していただき、誠にありがとうございました。厚く御礼申し上げます。

岩品 友徳	岸田 吉弘	黒川 敦
佐藤 光太	進戸 健太郎	関口 匡稔
常田 秀明	中島 由貴	野口 卓也
花井 志生	葉山 慶平	古川 正宏
本炭 光洋	森 大輔	安田 忍

（五十音順・敬称略）

2019年 盛夏　　著者 高良真穂

Index 索引

P

Q

R

S

U

V

W

Y

高良 真穂（たから まほ）

日本アイ・ビー・エム　クラウド＆コグニティブ・ソフトウェア事業本部に所属
Certified Kubernetes Administrator CKA-1800-001213-0100
2002年、日本IBMへ入社。以来、自動車業界、航空業界、金融業界、大学および研究機関などのお客様プロジェクトに参加し、基幹系業務システムから科学計算用システムまで、幅広い分野のシステム基盤の設計や構築を手掛ける。そうしたプロジェクトに従事するなかで技術開発を行い、自身の発明で特許取得するなど主体的に取り組む。クラウド分野へ異動後は、クラウド利用を前提としたスマートフォンのアプリケーション開発とサービス運営を事業とするお客様も担当。
現在、IBMのクラウド戦略の一環であるKubernetesをコアとしたIBMクラウドのサービスやソフトウェア製品を担当。これらのセールス活動を通じ、お客様企業とIBM社内へ向けて、Kubernetesの啓蒙と、教育活動を展開。コンテナおよびKubernetesの技術支援や提案活動に力を入れ、活動している。

15Step（ステップ）で習得（しゅうとく）
Docker（ドッカー）から入（はい）るKubernetes（クーバネティス）

2019年9月30日　第1版第1刷発行

著　　者　高良（たから） 真穂（まほ）

発行人　新関卓哉
企　　画　蒲生達佳
編　　集　松本昭彦
発行所　株式会社リックテレコム
〒113-0034 東京都文京区湯島3-7-7
振替　00160-0-133646
電話　03(3834)8380(営業)
　　　03(3834)8427(編集)
URL　http://www.ric.co.jp/

装　　丁　長久雅行
編集協力・組版　株式会社トップスタジオ
印刷・製本　シナノ印刷株式会社

● 訂正等
本書の記載内容には万全を期しておりますが、万一誤りや情報内容の変更が生じた場合には、当社ホームページの正誤表サイトに掲載しますので、下記よりご確認下さい。
＊正誤表サイトURL
http://www.ric.co.jp/book/seigo_list.html

● 本書に関するご質問
本書の内容等についてのお尋ねは、下記の「読者お問い合わせサイト」にて受け付けております。
また、回答に万全を期すため、電話によるご質問にはお答えできませんのでご了承下さい。
＊読者お問い合わせサイトURL
http://www.ric.co.jp/book-q

● その他のお問い合わせは、弊社サイト「BOOKS」のトップページ http://www.ric.co.jp/book/index.html 内の左側にある「問い合わせ先」リンク、またはFAX：03-3834-8043にて承ります。
● 乱丁・落丁本はお取り替え致します。

ISBN978-4-86594-161-6　　Printed in Japan